Andreas Borchert

Halliday Physik

Lösungen zur Bachelor-Edition

Weitere Titel aus der Halliday-Reihe

Halliday, D. / Resnick, R. / Walker, J.

Halliday Physik

2. überarb. u. erg. Auflage
2009
ISBN: 978-3-527-40645-6

Halliday, D. / Resnick, R. / Walker, J.

Halliday Physik

Bachelor-Edition
2007
ISBN: 978-3-527-40746-0

Halliday, D. / Resnick, R. / Walker, J.

Physik

Interaktives Lehrbuch auf Wiley Plus
2007
E-Book
ISBN: 978-3-527-60919-2

Christman, J.R. / Derringh, E.

Halliday Physik

880 Lösungen
2008
ISBN: 978-3-527-40901-3

Halliday Physik

Lösungen zur Bachelor-Edition

WILEY-VCH

WILEY-VCH Verlag GmbH & Co. KGaA

Originalausgabe

J.R. Christman / E. Derringh
Student's Solutions Manual to accompany
Fundamentals of Physics, sixth edition

Übersetzung

Erhard Zorn, Berlin

Titelbild

© Tsuyoshi Nishiinoue/Orion Press

1. Auflage 2011

Bibliografische Information der Deutschen Nationalbibliothek
Die Deutsche Nationalbibliothek verzeichnet diese Publikation in der Deutschen Nationalbibliografie; detaillierte bibliografische Daten sind im Internet über <http://dnb.d-nb.de> abrufbar.

Satz Steingraeber Satztechnik GmbH, Dienheim

Druck und Bindung Strauss GmbH, Mörlenbach

Umschlaggestaltung Schulz Grafik-Design, Fußgönheim

Printed in the Federal Republic of Germany

Gedruckt auf säurefreiem Papier.

Print ISBN: 978-3-527-41146-7

Vorwort zum Student's Solutions Manual

Der vorliegende Lösungsband gehört zum Lehrbuch ‚Fundamentals of Physics' von David Halliday, Robert Resnick und Jearl Walker.
Mit den Textaufgaben sollen Studenten lernen, verschiedene Problemstellungen zu lösen. Die meisten Lösungen leiten sich aus Definitionen oder grundsätzlichen Relationen ab und ergeben so die endgültige Gleichung. Diese Art der Technik unterstreicht die Grundlagen und gibt gleichzeitig Studenten die Möglichkeit, mathematische Schritte zu rekapitulieren, um zur Lösung zu gelangen.
Ein reines Zahlenverschieben in den Gleichungen wird vermieden. Wir hoffen, dass Studenten Annahmen überprüfen, indem sie die Lösungen zu den Aufgaben errechnen.
Für die Auswahl der Aufgaben in diesem Band und die Lösungen sind alleine die Autoren verantwortlich.
Die Autoren möchten Joan Kalkut danken, der das Projekt betreut hat. Für Hilfe und Ermunterung geht unser Dank auch an die Mitarbeiter von Wiley, Cliff Mills, Stuart Johnson, Catherine Donovan und Thomas Hempstead. Die Autoren danken besonders Karen Christman, die eine frühere Version dieses Heftes sorgfältig korrigierte.

J. Richard Christman
Edward Derringh
2001

Lösungsband zur Bachelor-Edition

Dieser Lösungsband mit 740 Lösungen zu Aufgaben aus der Halliday Bachelor-Edition entstand als Sonderedition aus dem Lösungsband für den großen Halliday Physik, der ebenfalls auf der 6. Auflage von ‚Fundamentals of Physics' basiert.
Für die Übersetzung der Lösungen danken wir Erhard Zorn.

Das Lektorat Physik
Wiley-VCH
2011

Inhaltsverzeichnis

1 Messung und Maßeinheiten

1 Die metrischen Vorsilben (Mikro, Piko, Nano, ...) sind zum einfachen Nachschlagen auf dem vorderen Innendeckel des Lehrbuchs wiedergegeben (vergleiche auch Tabelle 1-2).

(a) Da $1\,\text{km} = 1 \times 10^3\,\text{m}$ und $1\,\text{m} = 1 \times 10^6\,\mu\text{m}$ sind, gilt

$$1\,\text{km} = 10^3\,\text{m} = (10^3\,\text{m})(10^6\,\mu\text{m/m}) = 10^9\,\mu\text{m}\,.$$

Der gegebene Messwert ist 1,0 km (zwei signifikante Stellen), woraus folgt, dass unser Ergebnis als $1{,}0 \times 10^9\,\mu\text{m}$ geschrieben werden sollte.

(b) Wir berechnen die Anzahl der Mikrometer in 1 Zentimeter. Da $1\,\text{cm} = 10^{-2}\,\text{m}$ sind, gilt

$$1\,\text{cm} = 10^{-2}\,\text{m} = (10^{-2}\,\text{m})(10^6\,\mu\text{m/m}) = 10^4\,\mu\text{m}\,.$$

Wir schließen, dass der Bruchteil eines Zentimeters, der $1{,}0\,\mu\text{m}$ entspricht, $1{,}0 \times 10^{-4}$ ist.

(c) Da $1\,\text{yd} = (3\,\text{ft})(0{,}3048\,\text{m/ft}) = 0{,}9144\,\text{m}$ ist, gilt

$$1{,}0\,\text{yd} = (0{,}91\,\text{m})(10^6\,\mu\text{m/m}) = 9{,}1 \times 10^5\,\mu\text{m}\,.$$

3 Indem wir die gegebenen Umrechnungsfaktoren verwenden, erkennen wir,

(a) dass der Abstand d *in Rods*

$$d = 4{,}0\,\text{Furlongs} = \frac{(4{,}0\,\text{Furlongs})(201{,}168\,\text{m/Furlong})}{5{,}0292\,\text{m/Rod}} = 160\,\text{Rods}$$

sein muss

(b) und dass der Abstand *in Chains*

$$d = \frac{(4{,}0\,\text{Furlongs})(201{,}168\,\text{m/Furlong})}{20{,}17\,\text{m/Chain}} = 40\,\text{Chains}$$

sein muss.

5 In Anhang E findet man verschiedene Formeln der Geometrie.

(a) Der Umfang einer Kugel mit Radius R beträgt $2\pi R$. Setzen Sie folgenden Wert für R in die Formel ein:

$$R = \left(6{,}37 \times 10^6\,\text{m}\right)\left(10^{-3}\,\text{km/m}\right) = 6{,}37 \times 10^3\,\text{km}\,.$$

Berechnen Sie damit den Umfang und behalten Sie drei signifikante Stellen. Sie sollten $4{,}00 \times 10^4$ km erhalten.

(b) Die Oberfläche einer Kugel ist gegeben durch $4\pi R^2$, die Erdoberfläche beträgt daher

$$4\pi R^2 = 4\pi \left(6{,}37 \times 10^3\,\mathrm{km}\right)^2 = 5{,}10 \times 10^8\,\mathrm{km}^2\,.$$

(c) Das Volumen einer Kugel ist gegeben durch $\frac{4\pi}{3} R^3$, das Volumen der Erde beträgt daher

$$\frac{4\pi}{3} R^3 = \frac{4\pi}{3} \left(6{,}37 \times 10^3\,\mathrm{km}\right)^3 = 1{,}08 \times 10^{12}\,\mathrm{km}^3\,.$$

7 Das Volumen des Eises ist das Produkt der Fläche A des Halbkreises und der Dicke des Halbkreises. Die Fläche A ist die halbe Fläche eines Kreises mit Radius R, also $A = \pi R^2/2$. Wenn wir mit D die Dicke des Eises bezeichnen, beträgt sein Volumen V also

$$V = \frac{\pi}{2} R^2 D\,.$$

Nun drücken wir alle Größen in der Einheit cm aus:

$$R = (2000\,\mathrm{km}) \left(\frac{10^3\,\mathrm{m}}{1\,\mathrm{km}}\right) \left(\frac{10^2\,\mathrm{cm}}{1\,\mathrm{m}}\right) = 2000 \times 10^5\,\mathrm{cm}\,.$$

und

$$D = (3000\,\mathrm{m}) \left(\frac{10^2\,\mathrm{cm}}{1\,\mathrm{m}}\right) = 3000 \times 10^2\,\mathrm{cm}\,.$$

Wir erhalten also

$$V = \frac{\pi}{2} \left(2000 \times 10^5\,\mathrm{cm}\right)^2 \left(3000 \times 10^2\,\mathrm{cm}\right) = 1{,}9 \times 10^{22}\,\mathrm{cm}^3\,.$$

9 Wir verwenden die in Anhang D gefundenen Umrechnungsfaktoren.

$$1\,\mathrm{acre} \cdot \mathrm{ft} = (43{,}560\,\mathrm{ft}^2) \cdot \mathrm{ft} = 43{,}560\,\mathrm{ft}^3\,.$$

Da 2 in = (1/6) ft sind, beträgt das Volumen des Wassers, das während des Gewitters fiel,

$$V = (26\,\mathrm{km}^2)(1/6\,\mathrm{ft}) = (26\,\mathrm{km}^2)(3281\,\mathrm{ft/km})^2(1/6\,\mathrm{ft}) = 4{,}66 \times 10^7\,\mathrm{ft}^3\,.$$

Also haben wir

$$V = \frac{4{,}66 \times 10^7\,\mathrm{ft}^3}{4{,}3560 \times 10^4\,\mathrm{ft}^3/\mathrm{acre} \cdot \mathrm{ft}} = 1{,}1 \times 10^3\,\mathrm{acre} \cdot \mathrm{ft}\,.$$

11 Wir verwenden die in Anhang D gefundenen Umrechnungsfaktoren und die Definitionen der SI-Vorsilben aus Tabelle 1-2 (die auch auf dem vorderen Innendeckel des Lehrbuchs aufgelistet sind). Dabei steht „ns“ für die Einheit Nanosekunden, „ps“ für die Einheit Pikosekunden und so weiter.

(a) 1 m = 3,281 ft und 1 s = 10^9 ns. Also haben wir

$$3{,}0 \times 10^8\,\mathrm{m/s} = \left(\frac{3{,}0 \times 10^8\,\mathrm{m}}{\mathrm{s}}\right) \left(\frac{3{,}281\,\mathrm{ft}}{\mathrm{m}}\right) \left(\frac{\mathrm{s}}{10^9\,\mathrm{ns}}\right) = 0{,}98\,\mathrm{ft/ns}\,.$$

(b) Verwenden wir 1 m = 10^3 mm und 1 s = 10^{12} ps, erhalten wir

$$\begin{aligned} 3{,}0 \times 10^8\,\mathrm{m/s} &= \left(\frac{3{,}0 \times 10^8\,\mathrm{m}}{\mathrm{s}}\right) \left(\frac{10^3\,\mathrm{mm}}{\mathrm{m}}\right) \left(\frac{\mathrm{s}}{10^{12}\,\mathrm{ps}}\right) \\ &= 0{,}30\,\mathrm{mm/ps}\,. \end{aligned}$$

13 Keine der Uhren geht genau 24 h innerhalb eines Intervalls von 24 h weiter, aber das ist nicht das wichtigste Kriterium, um ihre Qualität bei der Messung von Zeitintervallen zu beurteilen. Wichtig ist, dass die Uhr in jedem 24 h-Intervall um den gleichen Betrag weitergeht. Die abgelesene Zeit kann dann leicht angepasst werden, um das richtige Intervall zu erhalten. Wenn jedoch die abgelesene Zeit von einem 24 h-Intervall zum nächsten hin- und her springt, kann sie nicht angepasst werden, weil man unmöglich sagen kann, wie groß die Korrektur sein müsste. Im Folgenden sind die Korrekturen (in Sekunden) angegeben, die für jede Uhr für jedes 24 h-Intervall auf die angezeigte Zeit angewandt werden muss. Die Einträge wurden ermittelt, indem die am Ende des Intervalls angezeigte Zeit von der zum Beginn subtrahiert wurde.

Uhr	So -Mo	Mo -Di	Di -Mi	Mi -Do	Do -Fr	Fr -Sa
A	−16	−16	−15	−17	−15	−15
B	−3	+5	−10	+5	+6	−7
C	−58	−58	−58	−58	−58	−58
D	+67	+67	+67	+67	+67	+67
E	+70	+55	+2	+20	+10	+10

Uhren C und D sind beide gute Zeitmesser in dem Sinn, dass jede bei ihrer täglichen Abweichung (bezüglich WWF Zeit) konsistent ist; also können C und D leicht mit einfachen und vorhersagbaren Korrekturen „perfekt" gemacht werden. Die Korrektur für Uhr C ist kleiner als die für Uhr D, daher bewerten wir Uhr C als beste und Uhr D als zweitbeste. Die Korrektur, die auf Uhr A angewandt werden muss, liegt im Bereich von 15 s bis 17 s. Für Uhr B liegt sie im Bereich von −5 s bis +10 s, für Uhr E im Bereich von −70 s bis −2 s. Nach C und D besitzt A den kleinsten Korrekturbereich, B den zweitkleinsten und E den größten. Von der besten zur schlechtesten Uhr lautet die Reihenfolge C, D, A, B, E.

15 Wir müssen Meter in astronomische Einheiten und Sekunden in Minuten umrechnen. Dabei benutzen wir

$$\begin{aligned} 1000\,\text{m} &= 1\,\text{km} \\ 1\,\text{AU} &= 1{,}50 \times 10^8\,\text{km} \\ 60\,\text{s} &= 1\,\text{min}\,. \end{aligned}$$

Also gilt:

$$\left(\frac{3{,}0 \times 10^8\,\text{m}}{\text{s}}\right)\left(\frac{1\,\text{km}}{1000\,\text{m}}\right)\left(\frac{\text{AU}}{1{,}50 \times 10^8\,\text{km}}\right)\left(\frac{60\,\text{s}}{\text{min}}\right) = 0{,}12\,\text{AU/min}\,.$$

17 Der letzte Tag der 20 Jahrhunderte ist um folgenden Wert länger als der erste Tag:

$$(20\,\text{Jahrhunderte})(0{,}001\,\text{s/Jahrhundert}) = 0{,}02\,\text{s}\,.$$

Der durchschnittliche Tag während der 20 Jahrhunderte ist $(0 + 0{,}02)/2 = 0{,}01$ s länger als der erste Tag. Da die Zunahme gleichmäßig geschieht, ist der kumulative Effekt T:

$$\begin{aligned} T &= (\text{durchschnittliche Längenzunahme eines Tages})(\text{Anzahl der Tage}) \\ &= \left(\frac{0{,}01\,\text{s}}{\text{Tag}}\right)\left(\frac{365{,}25\,\text{Tage}}{\text{Jahr}}\right)(2000\,\text{Jahre}) \\ &= 7305\,\text{s}, \end{aligned}$$

oder ungefähr zwei Stunden.

19 Wenn M_E die Masse der Erde, m die durchschnittliche Masse eines Atoms in der Erde und N die Anzahl der Atome bezeichnet, dann ist $M_E = Nm$ oder $N = M_E/m$. Unter Verwendung von Anhang D wandeln wir die Masse m in Kilogramm um ($1\,\text{u} = 1{,}661 \times 10^{-27}$ kg). Also ergibt sich

$$N = \frac{M_E}{m} = \frac{5{,}98 \times 10^{24}\,\text{kg}}{(40\,\text{u})(1{,}661 \times 10^{-27}\,\text{kg/u})} = 9{,}0 \times 10^{49}\,.$$

21 Wir führen die Bezeichnung der Dichte ein (die die Studierenden wahrscheinlich aus anderen Kursen kennen):

$$\rho = \frac{m}{V}$$

und wandeln in SI-Einheiten um: $1\,\text{g} = 1 \times 10^{-3}$ kg.

(a) Für die Volumenumrechnung erhalten wir $1\,\text{cm}^3 = (1 \times 10^{-2}\,\text{m})^3 = 1 \times 10^{-6}\,\text{m}^3$. Also ist die Dichte in kg/m³

$$1\,\text{g/cm}^3 = \left(\frac{1\,\text{g}}{\text{cm}^3}\right)\left(\frac{10^{-3}\,\text{kg}}{\text{g}}\right)\left(\frac{\text{cm}^3}{10^{-6}\,\text{m}^3}\right) = 1 \times 10^3\,\text{kg/m}^3\,.$$

Also beträgt die Masse eines Kubikmeters Wasser 1000 kg.

(b) Wir dividieren die Masse des Wassers durch die Zeit, die es dauert, um es zu entleeren. Die Masse wird aus $M = \rho V$ (das Produkt des Volumens des Wassers und seiner Dichte) bestimmt:

$$M = (5700\,\text{m}^3)(1 \times 10^3\,\text{kg/m}^3) = 5{,}70 \times 10^6\,\text{kg}\,.$$

Die Zeit ist $t = (10\,\text{h})(3600\,\text{s/h}) = 3{,}6 \times 10^4\,\text{s}$, also ist die *Massenflussrate* R

$$R = \frac{M}{t} = \frac{5{,}70 \times 10^6\,\text{kg}}{3{,}6 \times 10^4\,\text{s}} = 158\,\text{kg/s}\,.$$

23 Wir führen die Bezeichnung der Dichte ein (die die Studierenden wahrscheinlich aus anderen Kursen kennen):

$$\rho = \frac{m}{V}$$

und wandeln in SI-Einheiten um: $1000\,\text{g} = 1\,\text{kg}$ und $100\,\text{cm} = 1\,\text{m}$.

(a) Die Dichte ρ einer Eisenprobe ist daher

$$\rho = \left(7{,}87\,\text{g/cm}^3\right)\left(\frac{1\,\text{kg}}{1000\,\text{g}}\right)\left(\frac{100\,\text{cm}}{1\,\text{m}}\right)^3,$$

was $\rho = 7870\,\text{kg/m}^3$ liefert. Wenn wir die Zwischenräume zwischen den dicht gepackten Kugeln vernachlässigen, dann ist die Dichte eines einzelnen Eisenatoms die gleiche wie die einer Eisenprobe. Das heißt, wenn M die Masse und V das Volumen eines Atoms sind, dann erhalten wir:

$$V = \frac{M}{\rho} = \frac{9{,}27 \times 10^{-26}\,\text{kg}}{7{,}87 \times 10^3\,\text{kg/m}^3} = 1{,}18 \times 10^{-29}\,\text{m}^3\,.$$

(b) Wir setzen $V = 4\pi R^3/3$, wobei R der Radius (Anhang E enthält verschiedene geometrische Formeln) eines Atoms ist. Lösen wir nach R auf, erhalten wir

$$R = \left(\frac{3V}{4\pi}\right)^{1/3} = \left(\frac{3(1{,}18 \times 10^{-29}\,\text{m}^3)}{4\pi}\right)^{1/3} = 1{,}41 \times 10^{-10}\,\text{m}\,.$$

Der Abstand zwischen den Mittelpunkten von Atomen ist das Doppelte des Radius, oder $2{,}82 \times 10^{-10}$ m.

24 Die metrischen Vorsilben (Mikro, Piko, Nano, ...) sind zum einfachen Nachschlagen auf dem vorderen Innendeckel des Lehrbuchs wiedergegeben (vergleiche auch Tabelle 1-2). Die Oberfläche A jedes Sandkorns vom Radius $r = 50\,\mu\text{m} = 50 \times 10^{-6}$ m ist gegeben durch $A = 4\pi(50 \times 10^{-6})^2 = 3{,}14 \times 10^{-8}\,\text{m}^2$ (Anhang E enthält verschiedene Formeln aus der Geometrie). Wir führen die Bezeichnung der Dichte ein (die die Studierenden wahrscheinlich aus anderen Kursen kennen):

$$\rho = \frac{m}{V}\,,$$

sodass die Masse aus $m = \rho V$ mit $\rho = 2600\,\text{kg/m}^3$ bestimmt werden kann. Unter Verwendung von $V = 4\pi r^3/3$ ergibt sich daher für die Masse jedes Sandkorns

$$m = \left(\frac{4\pi\,(50 \times 10^{-6}\,\text{m})^3}{3}\right)\left(2600\,\frac{\text{kg}}{\text{m}^3}\right) = 1{,}36 \times 10^{-9}\,\text{kg}\,.$$

Wir bemerken, dass die angegebene Oberfläche 6 m² beträgt (weil ein Würfel sechs gleiche Seiten besitzt). Die Anzahl N der Kugeln (die Sandkörner), die eine Gesamtfläche von 6 m² besitzen, ist gegeben durch

$$N = \frac{6\,\text{m}^2}{3{,}14 \times 10^{-8}\,\text{m}^2} = 1{,}91 \times 10^8\,.$$

Daher ist die Gesamtmasse M gegeben durch

$$M = Nm = \left(1{,}91 \times 10^8\right)\left(1{,}36 \times 10^{-9}\,\text{kg}\right) = 0{,}260\,\text{kg}\,.$$

2 Geradlinige Bewegung

1 Nehmen wir an, dass die Horizontalgeschwindigkeit des Balls konstant ist, beträgt seine horizontale Auslenkung

$$\Delta x = v \Delta t \,,$$

wobei Δx den horizontal zurückgelegten Abstand, Δt die Zeit und v die (horizontale) Geschwindigkeit bezeichnet. Wandeln wir v in Meter pro Sekunde um, erhalten wir $160\,\text{km/h} = 44{,}4\,\text{m/s}$. Damit ergibt sich

$$\Delta t = \frac{\Delta x}{v} = \frac{18{,}4\,\text{m}}{44{,}4\,\text{m/s}} = 0{,}414\,\text{s}\,.$$

Die Umwandlung der Geschwindigkeitseinheiten, die oben enthalten ist, kann man mit „elementaren Grundkenntnissen" (1000 m = 1 km, 3600 s = 1 h) nachrechnen oder in Anhang D nachschauen.

3 Wir verwenden Gl. 2-2 und Gl. 2-3. Wenn die Geschwindigkeit während einer Zeit t_c konstant und positiv ist, ist der Geschwindigkeitsbetrag gleich der Geschwindigkeit, und der Abstand ist gleich der Verschiebung $\Delta x = v\, t_c$.

(a) Während des ersten Teils der Bewegung beträgt die Verschiebung $\Delta x_1 = 40$ km, und das Zeitintervall ist

$$t_1 = \frac{(40\,\text{km})}{(30\,\text{km/h})} = 1{,}33\,\text{h}\,.$$

Während des zweiten Teils ist die Verschiebung $\Delta x_2 = 40\,\text{km}$, und das Zeitintervall ist

$$t_2 = \frac{(40\,\text{km})}{(60\,\text{km/h})} = 0{,}67\,\text{h}\,.$$

Beide Verschiebungen finden in die selbe Richtung statt, also ist die Gesamtverschiebung $\Delta x = \Delta x_1 + \Delta x_2 = 40\,\text{km} + 40\,\text{km} = 80\,\text{km}$. Die Gesamtzeit für die Fahrt beträgt $t = t_1 + t_2 = 2{,}00\,\text{h}$. Folglich ist die Durchschnittsgeschwindigkeit

$$v_{\text{gem}} = \frac{(80\,\text{km})}{(2{,}0\,\text{h})} = 40\,\text{km/h}\,.$$

(b) In diesem Beispiel ist das numerische Ergebnis für den durchschnittlichen Geschwindigkeitsbetrag das gleiche wie für die Durchschnittsgeschwindigkeit $40\,\text{km/h}$.

(c) Wir beschreiben kurz den Graphen (natürlich mit Kilometern und Stunden): zwei aneinander angrenzende gerade Abschnitte, der erste mit einer Steigung von 30, der den Ursprung mit $(t_1, x_1) = (1{,}33,\ 40)$ verbindet, und der andere mit einer Steigung von 60, der (t_1, x_1) mit $(t, x) = (2{,}00,\ 80)$ verbindet. Die Durchschnittsgeschwindigkeit, vom grafischen Gesichtspunkt aus betrachtet, ist die Steigung einer Linie, die vom Ursprung zum Punkt (t, x) gezogen wird.

7 Die Verwendung von $x = 3t - 4t^2 + t^3$ mit gedachten SI-Einheiten ist praktisch (und das werden wir tun), aber wenn wir die Einheiten explizit angeben wollten, würden wir $x = (3\,\text{m/s})t - (4\,\text{m/s}^2)t^2 + (1\,\text{m/s}^3)t^3$ schreiben. In unseren Antworten werden wir eine oder zwei signifikante Stellen angeben und nicht versuchen, den Regeln für die anzugebenden signifikanten Stellen streng zu folgen.

(a) Wenn wir $t = 1$ s einsetzen, erhalten wir $x = 0$. Für $t = 2$ s erhalten wir $x = -2$ m. Für $t = 3$ s erhalten wir analog $x = 0$, und für $t = 4$ s erhalten wir $x = 12$ m. Für die spätere Verwendung bemerken wir noch, dass wir für $t = 0$ als Position $x = 0$ erhalten.

(b) Die Position bei $t = 0$ wird von der Position bei $t = 4$ s subtrahiert, womit wir für die Verschiebung $\Delta x = 12$ m erhalten.

(c) Die Position für $t = 2$ s wird von der Position bei $t = 4$ s subtrahiert, womit wir für die Verschiebung $\Delta x = 14$ m erhalten. Gl. 2-2 führt dann zu

$$v_{\text{gem}} = \frac{\Delta x}{\Delta t} = \frac{14\text{ m}}{2\text{ s}} = 7\ .$$

(d) Die horizontale Achse ist $0 \le t \le 4$ (in SI-Einheiten). Nicht dargestellt ist eine gerade Linie, die vom Punkt $(t, x) = (2, -2)$ zum höchsten dargestellten Punkt (bei $t = 4$ s) gezogen wird, womit die Antwort auf Teil (c) wiedergeben würde.

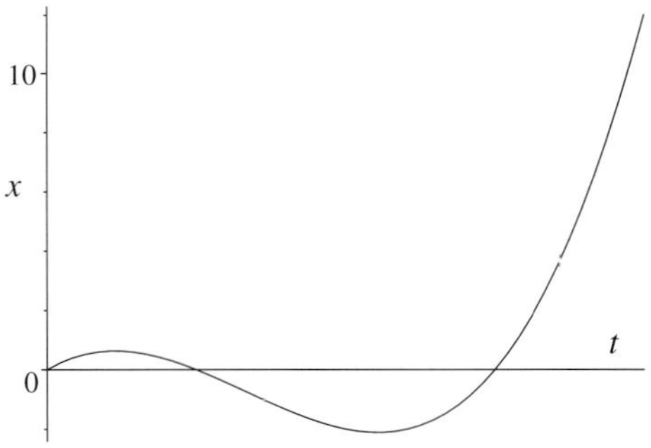

17 Wir legen die Bewegungsrichtung des Teilchens am Anfang in die $+x$ Richtung, sodass $v_0 = +18$ m/s und $v = -30$ m/s (für $t = 2{,}4$ s) sind. Wenn wir Gl. 2-7 (oder Gl. 2-11 geeignet interpretiert) verwenden, erhalten wir

$$a_{\text{gem}} = \frac{(-30\text{ m/s}) - (+18\text{ m/s})}{2{,}4} = -20\text{ m/s}^2\ ,$$

was zeigt, dass die Durchschnittsbeschleunigung den Betrag 20 m/s^2 hat und in die zur Anfangsgeschwindigkeit des Teilchens entgegen gesetzte Richtung weist.

19 In dieser Lösung verwenden wir die Bezeichnung $x(t)$ für den Wert von x zu einem bestimmten Zeitpunkt t. Also ist $x(t) = 50t + 10t^2$ mit gedachten SI-Einheiten (Meter und Sekunden).

(a) Die Durchschnittsgeschwindigkeit während der ersten 3 s ist gegeben durch

$$v_{\text{gem}} = \frac{x(3) - x(0)}{\Delta t} = \frac{(50)(3) + (10)(3)^2 - 0}{3} = 80\text{ m/s}\ .$$

(b) Die Momentangeschwindigkeit zur Zeit t ist gegeben durch $v = dx/dt = 50 + 20t$ in SI-Einheiten. Bei $t = 3{,}0$ s ist $v = 50 + (20)(3{,}0) = 110$ m/s.

(c) Die Momentanbeschleunigung zur Zeit t ist gegeben durch $a = dv/dt = 20\text{ m/s}^2$. Sie ist konstant, also ist die Beschleunigung zu jedem Zeitpunkt 20 m/s^2.

(d) und (e) Die untenstehenden Graphen zeigen die Koordinate x und die Geschwindigkeit v als Funktionen der Zeit, natürlich in SI-Einheiten. Die punktierte, mit (a) gekennzeichnete Linie im ersten Graphen verläuft von $t = 0, x = 0$ nach $t = 3{,}0$ s, $x = 240$ m. Ihre Steigung ist die Durchschnittsgeschwindigkeit während der ersten 3 s der Bewegung. Die gepunktete, mit (b) gekennzeichnete Linie verläuft tangential zur x-Kurve bei $t = 3{,}0$ s. Ihre Steigung ist die Momentangeschwindigkeit bei $t = 3{,}0$ s.

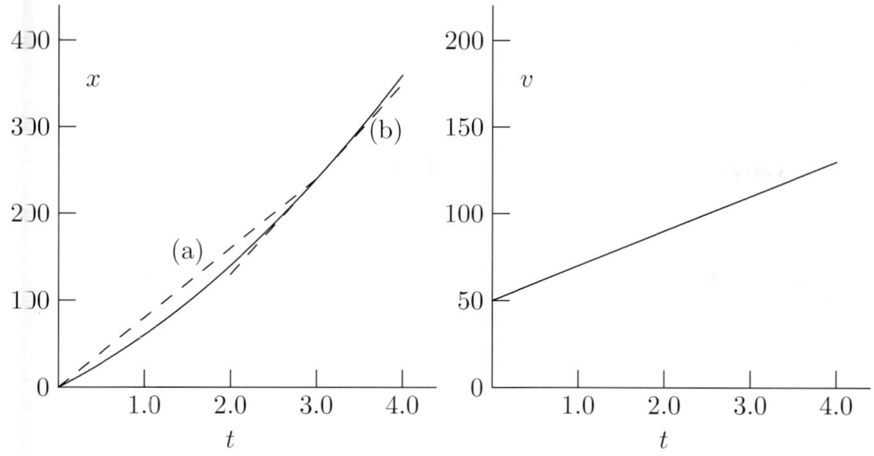

21 In dieser Lösung verwenden wir die Bezeichnung $x(t)$ für den Wert von x zu einem bestimmten Zeitpunkt t. Die Bezeichnungen $v(t)$ und $a(t)$ haben entsprechende Bedeutungen.

(a) Da die Einheit von ct^2 die einer Länge ist, muss die Einheit von c die von Länge/Zeit^2 oder m/s^2 im SI-System sein. Da bt^3 die Einheit einer Länge hat, muss b die Einheit von Länge/Zeit^3 oder m/s^3 haben.

(b) Wenn das Teilchen seine maximale (oder seine minimale) Koordinate erreicht, ist seine Geschwindigkeit null. Da die Geschwindigkeit durch $v = dx/dt = 2ct - 3bt^2$ gegeben ist, tritt $v = 0$ ein für $t = 0$ und für

$$t = \frac{2c}{3b} = \frac{2(3{,}0\,\text{m/s}^2)}{3(2{,}0\,\text{m/s}^3)} = 1{,}0\,\text{s}\,.$$

Für $t = 0$ ist $x = x_0 = 0$ und für $t = 1{,}0\,\text{s}$ ist $x = 1{,}0\,\text{m} > x_0$. Da wir das Maximum suchen, verwerfen wir die erste Nullstelle ($t = 0$) und akzeptieren die zweite ($t = 1\,\text{s}$).

(c) In den ersten 4 s bewegt sich das Teilchen vom Ursprung zu $x = 1{,}0\,\text{m}$, kehrt um und bewegt sich zurück zu

$$x(4\,\text{s}) = (3{,}0\,\text{m/s}^2)(4{,}0\,\text{s})^2 - (2{,}0\,\text{m/s}^3)(4{,}0\,\text{s})^3 = -80\,\text{m}\,.$$

Die gesamte Weglänge, die es zurücklegt, ist $1{,}0\,\text{m} + 1{,}0\,\text{m} + 80\,\text{m} = 82\,\text{m}$.

(d) Seine Verschiebung ist gegeben durch $\Delta x = x_2 - x_1$, wobei $x_1 = 0$ und $x_2 = -80\,\text{m}$ sind. Also erhalten wir $\Delta x = -80\,\text{m}$.

(e) Die Geschwindigkeit ist gegeben durch $v = 2ct - 3bt^2 = (6{,}0\,\text{m/s}^2)t - (6{,}0\,\text{m/s}^3)t^2$. Also erhalten wir

$$\begin{aligned}
v(1\,\text{s}) &= (6{,}0\,\text{m/s}^2)(1{,}0\,\text{s}) - (6{,}0\,\text{m/s}^3)(1{,}0\,\text{s})^2 = 0\\
v(2\,\text{s}) &= (6{,}0\,\text{m/s}^2)(2{,}0\,\text{s}) - (6{,}0\,\text{m/s}^3)(2{,}0\,\text{s})^2 = -12\,\text{m/s}\\
v(3\,\text{s}) &= (6{,}0\,\text{m/s}^2)(3{,}0\,\text{s}) - (6{,}0\,\text{m/s}^3)(3{,}0\,\text{s})^2 = -36{,}0\,\text{m/s}\\
v(4\,\text{s}) &= (6{,}0\,\text{m/s}^2)(4{,}0\,\text{s}) - (6{,}0\,\text{m/s}^3)(4{,}0\,\text{s})^2 = -72\,\text{m/s}\,.
\end{aligned}$$

(f) Die Beschleunigung ist gegeben durch $a = dv/dt = 2c - 6b = 6{,}0\,\text{m/s}^2 - (12{,}0\,\text{m/s}^3)t$. Also erhalten wir

$$\begin{aligned}
a(1\,\text{s}) &= 6{,}0\,\text{m/s}^2 - (12{,}0\,\text{m/s}^3)(1{,}0\,\text{s}) = -6{,}0\,\text{m/s}^2\\
a(2\,\text{s}) &= 6{,}0\,\text{m/s}^2 - (12{,}0\,\text{m/s}^3)(2{,}0\,\text{s}) = -18\,\text{m/s}^2\\
a(3\,\text{s}) &= 6{,}0\,\text{m/s}^2 - (12{,}0\,\text{m/s}^3)(3{,}0\,\text{s}) = -30\,\text{m/s}^2\\
a(4\,\text{s}) &= 6{,}0\,\text{m/s}^2 - (12{,}0\,\text{m/s}^3)(4{,}0\,\text{s}) = -42\,\text{m/s}^2\,.
\end{aligned}$$

23 Die Bedingung für die gleichmäßig beschleunigte Bewegung erlaubt die Verwendung von Tabelle 2-1.

(a) Setzen wir $v = 0$ und $x_0 = 0$ in $v^2 = v_0^2 + 2a(x - x_0)$, erhalten wir

$$x = -\frac{1}{2}\frac{v_0^2}{a} = -\frac{1}{2}\left(\frac{5{,}00 \times 10^6}{-1{,}25 \times 10^{14}}\right) = 0{,}100\,\text{m}\,.$$

Da das Myon abgebremst wird, müssen die Anfangsgeschwindigkeit und die Beschleunigung umgekehrte Vorzeichen haben.

(b) Unten sind die Position x und die Geschwindigkeit v des Myons von dem Augenblick, in dem es in das Feld tritt, bis zu dem Zeitpunkt, zu dem es anhält, wiedergegeben. Bei der Berechnung in Teil (a) wurde kein Bezug auf t gemacht, sodass andere Gleichungen aus Tabelle 2-1 (wie $v = v_0 + at$ und $x = v_0t + \frac{1}{2}at^2$) verwendet wurden, um diese Graphen zu zeichnen.

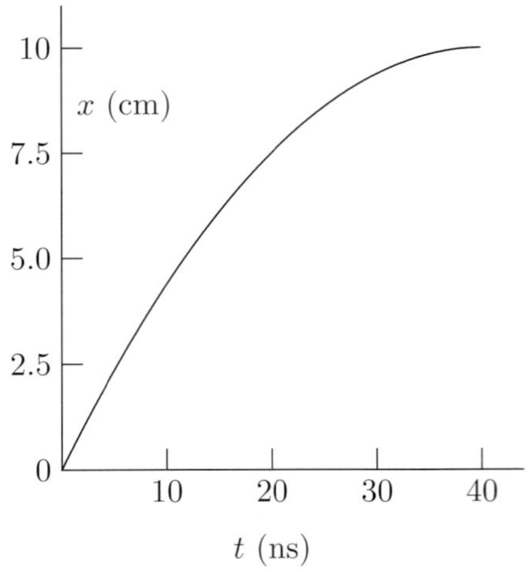

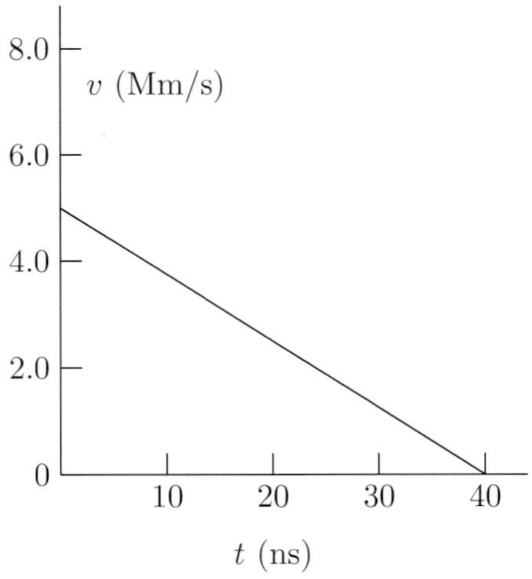

25 Wir verwenden $v = v_0 + at$ mit $t = 0$ als den Zeitpunkt, wo die Geschwindigkeit gleich +9,6 m/s beträgt.

(a) Da wir die Geschwindigkeit für eine Zeit *vor* $t = 0$ berechnen wollen, setzen wir $t = -2{,}5$ s. Also ergibt Gl. 2-11

$$v = (9{,}6\,\mathrm{m/s}) + \left(3{,}2\,\mathrm{m/s^2}\right)(-2{,}5\,\mathrm{s}) = 1{,}6\,\mathrm{m/s}\,.$$

(b) Nun ist $t = +2{,}5$ s, und wir erhalten

$$v = (9{,}6\,\mathrm{m/s}) + \left(3{,}2\,\mathrm{m/s^2}\right)(2{,}5\,\mathrm{s}) = 18\,\mathrm{m/s}\,.$$

27 Die laut Aufgabenstellung konstante Beschleunigung erlaubt die Verwendung der Gleichungen in Tabelle 2-1.

(a) Wir lösen $v = v_0 + at$ nach der Zeit auf:

$$t = \frac{v - v_0}{a} = \frac{\frac{1}{10}\left(3{,}0 \times 10^8\,\mathrm{m/s}\right)}{9{,}8\,\mathrm{m/s^2}} = 3{,}1 \times 10^6\,\mathrm{s}\,.$$

Dies entspricht 1,2 Monaten.

(b) Wir werten $x = x_0 + v_0t + \frac{1}{2}at^2$ für $x_0 = 0$ aus. Das Ergebnis ist

$$x = \frac{1}{2}\left(9{,}8\,\mathrm{m/s^2}\right)\left(3{,}1 \times 10^6\,\mathrm{s}\right)^2 = 4{,}7 \times 10^{13}\,\mathrm{m}\,.$$

29 Die Annahme, dass die Beschleunigung konstant ist, erlaubt die Verwendung der Gleichungen in Tabelle 2-1. Wir lösen $v^2 = v_0^2 + 2a(x - x_0)$ mit $x_0 = 0$ und $x = 0{,}010$ m auf. Also gilt

$$a = \frac{v^2 - v_0^2}{2x} = \frac{\left(5{,}7 \times 10^5\right)^2 - \left(1{,}5 \times 10^5\right)^2}{2(0{,}01)} = 1{,}62 \times 10^{15}\,\mathrm{m/s^2}\,.$$

31 Als positive Richtung wählen wir die Richtung der ursprünglichen Geschwindigkeit des Autos (wobei wir voraussetzen, dass $a < 0$ ist, da das Auto abgebremst wird). Wir nehmen an, dass die Beschleunigung konstant ist, und verwenden Tabelle 2-1.

(a) Setzen wir $v_0 = 137\,\mathrm{km/h} = 38{,}1\,\mathrm{m/s}$, $v = 90\,\mathrm{km/h} = 25\,\mathrm{m/s}$ und $a = -5{,}2\,\mathrm{m/s^2}$ in $v = v_0 + at$ ein, erhalten wir

$$t = \frac{25\,\mathrm{m/s} - 38\,\mathrm{m/s}}{-5{,}2\,\mathrm{m/s^2}} = 2{,}5\,\mathrm{s}\,.$$

(b) Wir nehmen an, dass sich das Auto bei $x = 0$ befindet, wenn die Bremsen (zum Zeitpunkt $t = 0$) betätigt werden. Also ist der Ort des Autos als Funktion der Zeit gegeben durch

$$x = (38)t + \frac{1}{2}(-5{,}2)t^2$$

in SI-Einheiten. Diese Funktion wird von $t = 0$ bis $t = 2{,}5$ s im Graphen rechts aufgetragen. Der Graph für v als Funktion von t ist hier nicht wiedergegeben; dies ist eine abfallende gerade Linie von v_0 bis v.

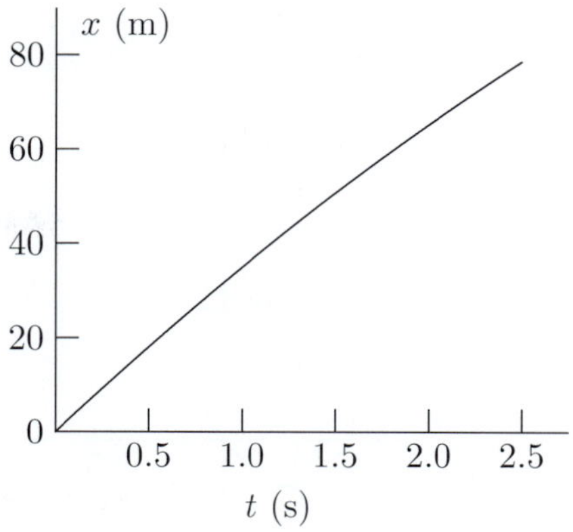

33 Die Aufgabenstellung (vergleiche Teil (a)) weist darauf hin, dass $a =$ konstant ist, weshalb wir Tabelle 2-1 verwenden können.

(a) Wir setzen $x_0 = 0$ und lösen $x = v_0 t + \frac{1}{2}at^2$ (Gl. 2-15) nach der Beschleunigung auf: $a = 2(x - v_0 t)/t^2$. Setzen wir $x = 24{,}0$ m, $v_0 = 56{,}0$ km/h $= 15{,}55$ m/s und $t = 2{,}00$ s ein, erhalten wir

$$a = \frac{2\,(24{,}0\,\text{m} - (15{,}55\,\text{m/s})(2{,}00\,\text{s}))}{(2{,}00\,\text{s})^2} = -3{,}56\,\text{m/s}^2 \,.$$

Das negative Vorzeichen weist darauf hin, dass die Beschleunigung der Bewegung des Autos entgegen gerichtet ist; das Auto bremst ab.

(b) Wir werten $v = v_0 + at$ folgendermaßen aus:

$$v = 15{,}55\,\text{m/s} - \left(3{,}56\,\text{m/s}^2\right)(2{,}00\,\text{s}) = 8{,}43\,\text{m/s}\,,$$

was gleichbedeutend mit 30,3 km/h ist.

35 Die Beschleunigung ist konstant und wir können die Gleichungen in Tabelle 2-1 verwenden.

(a) Wir legen den Koordinatenursprung in den ersten Punkt und setzen die Zeit, zu der sich das Auto dort befindet, null; dann wenden wir Gl. 2-17 (natürlich mit SI-Einheiten) an:

$$x = \frac{1}{2}(v + v_0)\,t = \frac{1}{2}(15 + v_0)\,(6)\,.$$

Mit $x = 60{,}0$ m (wodurch die Bewegungsrichtung als $+x$-Richtung festgelegt wird) lösen wir nach der Anfangsgeschwindigkeit auf: $v_0 = 5{,}00$ m/s.

(b) Setzen wir $v = 15$ m/s, $v_0 = 5$ m/s und $t = 6$ s in $a = (v - v_0)/t$ (Gl. 2-11) ein, erhalten wir $a = 1{,}67$ m/s^2.

(c) Setzen wir $v = 0$ in $v^2 = v_0^2 + 2ax$ und lösen wir nach x auf, erhalten wir

$$x = -\frac{v_0^2}{2a} = -\frac{5^2}{2(1{,}67)} = -7{,}50\text{ m}\,.$$

(d) Für die Graphen müssen wir die Zeit berechnen, wenn $v = 0$ ist, wobei wir $v = v_0 + at' = 0$ verwenden.

$$t' = \frac{-v_0}{a} = \frac{-5}{1{,}67} = -3{,}0\text{ s}$$

zeigt den Augenblick, in dem das Auto hielt. Dabei nehmen wir SI-Einheiten an.

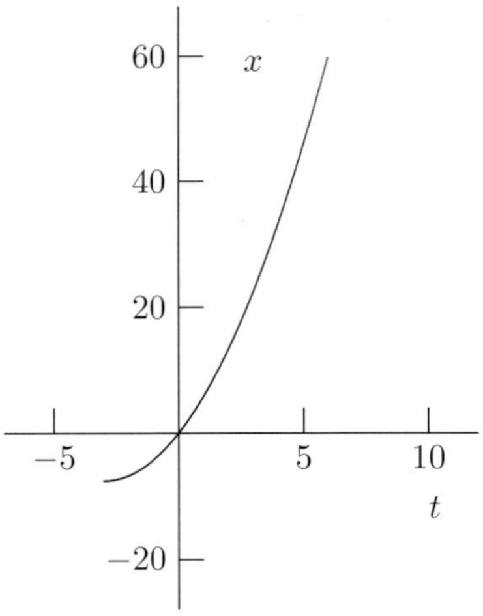

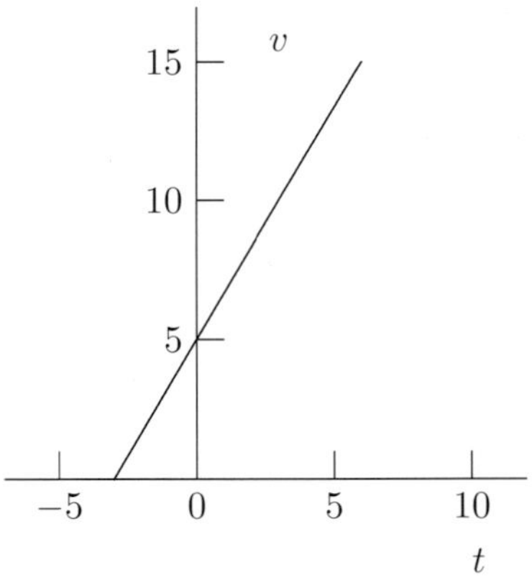

37 Wir bezeichnen die Reaktionszeit mit t_r und die Bremszeit mit t_b. Bei der Bewegung während t_r handelt es sich um eine Bewegung mit konstanter Geschwindigkeit (nennen wir sie v_0). Dann ist der Ort des Autos gegeben durch

$$x = v_0 t_r + v_0 t_b + \frac{1}{2} a t_b^2 ,$$

wobei v_0 die Anfangsgeschwindigkeit und a die Beschleunigung ist (von der wir erwarten, dass sie negativ ist, da wir die Geschwindigkeit in die positive Richtung legen und da wir wissen, dass das Auto abbremst). *Nachdem* die Bremsen betätigt wurden, ist die Geschwindigkeit des Autos gegeben durch $v = v_0 + a t_b$. Wir verwenden diese Gleichung mit $v = 0$, eliminieren t_b aus der ersten Gleichung und erhalten

$$x = v_0 t_r - \frac{v_0^2}{a} + \frac{1}{2}\frac{v_0^2}{a} = v_0 t_r - \frac{1}{2}\frac{v_0^2}{a} .$$

Wir schreiben diese Gleichung für jede der Anfangsgeschwindigkeiten:

$$x_1 = v_{01} t_r - \frac{1}{2}\frac{v_{01}^2}{a}$$

und

$$x_2 = v_{02} t_r - \frac{1}{2}\frac{v_{02}^2}{a} .$$

Wenn wir diese Gleichungen gleichzeitig nach t_r und a auflösen, erhalten wir

$$t_r = \frac{v_{02}^2 x_1 - v_{01}^2 x_2}{v_{01} v_{02} (v_{02} - v_{01})}$$

und

$$a = -\frac{1}{2}\frac{v_{02} v_{01}^2 - v_{01} v_{02}^2}{v_{02} x_1 - v_{01} x_2} .$$

Setzen wir $x_1 = 56{,}7\,\text{m}$, $v_{01} = 80{,}5\,\text{km/h} = 22{,}4\,\text{m/s}$, $x_2 = 24{,}4$ m und $v_{02} = 48{,}3\,\text{km/h} = 13{,}4$ m/s ein, erhalten wir

$$t_r = \frac{13{,}4^2(56{,}7) - 22{,}4^2(24{,}4)}{(22{,}4)(13{,}4)(13{,}4 - 22{,}4)} = 0{,}74\ \text{s}$$

und

$$a = -\frac{1}{2}\frac{(13{,}4)22{,}4^2 - (22{,}4)13{,}4^2}{(13{,}4)(56{,}7) - (22{,}4)(24{,}4)} = -6{,}2\ \text{m/s}^2 .$$

Der *Betrag* der Beschleunigung ist daher $6{,}2$ m/s^2. Obwohl abgerundete Werte in den obigen Ersetzungen angezeigt werden, sind die Werte, die wir in unsere Berechnungen eingesetzt haben, die „exakten“ Werte (wie $v_{02} = \frac{161}{12}$ m/s).

41 Wir vernachlässigen den Luftwiderstand, was rechtfertigt, dass wir $a = -g = -9{,}8$ m/s^2 (womit wir *abwärts* als die $-y$-Richtung festsetzen) für die Dauer des Falls setzen. Dies ist eine Bewegung mit konstanter Beschleunigung, was die Verwendung von Tabelle 2-1 (mit Δy statt Δx) rechtfertigt.

(a) Starten wir die Uhr in dem Augenblick, in dem der Schraubenschlüssel fallen gelassen wird ($v_o = 0$), dann führt $v^2 = v_o^2 - 2g\Delta y$ zu

$$\Delta y = -\frac{(-24)^2}{2(9{,}8)} = -29{,}4\ \text{m}\,,$$

sodass er eine Höhe von 29,4 m fällt.

(b) Lösen wir $v = v_0 - gt$ nach der Zeit auf, erhalten wir:

$$t = \frac{v_0 - v}{g} = \frac{0 - (-24)}{9{,}8} = 2{,}45\ \text{s}\,.$$

(c) In den Graphen wurden SI-Einheiten verwendet, und die Anfangsposition wurde in den Koordinatenursprung gelegt. Der Graph der Beschleunigung ist eine horizontale Linie bei $-9{,}8\,\text{m/s}^2$.

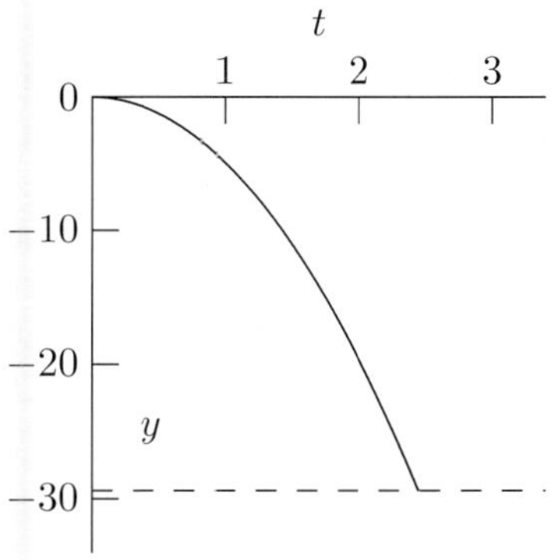

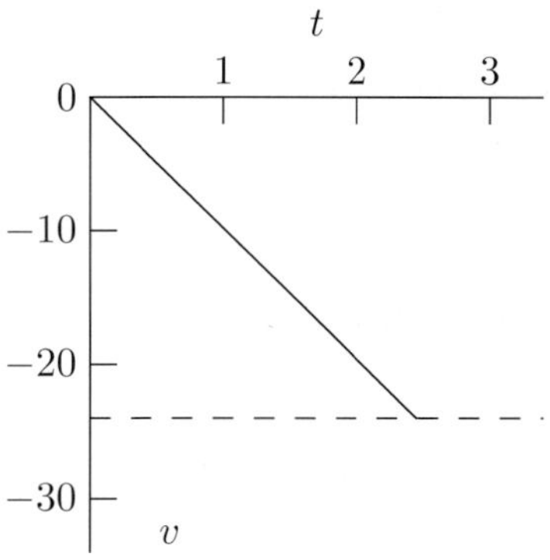

43 Wir vernachlässigen den Luftwiderstand für die Dauer der Bewegung (zwischen „Start“ und „Landung“), also ist $a = -g = -9{,}8\ \text{m/s}^2$ (abwärts legen wir in die $-y$-Richtung). Wir verwenden die Gleichungen in Tabelle 2-1 (mit Δy statt Δx), weil es sich um eine Bewegung mit $a =$ konstant handelt.

(a) Am höchsten Punkt verschwindet die Geschwindigkeit des Balls. Wir setzen $y_0 = 0$, setzen $v = 0$ in $v^2 = v_0^2 - 2gy$ ein und lösen nach der Anfangsgeschwindigkeit auf: $v_0 = \sqrt{2gy}$. Wegen $y = 50\,\text{m}$ erhalten wir $v_0 = 31\ \text{m/s}$.

(b) Er befindet sich vom Zeitpunkt, in dem er den Boden verlässt, bis zu der Zeit, da er auf den Boden zurückkehrt ($y = 0$), in der Luft. Indem wir Gl. 2-15 auf die gesamte Bewegung (den Aufstieg und den Fall mit einer Gesamtzeit $t > 0$) anwenden, erhalten wir

$$y = v_0 t - \frac{1}{2}gt^2 \implies t = \frac{2v_0}{g}\,,$$

was (unter Verwendung unseres Ergebnisses in Teil (a)) $t = 6{,}4$ s liefert. Man kann dies auch erhalten, ohne das Ergebnis aus Teil (a) zu verwenden; man kann die Zeit nur für den Anstieg (vom Boden zum höchsten Punkt) aus Gl 2-16 berechnen und sie dann verdoppeln.

(c) In den wiedergegebenen Graphen für x und v werden natürlich SI-Einheiten verwendet. Der Graph von a ist eine horizontale Linie bei $-9{,}8\,\text{m/s}^2$.

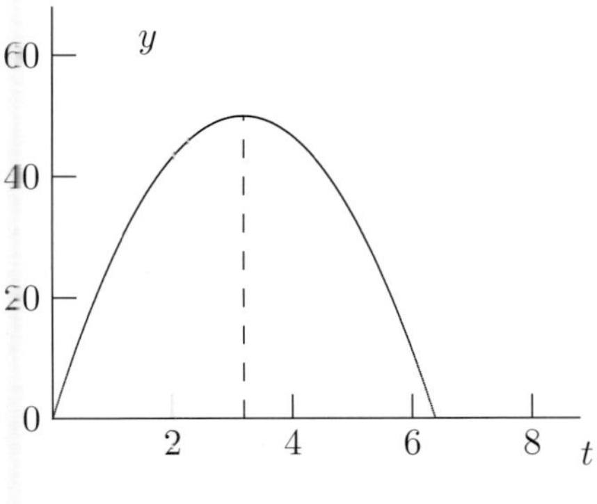

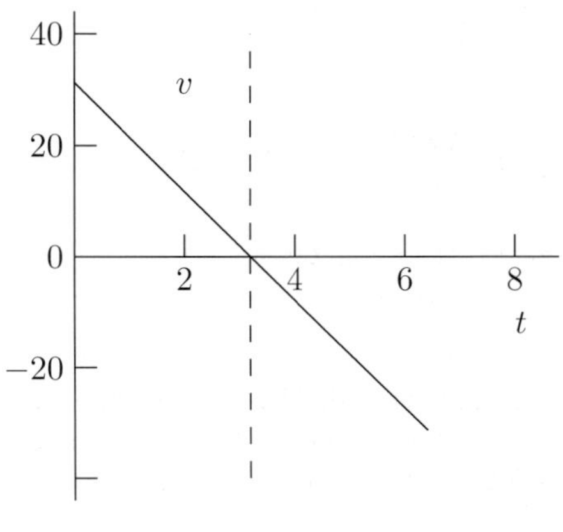

45 Legen wir die $+y$-Richtung nach *unten* und setzen wir $y_0 = 0$, haben wir $y = v_0 t - \frac{1}{2}gt^2$, woraus (mit $v_0 = 0$) $t = \sqrt{2y/g}$ folgt.

(a) Für diesen Teil der Bewegung ist $y = 50$ m, sodass folgt:

$$t = \sqrt{\frac{2(50)}{9{,}8}} = 3{,}2 \text{ s} .$$

(b) Für diesen Teil der Bewegung bemerken wir, dass die Gesamtverschiebung $y = 100$ m ist. Daher ist die Gesamtzeit

$$t = \sqrt{\frac{2(100)}{9{,}8}} = 4{,}5 \text{ s} .$$

Der Unterschied zwischen diesem Wert und der Antwort zu Teil (a) ist die Zeit, die benötigt wird, um durch den zweiten 50 m Abschnitt zu fallen: $4{,}5 - 3{,}2 = 1{,}3$ s.

47 Wir vernachlässigen den Luftwiderstand, was rechtfertigt, dass wir $a = -g = -9{,}8 \text{ m/s}^2$ (womit wir *abwärts* als die $-y$-Richtung festsetzen) für die Dauer der Bewegung setzen. Wir dürfen Tabelle 2-1 (mit Δy statt Δx) verwenden, weil es sich um eine Bewegung mit konstanter Beschleunigung handelt. Die Bodenhöhe legen wir in den Ursprung der y-Achse.

(a) Verwenden wir $y = v_0 t - \frac{1}{2}gt^2$, mit $y = 0{,}544$ m und $t = 0{,}200$ s, erhalten wir

$$v_0 = \frac{y + \frac{1}{2}gt^2}{t} = \frac{0{,}544 + \frac{1}{2}(9{,}8)(0{,}200)^2}{0{,}200} = 3{,}70 \text{ m/s} .$$

(b) Die Geschwindigkeit bei $y = 0{,}544$ m ist

$$v = v_0 - gt = 3{,}70 - (9{,}8)(0{,}200) = 1{,}74 \text{ m/s} .$$

(c) Wir verwenden $v^2 = v_0^2 - 2gy$ (mit verschiedenen Werten für y und v als vorher) und lösen nach dem Wert für y, der zur größten Höhe (wo $v = 0$ ist) gehört, auf:

$$y = \frac{v_0^2}{2g} = \frac{3{,}7^2}{2(9{,}8)} = 0{,}698 \text{ m} .$$

Also springt das Gürteltier $0{,}698 - 0{,}544 = 0{,}154$ m hoch.

49 Die Geschwindigkeit des Boots ist konstant, gegeben durch $v_b = d/t$. Dabei ist d der Abstand des Boots von der Brücke, wenn der Schlüssel fallen gelassen wird (12 m), und t die Zeit, die der Schlüssel für den Fall benötigt. Um t zu berechnen, legen wir den Ursprung des Koordinatensystems in den Punkt, wo der Schlüssel fallen gelassen wird, und die positive y-Achse in die *Abwärts*richtung. Wir setzen die Zeit null in dem Augenblick, wo der Schlüssel fallen gelassen wird, und wir berechnen die Zeit t, wenn $y = 45$ m ist. Da die Anfangsgeschwindigkeit des Schlüssels null ist, ist die Koordinate des Schlüssels gegeben durch $y = \frac{1}{2}gt^2$. Also haben wir

$$t = \sqrt{\frac{2y}{g}} = \sqrt{\frac{2(45\text{ m})}{9{,}8\text{ m/s}^2}} = 3{,}03 \text{ s} .$$

Die Geschwindigkeit des Boots beträgt also

$$v_b = \frac{12\text{ m}}{3{,}03\text{ s}} = 4{,}0 \text{ m/s} .$$

51 Zuerst bestimmen wird die Geschwindigkeit der Kugel, kurz bevor sie den Boden berührt. Während des Kontakts mit dem Boden ist ihre Durchschnittsbeschleunigung gegeben durch

$$a_{\text{gem}} = \frac{\Delta v}{\Delta t} ,$$

wobei Δv die Änderung ihrer Geschwindigkeit während des Kontakts mit dem Boden und $\Delta t = 20{,}0 \times 10^{-3}$ s die Dauer des Kontakts bezeichnet. Nun bestimmen wir die Geschwindigkeit direkt *vor* dem Kontakt. Wir legen den Ursprung in den Punkt, wo die Kugel fallen gelassen wird (und lassen $+y$ nach oben weisen) und setzen $t = 0$, wenn sie fallen gelassen wird. Die Kugel trifft den Boden bei $y = -15{,}0$ m. Ihre dortige Geschwindigkeit wird aus Gl. 2-16 bestimmt: $v^2 = -2gy$. Daher erhalten wir

$$v = -\sqrt{-2gy} = -\sqrt{-2(9{,}8)(-15{,}0)} = -17{,}1 \text{ m/s} ,$$

wobei das negative Vorzeichen gewählt wurde, weil sich die Kugel im Moment des Kontakts nach unten bewegt. Folglich ist die Durchschnittsbeschleunigung während des Kontakts mit dem Boden

$$a_{\text{gem}} = \frac{0 - (-17{,}1)}{20{,}0 \times 10^{-3}} = 857 \text{ m/s}^2 .$$

Die Tatsache, dass das Ergebnis positiv ist, weist darauf hin, dass dieser Beschleunigungsvektor nach oben zeigt. In einem späteren Kapitel wird dies direkt mit dem Betrag und der Richtung der Kraft in Beziehung gesetzt werden, die der Boden während des Aufpralls auf die Kugel ausübt.

53 Die Durchschnittsbeschleunigung während des Kontakts mit dem Boden ist gegeben durch $a_{\text{gem}} = (v_2 - v_1)/\Delta t$, wobei v_1 seine Geschwindigkeit, direkt bevor er auf dem Boden aufprallt, v_2 seine Geschwindigkeit, gerade wenn er den Boden verlässt, und Δt die Dauer des Kontakts mit dem Boden bezeichnet (12×10^{-3} s). Wir lassen die y-Achse in die positive Richtung nach oben weisen und legen den Ursprung in den Punkt, wo der Tennisball fallen gelassen wird. Wir bestimmen zuerst die Geschwindigkeit, direkt bevor er auf dem Boden auftrifft, indem wir $v_1^2 = v_0^2 - 2gy$ verwenden. Mit $v_0 = 0$ und $y = -4{,}00$ m ist das Ergebnis

$$v_1 = -\sqrt{-2gy} = -\sqrt{-2(9{,}8)(-4{,}00)} = -8{,}85 \text{ m/s} ,$$

wobei die negative Wurzel gewählt wurde, weil sich der Ball nach unten bewegt. Um die Geschwindigkeit zu bestimmen, direkt nachdem der Ball auf den Boden aufgeschlagen ist (wenn er ohne Luftreibung bis zu einer Höhe von 2,00 m abprallt), verwenden wir $v^2 = v_2^2 - 2g(y - y_0)$ mit $v = 0$, $y = -2{,}00$ m (er bleibt zwei Meter *unterhalb* der Höhe, aus der er ursprünglich fallen gelassen wird) und $y_0 = -4{,}00$ m. Daher erhalten wir

$$v_2 = \sqrt{2g(y - y_0)} = \sqrt{2(9{,}8)(-2{,}00 + 4{,}00)} = 6{,}26 \text{ m/s} .$$

Folglich beträgt die Durchschnittsbeschleunigung

$$a_{\text{gem}} = \frac{v_2 - v_1}{\Delta t} = \frac{6{,}26 + 8{,}85}{12{,}0 \times 10^{-3}} = 1{,}26 \times 10^3 \text{ m/s}^2 .$$

Das positive Ergebnis deutet darauf hin, dass der Beschleunigungsvektor nach oben zeigt. In einem späteren Kapitel wird dies direkt mit dem Betrag und der Richtung der Kraft in Beziehung gesetzt werden, die der Boden während des Aufpralls auf die Kugel ausübt.

57 Lassen wir $+y$ nach oben weisen und legen wir den Ursprung in den Punkt, von dem aus die Diamanten fallen gelassen werden, dann ist die Position von Diamant 1 gegeben durch $y_1 = -\frac{1}{2}gt^2$, und die Position von Diamant 2 ist gegeben durch $y_2 = -\frac{1}{2}g(t-1)^2$. Wir starten die Uhr, wenn der erste Diamant fallen gelassen wird. Gesucht ist die Zeit, zu der $y_2 - y_1 = 10$ m ist. Daher erhalten wir

$$-\frac{1}{2}g(t-1)^2 + \frac{1}{2}gt^2 = 10 \implies t = (10/g) + 0{,}5 = 1{,}5 \text{ s} .$$

59 Wir vernachlässigen den Luftwiderstand, was rechtfertigt, dass wir $a = -g = -9{,}8$ m/s^2 (womit wir *abwärts* als die $-y$-Richtung festsetzen) für die Dauer der Bewegung setzen. Wir dürfen Tabelle 2-1 (mit Δy statt Δx) verwenden, weil es sich um eine Bewegung mit konstanter Beschleunigung handelt. Wir legen den Koordinatenursprung auf den Boden. Wir bemerken, dass die Anfangsgeschwindigkeit des Pakets die gleiche wie die des Heißluftballons ist, $v_0 = +12$ m/s, und dass seine Anfangskoordinate $y_0 = +80$ m ist.

(a) Wir lösen $y = y_0 + v_0 t - \frac{1}{2}gt^2$ nach der Zeit auf mit $y = 0$, verwenden die Formel für die Lösung der quadratischen Gleichung (wobei wir die positive Wurzel verwenden, um einen positiven Wert für t zu erhalten).

$$t = \frac{v_0 + \sqrt{v_0^2 + 2gy_0}}{g} = \frac{12 + \sqrt{12^2 + 2(9{,}8)(80)}}{9{,}8} = 5{,}4 \text{ s} .$$

(b) Wenn wir vermeiden wollen, das Ergebnis aus Teil (a) zu verwenden, können wir Gl. 2-16 verwenden, aber wenn dies nicht beabsichtigt ist, dann kann eine Vielzahl der Formeln aus Tabelle 2-1 verwendet werden. Zum Beispiel führt Gl. 2-11 auf $v = v_0 - gt = 12 - (9{,}8)(5{,}4) = -41$ m/s. Der *Geschwindigkeitsbetrag* des Pakets ist am Ende 41 m/s.

61 Wir vernachlässigen den Luftwiderstand, was rechtfertigt, dass wir $a = -g = -9{,}8\ \mathrm{m/s^2}$ (womit wir *abwärts* als die $-y$-Richtung festsetzen) für die Dauer der Bewegung des geworfenen Balls setzen. Wir dürfen Tabelle 2-1 (mit Δy statt Δx) verwenden, weil es sich um eine Bewegung mit konstanter Beschleunigung handelt. Wir verwenden gestrichene Variablen (außer t) für den Fahrstuhl mit konstanter Geschwindigkeit (also ist $v' = 20$ m/s) und ungestrichene Variablen für den Ball (mit Anfangsgeschwindigkeit $v_0 = v' + 10 = 30$ m/s relativ zum Erdboden). Wir verwenden durchweg SI-Einheiten.

(a) Wir setzen die Zeit in dem Augenblick null, wo der Ball geworfen wird, berechnen seine maximale Höhe y (relativ zum Boden) mit $v^2 = v_0^2 - 2g(y - y_o)$, wobei der höchste Punkt durch $v = 0$ charakterisiert wird. Also haben wir

$$y = y_o + \frac{v_0^2}{2g} = 76\ \mathrm{m}\ ,$$

wobei $y_o = y_o' + 2 = 30$ m (dabei ist $y_o' = 28$ m in der Aufgabenstellung gegeben) und wie oben bemerkt $v_0 = 30$ m/s relativ zum Boden ist.

(b) Es gibt eine Vielzahl von Vorgehensweisen für diese Frage. Eine besteht darin, weiter in dem in Teil (a) angepassten Bezugssystem zu arbeiten (welches den Boden als ruhend behandelt und darin den Ursprung des Koordinatensystems „festhält“); in diesem Fall beschreibt man die Bewegung des Fahrstuhls durch $y' = y_o' + v't$ und die Bewegung des Balls mit Gl. 2-15 und löst sie für den Fall, wo sie den gleichen Punkt zur gleichen Zeit erreichen. Eine andere besteht darin, im Bezugssystem des Fahrstuhls zu arbeiten (der Junge im Fahrstuhl könnte die Tatsache, dass sich der Fahrstuhl bewegt, vergessen haben, da er nicht beschleunigt wird). Diese Vorgehensweise zeigen wir hier im Detail:

$$\Delta y_e = v_{0e} t - \frac{1}{2} g t^2 \quad \Longrightarrow \quad t = \frac{v_{0e} + \sqrt{v_{0e}^2 - 2g\Delta y_e}}{g}\ ,$$

wobei $v_{0e} = 20$ m/s die Anfangsgeschwindigkeit des Balls relativ zum Fahrstuhl und $\Delta y_e = -2{,}0$ m de Verschiebung des Balls relativ zum Fahrstuhlboden bezeichnet. Die positive Wurzel wurde gewählt, um einen positiven Wert für t zu erhalten; das Ergebnis ist $t = 4{,}2$ s.

3 Vektoren

3 Die x-Komponente des Vektors $\vec{a}$ ist gegeben durch $a_x = 7{,}3\cos 250° = -2{,}5$, und die y-Komponente ist gegeben durch $a_y = 7{,}3\sin 250° = -6{,}9$. Betrachten wir die Vielzahl an Wegen, um diese zu berechnen, so bemerken wird, dass der Vektor 70° unterhalb der $-x$-Achse liegt; also hätten die Komponenten auch aus $a_x = -7{,}3\cos 70°$ und $a_y = -7{,}3\sin 70°$ bestimmt werden können. In ähnlicher Weise bemerken wir, dass der Vektor 20° von der $-y$-Achse liegt; also könnte man $a_x = -7{,}3\sin 20°$ und $a_y = -7{,}3\cos 20°$ verwenden, um die gleichen Ergebnisse zu erhalten.

5 Im Lehrbuch besteht die Herangehensweise für derartige Aufgaben in der Verwendung von Gl. 3-6, und sie ist in Beispielaufgabe 3-3 dargestellt. Mit den meisten modernen grafischen Taschenrechnern erhält man die Ergebnisse jedoch auf sehr effiziente Weise, indem man per „Tastenkürzel“ die Umrechnung zwischen rechtwinkligen und Polar-Koordinaten aufruft.

(a) $\sqrt{(-25)^2 + 40^2} = 47{,}2$ m.

(b) Erinnern wir uns, dass $\tan(\theta) = \tan(\theta + 180°)$ ist, so erkennen wir, dass die beiden Möglichkeiten für $\tan^{-1}(40/-25)$ $-58°$ und 122° sind. Beachten wir, dass der Vektor im dritten Quadranten liegt (gemäß den Vorzeichen seiner x- und y-Komponente), sehen wir, dass 122° die richtige Antwort ist. Die oben erwähnten „Tastenkürzel“ grafischer Taschenrechner sind so gestaltet, dass die richtige Möglichkeit gewählt wird.

7 Der Punkt P wird vertikal um $2R$ verschoben, wobei R der Radius des Rads ist. Er wird horizontal um den halben Umfang des Rads, oder πR, verschoben. Wegen $R = 0{,}450$ m ist die horizontale Komponente der Verschiebung 1,414 m, und die vertikale Komponente der Verschiebung ist 0,900 m. Wenn die x-Achse horizontal und die y-Achse vertikal liegt, ist der Verschiebungsvektor (in Metern) $\vec{r} = (1{,}414\,\vec{e}_x + 0{,}900\,\vec{e}_y)$. Die Verschiebung hat einen Betrag von

$$|\vec{r}| = \sqrt{(\pi R)^2 + (2R)^2} = R\sqrt{\pi^2 + 4} = 1{,}68 \text{ m}$$

und einen Winkel von

$$\tan^{-1}\left(\frac{2R}{\pi R}\right) = \tan^{-1}\left(\frac{2}{\pi}\right) = 32{,}5°$$

oberhalb des Bodens. In der Physik gibt es keine „exakten“ Messungen, trotzdem schien die Winkelberechnung etwas *exaktes* zu liefern. Es muss jedoch eine Ungewissheit in der Beobachtung, dass das Rad um eine halbe Umdrehung weiter gerollt ist, geben, wodurch eine Unbestimmtheit in unser Ergebnis kommt.

9 In der gesamten Rechnung denken wir uns als Einheit Meter.

(a) Wir berechnen den Abstand von einer Ecke zur diagonal gegenüberliegenden Ecke: $d = \sqrt{3{,}00^2 + 3{,}70^2 + 4{,}30^2} = 6{,}42$.

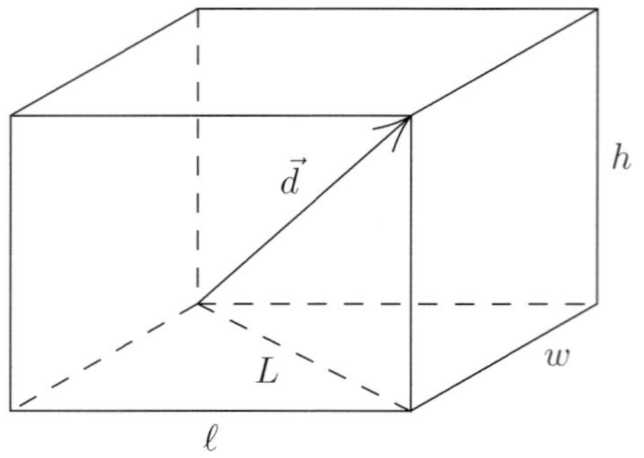

(b) Der Verschiebungsvektor verläuft entlang der geraden Verbindungslinie zwischen dem Anfang und dem Endpunkt der Reise. Da eine Gerade die kürzeste Verbindung zwischen zwei Punkten ist, kann die Länge des Weges nicht kleiner als der Betrag des Verschiebungsvektors sein.

(c) Er kann jedoch länger sein. Die Fliege könnte z.B. entlang der Kanten des Raumes kriechen. Ihre Verschiebung wäre die gleiche, aber die Weglänge wäre $\ell + w + h$.

(d) Wenn die Fliege entlang des Verschiebungsvektors fliegt, ist die Weglänge genauso groß wie der Betrag der Verschiebung.

(e) Wir lassen die x-Achse aus der Zeichenebene hinaus, die y-Achse nach rechts und die z-Achse nach oben zeigen. Dann ist die x-Komponente der Verschiebung $w = 3{,}70$, die y-Komponente der Verschiebung 4,30 und die z-Komponente 3,00. Also ist $\vec{d} = 3{,}70\,\hat{\imath} + 4{,}30\,\hat{\jmath} + 3{,}00\,\hat{k}$. Eine ebenso korrekte Antwort erhält man durch Vertauschen von Länge, Breite und Höhe.

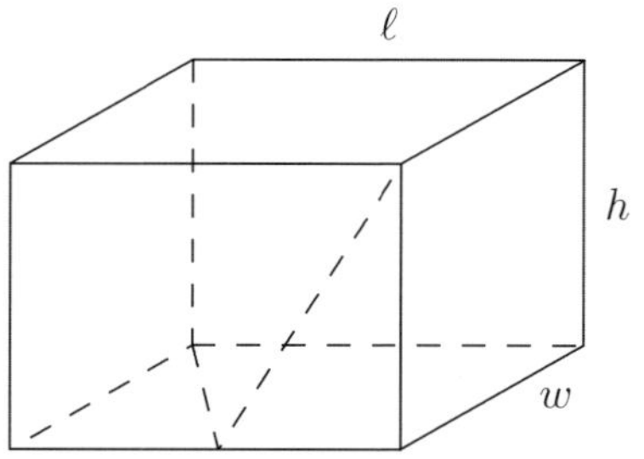

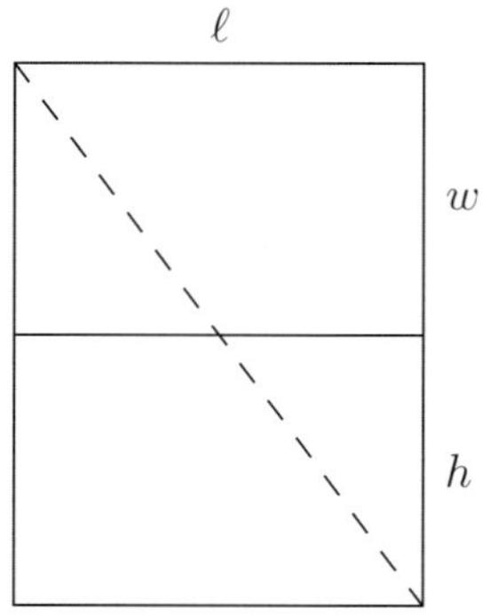

(f) Wir nehmen an, der Weg der Fliege wird im oberen Diagramm durch die gepunktete Linie dargestellt. Nehmen wir an, dass sich dort, wo die vordere Wand des Raums den Boden berührt, ein Scharnier befindet und legen wir die Wand nach unten, wie im oberen Diagramm dargestellt. Die kürzeste Entfernung beim Laufen von unten links hinten im Raum zur oberen rechten vorderen Ecke ist die gepunktete gerade Linie im Diagramm. Ihre Länge ist

$$L_{\min} = \sqrt{(w+h)^2 + \ell^2} = \sqrt{(3{,}70 + 3{,}00)^2 + 4{,}30^2} = 7{,}96\ \text{m}\ .$$

11 Das Diagramm zeigt den Verschiebungsvektor für die beiden Teile beim Gehen, gekennzeichnet mit $\vec{A}$ und $\vec{B}$, und den gesamten („letztendlichen“) Verschiebungsvektor, gekennzeichnet mit $\vec{r}$. Wir lassen Osten in die $+x$-Richtung und Norden in die $+y$-Richtung weisen. Wir beobachten, dass der Winkel zwischen $\vec{A}$ und der x-Achse 60° beträgt. Wenn die Einheiten nicht explizit angegeben sind, sind die Abstände in Metern zu verstehen. Die Komponenten des Vektors $\vec{A}$ sind daher $A_x = 250\cos 60° = 125$ und $A_y = 250\sin 30° = 216{,}5$. Die Komponenten des Vektors $\vec{B}$ sind $B_x = 175$ und $B_y = 0$. Die Komponenten der Gesamtverschiebung sind $r_x = A_x + B_x = 125 + 175 = 300$ und $r_y = A_y + B_y = 216{,}5 + 0 = 216{,}5$.

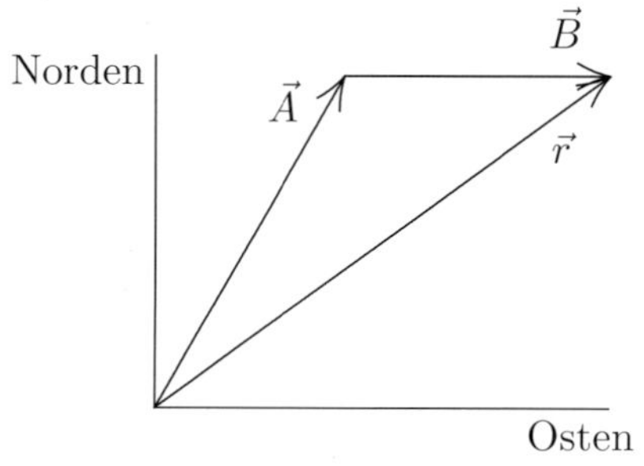

(a) Der Betrag der resultierenden Verschiebung ist

$$|\vec{r}| = \sqrt{r_x^2 + r_y^2} = \sqrt{300^2 + 216{,}5^2} = 370 \text{ m} .$$

(b) Der Winkel, den die resultierende Verschiebung mit der $+x$-Achse bildet, ist

$$\tan^{-1}\left(\frac{r_y}{r_x}\right) = \tan^{-1}\left(\frac{216{,}5}{300}\right) = 36° .$$

(c) Die gesamte zurückgelegte *Entfernung* ist $d = 250 + 175 = 425$ m.

(d) Der gesamte zurückgelegte Entfernung ist größer als der Betrag der Verschiebung. Das Diagramm zeigt, warum: $\vec{A}$ und $\vec{B}$ sind nicht parallel.

13 Wir schreiben $\vec{r} = \vec{a} + \vec{b}$. Wenn nicht explizit angegeben, wird hier als Einheit Meter angenommen. Dann ist $r_x = a_x + b_x = 4{,}0 - 13 = -9{,}0$ und $r_y = a_y + b_y = 3{,}0 + 7{,}0 = 10$. Also haben wir $\vec{r} = (-9{,}0\,\text{m})\vec{e}_x + (10\,\text{m})\vec{e}_y$. Der Betrag des resultierenden Vektors ist

$$r = \sqrt{r_x^2 + r_y^2} = \sqrt{(-9{,}0)^2 + (10)^2} = 13 \text{ m} .$$

Der Winkel zwischen dem resultierenden Vektor und der $+x$-Achse ist gegeben durch $\tan^{-1}(r_y/r_x) = \tan^{-1} 10/(-9{,}0)$, was entweder $-48°$ oder $132°$ ist. Da die x-Komponente des resultierenden Vektors negativ und die y-Komponente positiv ist, charakteristisch für den zweiten Quadranten, erhalten wir für den Winkel 132° (gemessen im Gegenuhrzeigersinn von der $+x$-Achse aus).

15 Die Vektoren sind im Diagramm dargestellt. Die x-Achse läuft von Westen nach Osten, und die y-Achse verläuft von Süden nach Norden. Dann ist $a_x = 5{,}0\,\text{m}$, $a_y = 0$, $b_x = -(4{,}0\,\text{m})\sin 35° = -2{,}29\,\text{m}$ und $b_y = (4{,}0\,\text{m})\cos 35° = 3{,}28\,\text{m}$.

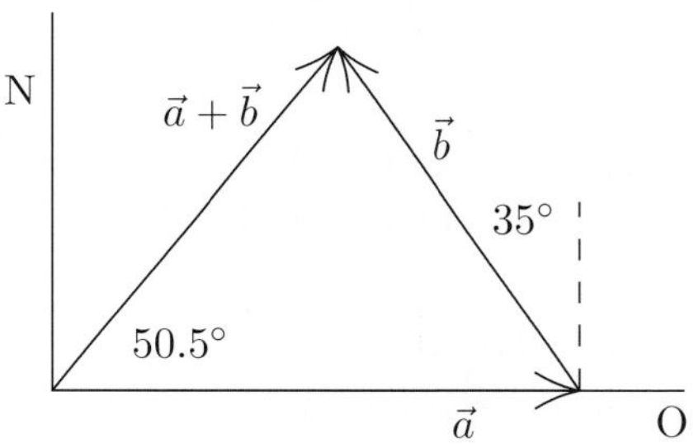

(a) Es sei $\vec{c} = \vec{a} + \vec{b}$. Dann ist $c_x = a_x + b_x = 5{,}0\,\text{m} - 2{,}29\,\text{m} = 2{,}71\,\text{m}$ und $c_y = a_y + b_y = 0 + 3{,}28\,\text{m} = 3{,}28\,\text{m}$. Der Betrag von c ist

$$c = \sqrt{c_x^2 + c_y^2} = \sqrt{(2{,}71\,\text{m})^2 + (3{,}28\,\text{m})^2} = 4{,}3 \text{ m} .$$

(b) Der Winkel θ, den $\vec{c} = \vec{a} + \vec{b}$ mit der $+x$-Achse bildet, ist

$$\theta = \tan^{-1}\frac{c_y}{c_x} = \tan^{-1}\frac{3{,}28\,\text{m}}{2{,}71\,\text{m}} = 50{,}4° .$$

Die zweite Möglichkeit ($\theta = 50{,}4° + 180° = 126°$) wird verworfen, weil er in eine Richtung entgegengesetzt zu $\vec{c}$ weisen würde.

(c) Der Vektor $\vec{b} - \vec{a}$ wird bestimmt, indem man $-\vec{a}$ zu $\vec{b}$ addiert. Das Ergebnis ist im Diagramm rechts dargestellt. Es sei $\vec{c} = \vec{b} - \vec{a}$. Dann ist $c_x = b_x - a_x = -2{,}29\,\text{m} - 5{,}0\,\text{m} = -7{,}29\,\text{m}$ und $c_y = b_y - a_y = 3{,}28\,\text{m}$. Der Betrag von $\vec{c}$ ist $c = \sqrt{c_x^2 + c_y^2} = 8{,}0\,\text{m}$.

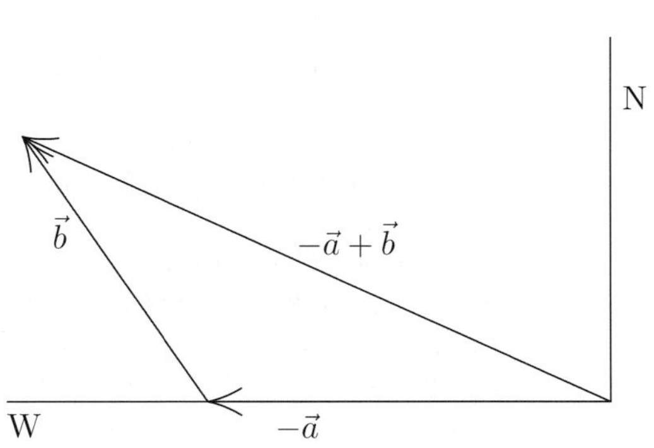

(d) Der Tangens des Winkels θ, den $\vec{c}$ mit der $+x$-Achse (Osten) bildet, ist

$$\tan\theta = \frac{c_y}{c_x} = \frac{3{,}28\,\text{m}}{-7{,}29\,\text{m}} = -4{,}50\,.$$

Es gibt zwei Lösungen: $-24{,}2°$ und $155{,}8°$. Wie dem Diagramm zu entnehmen, ist die zweite Lösung richtig. Der Vektor $\vec{c} = -\vec{a} + \vec{b}$ weist 24° nördlich von Westen.

17 Alle Abstände in dieser Lösung werden als in Metern angegeben gedacht.

(a) $\vec{a} + \vec{b} = (4{,}0 + (-1{,}0))\,\vec{e}_x + ((-3{,}0) + 1{,}0)\,\vec{e}_y + (1{,}0 + 4{,}0)\,\vec{e}_z = 3{,}0\,\vec{e}_x - 2{,}0\,\vec{e}_y + 5{,}0\,\vec{e}_z\,.$

(b) $\vec{a} - \vec{b} = (4{,}0 - (-1{,}0))\,\vec{e}_x + ((-3{,}0) - 1{,}0)\,\vec{e}_y + (1{,}0 - 4{,}0)\,\vec{e}_z = 5{,}0\,\vec{e}_x - 4{,}0\,\vec{e}_y - 3{,}0\,\vec{e}_z\,.$

(c) Die Anforderung $\vec{a} - \vec{b} + \vec{c} = 0$ führt auf $\vec{c} = \vec{b} - \vec{a}$, wobei wir beachten, dass dies entgegengesetzt zur in Teil (b) gefundenen Lösung verläuft. Also ist $\vec{c} = -5{,}0\,\vec{e}_x + 4{,}0\,\vec{e}_y + 3{,}0\,\vec{e}_z\,.$

21 Es sollte erwähnt werden, dass man diese Aufgabe der Vektoraddition effizient mit dem Kosinussatz für allgemeine Dreiecke bearbeiten kann (und da $\vec{a}$, $\vec{b}$ und $\vec{r}$ ein gleichseitiges Dreieck bilden, können die Winkel leicht bestimmt werden). Um jedoch die übliche systematische Herangehensweise bei der Vektoraddition zu stärken, beachten wir, dass der Winkel, den $\vec{b}$ mit der $+x$-Achse bildet, 135° beträgt und wenden Gl. 3-5 sowie Gl. 3-6 an geeigneten Stellen an.

(a) Die x-Komponente von $\vec{r}$ ist $10\cos 30° + 10\cos 135° = 1{,}59$ m.

(b) Die y-Komponente von $\vec{r}$ ist $10\sin 30° + 10\sin 135° = 12{,}1$ m.

(c) Der Betrag von $\vec{r}$ ist $\sqrt{1{,}59^2 + 12{,}1^2} = 12{,}2$ m.

(d) Der Winkel zwischen $\vec{r}$ und der $+x$-Richtung ist $\tan^{-1}(12{,}1/1{,}59) = 82{,}5°$.

23 Wir betrachten $\vec{A}$ mit (x, y)-Komponenten, gegeben durch $(A\cos\alpha,\, A\sin\alpha)$. Analog: $\vec{B} \to (B\cos\beta,\, B\sin\beta)$. Der Winkel (gemessen von der $+x$-Richtung) für ihre Vektorsumme muss eine Steigung haben, die gegeben ist durch

$$\tan\theta = \frac{A\sin\alpha + B\sin\beta}{A\cos\alpha + B\cos\beta}\,.$$

Die Aufgabenstellung fordert, dass wir nun die senkrechte Richtung betrachten, wobei $\tan\theta + 90° = -\cot\theta$ ist. Wenn dies (der negative Kehrwert des obigen Ausdrucks) gleich der Steigung ihrer Vektor*differenz* sein soll, dann muss gelten

$$-\frac{A\cos\alpha + B\cos\beta}{A\sin\alpha + B\sin\beta} = \frac{A\sin\alpha - B\sin\beta}{A\cos\alpha - B\cos\beta}\,.$$

Multiplizieren wir beide Seiten mit $A\sin\alpha + B\sin\beta$ und tun wir das gleiche mit $A\cos\alpha - B\cos\beta$, liefert dies

$$A^2\cos^2\alpha - B^2\cos^2\beta = A^2\sin^2\alpha - B^2\sin^2\beta\,.$$

Ordnen wir dies um und verwenden wir die Identität $\cos^2\phi + \sin^2\phi = 1$, erhalten wir

$$A^2 = B^2 \implies A = B\,.$$

In einem *späteren* Abschnitt wird das Skalar- (Punkt-) Produkt für Vektoren dargestellt, und dieses Ergebnis kann man dann mit Hilfe einer kompakteren Ableitung wiederfinden.

25 Ohne Beschränkung der Allgemeinheit nehmen wir an, dass $\vec{a}$ entlang der $+x$-Achse verläuft und dass $\vec{b}$ einen Winkel θ, im Gegenuhrzeigersinn von $\vec{a}$ gemessen, bildet. Wir wollen nachprüfen, dass

$$r^2 = a^2 + b^2 + 2ab\cos\theta$$

gilt, wobei $a = |\vec{a}| = a_x$ (der Einfachheit halber nennen wir dies a) und $b = |\vec{b}| = \sqrt{b_x^2 + b_y^2}$ ist. Wegen $\vec{r} = \vec{a} + \vec{b}$ ist dann $r = |\vec{r}| = \sqrt{(a + b_x)^2 + b_y^2}$. Also wird der obige Ausdruck zu

$$\begin{aligned}\left(\sqrt{(a + b_x)^2 + b_y^2}\right)^2 &= a^2 + \left(\sqrt{b_x^2 + b_y^2}\right)^2 + 2ab\cos\theta \\ a^2 + 2ab_x + b_x^2 + b_y^2 &= a^2 + b_x^2 + b_y^2 + 2ab\cos\theta\,,\end{aligned}$$

was eine gültige Gleichheit darstellt, da (der letzte Ausdruck) $2ab\cos\theta$ tatsächlich das gleiche wie $2ab_x$ (auf der linken Seite) ist. In einem *späteren* Abschnitt wird das Skalar- (Punkt-) Produkt für Vektoren dargestellt, und dieses Ergebnis kann mit einer etwas anders aussehenden Herleitung wiedergefunden werden.

27 (a) Es gibt 4 derartige Geraden, eine von jeder Ecke auf der unteren Seite zur diagonal gegenüberliegenden Ecke auf der oberen Seite. Wir verwenden wie dargestellt ein xyz-Koordinatensystem (mit dem Ursprung in der hinteren unteren linken Ecke). Eine ist im Diagramm dargestellt.

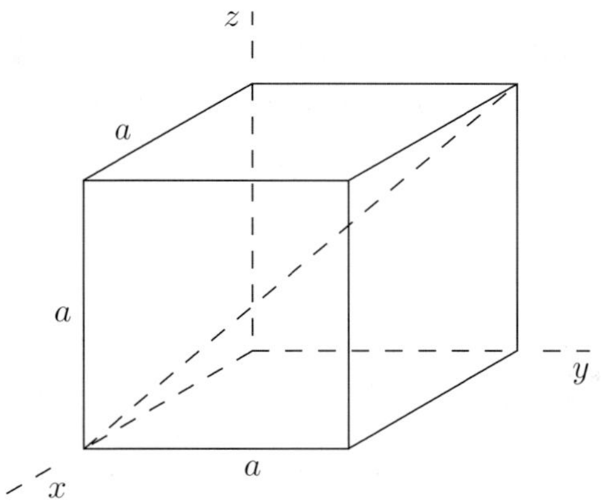

Der Ortsvektor des „Startpunkts" der dargestellten Diagonale ist $a\,\vec{e}_x$, und der Ortsvektor des Endpunkts ist $a\,\vec{e}_y + a\,\vec{e}_z$. Also ist der Vektor entlang der Geraden die Differenz $a\,\vec{e}_y + a\,\vec{e}_z - a\,\vec{e}_x$. Der Punkt, der dem Ursprung diagonal gegenüberliegt, hat den Ortsvektor $a\,\vec{e}_x + a\,\vec{e}_y + a\,\vec{e}_z$, und dies ist der Vektor entlang der Diagonalen. Eine andere Ecke der unteren Seite sitzt bei $a\,\vec{e}_x + a\,\vec{e}_y$, und die diagonal gegenüberliegende Ecke liegt bei $a\,\vec{e}_z$. Also ist eine andere Würfeldiagonale $a\,\vec{e}_z - a\,\vec{e}_x - a\,\vec{e}_y$. Die vierte Diagonale verläuft von $a\,\vec{e}_y$ nach $a\,\vec{e}_x + a\,\vec{e}_z$, also ist der Vektor entlang der Diagonalen $a\,\vec{e}_x + a\,\vec{e}_z - a\,\vec{e}_y$.

(b) Betrachten Sie den Vektor von der hinteren unteren linken Ecke zur vorderen oberen rechten Ecke. Er ist $a\,\vec{e}_x + a\,\vec{e}_y + a\,\vec{e}_z$. Wir können ihn uns vorstellen als die Summe aus dem Vektor $a\,\vec{e}_x$ parallel zur x-Achse und dem Vektor $a\,\vec{e}_y + a\,\vec{e}_z$ senkrecht zur x-Achse. Der Tangens des Winkels zwischen dem Vektor und der x-Achse ist die senkrechte Komponente dividiert durch die parallele Komponente. Da der Betrag der senkrechten Komponente $\sqrt{a^2 + a^2} = a\sqrt{2}$ und der Betrag der parallelen Komponente a ist, erhalten wir $\tan\theta = \left(a\sqrt{2}\right)/a = \sqrt{2}$. Also ist $\theta = 54{,}7°$. Der Winkel zwischen dem Vektor und jeder der beiden angrenzenden Seiten (die y- und die z-Achse) ist der gleiche wie der Winkel zwischen jedem der anderen diagonalen Vektoren und jeder an ihm anliegenden Würfelseite.

(c) Die Länge jeder der Diagonalen ist gegeben durch $\sqrt{a^2 + a^2 + a^2} = a\sqrt{3}$.

29 Wir wenden Gl. 3-20 und Gl. 3-27 an.

(a) Das Skalar- (Punkt-) Produkt der beiden Vektoren ist $\vec{a}\cdot\vec{b} = ab\cos\phi = (10)(6{,}0)\cos 60° = 30$.

(b) Der Betrag des Vektor- (Kreuz-) Produkts der beiden Vektoren ist $|\vec{a}\times\vec{b}| = ab\sin\phi = (10)(6{,}0)\sin 60° = 52$.

31 Wegen $ab\cos\phi = a_x b_x + a_y b_y + a_z b_z$ erhalten wir

$$\cos\phi = \frac{a_x b_x + a_y b_y + a_z b_z}{ab} .$$

Die Beträge der in der Aufgabe gegebenen Vektoren sind

$$\begin{aligned} a = |\vec{a}| &= \sqrt{(3{,}0)^2 + (3{,}0)^2 + (3{,}0)^2} = 5{,}2 \\ b = |\vec{b}| &= \sqrt{(2{,}0)^2 + (1{,}0)^2 + (3{,}0)^2} = 3{,}7 . \end{aligned}$$

Den Winkel zwischen ihnen bestimmt man aus

$$\cos\phi = \frac{(3{,}0)(2{,}0) + (3{,}0)(1{,}0) + (3{,}0)(3{,}0)}{(5{,}2)(3{,}7)} = 0{,}926 .$$

Der Winkel ist $\phi = 22°$.

33 Die Fläche eines Dreiecks ist die Hälfte des Produkts seiner Grundseite und seiner Höhe. Die Grundseite ist die vom Vektor $\vec{a}$ gebildete Seite. Die Höhe ist dann $b\sin\phi$, und die Fläche ist $A = \frac{1}{2}ab\sin\phi = \frac{1}{2}|\vec{a}\times\vec{b}|$.

35 Beide unten gezeigten Beweise machen von der Tatsache Gebrauch, dass das Vektor- (Kreuz-) Produkt von $\vec{a}$ und $\vec{b}$ senkrecht sowohl zu $\vec{a}$ als auch $\vec{b}$ steht. Dies wird im Buch erwähnt und ist grundlegend für die Diskussion der Rechte-Hand-Regel.

(a) $(\vec{b} \times \vec{a})$ ist ein Vektor, der senkrecht zu $\vec{a}$ steht, also ist das Skalarprodukt von $\vec{a}$ mit diesem Vektor null. Man kann dies auch unter Verwendung von Gl. 3-30 und dann (mit geeignetem Notationswechsel) Gl. 3-23 nachprüfen.

(b) Es sei $\vec{c} = \vec{b} \times \vec{a}$. Der Betrag von $\vec{c}$ ist dann $c = ab \sin \phi$. Da $\vec{c}$ senkrecht zu $\vec{a}$ steht, ist der Betrag von $\vec{a} \times \vec{c}$ gerade ac. Der Betrag von $\vec{a} \times (\vec{b} \times \vec{a})$ ist folglich $|\vec{a} \times (\vec{b} \times \vec{a})| = ac = a^2 b \sin \phi$. Auch dies kann durch wiederholte Anwendung von Gl. 3-30 nachgeprüft werden, obwohl man zugeben muss, dass dies viel weniger einschüchternd wirkt, wenn man ein mathematisches Softwarepaket wie MAPLE oder Mathematica verwendet.

4 Bewegung in zwei und drei Dimensionen

5 Die Durchschnittsgeschwindigkeit ist durch Gl. 4-8 gegeben. Die Gesamtverschiebung $\Delta\vec{r}$ ist die Summe der drei Verschiebungen, jede das Ergebnis einer (konstanten) Geschwindigkeit während einer gegebenen Zeit. Wir verwenden ein Koordinatensystem mit $+x$ nach Osten und $+y$ nach Norden. In Einheitsvektorschreibweise ist die erste Verschiebung gegeben durch

$$\Delta\vec{r}_1 = \left(60\,\frac{\text{km}}{\text{h}}\right)\left(\frac{40\,\text{min}}{60\,\text{min/h}}\right)\vec{e}_x = 40\,\vec{e}_x$$

in Kilometern. Die zweite Verschiebung hat einen Betrag von $60\,\frac{\text{km}}{\text{h}} \cdot \frac{20\,\text{min}}{60\,\text{min/h}} = 20$ km, und ihre Richtung ist 40° nördlich von Osten. Daher haben wir

$$\Delta\vec{r}_2 = 20\cos(40°)\,\vec{e}_x + 20\sin(40°)\,\vec{e}_y = 15{,}3\,\vec{e}_x + 12{,}9\,\vec{e}_y$$

in Kilometern. Und die dritte Verschiebung ist

$$\Delta\vec{r}_3 = -\left(60\,\frac{\text{km}}{\text{h}}\right)\left(\frac{50\,\text{min}}{60\,\text{min/h}}\right)\vec{e}_x = -50\,\vec{e}_x$$

in Kilometern. Die Gesamtverschiebung ist

$$\begin{aligned}\Delta\vec{r} &= \Delta\vec{r}_1 + \Delta\vec{r}_2 + \Delta\vec{r}_3 \\ &= 40\,\vec{e}_x + 15{,}3\,\vec{e}_x + 12{,}9\,\vec{e}_y - 50\,\vec{e}_x \\ &= 5{,}3\,\vec{e}_x + 12{,}9\,\vec{e}_y \quad (\text{km})\,.\end{aligned}$$

Die Zeit für die Fahrt beträgt $40 + 20 + 50 = 110$ min, was 1,83 h entspricht. Gl. 4-8 liefert dann

$$\vec{v}_{\text{gem}} = \left(\frac{5{,}3\,\text{km}}{1{,}83\,\text{h}}\right)\vec{e}_x + \left(\frac{12{,}9\,\text{km}}{1{,}83\,\text{h}}\right)\vec{e}_y = 2{,}90\,\vec{e}_x + 7{,}01\,\vec{e}_y$$

in Kilometer pro Stunde. Wenn man dies in Betrag und Winkel ausdrücken möchte, dann entspricht dies einem Vektor vom Betrag $\sqrt{2{,}9^2 + 7{,}01^2} = 7{,}59$ km/h, der um 67,5° nördlich von Osten geneigt ist (oder 22,5° östlich von Norden). Wenn die Einheitsvektorschreibweise in dieser Aufgabe nicht im Vordergrund steht, dann kann die Berechnung auf eine Vielzahl von Wegen durchgeführt werden – insbesondere bezüglich der Tatsache, dass eine Anzahl von Taschenrechnern, die Vektorrechnungen erlauben, erhältlich ist, die die Aufgabe auf ein paar Tastendrücke reduzieren (wenn man durchgehend die Betrag-Winkel-Schreibweise verwendet).

9 Wir wenden Gl.4-10 und Gl. 4-16 an.

(a) Leiten wir den Ortsvektor nach der Zeit ab, haben wir

$$\vec{v} = \frac{d}{dt}\left(\vec{e}_x + 4t^2\,\vec{e}_y + t\,\vec{e}_z\right) = 8t\,\vec{e}_y + \vec{e}_z$$

in SI-Einheiten (m/s).

(b) Nochmaliges Ableiten nach der Zeit führt auf

$$\vec{a} = \frac{d}{dt}\left(8t\,\vec{e}_y + \vec{e}_z\right) = 8\,\vec{e}_y$$

in SI-Einheiten (m/s²).

13 Die konstante Beschleunigung in beide Richtungen (x und y) erlaubt uns, Tabelle 2-1 für die Bewegung entlang jeder Richtung zu verwenden. Man kann dies einzeln (für Δx und Δy) oder zusammen in Einheitsvektorschreibweise (für Δr) ausführen. Wo keine Einheiten angegeben sind, sind SI-Einheiten gemeint.

(a) Die Geschwindigkeit des Teilchens zu einem Zeitpunkt t ist gegeben durch $\vec{v} = \vec{v}_0 + \vec{a}t$, wobei $\vec{v}_0$ die Anfangsgeschwindigkeit und $\vec{a}$ die (konstante) Beschleunigung ist. Die x-Komponente ist $v_x = v_{0x} + a_x t = 3{,}00 - 1{,}00t$, und die y-Komponente ist $v_y = v_{0y} + a_y t = -0{,}500t$ wegen $v_{0y} = 0$. Wenn das Teilchen seine maximale x-Koordinate bei $t = t_m$ erreicht, müssen wir $v_x = 0$ haben. Daher ist $3{,}00 - 1.00t_m = 0$ oder $t_m = 3{,}00$ s. Die y-Komponente der Geschwindigkeit zu diesem Zeitpunkt ist $v_y = 0 - 0{,}500(3{,}00) = -1{,}50$ m/s; dies ist die einzige nicht-verschwindende Komponente von $\vec{v}$ bei t_m.

(b) Weil es im Ursprung startet, sind die Koordinaten des Teilchens zu jeder Zeit t gegeben durch $\vec{r} = \vec{v}_0 t + \frac{1}{2}\vec{a}t^2$. Bei $t = t_m$ wird dies

$$(3{,}00\,\vec{e}_x)(3{,}00) + \frac{1}{2}(-1{,}00\,\vec{e}_x - 0{,}50\,\vec{e}_y)(3{,}00)^2 = 4{,}50\,\vec{e}_x - 2{,}25\,\vec{e}_x$$

in Metern.

17 Wir verwenden die Wahl der positiven Richtung im Lehrbuch, sodass Gleichungen wie Gl.4-22 direkt anwendbar sind.

(a) Mit dem Ursprung am Abschusspunkt ist die y-Koordinate der Kugel gegeben durch $y = -\frac{1}{2}gt^2$. Wenn t die Flugzeit ist und $y = -0{,}019$ m angibt, wo die Kugel die Zielscheibe trifft, dann haben wir

$$t = \sqrt{\frac{2(0{,}019)}{9{,}8}} = 6{,}2 \times 10^{-2}\text{ s}\,.$$

(b) Die Mündungsgeschwindigkeit ist die (horizontale) Anfangsgeschwindigkeit der Kugel. Da $x = 30$ m die horizontale Position der Zielscheibe ist, haben wir $x = v_0 t$. Damit ergibt sich

$$v_0 = \frac{x}{t} = \frac{30}{6{,}3 \times 10^{-2}} = 4{,}8 \times 10^2\text{ m/s}\,.$$

21 Da in dieser Aufgabe eine nach unten gerichtete konstante Beschleunigung vom Betrag a auftritt, analog zur Situation beim Wurf, verwenden wir die Gleichungen aus §4-6, wobei wir a statt g setzen. Wir verwenden die Wahl der positiven Richtung im Lehrbuch, sodass Gleichungen wie Gl. 4-22 direkt angewendet werden können. Die Anfangsgeschwindigkeit ist horizontal, sodass $v_{0y} = 0$ und $v_{0x} = v_0 = 1{,}0 \times 10^9$ cm/s gilt.

(a) Wenn ℓ die Länge einer Platte und t die Zeit eines Elektrons zwischen den Platten ist, dann haben wir $\ell = v_0 t$, wobei v_0 den Betrag der Anfangsgeschwindigkeit bezeichnet. Also ergibt sich

$$t = \frac{\ell}{v_0} = \frac{2{,}0\,\text{cm}}{1{,}0 \times 10^9\,\text{cm/s}} = 2{,}0 \times 10^{-9}\text{ s}\,.$$

(b) Die vertikale Verschiebung des Elektrons ist

$$y = -\frac{1}{2}at^2 = -\frac{1}{2}\left(1{,}0 \times 10^{17}\,\text{cm/s}^2\right)\left(2{,}0 \times 10^{-9}\,\text{s}\right)^2 = -0{,}20\text{ cm}\,.$$

(c) und (d) Die x-Komponente der Geschwindigkeit ändert sich nicht: $v_x = v_0 = 1{,}0 \times 10^9$ cm/s, und die y-Komponente ist

$$v_y = a_y t = \left(1{,}0 \times 10^{17}\,\text{cm/s}^2\right)\left(2{,}0 \times 10^{-9}\,\text{s}\right) = 2{,}0 \times 10^8\text{ cm/s}\,.$$

23 Wir wenden die Wahl der positiven Richtung im Lehrbuch an, sodass Gleichungen wie Gl. 4-22 direkt angewendet werden können. Der Koordinatenursprung ist der Abwurfpunkt (der Anfangsort des Steins). Die x-Komponente seiner Anfangsgeschwindigkeit ist gegeben durch $v_{0x} = v_0 \cos\theta_0$, und die y-Komponente ist gegeben durch $v_{0y} = v_0 \sin\theta_0$, wobei $v_0 = 20$ m/s den Betrag der Anfangsgeschwindigkeit $\theta_0 = 40{,}0°$ den Abschusswinkel bezeichnet.

(a) Bei $t = 1{,}10$ s ist seine x-Koordinate

$$x = v_0 t \cos\theta_0 = (20{,}0\,\mathrm{m/s})(1{,}10\,\mathrm{s})\cos 40{,}0° = 16{,}9\,\mathrm{m}\,.$$

(b) Seine y-Koordinate ist in diesem Augenblick

$$y = v_0 t \sin\theta_0 - \frac{1}{2}gt^2 = (20{,}0\,\mathrm{m/s})(1{,}10\,\mathrm{s})\sin 40° - \frac{1}{2}(9{,}80\,\mathrm{m/s^2})(1{,}10\,\mathrm{s})^2 = 8{,}21\,\mathrm{m}\,.$$

(c) Bei $t' = 1{,}80$ s ist seine x-Koordinate

$$x = (20{,}0\,\mathrm{m/s})(1{,}80\,\mathrm{s})\cos 40{,}0° = 27{,}6\,\mathrm{m}\,.$$

(d) Seine y-Koordinate ist bei t'

$$y = (20{,}0\,\mathrm{m/s})(1{,}80\,\mathrm{s})\sin 40° - \frac{1}{2}\left(9{,}80\,\mathrm{m/s^2}\right)(1{,}80\,\mathrm{s})^2 = 7{,}26\,\mathrm{m}\,.$$

(e) und (f) Der Stein trifft früher als $t = 5{,}0$ s auf dem Boden auf. Um die Zeit zu bestimmen, wenn er auf den Boden trifft, lösen wir $y = v_0 t \sin\theta_0 - \frac{1}{2}gt^2 = 0$ nach t auf. Wir erhalten

$$t = \frac{2v_0}{g}\sin\theta_0 = \frac{2(20{,}0\,\mathrm{m/s})}{9{,}8\,\mathrm{m/s^2}}\sin 40° = 2{,}62\,\mathrm{s}\,.$$

Seine x-Koordinate beim Aufschlag ist

$$x = v_0 t \cos\theta_0 = (20{,}0\,\mathrm{m/s})(2{,}62\,\mathrm{s})\cos 40° = 40{,}2\,\mathrm{m}$$

(oder man kann Gl. 4-26 anwenden). Wenn wir annehmen, dass er liegen bleibt, wo er auftrifft, sind seine Koordinaten bei $t = 5{,}00$ s $x = 40{,}2$ m und $y = 0$.

25 Wir verwenden die Wahl der positiven Richtung im Lehrbuch, sodass Gleichungen wie Gl. 4-22 direkt angewendet werden können. Der Koordinatenursprung befindet sich am Ende des Gewehrs (der Anfangsort für die Kugel, wenn sie im Sinne von §4-5 eine Wurfbewegung beginnt), und es bezeichne θ_0 den Abschusswinkel. Wenn sich das Ziel in einem Abstand d befindet, dann sind seine Koordinaten $x = d$, $y = 0$. Die Bewegung des Projektils führt auf $d = v_0 t \cos\theta_0$ und $0 = v_0 t \sin\theta_0 - \frac{1}{2}gt^2$. Elimination von t führt zu $2v_0^2 \sin\theta_0 \cos\theta_0 - gd = 0$. Verwenden wir $\sin\theta_0 \cos\theta_0 = \frac{1}{2}\sin(2\theta_0)$, erhalten wir

$$v_0^2 \sin(2\theta_0) = gd \implies \sin(2\theta_0) = \frac{gd}{v_0^2} = \frac{(9{,}8)(45{,}7)}{460^2}\,,$$

woraus sich $\sin(2\theta_0) = 2{,}12 \times 10^{-3}$ ergibt, und folglich ist $\theta_0 = 0{,}0606°$. Wenn mit dem Gewehr auf einen Punkt in einem Abstand ℓ oberhalb des Ziels gezielt wird, dann ist $\tan\theta_0 = \ell/d$, sodass wir erhalten

$$\ell = d\tan\theta_0 = 45{,}7\tan 0{,}0606° = 0{,}0484\,\mathrm{m} = 4{,}84\,\mathrm{cm}\,.$$

27 Wenn wir die y-Achse nach oben zeigen lassen und den Ursprung in den Abschusspunkt legen, ist die y-Koordinate gegeben durch $y = v_0 t \sin\theta_0 - \frac{1}{2}gt^2$, und die y-Komponente der Geschwindigkeit ist gegeben durch $v_y = v_0 \sin\theta_0 - gt$. Die maximale Höhe wird erreicht, wenn $v_y = 0$ ist. Also ist $t = (v_0/g)\sin\theta_0$ und

$$y = v_0\left(\frac{v_0}{g}\right)\sin\theta_0 \sin\theta_0 - \frac{1}{2}\frac{g(v_0\sin\theta_0)^2}{g^2} = \frac{(v_0\sin\theta_0)^2}{2g}\,.$$

31 Wir verwenden die Wahl der positiven Richtung im Lehrbuch, sodass Gleichungen wie Gl. 4-22 direkt angewendet werden können. Der Koordinatenursprung liegt im Anfangsort des Fußballs, wenn er eine Wurfbewegung im Sinne von §4-5 beginnt, und es sei θ_0 der Winkel seiner Anfangsgeschwindigkeit, gemessen von der $+x$-Achse.

(a) $x = 46\,\text{m}$ und $y = -1{,}5\,\text{m}$ sind die Koordinaten für den Auftreffpunkt; er landet zur Zeit $t = 4{,}5\,\text{s}$. Wegen $x = v_{0x}t$ haben wir

$$v_{0\,x} = \frac{x}{t} = \frac{46\,\text{m}}{4{,}5\,\text{s}} = 10{,}2\,\text{m/s}\,.$$

Wegen $y = v_{0y}t - \frac{1}{2}gt^2$ haben wir

$$v_{0\,y} = \frac{y + \frac{1}{2}gt^2}{t} = \frac{(-1{,}5\,\text{m}) + \frac{1}{2}(9{,}8\,\text{m/s}^2)(4{,}5\,\text{s})^2}{4{,}5\,\text{s}} = 21{,}7\,\text{m/s}\,.$$

Der Betrag der Anfangsgeschwindigkeit ist

$$v_0 = \sqrt{v_{0\,x}^2 + v_{0\,y}^2} = \sqrt{(10{,}2\,\text{m/s})^2 + (21{,}7\,\text{m/s})^2} = 24\,\text{m/s}\,.$$

(b) Der Anfangswinkel erfüllt $\tan\theta_0 = v_{0\,y}/v_{0\,x}$. Also ist $\theta_0 = \tan^{-1}(21{,}7/10{,}2) = 64{,}8°$.

35 Mit h bezeichnen wir die Höhe einer Stufe und mit w ihre Tiefe. Damit der Ball Stufe n trifft, muss er eine Entfernung nh fallen und eine horizontale Entfernung zwischen $(n-1)w$ und nw zurücklegen. Wir lassen den Ursprung eines Koordinatensystems in dem Punkt liegen, wo der Ball den Rand der oberen Stufe der Treppe verlässt, und wir lassen die positive y-Achse nach oben zeigen. Die Koordinaten des Balls zur Zeit t sind gegeben durch $x = v_{0\,x}t$ und $y = -\frac{1}{2}gt^2$ (wegen $v_{0\,y} = 0$). Wir setzen y gleich $-nh$ und lösen nach der Zeit auf, um die Anzahl n der Stufen zu erhalten:

$$t = \sqrt{\frac{2nh}{g}}\,.$$

Die x-Koordinate ist dann

$$x = v_{0\,x}\sqrt{\frac{2nh}{g}} = (1{,}52\,\text{m/s})\sqrt{\frac{2n(0{,}203\,\text{m})}{9{,}8\,\text{m/s}^2}} = (0{,}309\,\text{m})\sqrt{n}\,.$$

Die Methode besteht darin, Werte von n auszuprobieren, bis wir einen finden, für den x/w kleiner als n, aber größer als $n-1$ ist. Für $n = 1$ ist $x = 0{,}309\,\text{m}$ und $x/w = 1{,}52$, was größer als n ist. Für $n = 2$ ist $x = 0{,}437\,\text{m}$ und $x/w = 2{,}15$, was größer als n ist. Für $n = 3$ ist $x = 0{,}535\,\text{m}$ und $x/w = 2{,}64$. Das ist nun kleiner als n und größer als $n-1$, also trifft der Ball die dritte Stufe.

37 Wir verwenden die Wahl der positiven Richtung im Lehrbuch, sodass Gleichungen wie Gl. 4-22 direkt angewendet werden können. Der Koordinatenursprung befindet sich auf der Höhe des Erdbodens direkt unter dem Punkt, wo das Paket losgelassen wird. Wir schreiben $\theta_0 = -37°$ für den von $+x$ gemessenen Winkel, weil der in der Aufgabe gegebene Winkel von der $-y$-Richtung gemessen wird. Wir beachten, dass die Anfangsgeschwindigkeit des Pakets die Geschwindigkeit des Flugzeugs ist, wenn das Paket fallen gelassen wird.

(a) Wir verwenden Gl. 4-22, um v_0 (natürlich in SI-Einheiten) zu bestimmen.

$$\begin{aligned} y - y_0 &= (v_0 \sin\theta_0)\,t - \frac{1}{2}gt^2 \\ 0 - 730 &= v_0 \sin\bigl(-37°\bigr)\,(5{,}00) - \frac{1}{2}(9{,}8)(5{,}00)^2\,, \end{aligned}$$

was $v_0 = 202$ m/s liefert.

(b) Die horizontal zurückgelegte Entfernung ist $x = v_0 t \cos\theta_0 = (202)(5{,}00)\cos -37{,}0° = 806$ m.

(c) Die x-Komponente der Geschwindigkeit (kurz vor dem Aufprall) ist $v_x = v_0\cos\theta_0 = (202)\cos -37{,}0° = 161$ m/s.

(d) Die y-Komponente der Geschwindigkeit (kurz vor dem Aufprall) ist $v_y = v_0 \sin\theta_0 - gt = (202)\sin(-37°) - (9{,}80)(5{,}00) = -171$ m/s.

39 Wir verwenden die Wahl der positiven Richtung im Lehrbuch, sodass Gleichungen wie Gl. 4-22 direkt angewendet werden können. Der Koordinatenursprung befindet sich auf der Höhe des Bodens direkt unter dem Auftreffpunkt zwischen Schläger und Ball. Der in der Aufgabe gegebene *Hinweis* ist wichtig, weil er uns genügend Informationen liefert, um v_0 direkt aus Gl. 4-26 zu bestimmen.

(a) Wir möchten wissen, wie weit sich der Ball über dem Erdboden befindet, wenn er sich bei $x = 97{,}5$ m befindet, weshalb wir die Anfangsgeschwindigkeit kennen müssen. Wir verwenden die Information über die Entfernung und $\theta_0 = 45°$ und nutzen Gl. 4-26, um nach v_0 aufzulösen:

$$v_0 = \sqrt{\frac{g\,R}{\sin 2\theta_0}} = \sqrt{\frac{(9{,}8)(107)}{1}} = 32{,}4 \text{ m/s} .$$

Also sagt uns Gl. 4-21, für die Zeit, wo er sich über dem Zaun befindet:

$$t = \frac{x}{v_0 \cos\theta_0} = \frac{97{,}5}{(32{,}4)\cos 45°} = 4{,}26 \text{ s} .$$

In diesem Augenblick befindet sich der Ball in einer Höhe (über dem Erdboden)

$$y = y_0 + (v_0 \sin\theta_0)\,t - \frac{1}{2}gt^2 = 9{,}88 \text{ m} ,$$

woraus folgt, dass er tatsächlich über den 7,32 m hohen Zaun fliegt.

(b) Bei $t = 4{,}26$ s befindet sich der Mittelpunkt des Balls $9{,}88 - 7{,}32 = 2{,}56$ m oberhalb des Zauns.

41 Wir verwenden die Wahl der positiven Richtung im Lehrbuch, sodass Gleichungen wie Gl. 4-22 direkt angewendet werden können. Der Koordinatenursprung befindet sich an dem Punkt, wo der Ball abgestoßen wird. Wo keine Einheiten angegeben sind, sind SI-Einheiten gemeint. Wir verwenden x und y, um die Koordinaten des Balls am Torpfosten zu bezeichnen und um zu versuchen, den (die) Abstoßwinkel θ_0 so zu bestimmen, dass $y = 3{,}44$ m gilt, wenn $x = 50$ m ist. Indem wir die kinematischen Gleichungen für die Wurfbewegung $x = v_0 t \cos\theta_0$ und $y = v_0 t \sin\theta_0 - \frac{1}{2}gt^2$ schreiben, erkennen wir, dass die erste Gleichung $t = x/v_0 \cos\theta_0$ ergibt. Und wenn dies in die zweite eingesetzt wird, ist das Ergebnis

$$y = x \tan\theta_0 - \frac{gx^2}{2v_0^2 \cos^2\theta_0} .$$

Man kann dies durch Ausprobieren lösen: Versuchen Sie systematisch Werte für θ_0, bis Sie die zwei Werte finden, die die Gleichung erfüllen. Eine kleine Umformung ergibt jedoch eine algebraische Lösung:
Durch Verwenden der trigonometrischen Identität $1/\cos^2\theta_0 = 1 + \tan^2\theta_0$ erhalten wir

$$\frac{1}{2}\frac{gx^2}{v_0^2}\tan^2\theta_0 - x\tan\theta_0 + y + \frac{1}{2}\frac{gx^2}{v_0^2} = 0 ,$$

eine quadratische Gleichung für $\tan\theta_0$. Um das Aufschreiben der Lösung zu vereinfachen, bezeichnen wir $c = \frac{1}{2}gx^2/v_0^2 = \frac{1}{2}(9{,}80)(50)^2/(25)^2 = 19{,}6$ m. Die Quadratische Gleichung wird dann $c\tan^2\theta_0 - x\tan\theta_0 + y + c = 0$. Verwenden wir die Formel für die Lösung der quadratischen Formel, erhalten wir ihre Lösungen

$$\begin{aligned} \tan\theta_0 &= \frac{x \pm \sqrt{x^2 + 4(y+c)c}}{2c} \\ &= \frac{50 \pm \sqrt{50^2 - 4(3{,}44 + 19{,}6)(19{,}6)}}{2(19{,}6)} . \end{aligned}$$

Die beiden Lösungen sind gegeben durch $\tan\theta_0 = 1{,}95$ und $\tan\theta_0 = 0{,}605$. Die zugehörigen Winkel (im ersten Quadranten) sind $\theta_0 = 63°$ und $\theta_0 = 31°$. Wenn der Ball in einem Winkel zwischen diesen beiden Werten abgestoßen wird, wird er das Tor oberhalb der Querstange erreichen.

43 Wir wenden Gl.4-33 an, um nach dem Betrag der Geschwindigkeit v aufzulösen, und Gl. 4-32, um die Beschleunigung a zu bestimmen.

(a) Da der Erdradius $6{,}37 \times 10^6$ m ist, ist der Radius der Satellitenbahn $6{,}37 \times 10^6\,\text{m} + 640 \times 10^3\,\text{m} = 7{,}01 \times 10^6$ m. Daher ist der Betrag der Geschwindigkeit des Satelliten

$$v = \frac{2\pi r}{T} = \frac{2\pi(7{,}01 \times 10^6\,\text{m})}{(98{,}0\,\text{min})(60\,\text{s/min})} = 7{,}49 \times 10^3\,\text{m/s}\,.$$

(b) Der Betrag der Beschleunigung ist

$$a = \frac{v^2}{r} = \frac{(7{,}49 \times 10^3\,\text{m/s})^2}{7{,}01 \times 10^6\,\text{m}} = 8{,}00\,\text{m/s}^2\,.$$

45 Wir wenden Gl.4-32 an, um nach dem Betrag der Geschwindigkeit v aufzulösen, und Gl. 4-33, um die Periode T zu bestimmen.

(a) Wir erhalten

$$v = \sqrt{ra} = \sqrt{(5{,}0\,\text{m})(7{,}0)(9{,}8\,\text{m/s}^2)} = 19\,\text{m/s}\,.$$

(b) Die Zeit, um einmal zu rotieren (die Periode), ist $T = 2\pi r/v = 1{,}7$ s. Daher führt der Astronaut in einer Minute ($t = 60$ s)

$$\frac{t}{T} = \frac{60}{1{,}7} = 35$$

Umdrehungen aus. Also sind 35 U/min nötig, um eine Zentripetalbeschleunigung von $7g$ zu erreichen, wenn der Radius 5,0 m beträgt.

(c) Wie oben vermerkt, ist $T = 1{,}7$ s.

47 Der Erdradius kann Anhang C entnommen werden.

(a) Der Geschwindigkeitsbetrag eines Menschen am Äquator ist $v = 2\pi R/T$, wobei R den Erdradius ($6{,}37 \times 10^6$ m) und T die Dauer eines Tages ($8{,}64 \times 10^4$ s) bezeichnet: $v = 2\pi(6{,}37 \times 10^6\,\text{m})/(8{,}64 \times 10^4\,\text{s}) = 463\,\text{m/s}$. Der Betrag der Beschleunigung ist gegeben durch

$$a = \frac{v^2}{R} = \frac{(463\,\text{m/s})^2}{6{,}37 \times 10^6\,\text{m}} = 0{,}034\,\text{m/s}^2\,.$$

(b) Wenn T die Periode ist, dann ist $v = 2\pi R/T$ der Geschwindigkeitsbetrag und $a = v^2/R = 4\pi^2 R^2/T^2 R = 4\pi^2 R/T^2$ der Betrag der Beschleunigung. Also haben wir

$$T = 2\pi\sqrt{\frac{R}{a}} = 2\pi\sqrt{\frac{6{,}37 \times 10^6\,\text{m}}{9{,}8\,\text{m/s}^2}} = 5{,}1 \times 10^3\,\text{s} = 84\,\text{min}\,.$$

49 (a) Da das Rad 5 volle Umdrehungen pro Minute vollführt, ist seine Periode ein Fünftel einer Minute, oder 12 s.

(b) Der Betrag der Zentripetalbeschleunigung ist gegeben durch $a = v^2/R$, wobei R den Radius des Rads und v den Geschwindigkeitsbetrag des Fahrgasts bezeichnet. Da der Fahrgast bei jeder Umdrehung eine Entfernung von $2\pi R$ zurücklegt, ist sein Geschwindigkeitsbetrag

$$v = \frac{2\pi(15\,\text{m})}{12\,\text{s}} = 7{,}85\,\text{m/s}\,,$$

und seine Zentripetalbeschleunigung ist

$$a = \frac{(7{,}85\,\text{m/s})^2}{15\,\text{m}} = 4{,}1\,\text{m/s}^2\,.$$

Wenn sich der Fahrgast am höchsten Punkt befindet, ist seine Zentripetalbeschleunigung nach unten, zum Mittelpunkt der Kreisbahn, gerichtet.

(c) Am tiefsten Punkt zeigt der Vektor der Zentripetalbeschleunigung nach oben zum Mittelpunkt der Kreisbahn. Er hat den gleichen Betrag wie in Teil (b).

51 Um die Zentripetalbeschleunigung des Steins zu berechnen, müssen wir seinen Geschwindigkeitsbetrag während seiner Kreisbewegung (dies ist auch sein anfänglicher Geschwindigkeitsbetrag, wenn er wegfliegt) kennen. Wir verwenden die kinematischen Gleichungen der Wurfbewegung (in §4-6 diskutiert), um diesen Geschwindigkeitsbetrag zu bestimmen. Wenn wir die $+y$-Richtung nach oben weisen lassen und den Ursprung in den Punkt legen, wo der Stein seine Kreisbahn verlässt, dann sind die Koordinaten des Steins während seiner Wurfbewegung gegeben durch $x = v_0 t$ und $y = -\frac{1}{2}gt^2$ (wegen $v_{0\,y} = 0$). Er trifft den Boden bei $x = 10\,\mathrm{m}$ und $y = -2{,}0\,\mathrm{m}$. Lösen wir die zweite Gleichung formal nach der Zeit auf, erhalten wird $t = \sqrt{-2y/g}$, was wir in die erste Gleichung einsetzen:

$$v_0 = x\sqrt{-\frac{g}{2y}} = (10\,\mathrm{m})\sqrt{-\frac{9{,}8\,\mathrm{m/s^2}}{2(-2{,}0\,\mathrm{m})}} = 15{,}7\ \mathrm{m/s}\,.$$

Daher ist der Betrag der Zentripetalbeschleunigung

$$a = \frac{v^2}{r} = \frac{(15{,}7\,\mathrm{m/s})^2}{1{,}5\,\mathrm{m}} = 160\ \mathrm{m/s^2}\,.$$

55 Wenn die Rolltreppe steht, ist der Geschwindigkeitsbetrag der Person $v_p = \ell/t$, wobei ℓ die Länge der Rolltreppe und t die Zeit bezeichnet, die die Person benötigt, um sie hochzugehen. Damit ist $v_p = (15\,\mathrm{m})/(90\,\mathrm{s}) = 0{,}167\,\mathrm{m/s}$. Die Rolltreppe bewegt sich mit $v_e = (15\,\mathrm{m})/(60\,\mathrm{s}) = 0{,}250\,\mathrm{m/s}$. Der Geschwindigkeitsbetrag mit der die Person die sich bewegende Rolltreppe hinauf läuft, ist $v = v_p + v_e = 0{,}167\,\mathrm{m/s} + 0{,}250\,\mathrm{m/s} = 0{,}417\,\mathrm{m/s}$, und die Zeit, die benötigt wird, um die Länge der Rolltreppe zu durchlaufen, ist

$$t = \ell/v = (15\,\mathrm{m})/(0{,}417\,\mathrm{m/s}) = 36\,\mathrm{s}\,.$$

Wenn die verschiedenen gegebenen Zeiten unabhängig von der Länge der Rolltreppe sind, dann hängt die Antwort auch nicht von dieser Länge ab. Ausgedrückt in ℓ (in Meter) beträgt der Geschwindigkeitsbetrag (in Meter pro Sekunde) der Person, die die stehende Rolltreppe hinaufläuft, $\ell/90$, der Geschwindigkeitsbetrag der sich bewegenden Rolltreppe ist $\ell/60$, und der Geschwindigkeitsbetrag der Person auf der sich bewegenden Rolltreppe ist $v = (\ell/90) + (\ell/60) = 0{,}0278\ell$. Die benötigte Zeit ist $t = \ell/v = \ell/0{,}0278\ell = 36\,\mathrm{s}$, und sie ist unabhängig von ℓ.

57 Relativ zum Auto hat die Geschwindigkeit der Schneeflocken eine vertikale Komponente von $8{,}0\,\mathrm{m/s}$ und eine horizontale Komponente von $50\,\mathrm{km/h} = 13{,}9\,\mathrm{m/s}$. Der Winkel θ von der Vertikalen wird bestimmt aus

$$\tan\theta = v_h/v_v = (13{,}9\,\mathrm{m/s})/(8{,}0\,\mathrm{m/s}) = 1{,}74\,,$$

was $\theta = 60°$ liefert.

59 Da die Regentropfen relativ zum Zug vertikal fallen, ist die horizontale Komponente der Geschwindigkeit eines Regentropfens $v_h = 30\,\mathrm{m/s}$, die gleiche wie die Geschwindigkeit des Zugs. Wenn v_v die vertikale Komponente der Geschwindigkeit und θ den Winkel zwischen der Bewegungsrichtung und der Vertikalen bezeichnet, dann ist $\tan\theta = v_h/v_v$. Also ist $v_v = v_h/\tan\theta = (30\,\mathrm{m/s})/\tan 70° = 10{,}9\,\mathrm{m/s}$. Der Geschwindigkeitsbetrag eines Regentropfens ist $v = \sqrt{v_h^2 + v_v^2} = \sqrt{(30\,\mathrm{m/s})^2 + (10{,}9\,\mathrm{m/s})^2} = 32\,\mathrm{m/s}$.

61 Die Geschwindigkeitsvektoren (relativ zur Küste) der Schiffe A und B sind gegeben durch

$$\vec{v}_A = -\left(v_A \cos 45°\right)\vec{e}_x + \left(v_A \sin 45°\right)\vec{e}_y$$

und

$$\vec{v}_B = -\left(v_B \sin 40°\right)\vec{e}_x - \left(v_B \cos 40°\right)\vec{e}_y$$

(mit $v_A = 24$ Knoten und $v_B = 28$ Knoten). Als Osten verwenden wir $+\vec{e}_x$ und als Norden $\vec{e}_y$.

(a) Ihre Relativgeschwindigkeit ist

$$\vec{v}_{AB} = \vec{v}_A - \vec{v}_B = \left(v_B \sin 40° - v_A \cos 45°\right)\vec{e}_x + \left(v_B \cos 40° + v_A \sin 45°\right)\vec{e}_y$$

wovon der Betrag $|\vec{v}_{A\,B}| = \sqrt{1{,}0^2 + 38{,}4^2} \approx 38$ Knoten ist. Der Winkel θ, den $\vec{v}_{A\,B}$ nach Norden bildet, ist gegeben durch

$$\theta = \tan^{-1}\left(\frac{v_{AB,x}}{v_{AB,y}}\right) = \tan^{-1}\left(\frac{1{,}0}{38{,}4}\right) = 1{,}5^\circ$$

was bedeutet, dass $\vec{v}_{A\,B}$ $1{,}5^\circ$ nach Osten von Norden zeigt.

(b) Da sie zur gleichen Zeit starten, beschreibt ihre Relativgeschwindigkeit, mit welcher Rate sich der Abstand zwischen ihnen vergrößert. Weil die Rate konstant ist, haben wir

$$t = \frac{|\Delta r_{A\,B}|}{|\vec{v}_{A\,B}|} = \frac{160}{38} = 4{,}2\ \text{h}\,.$$

(c) Die Geschwindigkeit $\vec{v}_{A\,B}$ ändert sich in dieser Aufgabe nicht mit der Zeit, und $\vec{r}_{A\,B}$ ist die gleiche Richtung wie $\vec{v}_{A\,B}$, weil sie zur gleichen Zeit gestartet sind. Kehren wir den Beobachtungspunkt um, haben wir $\vec{v}_{A\,B} = -\vec{v}_{B\,A}$, sodass $\vec{r}_{A\,B} = -\vec{r}_{B\,A}$ (d.h. sie befinden sich 180° einander gegenüber) ist. Wir folgern also, dass B während der Fahrt bei einer Position von $1{,}5^\circ$ westlich von Süden relativ zu A bleibt (wobei wir die Erdkrümmung vernachlässigen).

5 Kraft und Bewegung – I

5 Da sich die Geschwindigkeit des Teilchens nicht ändert, erfährt es keine Beschleunigung, und daher muss die insgesamt auf das Teilchen wirkende Kraft null sein. Daher haben wir

$$\vec{F}_{\text{net}} = \vec{F}_1 + \vec{F}_2 + \vec{F}_3 = 0\,.$$

Also ist die dritte Kraft $\vec{F}_3$ gegeben durch

$$\begin{aligned}\vec{F}_3 &= -\vec{F}_1 - \vec{F}_2\\ &= -\left(2\,\vec{e}_x + 3\,\vec{e}_y - 2\,\vec{e}_z\right) - \left(-5\,\vec{e}_x + 8\,\vec{e}_y - 2\,\vec{e}_z\right)\\ &= 3\,\vec{e}_x - 11\,\vec{e}_y + 4\,\vec{e}_z\end{aligned}$$

in Newton. Der genaue Wert der Geschwindigkeit wird bei der Berechnung nicht verwendet.

7 Die beiden Kräfte bezeichnen wir mit $\vec{F}_1$ und $\vec{F}_2$. Nach dem zweiten Newtonschen Axiom ist $\vec{F}_1 + \vec{F}_2 = m\vec{a}$, also $\vec{F}_2 = m\vec{a} - \vec{F}_1$.

(a) In Einheitsvektorschreibweise haben wir $\vec{F}_1 = (20{,}0\,\text{N})\vec{e}_x$ und

$$\vec{a} = -(12\sin 30^\circ\ \text{m/s}^2)\vec{e}_x - (12\cos 30^\circ\ \text{m/s}^2)\vec{e}_y = -(6{,}0\,\text{m/s}^2)\vec{e}_x - (10{,}4\,\text{m/s}^2)\vec{e}_y\,.$$

Daher haben wir

$$\begin{aligned}\vec{F}_2 &= (2{,}0\,\text{kg})\left(-6{,}0\,\text{m/s}^2\right)\vec{e}_x + (2{,}0\,\text{kg})\left(-10{,}4\,\text{m/s}^2\right)\vec{e}_y - (20{,}0\,\text{N})\vec{e}_x\\ &= (-32\,\text{N})\vec{e}_x - (21\,\text{N})\vec{e}_y\,.\end{aligned}$$

(b) Der Betrag von $\vec{F}_2$ ist

$$\left|\vec{F}_2\right| = \sqrt{F_{2x}^2 + F_{2y}^2} = \sqrt{(-32)^2 + (-21)^2} = 38\,\text{N}\,.$$

(c) Der Winkel, den $\vec{F}_2$ mit der positiven x-Achse bildet, bestimmt man aus $\tan\theta = F_{2y}/F_{2x} = 21/32 = 0{,}656$. Folglich ist der Winkel entweder 33° oder 33° + 180° = 213°. Da sowohl die x als auch die y-Komponente negativ sind, ist das richtige Ergebnis 213°.

9 In allen drei Fällen wird die Federwaage nicht beschleunigt, d.h. dass die beiden Schnüre Kräfte mit dem gleichen Betrag auf sie ausüben. Die Waage zeigt den Betrag jeder dieser Kräfte an. In jedem Fall muss die Zugkraft der an der Salami befestigten Schnur den gleichen Betrag haben wie das Gewicht der Salami, weil die Salami nicht beschleunigt wird. Also zeigt die Waage mg an, wobei m die Masse der Salami ist. Ihr Wert ist $(11{,}0\,\text{kg})(9{,}8\,\text{m/s}^2) = 108\,\text{N}$.

11 Wir wenden Gl. 5-12 an.

(a) Die Masse ist $m = W/g = (22\,\text{N})/(9{,}8\,\text{m/s}^2) = 2{,}2\,\text{kg}$. An einem Ort mit $g = 4{,}9\,\text{m/s}^2$ ist die Masse immer noch 2,2 kg, aber die Gravitationskraft ist $F_g = mg = (2{,}2\,\text{kg})(4{,}9\,\text{m/s}^2) = 11\,\text{N}$.

(b) Wie bemerkt, ist $m = 2{,}2$ kg.

(c) An einem Ort mit $g = 0$ ist die Gravitationskraft null.

(d) Die Masse ist immer noch 2,2 kg.

13 Nach dem zweiten Newtonschen Axiom ist der Betrag der Kraft gegeben durch $F = ma$, wobei a der Betrag der Beschleunigung des Neutrons ist. Wir verwenden die Kinematik (Tabelle 2-1), um die Beschleunigung zu bestimmen, die das Neutron in einem Abstand d zum Ruhen bringt. Nehmen wir an, dass die Beschleunigung konstant ist, dann ergibt $v^2 = v_0^2 + 2ad$ den Wert von a:

$$a = \frac{(v^2 - v_0^2)}{2d} = \frac{-(1{,}4 \times 10^7\,\mathrm{m/s})^2}{2(1{,}0 \times 10^{-14}\,\mathrm{m})} = -9{,}8 \times 10^{27}\,\mathrm{m/s^2}\,.$$

Folglich ist der Betrag der Kraft

$$F = m|a| = (1{,}67 \times 10^{-27}\,\mathrm{kg})(9{,}8 \times 10^{27}\,\mathrm{m/s^2}) = 16\,\mathrm{N}\,.$$

15 Wir bemerken, dass das Kräftediagramm in Abb. 5-18 des Textes wiedergegeben ist.

(a) Da die Beschleunigung des Blocks null ist, liefern die Komponenten der Gleichung für das zweite Newtonsche Axiom $T - mg\sin\theta = 0$ und $N - mg\cos\theta = 0$. Lösen wir die erste Gleichung nach der Zugkraft in der Schnur auf, erhalten wir

$$T = mg\sin\theta = (8{,}5\,\mathrm{kg})(9{,}8\,\mathrm{m/s^2})\sin 30° = 42\,\mathrm{N}\,.$$

(b) Wir lösen die zweite Gleichung in Teil (a) nach der Normalkraft N auf:

$$N = mg\cos\theta = (8{,}5\,\mathrm{kg})(9{,}8\,\mathrm{m/s^2})\cos 30° = 72\,\mathrm{N}\,.$$

(c) Wenn die Schnur durchgeschnitten wird, übt sie keine Kraft mehr auf den Block aus und der Block wird beschleunigt. Die x-Komponente des zweiten Newtonschen Axioms wird $-mg\sin\theta = ma$, also wird die Beschleunigung

$$a = -g\sin\theta = -9{,}8\sin 30° = -4{,}9$$

in SI-Einheiten. Das negative Vorzeichen weist darauf hin, dass die Beschleunigung die Ebene nach unten zeigt. Der Betrag der Beschleunigung ist 4,9 m/s^2.

19 In Beträgen geschrieben lautet das zweite Newtonsche Axiom $F = ma$, wobei F für $|\vec{F}_{\mathrm{net}}|$, a für $|\vec{a}|$ steht (was nicht immer so ist; beachten Sie die Verwendung von a in der letzten Lösung) und m die (immer positive) Masse ist. Den Betrag der Beschleunigung kann man bestimmen, indem man die Kinematik für konstante Beschleunigung (Tabelle 2-1) verwendet. Lösen wir $v = v_0 + at$ für den Fall, wo der Raketenschlitten aus der Ruhe startet, erhalten wir $a = v/t$ (was wir in Einheiten des Betrages interpretieren, sodass die Angabe einer Koordinatenrichtung unnötig wird). Die Geschwindigkeit ist $v = (1600\,\mathrm{km/h})(1000\,\mathrm{m/km})/(3600\,\mathrm{s/h}) = 444\,\mathrm{m/s}$, also haben wir

$$F = (500\,\mathrm{kg})\frac{444\,\mathrm{m/s}}{1{,}8\,\mathrm{s}} = 1{,}2 \times 10^5\,\mathrm{N}\,.$$

21 Die Beschleunigung des Elektrons ist vertikal und für die einfache Anwendung ist die einzige darauf wirkende Kraft die elektrische Kraft . Die Gravitationskraft ist vernachlässigbar. Wir legen die $+x$-Achse in die Richtung der Anfangsgeschwindigkeit und die $+y$-Achse in die Richtung der elektrostatischen Kraft. Und wir legen den Ursprung in die Anfangsposition des Elektrons. Da die Kraft und die Beschleunigung konstant sind, verwenden wir die Gleichungen aus Tabelle 2-1: $x = v_0 t$ und

$$y = \frac{1}{2}at^2 = \frac{1}{2}\left(\frac{F}{m}\right)t^2\,.$$

Die Zeit, die das Elektron benötigt, um eine Entfernung x (= 30 mm) horizontal zurückzulegen, ist $t = x/v_0$, und seine Ablenkung in Richtung der Kraft ist

$$y = \frac{1}{2}\frac{F}{m}\left(\frac{x}{v_0}\right)^2 = \frac{1}{2}\left(\frac{4{,}5 \times 10^{-16}}{9{,}11 \times 10^{-31}}\right)\left(\frac{30 \times 10^{-3}}{1{,}2 \times 10^7}\right)^2 = 1{,}5 \times 10^{-3}\,\mathrm{m}\,.$$

25 (a) Weil die Reibung vernachlässigbar ist, ist die Kraft des Mädchens die einzige auf den Schlitten wirkende horizontale Kraft. Die vertikalen Kräfte (die Gravitationskraft und die Normalkraft des Eises) addieren sich zu null. Die Beschleunigung des Schlittens ist

$$a_S = \frac{F}{m_S} = \frac{5{,}2\,\mathrm{N}}{8{,}4\,\mathrm{kg}} = 0{,}62\ \mathrm{m/s^2}\ .$$

(b) Nach dem dritten Newtonschen Axiom ist die Kraft des Schlittens, die auf das Mädchen wirkt, ebenfalls 5,2 N. Ihre Beschleunigung ist

$$a_M = \frac{F}{m_M} = \frac{5{,}2\,\mathrm{N}}{40\,\mathrm{kg}} = 0{,}13\ \mathrm{m/s^2}\ .$$

(c) Die Beschleunigungen des Schlittens und des Mädchens sind entgegen gerichtet. Wenn wir annehmen, dass das Mädchen im Ursprung startet und sich in die $+x$-Richtung bewegt, ist seine Koordinate gegeben durch $x_M = \frac{1}{2}a_M t^2$. Der Schlitten startet bei $x_0 = 1{,}5\,\mathrm{m}$ und bewegt sich in die $-x$-Richtung. Seine Koordinate ist gegeben durch $x_S = x_0 - \frac{1}{2}a_S t^2$. Sie treffen sich, wenn gilt

$$\begin{aligned} x_M &= x_S \\ \frac{1}{2}a_M t^2 &= x_0 - \frac{1}{2}a_S t^2\ . \end{aligned}$$

Dies tritt zu folgender Zeit ein:

$$t = \sqrt{\frac{2x_0}{a_M + a_S}}\ .$$

Das Mädchen hat dann folgende Strecke zurückgelegt:

$$x_M = \frac{1}{2}a_M t^2 = \frac{x_0 a_M}{a_M + a_S} = \frac{(15)(0{,}13)}{0{,}13 + 0{,}62} = 2{,}6\ \mathrm{m}\ .$$

29 Wir haben hier die Lösungen zu Teil (a) und (b) zusammen ausgeführt. Das Kräftediagramm ist unten wiedergegeben, mit der Zugspannung $\vec{T}$ des Fadens, der Gravitationskraft $m\vec{g}$ und der Kraft $\vec{F}$ der Brise. Unser Koordinatensystem ist eingezeichnet. Die x-Komponente der Gesamtkraft ist $T \sin\theta - F$, und die y-Komponente ist $T\cos\theta - mg$, where $\theta = 37°$.

Da sich die Kugel nicht bewegt, ist die auf sie wirkende Gesamtkraft null. Wir beantworten die Fragen in umgekehrter Reihenfolge. Lösen wir $T\cos\theta - mg = 0$ nach der Zugspannung auf, erhalten wir $T = mg/\cos\theta = (3{,}0 \times 10^{-4})(9{,}8)/\cos 37° = 3{,}7 \times 10^{-3}\,\mathrm{N}$. Lösen wir $T\sin\theta - F = 0$ nach der Kraft der Brise auf, erhalten wir: $F = T\sin\theta = (3{,}7 \times 10^{-3})\sin 37° = 2{,}2 \times 10^{-3}\,\mathrm{N}$.

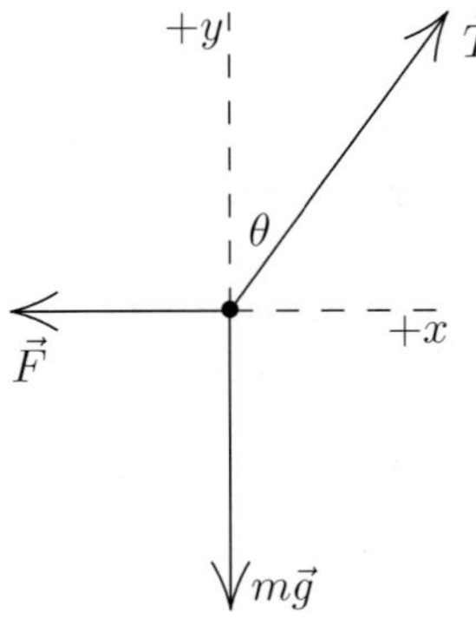

31 Die Kräftediagramme für Teil (a) sind unten dargestellt. $\vec{F}$ ist die angewandte Kraft und $\vec{f}$ ist die von Block 1 auf Block 2 ausgeübte Kraft. Wir bemerken, dass $\vec{F}$ direkt auf Block 1 angewandt wird und dass Block 2 die Kraft $-\vec{f}$ auf Block 1 ausübt (wenn wir das dritte Newtonsche Axiom berücksichtigen).

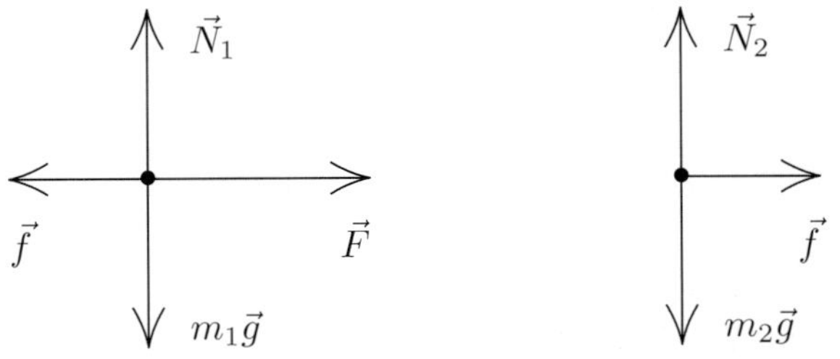

(a) Das zweite Newtonsche Axiom für Block 1 lautet $F - f = m_1 a$, wobei a die Beschleunigung ist. Das zweite Newtonsche Axiomt für Block 2 lautet $f = m_2 a$. Da sich die Blöcke zusammen bewegen, haben sie die gleiche Beschleunigung und das gleiche Symbol wird in beiden Gleichungen verwendet. Aus der zweiten Gleichung erhalten wir den Ausdruck $a = f/m_2$, den wir in die erste Gleichung einsetzen, um $F - f = m_1 f/m_2$ zu erhalten. Also haben wir

$$f = \frac{F m_2}{m_1 + m_2} = \frac{(3{,}2\,\mathrm{N})(1{,}2\,\mathrm{kg})}{2{,}3\,\mathrm{kg} + 1{,}2\,\mathrm{kg}} = 1{,}1\,\mathrm{N}\,.$$

(b) Wenn $\vec{F}$ auf Block 2 statt auf Block 1 angewandt wird (und in die entgegen gesetzte Richtung), ist die Kontaktkraft zwischen den Blöcken

$$f = \frac{F m_1}{m_1 + m_2} = \frac{(3{,}2\,\mathrm{N})(2{,}3\,\mathrm{kg})}{2{,}3\,\mathrm{kg} + 1{,}2\,\mathrm{kg}} = 2{,}1\,\mathrm{N}\,.$$

(c) Wir bemerken, dass die Beschleunigung der Blöcke in beiden Fällen die gleiche ist. In Teil (a) ist die Kraft f die einzige auf den Block der Masse m_2 wirkende horizontale Kraft, und in Teil (b) ist f die einzige auf den Block mit $m_1 > m_2$ wirkende horizontale Kraft. Wegen $f = m_2 a$ in Teil (a) und $f = m_1 a$ in Teil (b) muss f in Teil (b) größer sein, damit dann die Beschleunigungen gleich sind.

33 Das Kräftediagramm ist unten wiedergegeben. $\vec{T}$ ist die Zugspannung des Tragseils, $m\vec{g}$ ist die Gravitationskraft. Wenn die Aufwärtsrichtung positiv ist, dann lautet das zweite Newtonsche Axiom $T - mg = ma$, wobei a die Beschleunigung ist.

Die Zugspannung ist also $T = m(g + a)$. Wir verwenden die Kinematik für konstante Beschleunigungen (Tabelle 2-1), um die Beschleunigung zu bestimmen (wobei $v = 0$ die Endgeschwindigkeit, $v_0 = -12\,\mathrm{m/s}$ die Anfangsgeschwindigkeit und $y = -42\,\mathrm{m}$ die Koordinate des Punktes ist, wo der Aufzug zum Stehen kommt). Folglich führt $v^2 = v_0^2 + 2ay$ zu $a = -v_0^2/2y = -(-12)^2/2(-42) = 1{,}71\,\mathrm{m/s^2}$. Nun kehren wir zurück zur Berechnung der Zugspannung:

$$\begin{aligned} T &= m(g + a) \\ &= (1600\,\mathrm{kg})(9{,}8\,\mathrm{m/s^2} + 1{,}71\,\mathrm{m/s^2}) \\ &= 1{,}8 \times 10^4\,\mathrm{N}\,. \end{aligned}$$

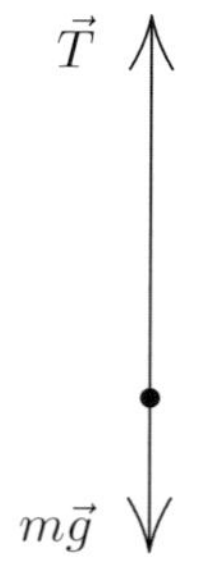

35 Wir legen die Abwärtsrichtung in die $+y$-Richtung.

(a) Das erste Diagramm (unten) ist das Kräftediagramm für die Person und den Fallschirm, als ein einziges Objekt mit einer Masse von $80\,\mathrm{kg} + 5\,\mathrm{kg} = 85\,\mathrm{kg}$ betrachtet. $\vec{F}_a$ ist die Kraft der Luft auf den Fallschirm, und $m\vec{g}$ ist die Gravitationskraft. Die Anwendung des zweiten Newtonschen Axioms liefert $mg - F_a = ma$, wobei a die Beschleunigung ist. Lösen wir nach F_a auf, erhalten wir

$$F_a = m(g - a) = (85\,\mathrm{kg})(9{,}8\,\mathrm{m/s^2} - 2{,}5\,\mathrm{m/s^2}) = 620\,\mathrm{N}\,.$$

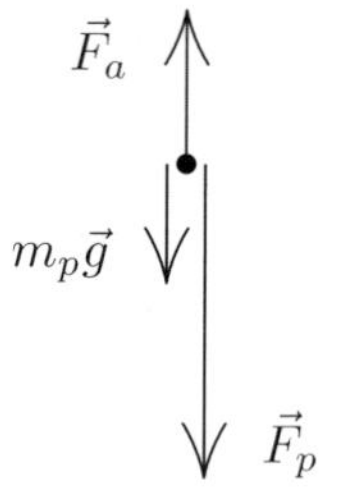

(b) Das zweite Diagramm (oben) ist das Kräftediagramm für den Fallschirm alleine. $\vec{F}_a$ ist die Kraft der Luft, $m_p\vec{g}$ ist die Gravitationskraft, und $\vec{F}_p$ ist die Kraft der Person. Nun führt das zweite Newtonsche Axiomt zu $m_p g + F_p - F_a = m_p a$. Lösen wir nach F_p auf, erhalten wir

$$F_p = m_p(a - g) + F_a = (5{,}0)(2{,}5 - 9{,}8) + 620 = 580\,\mathrm{N}\,.$$

37 Wir verwenden die Bezeichnung g für die Beschleunigung auf Grund der Gravitation nahe der Oberfläche von Callisto, m für die Masse der Landekapsel, a für die Beschleunigung der Landekapsel und F für den Raketenschub. Die Abwärtsrichtung lassen wir in die positive Richtung weisen. Daher nimmt das zweite Newtonsche Axiom die Form $mg - F = ma$ an. Wenn der Schub F_1 (= 3260 N) ist, dann ist die Beschleunigung null, also ist $mg - F_1 = 0$. Wenn der Schub F_2 (= 2200 N) ist, dann ist die Beschleunigung a_2 (= 0,39 m/s^2), also ist $mg - F_2 = ma_2$.

(a) Die erste Gleichung liefert das Gewicht der Landekapsel: $mg = F_1 = 3260\,\mathrm{N}$.

(b) Die zweite Gleichung liefert die Masse:

$$m = \frac{mg - F_2}{a_2} = \frac{3260\,\mathrm{N} - 2200\,\mathrm{N}}{0{,}39\,\mathrm{m/s^2}} = 2{,}7 \times 10^3\ \mathrm{kg}\,.$$

(c) Das Gewicht, geteilt durch die Masse, ergibt die Beschleunigung auf Grund der Gravitation: $g = (3260\,\mathrm{N})/(2{,}7 \times 10^3\,\mathrm{kg}) = 1{,}2\,\mathrm{m/s^2}$.

41 (a) Die Kettenglieder sind von unten nach oben durchnummeriert. Die auf das untere Glied wirkenden Kräfte sind die Gravitationskraft $m\vec{g}$, nach unten, und die Kraft $\vec{F}_{2an1}$ von Glied 2, nach oben. Lassen Sie die positive Richtung nach oben zeigen. Das zweite Newtonsche Axiom für dieses Glied lautet $F_{2an1} - mg = ma$. Also ist $F_{2an1} = m(a + g) = (0{,}100\,\mathrm{kg})(2{,}50\,\mathrm{m/s^2} + 9{,}8\,\mathrm{m/s^2}) = 1{,}23\,\mathrm{N}$.

(b) Die auf das zweite Glied wirkenden Kräfte sind die Gravitationskraft $m\vec{g}$, nach unten, die Kraft $\vec{F}_{1an2}$ von Glied 1, nach oben, und die Kraft $\vec{F}_{3an2}$ von Glied 3, nach oben. Nach dem dritten Newtonschen Axiom hat $\vec{F}_{1an2}$ den gleichen Betrag wie $\vec{F}_{2an1}$. Das zweite Newtonsche Gesetz für das zweite Glied lautet $F_{3an2} - F_{1auf2} - mg = ma$, also ist $F_{3an2} = m(a + g) + F_{1an2} = (0{,}100\,\mathrm{kg})(2{,}50\,\mathrm{m/s^2} + 9{,}8\,\mathrm{m/s^2}) + 1{,}23\,\mathrm{N} = 2{,}46\,\mathrm{N}$.

(c) Das zweite Newtonsche Axiom für Glied 3 lautet $F_{4an3} - F_{2an3} - mg = ma$, also ist $F_{4an3} = m(a+g) + F_{2an3} = (0{,}100\,\mathrm{N})(2{,}50\,\mathrm{m/s^2} + 9{,}8\,\mathrm{m/s^2}) + 2{,}46\,\mathrm{N} = 3{,}69\,\mathrm{N}$, wobei das dritte Newtonsche Axiom auf $F_{2an3} = F_{3an2}$ führt (weil dies die Beträge der Kraftvektoren sind).

(d) Das zweite Newtonsche Axiom für Glied 4 lautet $F_{5an4} - F_{3auf4} - mg = ma$, also ist $F_{5an4} = m(a+g) + F_{3an4} = (0{,}100\,\mathrm{kg})(2{,}50\,\mathrm{m/s^2} + 9{,}8\,\mathrm{m/s^2}) + 3{,}69\,\mathrm{N} = 4{,}92\,\mathrm{N}$, wobei das dritte Newtonsche Axiom auf $F_{3an4} = F_{4an3}$ führt.

(e) Das zweite Newtonsche Axiom für das oberste Glied lautet $F - F_{4an5} - mg = ma$, also ist $F = m(a + g) + F_{4an5} = (0{,}100\,\mathrm{kg})(2{,}50\,\mathrm{m/s^2} + 9{,}8\,\mathrm{m/s^2}) + 4{,}92\,\mathrm{N} = 6{,}15\,\mathrm{N}$, wobei nach dem dritten Newtonschen Axiom $F_{4an5} = F_{5an4}$ ist.

(f) Jedes Glied besitzt die gleiche Masse und die gleiche Beschleunigung, also wirkt auf jedes von ihnen die gleiche Gesamtkraft: $F_{net} = ma = (0{,}100\,\mathrm{kg})(2{,}50\,\mathrm{m/s^2}) = 0{,}25\,\mathrm{N}$.

43 Das Kräftediagramm für jeden Block ist unten wiedergegeben. T ist die Zugspannung in dem Seil, und $\theta = 30°$ ist der Neigungswinkel der Ebene. Für Block 1 legen wir die $+x$-Richtung in die Ebene nach oben und die $+y$-Richtung in Richtung der Normalkraft $\vec{N}$, die die Ebene auf den Block ausübt. Für Block 2 legen wir die $+y$-Richtung nach unten. Auf diese Weise können die Beschleunigungen der beiden Blöcke durch das gleiche Symbol a eindeutig dargestellt werden. Wenden wir das zweite Newtonsche Axiom auf die x- und y-Achse für Block 1 und auf die y-Achse von Block 2 an, erhalten wir

$$\begin{aligned} T - m_1 g \sin\theta &= m_1 a \\ N - m_1 g \cos\theta &= 0 \\ m_2 g - T &= m_2 a\,. \end{aligned}$$

Mit der ersten und dritten dieser Gleichungen zusammen können Werte von a und T bestimmt werden. Die zweite Gleichung braucht man in dieser Aufgabe nicht, weil weder nach der Normalkraft gefragt ist noch wird sie in dieser Aufgabe als Teil einer weiteren Berechnung (wie es in Formeln für Reibung vorkommen kann) benötigt.

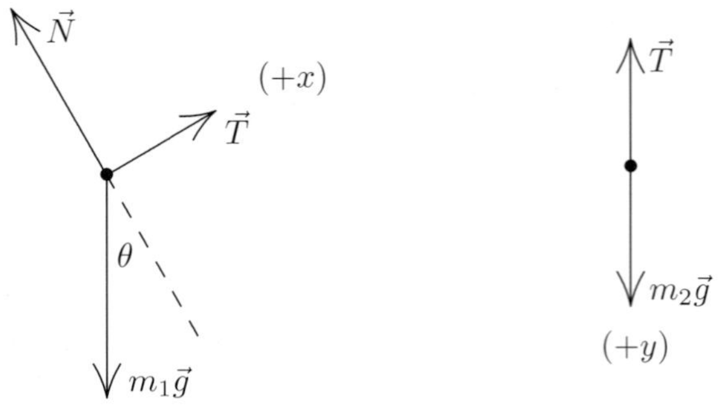

(a) Wir addieren die erste und die dritte Gleichung oben: $m_2 g - m_1 g \sin\theta = m_1 a + m_2 a$. Folglich erhalten wir

$$a = \frac{(m_2 - m_1 \sin\theta)g}{m_1 + m_2} = \frac{(2{,}30\,\text{kg}) - 3{,}70 \sin 30{,}0°)\,(9{,}8)}{3{,}70 + 2{,}30} = 0{,}735\ \text{m/s}^2\ .$$

(b) Das Ergebnis für a ist positiv, was darauf hinweist, dass die Beschleunigung von Block 1 tatsächlich die Ebene nach oben und die Beschleunigung von Block 2 nach unten weist.

(c) Die Zugspannung im Seil ist

$$T = m_1 a + m_1 g \sin\theta = (3{,}70)(0{,}735) + (3{,}70)(9{,}8) \sin 30° = 20{,}8\ \text{N}\ .$$

45 Das Kräftediagramm ist unten wiedergegeben. $\vec{N}$ ist die Normalkraft der Ebene auf den Block, und $m\vec{g}$ ist die auf den Block wirkende Gravitationskraft. Wir lassen die $+x$-Richtung die schiefe Ebene nach unten zeigen, in die Richtung der Beschleunigung, und die $+y$-Richtung in die Richtung der Normalkraft, die durch die schiefe Ebene auf den Block ausgeübt wird. Für die x-Komponente lautet dann das zweite Newtonsche Axiom $mg \sin\theta = ma$; also ist die Beschleunigung $a = g \sin\theta$.

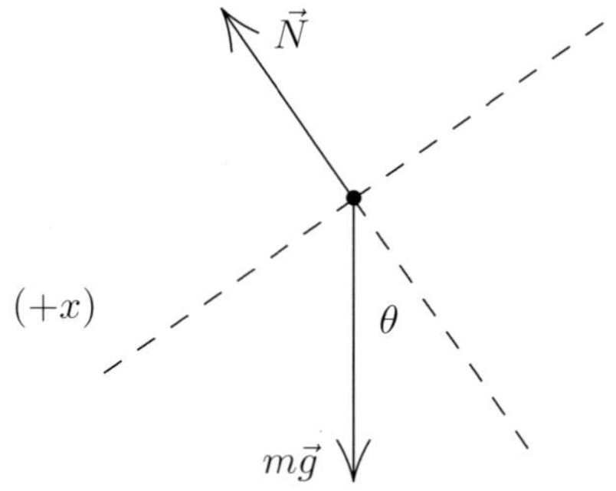

(a) Legen wir den Ursprung an die obere Kante der Eben, lauten die kinematischen Gleichungen (Tabelle 2-1) für die Bewegung entlang der x-Achse, die wir verwenden werden, $v^2 = v_0^2 + 2ax$ und $v = v_0 + at$. Der Block hält für einen Moment an seinem höchsten Punkt, wo $v = 0$ ist, an; gemäß der zweiten Gleichung geschieht dies zur Zeit $t = -v_0/a$. Der Ort, wo er anhält, ist

$$\begin{aligned} x &= -\frac{1}{2}\frac{v_0^2}{a} \\ &= -\frac{1}{2}\left(\frac{(-3{,}50\,\text{m/s})^2}{(9{,}8\,\text{m/s}^2)\sin 32{,}0°}\right) \\ &= -1{,}18\ \text{m}\ . \end{aligned}$$

(b) Die Zeit ist

$$t = -\frac{v_0}{a} = -\frac{v_0}{g \sin\theta} = -\frac{-3{,}50\,\text{m/s}}{(9{,}8\,\text{m/s}^2)\sin 32{,}0°} = 0{,}674\ \text{s}\ .$$

(c) Da in dieser Aufgabe keine Reibungskräfte existieren, ist zu erwarten, dass die Rückkehrgeschwindigkeit gleich der Anfangsgeschwindigkeit ist. Eine Herangehensweise, um das zu beweisen, besteht darin $x = 0$ zu setzen und $x = v_0 t + \frac{1}{2}at^2$ nach der Gesamtzeit t (hoch und wieder runter) aufzulösen. Das Ergebnis ist

$$t = -\frac{2v_0}{a} = -\frac{2v_0}{g \sin\theta} = -\frac{2(-3{,}50\,\text{m/s})}{(9{,}8\,\text{m/s}^2)\sin 32{,}0°} = 1{,}35\ \text{s}\ .$$

Daher ist die Geschwindigkeit, wenn der Block zurückkehrt,

$$v = v_0 + at = v_0 + gt \sin\theta = -3{,}50 + (9{,}8)(1{,}35) \sin 32° = 3{,}50\ \text{m/s}\,.$$

47 Wir lassen sowohl für den Affen als auch die Kiste $+y$ nach oben weisen.

(a) Die Kraft, mit der der Affe am Seil nach unten zieht, hat den Betrag F. Nach dem dritten Newtonschen Axiom zieht das Seil an dem Affen mit einer Kraft des gleichen Betrags nach oben, also führt das zweite Newtonsche Axiom für auf den Affen wirkende Kräfte auf $F - m_A g = m_A a_A$, wobei m_A die Masse des Affen und a_A seine Beschleunigung ist. Da das Seile masselos ist, ist $F = T$ Zugspannung im Seil. Das Seil zieht an der Kiste mit einer Kraft vom Betrag F nach oben, also lautet das zweite Newtonsche Axiom für die Kiste $F + N - m_K g = m_K a_K$, wobei m_K die Masse der Kisten, a_K ihre Beschleunigung und N die Normalkraft ist, die vom Boden auf sie ausgeübt wird. Wenn nun F die kleinste Kraft ist, die nötig ist, um die Kiste anzuheben, dann ist $N = 0$ und $a_K = 0$. Nach der Gleichung des zweiten Newtonschen Axioms für die Kiste bedeutet dies $F = m_K g$. Wir setzen $m_K g$ für F in die Gleichung für den Affen ein und lösen nach a_A auf:

$$a_A = \frac{F - m_A g}{m_A} = \frac{(m_K - m_A)\,g}{m_A} = \frac{(15-10)(9{,}8)}{10} = 4{,}9\ \text{m/s}^2\,.$$

(b) Wie erörtert, führt das zweite Newtonsche Axiom auf $F - m_K g = m_K a_K$ für die Kiste und auf $F - m_A g = m_A a_A$ für den Affen. Wenn die Beschleunigung der Kiste nach unten zeigt, dann weist die Beschleunigung des Affen nach oben, also ist $a_A = -a_K$. Wir lösen die erste Gleichung nach F auf

$$F = m_K(g + a_K) = m_K(g - a_A)$$

und setzen dieses Ergebnis in die zweite Gleichung ein. Anschließend lösen wir nach a_A auf:

$$a_A = \frac{(m_K - m_A)\,g}{m_K + m_A} = \frac{(15-10)(9{,}8)}{15+10} = 2{,}0\ \text{m/s}^2\,.$$

(c) Das Ergebnis ist positiv, was darauf hinweist, dass die Beschleunigung des Affen nach oben weist.

(d) Lösen wir die Gleichung des zweiten Newtonschen Axioms für die Kiste, nach F auf, erhalten wir

$$F = m_K\,(g - a_A) = (15)(9{,}8 - 2{,}0) = 120\ \text{N}\,.$$

49 Das Kräftediagramm (nicht maßstabsgetreu) für den Block ist unten wiedergegeben. $\vec{N}$ ist die Normalkraft, die durch den Boden ausgeübt wird, und $m\vec{g}$ ist die Gravitationskraft.

(a) Die x-Komponente des zweiten Newtonschen Axioms lautet $F\cos\theta = ma$, wobei m die Masse des Blocks und a die x-Komponente seiner Beschleunigung ist. Wir erhalten

$$a = \frac{F\cos\theta}{m} = \frac{(12{,}0\,\text{N})\cos 25{,}0°}{5{,}00\,\text{kg}} = 2{,}18\,\text{m/s}^2\,.$$

Das ist seine Beschleunigung, vorausgesetzt, er bleibt in Kontakt mit dem Boden. Wenn wir dies annehmen, erhalten wir den Wert von N (und wenn N positiv ist, dann ist die Annahme wahr, aber wenn N negativ ist, dann hebt der Block vom Boden ab). Die y-Komponente der Gleichung des zweiten Newtonschen Axioms wird $N + F\sin\theta - mg = 0$, also $N = mg - F\sin\theta = (5{,}00)(9{,}8) - (12{,}0)\sin 25{,}0° = 43{,}9\,\text{N}$. Also bleibt der Block auf dem Boden und seine Beschleunigung ist $a = 2{,}18\,\text{m/s}^2$.

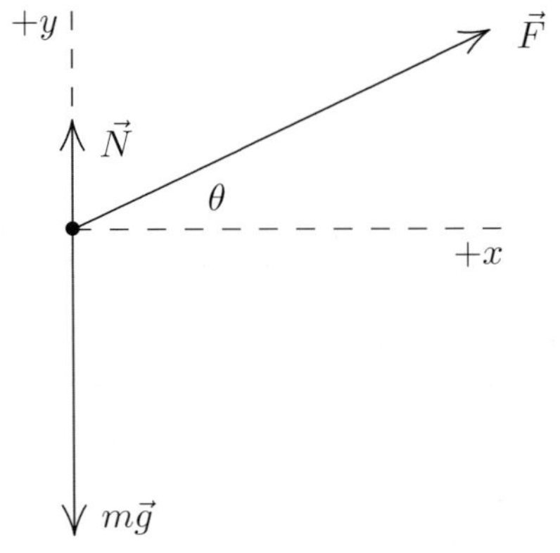

(b) Wenn F die kleinste Kraft ist, bei der der Block vom Boden abhebt, dann ist $N = 0$ und die y-Komponente der Beschleunigung verschwindet. Die y-Komponente der Gleichung des zweiten Newtonschen Axioms wird $F \sin\theta - mg = 0$, also ist

$$F = \frac{mg}{\sin\theta} = \frac{(5{,}00)(9{,}8)}{\sin 25{,}0°} = 116\,\mathrm{N}\,.$$

(c) Die Beschleunigung weist immer noch in die x-Richtung, und sie ist immer noch gegeben durch die in Teil (a) entwickelte Gleichung:

$$a = \frac{F\cos\theta}{m} = \frac{116\cos 25°}{5{,}00} = 21{,}0\,\mathrm{m/s^2}\,.$$

51 (a) Ein kleines Teilstück des Seils besitzt Masse und wird durch die Gravitationskraft der Erde nach unten gezogen. Weil die umgebenden Teile des Seils an ihm genügend nach oben ziehen, wird eine Gleichgewichtslage erreicht. Weil die Zugspannung eine Kraft *entlang* des Seils ist, muss sich mindestens eines der benachbarten Teile schräg nach oben weg vom Teilstück neigen, das wir betrachten. Dann hat die Zugspannung eine Komponente nach oben, was bedeutet, dass das Seil durchhängt.

(b) Die einzige Kraft, die mit einer horizontalen Komponente wirkt, ist die angewandte Kraft $\vec{F}$. Wir behandeln den Block und das Seil als ein einzelnes Objekt und schreiben dafür das zweite Newtonsche Axiom $F = (M+m)a$, wobei a die Beschleunigung ist und die positive Richtung nach rechts gelegt wird. Die Beschleunigung ist gegeben durch $a = F/(M+m)$.

(c) Die Kraft des Seils F_S ist die einzige Kraft mit einer horizontalen Komponente, die auf den Block wirkt. Das zweite Newtonsche Axiom für den Block ergibt dann

$$F_S = Ma = \frac{MF}{M+m}\,,$$

wobei der oben für a gefundene Ausdruck verwendet wurde.

(d) Wir behandeln den Block und das halbe Seil als ein einzelnes Objekt, mit Masse $M + \frac{1}{2}m$, wobei die darauf wirkende horizontale Kraft die Zugspannung T_M im Mittelpunkt des Seils ist, und verwenden das zweite Newtonsche Axiom:

$$T_M = (M + \frac{1}{2}m)a = \frac{(M+\frac{1}{2}m)F}{(M+m)} = \frac{(2M+m)F}{2(M+m)}\,.$$

53 Die auf den Ballon wirkenden Kräfte sind die Gravitationskraft $m\vec{g}$ (nach unten) und die Auftriebskraft $\vec{F}_a$ (nach oben). Wir lassen $+y$ nach oben weisen und verwenden a, um den *Betrag* der Beschleunigung (was nicht ihrer üblichen Verwendung in diesem Kapitel entspricht) zu bezeichnen. Wenn die Masse M (bevor der Ballast abgeworfen wird) ist, weist die Beschleunigung nach unten und das zweite Newtonsche Axiom lautet $F_a - Mg = -Ma$. Nachdem der Ballast abgeworfen wurde, ist die Masse $M - m$ (wobei m die Masse des Ballast ist), und die Beschleunigung weist nach oben. Das zweite Newtonsche Axiom führt zu $F_a - (M-m)g = (M-m)a$. Die frühere Gleichung ergibt $F_a = M(g-a)$, und dies setzen wir in die neue Gleichung ein und erhalten

$$M(g-a) - (M-m)g = (M-m)a \implies m = \frac{2Ma}{g+a}\,.$$

6 Kraft und Bewegung – II

1 Wir nehmen an, dass die Kommode nicht kippt, und behandeln dies als eine rein horizontale Bewegung (mit der schiebenden Kraft $\vec{F}$ in die $+x$-Richtung). Wenden wir das zweite Newtonsche Axiom auf die x- und die y-Achse an, erhalten wir

$$\begin{aligned} F - f_{s,\max} &= ma \\ N - mg &= 0\,. \end{aligned}$$

Die zweite Gleichung liefert die Normalkraft $N = mg$, wobei sich für den maximalen Haftreibungskoeffizienten (aus Gl. 6-1) $f_{s,\max} = \mu_s mg$ ergibt. Damit schreibt sich die erste Gleichung

$$F - \mu_s mg = ma = 0\,,$$

wobei wir $a = 0$ gesetzt haben, was damit im Einklang steht, dass die Haftreibung immer noch (gerade noch) verhindert, dass sich die Kommode bewegt.

(a) Mit $\mu_s = 0{,}45$ und $m = 45$ kg führt obige Gleichung auf $F = 198$ N. Um die Kommode in Bewegung zu versetzen, muss man mit einer Kraft schieben, die größer ist. Runden wir auf zwei Stellen, erhalten wir für die mindestens erforderliche Kraft $F = 2{,}0 \times 10^2$ N.

(b) Ersetzen wir $m = 45$ kg durch $m = 28$ kg, führt die obige Argumentation auf ungefähr $F = 1{,}2 \times 10^2$ N.

3 Das Kräftediagramm für den Spieler ist unten wiedergegeben. $\vec{N}$ ist die Normalkraft des Bodens auf den Spieler, $m\vec{g}$ ist die Gravitationskraft, und $\vec{f}$ ist die Reibungskraft. Die Reibungskraft ist mit der Normalkraft über $f = \mu_k N$ verknüpft. Wir verwenden das zweite Newtonsche Axiom, angewandt auf die vertikale Achse, um die Normalkraft zu bestimmen. Die vertikale Komponente der Beschleunigung ist null, also erhalten wir $N - mg = 0$; daher haben wir $N = mg$. Daraus folgt

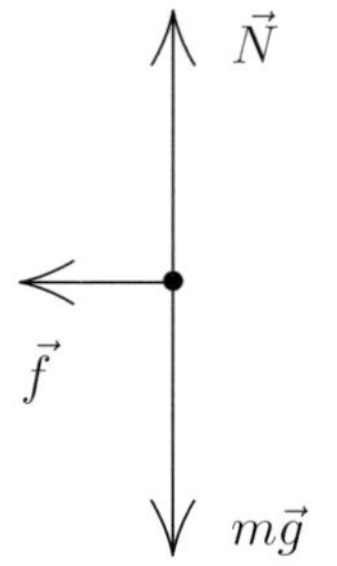

$$\begin{aligned} \mu_k &= \frac{f}{N} \\ &= \frac{470\,\mathrm{N}}{(79\,\mathrm{kg})\left(9{,}8\,\mathrm{m/s^2}\right)} \\ &= 0{,}61\,. \end{aligned}$$

5 Die horizontale Kraft, die die Person auf die Kiste (in $+x$-Richtung) ausübt, bezeichnen wir mit $\vec{F}$, die Reibungskraft (in $-x$-Richtung) mit $\vec{f_k}$, die vom Boden ausgeübte vertikale Normalkraft (in die $+y$-Richtung) mit $\vec{N}$ und die Gravitationskraft mit $m\vec{g}$. Der Betrag der Reibungskraft ist gegeben durch $f_k = \mu_k N$ (Gl. 6-2). Wenden wir das zweite Newtonsche Axiom auf die x- und die y-Achse an, erhalten wir

$$\begin{aligned} F - f_k &= ma \\ N - mg &= 0\,. \end{aligned}$$

(a) Die zweite Gleichung liefert die Normalkraft $N = mg$, sodass die Reibung

$$f_k = \mu_k mg = (0{,}35)(55\,\mathrm{kg})\left(9{,}8\,\mathrm{m/s^2}\right) = 1{,}9 \times 10^2\ \mathrm{N}$$

ist.

(b) Die erste Gleichung wird zu

$$F - \mu_k mg = ma\ ,$$

die wir (mit $F = 220$ N) nach a auflösen, womit wir erhalten:

$$a = \frac{F}{m} - \mu_k g = 0{,}56\ \mathrm{m/s^2}\ .$$

7 Das Kräftediagramm für den Puck ist unten wiedergegeben. $\vec{N}$ ist die Normalkraft des Eises auf den Puck, $\vec{f}$ ist die Reibungskraft (in $-x$-Richtung), und $m\vec{g}$ ist die Gravitationskraft.

(a) Die horizontale Komponente des zweiten Newtonschen Axioms ergibt $-f = ma$, und wir können die Kinematik für konstante Beschleunigung (Tabelle 2-1) anwenden, um die Beschleunigung zu bestimmen.

Da die Endgeschwindigkeit null ist, führt $v^2 = v_0^2 + 2ax$ auf $a = -v_0^2/2x$. Das setzen wir in die Gleichung des Newtonschen Axioms ein und erhalten Folgendes:

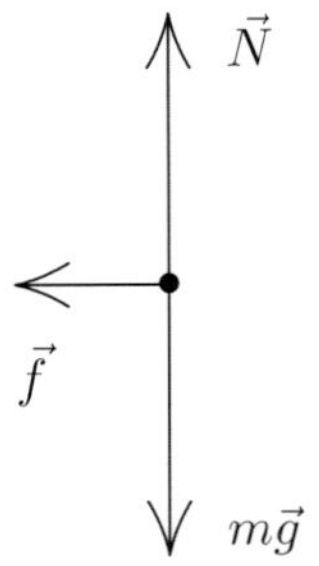

$$\begin{aligned} f &= \frac{mv_0^2}{2x} \\ &= \frac{(0{,}110\,\mathrm{kg})(6{,}0\,\mathrm{m/s})^2}{2(15\,\mathrm{m})} \\ &= 0{,}13\ \mathrm{N}\ . \end{aligned}$$

(b) Die vertikale Komponente des zweiten Newtonschen Axioms ergibt $N - mg = 0$, also $N = mg$, woraus (unter Verwendung von Gl. 6-2) $f = \mu_k mg$ folgt. Wir lösen nach dem Reibungskoeffizienten auf:

$$\mu_k = \frac{f}{mg} = \frac{0{,}13\,\mathrm{N}}{(0{,}110\,\mathrm{kg})\left(9{,}8\,\mathrm{m/s^2}\right)} = 0{,}12\ .$$

9 (a) Das Kräftediagramm für den Block ist unten wiedergegeben. $\vec{F}$ ist die angewandte Kraft, $\vec{N}$ die Normalkraft der Wand auf den Block, $\vec{f}$ die Reibungskraft und $m\vec{g}$ die Gravitationskraft. Um zu entscheiden, ob der Block an der Wand nach unten rutscht, bestimmen wir den Betrag f der Reibungskraft, die nötig ist, um ihn bewegungslos zu halten. Außerdem bestimmen wir die Normalkraft der Wand auf den Block.

Dann vergleichen wir f und $\mu_s N$. Falls $f < \mu_s N$, so rutscht der Block nicht nach unten; falls $f > \mu_s N$, so rutscht er. Die horizontale Komponente des zweiten Newtonschen Axioms ist $F - N = 0$, somit ist $N = F = 12$ N und $\mu_s N = (0{,}60)(12\,\mathrm{N}) = 7{,}2$ N. Die vertikale Komponente ist $f - mg = 0$, also $f = mg = 5{,}0$ N. Da $f < \mu_s N$, rutscht der Block nicht.

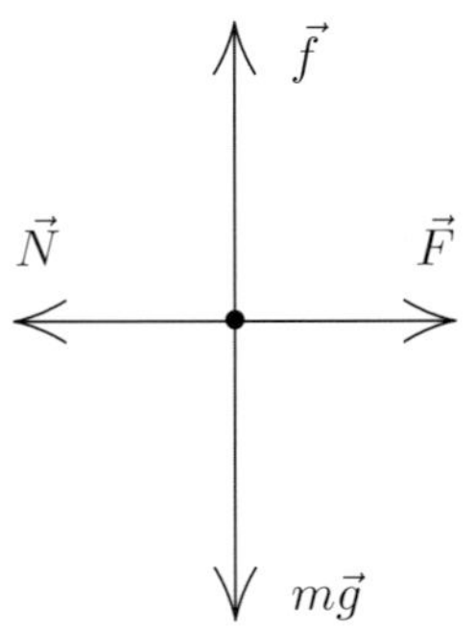

(b) Da der Block nicht rutscht, ist $f = 5{,}0$ N und $N = 12$ N. Die Kraft der Wand auf den Block ist daher

$$\vec{F}_w = -N\,\vec{e}_x + f\,\vec{e}_y = -(12\,\mathrm{N})\,\vec{e}_x + (5{,}0\,\mathrm{N})\,\vec{e}_y$$

wobei die Achsen wie in Abb. 6-21 der Aufgabenstellung liegen.

11 Unten ist ein Querschnitt des Sandkegels dargestellt. Um die größte Sandmenge aufzuschütten, ohne dass Sand außerhalb des Radius fällt, wird Sand hinzugefügt, um die Höhe h möglichst groß zu machen. Schließlich werden die Seiten so steil, dass Sand an der Oberfläche beginnt zu rutschen. Ziel ist es, die größte Höhe zu bestimmen (entsprechende der größten Steigung), bei der der Sand nicht rutscht. Im Diagramm ist ein Sandkorn dargestellt, und die darauf wirkenden Kräfte sind gekennzeichnet. $\vec{N}$ ist die Normalkraft der Oberfläche, $m\vec{g}$ ist die Gravitationskraft, und $\vec{f}$ ist die (Haft-) Reibungskraft. Wir lassen die x-Achse die Ebene nach unten und die y-Achse in Richtung der Normalkraft weisen. Wir nehmen an, dass das Sandkorn nicht gleitet, also ist seine Beschleunigung null. Die x-Komponente des Newtonschen Axioms lautet dann $mg \sin\theta - f = 0$, und die y-Komponente ist $N - mg\cos\theta = 0$. Die erste Gleichung ergibt $f = mg\sin\theta$, und die zweite ergibt $N = mg\cos\theta$. Wenn das Sandkorn nicht gleitet, muss die Bedingung $f < \mu_s N$ erfüllt sein. Das bedeutet $mg\sin\theta < \mu_s mg\cos\theta$ oder $\tan\theta < \mu_s$. Die Oberfläche des Kegels hat die größte Neigung (und die Höhe des Kegels ist am größten), wenn $\tan\theta = \mu_s$ ist.

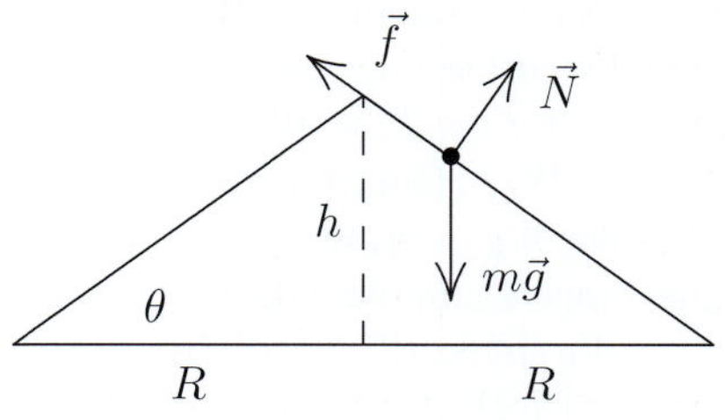

Da R und h die beiden Seiten eines rechtwinkligen Dreiecks sind, ist $h = R\tan\theta$. Ersetzen wir $\tan\theta$ durch μ_s, erhalten wir $h = \mu_s R$. Dies setzen wir in die Gleichung für das Volumen $V = \pi R^2 h/3$ ein, um das Ergebnis $V = \pi\mu_s R^3/3$ zu erhalten.

13 (a) Das Kräftediagramm für die Kiste ist unten wiedergegeben. $\vec{T}$ ist die auf das Seil ausgeübte Zugkraft, $\vec{N}$ die Normalkraft des Fußbodens auf die Kiste, $m\vec{g}$ die Gravitationskraft und $\vec{f}$ die Reibungskraft. Die $+x$-Achse legen wir horizontal nach rechts und die $+y$-Achse senkrecht nach oben. Wir nehmen zunächst an, dass die Kiste sich nicht bewegt. Die x-Komponente des zweiten Newtonschen Axioms ist dann $T\cos\theta - f = 0$ und die y-Komponente $T\sin\theta + N - mg = 0$, wobei $\theta = 15°$ den Winkel zwischen dem Seil und der Horizontalen bezeichnet.

Die erste Gleichung liefert uns $f = T\cos\theta$ und die zweite $N = mg - T\sin\theta$. Wenn die Kiste unbewegt bleibt, so muss f kleiner als $\mu_s N$ sein, also $T\cos\theta < \mu_s(mg - T\sin\theta)$. Die Zugkraft reicht gerade aus, um die Kiste in Bewegung zu versetzen, wenn $T\cos\theta = \mu_s(mg - T\sin\theta)$ ist. Wir lösen dies nach T auf und erhalten:

$$T = \frac{\mu_s mg}{\cos\theta + \mu_s\sin\theta} = \frac{(0{,}50)(68)(9{,}8)}{\cos 15° + 0{,}50\sin 15°} = 304 \approx 300\ \text{N}\,.$$

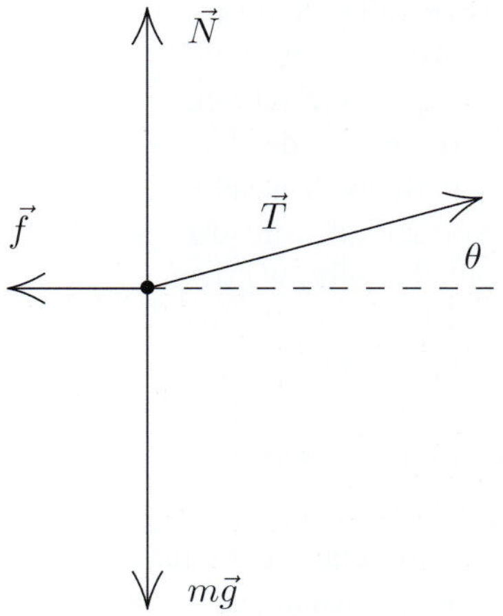

(b) Die Gleichungen des zweiten Newtonschen Axioms für die sich bewegende Kiste sind $T\cos\theta - f = ma$ und $N + T\sin\theta - mg = 0$. Nun gilt $f = \mu_k N$. Die zweite Gleichung liefert $N = mg - T\sin\theta$, wie zuvor, also $f = \mu_k(mg - T\sin\theta)$. Wir setzen diese Gleichung für f in die erste Gleichung ein und erhalten $T\cos\theta - \mu_k(mg - T\sin\theta) = ma$, Die Beschleunigung beträgt also

$$a = \frac{T(\cos\theta + \mu_k\sin\theta)}{m} - \mu_k g\,.$$

Der numerische Wert lautet:

$$a = \frac{(304\ \text{N})(\cos 15° + 0{,}35\sin 15°)}{68\ \text{kg}} - (0{,}35)(9{,}8\ \text{m/s}^2) = 1{,}3\ \text{m/s}^2\,.$$

15

(a) Kräftediagramme für die Blöcke A und C – als ein Körper aufgefasst – und für Block B sind unten dargestellt. T ist der Betrag der Zugspannung des Seils, N der Betrag der Normalkraft des Tischs auf Block A, f der Betrag der Reibungskraft, W_{AC} das gemeinsame Gewicht der Blöcke A und C (der Betrag der in der Abbildung dargestellten Kraft $\vec{F}_{g\,AC}$) und W_B das Gewicht von Block B (der Betrag der dargestellten Kraft $\vec{F}_{g\,B}$). Nehmen Sie an, die Blöcke bewegen sich nicht. Für die Blöcke auf dem Tisch lassen wir die x-Achse nach rechts und die y-Achse nach oben zeigen. Die x-Komponente des zweiten Newtonschen Axioms ist dann $T - f = 0$, und die y-Komponente ist $N - W_{AC} = 0$. Für Block B lassen wir die Abwärtsrichtung positiv sein. Das zweite Newtonsche Axiom für diesen Block lautet dann $W_B - T = 0$. Die dritte Gleichung ergibt $T = W_B$, und die erste ergibt $f = T = W_B$. Die zweite Gleichung ergibt $N = W_{AC}$. Ohne Gleiten muss f kleiner sein als $\mu_s N$, oder $W_B < \mu_s W_{AC}$. Der kleinste Wert, den W_{AC} annehmen kann, ohne dass die Blöcke gleiten, ist $W_{AC} = W_B/\mu_s = (22\,\text{N})/(0{,}20) = 110\,\text{N}$. Da das Gewicht von Block A 44 N ist, beträgt das Mindestgewicht für C $110 - 44 = 66\,\text{N}$.

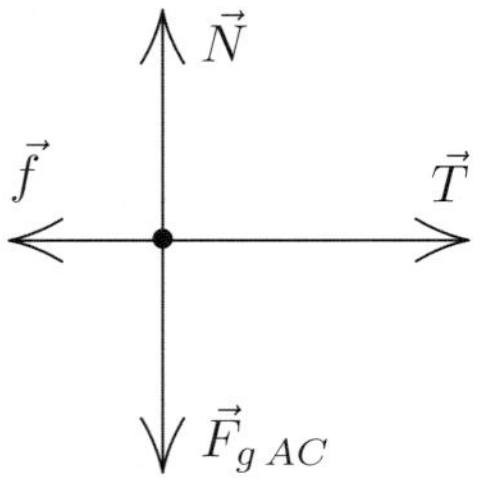

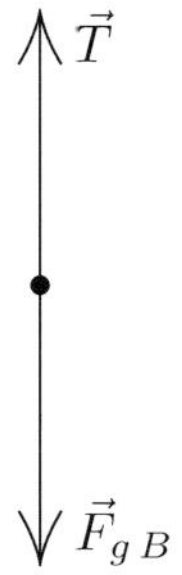

(b) Die Gleichungen des zweiten Newtonschen Axioms werden $T - f = (W_A/g)a$, $N - W_A = 0$ und $W_B - T = (W_B/g)a$. Zusätzlich haben wir $f = \mu_k N$. Die zweite Gleichung ergibt $N = W_A$, also $f = \mu_k W_A$. Die dritte Gleichung ergibt $T = W_B - (W_B/g)a$. Setzen wir diese beiden Ausdrücke in die erste Gleichung ein, erhalten wir $W_B - (W_B/g)a - \mu_k W_A = (W_A/g)a$. Daher ergibt sich

$$a = \frac{g(W_B - \mu_k W_A)}{W_A + W_B} = \frac{(9{,}8\,\text{m/s}^2)\,(22\,\text{N} - (0{,}15)(44\,\text{N}))}{44\,\text{N} + 22\,\text{N}} = 2{,}3\,\text{m/s}^2\,.$$

19

Die Kräftediagramme für Block B und den Knoten direkt über Block A sind unten wiedergegeben. $\vec{T}_1$ ist die Zugkraft des an Block B oder am Knoten (was auch geschehen kann) ziehenden Seils und $\vec{T}_2$ ist die vom zweiten Seil (unter einem Winkel $\theta = 30°$) auf den Knoten ausgeübte Zugkraft. $\vec{f}$ ist die Normalkraft, den die Oberfläche auf Block B ausübt, $\vec{N}$ ist die Normalkraft, die die Oberfläche auf B ausübt, W_A das Gewicht des Blocks A (W_A ist der Betrag $m_A\vec{g}$) und W_B das Gewicht des Blocks B ($W_B = 711$ N ist der Betrag von $m_B\vec{g}$).

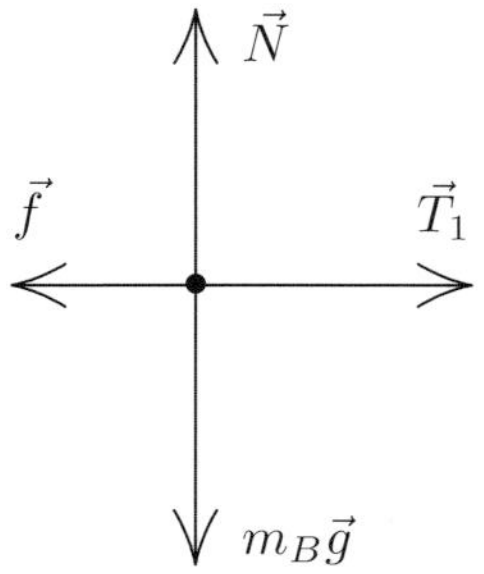

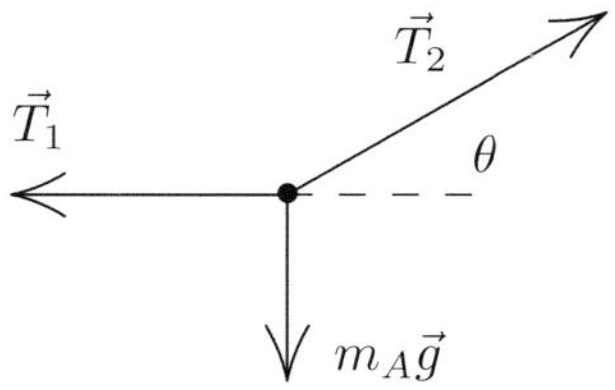

Für jedes Objekt weise die $+x$-Achse horizontal nach rechts und die $+y$-Achse vertikal nach oben. Wenden wir das zweite Newtonsche Axiom für die x- und die y-Richtung auf Block B und dann genauso auf den Knoten an, erhalten wir vier Gleichungen:

$$\begin{aligned} T_1 - f_{s,\text{max}} &= 0 \\ N - W_B &= 0 \\ T_2\cos\theta - T_1 &= 0 \\ T_2\sin\theta - W_A &= 0\,, \end{aligned}$$

wobei wir annehmen, dass die Haftreibung ihren maximalen Wert annimmt (was uns erlaubt Gl. 6-1 anzuwenden). Lösen wir diese Gleichungen mit $\mu_s = 0{,}25$, erhalten wir $W_A = 103 \approx 100$ N.

21

Zunächst überprüfen wir, ob die Körper anfangen, sich zu bewegen. Wir nehmen an, dass sie unbewegt bleiben, berechnen die Reibung, die sie in dieser Position hält, und vergleichen ihren Betrag mit $\mu_s F_N$. Die Kräftediagramme sehen Sie in der Zeichnung. Hier ist T der Betrag der Zugkraft an dem Seil, f der Betrag der Reibungskraft, die auf

Körper A, F_N der Betrag der Normalkraft des Fußbodens auf Körper A. Außerdem ist $m_A\vec{g}$ die Gravitationskraft, die auf Körper A (mit Betrag $m_A g = 102$ N) wirkt, und $m_B\vec{g}$ die Gravitationskraft auf Körper B (mit Betrag $M_B g = 32$ N). Schließlich ist $\theta = 40°$ der Neigungswinkel der Ebene. Wir kennen die Richtung der Reibungskraft $\vec{f}$ nicht, nehmen aber zunächst an, dass sie die Ebene hinunterzeigt. Wenn wir einen negativen Wert für f erhalten, so wissen wir, dass die Kraft die Ebene hinaufweist.

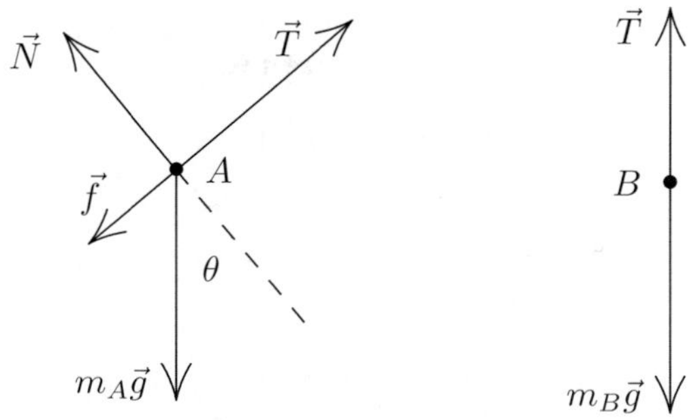

(a) Für Körper A wählen wir die $+x$ so, dass sie die Ebene hinaufzeigt, und die $+y$-Achse in Richtung der Normalkraft. Die x-Komponente des zweiten Newtonschen Axioms besagt dann

$$T - f - m_A g \sin\theta = 0 ,$$

und die y-Komponente ist

$$F_N - m_A g \cos\theta = 0 .$$

Für B zeige die positive Richtung nach *unten*. Die Gleichung des zweiten Newtonschen Axioms für unser Objekt lautet dann

$$m_B g - T = 0 .$$

Das liefert uns $T = m_B g$. Dies setzen wir in die erste Gleichung ein und erhalten $m_B g - f - m_A g \sin\theta = 0$. Also gilt

$$f = m_B g - m_A g \sin\theta = 32 - 102 \sin 40° = -34 \text{ N} .$$

Die Reibungskraft zeigt die Ebene hinauf. Die zweite Gleichung liefert

$$F_N = m_A g \cos\theta = 102 \cos 40° = 78 \text{ N} ,$$

daher gilt $\mu_s F_N = (0{,}56)(78) = 44$ N. Da der Betrag der Reibungskraft f, die die Körper in Ruheposition hält, kleiner ist als $\mu_s F_N$, bleiben die Körper bewegungslos. Ihre Beschleunigung ist null.

(b) Da A die Ebene hinaufrutscht, zeigt die Reibungskraft die Ebene hinunter und hat den Betrag $f_k = \mu_k F_N$. Die Gleichungen des zweiten Newtonschen Axioms lauten nun

$$\begin{aligned} T - \mu_k F_N - m_A g \sin\theta &= m_A a \\ F_N - m_A g \cos\theta &= 0 \\ m_B g - T &= m_B a , \end{aligned}$$

wobei a die Beschleunigung bezeichnet. Da sich die Objekte gemeinsam bewegen und wir die Koordinatenachsen geschickt gewählt haben, können wir für die Beschleunigung der beiden Körper das gleiche Symbol wählen. Wir setzen nun $F_N = m_A g \cos\theta$ aus der zweiten Gleichung und $T = m_B g - m_B a$ aus der dritten in die erste ein und erhalten

$$m_B g - m_B a - \mu_k m_A g \cos\theta - m_A g \sin\theta = m_A a .$$

Dies lösen wir nach a auf:

$$\begin{aligned} a &= \frac{m_B g - m_A g \sin\theta - \mu_k m_A g \cos\theta}{m_B + m_A} \\ &= \frac{32\,\text{N} - (102\,\text{N}) \sin 40° - (0{,}25)(102\,\text{N}) \cos 40°}{(32\,\text{N} + 102\,\text{N}) \,/\, \left(9{,}8\,\text{m/s}^2\right)} \\ &= -3{,}9\,\text{m/s}^2 \end{aligned}$$

oder

$$\vec{a} = \left(-3{,}9\,\text{m/s}^2\right) \vec{e}_x .$$

Die Beschleunigung weist also die Ebene hinunter; die Objekte werden langsamer. Beachten Sie, dass wir $m = W/g$ benutzt haben, um die Massen im Nenner zu berechnen.

(c) Nun bewegt sich A die Ebene hinunter, also weist die Reibungskraft mit dem Betrag $\mu_k F_N$ die Ebene hinauf. Die Gleichungen des zweiten Newtonschen Axioms liefern uns

$$\begin{aligned} T + \mu_k F_N - m_A g \sin\theta &= m_A a \\ F_N - m_A g \cos\theta &= 0 \\ m_B g - T &= m_B a\,. \end{aligned}$$

Wir setzen $F_N = m_A g \cos\theta$ aus der zweiten Gleichung und $T = m_B g - m_B a$ aus der dritten in die erste Gleichung ein und erhalten

$$m_B g - m_B a + \mu_k m_A \cos\theta - m_A g \sin\theta = m_A a\,.$$

Dies nach a aufgelöst ergibt

$$\begin{aligned} a &= \frac{m_B g - m_A g \sin\theta + \mu_k m_A g \cos\theta}{m_B + m_A} \\ &= \frac{32\,\mathrm{N} - (102\,\mathrm{N})\sin 40° + (0{,}25)(102\,\mathrm{N})\cos 40°}{(32\,\mathrm{N} + 102\,\mathrm{N}) \,/\, \left(9{,}8\,\mathrm{m/s^2}\right)} \\ &= -1{,}0\,\mathrm{m/s^2}\,. \end{aligned}$$

Also haben wir

$$\vec{a} = \left(-1{,}0\,\mathrm{m/s^2}\right)\vec{e}_x\,.$$

Die Beschleunigung zeigt erneut die Ebene hinunter. Die Objekte werden schneller.

23 Die Kräftediagramme für die beiden Blöcke sind unten wiedergegeben. T ist der Betrag der Zugspannung des Seils, $\vec{N}_A$ ist die Normalkraft auf Block A (der führende Block), $\vec{N}_B$ ist die Normalkraft auf Block B, $\vec{f}_A$ ist die Gleitreibungskraft auf Block A, $\vec{f}_B$ ist die Gleitreibungskraft auf Block B. Mit m_A bezeichnen wir die Masse des Blocks A (mit $m_A = W_A/g$ und $W_A = 3{,}6$ N) und mit m_B die Masse des Blocks B (mit $m_B = W_B/g$ und $W_B = 7{,}2$ N). Der Neigungswinkel der Ebene ist $\theta = 30°$.

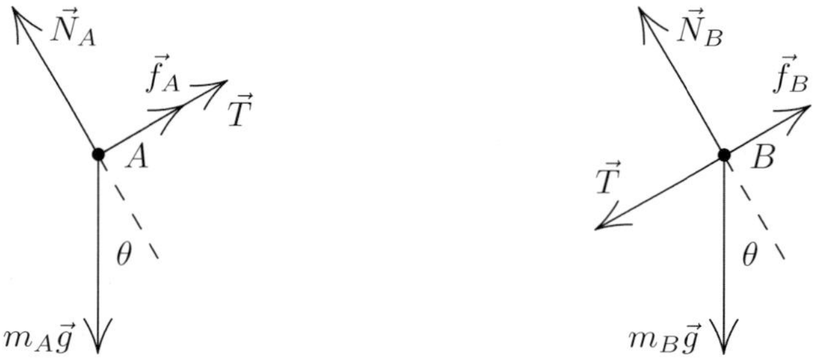

Für jeden Block zeige die $+x$-Richtung die Ebene hinab (in diesen Diagrammen also nach links unten) und die $+y$-Richtung in Richtung der Normalkraft. Wenden wir das zweite Newtonsche Axiom auf die x- und die y-Richtungen von Block A und dann von Block B an, erhalten wir vier Gleichungen:

$$\begin{aligned} W_A \sin\theta - f_A - T &= m_A a \\ N_A - W_A \cos\theta &= 0 \\ W_B \sin\theta - f_B + T &= m_B a \\ N_B - W_B \cos\theta &= 0\,. \end{aligned}$$

Verknüpfen wir sie mit Gl. 6-2 ($f_A = \mu_{k\,A} N_A$ mit $\mu_{k\,A} = 0{,}10$ und $f_B = \mu_{k\,B} N_B$ mit $\mu_{k\,B} = 0{,}20$), beschreiben sie insgesamt die Dynamik des Systems, solange die Blöcke die gleiche Beschleunigung besitzen und $T > 0$ gilt.

(a) Diese Gleichungen führen zu einer Beschleunigung

$$a = g\left(\sin\theta - \left(\frac{\mu_{k\,A} W_A + \mu_{k\,B} W_B}{W_A + W_B}\right)\cos\theta\right) = 3{,}5\,\mathrm{m/s^2}\,.$$

(b) Wir lösen die obigen Gleichungen nach der Zugspannung auf und erhalten

$$T = \left(\frac{W_A\,W_B}{W_A + W_B}\right)(\mu_{k\,B} - \mu_{k\,A})\cos\theta = 0{,}21\,\mathrm{N}\,.$$

Es wäre natürlich vollkommen ausreichend, den für a in Teil (a) gefundenen Wert in eine der obigen Gleichungen einzusetzen, und wahrscheinlich wäre es einfacher, als algebraisch nach T aufzulösen, wie wir es getan haben, aber die algebraische Form veranschaulicht den Faktor $\mu_{k\,B} - \mu_{k\,A}$, was hilt, den nächsten Teil zu verstehen.

(c) Die Blöcke zu vertauschen, ist äquivalent dazu, die Bezeichnungen auszutauschen (dann ist A der Block mit Gewicht 7,2 N, und $\mu_{k\,A}$ hat nun den Wert 0,20). Aus unserem algebraischen Ergebnis in Teil (b) erkennen wir, dass dies einen negativen Wert für T ergibt, was unmöglich ist. Wir folgern, dass die obigen vier Gleichungen in dieser Situation nicht gelten (insbesondere ist a für einen Block nicht gleich a für den anderen Block). Die Blöcke bewegen sich unabhängig von einander.

27 Die Kräftediagramme für die Platte und den Quader sind unten wiedergegeben. $\vec{F}$ ist die 100 N Kraft, die auf den Quader angewandt wird, $\vec{N}_s$ ist die Normalkraft des Bodens auf die Platte, N_b der Betrag der Normalkraft zwischen der Platte und dem Quader, $\vec{f}$ die Reibungskraft zwischen der Platte und dem Block, m_s die Masse der Platte und m_b die Masse des Quaders. Für beide Körper lassen wir die $+x$-Richtung nach links und die $+y$-Richtung nach oben weisen.

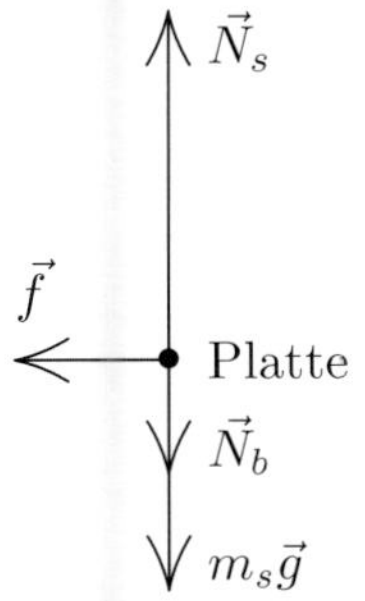

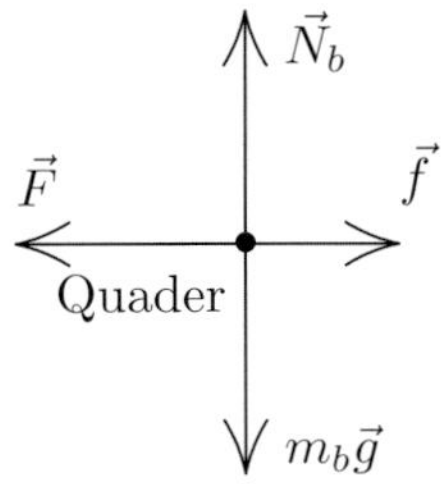

Wenden wir das zweite Newtonsche Axiom für die x- und y-Achsen (erstens) auf die Platte und (zweitens) auf den Quader an, erhalten wir vier Gleichungen:

$$\begin{aligned} f &= m_s a_s \\ N_s - N_b - m_s g &= 0 \\ F - f &= m_b a_b \\ N_b - m_b g &= 0\,. \end{aligned}$$

Aus diesen lesen wir den höchstmöglichen Betrag für die Haftreibung ab:

$$\mu_s N_b = \mu_s m_b g = (0{,}60)(10\,\text{kg})(9{,}8\,\text{m/s}^2) = 59\,\text{N}\,.$$

Wir prüfen, ob der Quader auf der Platte gleitet. Wenn wir annehmen, dass er nicht gleitet, dann ist $a_s = a_b$ (was wir einfach als a bezeichnen), und wir lösen nach f auf:

$$f = \frac{m_s F}{m_s + m_b} = \frac{(40\,\text{kg})(100\,\text{N})}{40\,\text{kg} + 10\,\text{kg}} = 80\,\text{N}\,,$$

was größer als $f_{s,\max}$ ist, sodass wir schließen, dass der Quader über die Platte gleitet (ihre Beschleunigungen sind unterschiedlich).

(a) Verwenden wir $f = \mu_k N_b$, liefern die obigen Gleichungen

$$a_b = \frac{F - \mu_k m_b g}{m_b} = \frac{100\,\text{N} - (0{,}40)(10\,\text{kg})(9{,}8\,\text{m/s}^2)}{10\,\text{kg}} = 6{,}1\,\text{m/s}^2\,.$$

Das Ergebnis ist positiv, was bedeutet (wir erinnern an unsere Wahl der $+x$-Richtung), dass die Beschleunigungen nach links weisen.

(b) Wir erhalten ebenfalls

$$a_s = \frac{\mu_k m_b g}{m_s} = \frac{(0{,}40)(10\,\text{kg})(9{,}8\,\text{m/s}^2)}{40\,\text{kg}} = 0{,}98\,\text{m/s}^2\,.$$

Wie oben erwähnt, bedeutet dies, dass sie nach links beschleunigt wird.

29 Jede Seite der Nut übt eine Normalkraft auf die Kiste aus. Die erste Abbildung zeigt eine Ansicht der Kiste, frontal in die Nut hineinblickend. Die Gesamtkraft hat die Richtung der gestrichelten Linie. Da jede der Normalkräfte einen Winkel von 45° mit der gestrichelten Linie einschließt, wird der Betrag ihrer Summe gegeben durch $N_r = 2N\cos 45° = \sqrt{2}N$. Hierbei haben wir $\cos 45° = \frac{1}{2}\sqrt{2}$ benutzt. Die zweite Abbildung zeigt das Kräftediagramm für die Kiste (aus einer Seitenansicht, ähnlich zu der im Bild in Abb. 6-36). Die Gravitationskraft hat den Betrag mg, wobei m die Masse der Kiste ist und f den Betrag der Reibungskraft bezeichnet. Wir lassen nun die $+x$-Achse die geneigte Nut hinunterzeigen und die $+y$-Achse in Richtung von $\vec{N}_r$. Dann lauten die x-Komponente des zweiten Newtonschen Axioms $mg\sin\theta - f = ma$ und die y-Komponente $N_r - mg\cos\theta = 0$. Hierbei bezeichnet θ den Neigungswinkel der Schräge. Da sich die Kiste bewegt, übt jede Seite der Nut eine Reibungskraft auf sie aus. Die gesamte Reibungskraft hat daher den Betrag $f = 2\mu_k N = 2\mu_k N_r/\sqrt{2} = \sqrt{2}\mu_k N_r$. Kombinieren wir diesen Ausdruck mit $N_r = mg\cos\theta$ und setzen ihn in die Gleichung für die x-Komponente ein, erhalten wir $mg\sin\theta - \sqrt{2}mg\cos\theta = ma$. Damit ergibt sich $a = g(\sin\theta - \sqrt{2}\mu_k\cos\theta)$.

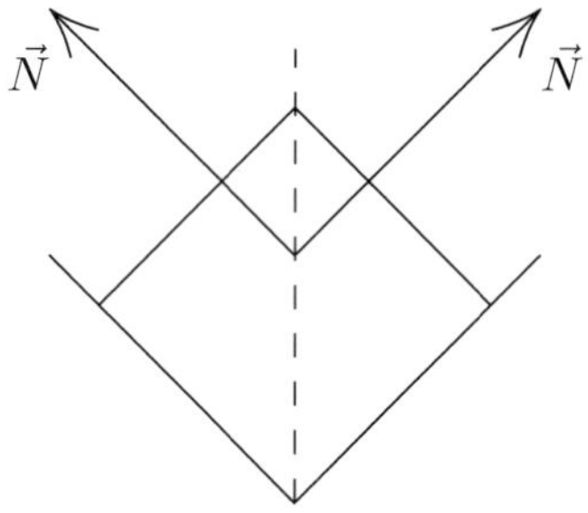

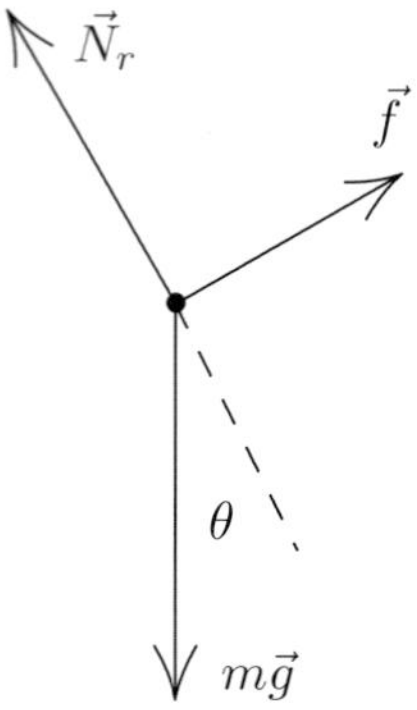

31 Der Betrag der Reibungskraft sei αv mit $\alpha = 70\,\text{N}\cdot\text{s/m}$. Wir betrachten die Richtung der Bewegung des Bootes als positiv. Dann lautet das zweite Newtonsche Axiom

$$-\alpha v = m\,\frac{dv}{dt}\,.$$

Also gilt

$$\int_{v_0}^{v}\frac{dv}{v} = -\frac{\alpha}{m}\int_0^t dt\,,$$

wobei v_0 die Geschwindigkeit zur Zeit null und v die Geschwindigkeit zur Zeit t bezeichnen. Auswertung der Integrale ergibt

$$\ln\frac{v}{v_0} = -\frac{\alpha t}{m}\,.$$

Wir nehmen an, dass $v = v_0/2$ ist und lösen die Gleichung nach der Zeit auf:

$$t = \frac{m}{\alpha}\ln 2 = \frac{1000\,\text{kg}}{70\,\text{N}\cdot\text{s/m}}\ln 2 = 9{,}9\,\text{s}\,.$$

33 Wir verwenden Gl. 6-14, $D = \frac{1}{2}C\rho Av^2$, wobei ρ die Luftdichte, A die Querschnittsfläche der Rakete, v der Geschwindigkeitsbetrag der Rakete und C der Widerstandskoeffizient ist. Die Fläche ist gegeben durch $A = \pi R^2$, wobei $R = 0{,}265\,\text{m}$ der Radius der Rakete ist. Also haben wir

$$D = \frac{1}{2}(0{,}75)(1{,}2\,\text{kg/m}^3)\pi(0{,}265\,\text{m})^2(250\,\text{m/s})^2 = 6{,}2\times 10^3\,\text{N}\,.$$

37 Der Betrag der Beschleunigung des Wagens, wenn es die Kurve durchfährt, ist gegeben durch v^2/R, wobei v den Geschwindigkeitsbetrag des Wagens und R der Kurvenradius ist. Da die Straße horizontal verläuft, ermöglichen nur die Reibungskräfte der Straße auf die Reifen diese Beschleunigung. Die horizontale Komponente des zweiten Newtonschen Axioms ist $f = mv^2/R$. Wenn N die Normalkraft der Straße auf den Wagen ist und m seine Masse, führt die vertikale Komponente des zweiten Newtonschen Axioms auf $N = mg$. Unter Verwendung von Gl. 6-1 ist also der größte Wert des Haftreibungskoeffizienten $f_{s,\max} = \mu_s N = \mu_s mg$. Wenn der Wagen nicht rutscht, ist $f \le \mu_s mg$. Das bedeutet

$$\frac{v^2}{R} \le \mu_s g \implies v \le \sqrt{\mu_s Rg}\,.$$

Folglich ist der größte Geschwindigkeitsbetrag, mit dem der Wagen die Kurve durchfahren kann, ohne zu rutschen,

$$v_{max} = \sqrt{\mu_s R g} = \sqrt{(0{,}60)(30{,}5)(9{,}8)} = 13\ \text{m/s}\ .$$

41 Damit der Puck in Ruhe bleibt, muss die Zugkraft T an dem Seil genau der Gravitationskraft Mg an dem Zylinder entsprechen. Die Zugkraft sorgt für die Zentripetalkraft, die den Puck in seiner Kreisbahn hält. Also gilt mit dem zweiten Newtonschen Axiom $T = mv^2/r$. Also gilt $Mg = mv^2/r$. Wir lösen nach der Geschwindigkeit auf: $v = \sqrt{Mgr/m}$.

43 (a) Am höchsten Punkt (dem höchsten Punkt in der Kreisbewegung) drückt der Sitz mit einer Kraft vom Betrag $N = 556$ N auf den Studenten nach oben. Die Erde zieht mit einer Kraft vom Betrag $W = 667$ N nach unten. Der Sitz drückt mit einer Kraft nach oben, die kleiner ist als das Gewicht des Studenten, und wir sagen, dass der Student am höchsten Punkt eine Verringerung seines scheinbaren Gewichts erfährt.

(b) Wenn sich der Student am höchsten Punkt befindet, ist die resultierende Kraft zum Mittelpunkt der Kreisbahn $W - F_t$ (beachten Sie, dass wir die Abwärtsrichtung als positiv wählen). Nach dem zweiten Newtonschen Axiom muss dies gleich mv^2/R sein, wobei v den Geschwindigkeitsbetrag des Studenten und R den Bahnradius bezeichnet. Also ergibt sich

$$mv^2/R = W - N = 667\,\text{N} - 556\,\text{N} = 111\,\text{N}\ .$$

(c) Nun ist N der Betrag der nach oben gerichteten Kraft, die vom Sitz ausgeübt wird, wenn sich der Student am tiefsten Punkt befindet. Die resultierende Kraft in Richtung des Mittelpunkts des Kreises ist $F_b - W = mv^2/R$ (beachten Sie, dass wir nun die Aufwärtsrichtung als positiv wählen). Das Riesenrad rotiert gleichmäßig, also hat mv^2/R den gleichen Wert wie in Teil (a). Damit erhalten wir

$$N = \frac{mv^2}{R} + W = 111\,\text{N} + 667\,\text{N} = 778\,\text{N}\ .$$

(d) Wenn die Geschwindigkeit verdoppelt wird, wächst mv^2/R um einen Faktor 4 auf 444 N an. Daher haben wir am höchsten Punkt $W - N = mv^2/R$, was auf

$$N = 667\,\text{N} - 444\,\text{N} = 223\,\text{N}$$

führt. Analog erhalten wir nun für die Normalkraft am tiefsten Punkt $N = 667 + 444 \approx 1{,}1$ kN.

45 Das Kräftediagramm (für das Flugzeug der Masse m) ist unten wiedergegeben. Wir bemerken, dass $\vec{F}_\ell$ der Auftrieb an den Tragflächen ist und $\vec{a}$ in der Abbildung nach rechts weist. Wir bemerken auch, dass $|\vec{a}| = v^2/R$ mit $v = 480$ km/h $= 133$ m/s ist.

Wenden wir das zweite Newtonsche Axiom auf die Achsen der Aufgabenstellung an ($+x$-Achse nach rechts und $+y$-Achse nach oben), erhalten wir

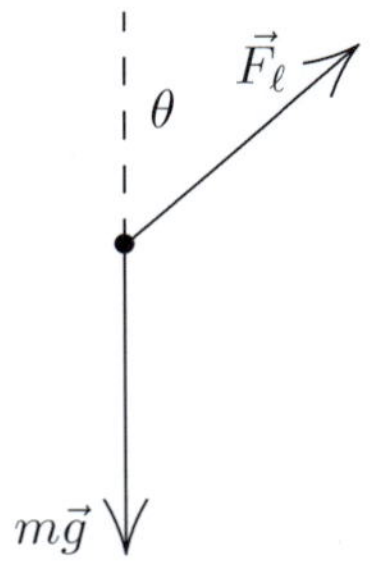

$$\vec{F}_\ell \sin\theta = m\frac{v^2}{R}$$
$$\vec{F}_\ell \cos\theta = mg$$

mit $\theta = 40°$. Eliminieren wir die Masse aus diesen Gleichungen, erhalten wir

$$\tan\theta = \frac{v^2}{gR}\ ,$$

was $R = v^2/g\tan\theta = 2{,}2 \times 10^3$ m liefert.

47 (a) Das Kräftediagramm für die Kugel ist unten wiedergegeben. Hierbei ist $\vec{T}_u$ die Zugspannung, die vom oberen Seil auf die Kugel ausgeübt wird, $\vec{T}_\ell$ die Zugspannung des unteren Seils und m die Masse der Kugel. Beachten Sie, dass die Zugspannung im oben Seil größer ist als die im unteren. Dies gleicht den Abwärtszug der Schwerkraft und die Kraft des unteren Seiles aus.

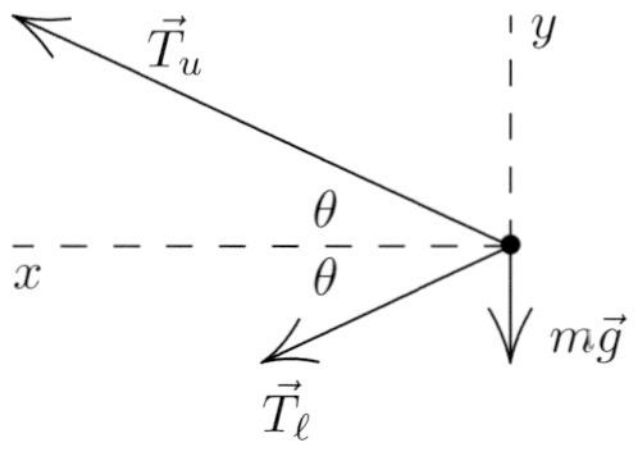

(b) Nun lassen wir die $+x$-Achse nach links (in Richtung des Zentrums der Kreisbahn) zeigen und die $+y$-Richtung nach oben. Da der Betrag der Beschleunigung $a = v^2/R$ ist, lautet die x-Komponente des zweiten Newtonschen Axioms

$$T_u \cos\theta + T_\ell \cos\theta = \frac{mv^2}{R},$$

wobei v die Geschwindigkeit der Kugel und R den Radius der Kreisbahn bezeichnen. Die y-Komponente ist

$$T_u \sin\theta - T_\ell \sin\theta - mg = 0 .$$

Die zweite Gleichung ergibt die Zugspannung im unteren Seil: $T_\ell = T_u - mg/\sin\theta$. Da das Dreieck gleichseitig ist, gilt $\theta = 30°$. Daher erhält man

$$T_\ell = 35 - \frac{(1{,}34)(9{,}8)}{\sin 30°} = 8{,}74\ \text{N} .$$

(c) Die Gesamtkraft zeigt nach links (radial nach innen) und hat den Betrag

$$F_{\text{net}} = (T_u + T_\ell)\cos\theta = (35 + 8{,}74)\cos 30° = 37{,}9\ \text{N} .$$

(d) Der Radius der Kreisbahn ist $[(1{,}70\ \text{m})/2)]\tan 30° = 1{,}47\ \text{m}$. Verwenden wir $F_{\text{net}} = mv^2/R$, erhalten wir den Geschwindigkeitsbetrag der Kugel:

$$v = \sqrt{\frac{RF_{\text{net}}}{m}} = \sqrt{\frac{(1{,}47\ \text{m})(37{,}9\ \text{N})}{1{,}34\ \text{kg}}} = 6{,}45\ \text{m/s} .$$

7 Kinetische Energie und Arbeit

1 Die kinetische Energie ist gegeben durch $K = \frac{1}{2}mv^2$, wobei m die Masse und v der Geschwindigkeitsbetrag des Elektrons ist. Der Geschwindigkeitsbetrag ist daher

$$v = \sqrt{\frac{2K}{m}} = \sqrt{\frac{2(6{,}7 \times 10^{-19}\,\text{J})}{9{,}11 \times 10^{-31}\,\text{kg}}} = 1{,}2 \times 10^6\ \text{m/s}\,.$$

5 (a) Aus Tabelle 2-1 haben wir $v^2 = v_0^2 + 2a\Delta x$. Damit erhalten wir

$$v = \sqrt{v_0^2 + 2a\Delta x} = \sqrt{(2{,}4 \times 10^7)^2 + 2\,(3{,}6 \times 10^{15})\,(0{,}035)} = 2{,}9 \times 10^7\ \text{m/s}\,.$$

(b) Die kinetische Energie am Anfang ist

$$K_i = \frac{1}{2}mv_0^2 = \frac{1}{2}\left(1{,}67 \times 10^{-27}\,\text{kg}\right)\left(2{,}4 \times 10^7\,\text{m/s}\right)^2 = 4{,}8 \times 10^{-13}\,\text{J}\,.$$

Die kinetische Energie am Ende ist

$$K_f = \frac{1}{2}mv^2 = \frac{1}{2}\left(1{,}67 \times 10^{-27}\,\text{kg}\right)\left(2{,}9 \times 10^7\,\text{m/s}\right)^2 = 6{,}9 \times 10^{-13}\,\text{J}\,.$$

Die Änderung der kinetischen Energie ist $\Delta K = 6{,}9 \times 10^{-13} - 4{,}8 \times 10^{-13} = 2{,}1 \times 10^{-13}$ J.

7 (a) Die Kraft des Arbeiters auf die Kiste ist konstant, also ist die an ihr verrichtete Arbeit gegeben durch $W_F = \vec{F} \cdot \vec{d} = Fd\cos\phi$, wobei $\vec{F}$ die Kraft, $\vec{d}$ die Verschiebung der Kiste und ϕ den Winkel zwischen der Kraft und der Verschiebung bezeichnet. Hier ist $F = 210\,\text{N}$, $d = 3{,}0\,\text{m}$ und $\phi = 20°$. Also ist $W_F = (210\,\text{N})(3{,}0\,\text{m})\cos 20° = 590\,\text{J}$.

(b) Die Gravitationskraft ist nach unten, senkrecht zur Verschiebung der Kiste gerichtet. Der Winkel zwischen dieser Kraft und der Verschiebung ist 90°, und es ist $\cos 90° = 0$, also ist die von der Gravitationskraft verrichtete Arbeit null.

(c) Die Normalkraft des Bodens auf die Kiste steht also senkrecht zur Verschiebung, also ist die von dieser Kraft verrichtete Arbeit auch null.

(d) Dies sind die einzigen auf die Kiste wirkenden Kräfte, also ist die insgesamt an der Kiste verrichtete Arbeit 590 J.

11 (a) Die Kräfte sind konstant, also ist die Arbeit, die durch jede von ihnen verrichtet wird, gegeben durch $W = \vec{F} \cdot \vec{d}$, wobei $\vec{d}$ die Verschiebung bezeichnet. Die Kraft $\vec{F}_1$ wirkt in Richtung der Verschiebung, also ist

$$W_1 = F_1 d\cos\phi_1 = (5{,}00\,\text{N})(3{,}00\,\text{m})\cos 0° = 15{,}0\,\text{J}\,.$$

Die Kraft $\vec{F}_2$ hat einen Winkel von 120° zur Richtung der Verschiebung, sodass

$$W_2 = F_2 d \cos\phi_2 = (9{,}00\,\mathrm{N})(3{,}00\,\mathrm{m})\cos 120° = -13{,}5\,\mathrm{J}$$

ist. Die Kraft $\vec{F}_3$ steht senkrecht zur Verschiebung, sodass $W_3 = F_3 d\cos\phi_3 = 0$ gilt, weil $\cos 90° = 0$. Die Gesamtarbeit, die durch die drei Kräfte verrichtet wird, ist

$$W = W_1 + W_2 + W_3 = 15{,}0\,\mathrm{J} - 13{,}5\,\mathrm{J} + 0 = +1{,}5\,\mathrm{J}\,.$$

(b) Wenn keine weiteren Kräfte an der Truhe Arbeit verrichten, nimmt ihre kinetische Energie während der Verschiebung um den Wert 1,5 J zu.

14 Alle Kräfte sind konstant, also ist die Gesamtarbeit, die durch sie verrichtet wird, gegeben durch $W = F_{\text{Ges}}\,\Delta x$, wobei F_{Ges} der Betrag der Gesamtkraft und Δx der Betrag der Verschiebung ist. Wir addieren die drei Vektoren und bestimmen die x- und y-Komponenten der resultierenden Kraft:

$$\begin{aligned}
F_{\text{Ges}\,x} &= -F_1 - F_2\sin 50° + F_3\cos 35° \\
&= -3{,}00\,\mathrm{N} - (4{,}00\,\mathrm{N})\sin 35° + (10{,}0\,\mathrm{N})\cos 35° \\
&= 2{,}127\,\mathrm{N} \\
F_{\text{Ges}\,y} &= -F_2\cos 50° + F_3\sin 35° \\
&= -(4{,}00\,\mathrm{N})\cos 50° + (10{,}0\,\mathrm{N})\sin 35° \\
&= 3{,}165\,\mathrm{N}\,.
\end{aligned}$$

Der Betrag der resultierenden Kraft ist

$$F_{\text{Ges}} = \sqrt{F_{\text{Ges}\,x}^2 + F_{\text{Ges}\,y}^2} = \sqrt{2{,}127^2 + 3{,}165^2} = 3{,}813\,\mathrm{N}\,.$$

Die von der resultierenden Kraft verrichtete Arbeit ist

$$W = F_{\text{Ges}}\,d = (3{,}813\,\mathrm{N})(4{,}00\,\mathrm{m}) = 15{,}3\,\mathrm{J}\,,$$

wobei wir die Tatsache verwendet haben, dass $\vec{d} \parallel \vec{F}_{\text{Ges}}$ ist (was aus der Tatsache folgt, dass der Container aus der Ruhe startete und sich horizontal unter der Wirkung horizontaler Kräfte bewegte – das Ergebnis wird durch $\vec{F}_{\text{Ges}}$ ausgedrückt).

17 (a) $\vec{F}$ bezeichne die nach oben gerichtete Kraft, die durch das Seil auf die Astronautin ausgeübt wird. Die Kraft des Seils ist nach oben gerichtet und die Gravitationskraft mg nach unten. Weiter beträgt die Beschleunigung der Astronautin $g/10$ nach oben. Nach dem zweiten Newtonschen Axiom gilt $F - mg = mg/10$, also $F = 11mg/10$. Da die Kraft $\vec{F}$ und die Verschiebung $\vec{d}$ in die gleiche Richtung weisen, beträgt die durch $\vec{F}$ verrichtete Arbeit

$$W_F = Fd = \frac{11mgd}{10} = \frac{11(72\,\mathrm{kg})\left(9{,}8\,\mathrm{m/s^2}\right)(15\,\mathrm{m})}{10} = 1{,}164\times 10^4\,\mathrm{J}\,.$$

(b) Die Gravitationskraft hat den Betrag mg und ist der Verschiebung entgegengerichtet. Also ist unter Verwendung von Gl. 7-7 die von der Gravitationskraft verrichtete Arbeit

$$W_g = -mgd = -(72\,\mathrm{kg})\left(9{,}8\,\mathrm{m/s^2}\right)(15\,\mathrm{m}) = -1{,}058\times 10^4\,\mathrm{J}\,.$$

(c) Die Gesamtarbeit, die verrichtet wird, ist $W = 1{,}164\times 10^4\,\mathrm{J} - 1{,}058\times 10^4\,\mathrm{J} = 1{,}06\times 10^3\,\mathrm{J}$. Da die Astronautin aus der Ruhelage startet, sagt uns der Energieerhaltungssatz, dass dies ihre kinetische Energie am Ende sein muss.

(d) Wegen $K = \frac{1}{2}mv^2$ ist die Endgeschwindigkeit der Astronautin gegeben durch

$$v = \sqrt{\frac{2K}{m}} = \sqrt{\frac{2(1{,}06\times 10^3\,\mathrm{J})}{72\,\mathrm{kg}}} = 5{,}4\,\mathrm{m/s}\,.$$

19 (a) Es bezeichne F den Betrag der Kraft des Seils auf den Block. Diese Kraft ist nach oben gerichtet, während die Gravitationskraft, mit Betrag Mg, nach unten gerichtet ist. Die Beschleunigung ist $\vec{a} = g/4$ nach unten. Lassen Sie die Abwärtsrichtung in die positive Richtung zeigen. Dann lautet das zweite Newtonsche Axiom:

$$\vec{F}_{\text{net}} = m\vec{a} \implies Mg - F = M\left(\frac{g}{4}\right),$$

also $F = 3Mg/4$. Die Kraft ist der Verschiebung entgegengerichtet, also ist die durch sie verrichtete Arbeit $W_F = -Fd = -3Mgd/4$.

(b) Die Gravitationskraft ist in die gleiche Richtung gerichtet wie die Verschiebung, also verrichtet sie die Arbeit $W_g = Mgd$.

(c) Die Gesamtarbeit, die am Block verrichtet wird, ist $-3Mgd/4 + Mgd = Mgd/4$. Da der Block aus der Ruhelage startet, ist dies seine kinetische Energie K nachdem er um die Strecke d herabgelassen wurde.

(d) Da $K = \frac{1}{2}Mv^2$ gilt, wobei v die Geschwindigkeit bezeichnet, haben wir

$$v = \sqrt{\frac{2K}{M}} = \sqrt{\frac{2\,(Mgd/4)}{M}} = \sqrt{\frac{gd}{2}},$$

nachdem der Block um die Strecke d herabgelassen wurde. Dabei wurde das in (c) gefundene Ergebnis verwendet.

21 (a) Die Federkonstante ist $k = 1500$ N/m, und die Auslenkung ist $x = 0{,}0076$ m. Unsere $+x$-Richtung weist nach rechts. Verwenden wir Gl.7-26, erhalten wir für die Arbeit

$$W = -\frac{1}{2}kx^2 = -\frac{1}{2}(1500)(0{,}0076)^2 = -0{,}043\text{ J}.$$

(b) Wir verwenden Gl. 7-25 mit $x_i = x = 0{,}0076$ m und $x_f = 2x = 0{,}0152$ m, um die zusätzliche Arbeit zu bestimmen:

$$\begin{aligned} W &= \frac{1}{2}k\left(x_i^2 - x_f^2\right) \\ &= \frac{1}{2}k\left(x^2 - 4x^2\right) \\ &= -\frac{3}{2}kx^2 \\ &= -\frac{3}{2}(1500)(0{,}0076)^2 = -0{,}13\text{ J}. \end{aligned}$$

Wir bemerken, dass dies (vom Betrag) größer ist als die im ersten Intervall verrichtete Arbeit (obwohl die Verschiebungen den gleichen Betrag haben) auf Grund der Tatsache, dass die Kraft während des ganzen zweiten Intervalls größer ist.

23 (a) Da sich der Körper entlang der x-Achse von $x_i = 3{,}0$ m nach $x_f = 4{,}0$ m bewegt, beträgt die durch die Kraft verrichtete Arbeit

$$\begin{aligned} W &= \int_{x_i}^{x_f} F_x\,dx \\ &= \int_{x_i}^{x_f} -6x\,dx = -3(x_f^2 - x_i^2) \\ &= -3\left(4{,}0^2 - 3{,}0^2\right) = -21\text{ J}. \end{aligned}$$

Nach dem Energieerhaltungssatz beträgt die Änderung der kinetischen Energie:

$$W = \Delta K = \frac{1}{2}m\left(v_f^2 - v_i^2\right),$$

wobei v_i die Anfangsgeschwindigkeit (bei x_i) und v_f die Endgeschwindigkeit (bei x_f) bezeichnen. Der Energieerhaltungssatz liefert

$$v_f = \sqrt{\frac{2W}{m} + v_i^2} = \sqrt{\frac{2(-21)}{2{,}0} + 8{,}0^2} = 6{,}6\ \mathrm{m/s}\ .$$

(b) Wenn sich das Teilchen bei $x = x_f$ befindet, beträgt seine Geschwindigkeit $v_f = 5{,}0\,\mathrm{m/s}$. Lösen Sie die Gleichung des Energieerhaltungssatzes nach x_f auf. Die Gesamtarbeit, die am Teilchen verrichtet wird, ist $W = -3(x_f^2 - x_i^2)$, also liefert der Energieerhaltungssatz

$$-3\left(x_f^2 - x_i^2\right) = \frac{1}{2}m\left(v_f^2 - v_i^2\right)\ .$$

Damit ergibt sich

$$\begin{aligned} x_f &= \sqrt{-\frac{m}{6}\left(v_f^2 - v_i^2\right) + x_i^2} \\ &= \sqrt{-\frac{2{,}0\,\mathrm{kg}}{6\,\mathrm{N/m}}\left((5{,}0\,\mathrm{m/s})^2 - (8{,}0\,\mathrm{m/s})^2\right) + (3{,}0\,\mathrm{m})^2} \\ &= 4{,}7\ \mathrm{m}\ . \end{aligned}$$

25 Gemäß dem Graphen ändert sich die Beschleunigung a linear mit der Koordinate x. Wir können $a = \alpha x$ schreiben, wobei α die Steigung des Graphen ist. Numerisch haben wir

$$\alpha = \frac{20\,\mathrm{m/s^2}}{8{,}0\,\mathrm{m}} = 2{,}5\ \mathrm{s^{-2}}\ .$$

Die Kraft auf den Ziegelstein weist in die positive x-Richtung, und nach dem zweiten Newtonschen Gesetz ist ihr Betrag gegeben durch $F = a/m = (\alpha/m)x$. Wenn x_f die Endposition bezeichnet, ist die von der Kraft verrichtete Arbeit

$$W = \int_0^{x_f} F\,dx = \frac{\alpha}{m}\int_0^{x_f} x\,dx = \frac{\alpha}{2m}x_f^2 = \frac{2{,}5}{2(10)}(8{,}0)^2 = 800\ \mathrm{J}\ .$$

27 (a) Die Abbildung zeigt F als Funktion von x, wenn x_0 positiv ist. Wenn sich das Teilchen von $x = 0$ nach $x = x_0$ bewegt, ist die Arbeit negativ; wenn es sich von $x = x_0$ nach $x = 2x_0$ bewegt, ist sie positiv. Da die Fläche eines Dreiecks. $\frac{1}{2}$(Grundseite)(Höhe) ist, beträgt die zwischen $x = 0$ und $x = x_0$ verrichtete Arbeit $-\frac{1}{2}(x_0)(F_0)$ und die zwischen $x = x_0$ und $x = 2x_0$ verrichtete Arbeit $\frac{1}{2}(2x_0 - x_0)(F_0) = \frac{1}{2}(x_0)(F_0)$. Die Gesamtarbeit ist ihre Summe, die null ist.

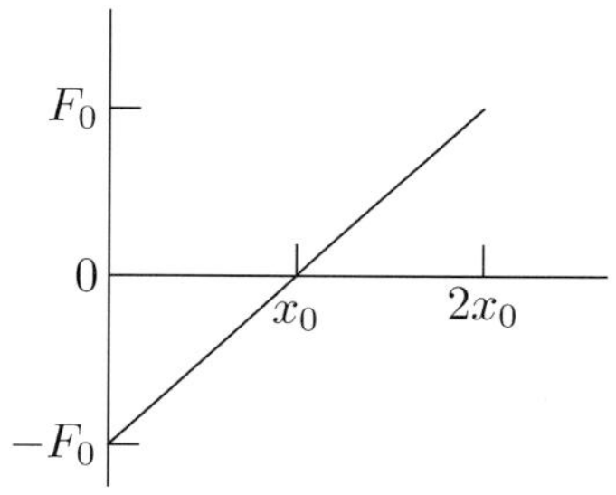

(b) Das Integral zur Berechnung der Arbeit ist

$$W = \int_0^{2x_0} F_0\left(\frac{x}{x_0} - 1\right)dx = F_0\left(\frac{x^2}{2x_0} - x\right)\Bigg|_0^{2x_0} = 0\ .$$

29 Ein Ansatz besteht darin, sich einen „Weg“ von $\vec{r}_i$ nach $\vec{r}_f$ vorzustellen und das zugehörige Kurvenintegral zu berechnen. Ein anderer Ansatz besteht darin, einfach Gl. 7-36 zu verwenden, was wir vorführen:

$$\begin{aligned} W &= \int_{x_i}^{x_f} F_x\,dx + \int_{y_i}^{y_f} F_y\,dy \\ &= \int_2^{-4} (2x)\,dx + \int_3^{-3} (3)\,dy \end{aligned}$$

wobei SI-Einheiten verwendet werden. Damit erhalten wir $W = 12 - 18 = -6\ \mathrm{J}$.

31 Die mit der Kraft $\vec{F}$ verbundene Leistung ist gegeben durch $P = \vec{F} \cdot \vec{v}$, wobei $\vec{v}$ die Geschwindigkeit des Blocks ist, an dem die Kraft angreift. Es bezeichne $\phi = 37°$ den Winkel zwischen der Kraft und der Horizontalen. Dann erhalten wir:

$$P = \vec{F} \cdot \vec{v} = Fv\cos\phi = (122\,\mathrm{N})(5{,}0\,\mathrm{m/s})\cos 37° = 490\,\mathrm{W}\,.$$

33 (a) Die Leistung ist gegeben durch $P = Fv$, und die durch $\vec{F}$ vom Zeitpunkt t_1 bis zum Zeitpunkt t_2 verrichtete Arbeit ist gegeben durch

$$W = \int_{t_1}^{t_2} P\,\mathrm{d}t = \int_{t_1}^{t_2} Fv\,\mathrm{d}t\,.$$

Da $\vec{F}$ die Gesamtkraft ist, ist der Betrag der Beschleunigung $a = F/m$. Und da die Anfangsgeschwindigkeit $v_0 = 0$ ist, erhält man für die Geschwindigkeit als Funktion der Zeit $v = v_0 + at = (F/m)t$. Also erhalten wir:

$$W = \int_{t_1}^{t_2} (F^2/m)t\,\mathrm{d}t = \frac{1}{2}(F^2/m)(t_2^2 - t_1^2)\,.$$

Für $t_1 = 0$ und $t_2 = 1{,}0\,\mathrm{s}$ erhalten wir:

$$W = \frac{1}{2}\left(\frac{(5{,}0\,\mathrm{N})^2}{15\,\mathrm{kg}}\right)(1{,}0\,\mathrm{s})^2 = 0{,}83\,\mathrm{J}\,.$$

(b) Für $t_1 = 1{,}0\,\mathrm{s}$ und $t_2 = 2{,}0\,\mathrm{s}$ erhalten wir:

$$W = \frac{1}{2}\left(\frac{(5{,}0\,\mathrm{N})^2}{15\,\mathrm{kg}}\right)\left((2{,}0\,\mathrm{s})^2 - (1{,}0\,\mathrm{s})^2\right) = 2{,}5\,\mathrm{J}\,.$$

(c) Für $t_1 = 2{,}0\,\mathrm{s}$ und $t_2 = 3{,}0\,\mathrm{s}$ erhalten wir:

$$W = \frac{1}{2}\left(\frac{(5{,}0\,\mathrm{N})^2}{15\,\mathrm{kg}}\right)\left((3{,}0\,\mathrm{s})^2 - (2{,}0\,\mathrm{s})^2\right) = 4{,}2\,\mathrm{J}\,.$$

(d) Setzen wir $v = (F/m)t$ in $P = Fv$ ein, erhalten wir $P = F^2t/m$ für die Leistung zu jeder beliebigen Zeit t. Am Ende der dritten Sekunde gilt:

$$P = \frac{(5{,}0\,\mathrm{N})^2(3{,}0\,\mathrm{s})}{15\,\mathrm{kg}} = 5{,}0\,\mathrm{W}\,.$$

35 Die Gesamtarbeit ist die Summe der Arbeit W_e, die durch die Schwerkraft am Fahrstuhl verrichtet wird, der Arbeit W_c, die durch die Schwerkraft am Gegengewicht verrichtet wird, und der Arbeit W_s, die durch den Motor am System verrichtet wird: $W_T = W_e + W_c + W_s$. Da sich der Fahrstuhl mit konstanter Geschwindigkeit bewegt, ändert sich seine kinetische Energie nicht, und nach dem Energieerhaltungssatz ist die insgesamt verrichtete Arbeit null. Das bedeutet $W_e + W_c + W_s = 0$. Der Fahrstuhl bewegt sich 54 m nach oben, also ist die durch die Gravitationskraft verrichtete Arbeit

$$W_e = -m_e g d = -(1200\,\mathrm{kg})(9{,}8\,\mathrm{m/s^2})(54\,\mathrm{m}) = -6{,}35 \times 10^5\,\mathrm{J}\,.$$

Das Gegengewicht bewegt sich die gleiche Strecke nach unten, also ist die an ihm durch die Gravitationskraft verrichtete Arbeit

$$W_c = m_c g d = (950\,\mathrm{kg})\left(9{,}8\,\mathrm{m/s^2}\right)(54\,\mathrm{m}) = 5{,}03 \times 10^5\,\mathrm{J}\,.$$

Für die Arbeit W_T, die die nach oben gerichtete Zugspannung des Seils an dem Aufzug verrichtet, gilt $W_T = 0$, und die vom Motor am System verrichtete Arbeit ist dann

$$W_s = -W_e - W_c = 6{,}35 \times 10^5\,\mathrm{J} - 5{,}03 \times 10^5\,\mathrm{J} = 1{,}32 \times 10^5\,\mathrm{J}\,.$$

Diese Arbeit wird in einem Zeitintervall von $\Delta t = 3{,}0\,\mathrm{min} = 180\,\mathrm{s}$ verrichtet, also beträgt die durch den Motor dem Aufzug zur Verfügung gestellte Leistung

$$P = \frac{W_s}{\Delta t} = \frac{1{,}32 \times 10^5\,\mathrm{J}}{180\,\mathrm{s}} = 7{,}4 \times 10^2\,\mathrm{W}\,.$$

37 Wir schreiben die Kraft als $F = \alpha v$, wobei v der Geschwindigkeitsbetrag und α eine Proportionalitätskonstante ist. Die erforderliche Leistung ist $P = Fv = \alpha v^2$. Es sei P_1 die für den Geschwindigkeitsbetrag v_1 benötigte Leistung, und P_2 sei die für den Geschwindigkeitsbetrag v_2 nötige Leistung. Dividieren wir $P_2 = \alpha v_2^2$ durch $P_1 = \alpha v_1^2$, erhalten wir

$$P_2 = \left(\frac{v_2}{v_1}\right)^2 P_1 \, .$$

Wegen $P_1 = 7{,}5\,\text{kW}$ und $v_2 = 3v_1$ haben wir

$$P_2 = (3)^2(7{,}5\,\text{kW}) = 68\ \text{kW} \, .$$

8 Potenzielle Energie und Energieerhaltung

1 Die in einer Feder gespeicherte potenzielle Energie ist gegeben durch $U = \frac{1}{2}kx^2$, wobei k die Federkonstante und x die Auslenkung des Federendes aus der Position bezeichnet, in der sie entspannt ist. Daher gilt

$$k = \frac{2U}{x^2} = \frac{2(25\,\mathrm{J})}{(0{,}075\,\mathrm{m})^2} = 8{,}9 \times 10^3\,\mathrm{N/m}\,.$$

3 (a) Die Gravitationskraft ist konstant, also ist die von ihr verrichtete Arbeit gegeben durch $W = \vec{F} \cdot \vec{d}$, wobei $\vec{F}$ die Kraft und $\vec{d}$ die Verrückung bezeichnen. Die Kraft ist vertikal nach unten gerichtet und hat den Betrag mg, wobei m die Masse des Eisklumpens ist, also vereinfacht sich dies zu $W = mgh$, wobei h die Höhe ist, aus der der Eisklumpen fällt. Sie ist gleich dem Radius r der Schale. Wir erhalten also

$$W = mgr = (2{,}00 \times 10^{-3}\,\mathrm{kg})(9{,}8\,\mathrm{m/s^2})(22{,}0 \times 10^{-2}\,\mathrm{m}) = 4{,}31 \times 10^{-3}\,\mathrm{J}\,.$$

(b) Die Gravitationskraft ist konservativ, also ist die Änderung der potenziellen Energie des Systems Eisklumpen–Erde im Gravitationsfeld das Negative der verrichteten Arbeit: $\Delta U = -W = -4{,}31 \times 10^{-3}\,\mathrm{J}$.

(c) Wenn sich der Eisklumpen oben befindet, ist seine potenzielle Energie um $|\Delta U|$ größer, als wenn er sich am Boden befindet. Wenn $U = 0$ am Boden gilt, dann ist $U = +4{,}31 \times 10^{-3}\,\mathrm{J}$ oben.

(d) Wenn $U = 0$ oben gilt, dann ist $U = -4{,}31 \times 10^{-3}\,\mathrm{J}$ am Boden.

(e) Alle Werte in den Lösungen sind proportional zur Masse des Eisklumpens. Wenn die Masse verdoppelt wird, verdoppeln sich alle diese Werte.

5 (a) Die einzige Kraft, die an dem Ball Arbeit verrichtet, ist die Gravitationskraft; die Kraft des Stabs steht senkrecht zum Weg des Balls und verrichtet also keine Arbeit. Während sich der Ball von seinem Ausgangspunkt zum tiefsten Punkt auf seiner Bahn bewegt, legt er vertikal eine Entfernung zurück, die gleich der Länge L des Stabs ist. Also ist die von der Gravitationskraft verrichtete Arbeit $W = mgL$.

(b) Während er sich von seinem Ausgangspunkt zum höchsten Punkt auf seiner Bahn bewegt, legt der Ball eine vertikale Entfernung zurück, die gleich L ist, aber dieses Mal erfolgt die Verschiebung nach oben, der Richtung der Gravitationskraft entgegen gerichtet. Die durch die Gravitationskraft verrichtete Arbeit ist $W = -mgL$.

(c) Die Endposition des Balls befindet sich auf der gleichen Höhe wie seine Ausgangsposition. Die Verschiebung erfolgt horizontal, senkrecht zur Gravitationskraft. Während dieser Verschiebung verrichtet die Gravitationskraft keine Arbeit.

(d) Die Gravitationskraft ist konservativ. Die Änderung der potenziellen Energie des Systems Ball–Erde ist das Negative der von der Gravitationskraft verrichteten Arbeit: $\Delta U = -mgL$, wenn sich der Ball zum tiefsten Punkt bewegt.

(e) Setzen wir diese Argumentation fort, erhalten wir $\Delta U = mgL$, wenn er sich zum höchsten Punkt bewegt.

(f) Setzen wir diese Argumentation fort, erhalten wird $\Delta U = 0$, wenn er sich zum Punkt auf der gleichen Höhe bewegt.

(g) Die Änderung der potenziellen Energie hängt nur vom Anfangs- und Endpunkt des Balls ab, nicht von seinem Geschwindigkeitsbetrag an irgendeiner Stelle. Die Änderung der potenziellen Energie ist *die gleiche*, weil Anfangs- und Endposition die gleichen sind.

7

(a) Die Gravitationskraft ist konstant, also ist die von ihr verrichtete Arbeit gegeben durch $W = \vec{F} \cdot \vec{d}$, wobei $\vec{F}$ die Kraft und $\vec{d}$ die Verschiebung bezeichnet. Die Kraft ist vertikal nach unten gerichtet und hat den Betrag mg, wobei m die Masse des Schneeballs ist. Der Ausdruck für die Arbeit reduziert sich zu $W = mgh$, wobei h die Höhe ist, die der Schneeball fällt. Also ist

$$W = mgh = (1{,}50\,\text{kg})(9{,}8\,\text{m/s}^2)(12{,}5\,\text{m}) = 184\,\text{J}\,.$$

(b) Die Gravitationskraft ist konservativ, also ist die Änderung der potenziellen Energie des Systems Schneeball–Erde das Negative der von ihr verrichteten Arbeit: $\Delta U = -W = -184\,\text{J}$.

(c) Wenn der Schneeball den Boden erreicht, ist die potenzielle Energie um $|\Delta U|$ kleiner als zu dem Zeitpunkt, wenn er geworfen wird, also ist $U = -184\,\text{J}$, wenn der Schneeball auf dem Boden aufschlägt.

9

(a) Die einzige Kraft, die Arbeit verrichtet, wenn der Eisklumpen fällt, ist die Gravitationskraft, und dies ist eine konservative Kraft. Wenn K_i die kinetische Energie des Eisklumpens am Rande der Schale, K_f seine kinetische Energie am Boden, U_i die potenzielle Energie des Systems Eisklumpen–Erde mit dem Eisklumpen oben und U_f die potenzielle Energie des Systems Eisklumpen–Erde mit dem Eisklumpen am Boden bezeichnen, dann gilt $K_f + U_f = K_i + U_i$. Setzen Sie die potenzielle Energie am Boden der Schale null. Dann ist die potenzielle Energie oben $U_i = mgr$ wobei $r = 0{,}220$ m der Radius der Schale und m die Masse des Eisklumpens bezeichnen. Es ist $K_i = 0$, da der Eisklumpen aus der Ruhelage startet. Da in der Aufgabe nach der Geschwindigkeit am Boden gefragt ist, schreiben wir $\frac{1}{2}mv^2$ für K_f. Die Gleichung für die Energieerhaltung wird dann

$$mgr = \frac{1}{2}mv^2 \implies v = \sqrt{2gr} = \sqrt{2(9{,}8)(0{,}220)} = 2{,}08\,\text{m/s}\,.$$

(b) Beachten Sie, dass der Ausdruck für die Geschwindigkeit ($v = \sqrt{2gr}$) nicht die Masse des Eisklumpens enthält. Die Geschwindigkeit wäre unabhängig von der Masse des Eisklumpens die gleiche, nämlich 2,08 m/s.

(c) Die kinetische Energie am Ende ist gegeben durch $K_f = K_i + U_i - U_f$. Da K_i größer als vorher ist, ist K_f größer. Das bedeutet, die Endgeschwindigkeit des Eisklumpens ist größer.

11

Wir verwenden Gl. 8-18, die die Erhaltung der mechanischen Energie (die Reibung und andere dissipative Effekte vernachlässigen wir) darstellt.

(a) In der Lösung zu Aufgabe 5 (auf die diese Aufgabe verweist), hatten wir $\Delta U = mgL$, wenn der Ball den höchsten Punkt erreicht. Also haben wir

$$\begin{aligned} \Delta K + \Delta U &= 0 \\ K_{\text{oben}} - K_0 + mgL &= 0\,, \end{aligned}$$

was unter der gegebenen Voraussetzung $K_{\text{oben}} = 0$, $K_0 = mgL$ ergibt und so zu folgendem führt:

$$v_0 = \sqrt{\frac{2K_0}{m}} = \sqrt{2gL}\,.$$

(b) In der Lösung von Aufgabe 5 haben wir auch herausgefunden, dass die Änderung der potenziellen Energie $\Delta U = -mgL$ beträgt, wenn sich der Ball vom Anfangspunkt zum tiefsten Punkt (unten) bewegt. Also haben wir

$$\begin{aligned} \Delta K + \Delta U &= 0 \\ K_{\text{unten}} - K_0 - mgL &= 0 \end{aligned}$$

was mit $K_0 = mgL$ zu $K_{\text{unten}} = 2mgL$ führt. Also ist

$$v_{\text{unten}} = \sqrt{\frac{2K_{\text{unten}}}{m}} = \sqrt{4gL}\,,$$

was zu $2\sqrt{gL}$ führt.

(c) Da es keine Höhenänderung (vom Anfangspunkt zum Punkt ganz rechts) gibt, ist $\Delta U = 0$, woraus $\Delta K = 0$ folgt. Daher ist der Geschwindigkeitsbetrag genauso groß wie am Anfang ($\sqrt{2gL}$).

(d) Aus den obigen Rechnungen ist klar, das die Ergebnisse nicht von der Masse abhängen. Also muss eine unterschiedliche Masse des Balls zu den gleichen Ergebnissen führen.

13

(a) Vernachlässigen Sie jegliche Arbeit, die von der Reibungskraft und vom Luftwiderstand verrichtet wird. Dann ist die einzige Kraft, die Arbeit verrichtet, die Gravitationskraft, und dies ist eine konservative Kraft. Bezeichnen Sie die kinetische Energie des Lastwagens unten am Beginn der Notfallspur mit K_i und mit K_f die kinetische Energie an ihrem oberen Ende. Weiter sei U_i die potenzielle Energie des Systems Lastwagen–Erde, wenn sich der Lastwagen unten befindet, und U_f die potenzielle Energie, wenn er sich oben befindet. Dann gilt $K_f + U_f = K_i + U_i$. Wenn die potenzielle Energie null gesetzt wird, wenn sich der Lastwagen unten befindet, dann ist $U_f = mgh$, wobei h die Endhöhe des Lastwagens oberhalb seiner Anfangsposition bezeichnet. Es ist $K_i = \frac{1}{2}mv^2$, wobei v die Anfangsgeschwindigkeit des Lastwagens bezeichnet, und es gilt $K_f = 0$, da der Lastwagen zur Ruhe kommt. Also gilt $mgh = 1/2mv^2$ und $h = \frac{v^2}{2g}$. Setzen Sie $v = 130\text{km/h} = 36{,}1\text{m/s}$ ein, um $h = \frac{36{,}1^2}{2(9{,}8)} = 66{,}5$ m zu erhalten. Wenn L die Länge der Notfallspur bezeichnet, dann gilt $L \sin 15° = 66{,}5$ m oder $L = 66{,}5/\sin 15° = 257$ m. Der Lastwagen ist kein punktförmiges Teilchen, da sich seine Räder drehen und sich die Zylinder seines Motors bewegen. Wenn es jedoch keine Reibungskraft zwischen Reifen und Straße gibt, dann haben diese sich bewegenden Teile keinen Einfluss darauf, wie der Lastwagen abgebremst wird. Wenn es Reibung gibt, dann üben die Reifen eine Reibungskraft nach vorne und die Straße eine rückwärts gerichtete Reibungskraft mit dem gleichen Betrag auf den Lastwagen aus, wenn der Fahrer den Fuß vom Gaspedal nimmt. Zusammen mit dem Luftwiderstand hilft dies den Lastwagen zu verlangsamen. Die Reibungskraft ist größer, wenn der Fahrer in einen niedrigeren Gang schaltet.

(b) Die Antworten hängen nicht von der Masse des Lastwagens ab. Sie bleiben gleich, wenn die Masse verringert wird.

(c) Wenn die Geschwindigkeit verringert wird, verringern sich sowohl h als auch L. Tatsächlich ist h proportional zum Quadrat der Geschwindigkeit. Wenn v nur noch halb so groß ist, dann ist h nur noch ein Viertel so groß.

15

Wir verwenden Gl. 8-18, die die Erhaltung der mechanischen Energie darstellt. Den Bezugspunkt zur Berechnung von U wählen wir auf dem Boden unterhalb der Klippe; er wird bei unseren Berechnungen auch als die „End"position betrachtet.

(a) Unter Verwendung von Gl. 8-9 ist die anfängliche potenzielle Energie $U_i = mgh$, wobei $h = 12{,}5$ m und $m = 1{,}50$ kg ist. Also haben wir

$$\begin{aligned} K_i + U_i &= K_f + U_f \\ \frac{1}{2}mv_i^2 + mgh &= \frac{1}{2}mv^2 + 0\,, \end{aligned}$$

was auf den Geschwindigkeitsbetrag des Schneeballs am Bezugspunkt führt, kurz bevor er auf dem Boden aufschlägt:

$$v = \sqrt{\frac{2}{m}\left(\frac{1}{2}mv_i^2 + mgh\right)} = \sqrt{v_i^2 + 2gh}\,,$$

wobei $v_i = 14{,}0$ m/s der Betrag seiner Anfangsgeschwindigkeit (nicht eine Komponente alleine) ist. Also erhalten wir $v = 21{,}0$ m/s.

(b) Wie oben bemerkt, bezeichnet v_i den Betrag seiner Anfangsgeschwindigkeit und nicht nur eine ihrer Komponenten; also hängt das Ergebnis nicht vom Abschusswinkel ab. Die Antwort lautet wieder 21,0 m/s.

(c) Es ist offensichtlich, dass das Ergebnis für v in Teil (a) nicht von der Masse abhängt. Also ändert das Verändern der Masse des Schneeballs nicht das Ergebnis für v.

17 Setzen Sie die potenzielle Energie des Systems Murmel–Erde im Gravitationsfeld null, wenn sich die Murmel an der Stelle befindet, wo die Feder zusammengedrückt ist. Wenn die Murmel den höchsten Punkt ihrer Flugbahn erreicht hat, ist ihre potenzielle Energie

(a) $U_g = mgh$, wobei h die Höhe des höchsten Punktes bezeichnet. Diese ist $h = 20\,\text{m}$. Also ist

$$U_g = \left(5{,}0 \times 10^{-3}\,\text{kg}\right)\left(9{,}8\,\text{m/s}^2\right)(20\,\text{m}) = 0{,}98\,\text{J}\,.$$

(b) Bevor sie abgeschossen wird, befindet sich die Murmel in Ruhe, und sie ist auch am höchsten Punkt ihrer Flugbahn in Ruhe. Beide Kräfte, sowohl die Federkraft als auch die Gravitationskraft, die als einzige Kräfte wirken, sind konservativ. Die Energieerhaltung wird ausgedrückt durch $\Delta U_g + \Delta U_s = 0$, wobei ΔU_s die potenzielle Energie der Feder bezeichnen. Dies bedeutet $\Delta U_s = -\Delta U_g = -0{,}98\,\text{J}$.

(c) Setzen Sie die potenzielle Energie der Feder null, wenn sie entspannt ist. Dann ist ihre potenzielle Energie am Anfang $U_s = 0{,}98\,\text{J}$. Dies muss $\frac{1}{2}kx^2$ sein, wobei k die Federkonstante ist und x die Strecke bezeichnet, um die sie zusammengedrückt wurde. Lösen Sie nach k auf:

$$k = \frac{2U_s}{x^2} = \frac{2(0{,}98\,\text{J})}{(0{,}080\,\text{m})^2} = 3{,}1 \times 10^2\,\text{N/m} = 3{,}1\,\text{N/cm}\,.$$

21 Die Informationen im zweiten Satz erlauben es uns, die Federkonstante zu bestimmen. Lösen Sie $F = kx$ nach k auf:

$$k = \frac{F}{x} = \frac{270\,\text{N}}{0{,}02\,\text{m}} = 1{,}35 \times 10^4\,\text{N/m}\,.$$

(a) Nun betrachten Sie den Block, wie er die schiefe Ebene hinuntergleitet. Wenn er in einer Höhe über dem Punkt aus der Ruhe startet, an dem er vorübergehend zum Halten kommt, ist seine kinetische Energie null, und die potenzielle Energie des Systems Block–Erde ist am Anfang mgh, wobei m die Masse des Blocks ist. Den Nullpunkt der potenziellen Energie haben wir in den Punkt gelegt, an dem der Block zum Halten kommt. Wir setzen auch die anfängliche potenzielle Energie, die in der Feder gespeichert ist, null. Nehmen wir an, dass der Block die Feder um eine Strecke x zusammendrückt, bevor er vorübergehend zum Halten kommt. Dann ist die kinetische Energie am Ende null, die potenzielle Energie ist dann null, und die potenzielle Energie der Feder ist dann $1/2kx^2$. Die schiefe Ebene ist reibungslos, und die Normalkraft, die sie auf den Block ausübt, verrichtet keine Arbeit, also bleibt die mechanische Energie erhalten. Das bedeutet, dass $mgh = 1/2kx^2$ ist, also

$$h = \frac{kx^2}{2mg} = \frac{(1{,}35 \times 10^4\,\text{N/m})(0{,}055\,\text{m})^2}{2(12\,\text{kg})\left(9{,}8\,\text{m/s}^2\right)} = 0{,}174\,\text{m}\,.$$

Wenn sich der Block die schiefe Ebene eine Länge ℓ hinabbewegt, dann gilt $\ell \sin 30° = h$, also erhalten wir

$$\ell = \frac{h}{\sin 30°} = \frac{0{,}174\,\text{m}}{\sin 30°} = 0{,}35\,\text{m}\,.$$

(b) Kurz bevor der Block die Feder berührt, ist er 0,055 m von der Stelle entfernt, an der er zum Halten kommt, und ebenso befindet er sich eine Strecke $h' = (0{,}055\,\text{m}) \sin 30° = 0{,}0275\,\text{m}$ vertikal oberhalb von seiner Endposition. Seine potenzielle Energie dort ist $mgh' = (12\,\text{kg})(9{,}8\,\text{m/s}^2)(0{,}0275\,\text{m}) = 3{,}23\,\text{J}$. Andererseits besitzt er am Anfang die potenzielle Energie $mgh = (12\,\text{kg})(9{,}8\,\text{m/s}^2)(0{,}174\,\text{m}) = 20{,}5\,\text{J}$. Die Differenz ist seine kinetische Energie am Ende: $K_f = 20{,}5\,\text{J} - 3{,}23\,\text{J} = 17{,}2\,\text{J}$. Seine Endgeschwindigkeit ist

$$v_B = \sqrt{\frac{2K_f}{m}} = \sqrt{\frac{2(17{,}2\,\text{J})}{12\,\text{kg}}} = 1{,}7\,\text{m/s}\,.$$

25 Die Masse des Blocks bezeichnen wir mit m, die Höhe, aus der er fallen gelassen wird, mit $h = 0{,}40\,\text{m}$ (gemessen von der entspannten Position der Feder) und die Auslenkung der Feder (nach unten gemessen, sodass sie einen positiven Wert liefert) mit x. Unser Bezugspunkt für die potenzielle Energie der Gravitation ist die Anfangsposition des Blocks. Der Block fällt eine Gesamtstrecke $h + x$, und die potenzielle Energie der Gravitation am Ende ist

$-mg(h + x)$. Die potenzielle Energie der Feder in der Endsituation ist $\frac{1}{2}kx^2$, und die kinetische Energie ist am Anfang und am Ende null. Da die Energie erhalten bleibt, haben wir

$$\begin{aligned} K_i + U_i &= K_f + U_f \\ 0 &= -mg(h+x) + \frac{1}{2}kx^2 , \end{aligned}$$

was eine quadratische Gleichung in x ist. Unter Verwendung der Formel für die quadratische Gleichung ergibt sich für ihre Lösung

$$x = \frac{mg \pm \sqrt{(mg)^2 + 2mghk}}{k} .$$

Nun ist $mg = 19{,}6\,\mathrm{N}$, $h = 0{,}40\,\mathrm{m}$ und $k = 1960\,\mathrm{N/m}$, und wir wählen die positive Wurzel, sodass $x > 0$ ist:

$$x = \frac{19{,}6 + \sqrt{19{,}6^2 + 2(19{,}6)(0{,}40)(1960)}}{1960} = 0{,}10\ \mathrm{m} .$$

27 Die von der Murmel zurückgelegte Entfernung wird durch ihren anfänglichen Geschwindigkeitsbetrag (und die Methoden aus Kapitel 4) bestimmt, und der anfängliche Geschwindigkeitsbetrag wird (unter Verwendung der Energieerhaltung) dadurch bestimmt, wie stark die Feder am Anfang zusammengedrückt wird. Die Höhe des Tischs bezeichnen wir mit h und den horizontalen Abstand, in dem die Murmel landet, mit x. Dann ist $x = v_0 t$ und $h = \frac{1}{2}gt^2$ (weil die vertikale Komponente der „Abschussgeschwindigkeit" der Murmel null ist). Daraus erhalten wir $x = v_0\sqrt{2h/g}$. Hieraus erkennen wir, dass der Abstand zum Aufschlagpunkt direkt proportional zum anfänglichen Geschwindigkeitsbetrag ist. Den anfänglichen Geschwindigkeitsbetrag des ersten Schusses bezeichnen wir mit $v_{0\,1}$ und die horizontale Entfernung zu seinem Aufschlagpunkt mit $x_1 = 1{,}93$ m; ebenso ist $v_{0\,2}$ der anfängliche Geschwindigkeitsbetrag des zweiten Schusses und $x_2 = 2{,}20$ m die horizontale Entfernung zu seinem Aufschlagpunkt. Dann ergibt sich

$$\frac{v_{0\,2}}{v_{0\,1}} = \frac{x_2}{x_1} \quad \Longrightarrow \quad v_{0\,2} = \frac{x_2}{x_1} v_{0\,1} .$$

Wenn die Feder um einen Betrag ℓ zusammen gedrückt wird, ist die elastische potenzielle Energie $\frac{1}{2}k\ell^2$. Wenn die Murmel die Feder verlässt, beträgt ihre kinetische Energie $\frac{1}{2}mv_0^2$. Die mechanische Energie bleibt erhalten: $\frac{1}{2}mv_0^2 = \frac{1}{2}k\ell^2$, und wir erkennen, dass der anfängliche Geschwindigkeitsbetrag der Murmel direkt proportional dazu ist, wie weit die Feder am Anfang zusammen gedrückt wird. Wenn ℓ_1 die Strecke bezeichnet, um die sie beim ersten Schuss zusammen gedrückt wird, und ℓ_2 die entsprechende Strecke beim zweiten Schuss, dann ist $v_{02} = (\ell_2/\ell_1)v_{01}$. Setzen wir dies mit dem vorherigen Ergebnis in Beziehung, erhalten wir

$$\ell_2 = \frac{x_2}{x_1}\ell_1 = \left(\frac{2{,}20\,\mathrm{m}}{1{,}93\,\mathrm{m}}\right)(1{,}10\,\mathrm{cm}) = 1{,}25\ \mathrm{cm} .$$

29 Wir verwenden die Erhaltung der mechanischen Energie: Die mechanische Energie muss am höchsten Punkt der Schwingung genauso groß sein wie am Anfang. Wir verwenden das zweite Newtonsche Gesetz, um den Geschwindigkeitsbetrag, und damit die kinetische Energie, am höchsten Punkt zu bestimmen. Dort sind die Zugspannung T der Schnur und die Gravitationskraft beide nach unten, zum Mittelpunkt des Kreises, gerichtet. Wir bemerken, dass der Radius des Kreises $r = L - d$ ist, also kann das Gesetz $T + mg = mv^2/(L - d)$ geschrieben werden, wobei v der Geschwindigkeitsbetrag und m die Masse des Balls ist. Wenn der Ball den höchsten Punkt mit der kleinstmöglichen Geschwindigkeit durchläuft, ist die Zugspannung null. Dann haben wir

$$mg = m\frac{v^2}{L-d} \quad \Longrightarrow \quad v = \sqrt{g(L-d)} .$$

Die potenzielle Energie der Gravitation des Systems Ball–Erde sei null, wenn sich der Ball am tiefsten Punkt seiner Schwingung befindet. Dann ist die potenzielle Energie am Anfang mgL. Die kinetische Energie am Anfang ist null, da der Ball aus der Ruhe startet. Die potenzielle Energie am Ende, am höchsten Punkt der Schwingung, ist $2mg(L - d)$, und die kinetische Energie am Ende ist $\frac{1}{2}mv^2 = \frac{1}{2}mg(L - d)$, wobei wir das obige Ergebnis für v verwendet haben. Die Energieerhaltung liefert

$$mgL = 2mg(L-d) + \frac{1}{2}mg(L-d) \quad \Longrightarrow \quad d = 3L/5 .$$

Wenn d größer als dieser Wert ist, der höchste Punkt also tiefer liegt, dann ist der Geschwindigkeitsbetrag des Balls größer, wenn er diesen Punkt erreicht, und der Ball passiert den Punkt. Wenn d kleiner ist, kann sich der Ball nicht herum bewegen. Daher ist der Wert, den wir für d bestimmt haben, eine untere Grenze.

31 (a) Setzen Sie die potenzielle Energie des Systems Ball–Erde null, wenn sich der Ball am niedrigsten Punkt seiner Schwingung befindet. Dann ist die anfängliche potenzielle Energie $2mgL$, wobei M die Masse des Balls und L die Länge des Stabs bezeichnet. Die kinetische Energie am Anfang ist null, da sich der Ball in Ruhe befindet. Schreiben Sie $1/2mv^2$ mit der Ballgeschwindigkeit v für die kinetische Energie am Ende im tiefsten Punkt der Schwingung. Da die mechanische Energie erhalten bleibt, haben wir $2mgL = /2mv^2$, also $v = 2\sqrt{gL}$.

(b) Am tiefsten Punkt der Schwingung ist die Gravitationskraft nach unten und die Zugspannung des Stabs nach oben gerichtet. Wenn T den Betrag der Zugspannungskraft bezeichnet, lautet das zweite Newtonsche Axiom

$$T - mg = m\frac{v^2}{L} ,$$

also ist

$$T = mg + m\frac{v^2}{L} = mg + 4mg = 5mg .$$

(c) Die folgende Skizze zeigt den Ball, wenn die Zugspannungskraft des Stabs den gleichen Betrag hat wie die Gravitationskraft. Wir wollen nach θ auflösen. Die Komponente der Gravitationskraft in radialer Richtung ist $mg\cos\theta$, und sie ist nach außen gerichtet. Die gesamte nach innen gerichtete Kraft ist $T - mg\cos\theta$, und nach dem zweiten Newtonschen Axiom muss das gleich mv^2/L sein, wobei v die Geschwindigkeit des Balls ist. Also gilt

$$T = m\frac{v^2}{L} + mg\cos\theta .$$

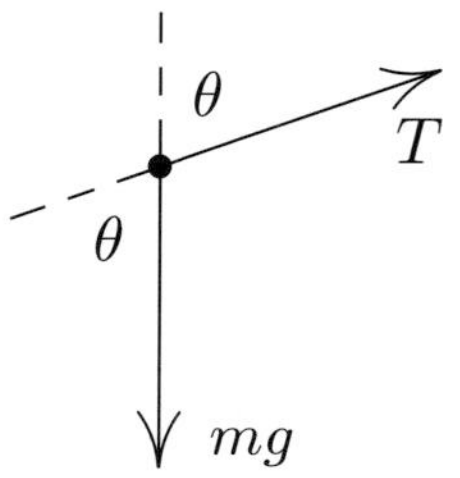

Nun müssen wir die Ballgeschwindigkeit mithilfe von θ ausdrücken. Setzen Sie die potenzielle Energie null, wenn sich der Stab in der Horizontalen befindet. Da er aus der Ruhelage startet, ist auch seine kinetische Energie null. Wie man der nächsten Skizze entnehmen kann, hat der Ball einen vertikalen Abstand von $L\cos\theta$ zurückgelegt, wenn der Stab einen Winkel θ mit der Vertikalen bildet. Die potenzielle Energie ist dann $-mgL\cos\theta$. Schreiben Sie die kinetische Energie als $1/2mv^2$ und die Energieerhaltung als $0 = mgL\cos\theta - 1/2mv^2$. Dann gilt $mv^2 = 2mgL\cos\theta$. Setzen Sie diesen Ausdruck in die Gleichung ein, die wir oben für T entwickelt haben:

$$T = 2mg\cos\theta + mg\cos\theta = 3mg\cos\theta .$$

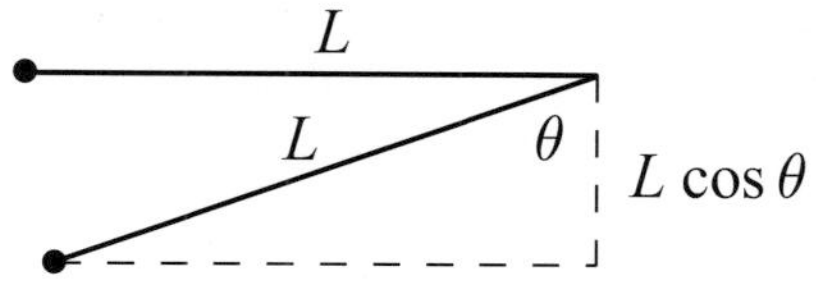

Nach der Bedingung der Aufgabe muss dies gleich mg sein, also folgt $3mg\cos\theta = mg$ oder $\cos\theta = 1/3$. Das bedeutet

$$\theta = \cos^{-1}\left(\frac{1}{3}\right) = 70{,}5° .$$

33 Die zu verrichtende Arbeit ist gleich der Änderung der potenziellen Energie der Gravitation, wenn man die Kette auf den Tisch zieht. Zerlegt man die herab hängende Kette in eine große Anzahl infinitesimaler Abschnitte, jeweils der Länge dy, bemerkt man, dass die Masse eines Abschnitts $(m/L)\,dy$ ist, und wenn er sich in einer Entfernung $|y|$ unterhalb des Tisches befindet, ist seine Änderung der potenziellen Energie $dU = (m/L)g|y|\,dy = -(m/L)gy\,dy$,

weil y negative Werte annimmt ($+y$ ist nach oben gerichtet, und der Ursprung befindet sich auf der Tischoberfläche). Insgesamt beträgt die Änderung der potenziellen Energie

$$\Delta U = -\frac{mg}{L}\int_{-L/4}^{0} y\,dy = \frac{1}{2}\frac{mg}{L}(L/4)^2 = mgL/32\,.$$

Daher beträgt die Arbeit, die verrichtet werden muss, um die Kette auf den Tisch zu ziehen, $W = \Delta U = mgL/32$.

35 Unten ist das Kräftediagramm für den Jungen wiedergegeben. $\vec{N}$ ist die Normalkraft des Eises auf ihn, und m bezeichnet seine Masse. Die gesamte nach innen gerichtete Kraft ist $mg\cos\theta - N$, und nach dem zweiten Newtonschen Gesetz muss dies gleich mv^2/R sein, wobei v den Geschwindigkeitsbetrag des Jungen bezeichnet. An dem Punkt, wo sich der Junge vom Eis löst, ist $N = 0$, also ist $g\cos\theta = v^2/R$. Wir möchten seinen Geschwindigkeitsbetrag bestimmen. Wenn wir die potenzielle Energie der Gravitation null setzen, wenn er sich am höchsten Punkt des Eishügels befindet, dann beträgt seine potenzielle Energie zum dargestellten Zeitpunkt $U = -mgR(1-\cos\theta)$. Er startet aus der Ruhe, und seine kinetische Energie zum dargestellten Zeitpunkt ist $\frac{1}{2}mv^2$. Also ergibt die Energieerhaltung $0 = \frac{1}{2}mv^2 - mgR(1-\cos\theta)$, oder $v^2 = 2gR(1-\cos\theta)$. Diesen Ausdruck setzen wir in die Gleichung ein, die aus dem zweiten Newtonschen Gesetzt entwickelt wurde, und erhalten $g\cos\theta = 2g(1-\cos\theta)$. Dies ergibt $\cos\theta = 2/3$. Die Höhe des Jungen oberhalb des tiefsten Punktes des Hügels ist $R\cos\theta = 2R/3$.

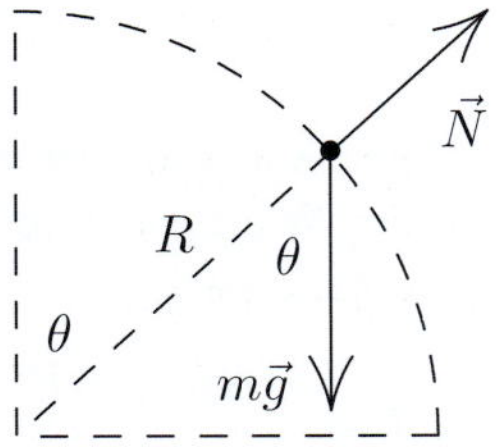

37 Wir verwenden Gl. 8-20 sowie verschiedene in §8-5 gemachte Beobachtungen.

(a) Die Kraft in der Gleichgewichtsposition $r = r_{\text{Glgw}}$ ist

$$F = -\left.\frac{dU}{dr}\right|_{r=r_{\text{Glgw}}} = 0$$

$$-\frac{12A}{r_{\text{Glgw}}^{13}} + \frac{6B}{r_{\text{Glgw}}^{7}} = 0$$

was zum Ergebnis

$$r_{\text{Glgw}} = \left(\frac{2A}{B}\right)^{\frac{1}{6}} = 1{,}12\left(\frac{A}{B}\right)^{\frac{1}{6}}\,.$$

führt.

(b) Dies definiert ein Minimum im Graphen der potenziellen Energie (wie man entweder durch einen Graphen nachprüfen kann oder indem man eine weitere Ableitung bildet und verifiziert, dass er an diesem Punkt konkav nach oben gerichtet ist), was bedeutet dass für Werte von r, die etwas kleiner als r_{Glgw} sind, die Steigung der Kurve negativ ist (die Kraft ist also positiv, d.h. abstoßend).

(c) Und für Werte von r, die etwas größer als r_{Glgw} sind, muss die Steigung der Kurve positiv sein (die Kraft ist also negativ, d.h. anziehend).

41 (a) Die vom Seil ausgeübte Kraft ist konstant, also ist die von ihr verrichtete Arbeit $W = \vec{F}\cdot\vec{d}$, wobei $\vec{F}$ die Kraft und $\vec{d}$ die Verschiebung bezeichnet. Also ist

$$W = Fd\cos\theta = (7{,}68\,\text{N})(4{,}06\,\text{m})\cos 15{,}0^\circ = 30{,}1\,\text{J}\,.$$

(b) Der Zuwachs an Wärmeenergie ist

$$\Delta E_{\text{th}} = fd = (7{,}42\,\text{N})(4{,}06\,\text{m}) = 30{,}1\,\text{J}\,.$$

(c) Wir können das zweite Newtonsche Axiom verwenden, um die Reibungskraft und die Normalkraft zu erhalten; anschließend verwenden wir $\mu_k = f/N$, um den Reibungskoeffizienten zu erhalten. Legen Sie die x-Achse entlang des Wegs des Blocks und die y-Achse senkrecht zum Fußboden. Die x-Komponente im zweiten Newtonschen Axiom ist $F\cos\theta - f = 0$, und die y-Komponente ist $N + F\sin\theta - mg = 0$, wobei m die Masse des

Blocks, N die Normalkraft des Fußbodens, F die vom Seil ausgeübte Kraft und θ den Winkel zwischen dieser Kraft und der Horizontalen bezeichnet. Die erste Gleichung ergibt $f = F\cos\theta = (7{,}68)\cos 15{,}0° = 7{,}42\,\text{N}$, und die zweite ergibt $N = mg - F\sin\theta = (3{,}57)(9{,}8) - (7{,}68)\sin 15{,}0° = 33{,}0\,\text{N}$. Also ist

$$\mu_k = \frac{f}{N} = \frac{7{,}42\,\text{N}}{33{,}0\,\text{N}} = 0{,}22\,.$$

43 (a) Setzen Sie die potenzielle Energie am Anfang $U_i = 0$. Dann ist die potenzielle Energie am Ende $U_f = -mgL$, wobei L die Baumhöhe bezeichnet. Die Änderung ist

$$U_f - U_i = -mgL = -(25\,\text{kg})\left(9{,}8\,\text{m/s}^2\right)(12\,\text{m}) = -2{,}9\times 10^3\,\text{J}\,.$$

(b) Die kinetische Energie ist

$$K = \frac{1}{2}mv^2 = \frac{1}{2}(25\,\text{kg})(5{,}6\,\text{m/s})^2 = 3{,}9\times 10^2\,\text{J}\,.$$

(c) Die Änderung der mechanischen Energie und der Wärmeenergie müssen zusammen null sein. Da die Änderung der Wärmeenergie $\Delta E_{\text{th}} = fL$ ist, wobei f den Betrag der durchschnittlichen Reibungskraft bezeichnet, erhalten wir:

$$f = -\frac{\Delta K + \Delta U}{L} = -\frac{3{,}92\times 10^2\,\text{J} - 2{,}94\times 10^3\,\text{J}}{12\,\text{m}} = 210\,\text{N}\,.$$

51 (a) Der Betrag der Reibungskraft ist $f = \mu_k N$, wobei μ_k den Gleitreibungskoeffizienten und N die Normalkraft der Oberfläche auf den Quader bezeichnet. Die einzigen vertikalen Kräfte, die auf den Quader wirken, sind die nach oben gerichtete Normalkraft und die nach unten gerichtete Gravitationskraft. Da die vertikale Komponente der Beschleunigung des Quaders null ist, sagt uns das zweite Newtonsche Axiom, dass $N = mg$ gilt, wobei m die Masse des Quaders bezeichnet. Also ist $f = \mu_k mg$. Die Zunahme an Wärmeenergie ist gegeben durch $\Delta E_{\text{th}} = fd = \mu_k mgd$, wobei d den Abstand bezeichnet, den der Quader zurücklegt, bevor er zum Halten kommt. Sein Wert ist

$$\Delta E_{\text{th}} = (0{,}25)(3{,}5\,\text{kg})\left(9{,}8\,\text{m/s}^2\right)(7{,}8\,\text{m}) = 67\,\text{J}\,.$$

(b) Der Quader besitzt seine maximale kinetische Energie gerade dann, wenn er sich von der Feder löst und auf den Teil der Oberfläche gelangt, in dem Reibung herrscht. Die gesamte kinetische Energie wird durch die Reibungskraft in Wärmeenergie umgewandelt. Die maximale kinetische Energie ist gleich dem Zuwachs an Wärmeenergie, 67 J.

(c) Die Energie, die als kinetische Energie auftritt, ist ursprünglich als die potenzielle Energie der zusammengedrückten Feder gespeichert. Daher haben wir $\Delta E = \frac{1}{2}kx^2$, wobei k die Federkonstante und x ihre zusammengedrückte Länge bezeichnet. Lösen Sie nach x auf:

$$x = \sqrt{\frac{2K_{\text{max}}}{k}} = \sqrt{\frac{2(67\,\text{J})}{640\,\text{N/m}}} = 0{,}46\,\text{m}\,.$$

53 (a) Um die Feder zu strecken, wird eine äußere Kraft angewandt, die vom Betrag gleich der Kraft der Feder, aber deren Richtung entgegen gerichtet ist. Da eine in die positive x-Richtung gestreckte Feder eine Kraft in die negative x-Richtung ausübt, muss die angewandte Kraft $F = 52{,}8x + 38{,}4x^2$ in die $+x$-Richtung sein. Die von ihr verrichtete Arbeit ist

$$W = \int_{0{,}50}^{1{,}00} (52{,}8x + 38{,}4x^2)\,dx = \left[\frac{52{,}8}{2}x^2 + \frac{38{,}4}{3}x^3\right]_{0{,}50}^{1{,}00} = 31{,}0\,\text{J}\,.$$

(b) Die Feder verrichtet eine Arbeit von 31,0 J, und dies muss gleich der Zunahme der kinetischen Energie des Teilchens sein. Sein Geschwindigkeitsbetrag ist dann

$$v = \sqrt{\frac{2K}{m}} = \sqrt{\frac{2(31{,}0\,\text{J})}{2{,}17\,\text{kg}}} = 5{,}35\,\text{m/s}\,.$$

(c) Die Kraft ist konservativ, da die von ihr verrichtete Arbeit, wenn sich das Teilchen von einem beliebigen Punkt x_1 zu einem beliebigen anderen Punkt x_2 bewegt, nur von x_1 und x_2 abhängt, aber nicht von Einzelheiten der Bewegung zwischen x_1 und x_2.

55 (a) Wir setzen die potenzielle Energie der Gravitation des Systems Skifahrer–Erde null, wenn sich der Skifahrer im Tal zwischen den Bergspitzen befindet. Die potenzielle Energie am Anfang ist $U_i = mgh_i$, wobei m die Masse des Skifahrers und h_i die Höhe der höheren Bergspitze bezeichnet. Die potenzielle Energie am Ende ist $U_f = mgh_f$, wobei h_f die Höhe der niedrigeren Bergspitze ist. Am Anfang besitzt der Skifahrer eine kinetische Energie von $K_i = 0$, und die kinetische Energie am Ende ist $K_f = \frac{1}{2}mv^2$, wobei v der Geschwindigkeitsbetrag des Skifahrers an der Spitze der niedrigeren Bergspitze ist. Die Normalkraft der Piste auf den Skifahrer verrichtet keine Arbeit, und Reibung ist vernachlässigbar, also bleibt die mechanische Energie erhalten:

$$\begin{aligned} U_i + K_i &= U_f + K_f \\ mgh_i &= mgh_f + \frac{1}{2}mv^2 . \end{aligned}$$

Damit erhalten wir

$$v = \sqrt{2g\left(h_i - h_f\right)} = \sqrt{2(9{,}8)(850 - 750)} = 44\ \mathrm{m/s} .$$

(b) Wir erinnern an die Analyse von Objekten, die eine schiefe Ebene hinunter gleiten. Die Normalkraft des Skifahrers ist gegeben durch $N = mg\cos\theta$, wobei θ den Winkel der Piste zur Horizontalen bezeichnet, 30° für jede der dargestellten Pisten. Der Betrag der Reibungskraft ist gegeben durch $f = \mu_k N = \mu_k mg\cos\theta$. Die durch die Reibungskraft erzeugte Wärmeenergie ist $fd = \mu_k mgd\cos\theta$, wobei d die gesamte Entfernung entlang des Weges bezeichnet. Da der Skifahrer auf die Spitze der niedrigeren Bergspitze ohne kinetische Energie gelangt, ist die Zunahme der Wärmeenergie gleich der Abnahme der potenziellen Energie, d.h. $\mu_k mgd\cos\theta = mg(h_i - h_f)$. Folglich haben wir

$$\mu_k = \frac{(h_i - h_f)}{d\cos\theta} = \frac{(850 - 750)}{(3{,}2 \times 10^3)\cos 30°} = 0{,}036 .$$

61 (a) Die maximal erreichte Höhe ist h. Die durch den Luftwiderstand erzeugte Wärmeenergie, wenn der Stein diese Höhe erreicht, ist $\Delta E_{\mathrm{th}} = fh$ nach Gl. 8-29. Wir verwenden die Energieerhaltung in der Form von Gl. 8-31 (mit $W = 0$):

$$K_f + U_f + \Delta E_{\mathrm{th}} = K_i + U_i ,$$

und wir setzen die potenzielle Energie am Abwurfpunkt (Bodenhöhe) null. Die kinetische Energie am Anfang ist $K_i = \frac{1}{2}mv_0^2$, die potenzielle Energie am Anfang ist $U_i = 0$, die kinetische Energie am Ende ist $K_f = 0$, und die potenzielle Energie am Ende ist $U_f = wh$. Also haben wir $wh + fh = \frac{1}{2}mv_0^2$, und wir lösen nach der Höhe auf:

$$h = \frac{mv_0^2}{2(w + f)} = \frac{wv_0^2}{2g(w + f)} = \frac{v_0^2}{2g(1 + f/w)} .$$

(b) Wir beobachten, dass die Kraft der Luft während der Bewegung nach oben nach unten gerichtet ist und während der Bewegung nach unten nach oben gerichtet, da sie der Bewegungsrichtung entgegen gerichtet ist. Während der gesamten Bewegung ist die Zunahme der Wärmeenergie $\Delta E_{\mathrm{th}} = 2fh$. Die kinetische Energie am Ende ist $K_f = \frac{1}{2}mv^2$, wobei v den Geschwindigkeitsgbetrag des Steins bezeichnet, kurz bevor er auf dem Boden auftrifft. Die potenzielle Energie am Ende ist $U_f = 0$. Also erhalten wir unter Verwendung von Gl. 8-31 (mit $W = 0$):

$$\frac{1}{2}mv^2 + 2fh = \frac{1}{2}mv_0^2 .$$

Wir setzen den Ausdruck, den wir für h gefunden haben, ein und erhalten

$$-\frac{2fv_0^2}{2g(1 + f/w)} = \frac{1}{2}mv^2 - \frac{1}{2}mv_0^2 ,$$

was auf

$$v^2 = v_0^2 - \frac{2fv_0^2}{mg(1+f/w)} = v_0^2 - \frac{2fv_0^2}{w(1+f/w)} = v_0^2\left(1 - \frac{2f}{w+f}\right) = v_0^2\,\frac{w-f}{w+f}$$

führt, wobei w für mg eingesetzt und einige algebraische Umformungen vorgenommen wurden. Daher erhalten wir:

$$v = v_0\sqrt{\frac{w-f}{w+f}}\,.$$

9 Systeme von Teilchen

1 (a) Wir legen den Koordinatenursprung in den Mittelpunkt der Erde. Dann ist der Abstand r_S vom Schwerpunkt des Systems Erde–Mond gegeben durch

$$r_S = \frac{m_M r_M}{m_M + m_E}$$

wobei m_M die Masse des Monds, m_E die Masse der Erde und r_M ihren Abstand bezeichnet. Diese Werte sind in Anhang C wiedergegeben. Das numerische Ergebnis ist

$$r_S = \frac{(7{,}36 \times 10^{22}\,\text{kg})(3{,}82 \times 10^{8}\,\text{m})}{7{,}36 \times 10^{22}\,\text{kg} + 5{,}98 \times 10^{24}\,\text{kg}} = 4{,}64 \times 10^{6}\ \text{m}\,.$$

(b) Der Radius der Erde beträgt $R_E = 6{,}37 \times 10^6$ m, also ist $r_S = 0{,}73 R_E$.

3 Seien $x_1 = 0\,\text{m}$, $y_1 = 0\,\text{m}$ die Koordinaten des Teilchens mit Masse $m_1 = 3{,}0\,\text{kg}$; $x_2 = 1{,}0\,\text{m}$, $y_2 = 2{,}0\,\text{m}$ die des Teilchens mit Masse $m_2 = 8{,}0\,\text{kg}$ und $x_3 = 2{,}0\,\text{m}$, $y_3 = 1{,}0\,\text{m}$ die des Teilchens mit Masse $m_3 = 4{,}0\,\text{kg}$.

(a) Dann ist die x-Koordinate des Schwerpunktes

$$\begin{aligned} x_S &= \frac{m_1x_1 + m_2x_2 + m_3x_3}{m_1 + m_2 + m_2} \\ &= \frac{0 + (8{,}0\,\text{kg})(1{,}0\,\text{m}) + (4{,}0\,\text{kg})(2{,}0\,\text{m})}{3{,}0\,\text{kg} + 8{,}0\,\text{kg} + 4{,}0\,\text{kg}} \\ &= 1{,}1\,\text{m}\,. \end{aligned}$$

(b) Seine y-Koordinate ist

$$\begin{aligned} y_S &= \frac{m_1y_1 + m_2y_2 + m_3y_3}{m_1 + m_2 + m_3} \\ &= \frac{0 + (8{,}0\,\text{kg})(2{,}0\,\text{m}) + (4{,}0\,\text{kg})(1{,}0\,\text{m})}{3{,}0\,\text{kg} + 8{,}0\,\text{kg} + 4{,}0\,\text{kg}} \\ &= 1{,}3\,\text{m}\,. \end{aligned}$$

(c) Da die Masse des obersten Teilchens erhöht wird, muss sich der Schwerpunkt zu dem Teilchen verschieben. Wenn wir uns dem Grenzfall nähern, dass das oberste Teilchen unendlich viel schwerer ist als die anderen, liegt der Schwerpunkt unendlich nahe der Lage dieses Teilchens.

9 (a) Da die Dose homogen ist, befindet sich ihr Schwerpunkt in ihrem geometrischen Mittelpunkt, in einem Abstand $H/2$ oberhalb ihres Bodens. Der Schwerpunkt des Sodawassers alleine befindet sich in seinem geometrischen Mittelpunkt, in einem Abstand $x/2$ oberhalb des Dosenbodens. Wenn die Dose gefüllt ist, ist dies $H/2$. Also befindet sich der Schwerpunkt der Dose und des in ihr enthaltenen Sodawassers in einem Abstand

$$h = \frac{M(H/2) + m(H/2)}{M + m} = \frac{H}{2}$$

oberhalb des Bodens auf der Zylinderachse.

(b) Nun betrachten wir die Dose alleine. Der Schwerpunkt liegt $H/2$ oberhalb des Bodens auf der Zylinderachse.

(c) Da x den Schwerpunkt des Sodawassers in der Dose absenkt, fällt h zunächst und steigt dann wieder auf $H/2$ an.

(d) Wenn sich die obere Oberfläche des Sodawassers in einem Abstand x oberhalb des Dosenbodens befindet, beträgt die Masse des Sodawassers in der Dose $m_p = m(x/H)$, wobei m die Masse der gefüllten Dose ($x = H$) ist. Der Schwerpunkt des Sodawassers alleine liegt in einem Abstand $x/2$ oberhalb des Dosenbodens. Also haben wir

$$h = \frac{M(H/2) + m_p(x/2)}{M + m_p} = \frac{M(H/2) + m(x/H)(x/2)}{M + (mx/H)} = \frac{MH^2 + mx^2}{2(MH + mx)} \, .$$

Die tiefste Lage des Schwerpunktes der Dose und des Sodawassers bestimmen wir, indem wir die Ableitung von h nach x gleich 0 setzen und nach x auflösen. Die Ableitung ist

$$\frac{dh}{dx} = \frac{2mx}{2(MH + mx)} - \frac{(MH^2 + mx^2)m}{2(MH + mx)^2} = \frac{m^2x^2 + 2MmHx - MmH^2}{2(MH + mx)^2} \, .$$

Die Lösung von $m^2x^2 + 2MmHx - MmH^2 = 0$ ist

$$x = \frac{MH}{m}\left(-1 + \sqrt{1 + \frac{m}{M}}\right) \, .$$

Wir verwenden die positive Wurzel, da x positiv sein muss. Den für x bestimmten Ausdruck setzen wir dann in $h = (MH^2 + mx^2)/2(MH + mx)$ ein. Nach einigen algebraischen Umformungen erhalten wir

$$h = \frac{HM}{m}\left(\sqrt{1 + \frac{m}{M}} - 1\right) \, .$$

11 Wir bezeichnen die Masse des Chryslers mit m_C und seine Geschwindigkeit mit v_C. Die Masse des Fords bezeichnen wir mit m_F und seine Geschwindigkeit mit v_F. Die Geschwindigkeit des Schwerpunkts ist dann

$$v_S = \frac{m_C v_C + m_F v_F}{m_C + m_F} = \frac{(2400\,\text{kg})(80\,\text{km/h}) + (1600\,\text{kg})(60\,\text{km/h})}{2400\,\text{kg} + 1600\,\text{kg}} = 72\,\text{km/h} \, .$$

Wir bemerken, dass die beiden Geschwindigkeiten in die gleiche Richtung weisen, also haben die beiden Ausdrücke im Zähler das gleiche Vorzeichen.

15 Sie müssen die Koordinaten des Punkts, an dem die Granate explodiert, und die Geschwindigkeit des Bruchstücks, das nicht senkrecht nach unten fällt, bestimmen. Dies werden die Anfangsbedingungen für ein Wurfbahnproblem, aus dem man ermitteln kann, wo das zweite Bruchstück auftrifft. Betrachten Sie zunächst die Bewegung der Granate vom Abschuss bis zum Explosionszeitpunkt. Legen Sie den Ursprung in den Abschusspunkt, lassen Sie die x-Achse horizontal verlaufen und die y-Achse senkrecht nach oben. Die y-Komponente der Geschwindigkeit ist gegeben durch $v = v_{0y} - gt$, und sie ist null zur Zeit $t = v_{0y}/g = (v_0/g)\sin\theta_0$, wobei v_0 die Anfangsgeschwindigkeit und θ_0 der Abschusswinkel sind. Die Koordinaten des höchsten Punkts der Flugbahn sind

$$x = v_{0x}t = v_0 t \cos\theta_0 = \frac{v_0^2}{g}\sin\theta_0\cos\theta_0 = \frac{(20\,\text{m/s})^2}{9{,}8\,\text{m/s}^2}\sin 60^\circ \cos 60^\circ = 17{,}7\,\text{m}$$

und

$$y = v_{0y}t - \frac{1}{2}gt^2 = \frac{1}{2}\frac{v_0^2}{g}\sin^2\theta_0 = \frac{1}{2}\frac{(20\,\text{m/s})^2}{9{,}8\,\text{m/s}^2}\sin^2 60^\circ = 15{,}3\,\text{m} \, .$$

Da keine horizontalen Kräfte wirken, ist die horizontale Komponente der Geschwindigkeit konstant. Am höchsten Punkt beträgt die Geschwindigkeit der Granate $v_0\cos\theta_0$, in die positive x-Richtung. Dies ist die Geschwindigkeit des Schwerpunkts. Sei M die Masse der Granate und V_0 die Geschwindigkeit des Bruchstücks, das nicht direkt nach unten stürzt. Dann ist die Geschwindigkeit des Schwerpunkts gegeben durch $Mv_0/2M = v_0/2$, da die Massen der Bruchstücke gleich groß sind. Da die Geschwindigkeit des Schwerpunkts konstant ist, gilt $v_0\cos\theta_0 = V_0/2$. Das bedeutet, dass gilt:

$$V_0 = 2v_0\cos\theta_0 = 2(20\,\text{m/s})\cos 60^\circ = 20\,\text{m/s} \, .$$

Nun betrachten Sie ein Geschoss, das horizontal zur Zeit $t = 0$ mit einer Geschwindigkeit von 20 m/s vom Punkt mit Koordinaten $x_0 = 17{,}7\,\mathrm{m}$, $y_0 = 15{,}3\,\mathrm{m}$ abgeschossen wird. Seine y-Koordinate ist gegeben durch $y = y_0 - \frac{1}{2}gt^2$, und wenn es auftrifft, ist sie null. Die Zeit des Aufpralls ist $t = \sqrt{2y_0/g}$, und die x-Koordinate des Aufprallpunkts ist

$$x = x_0 + V_0 t = x_0 + V_0\sqrt{\frac{2y_0}{g}} = 17{,}7\,\mathrm{m} + (20\,\mathrm{m/s})\sqrt{\frac{2(15{,}3\,\mathrm{m})}{9{,}8\,\mathrm{m/s^2}}} = 53\,\mathrm{m}\,.$$

17 (a) Legen Sie den Ursprung eines Koordinatensystems in den Mittelpunkt der Rolle, wobei die positive x-Achse nach rechts und die y-Achse nach unten weist. Der Schwerpunkt befindet sich auf halber Strecke zwischen den Behältern bei $x = 0$ und $y = \ell$, wobei ℓ jeweils der vertikale Abstand vom Mittelpunkt der Rolle zu einem Behälter ist. Da der Durchmesser der Rolle 50 mm beträgt, befindet sich der Schwerpunkt 25 mm von Mittelpunkt jedes Behälters entfernt.

(b) Nachdem 20 g vom linken Behälter (1) in den Behälter auf der rechten Seite (2) übertragen wurden, besitzt Behälter 1 die Masse $m_1 = 480\,\mathrm{g}$ und sein Mittelpunkt ist bei $x_1 = -25\,\mathrm{mm}$. Behälter 2 hat die Masse $m_2 = 520\,\mathrm{g}$ und sein Mittelpunkt ist bei $x_2 = +25\,\mathrm{mm}$. Die x-Koordinate des Schwerpunkts ist dann

$$x_S = \frac{m_1 x_1 - m_2 x_2}{m_1 - m_2} = \frac{(480\,\mathrm{g})(-25\,\mathrm{mm}) + (520\,\mathrm{g})(25\,\mathrm{mm})}{480\,\mathrm{g} + 520\,\mathrm{g}} = 1{,}0\,\mathrm{mm}\,.$$

Die y-Koordinate ist immer noch ℓ. Der Schwerpunkt befindet sich auf der Verbindungslinie zwischen den Mittelpunkten der Behälter 26 mm von Behälter 1 entfernt.

(c) Wenn sie losgelassen werden, bewegt sich der schwerere Behälter nach unten und der leichtere nach oben, also bewegt sich der Schwerpunkt, der näher beim schwereren Behälter bleiben muss, nach unten.

(d) Da die Behälter mit einem über die Rolle laufenden Bindfaden verbunden sind, haben ihre Beschleunigungen den gleichen Betrag, sind jedoch entgegengesetzt gerichtet. Wenn a die Beschleunigung von Behälter 2 ist, dann ist $-a$ die von Behälter 1. Die Beschleunigung des Schwerpunkts ist

$$a_S = \frac{m_1(-a) + m_2 a}{m_1 + m_2} = a\,\frac{m_2 - m_1}{m_1 + m_2}\,.$$

Um die Beschleunigung der einzelnen Behälter zu bestimmen, müssen wir auf das zweite Newtonsche Axiom zurückgreifen. Die nach unten gerichtete Gravitationskraft $m_1 g$ und die nach oben gerichtete Zugspannung T wirken auf Behälter 1. Dafür lautet das zweite Newtonsche Axiom $m_1 g - T = -m_1 a$. Das negative Vorzeichen tritt auf, weil a die Beschleunigung von Behälter 2 ist. Die gleichen Kräfte wirken auf Behälter 2, und das zweite Newtonsche Axiom lautet für ihn $m_2 g - T = m_2 a$. Die erste Gleichung ergibt $T = m_1 g + m_1 a$. Dies setzt man in die zweite Gleichung ein und erhält $m_2 g - m_1 g - m_1 a = m_2 a$, also ist $a = (m_2 - m_1)g/(m_1 + m_2)$. Damit ergibt sich

$$a_S = \frac{g(m_2 - m_1)^2}{(m_1 + m_2)^2} = \frac{(9{,}8\,\mathrm{m/s^2})(520\,\mathrm{g} - 480\,\mathrm{g})^2}{(480\,\mathrm{g} + 520\,\mathrm{g})^2} = 1{,}6 \times 10^{-2}\,\mathrm{m/s^2}\,.$$

Die Beschleunigung ist nach unten gerichtet.

19 Lassen Sie die x-Achse in der Abbildung nach rechts verlaufen, wobei der Ursprung an der Küste liege. Seien m_K die Masse des Kahnes und und x_{Ki} seine Anfangskoordinate. Weiter seien m_H die Masse des Hundes und x_{Hi} seine Anfangskoordinate. Die Koordinate des Schwerpunkts ist

$$X_S = \frac{m_K x_{Ki} + m_H x_{Hi}}{m_K + m_H}\,.$$

Nun bewegt sich der Hund eine Entfernung d auf dem Kahn nach links. Die neuen Koordinaten x_{Kf} und x_{Hf} stehen miteinander in Beziehung durch $x_{Kf} = x_{Hf} + d$. Also kann die Koordinate des Schwerpunkts geschrieben werden als

$$X_S = \frac{m_K x_{Kf} + m_H x_{Hf}}{m_K + m_H} = \frac{m_K x_{Hf} + m_K d + m_H x_{Hf}}{m_K + m_H}\,.$$

Da die gesamte äußere Kraft auf das System Kahn–Hund null ist, ändert sich die Geschwindigkeit des Schwerpunkts nicht. Da der Kahn und der Hund anfangs in Ruhe waren, ist die Geschwindigkeit des Schwerpunkts null. Der

Schwerpunkt bleibt am gleichen Ort, und die beiden Ausdrücke, die wir für x_S geschriebene haben, müssen gleich sein. Das bedeutet $m_K x_{Ki} + m_H x_{Hi} = m_K x_{Hf} + m_K d + m_H x_{Hf}$. Lösen Sie nach x_{Hf} auf:

$$\begin{aligned} x_{Hf} &= \frac{m_K x_{Ki} + m_H x_{Hi} - m_K d}{m_K + m_H} \\ &= \frac{(18\,\text{kg})(6{,}1\,\text{m}) + (4{,}5\,\text{kg})(6{,}1\,\text{m}) - (18\,\text{kg})(2{,}4\,\text{m})}{18\,\text{kg} + 4{,}5\,\text{kg}} \\ &= 4{,}2\,\text{m}\,. \end{aligned}$$

27 Auf das System Mann–Stein wirken keine äußeren Kräfte mit horizontaler Komponente, und die vertikalen Kräfte summieren sich zu null, also bleibt der Gesamtimpuls des Systems erhalten. Da der Mann und der Stein anfangs ruhen, ist der Gesamtimpuls null sowohl bevor als auch nachdem der Stein gestoßen wurde. Seien m_s die Masse des Steines und v_s seine Geschwindigkeit, nachdem er weggestoßen wurde. Weiter seien m_m die Masse des Mannes und v_m seine Geschwindigkeit, nachdem er den Stein weggestoßen hat. Dann gilt $m_s v_s + m_m v_m = 0$ und $v_m = -m_s v_s / m_m$. Legen Sie die positive Achse in die Richtung, in die sich der Stein bewegt. Dann gilt

$$v_m = -\frac{(0{,}068\,\text{kg})(4{,}0\,\text{m/s})}{91\,\text{kg}} = -3{,}0 \times 10^{-3}\,\text{m/s}\,.$$

Das negative Vorzeichen weist darauf hin, dass sich der Mann in die entgegengesetzte Richtung bewegt wie der Stein.

29 Auf das System Wagen–Mann wirken keine externen Kräfte mit horizontaler Komponente, und die vertikalen Kräfte addieren sich zu null. Also bleibt der Gesamtimpuls des Systems erhalten. Die Masse des Wagens bezeichnen wir mit m_W, seine Anfangsgeschwindigkeit mit v und seine Endgeschwindigkeit (nachdem der Mann abgesprungen ist) mit v_W. Die Masse des Mannes sei m_M. Seine Anfangsgeschwindigkeit stimmt mit der des Wagens überein, und seine Endgeschwindigkeit ist null. Die Impulserhaltung liefert $(m_M + m_W)v = m_W v_W$. Folglich ist die Endgeschwindigkeit des Wagens

$$v_W = \frac{v(m_M + m_W)}{m_W} = \frac{(2{,}3\,\text{m/s})(75\,\text{kg} + 39\,\text{kg})}{39\,\text{kg}} = 6{,}7\,\text{m/s}\,.$$

Der Wagen erhöht seine Geschwindigkeit um $6{,}7 - 2{,}3 = 4{,}4\,\text{m/s}$. Um sich selbst abzubremsen, bringt der Mann den Wagen dazu, ihn nach hinten zu stoßen, indem er ihn nach vorne stößt, sodass er seine Geschwindigkeit erhöht.

33 Wir nehmen an, dass keine äußeren Kräfte auf das aus den beiden Teilen der letzten Stufe zusammen gesetzte System wirken. Der Gesamtimpuls des Systems bleibt also erhalten. Es bezeichne m_R die Masse des Raketenmoduls und m_N die Masse der Nutzlastkapsel. Zunächst bewegen sie sich zusammen mit der Geschwindigkeit v. Nachdem die Verbindung gelöst ist, besitzt m_R die Geschwindigkeit v_R und m_N die Geschwindigkeit v_N. Die Impulserhaltung liefert $(m_R + m_N)v = m_R v_R + m_N v_N$.

(a) Nachdem die Verbindung gelöst ist, wird sich die Nutzlastkapsel, die die kleinere Masse besitzt, mit dem größeren Geschwindigkeitsbetrag bewegen. Wir schreiben $v_N = v_R + v_{\text{rel}}$, wobei v_{rel} die Relativgeschwindigkeit bezeichnet. Setzt man diesen Ausdruck in die Bedingung für die Impulserhaltung ein, erhält man als Ergebnis

$$(m_R + m_N)\,v = m_R v_R + m_N v_R + m_N v_{\text{rel}}\,.$$

Daher haben wir

$$\begin{aligned} v_R &= \frac{(m_R + m_N)\,v - m_N v_{\text{rel}}}{m_R + m_N} \\ &= \frac{(290{,}0\,\text{kg} + 150{,}0\,\text{kg})(7600\,\text{m/s}) - (150{,}0\,\text{kg})(910{,}0\,\text{m/s})}{290{,}0\,\text{kg} + 150{,}0\,\text{kg}} \\ &= 7290\,\text{m/s}\,. \end{aligned}$$

(b) Die Endgeschwindigkeit der Nutzlastkapsel ist $v_N = v_R + v_{\text{rel}} = 7290\,\text{m/s} + 910{,}0\,\text{m/s} = 8200\,\text{m/s}$.

(c) Die gesamte kinetische Energie, bevor die Verbindung gelöst wird, ist

$$K_i = \frac{1}{2}\,(m_R + m_N)v^2 = \frac{1}{2}(290{,}0\,\text{kg} + 150{,}0\,\text{kg})(7600\,\text{m/s})^2 = 1{,}271 \times 10^{10}\,\text{J}\,.$$

(d) Die kinetische Gesamtenergie, nachdem die Verbindung gelöst wird, ist

$$\begin{aligned} K_f &= \frac{1}{2} m_R v_R^2 + \frac{1}{2} m_N v_N^2 \\ &= \frac{1}{2}(290{,}0\,\mathrm{kg})(7290\,\mathrm{m/s})^2 + \frac{1}{2}(150{,}0\,\mathrm{kg})(8200\,\mathrm{m/s})^2 \\ &= 1{,}275 \times 10^{10}\,\mathrm{J}\,. \end{aligned}$$

Die gesamte kinetische Energie erhöht sich etwas. Energie, die ursprünglich in der Feder gespeichert war, wird in kinetische Energie der Raketenteile umgewandelt.

37 Wir verwenden folgende Bezeichnungen: $M = 20{,}0$ kg ist die Masse des ursprünglichen Körpers; seine Anfangsgeschwindigkeit ist $\vec{v}_0 = 200\,\vec{e}_x$ (m/s); die Masse eines Teilstücks ist $m_1 = 10{,}0$ kg; seine Geschwindigkeit ist $\vec{v}_1 = 100\,\vec{e}_y$; die Masse des zweitenTeilstücks ist $m_2 = 4{,}0$ kg; seine Geschwindigkeit ist $\vec{v}_2 = -500\,\vec{e}_x$; und die Masse des dritten Teilstücks ist $m_3 = 6{,}00$ kg.

(a) Nach dem Impulserhaltungssatz gilt

$$M\vec{v}_0 = m_1\vec{v}_1 + m_2\vec{v}_2 + m_3\vec{v}_3\,,$$

woraus wir (unter Verwendung der obigen Informationen) Folgendes erhalten:

$$\vec{v}_3 = 1000\,\vec{e}_x - 167\,\vec{e}_y\,.$$

Der Betrag von $\vec{v}_3$ ist $v_3 = \sqrt{1000^2 + (-167)^2} = 1{,}01 \times 10^3$ m/s. Der Vektor weist den Winkel $\tan^{-1}(-167/1000)$ $= -9{,}48°$ auf, d.h. er bildet einen Winkel von 9,5° im Uhrzeigersinn von der $+x$-Achse.

(b) Wir sollen die Energiedifferenz ΔK berechnen, d.h.

$$\left(\frac{1}{2}m_1 v_1^2 + \frac{1}{2}m_2 v_2^2 + \frac{1}{2}m_3 v_3^2\right) - \frac{1}{2}Mv_0^2 = 3{,}23 \times 10^6\,\mathrm{J}\,.$$

39 Unsere Notation (und implizit unsere Wahl des Koordinatensystems) lautet folgendermaßen: Die Masse eines Teils ist $m_1 = m$; seine Geschwindigkeit ist $\vec{v}_1 = -30\,\vec{e}_x$ in SI-Einheiten (m/s); die Masse des zweiten Teils ist $m_2 = m$; seine Geschwindigkeit ist $\vec{v}_2 = -30\,\vec{e}_y$ in SI-Einheiten, und die Masse des dritten Teils ist $m_3 = 3m$. Die Impulserhaltung erfordert

$$\begin{aligned} m\vec{v}_0 &= m_1\vec{v}_1 + m_2\vec{v}_2 + m_3\vec{v}_3 \\ 0 &= m\,(-30\,\vec{e}_x) + m\left(-30\,\vec{e}_y\right) + 3m\,\vec{v}_3\,, \end{aligned}$$

was auf

$$\vec{v}_3 = 10\,\vec{e}_x + 10\,\vec{e}_y$$

in SI-Einheiten führt. Ihr Betrag ist $v_3 = 10\sqrt{2} \approx 14$ m/s, und ihr Winkel beträgt 45° im Gegenuhrzeigersinn von der $+x$-Achse (in diesem System fliegt m_1 in die $-x$-Richtung und m_2 in die $-y$-Richtung davon).

41 Wir verwenden Gl. 9-43. Damit haben wir

$$\begin{aligned} v_f &= v_i + v_{\mathrm{rel}} \ln \frac{M_i}{M_f} \\ &= 105\,\mathrm{m/s} + (253\,\mathrm{m/s}) \ln \frac{6090\,\mathrm{kg}}{6010\,\mathrm{kg}} \\ &= 108\,\mathrm{m/s}\,. \end{aligned}$$

43 (a) Der Schub der Rakete ist gegeben durch $T = Rv_{\mathrm{rel}}$, wobei R die Rate des Treibstoffverbrauchs und v_{rel} die Geschwindigkeit der Verbrennungsgase relativ zur Rakete ist. In dieser Aufgabe ist $R = 480\,\mathrm{kg/s}$ und $v_{\mathrm{rel}} = 3{,}27 \times 10^3$ m/s, also haben wir

$$T = (480\,\mathrm{kg/s})(3{,}27 \times 10^3\,\mathrm{m/s}) = 1{,}57 \times 10^6\,\mathrm{N}\,.$$

(b) Die Masse des ausgestoßenen Treibstoffs ist gegeben durch $M_{\text{fuel}} = R\Delta t$, wobei Δt das Zeitintervall der Zündung ist. Also ist $M_{\text{fuel}} = (480\,\text{kg/s})(250\,\text{s}) = 1{,}20 \times 10^5\,\text{kg}$. Die Masse der Rakete nach dem Brennvorgang ist $M_f = M_i - M_{\text{fuel}} = 2{,}55 \times 10^5\,\text{kg} - 1{,}20 \times 10^5\,\text{kg} = 1{,}35 \times 10^5\,\text{kg}$.

(c) Da die Anfangsgeschwindigkeit null ist, ist die Endgeschwindigkeit durch Gl. 9-43 gegeben:

$$v_f = v_{\text{rel}} \ln \frac{M_i}{M_f} = \left(3{,}27 \times 10^3\right) \ln\left(\frac{2{,}55 \times 10^5}{1{,}35 \times 10^5}\right) = 2{,}08 \times 10^3\ \text{m/s}\,.$$

47 (a) Wir untersuchen, was mit der Kohle geschieht, die auf dem schnelleren Kahn während einer Minute ($\Delta t = 60\,\text{s}$) landet. In dieser Zeit muss insgesamt eine Masse von $m = 1000\,\text{kg}$ Kohle eine Geschwindigkeitsänderung

$$\Delta v = 20\,\text{km/h} - 10\,\text{km/h} = 10\,\text{km/h} = 2{,}8\ \text{m/s}$$

erfahren, wobei wir die positive Achse nach rechts weisen lassen. Daher ist die Änderungsrate des Impulses für die Kohle

$$\frac{\Delta \vec{p}}{\Delta t} = \frac{m\Delta\vec{v}}{\Delta t} = \frac{(1000\ \text{kg})(2{,}8\ \text{m/s})}{60\ \text{s}} = 46\ \text{N}\,,$$

was nach Gl. 9-23 gleich der Kraft sein muss, die durch den (schnelleren) Kahn auf die Kohle ausgeübt wird. Das Schaufeln und die Bewegungen der Kähne finden mit konstanten Raten statt, also können wir $\frac{\Delta p}{\Delta t}$ gleich $\frac{dp}{dt}$ setzen.

(b) Laut Aufgabenstellung hängen die auf die Kähne wirkenden Reibungskräfte nicht von der Masse ab. Daher beeinflusst der Massenverlust des langsameren Kahns nicht seine Bewegung, also ist auf Grund des Schaufelns keine zusätzliche Kraft nötig.

55 (a) Indem wir das zweite Newtonsche Gesetz $F - mg = ma$ (wobei F die vom Boden auf sie ausgeübte Kraft bezeichnet) und $v^2 = 2ad_1$ (Gl. 2-16, wobei $d_1 = 0{,}90 - 0{,}40 = 0{,}50\,\text{m}$ die Entfernung bezeichnet, die sich ihr Schwerpunkt bewegt, während sich ihre Füße auf dem Boden befinden) verknüpfen, erhalten wir leicht folgende Gleichung

$$K_{\text{Abschuss}} = (F - mg)d_1\,,$$

wobei $K_{\text{Abschuss}} = \frac{1}{2}mv^2$ ihre kinetische Energie bezeichnet, wenn ihre Füße den Boden verlassen. Wir erwähnen diese Methode, diese Gleichung abzuleiten (die auch aus dem Zusammenhang zwischen Arbeit und kinetischer Energie, Gl. 7-10, oder – geeignet interpretiert – aus dem Energieerhaltungssatz wie in Gl. 8-31 folgt), da die Zugänge über die Energie paradox erscheinen mögen (man könnte in dem Morast von Fragen der Art „Wie kann der Boden überhaupt Energie auf die Person übertragen?") versinken; der Zugang über das Newtonsche Gesetz führt nicht zu einem solchen Dilemma. Als nächstes verlassen ihre Füße den Boden, und diese kinetische Energie wird in potenzielle Energie der Gravitation umgewandelt. Die Erhaltung der mechanischen Energie führt dann direkt auf

$$K_{\text{Abschuss}} = mgd_2\,,$$

wobei $d_2 = 1{,}20 - 0{,}90 = 0{,}30\,\text{m}$ die Entfernung bezeichnet, die sich ihr Schwerpunkt erhöht von dem Zeitpunkt an, wo ihre Füße den Boden verlassen bis zu dem Zeitpunkt, wo sie ihren höchsten Punkt beim Sprung erreicht. Nun verbinden wir diese beiden Gleichungen und lösen $(F - mg)d_1 = mgd_2$ nach der Kraft auf:

$$F = \frac{mg(d_1 + d_2)}{d_1} = \frac{(55\,\text{kg})(9{,}8\,\text{m/s}^2)(0{,}50\,\text{m} + 0{,}30\,\text{m})}{0{,}50\,\text{m}} = 860\ \text{N}\,.$$

(b) Ihre größte Geschwindigkeit erreicht sie, zu dem Zeitpunkt, wo ihre Füße den Boden verlassen (dies ist ihre „Abschuss"geschwindigkeit). Folglich wird aus der oben abgeleiteten Gleichung

$$\frac{1}{2}mv^2 = (F - mg)d_1\,,$$

woraus wir

$$\begin{aligned} v &= \sqrt{\frac{2(F - mg)d_1}{m}} \\ &= \sqrt{\frac{2\left(860\,\mathrm{N} - (55\,\mathrm{kg})\left(9{,}8\,\mathrm{m/s^2}\right)\right)(0{,}50\,\mathrm{m})}{55\,\mathrm{kg}}} \\ &= 2{,}4\,\mathrm{m/s} \end{aligned}$$

erhalten.

10 Stoßprozesse

1 Wenn F_{gem} den Betrag der mittleren Kraft bezeichnet, dann ist der Betrag des Impulses $J = F_{\text{gem}}\Delta t$, wobei Δt das Zeitintervall bezeichnet, in dem die Kraft ausgeübt wird (vgl. Gl. 10-8). Dies ist gleich dem Betrag der Änderung des Impulses der Kugel. Da die Kugel anfangs ruht, ist J gleich dem Betrag des Impulses mv am Ende. Löst man $F_{\text{gem}}\Delta t = mv$ nach der Geschwindigkeit auf, erhält man

$$v = \frac{F_{\text{gem}}\Delta t}{m} = \frac{(50\,\text{N})\left(10 \times 10^{-3}\,\text{s}\right)}{0{,}20\,\text{kg}} = 2{,}5\,\text{m/s}\,.$$

9 (a) Der Anfangsimpuls des Autos ist $\vec{p}_i = m\vec{v}_i = (1400\,\text{kg})(5{,}3\,\text{m/s})\,\vec{e}_y = (7400\,\text{kg}\cdot\text{m/s})\,\vec{e}_y$ und der Endimpuls ist $\vec{p}_f = (7400\,\text{kg}\cdot\text{m/s})\,\vec{e}_x$. Der auf das Auto wirkende Kraftstoß ist die Änderung seines Impulses:

$$\vec{J} = \vec{p}_f - \vec{p}_i = (7400\,\text{N}\cdot\text{s})(\vec{e}_x - \vec{e}_y)\,.$$

(b) Der Anfangsimpuls des Autos beträgt $\vec{p}_i = (7400\,\text{kg}\cdot\text{m/s})\,\vec{e}_x$, und sein Endimpuls ist $\vec{p}_f = 0$. Der auf das Auto wirkende Kraftstoß ist

$$\vec{J} = \vec{p}_f - \vec{p}_i = -7400\,\vec{e}_x\ \ \text{N}\cdot\text{s}\,.$$

(c) Die auf das Auto wirkende Durchschnittskraft ist

$$\vec{F}_{\text{gem}} = \frac{\Delta\vec{p}}{\Delta t} = \frac{\vec{J}}{\Delta t} = \frac{(7400\,\text{kg}\cdot\text{m/s})(\vec{e}_x - \vec{e}_y)}{4{,}6\,\text{s}} = (1600\,\text{N})(\vec{e}_x - \vec{e}_y)$$

und ihr Betrag ist $F_{\text{gem}} = (1600\,\text{N})\sqrt{2} = 2300\,\text{N}$.

(d) Die Durchschnittskraft ist

$$\vec{F}_{\text{gem}} = \frac{\vec{J}}{\Delta t} = \frac{(-7400\,\text{kg}\cdot\text{m/s})\,\vec{e}_x}{350 \times 10^{-3}\,\text{s}} = (-2{,}1 \times 10^4\,\text{N})\,\vec{e}_x$$

und ihr Betrag ist $F_{\text{gem}} = 2{,}1 \times 10^4\,\text{N}$.

(e) Oben wurde die Durchschnittskraft in Einheitsvektorschreibweise angegeben. Ihre x- und y-Komponenten haben den gleichen Betrag. Die x-Komponente ist positiv und die y-Komponente ist negativ, also bildet die Kraft einen Winkel von 45° unterhalb der positiven x-Achse.

11 Den Betrag der Kraft bezeichnen wir mit $F = At$, wobei A eine Proportionalitätskonstante bezeichnet. Die Bedingung, dass $F = 50\,\text{N}$ beträgt, wenn $t = 4{,}0\,\text{s}$ ist, führt auf $A = (50\,\text{N})/(4{,}0\,\text{s}) = 12{,}5\,\text{N/s}$. Der Betrag des auf das Objekt ausgeübten Impulses ist

$$J = \int_0^{4{,}0} F\,dt = \int_0^{4{,}0} At\,dt = \frac{1}{2}At^2\Big|_0^{4{,}0} = \frac{1}{2}(12{,}5)(4{,}0)^2 = 100\,\text{N}\cdot\text{s}\,.$$

Dies ist gleich der Betrag der Impulsänderung des Objekts (nach dem Impulserhaltungssatz), und da sich die Kugel anfangs in Ruhe befand, haben wir $J = mv_f$. Daher ist $v_f = J/m = (100\,\text{N}\cdot\text{s})/(10\,\text{kg}) = 10\,\text{m/s}$.

13 (a) Wenn m die Masse und v die Geschwindigkeit eines Schrotkorns bezeichnet, dann ist sein Impuls $p = mv = (2{,}0 \times 10^{-3}\,\text{kg})(500\,\text{m/s}) = 1{,}0\,\text{kg}\cdot\text{m/s}$, der in Richtung der Wand weist.

(b) Die kinetische Energie eines Schrotkorns ist

$$K = \frac{1}{2}mv^2 = \frac{1}{2}\left(2{,}0 \times 10^{-3}\,\text{kg}\right)(500\,\text{m/s})^2 = 2{,}5 \times 10^2\,\text{J}\,.$$

(c) Die auf die Wand wirkende Kraft ist durch die Rate gegeben, mit der Impuls von den Schrotkörnern auf die Wand übertragen wird. Da die Schrotkörner nicht abprallen, überträgt jedes auftreffende Schrotkorn den Impuls $p = 1{,}0\,\text{kg}\cdot\text{m/s}$. Wenn ΔN Schrotkörner in der Zeit Δt auftreffen, dann erhält man für die Durchschnittsrate, mit der Impuls übertragen wird,

$$F_{\text{gem}} = \frac{p\,\Delta N}{\Delta t} = (1{,}0\,\text{kg}\cdot\text{m/s})\left(10\,\text{s}^{-1}\right) = 10\,\text{N}\,.$$

Die auf die Wand wirkende Kraft weist in die Richtung der Anfangsgeschwindigkeit der Schrotkörner.

(d) Wenn Δt as Zeitintervall bezeichnet, in dem ein Schrotkorn von der Wand abgebremst wird, dann erhält man für die durchschnittliche Kraft, die von einem Schrotkorn auf die Wand ausgeübt wird

$$F_{\text{gem}} = \frac{p}{\Delta t} = \frac{1{,}0\,\text{kg}\cdot\text{m/s}}{0{,}6 \times 10^{-3}\,\text{s}} = 1{,}7 \times 10^3\,\text{N}\,.$$

Die Kraft weist in Richtung der Anfangsgeschwindigkeit des Schrotkorns.

(e) In Teil (d) wurde die Kraft über die Zeit gemittelt, die ein Schrotkorn im Kontakt mit der Wand ist, während sie in Teil (c) für viele Schrotkörner über die Zeit gemittelt wurde, in der sie die Wand treffen. Die meiste Zeit ist kein Schrotkorn in Kontakt mit der Wand, sodass die Durchschnittskraft in Teil (c) viel geringer ist als in Teil (d).

15 Zunächst betrachten wir das 1200 kg Teil. Der Kraftstoß hat den Betrag J und wirkt (durch unsere Wahl des Koordinatensystems) in die positive Richtung. Es sei m_1 die Masse des Teils und v_1 seine Geschwindigkeit, nachdem die Verbindungsbolzen abgesprengt wurden. Wir nehmen an, dass sich beide Teile bei der Explosion in Ruhe befinden. Dann ist $J = m_1 v_1$, also haben wir

$$v_1 = \frac{J}{m_1} = \frac{300\,\text{N}\cdot\text{s}}{1200\,\text{kg}} = 0{,}25\,\text{m/s}\,.$$

Der Kraftstoß auf das 1800 kg Teil hat den gleichen Betrag, wirkt aber in die entgegen gesetzte Richtung, also ist $-J = m_2 v_2$, wobei m_2 die Masse und v_2 die Geschwindigkeit des Teils bezeichnet. Daher erhalten wir

$$v_2 = -\frac{J}{m_2} = -\frac{300\,\text{N}\cdot\text{s}}{1800\,\text{kg}} = -0{,}167\,\text{m/s}\,.$$

Folglich ist die Relativgeschwindigkeit der Teile nach der Explosion $0{,}25\,\text{m/s} - (-0{,}167\,\text{m/s}) = 0{,}417\,\text{m/s}$.

19 (a) Lassen Sie die Kraft zumindest für die frühere Zeit in die positive Richtung weisen. Dann ist der Kraftstoß

$$\begin{aligned} J &= \int_0^{3{,}0\times10^{-3}} F\,dt \\ &= \int_0^{3{,}0\times10^{-3}} \left(6{,}0 \times 10^6\right)t - \left(2{,}0 \times 10^9\right)t^2\,dt \\ &= \left[\frac{1}{2}(6{,}0 \times 10^6)t^2 - \frac{1}{3}(2{,}0 \times 10^9)t^3\right]_0^{3{,}0\times10^{-3}} \\ &= 9{,}0\,\text{N}\cdot\text{s}\,. \end{aligned}$$

(b) Da $J = F_{\text{gem}}\,\Delta t$ gilt, wobei F_{gem} die durchschnittliche Kraft und Δt die Dauer des Stoßes ist, erhalten wir

$$F_{\text{gem}} = \frac{J}{\Delta t} = \frac{9{,}0\,\text{N}\cdot\text{s}}{3{,}0 \times 10^{-3}\,\text{s}} = 3{,}0 \times 10^{3}\,\text{N}\,.$$

(c) Um die Zeit zu bestimmen, zu der die größte Kraft auftritt, setzen wir die Ableitung von F nach der Zeit null und lösen nach t auf. Das Ergebnis ist $t = 1{,}5 \times 10^{-3}$ s. Zu diesem Zeitpunkt ist die Kraft

$$F_{\max} = (6{,}0 \times 10^{6})(1{,}5 \times 10^{-3}) - (2{,}0 \times 10^{9})(1{,}5 \times 10^{-3})^2 = 4{,}5 \times 10^{3}\,\text{N}\,.$$

(d) Während des Tritts erhält der Ball einen Impuls, der gleich dem Kraftstoß ist. Da er aus der Ruhe startet, ist sein Impuls, direkt nachdem der Fuß des Spielers den Kontakt verliert, $p = J$. Seien m die Masse des Balls und v seine Geschwindigkeit, wenn er den Fuß verlässt. Dann gilt:

$$v = \frac{p}{m} = \frac{J}{m} = \frac{9{,}0\,\text{N}\cdot\text{s}}{0{,}45\,\text{kg}} = 20\,\text{m/s}\,.$$

21 Wir untersuchen die horizontalen Komponenten der Impulse des Pakets und des Schlittens. Es bezeichne m_s die Masse des Schlittens und v_s seine Anfangsgeschwindigkeit. m_p sei die Masse des Pakets und v die Endgeschwindigkeit des Schlittens und des Pakets zusammen. Die horizontale Komponente des Gesamtimpulses bleibt erhalten, also gilt $m_s v_s = (m_s + m_p)v$, und wir erhalten

$$v = \frac{v_s m_s}{m_s + m_p} = \frac{(9{,}0\,\text{m/s})(6{,}0\,\text{kg})}{6{,}0\,\text{kg} + 12\,\text{kg}} = 3{,}0\,\text{m/s}\,.$$

23 Es bezeichne m_m die Masse des Meteors und m_e die Masse der Erde. Weiter sei v_m die Geschwindigkeit des Meteors kurz vor dem Zusammenstoß und v die Geschwindigkeit der Erde (mit dem Meteor) direkt nach dem Zusammenstoß. Der Impuls des Systems Erde–Meteor bleibt während des Zusammenstoßes erhalten. Also erhalten wir, im Bezugssystem der Erde vor dem Zusammenstoß, $m_m v_m = (m_m + m_e)v$. Damit haben wir

$$v = \frac{v_m m_m}{m_m + m_e} = \frac{(7200\,\text{m/s})(5 \times 10^{10}\,\text{kg})}{5{,}98 \times 10^{24}\,\text{kg} + 5 \times 10^{10}\,\text{kg}} = 6 \times 10^{-11}\,\text{m/s}\,.$$

Wir wandeln dies folgendermaßen um:

$$\left(6 \times 10^{-11}\,\frac{\text{m}}{\text{s}}\right)\left(\frac{1000\,\text{mm}}{\text{m}}\right)\left(\frac{3{,}2 \times 10^{7}\,\text{s}}{\text{a}}\right) = 2\,\text{mm/a}\,.$$

27 (a) Wir möchten die Kraft berechnen, die die Waage auf die Murmeln ausübt. Dies ist die Summe der Kraft, die die sich bereits auf der Waage befindenden Murmeln gegen die nach unten gerichtete Gravitationskraft hält, und der Kraft, die die fallenden Murmeln zur Ruhe bringt. Am Ende der Zeit t ist die Anzahl der Murmeln auf der Waage Rt. In dem Augenblick beträgt die auf sie ausgeübte Gravitationskraft $Rtmg$, und die nach oben gerichtete Kraft der Waage, die sie hält, ist $F_1 = Rtmg$. Kurz bevor eine aus der Höhe h fallende Murmel die Waage trifft, hat sie den Geschwindigkeitsbetrag $v = \sqrt{2gh}$ und den Impuls $p = m\sqrt{2gh}$. Um die fallenden Murmeln anzuhalten, muss die Waage eine nach oben gerichtete Kraft $F_2 = Rp = Rm\sqrt{2gh}$ ausüben. Die Gesamtkraft der Waage auf die Murmeln ist

$$F = F_1 + F_2 = Rtmg + Rm\sqrt{2gh} = Rm\left(gt + \sqrt{2gh}\right)\,.$$

(b) Für die gegebenen Werte (wenn wir SI-Einheiten, also $m = 0{,}0045$ kg verwenden) erhalten wir

$$F = (100)(0{,}0045)\left((9{,}8)(10{,}0) + \sqrt{2(9{,}8)(7{,}60)}\right)\,,$$

was $F = 49{,}6$ N liefert. Wenn wir annehmen, dass die Waage so kalibriert ist, dass sie eine äquivalente Masse anzeigt, lautet ihre Anzeige $F/g = 49{,}6/9{,}8 = 5{,}06$ kg.

29 Seien m_F die Masse des Güterwagens und v_F seine Anfangsgeschwindigkeit. Weiter seien m_C die Masse des Personenwagens und v die gemeinsame Endgeschwindigkeit der beiden, wenn sie zusammengekoppelt sind. Die

Erhaltung des Gesamtimpulses des Zweikörper-System führt zu $m_F v_F = (m_F + m_C)v$, also $v = v_F m_F/(m_F + m_C)$. Am Anfang beträgt die kinetische Energie des Systems

$$K_i = \frac{1}{2} m_F v_F^2 \,,$$

und am Ende beträgt die kinetische Energie

$$K_f = \frac{1}{2}(m_F + m_C)v^2 = \frac{1}{2}(m_F + m_C)\frac{m_F^2 v_F^2}{(m_F + m_C)^2} = \frac{1}{2}\frac{m_F^2 v_F^2}{(m_F + m_C)} \,.$$

Da 27% der kinetischen Energie am Anfang verloren gehen, gilt $K_f = 0{,}73 K_i$, oder

$$\frac{1}{2}\frac{m_F^2 v_F^2}{(m_F + m_C)} = (0{,}73)\left(\frac{1}{2} m_F v_F^2\right) .$$

Wenn man ein paar offensichtliche Kürzungen vornimmt, wird daraus $m_F/(m_F + m_C) = 0{,}73$. Lösen Sie dies nach m_C auf:

$$m_C = \frac{0{,}27}{0{,}73} m_F = 0{,}37\, m_F = (0{,}37)\left(3{,}18 \times 10^4\ \text{kg}\right) = 1{,}18 \times 10^4\ \text{kg} \,.$$

31 (a) Es bezeichne v die Endgeschwindigkeit des Systems Kugel–Schussanlage. Da der Gesamtimpuls des Systems erhalten bleibt, haben wir $mv_i = (m + M)v$. Daher ist $v = mv_i/(m + M)$.

(b) Die kinetische Energie am Anfang ist $K_i = \frac{1}{2}mv_i^2$, und die kinetische Energie am Ende ist $K_f = \frac{1}{2}(m+M)v^2 = \frac{1}{2}m^2v_i^2/(m + M)$. Laut Aufgabenstellung ist $\Delta E_{\text{th}} = 0$, also muss die Differenz $K_i - K_f$ gleich der in der Feder gespeicherten Energie U_F sein:

$$U_F = \frac{1}{2}mv_i^2 - \frac{1}{2}\frac{m^2v_i^2}{(m + M)} = \frac{1}{2}mv_i^2\left(1 - \frac{m}{m + M}\right) = \frac{1}{2}mv_i^2\frac{M}{m + M} \,.$$

Daher beträgt der Anteil der kinetischen Energie am Anfang, die in der Feder gespeichert wird, $U_F/K_i = M/(m + M)$.

35 (a) Es bezeichne m_1 die Masse des Quaders auf der linken Seite, v_{1i} seine Anfangsgeschwindigkeit und v_{1f} seine Endgeschwindigkeit. Es sei m_2 die Masse des Quaders auf der rechten Seite, v_{2i} seine Anfangsgeschwindigkeit und v_{2f} seine Endgeschwindigkeit. Der Impuls des Systems aus zwei Quadern bleibt erhalten, also haben wir $m_1v_{1i} + m_2v_{2i} = m_1v_{1f} + m_2v_{2f}$ und

$$v_{1f} = \frac{m_1v_{1i} + m_2v_{2i} - m_2v_{2f}}{m_1} = \frac{(1{,}6)(5{,}5) + (2{,}4)(2{,}5) - (2{,}4)(4{,}9)}{1{,}6} \,,$$

was $v_{1f} = 1{,}9$ m/s liefert. Der Quader bewegt sich nach dem Zusammenstoß weiter nach rechts.

(b) Um zu sehen, ob der Stoß elastisch ist, vergleichen wir die kinetische Energie vor dem Stoß mit der kinetischen Energie nach dem Stoß. Die kinetische Gesamtenergie davor ist

$$K_i = \frac{1}{2}m_1v_{1i}^2 + \frac{1}{2}m_2v_{2i}^2 = \frac{1}{2}(1{,}6)(5{,}5)^2 + \frac{1}{2}(2{,}4)(2{,}5)^2 = 31{,}7\ \text{J} \,.$$

Die kinetische Gesamtenergie danach ist

$$K_f = \frac{1}{2}m_1v_{1f}^2 + \frac{1}{2}m_2v_{2f}^2 = \frac{1}{2}(1{,}6)(1{,}9)^2 + \frac{1}{2}(2{,}4)(4{,}9)^2 = 31{,}7\ \text{J} \,.$$

Wegen $K_i = K_f$ erhalten wir, dass der Stoß elastisch erfolgt.

(c) Wir haben nun $v_{2i} = -2{,}5\ \text{m/s}$ und

$$v_{1f} = \frac{m_1v_{1i} + m_2v_{2i} - m_2v_{2f}}{m_1} = \frac{(1{,}6)(5{,}5) + (2{,}4)(-2{,}5) - (2{,}4)(4{,}9)}{1{,}6} \,,$$

was $v_{1f} = -5{,}6$ m/s liefert. Also ist die Geschwindigkeit der in Abb. 10-37 wiedergegebenen Richtung entgegen gerichtet.

37 (a) Sei m_1 die Masse des Wägelchens, das sich anfangs bewegt, v_{1i} seine Geschwindigkeit vor dem Stoß und v_{1f} seine Geschwindigkeit nach dem Stoß. Weiter sei m_2 die Masse des Wägelchens, das anfangs ruht und v_{2f} seine Geschwindigkeit nach dem Stoß. Nach Gl. 10-38 gilt dann:

$$v_{1f} = \frac{m_1 - m_2}{m_1 + m_2} v_{1i} \, .$$

Lösen Sie nach m_2 auf, und Sie erhalten:

$$m_2 = \frac{v_{1i} - v_{1f}}{v_{1i} + v_{1f}} m_1 = \left(\frac{1{,}2 - 0{,}66}{1{,}2 + 0{,}66} \right) (0{,}34) = 0{,}099 \text{ kg} \, .$$

(b) Die Geschwindigkeit des zweiten Wägelchens ist gegeben durch Gl. 10-39:

$$v_{2f} = \frac{2m_1}{m_1 + m_2} v_{1i} = \left(\frac{2(0{,}34)}{0{,}34 + 0{,}099} \right) (1{,}2) = 1{,}9 \text{ m/s} \, .$$

(c) Die Geschwindigkeit des Schwerpunkts ist

$$v_S = \frac{m_1 v_{1i} + m_2 v_{2i}}{m_1 + m_2} = \frac{(0{,}34)(1{,}2) + 0}{0{,}34 + 0{,}099} = 0{,}93 \text{ m/s} \, .$$

Wir haben Werte der Anfangsgeschwindigkeiten verwendet, aber man erhält das gleiche Ergebnis, wenn man Werte für die Endgeschwindigkeiten einsetzt. Die Beschleunigung des Schwerpunkts ist null.

41 (a) Sei m_1 die Masse des Körpers, der sich ursprünglich bewegt, v_{1i} seine Geschwindigkeit vor dem Stoß und v_{1f} seine Geschwindigkeit nach dem Stoß. Sei m_2 die Masse des ursprünglich ruhenden Körpers und v_{2f} seine Geschwindigkeit nach dem Stoß. Dann gilt nach Gl. 10-38:

$$v_{1f} = \frac{m_1 - m_2}{m_1 + m_2} v_{1i} \, .$$

Wir lösen nach m_2 auf und erhalten

$$m_2 = \frac{v_{1i} - v_{1f}}{v_{1f} + v_{1i}} m_1 \, .$$

Dies kombinieren wir mit $v_{1f} = v_{1i}/4$ und erhalten $m_2 = 3m_1/5 = 3(2{,}0)/5 = 1{,}2\,\text{kg}$.

(b) Die Geschwindigkeit des Schwerpunkts ist

$$v_S = \frac{m_1 v_{1i} + m_2 v_{2i}}{m_1 + m_2} = \frac{(2{,}0)(4{,}0)}{2{,}0 + 1{,}2} = 2{,}5 \text{ m/s} \, .$$

43 (a) Es bezeichne m_1 die Masse der einen Kugel, v_{1i} ihre Geschwindigkeit vor dem Zusammenstoß und v_{1f} ihre Geschwindigkeit nach dem Zusammenstoß. Es sei m_2 die Masse der anderen Kugel, v_{2i} ihre Geschwindigkeit vor dem Zusammenstoß und v_{2f} ihre Geschwindigkeit nach dem Stoß. Nach Gl. 10–38 haben wir dann

$$v_{1f} = \frac{m_1 - m_2}{m_1 + m_2} v_{1i} + \frac{2m_2}{m_1 + m_2} v_{2i} \, .$$

Wir nehmen an, dass sich Kugel 1 ursprünglich in die positive Richtung bewegt und sich nach dem Zusammenstoß in Ruhe befindet. Kugel 2 bewegt sich ursprünglich in die negative Richtung. Ersetzen Sie v_{1i} durch v, v_{2i} durch $-v$ und v_{1f} durch null, um $0 = m_1 - 3m_2$ zu erhalten. Also erhalten wir $m_2 = m_1/3 = (300\,\text{g})/3 = 100\,\text{g}$.

(b) Wir verwenden die Geschwindigkeiten vor dem Stoß, um die Geschwindigkeit des gemeinsamen Schwerpunktes zu berechnen:

$$v_S = \frac{m_1 v_{1i} + m_2 v_{2i}}{m_1 + m_2} = \frac{(300\,\text{g})(2{,}0\,\text{m/s}) + (100\,\text{g})(-2{,}0\,\text{m/s})}{300\,\text{g} + 100\,\text{g}} \, ,$$

was $v_S = 1{,}0$ m/s liefert.

45 (a) Verwenden Sie die Erhaltung der mechanischen Energie, um die Geschwindigkeit der beiden Bälle zu bestimmen, nachdem sie eine Höhe h gefallen sind. Anfangs ist die kinetische Energie null und die potenzielle Energie Mgh. Am Ende beträgt die kinetische Energie $\frac{1}{2}Mv^2$ und die potenzielle Energie null. Also gilt $Mgh = \frac{1}{2}Mv^2$ und $v = \sqrt{2gh}$. Der Zusammenstoß zwischen dem Ball der Masse M mit dem Fußboden ist ein Stoß eines leichten Objekts mit einem ruhenden schweren Objekt. Die Geschwindigkeit des leichten Objekts dreht ihre Richtung um, ohne dass sich ihr Betrag ändert. Nach dem Zusammenstoß bewegt sich der Ball mit einer Geschwindigkeit $\sqrt{2gh}$ nach oben. Der Ball mit der Masse m bewegt sich mit der gleichen Geschwindigkeit nach unten. Verwenden Sie Gl. 10-38, um einen Ausdruck für die Geschwindigkeit des Balls der Masse M nach dem Zusammenstoß zu bestimmen:

$$\begin{aligned} v_{Mf} &= \frac{M-m}{M+m}v_{Mi} + \frac{2m}{M+m}v_{mi} \\ &= \frac{M-m}{M+m}\sqrt{2gh} - \frac{2m}{M+m}\sqrt{2gh} \\ &= \frac{M-3m}{M+m}\sqrt{2gh}\,. \end{aligned}$$

Damit dies null wird, muss $M = 3m$ gelten.

(b) Verwenden Sie die gleiche Gleichung, um die Geschwindigkeit des Balls mit der Masse m nach dem Stoß zu bestimmen:

$$v_{mf} = -\frac{m-M}{M+m}\sqrt{2gh} + \frac{2M}{M+m}\sqrt{2gh} = \frac{3M-m}{M+m}\sqrt{2gh}\,.$$

Setzen Sie $M = 3m$ ein, um $v_{mf} = 2\sqrt{2gh}$ zu erhalten. Verwenden Sie nun die Erhaltung der mechanischen Energie, um die Höhe h' zu bestimmen, bis zu der der Ball aufsteigt. Die anfängliche kinetische Energie ist $\frac{1}{2}mv_{mf}^2$, die ursprüngliche potenzielle Energie ist null, und die potenzielle Energie am Ende beträgt mgh'. Damit gilt

$$\frac{1}{2}mv_{mf}^2 = mgh' \implies h' = \frac{v_{mf}^2}{2g} = 4h\,,$$

wobei $2\sqrt{2gh}$ für v_{mf} eingesetzt wurde.

49 (a) Wir verwenden Abb. 10-16 des Lehrbuchs (worin beide Winkel als positiv angenommen werden, obwohl einer von ihnen im vierten Quadranten liegt; deswegen steht in Gl. 10-43 ein explizites Minuszeichen im Gegensatz dazu, dass es implizit im Winkel enthalten ist). Der Spielball sei Körper 1 und die andere Kugel Körper 2. Die Erhaltung der x-Komponente des Gesamtimpulses des Zwei-Kugel-Systems führt zu $mv_{1i} = mv_{1f}\cos\theta_1 + mv_{2f}\cos\theta_2$, und die Erhaltung der y-Komponente führt zu $0 = -mv_{1f}\sin\theta_1 + mv_{2f}\sin\theta_2$. Die Massen sind gleich und kürzen sich aus den Gleichungen. Wir lösen die zweite Gleichung nach $\sin\theta_2$ auf:

$$\sin\theta_2 = \frac{v_{1f}}{v_{2f}}\sin\theta_1 = \left(\frac{3{,}50\,\mathrm{m/s}}{2{,}00\,\mathrm{m/s}}\right)\sin 22{,}0^\circ = 0{,}656\,.$$

Folglich ist der Winkel zwischen der zweiten Kugel und der Ursprungsrichtung der ersten $\theta_2 = 41{,}0^\circ$.

(b) Wir lösen die erste Gleichung der Impulserhaltung nach der Anfangsgeschwindigkeit des Spielballs auf:

$$\begin{aligned} v_{1i} &= v_{1f}\cos\theta_1 + v_{2f}\cos\theta_2 \\ &= (3{,}50\,\mathrm{m/s})\cos 22{,}0^\circ + (2{,}00\,\mathrm{m/s})\cos 41{,}0^\circ \\ &= 4{,}75\,\mathrm{m/s}\,. \end{aligned}$$

(c) Die kinetische Energie (in SI-Einheiten) am Anfang ist

$$K_i = \frac{1}{2}mv_i^2 = \frac{1}{2}m(4{,}75)^2 = 11{,}3m\,,$$

und die kinetische Energie am Ende ist

$$K_f = \frac{1}{2}mv_{1f}^2 + \frac{1}{2}mv_{2f}^2 = \frac{1}{2}m\left((3{,}50)^2 + (2{,}00)^2\right) = 8{,}1m\,.$$

Die kinetische Energie bleibt nicht erhalten.

51 Nehmen Sie an, die beiden Teilchen bilden beim Stoß die Winkel $\theta > 0$ und $\phi > 0$ mit der x-Achse, wie in der Abbildung zu sehen ist. Beide haben die gleiche Masse m und die gleiche Anfangsgeschwindigkeit v.

Wir nehmen an, dass sich das zusammengesetzte Objekt nach dem Zusammenstoß mit der Geschwindigkeit V in die positive x-Richtung bewegt. Da die y-Komponente des Gesamtimpulses des Zweiteilchen-Systems erhalten bleibt, gilt $mv\sin\theta - mv\sin\phi = 0$. Das bedeutet $\phi = \theta$. Da die x-Komponente erhalten bleibt, haben wir $2mv\cos\theta = 2mV$. Verwenden Sie nun $V = v/2$, um herauszufinden, dass $\cos\theta = 1/2$ gilt. Das bedeutet, dass $\theta = 60°$ ist. Der Winkel zwischen den Anfangsgeschwindigkeiten ist 120°.

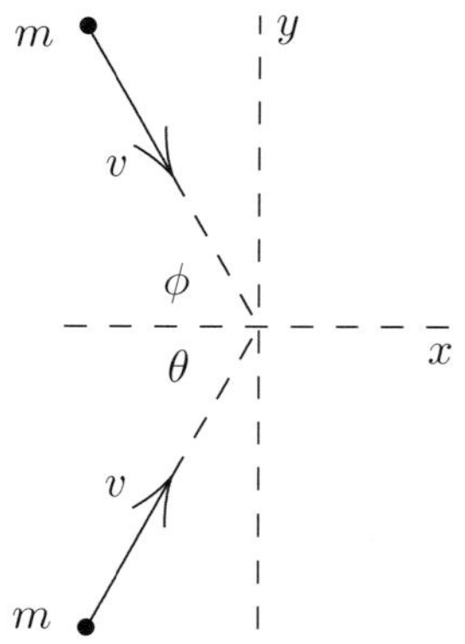

53 Das unten wiedergegebene Diagramm stellt die Situation dar, wenn die einfallende Kugel (die Kugel ganz links) die beiden anderen berührt. Sie übt auf jede der Kugeln einen Kraftstoß vom gleichen Betrag aus, entlang der Verbindungslinie zwischen den Mittelpunkten der einfallenden Kugel und der getroffenen Kugel. Die getroffenen Kugeln verlassen den Stoßpunkt entlang dieser Linien, während die einfallende Kugel den Stoßpunkt entlang der x-Achse verlässt. Die drei punktierten Linien, die die Mittelpunkte der sich berührenden Kugeln verbinden, bilden ein gleichseitiges Dreieck, also sind beide mit θ bezeichneten Winkel 30°. Es bezeichne v_0 die Geschwindigkeit der einfallenden Kugel vor dem Zusammenstoß und V ihre Geschwindigkeit danach. Die beiden getroffenen Kugeln verlassen den Zusammenstoß mit dem gleichen Geschwindigkeitsbetrag. v stelle diesen Geschwindigkeitsbetrag dar. Jede Kugel hat die Masse m.

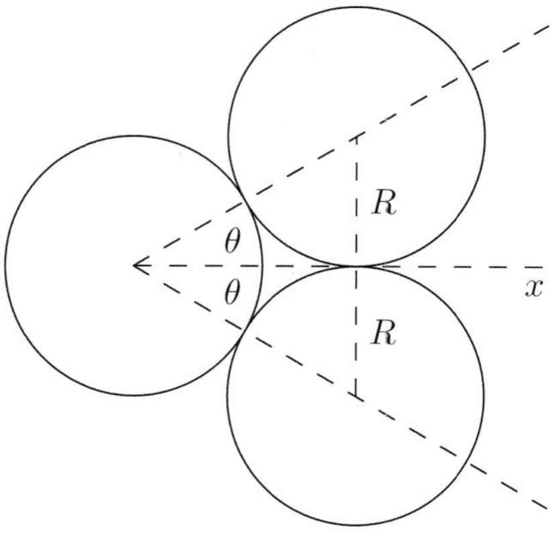

Da die x-Komponente des Gesamtimpulses des Drei-Kugel-Systems erhalten bleibt, haben wir

$$mv_0 = mV + 2mv\cos\theta\,,$$

und da die kinetische Energie erhalten bleibt, haben wir

$$\frac{1}{2}mv_0^2 = \frac{1}{2}mV^2 + 2\left(\frac{1}{2}mv^2\right)\,.$$

Wir kennen die Richtungen, in welche die getroffenen Kugeln den Stoßpunkt verlassen, also eliminieren wir zuerst V und lösen nach v auf. Die Impulsgleichung ergibt $V = v_0 - 2v\cos\theta$, also $V^2 = v_0^2 - 4v_0 v\cos\theta + 4v^2\cos^2\theta$, und die Energiegleichung wird zu $v_0^2 = v_0^2 - 4v_0 v\cos\theta + 4v^2\cos^2\theta + 2v^2$. Daher haben wir

$$v = \frac{2v_0\cos\theta}{1+2\cos^2\theta} = \frac{2(10\,\text{m/s})\cos 30°}{1+2\cos^2 30°} = 6{,}93\,\text{m/s}\,.$$

(a) Mit Hilfe der obigen Diskussion und Berechnung erhalten wir für die Endgeschwindigkeit von Kugel 2 (wie in Abb. 10-41 gekennzeichnet) 6,9 m/s unter 30° im Gegenuhrzeigersinn von der $+x$-Achse.

(b) Analog erhält man für die Endgeschwindigkeit von Kugel 3 6,9 m/s unter 30° im Uhrzeigersinn von der $+x$-Achse.

(c) Nun verwenden wir die Gleichung für den Impuls, um die Endgeschwindigkeit von Kugel 1 zu bestimmen:

$$V = v_0 - 2v\cos\theta = 10\,\text{m/s} - 2(6{,}93\,\text{m/s})\cos 30° = -2{,}0\,\text{m/s}\,.$$

Das Minuszeichen deutet an, dass sie in die $-x$-Richtung zurückprallt.

55 Es bezeichne $m_n = 1{,}0$ u die Masse des Neutrons und $m_d = 2{,}0$ u die Masse des Deuterons. Bei unseren Umformungen behandeln wir diese Massen als „exakt", also schreiben wir z.B. $m_n/m_d = \frac{1}{2}$ bei unseren Vereinfachungen.

Wir nehmen an, dass das Neutron mit einer Geschwindigkeit $\vec{v}_o$ eintritt, die in die $+x$-Richtung weist, und entlang der positiven y-Achse mit Geschwindigkeitsbetrag v_n austritt. Das Deuteron bewegt sich in den vierten Quadranten mit Geschwindigkeitskomponenten $v_{dx} > 0$ und $v_{dy} < 0$. Die Erhaltung der x-Komponente des Impulses führt auf

$$m_n v_o = m_d v_{dx} \implies v_{dx} = \frac{1}{2} v_o \,,$$

und die Erhaltung der y-Komponente führt auf

$$0 = m_n v_n + m_d v_{fy} \implies v_{dy} = -\frac{1}{2} v_n \,.$$

Der Stoß ist auch elastisch, also führt die „Erhaltung" der kinetischen Energie zu

$$\frac{1}{2} m_n v_o^2 = \frac{1}{2} m_n v_n^2 + \frac{1}{2} m_d v_d^2 \,,$$

was wir vereinfachen, indem wir mit $2/m_n$ durchmultiplizieren und $v_d^2 = v_{dx}^2 + v_{dy}^2$ verwenden:

$$v_o^2 = v_n^2 + \frac{m_d}{m_n} \left(v_{dx}^2 + v_{dy}^2 \right) \,.$$

Nun setzen wir in den Beziehungen, die wir aus der Impulserhaltung gefunden haben, ein:

$$v_o^2 = v_n^2 + 2 \left(\frac{v_o^2}{4} + \frac{v_n^2}{4} \right) \implies v_n = v_o \sqrt{\frac{1}{3}} \,.$$

Schließlich stellen wir ein Verhältnis auf, das den (relativen) Verlust der kinetischen Energie (durch das Neutron) ausdrückt.

$$\frac{K_o - K_n}{K_o} = 1 - \frac{v_n^2}{v_o^2} = 1 - \frac{1}{3} = \frac{2}{3} \,.$$

11 Die Rotation

3 (a) Die Zeit für eine Umdrehung ist der Umfang der Umlaufbahn geteilt durch den Geschwindigkeitsbetrag v der Sonne: $T = 2\pi R/v$, wobei R den Radius der Umlaufbahn bezeichnet. Wir wandeln den Radius um:

$$R = \left(2{,}3 \times 10^4\,\text{ly}\right)\left(9{,}46 \times 10^{12}\,\text{km/ly}\right) = 2{,}18 \times 10^{17}\,\text{km}\,,$$

wobei die Umwandlung ly ↔ km in Anhang D gefunden oder mit „Grundkenntnissen“ (wenn man die Lichtgeschwindigkeit kennt) ausgerechnet werden kann. Daher erhalten wird

$$T = \frac{2\pi\,(2{,}18 \times 10^{17}\,\text{km})}{250\,\text{km/s}} = 5{,}5 \times 10^{15}\,\text{s}\,.$$

(b) Die Anzahl der Umdrehungen N ist die Gesamtzeit t geteilt durch die Zeit T für eine Umdrehung, d.h. $N = t/T$. Wir wandeln die Gesamtzeit von Jahren in Sekunden um und erhalten

$$N = \frac{(4{,}5 \times 10^9\,\text{y})\,(3{,}16 \times 10^7\,\text{s/y})}{5{,}5 \times 10^{15}\,\text{s}} = 26\,.$$

5 Wenn wir die Einheiten explizit angeben, ist die Funktion

$$\theta = 2\,\text{rad} + \left(4\,\text{rad/s}^2\right)t^2 + \left(2\,\text{rad/s}^3\right)t^3\,,$$

aber an manchen Stellen werden wir wie in der Aufgabe angedeutet vorgehen – indem wir uns diese Einheiten dazu denken.

(a) Wir werten die Funktion θ bei $t = 0$ aus, um $\theta_0 = 2$ rad zu erhalten.

(b) Die Winkelgeschwindigkeit als eine Funktion der Zeit ist durch Gl. 11-6 gegeben:

$$\omega = \frac{d\theta}{dt} = \left(8\,\text{rad/s}^2\right)t + \left(6\,\text{rad/s}^3\right)t^2\,,$$

was wir bei $t = 0$ auswerten, um $\omega_0 = 0$ zu erhalten.

(c) Für $t = 4$ s ist die im vorherigen Teil gefundene Funktion $\omega_4 = (8)(4) + (6)(4)^2 = 128$ rad/s. Wenn wir dies auf zwei Stellen runden, erhalten wir $\omega_4 \approx 130$ rad/s.

(d) Die Winkelbeschleunigung als eine Funktion der Zeit ist durch Gl. 11-8 gegeben:

$$\alpha = \frac{d\omega}{dt} = 8\,\text{rad/s}^2 + \left(12\,\text{rad/s}^3\right)t\,,$$

was $\alpha_2 = 8 + (12)(2) = 32\,\text{rad/s}^2$ bei $t = 2$ s liefert.

(e) Die Winkelbeschleunigung, gegeben durch die im vorherigen Teil erhaltene Funktion, hängt von der Zeit ab; sie ist nicht konstant.

9 Wir nehmen an, dass die Rotationsrichtung positiv ist. Mit $\omega_0 > 0$ und $\omega = 0$ (da der Plattenteller zur Zeit t anhält) ist unsere Winkelbeschleunigung negativ.

(a) Bei konstanter Winkelbeschleunigung gilt $\omega = \omega_0 + \alpha t$, also $\alpha = (\omega - \omega_0)/t$. Setzen Sie $\omega = 0$ und verwenden Sie $t = 30/60 = 0{,}50$ min, um die geforderten Größen zu erhalten. Dann gilt

$$\alpha = -\frac{33{,}33\,\mathrm{U/min}}{0{,}50\,\mathrm{min}} = -66{,}7\,\mathrm{U/min}^2\,.$$

Das negative Vorzeichen zeigt, dass die Winkelbeschleunigung der Winkelgeschwindigkeit entgegengesetzt gerichtet ist.

(b) Der Winkel, um den sich der Plattenteller dreht, ist

$$\theta = \omega_0 t + \frac{1}{2}\alpha t^2 = (33{,}33)(0{,}50) + \frac{1}{2}(-66{,}7)(0{,}50)^2 = 8{,}3\,\mathrm{U}\,.$$

13 Setzen Sie die Zeit t am Beginn des Intervalls null, und die Rotationsrichtung sei positiv. Am Ende des Intervalls ist dann $t = 4{,}0$ s , und der Rotationswinkel ist $\theta = \omega_0 t + \frac{1}{2}\alpha t^2$. Lösen Sie nach ω_0 auf:

$$\omega_0 = \frac{\theta - \frac{1}{2}\alpha t^2}{t} = \frac{120\,\mathrm{rad} - \frac{1}{2}\left(3{,}0\,\mathrm{rad/s^2}\right)(4{,}0\,\mathrm{s})^2}{4{,}0\,\mathrm{s}} = 24\,\mathrm{rad/s}\,.$$

Verwenden Sie nun $\omega = \omega_0 + \alpha t$, um die Zeit zu bestimmen, zu der das Rad ruht ($\omega = 0$):

$$t = -\frac{\omega_0}{\alpha} = -\frac{24\,\mathrm{rad/s}}{3{,}0\,\mathrm{rad/s^2}} = -8{,}0\,\mathrm{s}\,.$$

Das Rad begann sich also 8,0 s vor dem Beginn des 4,0 s langen Intervalls zu drehen.

19 Der Betrag der Beschleunigung ist gegeben durch $a = \omega^2 r$ (Gl. 11-23), wobei r den Abstand vom Drehmittelpunkt und ω die Winkelgeschwindigkeit bezeichnet. Wir rechnen die gegebene Winkelgeschwindigkeit in rad/s um:

$$\omega = \frac{(33{,}33\,\mathrm{U/min})(2\pi\,\mathrm{rad/U})}{60\,\mathrm{s/min}} = 3{,}49\,\mathrm{rad/s}\,.$$

Daher haben wir

$$a = \left(3{,}49\,\mathrm{rad/s^2}\right)^2(0{,}15\,\mathrm{m}) = 1{,}8\,\mathrm{m/s^2}\,.$$

Der Beschleunigungsvektor zeigt zum Drehmittelpunkt.

21 Mit $v = 50(1000/3600) = 13{,}9$ m/s führt Gl. 11-18 auf

$$\omega = \frac{v}{r} = \frac{13{,}9}{110} = 0{,}13\,\mathrm{rad/s}\,.$$

25 (a) In der Zeit, die das Licht benötigt, um vom Zahnkranz zum Spiegel und wieder zurück zu gelangen, die Strecke sei mit l bezeichnet, dreht sich das Rad um einen Winkel $\theta = 2\pi/500 = 1{,}26 \times 10^{-2}$ rad. Diese Zeit beträgt

$$t = \frac{2\ell}{c} = \frac{2(500\,\mathrm{m})}{2.998 \times 10^8\,\mathrm{m/s}} = 3{,}34 \times 10^{-6}\,\mathrm{s}\,,$$

also erhalten wir für die Winkelgeschwindigkeit des Rads

$$\omega = \frac{\theta}{t} = \frac{1{,}26 \times 10^{-2}\,\mathrm{rad}}{3{,}34 \times 10^{-6}\,\mathrm{s}} = 3{,}8 \times 10^3\,\mathrm{rad/s}\,.$$

(b) Bezeichnen wir mit r den Radius des Rads, so ergibt sich für die lineare Geschwindigkeit eines Punkts auf seinem Rand

$$v = \omega r = \left(3{,}8 \times 10^3\,\mathrm{rad/s}\right)(0{,}05\,\mathrm{m}) = 190\,\mathrm{m/s}\,.$$

27 (a) Die Erde rotiert einmal pro Tag, und 1 Tag sind $(24\,\text{h})(3600\,\text{s/h}) = 8{,}64 \times 10^4\,\text{s}$, also beträgt die Winkelgeschwindigkeit der Erde

$$\omega = \frac{2\pi\ \text{rad}}{8{,}64 \times 10^4\,\text{s}} = 7{,}27 \times 10^{-5}\ \text{rad/s}\ .$$

(b) Verwenden Sie $v = \omega r$, wobei r der Radius ihrer Umlaufbahn ist. Ein Punkt auf der Erde bei einem Breitengrad von 40° bewegt sich auf einem Kreis mit Radius $r = R\cos 40°$, wobei R der Radius der Erde $(6{,}37 \times 10^6\,\text{m})$ ist. Seine Geschwindigkeit ist

$$v = \omega\left(R\cos 40°\right) = \left(7{,}27 \times 10^{-5}\,\text{rad/s}\right)\left(6{,}37 \times 10^6\,\text{m}\right)\cos 40° = 355\ \text{m/s}\ .$$

(c) Am Äquator (und an allen anderen Punkten der Erde) ist der Wert von ω der gleiche $(7{,}27 \times 10^{-5}\,\text{rad/s})$.

(d) Der Breitengrad ist 0° und die Geschwindigkeit beträgt

$$v = \omega R = \left(7{,}27 \times 10^{-5}\,\text{rad/s}\right)\left(6{,}37 \times 10^6\,\text{m}\right) = 463\ \text{m/s}\ .$$

29 Da der Riemen nicht rutscht, hat ein Punkt auf dem Rand von Rad C die gleiche Tangentialbeschleunigung wie ein Punkt auf dem Rand von Rad A, d.h. dass $\alpha_A r_A = \alpha_C r_C$ ist, wobei α_A die Winkelbeschleunigung von Rad A und α_C die Winkelbeschleunigung von C bezeichnet. Also erhalten wir

$$\alpha_C = \left(\frac{r_A}{r_C}\right)\alpha_A = \left(\frac{10\,\text{cm}}{25\,\text{cm}}\right)(1{,}6\,\text{rad/s}^2) = 0{,}64\ \text{rad/s}^2\ .$$

Da die Winkelgeschwindigkeit von Rad C durch $\omega_C = \alpha_C t$ gegeben ist, beträgt die Zeit, die es benötigt, um eine Winkelgeschwindigkeit von $\omega = 100\,\text{U/min} = 10{,}5\,\text{rad/s}$ aus der Ruhe zu erreichen,

$$t = \frac{\omega_C}{\alpha_C} = \frac{10{,}5\,\text{rad/s}}{0{,}64\,\text{rad/s}^2} = 16\ \text{s}\ .$$

31 (a) Eine vollständige Umdrehung ist einen Winkelverschiebung von $\Delta\theta = 2\pi$ rad, also ist die Winkelgeschwindigkeit in rad/s gegeben durch $\omega = \Delta\theta/T = 2\pi/T$. Die Winkelbeschleunigung ist gegeben durch

$$\alpha = \frac{d\omega}{dt} = -\frac{2\pi}{T^2}\frac{dT}{dt}\ .$$

Für den in der Aufgabe beschriebenen Pulsar haben wir

$$\frac{dT}{dt} = \frac{1{,}26 \times 10^{-5}\,\text{s/y}}{3{,}16 \times 10^7\,\text{s/y}} = 4{,}00 \times 10^{-13}\ .$$

Daraus folgt

$$\alpha = -\left(\frac{2\pi}{(0{,}033\,\text{s})^2}\right)(4{,}00 \times 10^{-13}) = -2{,}3 \times 10^{-9}\ \text{rad/s}^2\ .$$

Das negative Vorzeichen weist darauf hin, dass die Winkelbeschleunigung der Winkelgeschwindigkeit entgegen weist und der Pulsar abbremst.

(b) Wir lösen $\omega = \omega_0 + \alpha t$ nach der Zeit t auf, wenn $\omega = 0$ ist:

$$t = -\frac{\omega_0}{\alpha} = -\frac{2\pi}{\alpha T} = -\frac{2\pi}{(-2{,}3 \times 10^{-9}\,\text{rad/s}^2)(0{,}033\,\text{s})} = 8{,}3 \times 10^{10}\ \text{s}\ .$$

Dies sind ungefähr 2600 Jahre.

(c) Der Pulsar wurde vor 1992 − 1054 = 938 Jahren geboren. Dies ist gleichbedeutend mit $(938\,\mathrm{y})(3{,}16\times 10^7\,\mathrm{s/y}) = 2{,}96\times 10^{10}\,\mathrm{s}$. Seine Winkelgeschwindigkeit zu diesem Zeitpunkt war

$$\omega = \omega_0 + \alpha t = \frac{2\pi}{T} + \alpha t = \frac{2\pi}{0{,}033\,\mathrm{s}} + (-2{,}3\times 10^{-9}\,\mathrm{rad/s^2})(-2{,}96\times 10^{10}\,\mathrm{s}) = 258\,\mathrm{rad/s}\,.$$

Seine Periodendauer war

$$T = \frac{2\pi}{\omega} = \frac{2\pi}{258\,\mathrm{rad/s}} = 2{,}4\times 10^{-2}\,\mathrm{s}\,.$$

33 Die kinetische Energie ist gegeben durch $K = \frac{1}{2}I\omega^2$, wobei I das Trägheitsmoment und ω die Winkelgeschwindigkeit bezeichnen. Verwenden Sie

$$\omega = \frac{(602\,\mathrm{rev/min})(2\pi\,\mathrm{rad/rev})}{60\,\mathrm{s/min}} = 63{,}0\,\mathrm{rad/s}\,.$$

Dann erhalten Sie

$$I = \frac{2K}{\omega^2} = \frac{2(24400\,\mathrm{J})}{(63{,}0\,\mathrm{rad/s})^2} = 12{,}3\,\mathrm{kg\cdot m^2}\,.$$

35 Da das Trägheitsmoment eines Zylinders mit Masse M und Radius R durch $I = \frac{1}{2}MR^2$ gegeben ist, beträgt seine kinetische Energie, wenn er mit einer Winkelgeschwindigkeit ω rotiert,

$$K = \frac{1}{2}I\omega^2 = \frac{1}{4}MR^2\omega^2\,.$$

Für den ersten Zylinder ergibt sich $K = \frac{1}{4}(1{,}25)(0{,}25)^2(235)^2 = 1{,}1\times 10^3\,\mathrm{J}$, für den zweiten gilt $K = \frac{1}{4}(1{,}25)(0{,}75)^2(235)^2 = 9{,}7\times 10^3\,\mathrm{J}$.

39 Das Trägheitsmoment eines dünnen Stabs, der um die mittlere Achse senkrecht zur Länge rotiert, ist $I_S = \frac{1}{12}ML^2$. Hierbei ist M die Masse und L die Länge des Stabes. Wenden Sie den steinerschen Satz an, um das Trägheitsmoment des Stabs bezüglich der in der Aufgabenstellung beschriebenen Achse zu ermitteln:

$$I = I_S + Mh^2 = \frac{1}{12}ML^2 + Mh^2\,.$$

Hierbei ist h der Abstand der Rotationsachse von der Schwerpunktachse, die sich bei der 50-cm-Marke befindet: $h = 0{,}50\,\mathrm{m} - 0{,}20\,\mathrm{m} = 0{,}30\,\mathrm{m}$. Damit berechnet sich das Trägheitsmoment zu

$$I = \frac{1}{12}(0{,}56\,\mathrm{kg})(1{,}0\,\mathrm{m})^2 + (0{,}56\,\mathrm{kg})(0{,}30\,\mathrm{m})^2 = 9{,}7\times 10^{-2}\,\mathrm{kg\cdot m^2}\,.$$

41 Verwenden Sie den steinerschen Satz. Nach Tabelle 11-2 ist das Trägheitsmoment einer homogenen Platte mit Drehachse durch den Mittelpunkt und senkrecht zur größten Fläche gegeben durch

$$I_S = \frac{M}{12}(a^2 + b^2)\,.$$

Eine parallele Achse durch eine Ecke hat den Abstand $h = \sqrt{(a/2)^2 + (b/2)^2}$ vom Mittelpunkt, also erhalten wir

$$I = I_S + Mh^2 = \frac{M}{12}\left(a^2 + b^2\right) + \frac{M}{4}\left(a^2 + b^2\right) = \frac{M}{3}\left(a^2 + b^2\right)\,.$$

43 (a) Nach Tabelle 11-2 ist das Trägheitsmoment eines homogenen massiven Zylinders bezüglich seiner Mittelpunktsachse gegeben durch $I_C = \frac{1}{2}MR^2$, wobei M seine Masse und R sein Radius ist. Für einen dünnen Reifen mit der Masse M und dem Radius R_H liefert Tabelle 11-2 für das Trägheitsmoment $I_H = MR_H^2$. Wenn beide Körper die gleiche Masse besitzen, dann haben sie das gleiche Trägheitsmoment, falls $R^2/2 = R_H^2$ oder $R_H = /\sqrt{2}$ gilt.

(b) Das Trägheitsmoment soll durch $I = Mk^2$ gegeben sein, wobei M die Masse des beliebigen Körpers und k den Radius des äquivalenten dünnen Reifens bezeichnet. Also gilt $k = \sqrt{I/M}$.

45 Auf die Kugel wirken zwei Kräfte, die Kraft des Stabes und die Gravitationskraft. Die Kraft des Stabes bewirkt kein Drehmoment auf den Nabenpunkt, da diese Kraft entlang der Verbindungslinie zwischen Nabenpunkt und Kugel wirkt. Im Diagramm erkennt man, dass die Komponente der Gravitationskraft, die senkrecht zum Stab wirkt, $mg \sin\theta$ ist. Wenn ℓ die Länge des Stabes bezeichnet, dann hat also das von dieser Kraft verursachte Drehmoment den Betrag $\tau = mg\ell \sin\theta = (0{,}75)(9{,}8)(1{,}25) \sin 30° = 4{,}6\,\mathrm{N \cdot m}$. Für die dargestellte Lage der Kugel wirkt das Drehmoment im Gegenuhrzeigersinn.

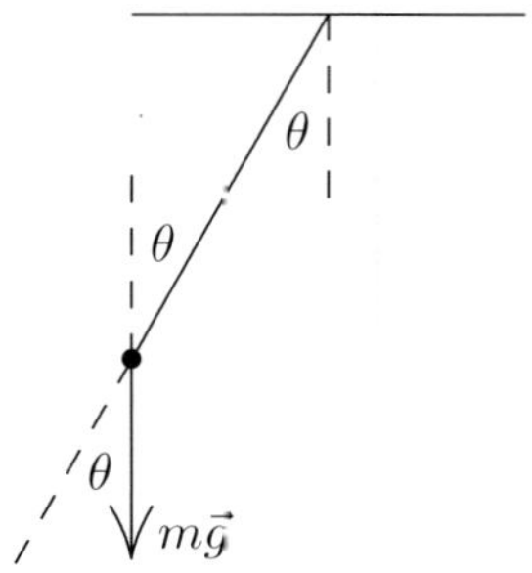

47 (a) Ein Drehmoment, das aus der Ruhe eine Drehung im Gegenuhrzeigersinn bewirkt, sei positiv und ein Drehmoment, das aus der Ruhe zu einer Rotation im Uhrzeigersinn führt, sei negativ. Mit der Kraft $\vec{F}_1$ ist also ein positives Drehmoment der Stärke $r_1 F_1 \sin\theta_1$ verbunden, und $\vec{F}_2$ bewirkt ein negatives Drehmoment der Stärke $r_2 F_2 \sin\theta_2$. Beide greifen in Punkt O an. Das resultierende Drehmoment an Punkt O ist

$$\tau = r_1 F_1 \sin\theta_1 - r_2 F_2 \sin\theta_2 \,.$$

(b) Setzen wir die gegebenen Werte ein, erhalten wir

$$\tau = (1{,}30\,\mathrm{m})(4{,}20\,\mathrm{N}) \sin 75° - (2{,}15\,\mathrm{m})(4{,}90\,\mathrm{N}) \sin 60° = -3{,}85\,\mathrm{N{\cdot}m} \,.$$

49 (a) Verwenden Sie die kinematische Gleichung $\omega = \omega_0 + \alpha t$, wobei ω_0 die Winkelgeschwindigkeit am Anfang, ω die Winkelgeschwindigkeit am Ende, α die Winkelbeschleunigung und t die Zeit bezeichnen. Dies ergibt

$$\alpha = \frac{\omega - \omega_0}{t} = \frac{6{,}20\,\mathrm{rad/s}}{220 \times 10^{-3}\,\mathrm{s}} = 28{,}2\,\mathrm{rad/s^2} \,.$$

(b) Das Trägheitsmoment der Springerin sei I. Nach dem zweiten Newtonschen Axiom für die Rotation ist dann der Betrag des auf sie wirkenden Drehmoments

$$\tau = I\alpha = \left(12{,}0\,\mathrm{kg \cdot m^2}\right)\left(28{,}2\,\mathrm{rad/s^2}\right) = 3{,}38 \times 10^2\,\mathrm{N \cdot m} \,.$$

51 (a) Wir verwenden $\tau = I\alpha$, wobei τ das Gesamtdrehmoment, das auf die Kugelschale wirkt, I ihr Trägheitsmoment und α die Winkelbeschleunigung bezeichnet. Daher haben wir

$$I = \frac{\tau}{\alpha} = \frac{960\,\mathrm{N \cdot m}}{6{,}20\,\mathrm{rad/s^2}} = 155\,\mathrm{kg \cdot m^2} \,.$$

(b) Die Rotationsenergie der Kugelschale ist gegeben durch $I = (2/3)MR^2$ (vgl. Tabelle 11-2 im Lehrbuch). Daraus folgt

$$M = \frac{3I}{2R^2} = \frac{3(155\,\mathrm{kg \cdot m^2})}{2(1{,}90\,\mathrm{m})^2} = 64{,}4\,\mathrm{kg} \,.$$

55 (a) Wir verwenden die Gesetze der Kinematik für konstante Beschleunigung. Wenn wir die Abwärtsrichtung als positiv bezeichnen und a die Beschleunigung des schwereren Quaders ist, dann ist seine Koordinate gegeben durch $y = \frac{1}{2}at^2$, also haben wir

$$a = \frac{2y}{t^2} = \frac{2(0{,}750\,\mathrm{m})}{(5{,}00\,\mathrm{s})^2} = 6{,}00 \times 10^{-2}\,\mathrm{m/s^2} \,.$$

Der leichtere Quader besitzt eine Beschleunigung von $6{,}00 \times 10^{-2}\,\mathrm{m/s^2}$ nach oben.

(b) Das zweite Newtonsche Axiom für den schwereren Quader lautet $m_h g - T_h = m_h a$, wobei m_h seine Masse und T_h die Spannkraft am Quader bezeichnet. Also erhalten wir

$$T_h = m_h(g - a) = (0{,}500\,\mathrm{kg})\left(9{,}8\,\mathrm{m/s^2} - 6{,}00 \times 10^{-2}\,\mathrm{m/s^2}\right) = 4{,}87\,\mathrm{N} \,.$$

(c) Das zweite Newtonsche Axiom für den leichteren Quader lautet $m_l g - T_l = -m_l a$, wobei T_l die Spannkraft an dem Block bezeichnet. Also erhalten wir

$$T_l = m_l(g + a) = (0{,}460\,\mathrm{kg})\left(9{,}8\,\mathrm{m/s^2} + 6{,}00 \times 10^{-2}\,\mathrm{m/s^2}\right) = 4{,}54\,\mathrm{N}\,.$$

(d) Da das Seil nicht über die Rolle gleitet, muss die Tangentialbeschleunigung eines Punktes auf dem Rand des Rads genauso groß sein wie die Beschleunigung des Quaders. Wir haben also

$$\alpha = \frac{a}{R} = \frac{6{,}00 \times 10^{-2}\,\mathrm{m/s^2}}{5{,}00 \times 10^{-2}\,\mathrm{m}} = 1{,}20\,\mathrm{rad/s^2}\,.$$

(e) Das Gesamtdrehmoment, das auf die Rolle wirkt, ist $\tau = (T_h - T_l)R$. Indem wir dies gleich $I\alpha$ setzen, lösen wir nach dem Trägheitsmoment auf:

$$\begin{aligned} I &= \frac{(T_h - T_l)R}{\alpha} \\ &= \frac{(4{,}87\,\mathrm{N} - 4{,}54\,\mathrm{N})(5{,}00 \times 10^{-2}\,\mathrm{m})}{1{,}20\,\mathrm{rad/s^2}} \\ &= 1{,}38 \times 10^{-2}\,\mathrm{kg{\cdot}m^2}\,. \end{aligned}$$

63 Bezeichnen Sie die Länge des Stabs mit ℓ. Da sein Schwerpunkt $\ell/2$ von jedem Ende entfernt ist, besitzt er am Anfang die potenzielle Energie $\frac{1}{2}mg\ell$, wobei m seine Masse ist. Seine kinetische Energie am Anfang ist null. Am Ende ist seine potenzielle Energie null und seine kinetische Energie $\frac{1}{2}I\omega^2$, wobei I sein Trägheitsmoment um eine Achse durch ein Ende und ω seine Winkelgeschwindigkeit bezeichnet, kurz bevor er auf dem Boden auftrifft. Die Energieerhaltung liefert

$$\frac{1}{2}mg\ell = \frac{1}{2}I\omega^2$$

oder

$$\omega = \sqrt{\frac{mg\ell}{I}}\,.$$

Das freie Ende des Stabs hat einen Abstand ℓ von der Rotationsachse. Wenn er auf dem Boden aufschlägt, hat er also die Geschwindigkeit

$$v = \omega\ell = \sqrt{\frac{mg\ell^3}{I}}\,.$$

Nach Tabelle 11-2 ist $I = \frac{1}{3}m\ell^2$, also gilt

$$v = \sqrt{3g\ell} = \sqrt{3\left(9{,}8\,\mathrm{m/s^2}\right)(1{,}00\,\mathrm{m})} = 5{,}42\,\mathrm{m/s}\,.$$

65 Wir verwenden die Erhaltung der mechanischen Energie. Der Schwerpunkt befindet sich im Mittelpunkt des Querbalkens des **H**, und er fällt um $L/2$, wobei L die Länge jedes der Stäbe bezeichnet. Die potenzielle Energie der Gravitation verringert sich um $MgL/2$, wobei M die Masse des Körpers ist. Die kinetische Energie am Anfang ist null, und die kinetische Energie am Ende kann als $\frac{1}{2}I\omega^2$ geschrieben werden, wobei I das Trägheitsmoment des Körpers und ω seine Winkelgeschwindigkeit bezeichnet, wenn er sich in der Vertikalen befindet. Also haben wir

$$0 = -MgL/2 + \frac{1}{2}I\omega^2 \implies \omega = \sqrt{MgL/I}\,.$$

Da die Stäbe dünn sind, trägt der eine entlang der Rotationsachse nichts zum Trägheitsmoment bei. Alle Punkte auf dem anderen Schenkel haben den gleichen Abstand von der Rotationsachse, also trägt der Schenkel $(M/3)L^2$ bei, wobei $M/3$ seine Masse bezeichnet. Der Querbalken ist ein Stab, der um ein Ende rotiert, also ist sein Beitrag $(M/3)L^2/3 = ML^2/9$. Das Gesamtträgheitsmoment ist $I = (ML^2/3) + (ML^2/9) = 4ML^2/9$. Folglich ist die Winkelgeschwindigkeit

$$\omega = \sqrt{\frac{MgL}{I}} = \sqrt{\frac{MgL}{4ML^2/9}} = \sqrt{\frac{9g}{4L}}\,.$$

67 (a) Wir verwenden die Erhaltung der mechanischen Energie, um einen Ausdruck für ω^2 als Funktion des Winkels θ zu bestimmen, den der Schornstein zur Vertikalen bildet. Die potenzielle Energie des Schornsteins ist gegeben durch $U = Mgh$, wobei M seine Masse und h die Höhe seines Schwerpunkts über dem Erdboden bezeichnet. Wenn der Schornstein einen Winkel θ mit der Vertikalen bildet, ist $h = (H/2)\cos\theta$. Am Anfang ist die potenzielle Energie $U_i = Mg(H/2)$, und die kinetische Energie ist null. Die kinetische Energie ist $\frac{1}{2}I\omega^2$, wenn der Schornstein einen Winkel θ mit der Vertikalen bildet, wobei I sein Trägheitsmoment um seine Kante am Boden bezeichnet. Die Energieerhaltung führt dann zu

$$MgH/2 = Mg(H/2)\cos\theta + \frac{1}{2}I\omega^2 \implies \omega^2 = (MgH/I)(1-\cos\theta)\ .$$

Das Trägheitsmoment des Schornsteins um sein Fundament ist $I = MH^2/3$ (unter Verwendung von Table 11-2(e) zusammen mit dem steinerschen Satz). Also haben wir

$$\omega = \sqrt{\frac{3g}{H}(1-\cos\theta)}\ .$$

(b) Die radiale Komponente der Beschleunigung der Schornsteinspitze ist gegeben durch $a_r = H\omega^2$, also ist $a_r = 3g(1-\cos\theta)$.

(c) Die tangentiale Komponente der Beschleunigung der Schornsteinspitze ist gegeben durch $a_t = H\alpha$, wobei α die Winkelbeschleunigung ist. Da die Beschleunigung nicht gleichförmig ist, können wir nicht Tabelle 11-1 verwenden. Also leiten wir $\omega^2 = (3g/H)(1-\cos\theta)$ nach der Zeit ab, indem wir $d\omega/dt$ durch α und $d\theta/dt$ durch ω ersetzen. Damit erhalten wir

$$\frac{d\omega^2}{dt} = 2\omega\alpha = (3g/H)\omega\sin\theta \implies \alpha = (3g/2H)\sin\theta\ .$$

Folglich haben wir $a_t = H\alpha = \frac{3g}{2}\sin\theta$.

(d) Der Winkel θ, bei dem $a_t = g$ ist, ist die Lösung von $\frac{3g}{2}\sin\theta = g$. Also ist $\sin\theta = 2/3$, und wir erhalten $\theta = 41{,}8°$.

12 Rollen, Drehmoment und Drehimpuls

3 Die Arbeit, die erforderlich ist, um den Reifen anzuhalten, ist das Negative seiner kinetischen Energie am Anfang. Die kinetische Energie am Anfang ist gegeben durch $K = \frac{1}{2}I\omega^2 + \frac{1}{2}mv^2$, wobei $I = mR^2$ sein Trägheitsmoment, $m = 140$ kg seine Masse, ω seine Winkelgeschwindigkeit um seinen Schwerpunkt und v die Geschwindigkeit seines Schwerpunktes bezeichnen. Das Trägheitsmoment des Reifens ist gegeben durch $I = mR^2$, wobei R seinen Radius bezeichnet. Da der Reifen ohne Schlupf rollt, stehen die Winkelgeschwindigkeit und die Geschwindigkeit seines Schwerpunkts über $\omega = v/R$ in Beziehung. Also gilt

$$K = \frac{1}{2}mR^2\left(\frac{v^2}{R^2}\right) + \frac{1}{2}mv^2 = mv^2 = (140)(0{,}150)^2\ .$$

Die erforderliche Arbeit beträgt $W = -3{,}15\,\mathrm{J}$.

5 Es bezeichne M die Masse des Fahrzeugs (vermutlich zusammen mit der Masse der Räder) und v seinen Geschwindigkeitsbetrag. Das Trägheitsmoment eines Rads sei I und die Winkelgeschwindigkeit jedes Rads ω. Die kinetische Energie der Rotation ist

$$K_{\mathrm{rot}} = 4\left(\frac{1}{2}I\omega^2\right)\ ,$$

wobei der Faktor 4 auftritt, weil vier Räder existieren. Die kinetische Gesamtenergie ist gegeben durch $K = \frac{1}{2}Mv^2 + 4\left(\frac{1}{2}I\omega^2\right)$. Der Anteil der kinetischen Gesamtenergie, der von der Rotation stammt, ist

$$\text{Bruch} = \frac{K_{\mathrm{rot}}}{K} = \frac{4I\omega^2}{Mv^2 + 4I\omega^2}\ .$$

Für eine gleichförmige Scheibe haben wir (bezüglich ihres Schwerpunkts) $I = \frac{1}{2}mR^2$ (Tabelle 11-2(c)). Da die Räder ohne zu gleiten rollen, ist $\omega = v/R$ (Gl. 12-2). Also ist der Zähler in unserem Bruch

$$4I\omega^2 = 4\left(\frac{1}{2}mR^2\right)\left(\frac{v}{R}\right)^2 = 2mv^2\ ,$$

und der Bruch selbst wird

$$\text{Bruch} = \frac{2mv^2}{Mv^2 + 2mv^2} = \frac{2m}{M + 2m} = \frac{2(10)}{1000} = \frac{1}{50}\ .$$

Der Radius der Räder kürzt sich aus der Gleichung und wird nicht bei der Berechnung benötigt.

9 Um zu bestimmen, wo die Kugel auftrifft, müssen Sie ihre Geschwindigkeit kennen, wenn sie die Bahn verlässt. Verwenden Sie die Energieerhaltung, um diese Geschwindigkeit zu bestimmen. Es bezeichne M die Masse der Kugel und I ihr Trägheitsmoment. Am Anfang besitzt die Kugel die kinetische Energie $K_i = 0$, und ihre potenzielle Energie ist $U_i = MgH$. Ihre kinetische Energie am Ende (wenn sie die Bahn verlässt) ist $K_f = \frac{1}{2}Mv^2 + \frac{1}{2}I\omega^2$ (Gl. 12-5), und ihre potenzielle Energie ist dann Mgh. Hierbei bezeichnet v die Geschwindigkeit ihres Schwerpunkts und ω ihre Winkelgeschwindigkeit bezüglich des Schwerpunkts, wenn sie die Bahn verlässt. Die Energieerhaltung liefert

$$MgH = \frac{1}{2}Mv^2 + \frac{1}{2}I\omega^2 + Mgh\ .$$

Für eine homogene Kugel ist das Trägheitsmoment $I = \frac{2}{5}MR^2$, wobei R ihren Radius bezeichnet, vgl. Tabelle 11-2. Da die Kugel schlupffrei rollt, gilt $\omega = v/R$. Also ist $I\omega^2 = \frac{2}{5}Mv^2$, und die Gleichung für die Energieerhaltung wird zu

$$MgH = \frac{1}{2}Mv^2 + \frac{2}{10}Mv^2 + Mgh\,.$$

Führen Sie die Addition aus:

$$\frac{1}{2}Mv^2 + \frac{2}{10}Mv^2 = \frac{7}{10}Mv^2\,.$$

Beachten Sie, dass die Masse M in der Gleichung für die Energie wegfällt. Lösen Sie nach v auf:

$$v = \sqrt{\frac{10}{7}g(H-h)} = \sqrt{\frac{10}{7}\left(9{,}8\,\mathrm{m/s^2}\right)(6{,}0\,\mathrm{m} - 2{,}0\,\mathrm{m})} = 7{,}48\,\mathrm{m/s}\,.$$

Legen Sie nun den Ursprung in den Schwerpunkt, wenn die Kugel die Bahn verlässt. Lassen Sie die x-Achse in die positive Richtung nach rechts und die y-Achse nach oben weisen. Die Gleichungen für die Wurfbewegung lauten dann

$$x = vt \quad \text{und} \quad y = -\frac{1}{2}gt^2\,.$$

Sie möchten nach x auflösen zu der Zeit, wo $y = h$ ist. Den Radius der Kugel müssen Sie nicht kennen. Die zweite Gleichung ergibt $t = \sqrt{2h/g}$. Das setzen Sie in die erste Gleichung ein und erhalten

$$x = v\sqrt{\frac{2h}{g}} = (7{,}48)\sqrt{\frac{2(2{,}0)}{9{,}8}} = 4{,}8\ \mathrm{m}\,.$$

15 (a) Ein Ausdruck für die Beschleunigung wird im Text hergeleitet und erscheint als Gl. 12-13:

$$a_\mathrm{S} = -\frac{g}{1 + I_\mathrm{S}/MR_0^2}\,,$$

wobei M die Masse des Jo-Jos, I_S sein Trägheitsmoment bezüglich des Mittelpunkts und R_0 den Radius seiner Achse bezeichnen. Die Aufwärtsrichtung werde positiv gewertet. Setzen Sie $I_\mathrm{S} = 950\,\mathrm{g\cdot cm^2}$, $M = 120\,\mathrm{g}$, $R_0 = 0{,}32\,\mathrm{cm}$ und $g = 980\,\mathrm{cm/s^2}$ ein, und Sie erhalten

$$|a_\mathrm{S}| = \frac{980}{1 + (950)/(120)(0{,}32)^2} = 12{,}5\ \mathrm{cm/s^2}\,.$$

(b) Lösen Sie die kinematische Gleichung $y_\mathrm{S} = \frac{1}{2}a_\mathrm{S}t^2$ nach t auf und setzen Sie $y_\mathrm{S} = -120\,\mathrm{cm}$:

$$t = \sqrt{\frac{2y_\mathrm{S}}{a_\mathrm{S}}} = \sqrt{\frac{2(-120\,\mathrm{cm})}{-12{,}5\,\mathrm{cm/s^2}}} = 4{,}38\ \mathrm{s}\,.$$

(c) Wenn das Jo-Jo das Ende des Fadens erreicht, beträgt seine lineare Geschwindigkeit: $v_\mathrm{S} = a_\mathrm{S}t = (-12{,}5\,\mathrm{cm/s^2})(4{,}38\,\mathrm{s}) = -54{,}8\,\mathrm{cm/s}$.

(d) Die kinetische Energie der Translation ist $\frac{1}{2}mv_\mathrm{S}^2 = \frac{1}{2}(0{,}120\,\mathrm{kg})(0{,}548\,\mathrm{m/s})^2 = 1{,}8\times10^{-2}\,\mathrm{J}$.

(e) Die Winkelgeschwindigkeit ist gegeben durch $\omega = -v_\mathrm{S}/R_0$ und die kinetische Energie der Rotation durch

$$\frac{1}{2}I_\mathrm{S}\omega^2 = \frac{1}{2}I_\mathrm{S}\frac{v_\mathrm{S}^2}{R_0^2} = \frac{1}{2}\frac{(9{,}50\times10^{-5}\,\mathrm{kg\cdot m^2})(0{,}548\,\mathrm{m/s})^2}{\left(3{,}2\times10^{-3}\,\mathrm{m}\right)^2} = 1{,}4\,\mathrm{J}\,.$$

(f) Die Winkelgeschwindigkeit beträgt $\omega = |v_\mathrm{S}|/R_0 = (0{,}548\,\mathrm{m/s})/(3{,}2\times10^{-3}\,\mathrm{m}) = 1{,}7\times10^2\,\mathrm{rad/s}$.

21 Setzen Sie $\vec{F} = F_x\vec{e}_x + F_y\vec{e}_y + F_z\vec{e}_z$ und $\vec{r} = x\vec{e}_x + y\vec{e}_y + z\vec{e}_z$. Dann gilt:

$$\begin{aligned}\vec{\tau} = \vec{r}\times\vec{F} &= \left(x\vec{e}_x + y\vec{e}_y + z\vec{e}_z\right)\times\left(F_x\vec{e}_x + F_y\vec{e}_y + F_z\vec{e}_z\right)\\ &= \left(yF_z - zF_y\right)\vec{e}_x + (zF_x - xF_z)\vec{e}_y + \left(xF_y - yF_x\right)\vec{e}_z\,.\end{aligned}$$

Das letzte Ergebnis erhält man, indem man die Größen in Klammern ausmultipliziert und $\vec{e}_x\times\vec{e}_y = \vec{e}_z$, $\vec{e}_y\times\vec{e}_z = \vec{e}_x$, $\vec{e}_z\times\vec{e}_x = \vec{e}_y$ und allgemein $\vec{b}\times\vec{a} = -\vec{a}\times\vec{b}$ verwendet. In der Aufgabe besitzen sowohl $\vec{r}$ als auch $\vec{F}$ keine z-Komponente. Damit vereinfacht sich das Ergebnis zu:

$$\vec{\tau} = \vec{r}\times\vec{F} = \left(xF_y - yF_x\right)\vec{e}_z\,.$$

(a) Als Zahlenwerte erhält man

$$\vec{\tau} = ((3{,}0\,\text{m})(6{,}0\,\text{N}) - (4{,}0\,\text{m})(-8{,}0\,\text{N}))\ \vec{e}_z = 50\,\vec{e}_z\ \text{N}\cdot\text{m}\,.$$

(b) Verwenden Sie die Definition des Kreuzproduktes:

$$|\vec{r} \times \vec{F}| = rF\,\sin\phi\,,$$

wobei ϕ den Winkel zwischen $\vec{r}$ und $\vec{F}$ bezeichnet, wenn sie mit ihrem Ende im gleichen Punkt gezeichnet werden. Nun gilt $r = \sqrt{x^2 + y^2} = 5{,}0\,\text{m}$ und $F = \sqrt{F_x^2 + F_y^2} = 10\,\text{N}$. Also ist $rF = (5{,}0\,\text{m})(10\,\text{N}) = 50\,\text{N}\cdot\text{m}$, was genau der Betrag des Kreuzproduktes ist. Das bedeutet $\sin\phi = 1$ und $\phi = 90°$.

25 (a) Verwenden Sie $\vec{\ell} = m\vec{r} \times \vec{v}$, wobei $\vec{r}$ den Ortsvektor des Objekts, $\vec{v}$ seinen Geschwindigkeitsvektor und m eine Masse bezeichnen. Nur die x- und die z-Komponenten des Orts- und des Geschwindigkeitsvektors verschwinden nicht, sie werden also als $\vec{r} = x\vec{e}_x + y\vec{e}_y$ und $\vec{v} = v_x\vec{e}_x + v_y\vec{e}_y$ geschrieben. Werten Sie das Kreuzprodukt termweise aus, um sicherzustellen, dass die Reihenfolge der Faktoren erhalten bleibt:

$$\begin{aligned}\vec{r} \times \vec{v} &= (x\vec{e}_x + z\vec{e}_z) \times (v_x\vec{e}_x + v_z\vec{e}_z)\\ &= xv_x\vec{e}_x \times \vec{e}_x + xv_z\vec{e}_x \times \vec{e}_z + zv_x\vec{e}_z \times \vec{e}_x + zv_z\vec{e}_z \times \vec{e}_z\,.\end{aligned}$$

Verwenden Sie nun $\vec{e}_x \times \vec{e}_y = \vec{e}_z$, $\vec{e}_y \times \vec{e}_z = \vec{e}_x$, $\vec{e}_z \times \vec{e}_x = \vec{e}_y$ und allgemein $\vec{b} \times \vec{a} = -\vec{a} \times \vec{b}$, und Sie erhalten $\vec{r} \times \vec{v} = (-xv_z + zv_x)\ \vec{e}_y$. Also gilt:

$$\begin{aligned}\vec{\ell} &= m\,(-xv_z + zv_x)\ \vec{e}_y\\ &= (0{,}25\,\text{kg})\,(-(2{,}0\,\text{m})(5{,}0\,\text{m/s}) + (-2{,}0\,\text{m})(-5{,}0\,\text{m/s}))\ \vec{e}_y\\ &= 0\,.\end{aligned}$$

(b) Verwenden Sie $\vec{\tau} = \vec{r} \times \vec{F}$ mit $\vec{r} = x\vec{e}_x + z\vec{e}_z$ und $\vec{F} = F\vec{e}_y$:

$$\begin{aligned}\vec{\tau} &= (x\vec{e}_x + z\vec{e}_z) \times \left(F_y\vec{e}_y\right)\\ &= xF\vec{e}_x \times \vec{e}_y + zF\vec{e}_z \times \vec{e}_y\\ &= xF\vec{e}_z - zF\vec{e}_x\\ &= (2{,}0\ \text{m})\,(4{,}0\ \text{N})\,\vec{e}_z - (-2{,}0\ \text{m})\,(4{,}0\ \text{N})\,\vec{e}_x\\ &= (8{,}0\ \text{N}\cdot\text{m})\,\vec{e}_x + (8{,}0\ \text{N}\cdot\text{m})\,\vec{e}_y\,.\end{aligned}$$

27 (a) Das Diagramm zeigt die Teilchen und die Linien ihrer Bewegung. Der Ursprung ist mit O gekennzeichnet und kann irgendwo liegen. Der Drehimpuls von Teilchen 1 hat den Betrag $\ell_1 = mvr_1\sin\theta_1 = mv(d + h)$, und er weist in die Ebene. Der Drehimpuls von Teilchen 2 hat den Betrag $\ell_2 = mvr_2\sin\theta_2 = mvh$ und weist aus der Ebene heraus. Der resultierende Drehimpuls hat den Betrag $L = mv(d + h) - mvh = mvd$ und weist in die Ebene. Das Ergebnis ist unabhängig von der Lage des Ursprungs.

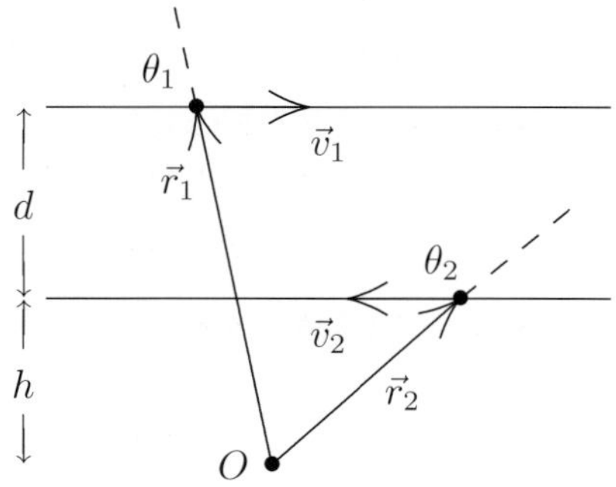

(b) Wie oben angegeben, ändert sich der Ausdruck nicht.

(c) Nehmen Sie an, dass sich Teilchen 2 nach rechts bewegt. Dann gilt $L = mv(d+h)+mvh = mv(d+2h)$. Dieses Ergebnis hängt von h, dem Abstand des Ursprungs von einer der Bewegungslinien, ab. Wenn der Ursprung auf halbem Weg zwischen den Bewegungslinien liegt, dann gilt $h = -d/2$ und $L = 0$.

29 (a) Der Drehimpuls ist gegeben durch das Kreuzprodukt $\vec{\ell} = m\vec{r} \times \vec{v}$, wobei $\vec{r}$ den Ortsvektor des Objekts, $\vec{v}$ seinen Geschwindigkeitsvektor und m seine Masse bezeichnen. Da Orts- und Geschwindigkeitsvektor in der xy-Ebene liegen, können Sie $\vec{r} = x\vec{e}_x + y\vec{e}_y$ und $\vec{v} = v_x\vec{e}_x + v_y\vec{e}_y$ schreiben. Also gilt:

$$\begin{aligned}\vec{r} \times \vec{v} &= \left(x\vec{e}_x + y\vec{e}_y\right) \times \left(v_x\vec{e}_x + v_y\vec{e}_y\right)\\ &= xv_x\vec{e}_x \times \vec{e}_x + xv_y\vec{e}_x \times \vec{e}_y + yv_x\vec{e}_y \times \vec{e}_x + yv_y\vec{e}_y \times \vec{e}_y\,.\end{aligned}$$

Verwenden Sie $\vec{e}_x \times \vec{e}_y = \vec{e}_z, \vec{e}_y \times \vec{e}_z = \vec{e}_x, \vec{e}_z \times \vec{e}_x = \vec{e}_y, \vec{e}_x \times \vec{e}_x = 0, \vec{e}_y \times \vec{e}_y = 0$ und allgemein $\vec{b} \times \vec{a} = -\vec{a} \times \vec{b}$, und Sie erhalten

$$\vec{r} \times \vec{v} = \left(x v_y - y v_x\right) \vec{e}_z \,.$$

Also gilt:

$$\begin{aligned}\vec{\ell} &= m\vec{r} \times \vec{v} \\ &= m\left(x v_y - y v_x\right) \vec{e}_z \\ &= (3{,}0\,\text{kg})\,[(3{,}0\,\text{m})\,(-6{,}0\,\text{m/s}) - (8{,}0\,\text{m})\,(5{,}0\,\text{m/s})]\,\vec{e}_z \\ &= -1{,}7 \times 10^2\,\vec{e}_z\,\text{kg}\cdot\text{m}^2/\text{s}\,.\end{aligned}$$

(b) Das Drehmoment ist gegeben durch $\vec{\tau} = \vec{r} \times \vec{F}$. Da die Kraft nur eine x-Komponente besitzt, können wir schreiben: $\vec{F} = F_x \vec{e}_x$ und

$$\begin{aligned}\vec{\tau} &= \left(x\,\vec{e}_x + y\,\vec{e}_y\right) \times (F_x\,\vec{e}_x) \\ &= -y F_x\,\vec{e}_z \\ &= -\,(8{,}0\,\text{m})\,(-7{,}0\,\text{N})\,\vec{e}_z \\ &= (56{,}0\,\text{N}\cdot\text{m})\,\vec{e}_z\,.\end{aligned}$$

(c) Nach dem zweiten Newtonschen Axiom für die Drehbewegung gilt $\vec{\tau} = d\vec{\ell}/dt$, also beträgt die zeitliche Änderung des Drehimpulses $56\,\text{kg}\cdot\text{m}^2/\text{s}^2$ in die positive z-Richtung.

33 (a) Wegen $\tau = dL/dt$ ist das durchschnittlich während eines beliebigen Zeitintervalls wirkende Drehmoment gegeben durch $\tau_{\text{gem}} = \left(L_f - L_i\right)/\Delta t$, wobei L_i das Drehmoment am Anfang, L_f das Drehmoment am Ende und Δt das Zeitintervall bezeichnen. Also gilt

$$\tau_{\text{gem}} = \frac{0{,}800\,\text{kg}\cdot\text{m}^2/\text{s} - 3{,}00\,\text{kg}\cdot\text{m}^2/\text{s}}{1{,}50\,\text{s}} = -1{,}47\text{N}\cdot\text{m}\,.$$

In diesem Fall deutet das negative Vorzeichen nur an, dass die Richtung des Drehmoments der Richtung des ursprünglichen Drehimpulses entgegen gerichtet ist, das positiv gewertet wird.

(b) Der Drehwinkel ist $\theta = \omega_0 t + \frac{1}{2}\alpha t^2$. Wenn die Winkelbeschleunigung α konstant ist, dann ist das Drehmoment ebenso konstant, und wir haben $\alpha = \tau/I$. Weiter gilt $\omega_0 = L_i/I$, also

$$\begin{aligned}\theta &= \frac{L_i t + \frac{1}{2}\tau t^2}{I} \\ &= \frac{(3{,}00\,\text{kg}\cdot\text{m}^2/\text{s})(1{,}50\,\text{s}) + \frac{1}{2}(-1{,}467\,\text{N}\cdot\text{m})(1{,}50\,\text{s})^2}{0{,}140\,\text{kg}\cdot\text{m}^2} \\ &= 20{,}4\,\text{rad}\,.\end{aligned}$$

(c) Die am Rad verrichtete Arbeit ist

$$W = \tau\theta = (-1{,}47\,\text{N}\cdot\text{m})(20{,}4\,\text{rad}) = -29{,}9\,\text{J}\,.$$

(d) Die durchschnittliche Leistung ist die vom Schwungrad verrichtete Arbeit (das Negative der am Schwungrad verrichteten Arbeit), geteilt durch das Zeitintervall:

$$P_{\text{avg}} = -\frac{W}{\Delta t} = -\frac{-29{,}8\,\text{J}}{1{,}50\,\text{s}} = 19{,}9\,\text{W}\,.$$

35 (a) Ein Teilchen trägt mr^2 zum Trägheitsmoment bei. Dabei ist r der Abstand vom Ursprung O zum Teilchen. Das Gesamtträgheitsmoment ist

$$I = m(3d)^2 + m(2d)^2 + m(d)^2 = 14md^2\,.$$

(b) Der Drehimpuls des mittleren Teilchens ist gegeben durch $L_m = I_m\omega$, wobei $I_m = 4md^2$ sein Trägheitsmoment bezeichnet. Also haben wir $L_m = 4md^2\omega$.

(c) Der Gesamtdrehimpuls ist $I\omega = 14md^2\omega$.

37 Wir nehmen an, dass Zylinder 1 eine gleichmäßige Kraft vom Betrag F auf Zylinder 2 tangential zur Zylinderoberfläche am Berührungspunkt ausübt. Das auf Zylinder 2 ausgeübte Drehmoment ist $\tau_2 = R_2 F$, und die Winkelbeschleunigung dieses Zylinders ist $\alpha_2 = \tau_2/I_2 = R_2 F/I_2$. Als eine Funktion der Zeit ist seine Winkelgeschwindigkeit

$$\omega_2 = \alpha_2 t = \frac{R_2 F t}{I_2} \ .$$

Die Kräfte der Zylinder auf einander gehorchen dem dritten Newtonschen Gesetz, also ist der Betrag der Kraft von Zylinder 2 auf Zylinder 1 auch F. Das von Zylinder 2 auf Zylinder 1 ausgeübte Drehmoment ist $\tau_1 = R_1 F$, und die Winkelbeschleunigung von Zylinder 1 ist $\alpha_1 = \tau_1/I_1 = R_1 F/I_1$. Dieses Drehmoment bremst den Zylinder ab. Seine Winkelgeschwindigkeit als Funktion der Zeit ist $\omega_1 = \omega_0 - R_1 F t/I_1$. Die Kraft verschwindet, und die Zylinder rotieren weiter mit konstanten Winkelgeschwindigkeiten, wenn die Geschwindigkeiten der Punkte auf ihren Rändern gleich sind ($R_1\omega_1 = R_2\omega_2$). Also haben wir

$$R_1\omega_0 - \frac{R_1^2 F t}{I_1} = \frac{R_2^2 F t}{I_2} \ .$$

Löst man diese Gleichung nach dem Produkt der Kraft und der Zeit auf, erhält man als Ergebnis

$$F t = \frac{R_1 I_1 I_2}{I_1 R_2^2 + I_2 R_1^2}\,\omega_0 \ .$$

Setzen wir diesen Ausdruck für Ft in die Gleichung oben für ω_2 ein, erhalten wir

$$\omega_2 = \frac{R_1 R_2 I_1}{I_1 R_2^2 + I_2 R_1^2}\,\omega_0 \ .$$

39 (a) Auf das System, bestehend aus Mann, Ziegelsteinen und Plattform, wirken keine äußeren Drehmomente, also bleibt der Drehimpuls des Systems erhalten. Bezeichnen Sie mit I_i das Trägheitsmoment des Systems am Anfang und mit I_f das am Ende. Wenn ω_i die Winkelgeschwindigkeit am Anfang und ω_f die am Ende bezeichnet, dann gilt $I_i\omega_i = I_f\omega_f$, also

$$\begin{aligned}\omega_f &= \left(\frac{I_i}{I_f}\right)\omega_i \\ &= \left(\frac{6{,}0\,\mathrm{kg\cdot m^2}}{2{,}0\,\mathrm{kg\cdot m^2}}\right)(1{,}2\,\mathrm{rev/s}) \\ &= 3{,}6\,\mathrm{rev/s}\ .\end{aligned}$$

(b) Die kinetische Energie am Anfang beträgt $K_i = \frac{1}{2}I_i\omega_i^2$, die am Ende $K_f = \frac{1}{2}I_f\omega_f^2$ und ihr Verhältnis ist

$$\frac{K_f}{K_i} = \frac{I_f\omega_f^2}{I_i\omega_i^2} = \frac{(2{,}0\,\mathrm{kg\cdot m^2})(3{,}6\,\mathrm{rev/s})^2}{(6{,}0\,\mathrm{kg\cdot m^2})(1{,}2\,\mathrm{rev/s})^2} = 3{,}0\ .$$

(c) Der Mann hat Arbeit verrichtet, indem er durch das Heranziehen der Backsteine zu seinem Körper das Trägheitsmoment verringert hat. Die Energie kam aus dem Speicher an innerer Energie des Mannes.

41 (a) Auf das aus zwei Rädern bestehende System wirkt kein äußeres Drehmoment, also bleibt sein Gesamtdrehmoment erhalten. Bezeichnen Sie mit I_1 das Trägheitsmoment des Rades, das sich anfangs dreht, und mit I_2 das Trägheitsmoment des Rades, das anfangs in Ruhe ist. Weiter sei ω_i die Winkelgeschwindigkeit des ersten Rades am Anfang und ω_f die gemeinsame Winkelgeschwindigkeit der beiden Räder am Ende. Dann haben wir $I_1\omega_i = (I_1 + I_2)\omega_f$ und

$$\omega_f = \frac{I_1}{I_1 + I_2}\,\omega_i \ .$$

Setzen Sie $I_2 = 2I_1$ und $\omega_i = 800\,\mathrm{U/min}$ ein, und Sie erhalten $\omega_f = 267\,\mathrm{U/min}$.

(b) Am Anfang beträgt die kinetische Energie $K_i = \frac{1}{2}I_1\omega_i^2$ und $K_f = \frac{1}{2}(I_1 + I_2)\omega_f^2$ am Ende. Dies schreiben wir um:

$$K_f = \frac{1}{2}(I_1 + 2I_1)\left(\frac{I_1\omega_i}{I_1 + 2I_1}\right)^2 = \frac{1}{6}I_1\omega_i^2 \,.$$

Der Anteil der verloren gegangenen Energie ist

$$\begin{aligned}\frac{\Delta K}{K_i} &= \frac{K_i - K_f}{K_i}\\ &= 1 - \frac{K_f}{K_i}\\ &= 1 - \frac{\frac{1}{6}I_1\omega_i^2}{\frac{1}{2}I_1\omega_i^2}\\ &= \frac{2}{3}\,.\end{aligned}$$

43 (a) Ausgedrückt mit dem Gyrationsradius k, beträgt das Trägheitsmoment des Karussells $I = Mk^2$, und sein Wert ist $I = (180\,\text{kg})(0{,}910\,\text{m})^2 = 149\,\text{kg}\cdot\text{m}^2$.

(b) Erinnern Sie sich, dass ein Objekt, das sich entlang einer Geraden bewegt, einen Drehimpuls bezüglich eines jeden Punktes besitzt, der nicht auf der Geraden liegt. Sein Betrag ist mvd, wobei m die Masse des Objektes, v sein Geschwindigkeit und d seinen Abstand vom Ursprung zur Bewegungslinie bezeichnet. Insbesondere ist der Drehimpuls des Kindes bezüglich des Karussellmittelpunktes $\left|\vec{L}_{\text{Kind}}\right| = mvR$, wobei R den Radius des Karussells bezeichnet. Sein Wert ist

$$\left|\vec{L}_{\text{Kind}}\right| = (44{,}0\,\text{kg})(3{,}00\,\text{m/s})(1{,}20\,\text{m}) = 158\,\text{kg}\cdot\text{m}^2/\text{s}\,.$$

(c) Auf das System aus Kind und Karussell wirken keine äußeren Drehmomente, also bleibt der Gesamtdrehimpuls des Systems erhalten. Der Drehimpuls am Anfang ist gegeben durch mvR; der Drehimpuls am Ende ist gegeben durch $\left(I + mR^2\right)\omega$, wobei ω die gemeinsame Winkelgeschwindigkeit von Karussell und Kind am Ende bezeichnet. Also gilt $mvR = (I + mR^2)\omega$ und wir erhalten

$$\omega = \frac{mvR}{I + mR^2} = \frac{158\,\text{kg}\cdot\text{m}^2/\text{s}}{149\,\text{kg}\cdot\text{m}^2 + (44{,}0\,\text{kg})(1{,}20\,\text{m})^2} = 0{,}744\,\text{rad/s}\,.$$

45 Auf das System, bestehend aus Zug und Rad, wirken keine äußeren Drehmomente. Der Gesamtdrehimpuls des Systems ist am Anfang null und bleibt es. Bezeichnen Sie mit $I = (MR^2)$ das Trägheitsmoment des Rades. Am Ende beträgt sein Drehimpuls $L_\omega = I\omega = MR^2\omega$, wobei M die Masse des Rades bezeichnet. Die Geschwindigkeit der Schienen ist ωR, und die Geschwindigkeit des Zuges $\omega R - v$. Der Drehimpuls des Zuges beträgt $L_Z = m(\omega R - v)R$, wobei m seine Masse bezeichnet. Die Rotationsrichtung der Schienen sei positiv. Wenn sich der Zug langsam relativ zu den Schienen bewegt, sind seine Geschwindigkeit und sein Drehimpuls positiv. Wenn er sich schnell bewegt, sind seine Geschwindigkeit und sein Drehimpuls negativ. Die Erhaltung des Drehimpulses liefert $0 = MR^2\omega + m(\omega R - v)R$. Wenn man diese Gleichung nach ω auflöst, erhält man

$$\omega = \frac{mvR}{(M + m)\,R^2} = \frac{mv}{(M + m)\,R}\,.$$

51 (a) Wenn wir ein kurzes Zeitintervall betrachten von kurz bevor der Klumpen auftrifft bis kurz nachdem er auftrifft und haften bleibt, können wir den Drehimpulserhaltungssatz anwenden. Der Drehimpuls am Anfang ist der Drehimpuls des fallenden Kittklumpens. Der Klumpen bewegt sich anfangs entlang einer Geraden, die $d/2$ von der Drehachse entfernt ist, wobei $d = 0{,}500\,\text{m}$ die Stablänge bezeichnet. Der Drehimpuls des Klumpens beträgt $mvd/2$, wobei $m = 0{,}0500\,\text{kg}$ und $v = 3{,}00\,\text{m/s}$ die Masse und die Anfangsgeschwindigkeit des Klumpens bezeichnet. Nachdem der Kittklumpen haften bleibt, besitzt der Stab eine Winkelgeschwindigkeit ω und einen Drehimpuls $I\omega$, wobei I das Trägheitsmoment des Systems, bestehend aus dem Stab mit den beiden Kugeln und dem Klumpen Kitt, bezeichnet. Die Erhaltung des Drehimpulses liefert $mvd/2 = I\omega$. Wenn $M = 2{,}00\,\text{kg}$

die Masse einer Kugel bezeichnet, haben wir $I = (2M + m)(d/2)^2$. Wenn $mvd/2 = (2M + m)(d/2)^2\omega$ nach ω aufgelöst wird, erhalten wir

$$\omega = \frac{2mv}{(2M + m)d} = \frac{2(0{,}0500)(3{,}00)}{(2(2{,}00) + 0{,}0500)(0{,}500)} = 0{,}148 \text{ rad/s} .$$

(b) Die kinetische Energie am Anfang beträgt $K_i = \frac{1}{2}mv^2$, die kinetische Energie am Ende $K_f = \frac{1}{2}I\omega^2$, und ihr Verhältnis ist $K_f/K_i = I\omega^2/mv^2$. Wenn wir $I = (2M + m)d^2/4$ und $\omega = 2mv/(2M + m)d$ einsetzen, wird dies

$$\frac{K_f}{K_i} = \frac{m}{2M + m} = \frac{0{,}0500}{2(2{,}00) + 0{,}0500} = 0{,}0123 .$$

(c) Während der Stab rotiert, bleibt die Summe aus kinetischer Energie und potenzieller Energie des Systems Erde–Stab–Klumpen erhalten. Wenn eine der Kugeln um einen Abstand h gesenkt wird, wird die andere um die gleiche Strecke angehoben, und die Summe der potenziellen Energien der Kugeln ändert sich nicht. Wir müssen nur die potenzielle Energie des Kittklumpens betrachten. Er durchläuft einen 90°-Bogen, bis er den tiefsten Punkt auf seinem Pfad erreicht, wobei er kinetische Energie gewinnt und potenzielle verliert, während er sich bewegt. Anschließend schwingt er um einen Winkel θ nach oben, wobei er kinetische Energie verliert und potenzielle Energie gewinnt, bis er vorübergehend zur Ruhe kommt. Setzen Sie die potenzielle Energie am tiefsten Punkt des Pfades null. Der Klumpen beginnt in einem Abstand $d/2$ oberhalb dieses Punktes, also beträgt seine potenzielle Energie am Anfang $U_i = mgd/2$. Wenn er um den Winkel θ, gemessen von seinem tiefsten Punkt, schwingt, dann liegt seine Endposition $(d/2)(1 - \cos\theta)$ oberhalb des tiefsten Punktes, und seine potenzielle Energie am Ende beträgt $U_f = mg(d/2)(1 - \cos\theta)$. Die kinetische Energie am Anfang ist die Summe der kinetischen Energien der Kugeln und des Klumpens: $K_i = \frac{1}{2}I\omega^2 = \frac{1}{2}(2M + m)(d/2)^2\omega^2$. In seiner Endposition kommt der Stab vorübergehend zur Ruhe, also ist die kinetische Energie am Ende $K_f = 0$. Die Energieerhaltung liefert:

$$mg\,\frac{d}{2} + \frac{1}{2}(2M + m)\left(\frac{d}{2}\right)^2 \omega^2 = mg\,\frac{d}{2}\,(1 - \cos\theta) .$$

Wenn diese Gleichung nach $\cos\theta$ aufgelöst wird, ergibt sich

$$\begin{aligned}
\cos\theta &= -\frac{1}{2}\left(\frac{2M + m}{mg}\right)\left(\frac{d}{2}\right)\omega^2 \\
&= -\frac{1}{2}\left(\frac{2(2{,}00\,\text{kg}) + 0{,}0500\,\text{kg}}{(0{,}0500\,\text{kg})(9{,}8\,\text{m/s}^2)}\right)\left(\frac{0{,}500\,\text{m}}{2}\right)(0{,}148\,\text{rad/s})^2 \\
&= -0{,}0226 .
\end{aligned}$$

Das Ergebnis für θ ist 91,3°. Der gesamte Schwingungswinkel ist $90° + 91{,}3° = 181°$.

13 Gleichgewicht und Elastizität

3 (a) Die Kräfte sind ausgeglichen, wenn sie sich zu null addieren: $\vec{F}_1 + \vec{F}_2 + \vec{F}_3 = 0$. Das bedeutet

$$\vec{F}_3 = -\vec{F}_1 - \vec{F}_2 = -(10\,\mathrm{N})\,\vec{e}_x + (4\,\mathrm{N})\,\vec{e}_y - (17\,\mathrm{N})\,\vec{e}_x - (2\,\mathrm{N})\,\vec{e}_y = (-27\,\mathrm{N})\,\vec{e}_x - (2\,\mathrm{N})\,\vec{e}_y\ .$$

(b) Wenn θ den Winkel bezeichnet, den der Vektor mit der x-Achse bildet, dann haben wir

$$\tan\theta = \frac{F_{3y}}{F_{3x}} = \frac{2\,\mathrm{N}}{-27\,\mathrm{N}} = -0{,}741\ .$$

Der Winkel ist entweder $-4{,}2°$ oder $176°$. Die zweite Lösung liefert eine negative x-Komponente und eine positive y-Komponente und ist daher die richtige Lösung.

7 Auf die Kugel wirken drei Kräfte: die Zugspannung $\vec{T}$ des Seils (die in Richtung des Seils wirkt), die Kraft $\vec{N}$ der Wand (die horizontal weg von der Wand weist) und die Gravitationskraft $m\vec{g}$ (die nach unten gerichtet ist). Da sich die Kugel im Gleichgewicht befindet, muss ihre Summe null sein. Bezeichnen Sie den Winkel zwischen dem Seil und der Vertikalen mit θ. Die vertikale Komponente des zweiten Newtonschen Axioms lautet dann $T\cos\theta - mg = 0$. Die horizontale Komponente ergibt $N - T\sin\theta = 0$.

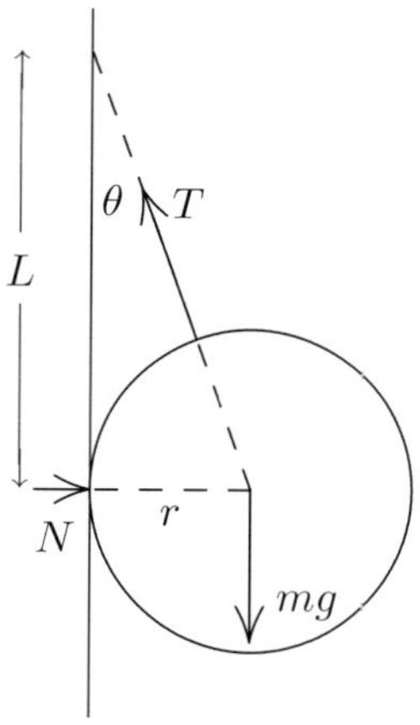

(a) Lösen Sie die ersten Gleichung nach der Zugspannung T auf: $T = mg/\cos\theta$. Setzen Sie $\cos\theta = L/\sqrt{L^2+r^2}$ ein, und Sie erhalten $T = mg\sqrt{L^2+r^2}/L$.

(b) Lösen Sie die zweite Gleichung nach der Normalkraft F_N auf: $N = T\sin\theta$. Verwenden Sie $\sin\theta = r/\sqrt{L^2+r^2}$, und Sie erhalten

$$N = \frac{Tr}{\sqrt{L^2+r^2}} = \frac{mg\sqrt{L^2+r^2}}{L}\,\frac{r}{\sqrt{L^2+r^2}} = \frac{mgr}{L}\ .$$

9 Bezeichnen Sie die Kraft des linken Sockels mit F_1 bei $x = x_1$, wobei die x-Achse entlang dem Sprungbrett verläuft. Die Kraft auf den rechten Sockel bezeichnen wir mit F_2 und bezeichnen seine Position mit $x = x_2$. W ist das Gewicht des Kunstspringers, der sich bei $x = x_3$ befindet. Das Sprungbrett befindet sich im Gleichgewicht, also sind die Summe der Kräfte und die Summe der darauf wirkenden Drehmomente (um x_2) null:

$$\begin{aligned} F_1 + F_2 - W &= 0 \\ F_1(x_2 - x_1) + W(x_3 - x_2) &= 0\ . \end{aligned}$$

(a) Aus der zweiten Gleichung erhält man

$$F_1 = -\frac{x_3 - x_2}{x_2 - x_1} W = -\left(\frac{3{,}0\,\text{m}}{1{,}5\,\text{m}}\right)(580\,\text{N}) = -1160\,\text{N} .$$

Das Ergebnis ist negativ, was darauf hinweist, dass diese Kraft nach unten gerichtet ist.

(b) Die erste Gleichung ergibt

$$F_2 = W - F_1 = 580\,\text{N} + 1160\,\text{N} = 1740\,\text{N} .$$

Das Ergebnis ist positiv, was darauf hinweist, dass dieses Kraft nach oben gerichtet ist.

(c) und (d) Die Kraft des Sprungbretts auf den linken Sockel ist nach oben gerichtet (der Kraft des Sockels auf das Sprungbrett entgegen gerichtet), also wird der Sockel gedehnt. Die Kraft des Sprungbretts auf den rechten Sockel ist nach unten gerichtet, also wird dieser Sockel gepresst.

11 Legen Sie die x-Achse entlang dem Meterstab mit dem Ursprung bei der Nullposition auf der Skala. Die einwirkenden Kräfte sind im Diagramm eingetragen. Die Münzen befinden sich bei $x = x_1 = 0{,}120\,\text{m}$, und m bezeichne ihre Gesamtmasse. Die Messerschneide befindet sich bei $x = x_2 = 0{,}455\,\text{m}$, und ihre Kraft ist mit $\vec{F}$ bezeichnet. Die Masse des Meterstabs sei M. Die Gravitationskraft greift am Mittelpunkt des Stabes bei $x = x_3 = 0{,}500\,\text{m}$ an. Da sich der Meterstab im Gleichgewicht befindet, muss die Summe der bei x_2 angreifenden Drehmomente verschwinden: $Mg(x_3 - x_2) - mg(x_2 - x_1) = 0$. Also gilt

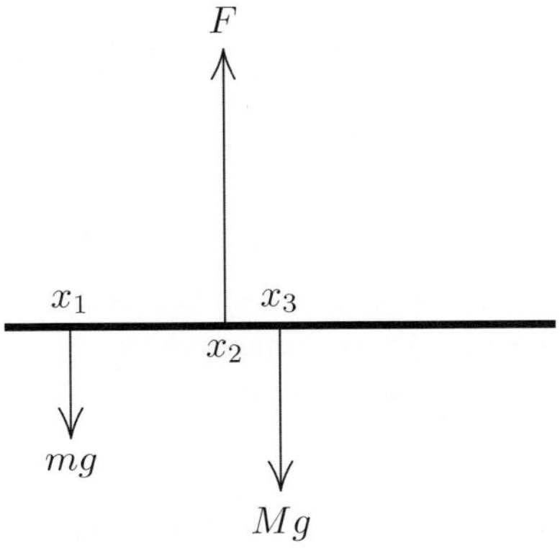

$$M = \frac{x_2 - x_1}{x_3 - x_2} m = \left(\frac{0{,}455\,\text{m} - 0{,}120\,\text{m}}{0{,}500\,\text{m} - 0{,}455\,\text{m}}\right)(10{,}0\,\text{g}) = 74{,}4\,\text{g} .$$

13 Die Kräfte der Leiter sind in der Skizze dargestellt. F_1 bezeichnet die Kraft des Fensters; sie wirkt horizontal, weil das Fenster reibungsfrei ist. F_2 und F_3 sind die Kraftkomponenten des Bodens auf die Leiter. M sei die Masse des Fensterputzers und m die Masse der Leiter. Auf den Mann wirkt die Gravitationskraft an einem Punkt 3,0 m die Leiter nach oben, und die auf die Leiter wirkende Gravitationskraft greift an ihrem Mittelpunkt an. Bezeichnen Sie den Winkel zwischen der Leiter und dem Boden mit θ. Verwenden Sie $\cos\theta = d/L$ oder $\sin\theta = \sqrt{L^2 - d^2}/L$, und Sie erhalten $\theta = 60°$. Dabei bezeichnet L die Länge der Leiter(5,0 m) und d den Abstand der Wand zum Fuß der Leiter (2,5 m).

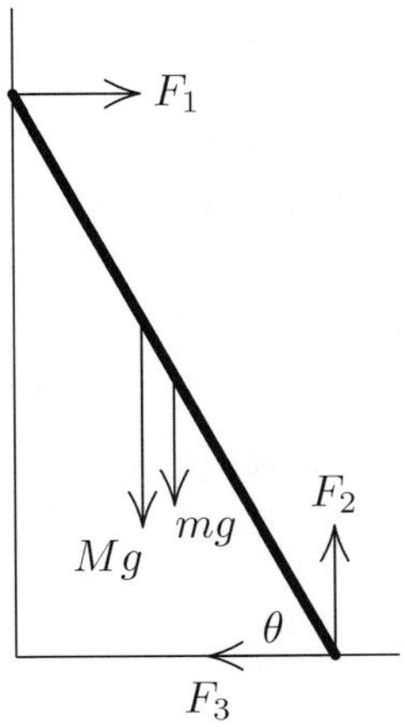

(a) Da sich die Leiter im Gleichgewicht befindet, muss die Summe der an ihrem Fuß (oder einem beliebigen anderen Punkt) angreifenden Drehmomente verschwinden. Bezeichnen Sie mit ℓ den Abstand vom Fuß der Leiter zur Position des Fensterputzers. Dann erhalten wir $Mg\ell\cos\theta + mg(L/2)\cos\theta - F_1 L \sin\theta = 0$ und

$$\begin{aligned} F_1 &= \frac{(M\ell + mL/2)g\cos\theta}{L\sin\theta} \\ &= \frac{((75\,\text{kg})(3{,}0\,\text{m}) + (10\,\text{kg})(2{,}5\,\text{m}))\,(9{,}8\,\text{m/s}^2)\cos 60°}{(5{,}0\,\text{m})\sin 60°} = 2{,}8 \times 10^2\,\text{N} . \end{aligned}$$

Diese Kraft ist von der Wand weg nach außen gerichtet. Die Kraft der Leiter auf das Fenster hat den gleichen Betrag, ist aber in die entgegengesetzte Richtung gerichtet: sie beträgt ungefähr 280 N und ist nach innen gerichtet.

(b) Die Summe der horizontalen Kräfte und die Summe der vertikalen Kräfte verschwinden ebenfalls:

$$F_1 - F_3 = 0$$
$$F_2 - Mg - mg = 0\,.$$

Die erste dieser Gleichungen ergibt $F_3 = F_1 = 2{,}8 \times 10^2\,\mathrm{N}$ und die zweite ergibt

$$F_2 = (M+m)g = (75\,\mathrm{kg} + 10\,\mathrm{kg})(9{,}8\,\mathrm{m/s^2}) = 8{,}3 \times 10^2\,\mathrm{N}\,.$$

Der Betrag der Kraft des Bodens auf die Leiter ist durch die Quadratwurzel der Summe der Quadrate ihrer Komponenten gegeben:

$$F = \sqrt{F_2^2 + F_3^2} = \sqrt{\left(2{,}8 \times 10^2\,\mathrm{N}\right)^2 + \left(8{,}3 \times 10^2\,\mathrm{N}\right)^2} = 8{,}8 \times 10^2\,\mathrm{N}\,.$$

Der Winkel ϕ zwischen der Kraft und der Horizontalen ist gegeben durch $\tan\phi = F_3/F_2 = 830/280 = 2{,}94$. Also ist $\phi = 71°$. Die Kraft weist nach links oben, 71° oberhalb der Horizontalen. Beachten Sie, dass sie nicht längs der Leiter gerichtet ist.

15 (a) Die auf den Eimer wirkenden Kräfte sind die nach unten gerichtete Gravitationskraft und die nach oben gerichtete Zugspannung des Seils A. Da sich der Eimer in Ruhe befindet und sein Gewicht $W_B = m_B g = (817\,\mathrm{kg})(9{,}8\,\mathrm{m/s^2}) = 8{,}01 \times 10^3\,\mathrm{N}$ ist, beträgt die Zugspannung des Seils A $T_A = 8{,}01 \times 10^3\,\mathrm{N}$.

(b) Verwenden Sie die in der Abbildung festgelegten Koordinatenachsen. Seil A bildet einen Winkel von 66° mit der negativen y-Achse, Seil B einen Winkel von 27° mit der positiven y-Achse, und Seil C erläuft entlang der x-Achse. Die y-Komponenten der Kräfte müssen sich zu null addieren, weil sich der Knoten im Gleichgewicht befindet. Dies bedeutet $T_B \cos 27° - T_A \cos 66° = 0$ und

$$T_B = \frac{\cos 66°}{\cos 27°} T_A = \left(\frac{\cos 66°}{\cos 27°}\right)(8{,}01 \times 10^3\,\mathrm{N}) = 3{,}65 \times 10^3\,\mathrm{N}\,.$$

(c) Die x-Komponenten müssen sich ebenfalls zu null addieren. Dies bedeutet $T_C + T_B \sin 27° - T_A \sin 66° = 0$ und

$$T_C = T_A \sin 66° - T_B \sin 27° = (8{,}01 \times 10^3\,\mathrm{N})\sin 66° - (3{,}65 \times 10^3\,\mathrm{N})\sin 27° = 5{,}66 \times 10^3\,\mathrm{N}\,.$$

17 Bezeichnen Sie die Rollen von links nach rechts mit 1, 2, 3 und die Spannung im Tragseil, das um Rolle 1 verläuft, mit T_1, die Spannung im Tragseil, das um Rolle 2 verläuft, mit T_2 und die Spannung im Seil, das um Rolle 3 verläuft, mit T_3. Die Gleichgewichtsbedingung liefert $T = 2T_1$, $T_1 = 2T_2$ und $T_2 = 2T_3$. Also gilt $T_1 = T/2$, $T_2 = T_1/2 = T/4$ und $T_3 = T_2/2 = T/8$. Da sich der Block im Gleichgewicht befindet, gilt $T_1 + T_2 + T_3 = mg$, wobei m die Masse des Blocks bezeichnet. Also haben wir

$$\frac{T}{2} + \frac{T}{4} + \frac{T}{8} = mg\,.$$

Aufgelöst nach T erhalten wir

$$T = \frac{8mg}{7} = \frac{8\,(6{,}40\mathrm{kg})\,\left(9{,}8\mathrm{m/s^2}\right)}{7} = 71{,}7\mathrm{N}\,.$$

21 Betrachten Sie das Rad, wenn es den unteren Boden verlässt. Dort wirkt die Kraft des Bodens nicht mehr auf das Rad, und die einzigen darauf wirkenden Kräfte sind die horizontal auf die Achse wirkende Kraft F, die Gravitationskraft mg, die vertikal am Schwerpunkt nach unten gerichtet angreift, und die Kraft der Stufenkante, die als die beiden Komponenten f_h und f_v eingezeichnet ist. Wenn die Mindestkraft angewandt wird, wird das Rad nicht beschleunigt, also sind sowohl die Gesamtkraft als auch das wirkende Gesamtdrehmoment null.

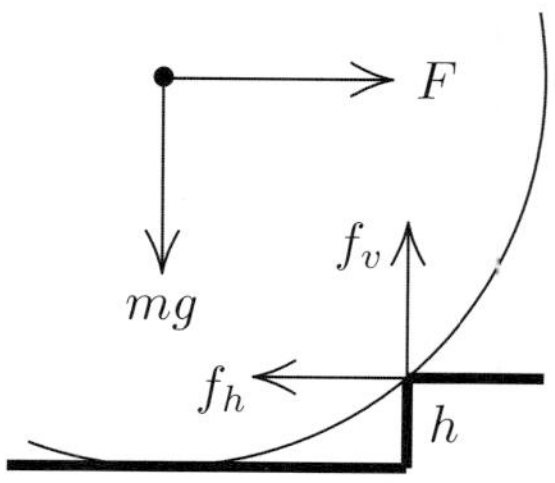

Berechnen Sie das an der Stufenkante angreifende Drehmoment. Betrachten Sie die zweite Skizze, um zu erkennen, dass der Abstand von der Geraden von F zur Kante $r - h$ ist, wobei r den Radius des Rads und h die Höhe der Stufe bezeichnet. Der Abstand der Geraden von mg zur Kante beträgt $\sqrt{r^2 + (r-h)^2} = \sqrt{2rh - h^2}$. Also haben wir $F(r-h) - mg\sqrt{2rh - h^2} = 0$. Auflösen nach F ergibt

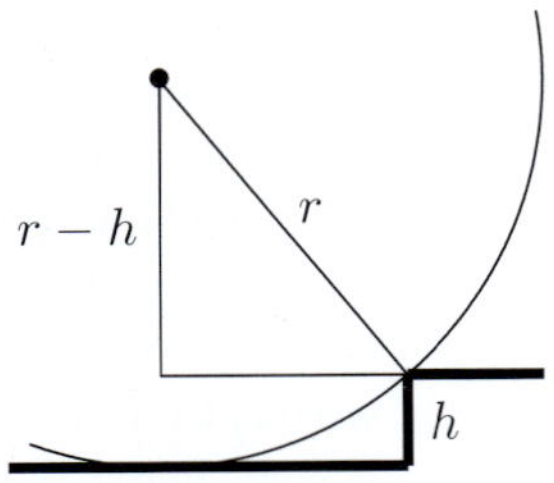

$$F = \frac{\sqrt{2rh - h^2}}{r - h} mg \, .$$

23 Der Balken befindet sich im Gleichgewicht: die Summe der Kräfte und die Summe der darauf wirkenden Drehmomente verschwinden jeweils. Wie Sie in Abb. 13-35 erkennen können, bildet der Balken einen Winkel von 60° mit der Vertikalen, und der Draht bildet einen Winkel von 30° mit der Vertikalen.

(a) Berechnen Sie die am Gelenk angreifenden Drehmomente. Ihre Summe ist $TL \sin 30° - W(L/2) \sin 60° = 0$. Dabei bezeichnen W die Gravitationskraft, die am Mittelpunkt des Balkens angreift, und T die Zugkraft des Drahtes. Lösen Sie nach der Zugspannung T auf:

$$T = \frac{W \sin 60°}{2 \sin 30°} = \frac{(222\,\text{N}) \sin 60°}{2 \sin 30°} = 192{,}3\,\text{N} \, .$$

Runden Sie auf 192 N.

(b) Bezeichnen Sie die horizontale Komponente der Kraft des Gelenks mit F_h und setzen Sie sie positiv, wenn die Kraft von der Wand nach außen weist. Das Verschwinden der horizontalen Komponente der auf den Balken wirkenden Gesamtkraft liefert dann $F_h - T \sin 30° = 0$ oder

$$F_h = T \sin 30° = (192{,}3\,\text{N}) \sin 30° = 96{,}1\,\text{N} \, .$$

(c) Bezeichnen Sie die vertikale Komponente der Kraft des Scharniers mit F_v und setzen Sie sie positiv, wenn sie nach oben weist. Das Verschwinden der vertikalen Komponente der auf den Balken wirkenden Gesamtkraft liefert dann $F_v + T \cos 30° - W = 0$ oder

$$F_v = W - T \cos 30° = 222\,\text{N} - (192{,}3\,\text{N}) \cos 30° = 55{,}5\,\text{N} \, .$$

27 Der Balken befindet sich im Gleichgewicht, also müssen sich die auf ihn wirkenden Kräfte und Drehmomente jeweils zu null addieren. Bezeichnen Sie die Zugspannung des Seils auf der linken Seite mit T_l, die Zugspannung des Seils auf der rechten Seite mit T_r und mit m die Masse des Balkens. Die Gleichungen für das Gleichgewicht lauten:

vertikale Kraftkomponente $T_l \cos\theta + T_r \cos\phi - mg = 0$

horizontale Kraftkomponente $-T_l \sin\theta + T_r \sin\phi = 0$

Drehmoment $mgx - T_r L \cos\phi = 0$.

Der Ursprung wurde an das linke Ende des Balkens gelegt, um das Drehmoment zu berechnen.
Die unbekannten Größen sind T_l, T_r und x. Sie wollen T_l und T_r eliminieren, lösen Sie anschließend nach x auf. Die zweite Gleichung liefert $T_l = T_r \sin\phi / \sin\theta$, und wenn dies in die erste eingesetzt und nach T_r aufgelöst wird, erhält man $T_r = mg \sin\theta / (\sin\phi \cos\theta + \cos\phi \sin\theta)$. Dieser Ausdruck wird in die dritte Gleichung eingesetzt, und das Ergebnis wird nach x aufgelöst:

$$x = L \frac{\sin\theta \cos\phi}{\sin\phi \cos\theta + \cos\phi \sin\theta} = L \frac{\sin\theta \cos\phi}{\sin(\theta + \phi)} \, .$$

Bei der letzten Umformung wurde die trigonometrische Identität $\sin(A+B) = \sin A \cos B + \cos A \sin B$ verwendet. Für diese Aufgabe gilt $\theta + \phi = 90°$ und $\sin(\theta + \phi) = 1$. Also haben wir

$$x = L \sin\theta \cos\phi = (6{,}10\,\text{m}) \sin 36{,}9° \cos 53{,}1° = 2{,}20\,\text{m} \, .$$

29 Die Zeichnung zeigt die auf das Brett wirkenden Kräfte. Da die Gleitrolle reibungsfrei ist, steht ihre Kraft auf das Brett senkrecht dazu und bildet einen Winkel θ mit der Vertikalen. Ihr Betrag werde mit F bezeichnet. W bezeichne die Gravitationskraft; diese Kraft greift am Mittelpunkt des Bretts an, $L/2$ von dem Punkt entfernt, wo das Brett den Boden berührt. N bezeichne die Normalkraft des Bodens und f die Reibungskraft. Der Abstand vom Fuß des Bretts zur Wand ist mit d bezeichnet. Diese Größe ist nicht direkt gegeben, aber kann berechnet werden, wenn man $d = h/\tan\theta$ verwendet. Die Gleichungen für das Gleichgewicht lauten:

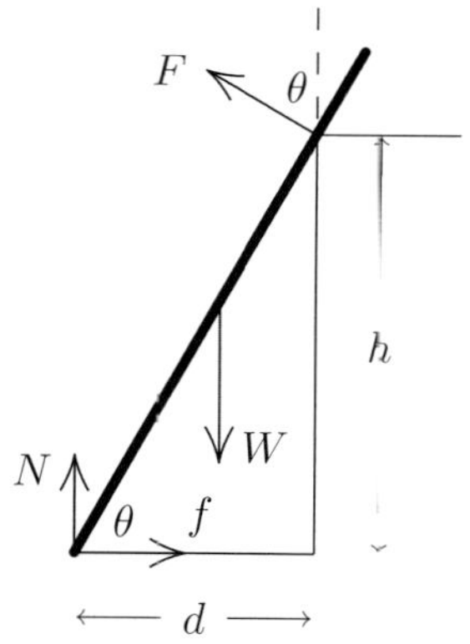

horizontale Kraftkomponente $F\sin\theta - f = 0$

vertikale Kraftkomponente $F\cos\theta - W + N = 0$

Drehmoment $Nd - fh - W\left(d - \frac{L}{2}\cos\theta\right) = 0\,.$

Der Kontaktpunkt zwischen Brett und Gleitrolle wurde für die Gleichung des Drehmoments als Ursprung verwendet. Wenn $\theta = 70°$ ist, beginnt das Brett gerade zu rutschen und es gilt $f = \mu_s N$, wobei μ_s den Haftreibungskoeffizienten bezeichnet. Sie möchten die Gleichungen für das Gleichgewicht verwenden, um N und f für $\theta = 70°$ zu berechnen. Verwenden Sie anschließend $\mu_s = f/N$, um den Reibungskoeffizienten zu bestimmen.
Die zweite Gleichung ergibt $F = (W - N)/\cos\theta$, was in die erste eingesetzt wird, um $f = (W - N)\sin\theta/\cos\theta = (W - N)\tan\theta$ zu erhalten. Das wird in die dritte Gleichung eingesetzt, und das Ergebnis wird nach N aufgelöst:

$$N = \frac{d - (L/2)\cos\theta + h\tan\theta}{d + h\tan\theta}\,W\,.$$

Ersetzen Sie nun d durch $h/\tan\theta$ und Sie Zähler und Nenner mit $\tan\theta$. Das Ergebnis ist

$$N = \frac{h(1+\tan^2\theta) - (L/2)\sin\theta}{h(1+\tan^2\theta)}\,W\,.$$

Verwenden Sie die trigonometrische Identität $1 + \tan^2\theta = 1/\cos^2\theta$ und multiplizieren Sie Zähler und Nenner mit $\cos^2\theta$. Sie erhalten dann

$$N = W\left(1 - \frac{L}{2h}\cos^2\theta\sin\theta\right)\,.$$

Setzen Sie nun den Ausdruck für N in $f = (W - N)\tan\theta$ ein, und Sie erhalten die Reibung:

$$f = \frac{WL}{2h}\sin^2\theta\cos\theta\,.$$

Setzen Sie den Ausdruck für f und N in $\mu_s = f/N$ ein, und Sie erhalten

$$\mu_s = \frac{L\sin^2\theta\cos\theta}{2h - L\sin\theta\cos^2\theta}\,.$$

Werten Sie diesen Ausdruck für $\theta = 70°$ aus:

$$\mu_s = \frac{(6{,}1\,\mathrm{m})\sin^2 70°\cos 70°}{2(3{,}05\,\mathrm{m}) - (6{,}1\,\mathrm{m})\sin 70°\cos^2 70°} = 0{,}34\,.$$

31 Die Zeichnungen zeigen die Kräfte an den beiden Seiten der Leiter einzeln. F_A und F_E sind die Kräfte des Bodens auf die beiden Füße, T bezeichnet die Zugspannung der Sicherheitsstange, W die Kraft des Mannes (gleich seinem Gewicht), F_h die Horizontalkomponente der Kraft einer Leiterseite auf die andere und F_v die Vertikalkomponente dieser Kraft. Beachten Sie, dass die die Kräfte des Bodens senkrecht zum Boden wirken, da der Boden reibungsfrei ist. Beachten Sie auch, dass die Kraft der linken Seite auf die rechte und die Kraft der rechten Seite auf die linke den gleichen Betrag haben und entgegengesetzt gerichtet sind.

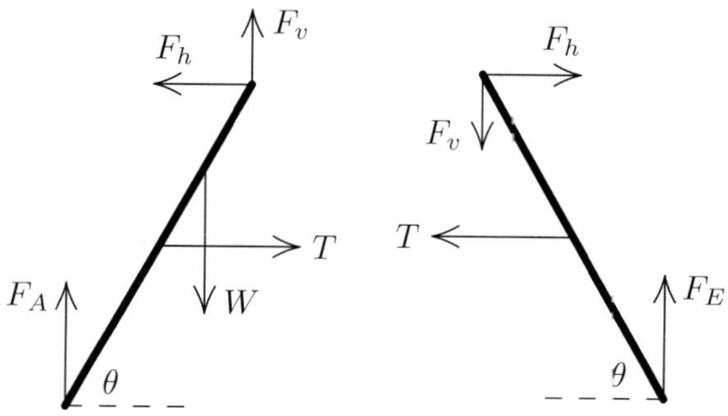

Da sich die Leiter im Gleichgewicht befindet, müssen sich die vertikalen Komponenten der Kräfte auf die linke Seite der Leiter zu null addieren: $F_v + F_A - W = 0$. Die horizontalen Komponenten müssen sich zu null addieren: $T - F_h = 0$. Die Drehmomente müssen sich ebenfalls zu null addieren. Legen Sie den Ursprung an die Stelle des Scharniers und bezeichnen Sie die Länge einer Leiterseite mit L. Dann erhalten Sie $F_A L\cos\theta - W(L/4)\cos\theta - T(L/2)\sin\theta = 0$. Hier erkennen wir, dass der Mann ein Viertel der Länge der Leiterseite von ihrem höchsten Punkt entfernt steht und dass sich die Sicherheitsstange genau in ihrer Mitte befindet.
Die analogen Gleichungen für die rechte Seite lauten $F_E - F_v = 0$, $F_h - T = 0$ und $F_E L\cos\theta - T(L/2)\sin\theta = 0$. Es gibt 5 verschiedene Gleichungen:

$$F_v - F_A - W = 0\,,$$
$$T - F_h = 0$$
$$F_A L\cos\theta - W(L/4)\cos\theta - T(L/2)\sin\theta = 0$$
$$F_E - F_v = 0$$
$$F_E L\cos\theta - T(L/2)\sin\theta = 0\,.$$

Die unbekannten Größen sind F_A, F_E, F_v, F_h und T.

(a) Lösen Sie zunächst nach T auf, indem Sie die anderen Unbekannten systematisch eliminieren. Die erste Gleichung ergibt $F_A = W - F_v$, und die vierte Gleichung ergibt $F_v = F_E$. Verwenden Sie diese, um sie in die verbleibenden drei Gleichungen einzusetzen, und Sie erhalten

$$T - F_h = 0$$
$$WL\cos\theta - F_E L\cos\theta - W(L/4)\cos\theta - T(L/2)\sin\theta = 0$$
$$F_E L\cos\theta - T(L/2)\sin\theta = 0\,.$$

Die letzte davon ergibt $F_E = T\sin\theta/2\cos\theta = (T/2)\tan\theta$. Setzen Sie diesen Ausdruck in die zweite Gleichung ein und lösen Sie nach T auf. Das Ergebnis ist

$$T = \frac{3W}{4\tan\theta}\,.$$

Um $\tan\theta$ zu bestimmen, betrachten Sie das rechte Dreieck, das von der oberen Hälfte einer Seite der Leiter, der halben Sicherungsstange und der vertikalen Verbindungslinie vom Gelenk zur Sicherungsstange gebildet wird. Die untere Seite des Dreiecks hat eine Länge von 0,381 m, die Hypotenuse hat eine Länge von 1,22 m und die vertikale Seite eine Länge von $\sqrt{(1{,}22\,\mathrm{m})^2 - (0{,}381\,\mathrm{m})^2} = 1{,}16\,\mathrm{m}$. Das bedeutet $\tan\theta = (1{,}16\,\mathrm{m})/(0{,}381\,\mathrm{m}) = 3{,}04$. Also gilt

$$T = \frac{3(854\,\mathrm{N})}{4(3{,}04)} = 211\,\mathrm{N}\,.$$

(b) Lösen Sie nun nach F_A auf. Da $F_v = F_E$ und $F_E = T\sin\theta/2\cos\theta$ gilt, haben wir $F_v = 3W/8$. Setzen Sie dies in $F_v + F_A - W = 0$ ein und lösen Sie nach F_A auf. Sie sollten folgendes Ergebnis erhalten:

$$F_A = W - F_v = W - 3W/8 = 5W/8 = 5(884\,\mathrm{N})/8 = 534\,\mathrm{N}\,.$$

(c) Sie haben bereits einen Ausdruck für F_E erhalten: F_E: $F_E = 3W/8$. Werten Sie ihn aus, und Sie erhalten $F_E = 320\,\mathrm{N}$.

33 Betrachten Sie die Kiste, wenn sie gerade am Kippen ist. Da sie sich um die untere rechte Kante drehen wird, greift dort die Normalkraft des Bodens an. In der Skizze ist diese Kraft als N gekennzeichnet. Die Reibungskraft werde mit f, die angreifende Kraft mit F und und die Gravitationskraft mit W bezeichnet. Beachten Sie, dass die Gravitationskraft am Mittelpunkt der Kiste angreift. Wenn die Mindestkraft aufgewandt wird, wird die Kiste nicht beschleunigt, also verschwindet die horizontale Kraftkomponente: $F - f = 0$, und die Summe der vertikalen Kraftkomponenten verschwindet: $N - W = 0$, und die Summe der Drehmomente verschwindet: $FL - WL/2 = 0$. Dabei bezeichnet L die Kantenlänge der Kiste, und der Ursprung wurde in die untere rechte Kante gelegt.

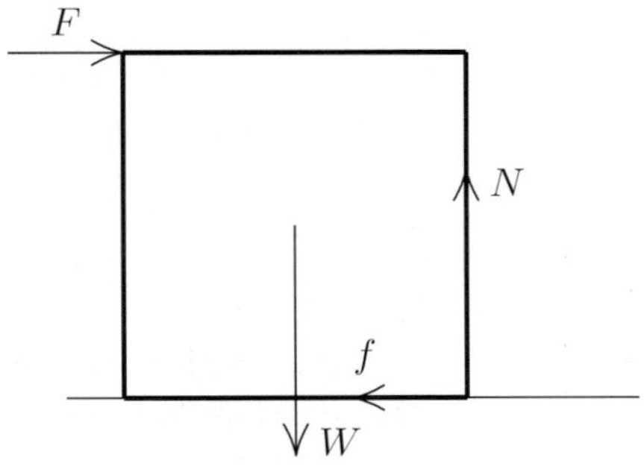

(a) Lösen Sie die Gleichung für das Drehmoment nach F auf:

$$F = \frac{W}{2} = \frac{890\,\mathrm{N}}{2} = 445\ \mathrm{N}\,.$$

(b) Der Haftreibungskoeffizient muss groß genug sein, sodass die Kiste nicht gleitet. Die Kiste steht kurz davor zu gleiten, wenn $\mu_s = f/N$ gilt. Gemäß den Gleichungen für das Gleichgewicht gilt $N = W = 890\,\mathrm{N}$ und $f = F = 445\,\mathrm{N}$, also

$$\mu_s = \frac{445\,\mathrm{N}}{890\,\mathrm{N}} = 0{,}50\,.$$

(c) Die Kiste kann mit einem kleineren Kraftaufwand gerollt werden, wenn die Kraft sowohl nach oben als auch nach rechts weist. Bezeichnen Sie den Winkel, den die Kraft mit der Horizontalen bildet, mit θ. Die Gleichung für das Drehmoment wird zu $FL\cos\theta + FL\sin\theta - WL/2 = 0$, und die Lösung lautet

$$F = \frac{W}{2(\cos\theta + \sin\theta)}\,.$$

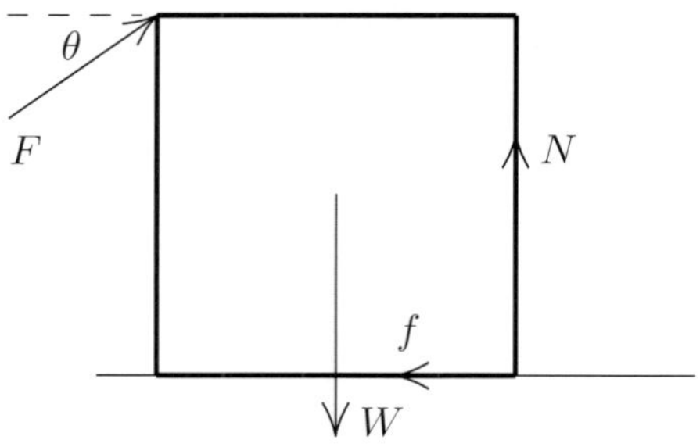

Sie möchten, dass $\cos\theta + \sin\theta$ den größtmöglichen Wert hat. Dies geschieht für $\theta = 45°$, ein Ergebnis, das Sie nachprüfen können, indem Sie die Ableitung von $\cos\theta + \sin\theta$ gleich null setzen und nach θ auflösen. Die Kraft, die mindestens nötig ist, lautet

$$F = \frac{W}{4\cos 45°} = \frac{890\,\mathrm{N}}{4\cos 45°} = 315\,\mathrm{N}\,.$$

35 Das Kräftediagramm stellt die Situation dar, kurz bevor die Kiste kippt, wenn die Normalkraft auf die vordere Kante wirkt. Es kann jedoch auch verwendet werden, um den Winkel zu berechnen, ab dem die Kiste zu rutschen beginnt. W ist die auf die Kiste wirkende Gravitationskraft, N die Normalkraft der Ebene auf die Kiste und f die Reibungskraft. Lassen Sie die x-Achse die Ebene nach unten weisen und die y-Achse in Richtung der Normalkraft. Nehmen Sie an, dass die Beschleunigung null ist, aber die Kiste kurz davor steht zu rutschen.

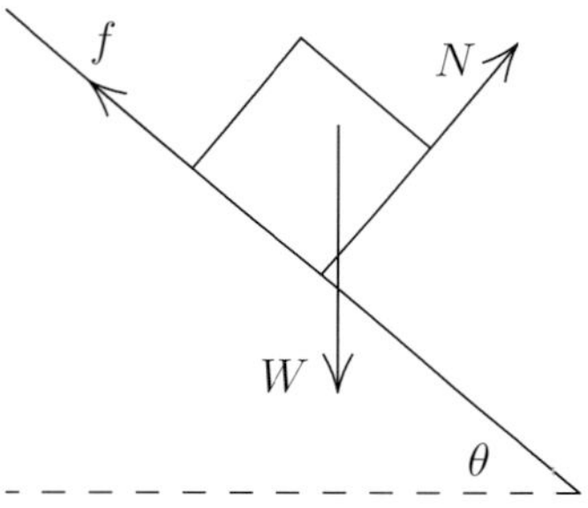

(a) Die x-Komponente des zweiten Newtonschen Axioms lautet dann

$$W\sin\theta - f = 0\,,$$

und die y-Komponente lautet

$$N - W\cos\theta = 0\,.$$

Die Gleichung für die y-Komponente ergibt $N = W\cos\theta$. Da die Kiste kurz vor dem Gleiten steht, gilt $f = \mu_s N = \mu_s W\cos\theta$, wobei μ_s den Haftreibungskoeffizienten bezeichnet. Setzen Sie dies in die x-Komponente ein, und Sie erhalten

$$W\sin\theta - \mu_s W\cos\theta = 0$$

oder

$$\tan\theta = \mu_s\,.$$

Das bedeutet $\theta = \tan^{-1}\mu_s = \tan^{-1} 0{,}60 = 31{,}0°$.

Entwickeln Sie nun einen Ausdruck für das resultierende Drehmoment bezüglich des Schwerpunkts, wenn die Kiste zu kippen beginnt. Die Normalkraft und die Reibungskraft greifen dann an der vorderen Kante an. Das mit der Reibungskraft verbundene Drehmoment führt dazu, dass sich die Kiste im Uhrzeigersinn dreht, und hat den Betrag fh, wobei h den senkrechten Abstand des Kistenbodens zum Schwerpunkt bezeichnet. Das mit der

Normalkraft verbundene Drehmoment führt dazu, dass sich die Kiste im Gegenuhrzeigersinn dreht, und es hat den Betrag $N\ell/2$, wobei ℓ die Kantenlänge bezeichnet. Da das resultierende Drehmoment verschwindet, gilt $fh = N\ell/2$. Wenn die Kiste kurz davor steht zu kippen, verschwindet die Beschleunigung des Schwerpunkts, also gilt $f = W \sin\theta$ und $N = W \cos\theta$. Setzen Sie diese Ausdrücke in die Gleichung für das Drehmoment ein und lösen Sie nach θ auf. Sie sollten Folgendes erhalten:

$$\theta = \tan^{-1}\frac{\ell}{2h} = \tan^{-1}\frac{1{,}2\,\mathrm{m}}{2(0{,}90\,\mathrm{m})} = 33{,}7^\circ\,.$$

Wenn θ von null anwächst, gleitet die Kiste, bevor sie kippt. Sie beginnt zu kippen, wenn $\theta = 31{,}0^\circ$ ist.

(b) Die Rechnung ist die gleiche, aber das Ergebnis ist unterschiedlich. Die Kiste beginnt zu gleiten, wenn $\theta = \tan^{-1}\mu_s = \tan^{-1}0{,}70 = 35{,}0^\circ$ gilt, und sie beginnt zu kippen, wenn $\theta = 33{,}7^\circ$ ist. Also kippt sie zuerst, wenn der Winkel erhöht wird. Das Kippen beginnt bei $\theta = 33{,}7^\circ$.

37 (a) Die Scherspannung ist gegeben durch F/A, wobei F den Betrag der Kraft, die parallel an eine Fläche des Aluminiumstabes angreift, und A den Querschnitt des Stabes bezeichnet. In diesem Fall ist F as Gewicht des an ein Ende angehängten Gegenstandes: $F = mg$, wobei m die Masse des Gegenstandes bezeichnet. Bezeichnen wir den Radius des Stabes mit r, dann gilt $A = \pi r^2$. Also beträgt die Scherspannung

$$\frac{F}{A} = \frac{mg}{\pi r^2} = \frac{(1200\,\mathrm{kg})(9{,}8\,\mathrm{m/s^2})}{\pi(0{,}024\,\mathrm{m})^2} = 6{,}5\times10^6\,\mathrm{N/m^2}\,.$$

(b) Der Schubmodul G ist gegeben durch

$$G = \frac{F/A}{\Delta x/L}\,,$$

wobei L die hervorstehende Länge des Stabes und Δx die vertikale Auslenkung an seinem Ende bezeichnet. Also haben wir

$$\Delta x = \frac{(F/A)L}{G} = \frac{(6{,}5\times10^6\,\mathrm{N/m^2})(0{,}053\,\mathrm{m})}{3{,}0\times10^{10}\,\mathrm{N/m^2}} = 1{,}1\times10^{-5}\,\mathrm{m}\,.$$

39 (a) Bezeichnen Sie mit F_A und F_B die Kräfte der Drähte auf den Baumstamm und mit m seine Masse. Da sich der Baumstamm im Gleichgewicht befindet, gilt $F_A + F_B - mg = 0$. Die Information über die Dehnung der Drähte erlaubt uns, eine Beziehung zwischen F_A und F_B zu bestimmen. Wenn der Draht A ursprünglich eine Länge L_A besitzt und um ΔL_A gedehnt wird, dann gilt $\Delta L_A = F_A L_A/AE$, wobei A den Querschnitt des Drahtes und E den Elastizitätsmodul für Stahl ($200\times10^9\,\mathrm{N/m^2}$) bezeichnet. Ebenso erhalten wir $\Delta L_B = F_B L_B/AE$. Wenn wir mit ℓ den Betrag bezeichnen, um den B ursprünglich länger als A war, dann erhalten wir $\Delta L_A = \Delta L_B + \ell$, weil sie gleich lang sind, nachdem der Baumstamm an ihnen hängt. Das bedeutet

$$\frac{F_A L_A}{AE} = \frac{F_B L_B}{AE} + \ell\,.$$

Lösen Sie nach F_B auf:

$$F_B = \frac{F_A L_A}{L_B} - \frac{AE\ell}{L_B}\,.$$

Setzen Sie dies in $F_A + F_B - mg = 0$ ein und lösen Sie nach F_A auf:

$$F_A = \frac{mgL_B + AE\ell}{L_A + L_B}\,.$$

Die Querschnittsfläche eines Drahtes ist $A = \pi r^2 = \pi(1{,}20\times10^{-3}\,\mathrm{m})^2 = 4{,}52\times10^{-6}\,\mathrm{m^2}$. Sowohl L_A als auch L_B können ohne signifikanten Fehler als 2,50 m angenommen werden. Also haben wir

$$\begin{aligned} F_A &= \frac{(103\,\mathrm{kg})(9{,}8\,\mathrm{m/s^2})(2{,}50\,\mathrm{m}) + (4{,}52\times10^{-6}\,\mathrm{m^2})(200\times10^9\,\mathrm{N/m^2})(2{,}0\times10^{-3}\,\mathrm{m})}{2{,}50\,\mathrm{m} + 2{,}50\,\mathrm{m}} \\ &= 866\,\mathrm{N}\,. \end{aligned}$$

(b) Lösen Sie $F_A + F_B - mg = 0$ nach F_B auf:

$$F_B = mg - F_A = (103\,\mathrm{kg})(9{,}8\,\mathrm{m/s^2}) - 866\,\mathrm{N} = 143\ \mathrm{N}\,.$$

(c) Das resultierende Drehmoment muss ebenfalls verschwinden. Legen Sie den Ursprung auf der Oberfläche des Baumstammes in einen Punkt direkt über den Schwerpunkt. An diesem Punkt wirkt durch die Schwerkraft kein Drehmoment. Dann wird die Gleichung für das Drehmoment $F_A d_A - F_B d_B = 0$, und wir erhalten

$$\frac{d_A}{d_B} = \frac{F_B}{F_A} = \frac{143\,\mathrm{N}}{866\,\mathrm{N}} = 0{,}165\,.$$

14 Gravitation

1 Der Betrag der von einem Teilchen auf das andere ausgeübten Kraft ist gegeben durch $F = Gm_1m_2/r^2$, wobei m_1 und m_2 die Massen, r ihren Abstand und G die Gravitationskonstante bezeichnen. Lösen Sie nach r auf:

$$r = \sqrt{\frac{Gm_1m_2}{F}} = \sqrt{\frac{(6{,}67 \times 10^{-11}\,\mathrm{N \cdot m^2/kg^2})(5{,}2\,\mathrm{kg})(2{,}4\,\mathrm{kg})}{2{,}3 \times 10^{-12}\,\mathrm{N}}} = 19\,\mathrm{m}\,.$$

3 Verwenden Sie $F = Gm_sm_m/r^2$, wobei m_s die Masse des Satelliten, m_m die Masse des Meteors und r den Abstand ihrer Mittelpunkte bezeichnet. Der Abstand zwischen den Mittelpunkten ist $r = R + d = 15\,\mathrm{m} + 3\,\mathrm{m} = 18\,\mathrm{m}$. Dabei bezeichnet R den Radius des Satelliten und d den Abstand von seiner Oberfläche zum Mittelpunkt des Meteors. Also ergibt sich

$$F = \frac{(6{,}67 \times 10^{-11}\,\mathrm{N \cdot m^2/kg^2})(20\,\mathrm{kg})(7{,}0\,\mathrm{kg})}{(18\,\mathrm{m})^2} = 2{,}9 \times 10^{-11}\,\mathrm{N}\,.$$

7 An dem Punkt, wo die Kräfte ausgeglichen sind, gilt $GM_em/r_1^2 = GM_sm/r_2^2$, wobei M_e die Masse der Erde, M_s die Masse der Sonne, m die Masse der Raumsonde, r_1 den Abstand vom Mittelpunkt der Erde zur Sonde und r_2 den Abstand der Sonne zur Sonde bezeichnet. Wir setzen $r_2 = d - r_1$ ein, wobei d die Entfernung des Mittelpunktes der Erde zum Mittelpunkt der Sonne bezeichnet, und erhalten

$$\frac{M_e}{r_1^2} = \frac{M_s}{(d - r_1)^2}\,.$$

Indem wir auf beiden Seiten die positive Quadratwurzel ziehen, lösen wir nach r_1 auf. Etwas Algebra liefert

$$r_1 = \frac{d\sqrt{M_e}}{\sqrt{M_s} + \sqrt{M_e}} = \frac{(150 \times 10^9\,\mathrm{m})\sqrt{5{,}98 \times 10^{24}\,\mathrm{kg}}}{\sqrt{1{,}99 \times 10^{30}\,\mathrm{kg}} + \sqrt{5{,}98 \times 10^{24}\,\mathrm{kg}}} = 2{,}6 \times 10^8\,\mathrm{m}\,.$$

Die Werte für M_e, M_s und d findet man in Anhang C.

13 Wenn die Kugel nicht ausgehöhlt wäre, dann wäre der Betrag ihrer auf m wirkenden Kraft $F_1 = GMm/d^2$. Ein Teil dieser Kraft geht auf das Material zurück, das entfernt wurde. Berechnen Sie die Kraft, die eine Kugel auf m ausübt, die gerade die Aushöhlung ausfüllt, und subtrahieren Sie sie von der von der massiven Kugel ausgeübten Kraft. Die Aushöhlung hat einen Radius $r = R/2$. Das Material, das sie ausfüllt, hat die gleiche Dichte (Masse pro Volumen) wie die Vollkugel. Also haben wir $M_c/r^3 = M/R^3$, wobei M_c die Masse bezeichnet, die die Aushöhlung ausfüllt. Der gemeinsame Faktor $4\pi/3$ wurde gekürzt. Also gilt

$$M_c = \left(\frac{r^3}{R^3}\right)M = \left(\frac{R^3}{8R^3}\right)M = \frac{M}{8}\,.$$

Der Mittelpunkt der Aushöhlung ist $d - r = d - R/2$ von m entfernt, also ist seine Kraft auf m

$$F_2 = \frac{G(M/8)m}{(d - R/2)^2}\,.$$

Die Kraft der ausgehöhlten Kugel auf m ist

$$F = F_1 - F_2 = GMm\left(\frac{1}{d^2} - \frac{1}{8(d-R/2)^2}\right) = \frac{GMm}{d^2}\left(1 - \frac{1}{8(1-R/2d)^2}\right) .$$

15 Die Gravitationsbeschleunigung ist gegeben durch $a_g = GM/r^2$, wobei M die Masse der Erde und r den Abstand vom Mittelpunkt der Erde bezeichnen. Setzen Sie $r = R + h$ mit dem Erdradius R und der Höhe h ein, und Sie erhalten $a_g = GM/(R+h)^2$. Lösen Sie nach h auf. Sie sollten $h = \sqrt{GM/a_g} - R$ erhalten. Gemäß Anhang C ist $R = 6{,}37 \times 10^6$ m und $M = 5{,}98 \times 10^{24}$ kg, also haben wir

$$h = \sqrt{\frac{(6{,}67 \times 10^{-11}\,\mathrm{m^3/s^2{\cdot}kg})(5{,}98 \times 10^{24}\,\mathrm{kg})}{4{,}9\,\mathrm{m/s^2}}} - 6{,}37 \times 10^6\,\mathrm{m} = 2{,}6 \times 10^6\,\mathrm{m} .$$

17 Wäre die Winkelgeschwindigkeit etwas größer, würden sich frei bewegliche Objekte auf der Oberfläche nicht mit dem Planeten, sondern in den Weltraum bewegen.

(a) Der Betrag der Gravitationskraft, die durch den Planeten auf ein Objekt der Masse m an seiner Oberfläche ausgeübt wird, ist gegeben durch $F = GmM/R^2$, wobei M die Masse des Planeten und R seinen Radius bezeichnet. Nach dem zweiten Newtonschen Axiom muss dies gleich mv^2/R sein, wobei v der Geschwindigkeitsbetrag des Objekts ist. Damit haben wir

$$\frac{GM}{R^2} = \frac{v^2}{R} .$$

Ersetzen wir M durch $(4\pi/3)\rho R^3$ (wobei ρ die Dichte des Planeten ist) und v durch $2\pi R/T$ (wobei T die Periodendauer der Umdrehung ist), erhalten wir

$$\frac{4\pi}{3} G\rho R = \frac{4\pi^2 R}{T^2} .$$

Wir lösen nach T auf und erhalten

$$T = \sqrt{\frac{3\pi}{G\rho}} .$$

(b) Die Dichte ist $3{,}0 \times 10^3\,\mathrm{kg/m^3}$. Wir werten die Gleichung für T aus:

$$T = \sqrt{\frac{3\pi}{(6{,}67 \times 10^{-11}\,\mathrm{m^3/s^2{\cdot}kg})(3{,}0 \times 10^3\,\mathrm{kg/m^3})}} = 6{,}86 \times 10^3\,\mathrm{s} = 1{,}9\,\mathrm{h} .$$

19 (a) Die auf das gewogene Objekt wirkenden Kräfte sind die nach unten gerichtete Gravitationskraft und die nach oben gerichtete Kraft der Federwaage. Es bezeichne F_g den Betrag der Kraft der Erdgravitation und W den Betrag der durch die Federwaage ausgeübten Kraft. Die Anzeige der Waage ergibt den Wert von W. Der Körper bewegt sich auf einem Kreis vom Radius R und erfährt also eine Zentripetalbeschleunigung. Das zweite Newtonsche Axiom wird zu $F_g - W = mV^2/R$, wobei V den Geschwindigkeitsbetrag des Körpers bezeichnet, wie er in einem Inertialsystem gemessen wird, und m die Masse des Körpers. Wir haben nun $V = R\omega \pm v$, wobei ω die Winkelgeschwindigkeit der Erde bei ihrer Rotation bezeichnet und v den Geschwindigkeitsbetrag des Schiffs relativ zur Erde. Wir bemerken, dass der erste Ausdruck den Geschwindigkeitsbetrag eines mit der rotierenden Erde befestigten Punktes ergibt. Das positive Vorzeichen wird verwendet, wenn sich das Schiff in die gleiche Richtung wie der Teil der Erde unter ihm (von Westen nach Osten) bewegt, und das negative Vorzeichen wird verwendet, wenn sich das Schiff in die entgegengesetzte Richtung (von Osten nach Westen) bewegt.

Das zweite Newtonsche Axiom lautet nun $F_g - W = m(R\omega \pm v)^2/R$. Wenn wir die Klammern ausmultiplizieren, können wir den Term v^2 vernachlässigen, da v viel kleiner ist als $R\omega$. Also ist $F_g - W = m(R^2\omega^2 \pm 2R\omega v)/R$ und $W = F_g - mR\omega^2 \mp 2m\omega v$. Bei $v = 0$ ist die Anzeige der Waage $W_0 = F_g - mR\omega^2$, also $W = W_0 \mp 2m\omega v$. Wir ersetzen m durch W_0/g und erhalten $W = W_0(1 \mp 2\omega v/g)$.

(b) Das obere Vorzeichen $(-)$ wird verwendet, wenn das Schiff nach Osten segelt, und das untere Vorzeichen $(+)$, wenn das Schiff nach Westen segelt.

25 (a) Der Betrag der Kraft auf ein Teilchen der Masse m an der Erdoberfläche ist gegeben durch $F = GMm/R^2$, wobei M die Gesamtmasse der Erde und R den Erdradius bezeichnet. Die Beschleunigung auf Grund der Gravitation ist

$$a_g = \frac{F}{m} = \frac{GM}{R^2} = \frac{(6{,}67 \times 10^{-11}\,\mathrm{m^3/s^2{\cdot}kg})(5{,}98 \times 10^{24}\,\mathrm{kg})}{(6{,}37 \times 10^6\,\mathrm{m})^2} = 9{,}83\,\mathrm{m/s^2}\,.$$

(b) Wir haben nun $a_g = GM/R^2$, wobei M die gesamte in Kern und Mantel zusammen enthaltene Masse und R den äußeren Radius des Mantels ($6{,}345 \times 10^6$ m gemäß Abb. 14–36) bezeichnet. Die Gesamtmasse ist $M = 1{,}93 \times 10^{24}\,\mathrm{kg} + 4{,}01 \times 10^{24}\,\mathrm{kg} = 5{,}94 \times 10^{24}\,\mathrm{kg}$. Der erste Term ist die Masse des Kerns und der zweite die des Mantels. Damit haben wir

$$a_g = \frac{(6{,}67 \times 10^{-11}\,\mathrm{m^3/s^2{\cdot}kg})(5{,}94 \times 10^{24}\,\mathrm{kg})}{(6{,}345 \times 10^6\,\mathrm{m})^2} = 9{,}84\,\mathrm{m/s^2}\,.$$

(c) Ein Punkt 25 km unterhalb der Oberfläche befindet sich an der Berührungsfläche Mantel–Kruste und an der Oberfläche einer Kugel mit einem Radius von $R = 6{,}345 \times 10^6$ m. Da wir nun annehmen, dass die Masse gleichmäßig verteilt ist, können wir die Masse innerhalb dieser Kugelschale bestimmen, indem wir die Masse pro Volumen mit dem Volumen der Kugel multiplizieren: $M = (R^3/R_e^3)M_e$, wobei M_e die Gesamtmasse der Erde und R_e den Radius der Erde bezeichnet. Damit haben wir

$$M = \left(\frac{6{,}345 \times 10^6\,\mathrm{m}}{6{,}37 \times 10^6\,\mathrm{m}}\right)^3 (5{,}98 \times 10^{24}\,\mathrm{kg}) = 5{,}91 \times 10^{24}\,\mathrm{kg}\,.$$

Die Beschleunigung auf Grund der Gravitation ist

$$a_g = \frac{GM}{R^2} = \frac{(6{,}67 \times 10^{-11}\,\mathrm{m^3/s^2{\cdot}kg})(5{,}91 \times 10^{24}\,\mathrm{kg})}{(6{,}345 \times 10^6\,\mathrm{m})^2} = 9{,}79\,\mathrm{m/s^2}\,.$$

29 (a) Die Dichte einer homogenen Kugel ist gegeben durch $\rho = 3M/4\pi R^3$, wobei M ihre Masse und R ihren Radius bezeichnen. Das Verhältnis der Dichte von Mars zur Dichte der Erde ist

$$\frac{\rho_M}{\rho_E} = \frac{M_M}{M_E}\frac{R_E^3}{R_M^3} = 0{,}11\left(\frac{0{,}65 \times 10^4\,\mathrm{km}}{3{,}45 \times 10^3\,\mathrm{km}}\right)^3 = 0{,}74\,.$$

(b) Der Wert von a_g an der Oberfläche eines Planeten ist gegeben durch $a_g = GM/R^2$, also ergibt sich für den Wert von Mars

$$a_{gM} = \frac{M_M}{M_E}\frac{R_E^2}{R_M^2}a_{gE} = 0{,}11\left(\frac{0{,}65 \times 10^4\,\mathrm{km}}{3{,}45 \times 10^3\,\mathrm{km}}\right)^2 (9{,}8\,\mathrm{m/s^2}) = 3{,}8\,\mathrm{m/s^2}\,.$$

(c) Wenn v die Fluchtgeschwindigkeit ist, dann ergibt sich für ein Teilchen der Masse m:

$$\tfrac{1}{2}mv^2 = G\frac{mM}{R}$$

und

$$v = \sqrt{\frac{2GM}{R}}\,.$$

Für den Mars ergibt das

$$v = \sqrt{\frac{2(6{,}67 \times 10^{-11}\,\mathrm{m^3/s^2{\cdot}kg})(0{,}11)(5{,}98 \times 10^{24}\,\mathrm{kg})}{3{,}45 \times 10^6\,\mathrm{m}}} = 5{,}0 \times 10^3\,\mathrm{m/s}\,.$$

31 (a) Die durch Sie geleistete Arbeit beim Verschieben der Kugel der Masse m_2 ist gleich der Änderung der potenziellen Energie des Dreikugel-Systems. Am Anfang beträgt die potenzielle Energie

$$U_i = -\frac{Gm_1m_2}{d} - \frac{Gm_1m_3}{L} - \frac{Gm_2m_3}{L-d}$$

und am Ende

$$U_f = -\frac{Gm_1m_2}{L-d} - \frac{Gm_1m_3}{L} - \frac{Gm_2m_3}{d} .$$

Die verrichtete Arbeit ist

$$\begin{aligned} W &= U_f - U_i = Gm_2\left(m_1\left(\frac{1}{d} - \frac{1}{L-d}\right) + m_3\left(\frac{1}{L-d} - \frac{1}{d}\right)\right) \\ &= (6{,}67 \times 10^{-11}\,\mathrm{m^3/s^2\cdot kg})(0{,}10\,\mathrm{kg})\left[(0{,}80\,\mathrm{kg})\left(\frac{1}{0{,}040\,\mathrm{m}} - \frac{1}{0{,}080\,\mathrm{m}}\right)\right. \\ &\qquad \left. +(0{,}20\,\mathrm{kg})\left(\frac{1}{0{,}080\,\mathrm{m}} - \frac{1}{0{,}040\,\mathrm{m}}\right)\right] \\ &= +5{,}0 \times 10^{-11}\,\mathrm{J} . \end{aligned}$$

(b) Die durch die Gravitationskraft verrichtete Arbeit ist $-(U_f - U_i) = -5{,}0 \times 10^{-11}$ J.

33 (a) Wir verwenden das Energieerhaltungsprinzip. Anfangs befindet sich die Rakete an der Erdoberfläche und die potenzielle Energie ist $U_i = -GMm/R_e = -mgR_e$, wobei M die Masse der Erde, m die Masse der Rakete und R_e den Erdradius bezeichnet. Dabei wurde die Beziehung $g = GM/R_e^2$ verwendet. Die kinetische Energie am Anfang ist $\frac{1}{2}mv^2 = 2mgR_e$, wobei wir $v = 2\sqrt{gR_e}$ eingesetzt haben. Wenn die Rakete entfliehen kann, muss die Energieerhaltung zu einer positiven kinetischen Energie führen, egal wie weit sie sich von der Erde entfernt. Wir setzen die potenzielle Energie am Ende null und bezeichnen die kinetische Energie am Ende mit K_f. Dann führt $U_i + K_i = U_f + K_f$ zu $K_f = U_i + K_i = -mgR_e + 2mgR_e = mgR_e$. Das Ergebnis ist positiv, und die Rakete besitzt genügend kinetische Energie, um der Anziehung der Erde zu entkommen.

(b) Wir schreiben $\frac{1}{2}mv_f^2$ für die kinetische Energie am Ende. Dann erhalten wir $\frac{1}{2}mv_f^2 = mgR_e$ und $v_f = \sqrt{2gR_e}$.

35 (a) Verwenden Sie das Energieerhaltungsprinzip. Am Anfang befindet sich das Teilchen auf der Oberfläche des Asteroiden und besitzt die potenzielle Energie $U_i = -GMm/R$, wobei M die Masse des Asteroiden, R seinen Radius und m die Masse des Teilchens bezeichnet, das nach oben geschossen wird. Die kinetische Energie ist $\frac{1}{2}mv^2$. Das Teilchen entkommt gerade, wenn seine kinetische Energie null ist, sobald es unendlich weit vom Asteroiden entfernt ist. Am Ende sind potenzielle und kinetische Energie null. Die Energieerhaltung liefert $-GMm/R + \frac{1}{2}mv^2 = 0$. Ersetzen Sie GM/R durch a_gR, wobei a_g die Gravitationsbeschleunigung an der Oberfläche bezeichnet. Die Gleichung für die Energie lautet dann $-a_gR + \frac{1}{2}v^2 = 0$. Lösen Sie nach v auf:

$$v = \sqrt{2a_gR} = \sqrt{2(3{,}0\,\mathrm{m/s^2})(500 \times 10^3\,\mathrm{m})} = 1{,}7 \times 10^3\,\mathrm{m/s} .$$

(b) Anfangs befindet sich das Teilchen an der Oberfläche. Die potenzielle Energie ist $U_i = -GMm/R$, und die kinetische Energie ist $K_i = \frac{1}{2}mv^2$. Nehmen Sie an, das Teilchen befinde sich in einem Abstand h oberhalb der Oberfläche, wenn es kurzzeitig zur Ruhe kommt. Am Ende beträgt die potenzielle Energie $U_f = -GMm/(R + h)$, und die kinetische Energie ist $K_f = 0$. Die Energieerhaltung liefert

$$-\frac{GMm}{R} + \frac{1}{2}mv^2 = -\frac{GMm}{R+h} .$$

Ersetzen Sie GM durch a_gR^2 und kürzen Sie m in der Gleichung für die Energie, und Sie erhalten

$$-a_gR + \frac{1}{2}v^2 = -\frac{a_gR^2}{(R+h)} .$$

Aufgelöst nach h ergibt sich

$$\begin{aligned} h &= \frac{2a_g R^2}{2a_g R - v^2} - R \\ &= \frac{2(3{,}0\,\mathrm{m/s^2})(500 \times 10^3\,\mathrm{m})^2}{2(3{,}0\,\mathrm{m/s^2})(500 \times 10^3\,\mathrm{m}) - (1000\,\mathrm{m/s})^2} - (500 \times 10^3\,\mathrm{m}) \\ &= 2{,}5 \times 10^5\,\mathrm{m}\,. \end{aligned}$$

(c) Das Teilchen befindet sich am Anfang in einem Abstand von h zur Oberfläche und ist in Ruhe. Die potenzielle Energie ist $U_i = -GMm/(R+h)$, und die anfängliche kinetische Energie beträgt $K_i = 0$. Kurz bevor das Teilchen auf dem Asteroiden aufschlägt, besitzt es die potenzielle Energie $U_f = -GMm/R$. Schreiben Sie $\frac{1}{2}mv_f^2$ für die kinetische Energie am Ende. Die Energieerhaltung liefert

$$-\frac{GMm}{R+h} = -\frac{GMm}{R} + \frac{1}{2}mv^2\,.$$

Ersetzen Sie GM durch $a_g R^2$ und kürzen Sie m, dann erhalten Sie

$$-\frac{a_g R^2}{R+h} = -a_g R + \frac{1}{2}v^2\,.$$

Aufgelöst nach v ergibt sich

$$\begin{aligned} v &= \sqrt{2a_g R - \frac{2a_g R^2}{R+h}} \\ &= \sqrt{2(3{,}0\,\mathrm{m/s^2})(500 \times 10^3\,\mathrm{m}) - \frac{2(3{,}0\,\mathrm{m/s^2})(500 \times 10^3\,\mathrm{m})^2}{500 \times 10^3\,\mathrm{m} + 1000 \times 10^3\,\mathrm{m}}} \\ &= 1{,}4 \times 10^3\,\mathrm{m/s}\,. \end{aligned}$$

37 (a) Der Impuls des Zweisterne-Systems bleibt erhalten, und da die Sterne die gleiche Masse besitzen, sind ihre Geschwindigkeit und ihre kinetische Energie gleich. Verwenden Sie den Energieerhaltungssatz. Am Anfang beträgt die potenzielle Energie $U_i = -GM^2/r_i$, wobei M die Masse jedes der beiden Sterne und r_i den Abstand ihrer beiden Mittelpunkte am Anfang bezeichnen. Die kinetische Energie beträgt am Anfang null, da sich die Sterne in Ruhe befinden. Die potenzielle Energie am Ende ist $U_f = -2GM^2/r_i$, da die Entfernung am Ende $r_i/2$ beträgt. Schreiben Sie Mv^2 für die kinetische Energie des Systems am Ende. Dies ist die Summe zweier Terme, von denen jeder $\frac{1}{2}Mv^2$ ist. Die Energieerhaltung liefert

$$-\frac{GM^2}{r_i} = -\frac{2GM^2}{r_i} + Mv^2\,.$$

Nach v aufgelöst ergibt sich

$$v = \sqrt{\frac{GM}{r_i}} = \sqrt{\frac{(6{,}67 \times 10^{-11}\,\mathrm{m^3/s^2{\cdot}kg})(10^{30}\,\mathrm{kg})}{10^{10}\,\mathrm{m}}} = 8{,}2 \times 10^4\,\mathrm{m/s}\,.$$

(b) Für den Abstand der Mittelpunkte am Ende ergibt sich nun $r_f = 2R = 2 \times 10^5$ m, wobei R den Radius jedes der beiden Sterne bezeichnet. Die potenzielle Energie am Ende ist gegeben durch $U_f = -GM^2/r_f$, und die kinetische Energie wird zu $-GM^2/r_i = -GM^2/r_f + Mv^2$. Nach v aufgelöst ergibt sich

$$\begin{aligned} v &= \sqrt{GM\left(\frac{1}{r_f} - \frac{1}{r_i}\right)} \\ &= \sqrt{(6{,}67 \times 10^{-11}\,\mathrm{m^3/s^2{\cdot}kg})(10^{30}\,\mathrm{kg})\left(\frac{1}{2 \times 10^5\,\mathrm{m}} - \frac{1}{10^{10}\,\mathrm{m}}\right)} \\ &= 1{,}8 \times 10^7\,\mathrm{m/s}\,. \end{aligned}$$

41 Die Umlaufzeit T und der Radius r der Umlaufbahn stehen über das Gesetz der Umlaufzeiten miteinander in Beziehung: $T^2 = (4\pi^2/GM)r^3$, wobei M die Marsmasse bezeichnet. Die Umlaufzeit ist 7 h 39 min, was $2{,}754 \times 10^4$ s sind. Wir lösen nach M auf:

$$\begin{aligned} M &= \frac{4\pi^2 r^3}{GT^2} \\ &= \frac{4\pi^2(9{,}4 \times 10^6\,\mathrm{m})^3}{(6{,}67 \times 10^{-11}\,\mathrm{m^3/s^2{\cdot}kg})(2{,}754 \times 10^4\,\mathrm{s})^2} = 6{,}5 \times 10^{23}\,\mathrm{kg}\,. \end{aligned}$$

43 Es sei N die Anzahl der Sterne in der Galaxie, M die Sonnenmasse und r der Radius der Galaxie. Die Gesamtmasse in der Galaxie ist NM, und der Betrag der auf die Sonne wirkenden Gravitationskraft ist $F = GNM^2/r^2$. Die Kraft weist in Richtung des galaktischen Zentrums. Der Betrag der Beschleunigung der Sonne ist $a = v^2/R$, wobei v ihren Geschwindigkeitsbetrag bezeichnet. Wenn die Umlaufzeit der Sonne um das galaktische Zentrum T ist, dann haben wir $v = 2\pi R/T$ und $a = 4\pi^2 R/T^2$. Das zweite Newtonsche Axiom liefert $GNM^2/R^2 = 4\pi^2 MR/T^2$. Aufgelöst nach N erhalten wir

$$N = \frac{4\pi^2 R^3}{GT^2 M}\,.$$

Die Umlaufzeit ist $2{,}5 \times 10^8$ Jahre, was $7{,}88 \times 10^{15}$ s sind, also ergibt sich

$$N = \frac{4\pi^2(2{,}2 \times 10^{20}\,\mathrm{m})^3}{(6{,}67 \times 10^{-11}\,\mathrm{m^3/s^2{\cdot}kg})(7{,}88 \times 10^{15}\,\mathrm{s})^2(2{,}0 \times 10^{30}\,\mathrm{kg})} = 5{,}1 \times 10^{10}\,.$$

45 (a) Wenn r den Radius der Umlaufbahn bezeichnet, dann ist der Betrag der auf den Satelliten wirkenden Gravitationskraft gegeben durch GMm/r^2, wobei M die Erdmasse und m die Masse des Satelliten bezeichnet. Der Betrag der Beschleunigung des Satelliten ist gegeben durch v^2/r, wobei v seine Geschwindigkeit ist. Das zweite Newtonsche Axiom liefert $GMm/r^2 = mv^2/r$. Da der Erdradius $6{,}37 \times 10^6$ m ist, ergibt sich für den Radius der Umlaufbahn $r = 6{,}37 \times 10^6\,\mathrm{m} + 160 \times 10^3\,\mathrm{m} = 6{,}53 \times 10^6\,\mathrm{m}$. Aufgelöst nach v erhalten wir:

$$v = \sqrt{\frac{GM}{r}} = \sqrt{\frac{(6{,}67 \times 10^{-11}\,\mathrm{m^3/s^2{\cdot}kg})(5{,}98 \times 10^{24}\,\mathrm{kg})}{6{,}53 \times 10^6\,\mathrm{m}}} = 7{,}82 \times 10^3\,\mathrm{m/s}\,.$$

(b) Da der Umfang der kreisförmigen Umlaufbahn $2\pi r$ ist, erhalten wir für die Umlaufzeit

$$T = \frac{2\pi r}{v} = \frac{2\pi(6{,}53 \times 10^6\,\mathrm{m})}{7{,}82 \times 10^3\,\mathrm{m/s}} = 5{,}25 \times 10^3\,\mathrm{s}\,.$$

Dies ist gleichbedeutend mit 87,4 min.

47 (a) Der größte Abstand zwischen dem Satelliten und dem Mittelpunkt der Erde (der Abstand im Apogäum) ist $R_a = 6{,}37 \times 10^6\,\mathrm{m} + 360 \times 10^3\,\mathrm{m} = 6{,}73 \times 10^6\,\mathrm{m}$. Der kleinste Abstand (Abstand des Perigäums) beträgt $R_p = 6{,}37 \times 10^6\,\mathrm{m} + 180 \times 10^3\,\mathrm{m} = 6{,}55 \times 10^6\,\mathrm{m}$. Dabei ist $6{,}37 \times 10^6$ m der Erdradius. Betrachten Sie Abb. 14-13, um zu erkennen, dass die große Halbachse

$$a = \frac{R_a + R_p}{2} = \frac{6{,}73 \times 10^6\,\mathrm{m} + 6{,}55 \times 10^6\,\mathrm{m}}{2} = 6{,}64 \times 10^6\,\mathrm{m}\,.$$

ist.

(b) Die Abstände des Apogäums und des Perigäums stehen mit der Exzentrizität e über $R_a = a(1 + e)$ und $R_p = a(1 - e)$ in Beziehung. Addieren Sie sie, um $R_a + R_p = 2a$ und $a = (R_a + R_p)/2$ zu erhalten. Subtrahieren Sie sie, um $R_a - R_p = 2ae$ zu erhalten. Also erhält man

$$e = \frac{R_a - R_p}{2a} = \frac{R_a - R_p}{R_a + R_p} = \frac{6{,}73 \times 10^6\,\mathrm{m} - 6{,}55 \times 10^6\,\mathrm{m}}{6{,}73 \times 10^6\,\mathrm{m} + 6{,}55 \times 10^6\,\mathrm{m}} = 0{,}0136\,.$$

55 Jeder Stern wird zu jedem der beiden anderen Sterne durch eine Kraft vom Betrag GM^2/L^2, entlang der Verbindungslinie zwischen den Sternen, hin gezogen. Die Gesamtkraft auf jeden Stern hat den Betrag $2(GM^2/L^2)\cos 30°$ und ist auf den Mittelpunkt des Dreiecks gerichtet. Dies ist eine Zentripetalkraft und hält die Sterne auf der gleichen kreisförmigen Umlaufbahn, wenn ihre Geschwindigkeiten geeignet sind. Wenn R den Radius der Umlaufbahn bezeichnet, liefert das zweite Newtonsche Axiom $(GM^2/L^2)\cos 30° = Mv^2/R$.

Die Sterne rotieren um ihren Schwerpunkt (im Diagramm rechts durch $\odot$ gekennzeichnet) im Schnittpunkt der senkrechten Seitenhalbierenden der Dreiecksseiten, und der Radius der Umlaufbahn ist der Abstand eines Sterns zum Schwerpunkt des Drei-Sterne-Systems. Wir legen das Koordinatensystem, wie im Diagramm dargestellt, mit seinem Ursprung im Stern ganz links. Die Höhe eines gleichseitigen Dreiecks ist $(\sqrt{3}/2)L$, also befinden sich die Sterne bei $x = 0$, $y = 0$; $x = L$, $y = 0$ und $x = L/2$, $y = \sqrt{3}L/2$. Die x-Koordinate des Schwerpunkts ist $x_c = (L + L/2)/3 = L/2$, und die y-Koordinate ist $y_c = (\sqrt{3}L/2)/3 = L/2\sqrt{3}$. Der Abstand von einem Stern zum Schwerpunkt ist $R = \sqrt{x_c^2 + y_c^2} = \sqrt{(L^2/4) + (L^2/12)} = L/\sqrt{3}$.

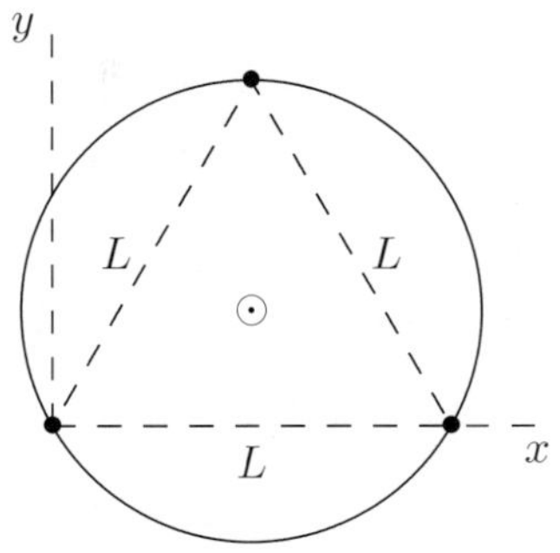

Setzt man den Ausdruck für R ein, wird das zweite Newtonsche Axiom $(2GM^2/L^2)\cos 30° = \sqrt{3}Mv^2/L$. Dies können wir etwas vereinfachen, wenn wir erkennen, dass $\cos 30° = \sqrt{3}/2$ ist, und wir dividieren die Gleichung durch M. Dann erhalten wird $GM/L^2 = v^2/L$ und $v = \sqrt{GM/L}$.

57 (a) Verwenden Sie das Gesetz der Umlaufzeiten (3. Keplersches Gesetz): $T^2 = (4\pi^2/GM)r^3$, wobei M die Masse der Sonne ($1{,}99 \times 10^{30}$ kg) und r den Radius der Umlaufbahn bezeichnet. Der Radius der Umlaufbahn ist zweimal so groß wie der Radius der Erdumlaufbahn: $r = 2r_e = 2(150 \times 10^9\ \mathrm{m}) = 300 \times 10^9$ m. Also folgt

$$T = \sqrt{\frac{4\pi^2 r^3}{GM}} = \sqrt{\frac{4\pi^2(300 \times 10^9\ \mathrm{m})^3}{(6{,}67 \times 10^{-11}\ \mathrm{m^3/s^2{\cdot}kg})(1{,}99 \times 10^{30}\ \mathrm{kg})}} = 8{,}96 \times 10^7\ \mathrm{s}\,.$$

Dividieren Sie durch (365 d/a)(24 h/d)(60 min/h)(60 s/min), und Sie erhalten $T = 2{,}8$ a (Jahre).

(b) Die kinetische Energie eines Asteroiden oder Planeten auf einer kreisförmigen Umlaufbahn vom Radius r ist gegeben durch $K = GMm/2r$, wobei m die Masse des Asteroiden oder Planeten bezeichnet. Beachten Sie, dass die kinetische Energie proportional zu m und umgekehrt proportional zu r ist. Das Verhältnis der kinetischen Energie des Asteroiden zu der der Erde ist $K/K_e = (m/m_e)(r_e/r)$. Setzen Sie $m = 2{,}0 \times 10^{-4} m_e$ und $r = 2r_e$ ein, so erhalten Sie $K/K_e = 1{,}0 \times 10^{-4}$.

59 Die Gesamtenergie ist gegeben durch $E = -GMm/2a$, wobei M die Masse des anziehenden Körpers im Mittelpunkt (z.B. die Sonne), m die Masse des Objekts (z.B. ein Planet) und a die große Halbachse der Umlaufbahn bezeichnet. Wenn sich das Objekt in einem Abstand r vom Zentralkörper befindet, beträgt die potenzielle Energie $U = -GMm/r$. Für die kinetische Energie schreiben wir $\frac{1}{2}mv^2$. Aus $E = K + U$ wird dann $-GMm/2a = \frac{1}{2}mv^2 - GMm/r$. Wir lösen nach v^2 auf. Das Ergebnis ist

$$v^2 = GM\left(\frac{2}{r} - \frac{1}{a}\right).$$

63 (a) Die auf den Satelliten wirkende Kraft hat den Betrag GMm/r^2, wobei M die Masse der Erde, m die Masse des Satelliten und r den Radius der Umlaufbahn bezeichnet. Die Kraft zeigt zum Mittelpunkt der Umlaufbahn. Da die Beschleunigung des Satelliten v^2/r beträgt, wobei v seine Geschwindigkeit bezeichnet, liefert das zweite Newtonsche Axiom $GMm/r^2 = mv^2/r$, und die Geschwindigkeit ist gegeben durch $v = \sqrt{GM/r}$. Der Radius der Umlaufbahn ist die Summe aus dem Erdradius und der Höhe des Satelliten: $r = 6{,}37 \times 10^6 + 640 \times 10^3 = 7{,}01 \times 10^6$ m. Also haben wir

$$v = \sqrt{\frac{(6{,}67 \times 10^{-11}\,\mathrm{m^3/s^2 \cdot kg})(5{,}98 \times 10^{24}\,\mathrm{kg})}{7{,}01 \times 10^6\,\mathrm{m}}} = 7{,}54 \times 10^3\,\mathrm{m/s}\,.$$

Runden Sie auf $7{,}5 \times 10^3\,\mathrm{m/s}$.

(b) Die Umlaufzeit ist $T = 2\pi r/v = 2\pi(7{,}01 \times 10^6\,\mathrm{m})/(7{,}54 \times 10^3\,\mathrm{m/s}) = 5{,}84 \times 10^3\,\mathrm{s}$. Dies sind 97 min.

(c) Wenn E_0 die Anfangsenergie bezeichnet, dann beträgt die Energie nach n Umläufen $E = E_0 - nC$ mit $C = 1{,}4 \times 10^5$ Jahre/Umlauf. Für eine kreisförmige Umlaufbahn stehen die Energie und der Radius der Umlaufbahn über $E = -GMm/2r$ in Beziehung, also ist der Radius nach n Umläufen gegeben durch $r = -GMm/2E$.

Die Anfangsenergie ist

$$E_0 = -\frac{(6{,}67 \times 10^{-11}\,\mathrm{m^3/s^2 \cdot kg})(5{,}98 \times 10^{24}\,\mathrm{kg})(220\,\mathrm{kg})}{2(7{,}01 \times 10^6\,\mathrm{m})} = -6{,}26 \times 10^9\,\mathrm{J}\,,$$

die Energie nach 1500 Umläufen ist

$$E = E_0 - nC = -6{,}26 \times 10^9\,\mathrm{J} - (1500\ \text{Umläufe})(1{,}4 \times 10^5\,\mathrm{J/Umlauf}) = -6{,}47 \times 10^9\,\mathrm{J}\,,$$

und der Radius der Umlaufbahn nach 1500 Umläufen beträgt

$$r = -\frac{(6{,}67 \times 10^{-11}\,\mathrm{m^3/s^2 \cdot kg})(5{,}98 \times 10^{24}\,\mathrm{kg})(220\,\mathrm{kg})}{2\left(-6{,}47 \times 10^9\,\mathrm{J}\right)} = 6{,}78 \times 10^6\,\mathrm{m}\,.$$

Die Höhe ist gegeben durch $h = r - R = 6{,}78 \times 10^6\,\mathrm{m} - 6{,}37 \times 10^6\,\mathrm{m} = 4{,}1 \times 10^5\,\mathrm{m}$. Dabei bezeichnet R den Erdradius.

(d) Die Geschwindigkeit ist

$$v = \sqrt{\frac{GM}{r}} = \sqrt{\frac{(6{,}67 \times 10^{-11}\,\mathrm{m^3/s^2 \cdot kg})(5{,}98 \times 10^{24}\,\mathrm{kg})}{6{,}78 \times 10^6\,\mathrm{m}}} = 7{,}67 \times 10^3\,\mathrm{m/s}\,.$$

(e) Die Umlaufperiode ist

$$T = \frac{2\pi r}{v} = \frac{2\pi(6{,}78 \times 10^6\,\mathrm{m})}{7{,}67 \times 10^3\,\mathrm{m/s}} = 5{,}6 \times 10^3\,\mathrm{s}\,.$$

Dies sind 93 min.

(f) Bezeichnen Sie den Betrag der durchschnittlichen Kraft mit F und die vom Satelliten zurückgelegte Entfernung mit s. Die von der Kraft verrichtete Arbeit ist dann $W = -Fs$. Dies ist die Änderung der Energie: $-Fs = \Delta E$. Also gilt $F = -\Delta E/s$. Werten Sie diesen Ausdruck für die erste Umlaufbahn aus. Für eine komplette Umlaufbahn ergibt sich $s = 2\pi r = 2\pi(7{,}01 \times 10^6\,\mathrm{m}) = 4{,}40 \times 10^7\,\mathrm{m}$ und $\Delta E = -1{,}4 \times 10^5\,\mathrm{J}$. Also haben wir

$$F = -\frac{\Delta E}{s} = \frac{1{,}4 \times 10^5\,\mathrm{J}}{4{,}40 \times 10^7\,\mathrm{m}} = 3{,}2 \times 10^{-3}\,\mathrm{N}\,.$$

(g) Mit der Widerstandskraft ist ein auf den Satelliten wirkendes Drehmoment verbunden, also bleibt der Drehimpuls des Satelliten nicht erhalten.

(h) Da das System Satellit–Erde isoliert ist, bleibt sein Drehimpuls erhalten. Das mit der Widerstandskraft verbundene Drehmoment wirkt innerhalb des Systems und ändert nicht den Gesamtdrehimpuls des Systems.

15 Fluide

1 Die Druckänderung ist die durch die Krankenschwester ausgeübte Kraft geteilt durch die Querschnittsfläche der Spritze:

$$\Delta p = F/A = F/\pi r^2 ,$$

wobei r den Radius des Spritzenkolbens bezeichnet. Damit ergibt sich

$$\Delta p = (42\,\text{N})/\pi(0{,}011\,\text{m})^2 = 1{,}1 \times 10^5\,\text{Pa} .$$

Dies entspricht 1,1 atm.

3 Die Luft innen drückt mit einer Kraft nach außen, die gegeben ist durch $p_i A$, wobei p_i der Druck im Raum und A die Fläche des Fensters ist. Analog drückt die Luft außen mit einer Kraft nach innen, die gegeben ist durch $p_a A$, wobei p_a der Druck außen ist. Der Betrag der Gesamtkraft ist $F = (p_i - p_a)A$. Wegen $1\,\text{atm} = 1{,}013 \times 10^5\,\text{Pa}$ erhalten wir

$$F = (1{,}0\,\text{atm} - 0{,}96\,\text{atm})(1{,}013 \times 10^5\,\text{Pa/atm})(3{,}4\,\text{m})(2{,}1\,\text{m}) = 2{,}9 \times 10^4\,\text{N} .$$

6 Der Betrag F der Kraft, die nötig ist, um den Deckel abzuziehen, ist $F = (p_a - p_i)A$, wobei p_a den Druck außerhalb des Behälters p_i den Druck innerhalb und A die Fläche des Deckels bezeichnet. Erinnern wir uns, dass $1\,\text{N/m}^2 = 1\,\text{Pa}$ gilt, erhalten wir

$$p_i = p_a - \frac{F}{A} = 1{,}0 \times 10^5\,\text{Pa} - \frac{480\,\text{N}}{77 \times 10^{-4}\,\text{m}^2} = 3{,}8 \times 10^4\,\text{Pa} .$$

7 (a) An jedem Punkt der Oberfläche gibt es aufgrund des Druckunterschieds zwischen der Luft innerhalb und außerhalb der Kugel eine resultierende Kraft nach innen, die senkrecht auf der Fläche steht. Die Zeichnung zeigt die halbe Kugel und einige Kraftvektoren. Wir nehmen an, eine Gruppe Pferde zieht nach rechts. Um die Kugel auseinanderzuziehen, muss die Gruppe eine Kraft ausüben, die mindestens so groß ist wie die Horizontalkomponente der resultierenden Kraft der Luft. Betrachten Sie die unter dem eingezeichneten Winkel θ angreifende Kraft. Ihre Horizontalkomponente ist $\Delta p \cos\theta\, dA$, wobei dA ein infinitesimales Flächenelement an dem Punkt bezeichnet, wo die Kraft angewandt wird. Wir lassen die Fläche dA die eines Rings mit konstantem θ auf der Oberfläche sein. Der Radius des Rings ist $r = R \sin\theta$, wobei R den Kugelradius bezeichnet. Wenn die Winkelbreite des Rings mit $d\theta$ in Radiant, bezeichnet wird, dann ist seine Breite $R\, d\theta$ und und seine Fläche ist $dA = 2\pi R^2 \sin\theta\, d\theta$.

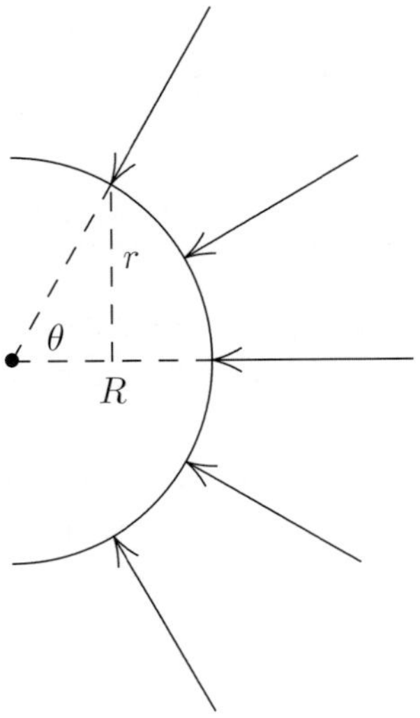

Also ist die resultierende Horizontalkomponente der Kraft der Luft gegeben durch

$$\begin{aligned} F_h &= 2\pi R^2 \, \Delta p \int_0^{\pi/2} \sin\theta \cos\theta \, d\theta \\ &= \pi R^2 \, \Delta p \sin^2\theta \Big|_0^{\pi/2} = \pi R^2 \, \Delta p \, . \end{aligned}$$

Dies ist die Kraft, die durch jede Gruppe von Pferden aufgewandt werden muss, um die Kugel auseinanderzuziehen.

(b) Verwenden Sie 1 atm $= 1{,}01 \times 10^5$ Pa, um zu zeigen, dass $\Delta p = 0{,}90$ atm $= 9{,}09 \times 10^4$ Pa ist. Der Kugelradius ist $R = 0{,}30$ m, also haben wir $F_h = \pi(0{,}30\,\mathrm{m})^2(9{,}09 \times 10^4\,\mathrm{Pa}) = 2{,}6 \times 10^4$ N.

(c) Eine Gruppe von Pferden könnte verwendet werden, wenn eine Hälfte der Kugel an eine feste Wand befestigt wird. Die Kraft der Wand auf die Kugel würde durch die Kraft der Pferde ausgeglichen. Zwei Gruppen wurden wahrscheinlich verwendet, um den dramatischen Effekt zu erhöhen.

9 Die Pumpe muss gegen den hydrostatischen Druck arbeiten, der durch die Abwassersäule (mit der Dichte ρ und der Höhe $\ell = 8{,}2\,\mathrm{m} - 2{,}1\,\mathrm{m} = 6{,}1$ m) ausgeübt wird. Die (Mindest-)Druckdifferenz, die durch die Pumpe aufrecht erhalten werden muss, beträgt $\Delta p = \rho g \ell = (900\,\mathrm{kg/m^3})(9{,}8\,\mathrm{m/s^2})(6{,}1\,\mathrm{m}) = 5{,}4 \times 10^4$ Pa.

13 Der Druck p in der Tiefe d des Lukendeckels beträgt $p_0 + \rho g d$, wobei ρ die Dichte des Meereswassers und p_0 den Atmosphärendruck bezeichnet. Die nach unten gerichtete Kraft des Wassers auf den Lukendeckel ist $(p_0 + \rho g d)A$, wobei A die Fläche des Deckels bezeichnet. Wenn die Luft im Unterseeboot Atmosphärendruck hat, dann übt sie eine nach oben gerichtete Kraft $p_0 A$ aus. Die Kraft, die von den Besatzungsmitgliedern mindestens aufgewandt werden muss, um den Deckel zu öffnen, hat den Betrag $F = (p_0 + \rho g d)A - p_0 A = \rho g d A = (1025\,\mathrm{kg/m^3})(9{,}8\,\mathrm{m/s^2})(100\,\mathrm{m})(1{,}2\,\mathrm{m})(0{,}60\,\mathrm{m}) = 7{,}2 \times 10^5$ N.

15 Wenn die Niveaus gleich sind, beträgt die Flüssigkeitshöhe $h = (h_1 + h_2)/2$, wobei h_1 und h_2 die ursprünglichen Höhen bezeichnen. Nehmen Sie an, h_1 ist größer als h_2. Die Endsituation kann erreicht werden, indem Flüssigkeit mit dem Volumen $A(h_1 - h)$ und Masse $\rho A(h_1 - h)$ in das erste Gefäß übertragen wird, wobei die Flüssigkeit um einen Abstand $h - h_2$ abgesenkt wird. Die durch die Gravitationskraft verrichtete Arbeit ist $W = \rho A(h_1 - h)g(h - h_2)$. Setzen Sie $h = (h_1 + h_2)/2$ ein, und Sie erhalten

$$W = \frac{1}{4}\rho g A(h_1 - h_2)^2 \, .$$

17 Wir nehmen an, dass der Druck an allen Punkten, die sich im Abstand $d = 20$ km unterhalb der Oberfläche befinden, der gleiche ist. Für Punkte auf der linken Seite in Abb. 15-31 ist dieser Druck gegeben durch $p = p_0 + \rho_o g d_o + \rho_K g d_K + \rho_M g d_M$, wobei p_0 den Atmosphärendruck, ρ_o und d_o die Dichte und die Tiefe des Ozeans, ρ_K und d_K die Dichte und die Dicke der Kruste sowie ρ_M und d_M die Dichte und die Dicke des Mantels (bis zu einer Tiefe von 20 km) bezeichnet. Für Punkte auf der rechten Seite der Abbildung ist p gegeben durch $p = p_0 + \rho_K g d$. Wir setzen die beiden Ausdrücke für p gleich und bemerken, dass sich g heraus kürzt, womit wir $\rho_K d = \rho_o d_o + \rho_K d_K + \rho_M d_M$ erhalten. Wir setzen $d_M = d - d_o - d_K$ ein und erhalten

$$\rho_K d = \rho_o d_o + \rho_K d_K + \rho_M d - \rho_M d_o - \rho_M d_K \, .$$

Wir lösen nach d_o auf:

$$\begin{aligned} d_o &= \frac{\rho_K d_K - \rho_K d + \rho_M d - \rho_M d_K}{\rho_M - \rho_o} = \frac{(\rho_M - \rho_K)(d - d_K)}{\rho_M - \rho_o} \\ &= \frac{\left(3{,}3\,\mathrm{g/cm^3} - 2{,}8\,\mathrm{g/cm^3}\right)(20\,\mathrm{km} - 12\,\mathrm{km})}{3{,}3\,\mathrm{g/cm^3} - 1{,}0\,\mathrm{g/cm^3}} = 1{,}7\,\mathrm{km} \, . \end{aligned}$$

19 (a) In einer Tiefe y ist der Überdruck des Wassers $p = \rho g y$, wobei ρ die Dichte des Wassers bezeichnet. Betrachten Sie einen Streifen Wasser mit der Breite W in einer Tiefe y und der (vertikalen) Dicke dy quer über den Damm. Seine Fläche ist $dA = W\,dy$, und die Kraft, die er auf den Damm ausübt, ist $dF = p\,dA = \rho g y W\,dy$. Die Gesamtkraft des Wassers auf den Damm ist

$$F = \int_0^D \rho g y W \, dy = \frac{1}{2}\rho g W D^2 \, .$$

(b) Betrachten Sie wieder einen Streifen Wasser in einer Tiefe y. Sein Kraftarm für das Drehmoment, das er bei O ausübt, ist $D - y$, also ist das durch ihn ausgeübte Drehmoment $d\tau = dF(D-y) = \rho g y W(D-y)dy$, und das gesamte Drehmoment des Wassers ist

$$\tau = \int_0^D \rho g y W(D-y)\,dy = \rho g W\left(\frac{1}{2}D^3 - \frac{1}{3}D^3\right) = \frac{1}{6}\rho g W D^3 .$$

(c) Schreiben Sie $\tau = rF$, wobei r den effektiven Drehmomentarm bezeichnet. Dann haben wir

$$r = \frac{\tau}{F} = \frac{\frac{1}{6}\rho g W D^3}{\frac{1}{2}\rho g W D^2} = \frac{D}{3} .$$

21 (a) Verwenden Sie den Ausdruck für die Änderung des Drucks mit der Höhe in einer inkompressiblen Flüssigkeit: $p_2 = p_1 - \rho g(y_2 - y_1)$. Legen Sie y_1 auf die Oberfläche der Erde, wo der Druck $p_1 = 1{,}01 \times 10^5$ Pa und y_2 an das oberste Ende der Atmosphäre, wo der Druck $p_2 = 0$ ist. Die Dichte betrage $1{,}3\,\mathrm{kg/m^3}$. Dann haben wir

$$y_2 - y_1 = \frac{p_1}{\rho g} = \frac{1{,}01 \times 10^5\,\mathrm{Pa}}{\left(1{,}3\,\mathrm{kg/m^3}\right)\left(9{,}8\,\mathrm{m/s^2}\right)} = 7{,}9 \times 10^3\,\mathrm{m} = 7{,}9\,\mathrm{km} .$$

(b) Es bezeichne h die Höhe der Atmosphäre. Da die Dichte sich mit der Höhe ändert, müssen Sie folgendes Integral verwenden:

$$p_2 = p_1 - \int_0^h \rho g\,dy .$$

Setzen Sie $\rho = \rho_0(1 - y/h)$, wobei ρ_0 die Dichte an der Erdoberfläche bezeichne. Dieser Ausdruck sagt, dass $\rho = \rho_0$ bei $y = 0$ und $\rho = 0$ bei $y = h$ ist. Nehmen Sie an, dass g von $y = 0$ bis $y = h$ konstant ($g = 9{,}8\,\mathrm{m/s^2}$) ist. Nun kann das Integral ausgewertet werden:

$$p_2 = p_1 - \int_0^h \rho_0 g\left(1 - \frac{y}{h}\right) dy = p_1 - \frac{1}{2}\rho_0 g h .$$

Wegen $p_2 = 0$ bedeutet dies

$$h = \frac{2p_1}{\rho_0 g} = \frac{2(1{,}01 \times 10^5\,\mathrm{Pa})}{(1{,}3\,\mathrm{kg/m^3})(9{,}8\,\mathrm{m/s^2})} = 16 \times 10^3\,\mathrm{m} = 16\,\mathrm{km} .$$

22 (a) Nach dem pascalschen Prinzip ist $F/A = f/a$, also $F = (A/a)f$.

(b) Wir erhalten

$$f = \frac{a}{A}F = \frac{(3{,}80\,\mathrm{cm})^2}{(53{,}0\,\mathrm{cm})^2}(20{,}0 \times 10^3\,\mathrm{N}) = 103\,\mathrm{N} .$$

Das Verhältnis der Quadrate der Durchmesser ist gleich dem Verhältnis der Flächen. Wir bemerken auch, dass sich die Flächeneinheiten heraus kürzen.

23 Wir nehmen an, dass die Flüssigkeit in der Presse inkompressibel ist. Die Arbeit, die von der „ausgehenden" Kraft verrichtet wird, ist dann gleich der Arbeit, die von der „hereingehenden" Kraft verrichtet wird. Wenn sich der große Kolben um eine Strecke D und der kleine Kolben um eine Strecke d bewegt, dann ist $fd = FD$ und

$$D = \frac{fd}{F} = \frac{(103\,\mathrm{N})(0{,}85\,\mathrm{m})}{20{,}0 \times 10^3\,\mathrm{N}} = 4{,}4 \times 10^{-3}\,\mathrm{m} = 4{,}4\,\mathrm{mm} .$$

25 (a) Der Anker ist vollständig untergetaucht. Er erscheint leichter als sein tatsächliches Gewicht, weil ihn das Wasser mit einer Auftriebskraft $\rho_w g V$ nach oben drückt, wobei ρ_w die Dichte des Wassers und V das Volumen des Ankers bezeichnen. Sein effektives Gewicht (im Wasser) ist $W_{\mathrm{eff}} = W - \rho_w g V$, wobei W ein tatsächliches Gewicht (die Gravitationskraft) bezeichnet (mg). Also haben wir

$$V = \frac{W - W_{\mathrm{eff}}}{\rho_w g} = \frac{200\,\mathrm{N}}{\left(1000\,\mathrm{kg/m^3}\right)\left(9{,}8\,\mathrm{m/s^2}\right)} = 2{,}04 \times 10^{-2}\,\mathrm{m^3} .$$

(b) Die Masse des Ankers beträgt $m = \rho V$, wobei ρ die Dichte von Eisen bezeichnet. Also haben wir

$$W = mg = \rho V g = \left(7870\,\mathrm{kg/m^3}\right)\left(2{,}04 \times 10^{-2}\,\mathrm{m^3}\right)\left(9{,}8\,\mathrm{m/s^2}\right) = 1{,}6 \times 10^3\,\mathrm{N}\,.$$

27 (a) Bezeichnen Sie das Volumen des Klotzes mit V. Das untergetauchte Volumen ist dann $V_s = 2V/3$. Nach dem archimedischen Prinzip ist das Gewicht des verdrängten Wassers gleich dem Gewicht des Klotzes, also gilt $\rho_w V_s = \rho_b V$, wobei ρ_w die Dichte des Wassers und ρ_b die Dichte des Blocks bezeichnen. Setzen Sie $V_s = 2V/3$ ein, so erhalten Sie $\rho_b = 2\rho_w/3 = 2(998\,\mathrm{kg/m^3})/3 \approx 670\,\mathrm{kg/m^3}$. Die Dichte des Wassers wurde Tabelle 15-1 des Textes entnommen.

(b) Wenn ρ_o die Dichte des Öls bezeichnet, dann liefert das archimedische Prinzip $\rho_o V_s = \rho_b V$. Setzen Sie $V_s = 0{,}90V$ ein, so erhalten Sie $\rho_o = \rho_b/0{,}90 = 740\,\mathrm{kg/m^3}$.

29 (a) Die Gravitationskraft mg wird durch die Auftriebskraft $\rho g V_s$ der Flüssigkeit ausgeglichen: $mg = \rho g V_s$. Dabei bezeichnen m die Masse der Kugel, ρ die Dichte der Flüssigkeit und V_s das untergetauchte Volumen. Also haben wir $m = \rho V_s$. Das untergetauchte Volumen ist die Hälfte des von der äußeren Oberfläche der Kugel eingeschlossenen Volumens, d.h. $V_s = \frac{1}{2}(4\pi/3)r_o^3$, wobei r_o den äußeren Radius bezeichnet. Das bedeutet

$$m = \frac{2\pi}{3}\rho r_o^3 = \left(\frac{2\pi}{3}\right)\left(800\,\mathrm{kg/m^3}\right)(0{,}090\,\mathrm{m})^3 = 1{,}22\,\mathrm{kg}\,.$$

(b) Die Dichte ρ_m des als homogen angenommenen Materials ist gegeben durch $\rho_m = m/V$, wobei m die Masse der Kugel und V ihr Volumen bezeichnen. Wenn wir den inneren Radius mit r_i bezeichnen, ergibt sich für das Volumen

$$V = \frac{4\pi}{3}\left(r_o^3 - r_i^3\right) = \frac{4\pi}{3}\left((0{,}090\,\mathrm{m})^3 - (0{,}080\,\mathrm{m})^3\right) = 9{,}09 \times 10^{-4}\,\mathrm{m^3}\,.$$

Die Dichte ist

$$\rho_m = \frac{1{,}22\,\mathrm{kg}}{9{,}09 \times 10^{-4}\,\mathrm{m^3}} = 1{,}3 \times 10^3\,\mathrm{kg/m^3}\,.$$

33 Das Volumen V_{cav} der Hohlräume ist die Differenz aus dem Volumen V_{cast} der gusseisernen Form insgesamt und dem Volumen V_{Eisen} des Eisens in der Form: $V_{\mathrm{cav}} = V_{\mathrm{cast}} - V_{\mathrm{Eisen}}$. Das Volumen des Eisens ist gegeben durch $V_{\mathrm{Eisen}} = W/g\rho_{\mathrm{Eisen}}$, wobei W das Gewicht der gusseisernen Form und ρ_{Eisen} die Dichte von Eisen bezeichnen. Das im Wasser (der Dichte ρ_w) wirkende Gewicht kann verwendet werden, um das Volumen der Form zu bestimmen. Es ist geringer als das tatsächliche Gewicht W, weil das Wasser mit einer Kraft $g\rho_w V_{\mathrm{cast}}$ auf die Form nach oben drückt. Das heißt, es gilt $W_{\mathrm{eff}} = W - g\rho_w V_{\mathrm{cast}}$. Also haben wir $V_{\mathrm{cast}} = (W - W_{\mathrm{eff}})/g\rho_w$ und

$$\begin{aligned} V_{\mathrm{cav}} &= \frac{W - W_{\mathrm{eff}}}{g\rho_w} - \frac{W}{g\rho_{\mathrm{Eisen}}} \\ &= \frac{6000\,\mathrm{N} - 4000\,\mathrm{N}}{(9{,}8\,\mathrm{m/s^2})(998\,\mathrm{kg/m^3})} - \frac{6000\,\mathrm{N}}{(9{,}8\,\mathrm{m/s^2})(7{,}87 \times 10^3\,\mathrm{kg/m^3})} \\ &= 0{,}126\,\mathrm{m^3}\,. \end{aligned}$$

Die Dichte von Wasser wurde Tabelle 15-1 entnommen.

35 (a) Wir nehmen an, dass sich die obere Seite der Eisplatte an der Oberfläche des Wassers und das Auto im Mittelpunkt der Eisfläche befindet. Es sei M die Masse des Autos, ρ_E die Dichte von Eis und ρ_W die Dichte von Wasser. Angenommen, die Eisplatte hat eine Fläche A und eine Dicke h. Da das Eisvolumen Ah ist, ist die nach unten gerichtete Gravitationskraft auf das Auto und das Eis $(M + \rho_E Ah)g$. Die Auftriebskraft des Wassers ist $\rho_W Ahg$, also lautet die Gleichgewichtsbedingung $(M + \rho_E Ah)g - \rho_W Ahg = 0$, und wir haben

$$A = \frac{M}{(\rho_W - \rho_E)h} = \frac{1100\,\mathrm{kg}}{(998\,\mathrm{kg/m^3} - 917\,\mathrm{kg/m^3})(0{,}30\,\mathrm{m})} = 45\,\mathrm{m^2}\,.$$

Diese Werte für die Dichten wurden Tabelle 15-1 im Lehrbuch entnommen.

(b) Es spielt eine Rolle, wo das Auto steht, da das Eis kippt, wenn das Auto nicht in der Mitte der Oberfläche steht.

37 (a) Wir nehmen an, dass sich der Schwerpunkt näher am rechten Ende des Stabs befindet, also ist der Abstand vom linken Ende zum Schwerpunkt $\ell = 0{,}60$ m. Auf den Stab wirken vier Kräfte: die nach oben gerichtete Kraft T_L des linken Seils, die nach oben gerichtete Kraft T_R des rechten Seils, die nach unten gerichtete Gravitationskraft mg und die nach oben gerichtete Auftriebskraft F_b. Die Gravitationskraft greift (effektiv) am Schwerpunkt an, und die Auftriebskraft greift am geometrischen Mittelpunkt des Stabs (der die Länge $L = 0{,}80$ m besitzt) an. Berechnen wir die Drehmomente um das linke Ende des Stabs, erhalten wir

$$T_R L + F_b \left(\frac{L}{2}\right) - mg\ell = 0 \implies T_R = \frac{mg\ell - F_b L/2}{L} .$$

Nun ist die Auftriebskraft gleich dem Gewicht des verdrängten Wassers (wobei das verdrängte Volumen $V = AL$ ist). Also haben wir

$$F_b = \rho_w g A L = \left(1000\,\mathrm{kg/m^3}\right)\left(9{,}8\,\mathrm{m/s^2}\right)\left(6{,}0 \times 10^{-4}\,\mathrm{m^2}\right)(0{,}80\,\mathrm{m}) = 4{,}7\,\mathrm{N} .$$

Folglich ist die Zugspannung im rechten Seil

$$T_R = \frac{(1{,}6\,\mathrm{kg})\left(9{,}8\,\mathrm{m/s^2}\right)(0{,}60\,\mathrm{m}) - (4{,}7\,\mathrm{N})(0{,}40\,\mathrm{m})}{0{,}80\,\mathrm{m}} = 9{,}4\,\mathrm{N} .$$

(b) Das zweite Newtonsche Gesetz (für den Fall verschwindender Beschleunigung) führt auf

$$T_L + T_R + F_B - mg = 0 ,$$

also erhalten wir

$$T_L = mg - F_B - T_R = (1{,}6\,\mathrm{kg})\left(9{,}8\,\mathrm{m/s^2}\right) - 4{,}69\,\mathrm{N} - 9{,}4\,\mathrm{N} = 1{,}6\,\mathrm{N} .$$

39 Verwenden Sie die Kontinuitätsgleichung. Bezeichnen Sie die Geschwindigkeit des Wassers im Schlauch mit v_1 und seine Geschwindigkeit, wenn es eines der Löcher verlässt, mit v_2. Weiter sei A_1 die Querschnittsfläche des Schlauchs. Wenn es N Löcher gibt, können Sie sich das Wasser im Schlauch als N Röhren vorstellen, wovon jedes durch ein einzelnes Loch verläuft. Die Querschnittsfläche jeder Flussröhre beträgt A_1/N. Wenn wir die Fläche eines Lochs mit A_2 bezeichnen, sieht die Kontinuitätsgleichung folgendermaßen aus:

$$v_1 A_1/N = v_2 A_2 .$$

Also haben wir

$$v_2 = \frac{A_1}{NA_2} v_1 = \frac{R^2}{Nr^2} v_1 ,$$

wobei R den Radius des Schlauchs und r den Radius eines Lochs bezeichnen. Also ergibt sich

$$v_2 = \frac{R^2}{Nr^2} v_1 = \frac{(0{,}95\,\mathrm{cm})^2}{24(0{,}065\,\mathrm{cm})^2}(0{,}91\,\mathrm{m/s}) = 8{,}1\,\mathrm{m/s} .$$

41 Nehmen Sie an, dass eine Masse Δm des Wassers in einer Zeit Δt hochgepumpt wird. Die Pumpe erhöht die potenzielle Energie des Wassers um Δmgh, wobei h die vertikale Strecke bezeichnet, um die es angehoben wird, und sie erhöht seine kinetische Energie um $\frac{1}{2}\Delta m v^2$, wobei v seine Endgeschwindigkeit bezeichne. Die von der Pumpe verrichtete Arbeit ist $\Delta W = \Delta mgh + \frac{1}{2}\Delta m v^2$, und ihre Leistung ist

$$P = \frac{\Delta W}{\Delta t} = \frac{\Delta m}{\Delta t}\left(gh + \frac{1}{2}v^2\right) .$$

Die Rate des Massenflusses ist nun durch $\Delta m/\Delta t = \rho_w A v$ gegeben, wobei ρ_w die Dichte des Wassers und A die Querschnittsfläche des Schlauchs bezeichnen. Die Querschnittsfläche des Schlauchs ist $A = \pi r^2 = \pi(0{,}010\,\mathrm{m})^2 = 3{,}14 \times 10^{-4}\,\mathrm{m^2}$, und es gilt $\rho_w A v = (998\,\mathrm{kg/m^3})(3{,}14 \times 10^{-4}\,\mathrm{m^2})(5{,}0\,\mathrm{m/s}) = 1{,}57\,\mathrm{kg/s}$, wobei die Dichte von Wasser Tabelle 15-1 entnommen wurde. Also haben wir

$$\begin{aligned} P &= \rho A v\left(gh + \frac{1}{2}v^2\right) \\ &= (1{,}57\,\mathrm{kg/s})\left((9{,}8\,\mathrm{m/s^2})(3{,}0\,\mathrm{m}) + \frac{(5{,}0\,\mathrm{m/s})^2}{2}\right) = 66\,\mathrm{W} . \end{aligned}$$

43 (a) Verwenden Sie die Kontinuitätsgleichung: $A_1 v_1 = A_2 v_2$. Dabei bezeichnen A_1 die Querschnittsfläche des Rohrs auf dem oberen Niveau und v_1 die dortige Geschwindigkeit des Wassers; A_2 bezeichne die Querschnittsfläche des Rohrs auf dem niedrigeren Niveau und v_2 die dortige Geschwindigkeit des Wassers. Also ergibt sich $v_2 = (A_1/A_2)v_1 = \left((4{,}0\,\text{cm}^2)/(8{,}0\,\text{cm}^2)\right)(5{,}0\,\text{m/s}) = 2{,}5\,\text{m/s}$.

(b) Verwenden Sie die Bernoulli-Gleichung: $p_1 + \frac{1}{2}\rho v_1^2 + \rho g h_1 = p_2 + \frac{1}{2}\rho v_2^2 + \rho g h_2$, wobei ρ die Dichte des Wassers, h_1 seine ursprüngliche Höhe und h_2 seine Höhe am Ende bezeichnen. Also ergibt sich

$$\begin{aligned} p_2 &= p_1 + \frac{1}{2}\rho(v_1^2 - v_2^2) + \rho g(h_1 - h_2) \\ &= 1{,}5 \times 10^5\,\text{Pa} + \frac{1}{2}(998\,\text{kg/m}^3)\left((5{,}0\,\text{m/s})^2 - (2{,}5\,\text{m/s})^2\right) + (1000\,\text{kg/m}^3)(9{,}8\,\text{m/s}^2)(10\,\text{m}) \\ &= 2{,}6 \times 10^5\,\text{Pa}\,. \end{aligned}$$

Die Dichte von Wasser wurde Tabelle 15-1 entnommen.

47 (a) Verwenden Sie die Bernoulli-Gleichung: $p_1 + \frac{1}{2}\rho v_1^2 + \rho g h_1 = p_2 + \frac{1}{2}\rho v_2^2 + \rho g h_2$, wobei h_1 die Höhe des Wassers im Becken, p_1 den dortigen Druck, v_1 die dortige Wassergeschwindigkeit, h_2 die Höhe des Lochs, p_2 den dortigen Druck, v_2 die dortige Wassergeschwindigkeit und ρ die Dichte von Wasser bezeichnen. Am oberen Ende des Beckens und am Loch herrsche Atmosphärendruck, also ist $p_1 = p_2$. Da das Becken großflächig ist, können wir die Wassergeschwindigkeit in ihm oben vernachlässigen; sie ist viel kleiner als die Geschwindigkeit am Loch. Die Bernoulli-Gleichung wird dann zu $\rho g h_1 = \frac{1}{2}\rho v_2^2 + \rho g h_2$ und wir haben

$$v_2 = \sqrt{2g(h_1 - h_2)} = \sqrt{2(9{,}8\,\text{m/s}^2)(0{,}30\,\text{m})} = 2{,}42\,\text{m/s}\,.$$

Die Flussrate ist dann $A_2 v_2 = (6{,}5 \times 10^{-4}\,\text{m}^2)(2{,}42\,\text{m/s}) = 1{,}6 \times 10^{-3}\,\text{m}^3/\text{s}$.

(b) Verwenden Sie die Kontinuitätsgleichung: $A_2 v_2 = A_3 v_3$, wobei $A_3 = \frac{1}{2}A_2$ und v_3 die Wassergeschwindigkeit an der Stelle bezeichnet, wo die Querschnittsfläche des Strahls halb so groß ist wie die des Lochs. Also haben wir $v_3 = (A_2/A_3)v_2 = 2v_2 = 4{,}84\,\text{m/s}$. Das Wasser befindet sich im freien Fall, und wir möchten wissen, wie weit es gefallen ist, wenn seine Geschwindigkeit auf $4{,}84\,\text{m/s}$ verdoppelt wurde. Da der Druck während des Falls gleich bleibt, haben wir $\frac{1}{2}\rho v_2^2 + \rho g h_2 = \frac{1}{2}\rho v_3^2 + \rho g h_3$. Also ergibt sich

$$h_2 - h_3 = \frac{v_3^2 - v_2^2}{2g} = \frac{(4{,}84\,\text{m/s})^2 - (2{,}42\,\text{m/s})^2}{2(9{,}8\,\text{m/s}^2)} = 0{,}90\,\text{m}\,.$$

49 Wir verwenden die Bernoulli-Gleichung: $p_u + \frac{1}{2}\rho v_u^2 = p_o + \frac{1}{2}\rho v_o^2$, wobei p_u der Druck an der unteren Fläche, p_o der Druck an der oberen Fläche, v_u die Luftgeschwindigkeit an der unteren Fläche, v_o die Luftgeschwindigkeit an der oberen Fläche und ρ die Dichte von Luft ist. Die beiden Strömungsröhren befinden sich im wesentlichen in der gleichen Höhe. Wir möchten so nach v_o auflösen, dass $p_u - p_o = 900\,\text{Pa}$ ist, d.h. wir haben

$$v_o = \sqrt{\frac{2(p_u - p_o)}{\rho} + v_u^2} = \sqrt{\frac{2(900\,\text{Pa})}{1{,}30\,\text{kg/m}^3} + (110\,\text{m/s})^2} = 116\,\text{m/s}\,.$$

55 (a) Die Kontinuitätsgleichung liefert $Av = aV$, und die Bernoulli-Gleichung liefert $\Delta p + \frac{1}{2}\rho v^2 = \frac{1}{2}\rho V^2$, wobei $\Delta p = p_1 - p_2$ ist. Die erste Gleichung ergibt $V = (A/a)v$. Wir verwenden dies, um V in der zweiten Gleichung zu ersetzen, und erhalten $\Delta p + \frac{1}{2}\rho v^2 = \frac{1}{2}\rho(A/a)^2 v^2$. Wir lösen nach v auf. Das Ergebnis ist

$$v = \sqrt{\frac{2\,\Delta p}{\rho\left(\frac{A^2}{a^2} - 1\right)}} = \sqrt{\frac{2a^2\,\Delta p}{\rho(A^2 - a^2)}}\,.$$

(b) Wir setzen Werte ein und erhalten

$$v = \sqrt{\frac{2(32 \times 10^{-4}\,\text{m}^2)^2(55 \times 10^3\,\text{Pa} - 41 \times 10^3\,\text{Pa})}{(1000\,\text{kg/m}^3)\left((64 \times 10^{-4}\,\text{m}^2)^2 - (32 \times 10^{-4}\,\text{m}^2)^2\right)}} = 3{,}06\,\text{m/s}\,.$$

Folglich ist die Flussrate

$$Av = \left(64 \times 10^{-4}\,\text{m}^2\right)(3{,}06\,\text{m/s}) = 2{,}0 \times 10^{-2}\,\text{m}^3/\text{s}\,.$$

16 Schwingungen

3 (a) Die Bewegung wiederholt sich alle 0,500 s, also muss die Periode $T = 0{,}500\,\mathrm{s}$ sein.

(b) Die Frequenz ist der Kehrwert der Periode: $f = 1/T = 1/(0{,}500\,\mathrm{s}) = 2{,}00\,\mathrm{Hz}$.

(c) Die Kreisfrequenz ω ist $\omega = 2\pi f = 2\pi(2{,}00\,\mathrm{Hz}) = 12{,}57\,\mathrm{rad/s}$.

(d) Die Kreisfrequenz steht mit der Federkonstanten k und der Masse m über $\omega = \sqrt{k/m}$ in Beziehung, also haben wir $k = m\omega^2 = (0{,}500\,\mathrm{kg})(12{,}57\,\mathrm{rad/s})^2 = 79{,}0\,\mathrm{N/m}$.

(e) Wenn x_m die Amplitude bezeichnet, ergibt sich für die maximale Geschwindigkeit $v_m = \omega x_m = (12{,}57\,\mathrm{rad/s})(0{,}350\,\mathrm{m}) = 4{,}40\,\mathrm{m/s}$.

(f) Die maximale Kraft wird ausgeübt, wenn die Auslenkung maximal ist, und ihr Betrag ist gegeben durch $F_m = kx_m = (79{,}0\,\mathrm{N/m})(0{,}350\,\mathrm{m}) = 27{,}6\,\mathrm{N}$.

5 Der Betrag der maximalen Beschleunigung ist gegeben durch $a_m = \omega^2 x_m$, wobei ω die Kreisfrequenz und x_m die Amplitude bezeichnen. Die Kreisfrequenz, für die die maximale Beschleunigung g ist, ist gegeben durch $\omega = \sqrt{g/x_m}$, und die zugehörige Frequenz ist gegeben durch

$$f = \frac{\omega}{2\pi} = \frac{1}{2\pi}\sqrt{\frac{g}{x_m}} = \frac{1}{2\pi}\sqrt{\frac{9{,}8\,\mathrm{m/s^2}}{1{,}0 \times 10^{-6}\,\mathrm{m}}} = 498\,\mathrm{Hz}\,.$$

Für Frequenzen größer als 498 Hz wird die Beschleunigung der Membran für einen Teil der Bewegung größer als g.

7 (a) Die Kreisfrequenz ω ist gegeben durch $\omega = 2\pi f = 2\pi/T$, wobei f die Frequenz und und T die Periodendauer bezeichnet. Die Beziehung $f = 1/T$ wurde verwendet, um die letzte Form zu erhalten. Also ist $\omega = 2\pi/(1{,}00 \times 10^{-5}\,\mathrm{s}) = 6{,}28 \times 10^5\,\mathrm{rad/s}$.

(b) Die maximale Geschwindigkeit v_m und die maximale Auslenkung x_m stehen über $v_m = \omega x_m$ in Beziehung, also haben wir

$$x_m = \frac{v_m}{\omega} = \frac{1{,}00 \times 10^3\,\mathrm{m/s}}{6{,}28 \times 10^5\,\mathrm{rad/s}} = 1{,}59 \times 10^{-3}\,\mathrm{m}\,.$$

9 (a) Die Amplitude ist die Hälfte des Verschiebungsabstands, also ist $x_m = 1{,}0\,\mathrm{mm}$.

(b) Die maximale Geschwindigkeit v_m steht mit der Amplitude x_m über $v_m = \omega x_m$ in Beziehung, wobei ω die Kreisfrequenz bezeichnet. Wegen $\omega = 2\pi f$ mit der Frequenz f ergibt sich

$$v_m = 2\pi f x_m = 2\pi(120\,\mathrm{Hz})\left(1{,}0 \times 10^{-3}\,\mathrm{m}\right) = 0{,}75\,\mathrm{m/s}\,.$$

(c) Die maximale Beschleunigung ist

$$a_m = \omega^2 x_m = (2\pi f)^2 x_m = (2\pi(120\,\mathrm{Hz}))^2 \left(1{,}0 \times 10^{-3}\,\mathrm{m}\right) = 570\,\mathrm{m/s^2}\,.$$

13 Verwenden Sie $v_m = \omega x_m = 2\pi f x_m$. Die Frequenz ist $180/(60\,\mathrm{s}) = 3{,}0\,\mathrm{Hz}$, und die Amplitude ist der halbe Hub, oder $x_m = 0{,}38\,\mathrm{m}$. Also haben wir $v_m = 2\pi(3{,}0\,\mathrm{Hz})(0{,}38\,\mathrm{m}) = 7{,}2\,\mathrm{m/s}$.

17 Die Kraft, die maximal durch die Oberfläche ausgeübt werden kann, muss kleiner sein als $\mu_s N$, andernfalls folgt der Block nicht der Bewegung der Oberfläche. Dabei bezeichnen μ_s den Haftreibungskoeffizienten und N die Normalkraft, die durch die Oberfläche auf den Block ausgeübt wird. Da der Block nicht vertikal beschleunigt wird, wissen wir, dass $N = mg$ gilt, wobei m die Masse des Blocks bezeichnet. Wenn der Block dem Tisch folgt und eine harmonische Schwingung ausführt, dann ist der Betrag der maximal auf ihn ausgeübten Kraft gegeben durch $F = ma_m = m\omega^2 x_m = m(2\pi f)^2 x_m$, wobei a_m den Betrag der maximalen Beschleunigung, ω die Kreisfrequenz und f die Frequenz bezeichnen. Um den letzten Ausdruck zu erhalten, haben wir die Beziehung $\omega = 2\pi f$ verwendet. Setzen Sie $F = m(2\pi f)^2 x_m$ und $N = mg$ in $F < \mu_s N$ ein, so erhalten Sie $m(2\pi f)^2 x_m < \mu_s mg$. Die größte Amplitude, bei der der Block nicht weggleitet, ist

$$x_m = \frac{\mu_s g}{(2\pi f)^2} = \frac{(0{,}50)(9{,}8\,\mathrm{m/s^2})}{(2\pi \times 2{,}0\,\mathrm{Hz})^2} = 0{,}031\,\mathrm{m}\,.$$

Eine größere Amplitude erfordert eine größere Kraft an den Endpunkten der Bewegung. Die Oberfläche kann diese größere Kraft nicht bereitstellen, und der Block gleitet weg.

21 (a) Der Gegenstand schwingt um seine Ruhelage, wo die nach unten gerichtete Gravitationskraft durch die nach oben gerichtete Federkraft ausgeglichen wird. Wenn ℓ die Auslenkung der Feder in der Ruhelage ist, dann gilt $k\ell = mg$, wobei k die Federkonstante und m die Masse des Gegenstandes bezeichnen. Also haben wir $k/m = g/\ell$ und $f = \omega/2\pi = (1/2\pi)\sqrt{k/m} = (1/2\pi)\sqrt{g/\ell}$. Die Ruhelage befindet sich in der Mitte zwischen den Punkten, wo sich der Gegenstand vorübergehend in Ruhe befindet. An einem dieser Punkte ist die Feder ungedehnt, und der andere ist der tiefste Punkt, 10 cm darunter. Also ergibt sich $\ell = 5{,}0\,\mathrm{cm} = 0{,}050\,\mathrm{m}$ und

$$f = \frac{1}{2\pi}\sqrt{\frac{9{,}8\,\mathrm{m/s^2}}{0{,}050\,\mathrm{m}}} = 2{,}23\,\mathrm{Hz}\,.$$

(b) Verwenden Sie die Energieerhaltung. Setzen Sie die potenzielle Energie der Gravitation in der Anfangsposition des Gegenstandes null, wo die Feder ungedehnt ist. Dann sind die potenzielle und die kinetische Energie am Anfang beide null. Lassen Sie die positive y-Achse nach unten weisen und setzen Sie $y = 0{,}080\,\mathrm{m}$. Die Gleichung für die Energie ist dann $U = \frac{1}{2}ky^2 - mgy$. Die potenzielle Energie des Gegenstandes an diesem Punkt ist $0 = \frac{1}{2}ky^2 - mgy + \frac{1}{2}mv^2$. Lösen Sie nach v auf:

$$\begin{aligned} v &= \sqrt{2gy - \frac{k}{m}y^2} = \sqrt{2gy - \frac{g}{\ell}y^2} \\ &= \sqrt{2(9{,}8\,\mathrm{m/s^2})(0{,}080\,\mathrm{m}) - \left(\frac{9{,}8\,\mathrm{m/s^2}}{0{,}050\,\mathrm{m}}\right)(0{,}080\,\mathrm{m})^2} = 0{,}56\,\mathrm{m/s}\,. \end{aligned}$$

(c) Es bezeichne m die ursprüngliche Masse und Δm die hinzugefügte Masse. Die neue Kreisfrequenz ist $\omega' = \sqrt{k/(m + \Delta m)}$. Dies sollte die Hälfte der ursprünglichen Kreisfrequenz sein, $\frac{1}{2}\sqrt{k/m}$. Lösen Sie $\sqrt{k/(m + \Delta m)} = \frac{1}{2}\sqrt{k/m}$ nach m auf. Quadrieren Sie beide Seiten der Gleichung, nehmen Sie dann den Kehrwert, und Sie erhalten $m + \Delta m = 4m$. Dies ergibt $m = \Delta m/3 = (300\,\mathrm{g})/3 = 100\,\mathrm{g}$.

(d) Der Ruhelage wird durch das Ausgleichen die Gravitationskraft und der Federkraft bestimmt: $ky = (m + \Delta m)g$. Also gilt $y = (m + \Delta m)g/k$. Sie werden den Wert der Federkonstanten k bestimmen müssen. Verwenden Sie $k = m\omega^2 = m(2\pi f)^2$. Dann ergibt sich

$$y = \frac{(m + \Delta m)g}{m(2\pi f)^2} = \frac{(0{,}10\,\mathrm{kg} + 0{,}30\,\mathrm{kg})\left(9{,}8\,\mathrm{m/s^2}\right)}{(0{,}10\,\mathrm{kg})(2\pi \times 2{,}24\,\mathrm{Hz})^2} = 0{,}20\,\mathrm{m}\,.$$

Dies wird bezüglich der Anfangsposition gemessen.

23 (a) Setzen Sie

$$x_1 = \frac{A}{2}\cos\left(\frac{2\pi t}{T}\right)$$

für die Koordinate von Teilchen 1 als eine Funktion der Zeit und

$$x_2 = \frac{A}{2}\cos\left(\frac{2\pi t}{T} + \frac{\pi}{6}\right)$$

für die Koordinate von Teilchen 2 als eine Funktion der Zeit. Dabei bezeichnet T die Periodendauer. Beachten Sie, dass beide Amplituden $A/2$ sind, weil der Bereich der Bewegung A ist. Die Argumente der Kosinusfunktionen sind in Radiant angegeben. Teilchen 1 befindet sich an einem Ende seines Wegs ($x_1 = A/2$) wenn $t = 0$ ist. Teilchen 2 befindet sich bei $A/2$, wenn $2\pi t/T + \pi/6 = 0$ oder $t = -T/12$ ist. Das heißt, Teilchen 1 läuft Teilchen 2 um $1/12$ Periodendauer hinterher. Wir suchen die Koordinaten der Teilchen bei $t = 0{,}50$ s. Sie sind

$$x_1 = \frac{A}{2}\cos\left(\frac{2\pi \times 0{,}50\,\text{s}}{1{,}5\,\text{s}}\right) = -0{,}250A$$

und

$$x_2 = \frac{A}{2}\cos\left(\frac{2\pi \times 0{,}50\,\text{s}}{1{,}5\,\text{s}} + \frac{\pi}{6}\right) = -0{,}433A\,.$$

Ihr Abstand zu dieser Zeit beträgt $x_1 - x_2 = -0{,}250A + 0{,}433A = 0{,}183A$.

(b) Die Geschwindigkeiten der Teilchen sind gegeben durch

$$v_1 = \frac{\mathrm{d}x_1}{\mathrm{d}t} = \frac{\pi A}{T}\sin\left(\frac{2\pi t}{T}\right)$$

und

$$v_2 = \frac{\mathrm{d}x_2}{\mathrm{d}t} = \frac{\pi A}{T}\sin\left(\frac{2\pi t}{T} + \frac{\pi}{6}\right)\,.$$

Wir berechnen diese Ausdrücke für $t = 0{,}50$ s und stellen fest, dass sie beide negativ sind, was zeigt, dass sich die Teilchen in die gleiche Richtung bewegen.

27 Wir möchten die effektive Federkonstante für die in Abb. 16–31 dargestellte Kombination von Federn bestimmen. Dies tun wir, indem wir den Betrag F der Kraft bestimmen, die auf die Masse ausgeübt wird, wenn die gesamte Ausdehnung der Federn Δx ist. Dann ist $k_{\text{eff}} = F/\Delta x$. Angenommen, die Feder auf der linken Seite wird um Δx_ℓ und die Feder auf der rechten Seite um Δx_r ausgelenkt. Die Feder auf der linken Seite übt eine Kraft vom Betrag $k\,\Delta x_\ell$ auf die Feder auf der rechten Seite und die Feder auf der rechten Seite übt eine Kraft vom Betrag $k\,\Delta x_r$ auf die Feder auf der linken Seite aus. Nach dem dritten Newtonschen Axiom müssen diese gleich sein, also ist $\Delta x_\ell = \Delta x_r$. Die beiden Auslenkungen müssen gleich sein, und die Gesamtauslenkung ist zweimal die Auslenkung jeder einzelnen Feder: $\Delta x = 2\Delta x_\ell$. Die Feder auf der linken Seite übt eine Kraft auf den Quader aus, und ihr Betrag ist $F = k\,\Delta x_\ell$. Also ist $k_{\text{eff}} = k\,\Delta x_\ell/2\Delta x_r = k/2$. Der Quader verhält sich, als wäre er der Kraft einer einzelnen Feder mit Federkonstante $k/2$ ausgesetzt. Um die Frequenz ihrer Bewegung zu bestimmen, setzen Sie k_{eff} in $f = (1/2\pi)\sqrt{k_{\text{eff}}/m}$ mit $k/2$ ein, und Sie erhalten

$$f = \frac{1}{2\pi}\sqrt{\frac{k}{2m}}\,.$$

29 (a) Zunächst betrachten wir eine einzelne Feder der Federkonstanten k und der ungedehnten Länge L. Ein Ende ist an einer Wand befestigt und das andere an einem Objekt. Wenn sie um Δx ausgedehnt wird, ist der Betrag der Kraft, die sie auf das Objekt ausübt, $F = k\,\Delta x$. Nun betrachten wir sie als aus zwei Federn mit Federkonstanten k_1 und k_2 bestehend, die so angeordnet sind, dass Feder 1 an dem Objekt befestigt ist. Wenn Feder 1 um Δx_1 ausgelenkt wird, dann ist der Betrag der Kraft, die auf das Objekt ausgeübt wird, $F = k_1\,\Delta x_1$. Dies muss genauso groß sein wie die Kraft der einzelnen Feder, also ist $k\,\Delta x = k_1\,\Delta x_1$. Wie müssen die Beziehung zwischen Δx

und Δx_1 bestimmen. Die Federn sind homogen, also werden gleiche ungedehnte Längen um den gleichen Betrag ausgedehnt, und die Ausdehnung eines beliebigen Teils der Feder ist proportional zu ihrer ungedehnten Länge. Das bedeutet, dass Feder 1 um $\Delta x_1 = CL_1$ und Feder 2 um $\Delta x_2 = CL_2$ gedehnt wird, wobei C eine Proportionalitätskonstante ist. Die gesamte Ausdehnung ist $\Delta x = \Delta x_1 + \Delta x_2 = C(L_1 + L_2) = CL_2(n+1)$, wobei $L_1 = nL_2$ verwendet wurde, um die letzte Form zu erhalten. Wegen $L_2 = L_1/n$ kann dies auch $\Delta x = CL_1(n+1)/n$ geschrieben werden. Wir setzen $\Delta x_1 = CL_1$ und $\Delta x = CL_1(n+1)/n$ in $k\,\Delta x = k_1\,\Delta x_1$ ein und lösen nach k_1 auf. Das Ergebnis ist $k_1 = k(n+1)/n$.

(b) Nun nehmen wir an, dass das Objekt am anderen Ende der zusammengesetzten Federn platziert wird, sodass Feder 2 darauf eine Kraft ausübt. Nun haben wir $k\,\Delta x = k_2\,\Delta x_2$. Wir verwenden $\Delta x_2 = CL_2$ und $\Delta x = CL_2(n+1)$ und lösen dann nach k_2 auf. Das Ergebnis ist $k_2 = k(n+1)$.

(c) Um die Frequenz zu bestimmen, wenn Feder 1 an die Masse m befestigt wird, ersetzen wir k in $(1/2\pi)\sqrt{k/m}$ durch $k(n+1)/n$ und erhalten

$$f_1 = \frac{1}{2\pi}\sqrt{\frac{(n+1)k}{nm}} = \sqrt{\frac{n+1}{n}}\,f\,,$$

wobei wir $f = (1/2\pi)\sqrt{k/m}$ eingesetzt haben.

(d) Um die Frequenz zu bestimmen, wenn Feder 2 an der Masse befestigt wird, ersetzen wir k durch $k(n+1)$ und erhalten

$$f_2 = \frac{1}{2\pi}\sqrt{\frac{(n+1)k}{m}} = \sqrt{n+1}\,f\,,$$

wobei die gleiche Ersetzung vorgenommen wurde.

31 Wenn sich der Block am Ende seiner Bewegung befindet und vorübergehend anhält, ist seine Auslenkung gleich der Amplitude, und die gesamte Energie ist potenzieller Natur. Wenn wir die potenzielle Energie null setzen, wenn sich der Block in seiner Ruhelage befindet, dann gilt

$$E = \frac{1}{2}kx_m^2 = \frac{1}{2}(1{,}3 \times 10^2\,\mathrm{N/m})(0{,}024\,\mathrm{m})^2 = 3{,}7 \times 10^{-2}\,\mathrm{J}\,.$$

35 (a) Die Feder dehnt sich, bis der Betrag ihrer nach oben gerichteten Kraft auf das Gewicht gleich dem Betrag der nach unten gerichteten Gravitationskraft ist: $ky = mg$, wobei $y = 0{,}096$ m die Auslenkung der Feder aus ihrer Gleichgewichtslage, k die Federkonstante und $m = 1{,}3$ kg die Masse des Gewichts bezeichnet. Also haben wir $k = mg/y = (1{,}3)(9{,}8)/0{,}096 = 133\,\mathrm{N/m}$.

(b) Die Schwingungsdauer ist gegeben durch $T = 1/f = 2\pi/\omega = 2\pi\sqrt{m/k} = 2\pi\sqrt{1{,}3/133} = 0{,}62\,\mathrm{s}$.

(c) Die Frequenz ist $f = 1/T = 1/0{,}62\,\mathrm{s} = 1{,}6\,\mathrm{Hz}$.

(d) Das Gewicht führt eine harmonische Schwingung um seine Ruhelage aus, die durch die Federkraft und die Gravitationskraft bestimmt ist. Das Gewicht wird 5,0 cm unterhalb der Gleichgewichtslage aus der Ruhe losgelassen, also beträgt die Amplitude 5,0 cm.

(e) Das Gewicht hat die maximale Geschwindigkeit, wenn es durch die Ruhelage läuft. In der Anfangsposition bewegt sich das Gewicht nicht, besitzt aber die potenzielle Energie

$$U_i = -mgy_i + \frac{1}{2}ky_i^2 = -(1{,}3)(9{,}8)(0{,}146) + \frac{1}{2}(133)(0{,}146)^2 = -0{,}44\,\mathrm{J}\,.$$

Wenn sich das Gewicht in der Ruhelage befindet, ist die Auslenkung der Feder $y = 9{,}6\,\mathrm{cm}$, und die potenzielle Energie ist

$$U_f = -mgy + \frac{1}{2}ky^2 = -(1{,}3)(9{,}8)(0{,}096) + \frac{1}{2}(133)(0{,}096)^2 = -0{,}61\,\mathrm{J}\,.$$

Schreiben Sie die Gleichung für die Energieerhaltung als $U_i = U_f + \frac{1}{2}mv^2$, und lösen Sie nach v auf:

$$v = \sqrt{\frac{2(U_i - U_f)}{m}} = \sqrt{\frac{2(-0{,}44\,\mathrm{J} + 0{,}61\,\mathrm{J})}{1{,}3\,\mathrm{kg}}} = 0{,}51\,\mathrm{m/s}\,.$$

37 Die Gesamtenergie ist gegeben durch $E = \frac{1}{2}kx_m^2$, wobei k die Federkonstante und x_m die Amplitude bezeichnen. Wir verwenden die Antwort aus Teil (b), um Teil (a) zu bearbeiten, also sollte man zuerst auf die Lösung von Teil (b) schauen.

(a) Der Anteil der kinetischen Energie ist

$$\frac{K}{E} = \frac{E - U}{E} = 1 - \frac{U}{E} = 1 - \frac{1}{4} = \frac{3}{4},$$

wobei das Ergebnis aus Teil (b) verwendet wurde.

(b) Für $x = \frac{1}{2}x_m$ beträgt die potenzielle Energie $U = \frac{1}{2}kx^2 = \frac{1}{8}kx_m^2$. Das Verhältnis ist

$$\frac{U}{E} = \frac{\frac{1}{8}kx_m^2}{\frac{1}{2}kx_m^2} = \frac{1}{4}.$$

(c) Wegen $E = \frac{1}{2}kx_m^2$ und $U = \frac{1}{2}kx^2$ ergibt sich $U/E = x^2/x_m^2$. Lösen Sie $x^2/x_m^2 = 1/2$ nach x auf. Sie sollten $x = x_m/\sqrt{2}$ erhalten.

39 (a) Nehmen Sie an, dass die Kugel steckenbleibt und sich zusammen mit dem Klotz bewegt, bevor sich der Block um einen signifikanten Abstand bewegt. Dann bleibt der Impuls des Systems Kugel–Klotz während des Stoßes erhalten. Seien m die Masse der Kugel, M die Masse des Klotzes, v_0 die Anfangsgeschwindigkeit der Kugel und v die Endgeschwindigkeit von Klotz und Kugel. Die Impulserhaltung liefert $mv_0 = (m + M)v$, also

$$v = \frac{mv_0}{m + M} = \frac{(0{,}050\,\text{kg})(150\,\text{m/s})}{0{,}050\,\text{kg} + 4{,}0\,\text{kg}} = 1{,}85\,\text{m/s}.$$

Wenn sich der Klotz in seiner Anfangsposition befindet, heben sich die Federkraft und die Gravitationskraft auf, also ist die Feder um Mg/k ausgelenkt. Nach dem Stoß jedoch führt der Klotz zusammen mit der steckengebliebenen Kugel eine harmonische Schwingung um den Punkt aus, wo sich die Federkraft und die Gravitationskraft aufheben. An diesem Punkt ist die Feder um eine Strecke $\ell = (M + m)g/k$ ausgelenkt, etwas verschieden von der ursprünglichen Auslenkung. Die mechanische Energie bleibt während der Schwingung erhalten. In der Anfangsposition, kurz bevor die Kugel steckenbleibt, beträgt die kinetische Energie $\frac{1}{2}(M + m)v^2$ und die elastische potenzielle Energie $\frac{1}{2}k(Mg/k)^2$. Setzen Sie die potenzielle Energie der Gravitation an diesem Punkt null. Wenn der Klotz und die Kugel den höchsten Punkt in ihrer Bewegung erreichen, ist ihre kinetische Energie null. Der Klotz befindet sich dann in einem Abstand y_m oberhalb der Position, wo sich die Federkraft und die Gravitationskraft aufheben. Beachten Sie, dass y_m die Amplitude der Schwingung ist. Die Feder ist um $y_m - \ell$ zusammengedrückt, also ist die elastische potenzielle Energie $\frac{1}{2}k(y_m - \ell)^2$. Die potenzielle Energie der Gravitation ist $(M + m)gy_m$. Die Erhaltung der mechanischen Energie liefert

$$\frac{1}{2}(M + m)v^2 + \frac{1}{2}k\left(\frac{Mg}{k}\right)^2 = \frac{1}{2}k(y_m - \ell)^2 + (M + m)gy_m.$$

Setzen Sie $\ell = (M + m)g/k$ ein. Wenige algebraische Umformungen führen darauf, dass gilt

$$\begin{aligned} y_m &= \sqrt{\frac{(m + M)v^2}{k} - \frac{mg^2}{k^2}(2M + m)} \\ &= \sqrt{\frac{(0{,}050\,\text{kg} + 4{,}0\,\text{kg})(1{,}85\,\text{m/s})^2}{500\,\text{N/m}} - \frac{(0{,}050\,\text{kg})(9{,}8\,\text{m/s}^2)^2}{(500\,\text{N/m})^2}\left[2(4{,}0\,\text{kg}) + 0{,}050\,\text{kg}\right]} \\ &= 0{,}166\,\text{m}. \end{aligned}$$

(b) Die ursprüngliche Energie der Kugel ist $E_0 = \frac{1}{2}mv_0^2 = \frac{1}{2}(0{,}050\,\text{kg})(150\,\text{m/s})^2 = 563\,\text{J}$. Die kinetische Energie des Systems Kugel–Klotz direkt nach dem Stoß ist

$$E = \frac{1}{2}(m + M)v^2 = \frac{1}{2}(0{,}050\,\text{kg} + 4{,}0\,\text{kg})(1{,}85\,\text{m/s})^2 = 6{,}94\,\text{J}.$$

Da sich der Klotz während des Stoßes nicht wesentlich bewegt, ändern sich die elastische potenzielle Energie und die potenzielle Energie der Gravitation nicht. Also ist E die Energie, die übertragen wird. Das Verhältnis ist $E/E_0 = (6{,}94\,\text{J})/(563\,\text{J}) = 0{,}0123$ oder $1{,}23\%$.

41 (a) Setzen Sie für die Auslenkung des Rads $\theta = \theta_m \cos(2\pi t/T)$, wobei θ_m die Amplitude und T die Schwingungsdauer bezeichnen. Leiten Sie nach der Zeit ab, um die Winkelgeschwindigkeit zu bestimmen: $\Omega = -(2\pi/T)\theta_m \sin(2\pi t/T)$. Das Symbol Ω wird für die Winkelgeschwindigkeit verwendet, sodass sie nicht mit der Kreisfrequenz verwechselt wird. Die maximale Winkelgeschwindigkeit beträgt

$$\Omega_m = \frac{2\pi\theta_m}{T} = \frac{(2\pi)(\pi \text{ rad})}{0{,}500\,\text{s}} = 39{,}5 \text{ rad/s} .$$

(b) Für $\theta = \pi/2$ erhalten wir $\theta/\theta_m = 1/2$, $\cos(2\pi t/T) = 1/2$ und

$$\sin(2\pi t/T) = \sqrt{1 - \cos^2(2\pi t/T)} = \sqrt{1 - (1/2)^2} = \sqrt{3}/2 ,$$

wobei die trigonometrische Identität $\cos^2\theta + \sin^2\theta = 1$ verwendet wurde. Also gilt

$$\Omega = -\frac{2\pi}{T}\theta_m \sin\left(\frac{2\pi t}{T}\right) = -\left(\frac{2\pi}{0{,}500\,\text{s}}\right)(\pi \text{ rad})\left(\frac{\sqrt{3}}{2}\right) = -34{,}2 \text{ rad/s} .$$

Das negative Vorzeichen muss nicht beachtet werden. Während eines anderen Teils des Prozesses beträgt seine Winkelgeschwindigkeit $+34{,}2$ rad/s, wenn seine Winkelauslenkung $\pi/2$ rad ist.

(c) Die Winkelbeschleunigung ist

$$\alpha = \frac{d^2\theta}{dt^2} = -\left(\frac{2\pi}{T}\right)^2 \theta_m \cos(2\pi t/T) = -\left(\frac{2\pi}{T}\right)^2 \theta .$$

Für $\theta = \pi/4$ erhalten wir

$$\alpha = -\left(\frac{2\pi}{0{,}500\,\text{s}}\right)^2 \left(\frac{\pi}{4}\right) = -124 \text{ rad/s}^2 .$$

Wieder muss das negative Vorzeichen nicht beachtet werden.

43 Die Periodendauer eines einfachen Pendels ist gegeben durch $T = 2\pi\sqrt{L/g}$, wobei L seine Länge ist. Also erhalten wir

$$L = \frac{T^2 g}{4\pi^2} = \frac{(2{,}0\,\text{s})^2(9{,}8\,\text{m/s}^2)}{4\pi^2} = 0{,}99 \text{ m} .$$

47 (a) Die Periodendauer des Pendels ist gegeben durch $T = 2\pi\sqrt{I/mgd}$, wobei I sein Trägheitsmoment, m seine Masse und d den Abstand des Schwerpunktes zum Drehpunkt bezeichnet. Das Trägheitsmoment eines sich um seinen Mittelpunkt drehenden Stabs ist $mL^2/12$, und nach dem steinerschen Satz ist sein Trägheitsmoment, wenn sich sein Drehpunkt in einem Abstand d von seinem Mittelpunkt befindet, $I = mL^2/12 + md^2$. Also haben wir

$$T = 2\pi\sqrt{\frac{m(L^2/12 + d^2)}{mgd}} = 2\pi\sqrt{\frac{L^2 + 12d^2}{12gd}} .$$

(b) $(L^2 + 12d^2)/12gd$, als eine Funktion von d betrachtet, hat ein Minimum bei $d = L/\sqrt{12}$, also nimmt die Periodendauer zu, wenn d abnimmt für $d < L/\sqrt{12}$, und sie nimmt ab, wenn d zunimmt für $d > L/\sqrt{12}$.

(c) L tritt nur im Zähler des Ausdrucks für die Periodendauer auf, also nimmt T zu, wenn L zunimmt.

(d) Die Periodendauer hängt nicht von der Masse des Pendels ab, also ändert sich T nicht, wenn m zunimmt.

49 (a) Eine gleichförmige Scheibe, die um ihren Mittelpunkt drehbar aufgehängt ist, hat ein Trägheitsmoment von $\frac{1}{2}MR^2$, wobei M ihre Masse und R ihren Radius bezeichnen (vgl. Tabelle 11-2). Die Scheibe in dieser Aufgabe dreht sich um einen Punkt, der um $R + L$ von seinem Mittelpunkt verschoben ist, wobei L die Länge des Stabs bezeichnet. Ihr Trägheitsmoment ist also nach dem steinerschen Satz $\frac{1}{2}MR^2 + M(L + R)^2$. Der Stab ist an einem Ende aufgehängt und hat ein Trägheitsmoment von $mL^2/3$, wobei m seine Masse bezeichnet. Das Gesamtträgheitsmoment von Scheibe und Stab ist

$$\begin{aligned} I &= \frac{1}{2}MR^2 + M(L+R)^2 + \frac{1}{3}mL^2 \\ &= \frac{1}{2}(0{,}500\,\mathrm{kg})(0{,}100\,\mathrm{m})^2 + (0{,}500\,\mathrm{kg})(0{,}500\,\mathrm{m} + 0{,}100\,\mathrm{m})^2 + \frac{1}{3}(0{,}270\,\mathrm{kg})(0{,}500\,\mathrm{m})^2 \\ &= 0{,}205\,\mathrm{kg}\cdot\mathrm{m}^2\,. \end{aligned}$$

(b) Legen Sie den Ursprung in den Aufhängepunkt. Der Schwerpunkt der Scheibe liegt

$$\ell_d = L + R = 0{,}500\,\mathrm{m} + 0{,}100\,\mathrm{m} = 0{,}600\,\mathrm{m}$$

entfernt, und der Schwerpunkt des Stabs liegt $\ell_r = L/2 = (0{,}500\,\mathrm{m})/2 = 0{,}250\,\mathrm{m}$ entfernt auf der gleichen Linie. Der Abstand des Aufhängepunktes zum Schwerpunkt des Systems Scheibe–Stab ist

$$d = \frac{M\ell_d + m\ell_r}{M+m} = \frac{(0{,}500\,\mathrm{kg})(0{,}600\,\mathrm{m}) + (0{,}270\,\mathrm{kg})(0{,}250\,\mathrm{m})}{0{,}500\,\mathrm{kg} + 0{,}270\,\mathrm{kg}} = 0{,}477\,\mathrm{m}\,.$$

(c) Die Schwingungsdauer beträgt

$$T = 2\pi\sqrt{\frac{I}{(M+m)gd}} = 2\pi\sqrt{\frac{0{,}205\,\mathrm{kg}\cdot\mathrm{m}^2}{(0{,}500\,\mathrm{kg} + 0{,}270\,\mathrm{kg})(9{,}8\,\mathrm{m/s^2})(0{,}447\,\mathrm{m})}} = 1{,}50\,\mathrm{s}\,.$$

53 Wenn das von der Feder auf den Stab ausgeübte Drehmoment proportional zum Drehwinkel des Stabes ist und wenn das Drehmoment den Stab zu seiner Ruhelage zieht, dann wird der Stab eine harmonische Schwingung ausführen. Wenn $\tau = -C\theta$ gilt mit dem Drehmoment τ, dem Drehwinkel θ und einer Proportionalitätskonstanten C, dann beträgt die Kreisfrequenz der Schwingung $\omega = \sqrt{C/I}$ und die Schwingungsdauer $T = 2\pi/\omega = 2\pi\sqrt{I/C}$, wobei I das Trägheitsmoment des Stabes bezeichnet. Wir wollen das Drehmoment als eine Funktion von θ bestimmen und die Konstante C durch gegebene Größen ausdrücken. Daraus ergibt sich unmittelbar die Periodendauer, ausgedrückt durch gegebene Größen. Bezeichnen Sie den Abstand des Aufhängepunktes von der Wand mit ℓ_0. Dies ist auch die Länge der Feder in der Ruhelage. Nehmen Sie an, dass sich der Stab um den Winkel θ dreht, mit dem linken Ende weg von der Wand. Wenn L die Länge des Stabes bezeichnet, ist dieses Ende nun $(L/2)\sin\theta$ weiter von der Wand entfernt und hat sich um $(L/2)(1-\cos\theta)$ nach rechts bewegt. Die Federlänge ist nun $\sqrt{(L/2)^2(1-\cos\theta)^2 + [\ell_0 + (L/2)\sin\theta]^2}$. Wenn der Winkel θ klein ist, können wir $\cos\theta$ 1 und $\sin\theta$ durch θ approximieren (in Radiant). Die Federlänge ist dann gegeben durch $\ell_0 + L\theta/2$, und ihre Auslenkung beträgt $\Delta x = L\theta/2$. Die Kraft, die sie auf den Stab ausübt, hat den Betrag $F = k\,\Delta x = kL\theta/2$, wobei k die Federkonstante bezeichnet. Weil θ klein ist, können wir das durch die Feder auf den Körper ausgeübte Drehmoment durch $\tau = -FL/2$ approximieren, wobei der Aufhängepunkt in den Ursprung gelegt wurde. Also gilt $\tau = -(kL^2/4)\theta$. Die Proportionalitätskonstante C, die das Drehmoment und den Drehwinkel verknüpft, ist $C = kL^2/4$. Das Trägheitsmoment eines in seinem Schwerpunkt aufgehängten Stabes ist $I = mL^2/12$, wobei m seine Masse bezeichnet (vgl. Tabelle 11-2). Also ergibt sich für die Schwingungsdauer

$$T = 2\pi\sqrt{\frac{I}{C}} = 2\pi\sqrt{\frac{mL^2/12}{kL^2/4}} = 2\pi\sqrt{\frac{m}{3k}}\,.$$

55 (a) Für kleine Amplituden ist die Frequenz $f = (1/2\pi)\sqrt{g/L}$, wobei L die Pendellänge bezeichnet. Dies ergibt $f = (1/2\pi)\sqrt{(9{,}80\,\mathrm{m/s^2})/(2{,}0\,\mathrm{m})} = 0{,}35\,\mathrm{Hz}$.

(b) Die auf das Pendel wirkenden Kräfte sind die Zugspannung $\vec{T}$ des Stabes und die Gravitationskraft $m\vec{g}$. Das zweite Newtonsche Axiom liefert $\vec{T} + m\vec{g} = m\vec{a}$, wobei m die Masse und $\vec{a}$ die Beschleunigung des Pendels bezeichnet. Sei $\vec{a} = \vec{a}_e + \vec{a}'$ mit der Beschleunigung $\vec{a}_e$ des Aufzugs und der Beschleunigung $\vec{a}'$ des Pendels relativ zum Fahrstuhl. Das zweite Newtonsche Axiom kann als $m(\vec{g} - \vec{a}_e) + \vec{T} = m\vec{a}'$ geschrieben werden. Relativ zum Aufzug ist die Bewegung genau die gleiche wie in einem Inertialsystem, in dem die Beschleunigung aufgrund der Gravitation $\vec{g} - \vec{a}_e$ ist. Da $\vec{g}$ und $\vec{a}_e$ entlang der gleichen Linie wirken und entgegengesetzt gerichtet sind, können wir die Frequenz für kleine Schwingungsamplituden bestimmen, indem wir g durch $g + a_e$ in dem Ausdruck $f = (1/2\pi)\sqrt{g/L}$ ersetzen. Damit erhalten wir

$$f = \frac{1}{2\pi}\sqrt{\frac{g + a_e}{L}} = \frac{1}{2\pi}\sqrt{\frac{9{,}8\,\mathrm{m/s^2} + 2{,}0\,\mathrm{m/s^2}}{2{,}0\,\mathrm{m}}} = 0{,}39\,\mathrm{Hz}\,.$$

(c) Nun wirken die Beschleunigungen aufgrund der Gravitation und die Beschleunigung des Aufzugs in die gleiche Richtung und haben den gleichen Betrag. Das heißt, wir haben $\vec{g} - \vec{a}_e = 0$. Um die Frequenz ür kleine Amplituden zu bestimmen, setzen wir g gleich null in $f = (1/2\pi)\sqrt{g/L}$. Das Ergebnis ist null. Das Pendel schwingt nicht.

59 Mit den Zahlen in Beispielaufgabe 16-7 haben wir $m = 0{,}25$ kg, $b = 0{,}070$ kg/s und $T = 0{,}34$ s. Für $t = 20T$ ergibt sich also für den Dämpfungsfaktor

$$e^{-bt/2m} = e^{-(0{,}070)(20)(0{,}34)/2(0{,}25)} = 0{,}39 \,.$$

61 (a) Sie möchten $e^{-bt/2m} = 1/3$ nach t auflösen. Nehmen Sie auf beiden Seiten den natürlichen Logarithmus, und Sie erhalten $-bt/2m = \ln(1/3)$. Lösen Sie nun nach t auf: $t = -(2m/b)\ln(1/3) = (2m/b)\ln 3$, wobei das Vorzeichen umgedreht wurde, wenn das Argument des Logarithmus durch seinen Kehrwert ersetzt wurde. Also haben wir

$$t = \frac{2(1{,}50\,\mathrm{kg})}{0{,}230\,\mathrm{kg/s}} \ln 3 = 14{,}3\ \mathrm{s}\,.$$

(b) Die Kreisfrequenz ist

$$\omega' = \sqrt{\frac{k}{m} - \frac{b^2}{4m^2}} = \sqrt{\frac{8{,}00\,\mathrm{N/m}}{1{,}50\,\mathrm{kg}} - \frac{(0{,}230\,\mathrm{kg/s})^2}{4(1{,}50\,\mathrm{kg})^2}} = 2{,}31\ \mathrm{rad/s}\,.$$

Die Schwingungsdauer ist $T = 2\pi/\omega' = (2\pi)/(2{,}31\,\mathrm{rad/s}) = 2{,}72\,\mathrm{s}$, und die Anzahl der Schwingungen ist $t/T = (14{,}3\,\mathrm{s})/(2{,}72\,\mathrm{s}) = 5{,}27$.

17 Wellen – I

3 (a) Die Bewegung von der maximalen Auslenkung zum Nulldurchgang ist ein Viertel einer Periode, also entsprechen 0,170 s dem Viertel einer Periodendauer. Die Periodendauer ist $T = 4(0{,}170\,\text{s}) = 0{,}680\,\text{s}$.

(b) Die Frequenz ist der Kehrwert der Periodendauer:

$$f = \frac{1}{T} = \frac{1}{0{,}680\,\text{s}} = 1{,}47\ \text{Hz}\ .$$

(c) Eine sinusförmige Welle bewegt sich in einer Periodendauer um eine Wellenlänge:

$$v = \frac{\lambda}{T} = \frac{1{,}40\,\text{m}}{0{,}680\,\text{s}} = 2{,}06\ \text{m/s}\ .$$

5 Wir setzen $\omega = kv$ in $y = y_m \sin(kx - \omega t)$ ein und erhalten

$y = y_m \sin(kx - kvt) = y_m \sin k(x - vt)$.

Wir setzen $k = 2\pi/\lambda$ und $\omega = 2\pi f$ in $y = y_m \sin(kx - \omega t)$ ein und erhalten

$$y = y_m \sin\left(\frac{2\pi x}{\lambda} - 2\pi f t\right) = y_m \sin 2\pi \left(\frac{x}{\lambda} - ft\right)\ .$$

Wenn wir $k = \omega/v$ in $y = y_m \sin(kx - \omega t)$ einsetzen, erhalten wir

$$y = y_m \sin\left(\frac{\omega x}{v} - \omega t\right) = y_m \sin \omega \left(\frac{x}{v} - t\right)\ .$$

Wir setzen schließlich $k = 2\pi/\lambda$ und $\omega = 2\pi/T$ in $y = y_m \sin(kx - \omega t)$ ein und erhalten Folgendes:

$$y = y_m \sin\left(\frac{2\pi x}{\lambda} - \frac{2\pi t}{T}\right) = y_m \sin 2\pi \left(\frac{x}{\lambda} - \frac{t}{T}\right)\ .$$

7 (a) Den Ausdruck für die Auslenkung schreiben wir in der Form $y(x,t) = y_m \sin(kx - \omega t)$. Vor dem Term ωt wird im Argument des Sinus ein negatives Vorzeichen verwendet, weil sich die Welle in die positive x-Richtung ausbreitet. Die Wellenzahl k ist gegeben durch $k = 2\pi/\lambda = 2\pi/(0{,}10\,\text{m}) = 62{,}8\,\text{m}^{-1}$, und die Kreisfrequenz ist $\omega = 2\pi f = 2\pi(400\,\text{Hz}) = 2510\,\text{rad/s}$. Dabei bezeichnet λ die Wellenlänge und f die Frequenz. Die Amplitude ist $y_m = 2{,}0\,\text{cm}$. Damit erhalten wir

$$y(x,t) = (2{,}0\,\text{cm}) \sin\left(\left(62{,}8\,\text{m}^{-1}\right)x - \left(2510\,\text{s}^{-1}\right)t\right)\ .$$

(b) Die (transversale) Geschwindigkeit eines Punktes auf dem Seil erhält man, indem man die Ableitung von y bildet:

$$u(x,t) = \frac{\partial y}{\partial t} = -\omega y_m \cos(kx - \omega t)\ ,$$

was auf eine maximale Geschwindigkeit von $u_m = \omega y_m = (2510\,\text{rad/s})(0{,}020\,\text{m}) = 50\,\text{m/s}$ führt.

(c) Die Wellengeschwindigkeit ist

$$v = \frac{\lambda}{T} = \frac{\omega}{k} = \frac{2510\,\text{rad/s}}{62{,}8\,\text{m}^{-1}} = 40\,\text{m/s}\,.$$

11 Die Wellengeschwindigkeit v ist gegeben durch $v = \sqrt{\tau/\mu}$, wobei τ die Spannung im Seil und μ die lineare Massendichte des Seils bezeichnen. Die lineare Massendichte ist die Masse des Seils pro Einheitslänge: $\mu = m/L = (0{,}0600\,\text{kg})/(2{,}00\,\text{m}) = 0{,}0300\,\text{kg/m}$. Also haben wir

$$v = \sqrt{\frac{500\,\text{N}}{0{,}0300\,\text{kg/m}}} = 129\,\text{m/s}\,.$$

13 (a) Die Wellengeschwindigkeit ist gegeben durch $v = \lambda/T = \omega/k$, wobei λ die Wellenlänge, T die Periodendauer, ω die Kreisfrequenz $(2\pi/T)$ und k die Wellenzahl $(2\pi/\lambda)$ bezeichnet. Die Auslenkung hat die Form $y = y_m \sin(kx + \omega t)$, also haben wir $k = 2{,}0\,\text{m}^{-1}$ und $\omega = 30\,\text{rad/s}$. Damit ergibt sich $v = (30\,\text{rad/s})/(2{,}0\,\text{m}^{-1}) = 15\,\text{m/s}$.

(b) Da die Wellengeschwindigkeit durch $v = \sqrt{\tau/\mu}$ gegeben ist mit der Spannung τ in der Saite und der linearen Massendichte μ der Saite, ergibt sich für die Spannung in der Saite

$$\tau = \mu v^2 = \left(1{,}6 \times 10^{-4}\,\text{kg/m}\right)(15\,\text{m/s})^2 = 0{,}036\,\text{N}\,.$$

15 Wir schreiben die Auslenkung der Saite in der Form $y = y_m \sin(kx + \omega t)$. Wir haben das Pluszeichen verwendet, da sich die Welle in die negative x-Richtung ausbreitet. Die Frequenz ist $f = 100\,\text{Hz}$, also ist die Kreisfrequenz $\omega = 2\pi f = 2\pi(100\,\text{Hz}) = 628\,\text{rad/s}$. Die Wellengeschwindigkeit ist gegeben durch $v = \sqrt{\tau/\mu}$, wobei τ die Spannung in der Saite und μ die lineare Massendichte der Saite bezeichnet. Also ist die Wellenlänge $\lambda = v/f = \sqrt{\tau/\mu}/f$, und die Wellenzahl ist

$$k = \frac{2\pi}{\lambda} = 2\pi f\sqrt{\frac{\mu}{\tau}} = 2\pi(100\,\text{Hz})\sqrt{\frac{0{,}50\,\text{kg/m}}{10\,\text{N}}} = 141\,\text{m}^{-1}\,.$$

Die Amplitude ist $y_m = 0{,}12\,\text{mm}$. Also haben wir

$$y = (0{,}12\,\text{mm})\sin\left[(141\,\text{m}^{-1})x + (628\,\text{s}^{-1})t\right]\,.$$

17 (a) Setzen Sie für die Form der Auslenkung $y(x,t) = y_m \sin(kx - \omega t)$. Die Geschwindigkeit eines Punktes auf dem Seil ist $u(x,t) = \partial y/\partial t = -\omega y_m \cos(kx - \omega t)$, und ihr maximaler Wert ist $u_m = \omega y_m$. Andererseits ist die Wellengeschwindigkeit gegeben durch $v = \lambda/T = \omega/k$. Das Verhältnis ist

$$\frac{u_m}{v} = \frac{\omega y_m}{\omega/k} = k y_m = \frac{2\pi y_m}{\lambda}\,.$$

(b) Das Verhältnis der Geschwindigkeiten hängt allein vom Verhältnis der Amplitude zur Wellenlänge ab. Unterschiedliche Wellen auf unterschiedlichen Seilen haben das gleiche Geschwindigkeitsverhältnis, wenn sie die gleiche Amplitude und Wellenlänge besitzen, unabhängig von den Wellengeschwindigkeiten, den linearen Dichten der Seile und den Spannungen in den Seilen.

19 (a) Die Amplitude lesen wir aus dem Graphen ab. Sie beträgt ungefähr 5,0 cm.

(b) Die Wellenlänge lesen wir aus dem Graphen ab. Die Kurve schneidet $y = 0$ ungefähr bei $x = 15\,\text{cm}$ und wieder mit der gleichen Steigung ungefähr bei $x = 55\,\text{cm}$, also ist $\lambda = 55\,\text{cm} - 15\,\text{cm} = 40\,\text{cm} = 0{,}40\,\text{m}$.

(c) Die Wellengeschwindigkeit ist $v = \sqrt{\tau/\mu}$, wobei τ die Spannung im Seil und μ die lineare Massendichte des Seils ist. Damit erhalten wir

$$v = \sqrt{\frac{3{,}6\,\text{N}}{25 \times 10^{-3}\,\text{kg/m}}} = 12\,\text{m/s}\,.$$

(d) Die Frequenz ist $f = v/\lambda = (12\,\text{m/s})/(0{,}40\,\text{m}) = 30\,\text{Hz}$, und die Periodendauer ist $T = 1/f = 1/(30\,\text{Hz}) = 0{,}033\,\text{s}$.

(e) Die maximale Geschwindigkeit des Seils ist $u_m = \omega y_m = 2\pi f y_m = 2\pi(30\,\text{Hz})(5{,}0\,\text{cm}) = 940\,\text{cm/s} = 9{,}4\,\text{m/s}$.

(f) Wir nehmen an, dass die Auslenkung des Seils die Form $y(x,t) = y_m \sin(kx + \omega t + \phi)$ besitzt. Im Argument der trigonometrischen Funktion erscheint ein Pluszeichen, weil sich die Welle in die negative x-Richtung ausbreitet. Die Amplitude ist $y_m = 5{,}0 \times 10^{-2}\,\text{m}$, die Kreisfrequenz ist $\omega = 2\pi f = 2\pi(30\,\text{Hz}) = 190\,\text{rad/s}$, und die Wellenzahl ist $k = 2\pi/\lambda = 2\pi/(0{,}40\,\text{m}) = 16\,\text{m}^{-1}$. Gemäß dem Graphen beträgt die Auslenkung bei $x = 0$ und $t = 0$ ungefähr $4{,}0 \times 10^{-2}\,\text{m}$. Die Formel für die Auslenkung ergibt $y(0,0) = y_m \sin\phi$. Wir möchten ϕ so wählen, dass $5{,}0 \times 10^{-2} \sin\phi = 4{,}0 \times 10^{-2}$ ist. Die Lösung ist entweder 0,93 rad oder 2,21 rad. Im ersten Fall hat die Funktion eine positive Steigung bei $x = 0$ und passt zum Graphen. Im zweiten Fall hat sie eine negative Steigung und passt nicht zum Graphen. Wir wählen $\phi = 0{,}93\,\text{rad}$. Der Ausdruck für die Auslenkung ist

$$y(x,t) = (5{,}0 \times 10^{-2}\,\text{m}) \sin\left[(16\,\text{m}^{-1})x + (190\,\text{s}^{-1})t + 0{,}93\right] .$$

21 Die Impulse haben die gleiche Geschwindigkeit v. Nehmen Sie an, dass ein Impuls am linken Ende des Drahts zur Zeit $t = 0$ startet. Seine Koordinate zur Zeit t ist $x_1 = vt$. Der andere Impuls starte vom rechten Ende, bei $x = L$, wobei L die Länge des Drahts zur Zeit $t = 30\,\text{ms}$ ist. Wenn wir diese Zeit mit t_0 bezeichnen, dann ist die Koordinate dieser Welle zur Zeit t gegeben durch $x_2 = L - v(t - t_0)$. Sie treffen sich, wenn $x_1 = x_2$ ist, oder, was das gleiche ist, wenn $vt = L - v(t - t_0)$ ist. Wir lösen nach der Zeit auf, wenn sie sich treffen: $t = (L + vt_0)/2v$, und die Koordinate des Treffpunktes ist $x = vt = (L + vt_0)/2$. Wir berechnen nun die Wellengeschwindigkeit:

$$v = \sqrt{\frac{\tau L}{m}} = \sqrt{\frac{(250\,\text{N})(10{,}0\,\text{m})}{0{,}100\,\text{kg}}} = 158\,\text{m/s} .$$

Dabei ist τ die Spannung im Draht und L/m die lineare Massendichte des Drahts. Die Koordinate des Treffpunktes ist

$$x = \frac{10{,}0\,\text{m} + (158\,\text{m/s})(30 \times 10^{-3}\,\text{s})}{2} = 7{,}37\,\text{m} .$$

Dies ist der Abstand vom linken Ende des Drahts. Der Abstand vom rechten Ende ist $L - x = 10\,\text{m} - 7{,}37\,\text{m} = 2{,}63\,\text{m}$.

23 (a) Die Wellengeschwindigkeit an einem Punkt des Seils ist gegeben durch $v = \sqrt{\tau/\mu}$, wobei τ die Spannung in diesem Punkt und μ die lineare Massendichte bezeichnen. Weil das Seil herabhängt, ändert sich die Spannkraft von Punkt zu Punkt. Betrachten Sie einen Punkt auf dem Seil in einem Abstand y vom unteren Seilende entfernt. Die darauf wirkenden Kräfte sind das Gewicht des Seilstücks unter ihm, die nach unten zieht, und die Spannkraft, die nach oben zieht. Da sich das Seil im Gleichgewicht befindet, gleichen sie sich aus. Das Gewicht des Seils darunter ist gegeben durch $\mu g y$, also ist die Spannkraft $\tau = \mu g y$. Die Wellengeschwindigkeit ist $v = \sqrt{\mu g y/\mu} = \sqrt{gy}$.

(b) Die Zeit $\mathrm{d}t$, die die Welle benötigt, um sich in einem Abstand $\mathrm{d}y$ vom unteren Ende um eine Strecke y auszubreiten, beträgt $\mathrm{d}t = \mathrm{d}y/v = \mathrm{d}y/\sqrt{gy}$ und die Gesamtzeit, die die Welle zum Durchlaufen der gesamten Seillänge benötigt, ist

$$t = \int_0^L \frac{\mathrm{d}y}{\sqrt{gy}} = 2\sqrt{\frac{y}{g}}\,\Bigg|_0^L = 2\sqrt{\frac{L}{g}} .$$

25 (a) Wir nehmen an, dass die Auslenkung des Seils die Form $y(x,t) = y_m \sin(kx - \omega t)$ hat. Die Geschwindigkeit eines Punkts auf dem Seil ist $u(x,t) = \partial y/\partial t = -\omega y_m \cos(kx - \omega t)$, und ihr maximaler Wert ist $u_m = \omega y_m$. Für diese Welle ist die Frequenz $f = 120\,\text{Hz}$, und die Kreisfrequenz ist $\omega = 2\pi f = 2\pi(120\,\text{Hz}) = 754\,\text{rad/s}$. Da sich der Stab über eine Entfernung von 1,00 cm bewegt, ist die Amplitude die Hälfte davon, oder $y_m = 5{,}00 \times 10^{-3}\,\text{m}$. Die maximale Geschwindigkeit ist $u_m = (754\,\text{rad/s})(5{,}00 \times 10^{-3}\,\text{m}) = 3{,}77\,\text{m/s}$.

(b) Betrachten Sie das Seil bei der Koordinate x und zur Zeit t und nehmen Sie an, dass es den Winkel θ mit der x-Achse bildet. Die Spannkraft ist entlang des Seils gerichtet und bildet den gleichen Winkel mit der x-Achse. Ihre transversale Komponente ist $\tau_{\text{trans}} = \tau \sin\theta$. Nun ist θ gegeben durch $\tan\theta = \partial y/\partial x = ky_m \cos(kx - \omega t)$, und sein maximaler Wert ist gegeben durch $\tan\theta_m = ky_m$. Wir müssen die Wellenzahl k berechnen. Sie ist gegeben durch $k = \omega/v$, wobei v die Wellengeschwindigkeit ist. Die Wellengeschwindigkeit ist gegeben durch $v = \sqrt{\tau/\mu}$, wobei τ die Spannkraft im Seil und μ die lineare Massendichte des Seils ist. Verwenden wir die gegebenen Werte, erhalten wir

$$v = \sqrt{\frac{90{,}0\,\text{N}}{0{,}120\,\text{kg/m}}} = 27{,}4\,\text{m/s}$$

und

$$k = \frac{754\,\text{rad/s}}{27{,}4\,\text{m/s}} = 27{,}5\,\text{m}^{-1}\,.$$

Damit haben wir

$$\tan\theta_m = (27{,}5\,\text{m}^{-1})(5{,}00 \times 10^{-3}\,\text{m}) = 0{,}138$$

und $\theta = 7{,}83°$. Der maximale Wert der transversalen Komponente der Spannkraft im Seil ist $\tau_{\text{trans}} = (90{,}0\,\text{N})\sin 7{,}83° = 12{,}3\,\text{N}$. Wir bemerken, dass $\sin\theta$ fast genauso groß ist wie $\tan\theta$, weil θ klein ist. Den maximalen Wert der transversalen Komponente der Spannkraft können wir durch $\tau k y_m$ approximieren.

(c) Wir betrachten das Seil bei x. Die transversale Komponente der Spannkraft, die auf Grund des Seils daran nach links zieht, ist $-\tau\,\partial y/\partial x = -\tau k y_m \cos(kx - \omega t)$, und sie erreicht ihren größten Wert, wenn $\cos(kx - \omega t) = -1$ ist. Die Wellengeschwindigkeit ist $u = \partial y/\partial t = -\omega y_m \cos(kx - \omega t)$, und sie erreicht ebenfalls ihren maximalen Wert, wenn $\cos(kx - \omega t) = -1$ ist. Die beiden Größen erreichen ihre maximalen Werte beim gleichen Wert für die Phase. Für $\cos(kx - \omega t) = -1$ ist der Wert von $\sin(kx - \omega t)$ null, und die Auslenkung des Seils ist $y = 0$.

(d) Wenn sich das Seil an einem Punkt um eine kleine Auslenkung Δy bewegt, verrichtet die Spannkraft die Arbeit $\Delta W = \tau_{\text{trans}}\,\Delta y$. Die Rate, mit der sie Arbeit verrichtet, ist

$$P = \frac{\Delta W}{\Delta t} = \tau_{\text{trans}}\frac{\Delta y}{\Delta t} = \tau_{\text{trans}} u\,.$$

P hat ihren maximalen Wert, wenn die transversale Komponente τ_{trans} der Spannkraft und die Seilgeschwindigkeit u ihren maximalen Wert annehmen. Also ist die maximale Leistung $(12{,}3\,\text{N})(3{,}77\,\text{m/s}) = 46{,}4\,\text{W}$.

(e) Wie oben gezeigt, ist $y = 0$, wenn die transversale Komponente der Spannkraft und die Seilgeschwindigkeit ihren größten Wert annehmen.

(f) Die transportierte Energie ist null, wenn die transversale Komponente der Spannkraft und die Seilgeschwindigkeit null sind.

(g) Wir haben $P = 0$, wenn zu dieser Zeit $\cos(kx - \omega t) = 0$ und $\sin(kx - \omega t) = \pm 1$ ist. Die Seilauslenkung ist $y = \pm y_m = \pm 0{,}50\,\text{cm}$.

27 Die Auslenkung ist gegeben durch $y = y_m \sin(kx - \omega t) + y_m \sin(kx - \omega t + \phi) = 2y_m \cos(\frac{1}{2}\phi)\sin(kx - \omega t + \frac{1}{2}\phi)$, wobei $\phi = \pi/2$ ist. Die Amplitude ist $A = 2y_m \cos(\frac{1}{2}\phi) = 2y_m \cos(\pi/4) = 1{,}41 y_m$.

29 Rechts ist das Zeigerdiagramm wiedergegeben: y_{1m} und y_{2m} stellen die ursprünglichen Wellen und y_m die resultierende Welle dar. Die zu den beiden einzelnen Wellen gehörenden Zeiger bilden einen Winkel von 90° zu einander, also ist das Dreieck rechtwinklig. Nach dem Satz des Pythagoras erhält man $y_m^2 = y_{1m}^2 + y_{2m}^2 = (3{,}0\,\text{cm})^2 + (4{,}0\,\text{cm})^2 = 25\,\text{cm}^2$. Also haben wir $y_m = 5{,}0\,\text{cm}$.

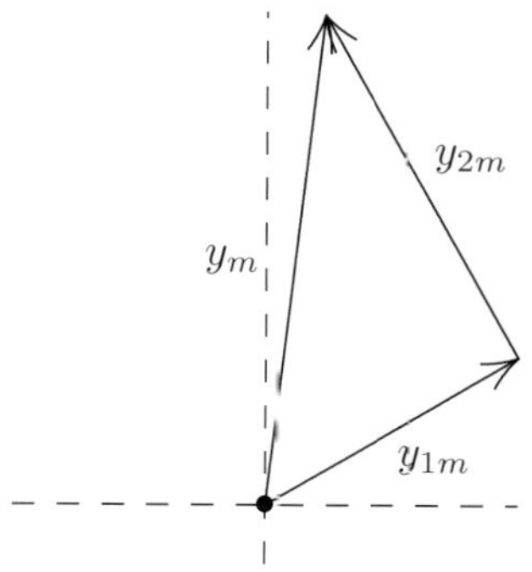

31 (a) Die Skizze zeigt das Phasendiagramm: y_1, y_2 und y_3 stellen die ursprünglichen Wellen dar und y_m die resultierende Welle. Die horizontale Komponente der Resultierenden ist $y_{mh} = y_1 - y_3 = y_1 - y_1/3 = 2y_1/3$. Die vertikale Komponente ist $y_{mv} = y_2 = y_1/2$. Die Amplitude der Resultierenden ist

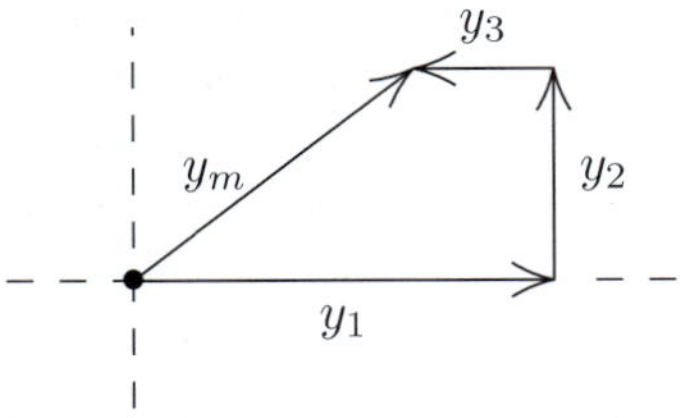

$$y_m = \sqrt{y_{mh}^2 + y_{mv}^2} = \sqrt{\left(\frac{2y_1}{3}\right)^2 + \left(\frac{y_1}{2}\right)^2} = \frac{5}{6}y_1 = 0{,}83y_1 \ .$$

(b) Die Phasenkonstante für die Resultierende ist

$$\phi = \tan^{-1}\frac{y_{mv}}{y_{mh}} = \tan^{-1}\left(\frac{y_1/2}{2y_1/3}\right) = \tan^{-1}\frac{3}{4} = 0{,}644\,\text{rad} = 37^\circ \ .$$

(c) Die resultierende Welle ist

$$y = \frac{5}{6}y_1 \sin(kx - \omega t + 0{,}644\,\text{rad}) \ .$$

Die Skizze unten zeigt die Welle zur Zeit $t = 0$. Wenn die Zeit vergeht, bewegt sie sich nach rechts mit der Geschwindigkeit $v = \omega/k$.

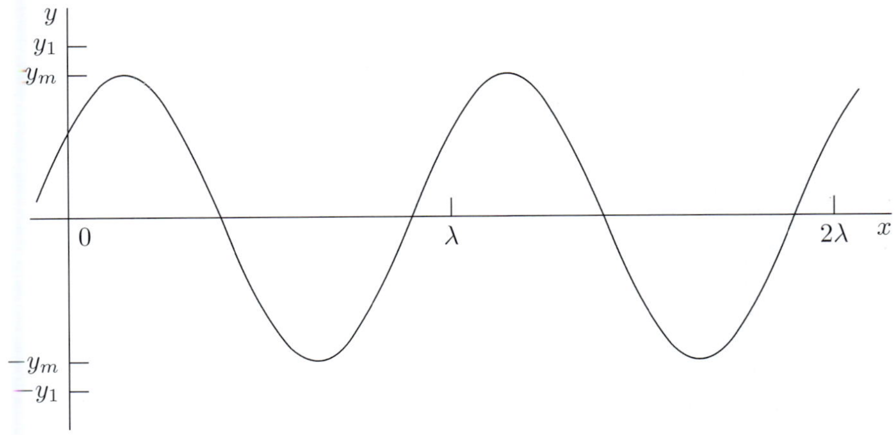

35 (a) Die Wellengeschwindigkeit ist gegeben durch $v = \sqrt{\tau/\mu}$, wobei τ die Spannung im Seil und μ die lineare Massendichte des Seils bezeichnen. Weil die Massendichte die Masse pro Einheitslänge ist, gilt $\mu = M/L$, wobei M die Masse des Seils und L seine Länge bezeichnen. Damit erhalten wir

$$v = \sqrt{\frac{\tau L}{M}} = \sqrt{\frac{(96{,}0\,\text{N})(8{,}40\,\text{m})}{0{,}120\,\text{kg}}} = 82{,}0\,\text{m/s} \ .$$

(b) Die längstmögliche Wellenlänge λ für eine stehende Welle ist mit der Länge des Seils verknüpft über $L = \lambda/2$, also ist $\lambda = 2L = 2(8{,}40\,\text{m}) = 16{,}8\,\text{m}$.

(c) Die Frequenz ist $f = v/\lambda = (82{,}0\,\text{m/s})/(16{,}8\,\text{m}) = 4{,}88\,\text{Hz}$.

37 Mögliche Wellenlängen sind gegeben durch $\lambda = 2L/n$, wobei L die Länge des Drahts und n eine natürliche Zahl bezeichnen. Die zugehörigen Frequenzen sind gegeben durch $f = v/\lambda = nv/2L$, wobei v die Wellengeschwindigkeit bezeichnet. Die Wellengeschwindigkeit ist gegeben durch $v = \sqrt{\tau/\mu} = \sqrt{\tau L/M}$, wobei τ die Spannkraft im Draht, μ die lineare Massendichte und M die Masse des Drahts bezeichnen. Wir haben $\mu = M/L$ verwendet, um die letzte Form zu erhalten. Also ergibt sich

$$f = \frac{n}{2L}\sqrt{\frac{\tau L}{M}} = \frac{n}{2}\sqrt{\frac{\tau}{LM}} = \frac{n}{2}\sqrt{\frac{250\,\text{N}}{(10{,}0\,\text{m})(0{,}100\,\text{kg})}} = n(7{,}91\,\text{Hz}) \ .$$

Für $n = 1$ haben wir $f = 7{,}91\,\text{Hz}$; für $n = 2$ haben wir $f = 15{,}8\,\text{Hz}$; und für $n = 3$ haben wir $f = 23{,}7\,\text{Hz}$.

39 (a) Die Wellenlänge der Resonanzen ist gegeben durch $\lambda = 2L/n$, wobei L die Länge der Saite und n eine natürliche Zahl bezeichnen. Und die Resonanzfrequenzen sind gegeben durch $f = v/\lambda = nv/2L$, wobei v die Wellengeschwindigkeit bezeichnet. Nehmen Sie an, die niedrigste Frequenz gehöre zur natürlichen Zahl n. Weil es keine dazwischen liegenden Resonanzfrequenzen gibt, gehört dann die höhere Frequenz zu $n+1$. Also ist $f_1 = nv/2L$ die niedrigere und $f_2 = (n+1)v/2L$ die höhere Frequenz. Das Frequenzverhältnis ist

$$\frac{f_2}{f_1} = \frac{n+1}{n} .$$

Aufgelöst nach n erhalten wir

$$n = \frac{f_1}{f_2 - f_1} = \frac{315\,\mathrm{Hz}}{420\,\mathrm{Hz} - 315\,\mathrm{Hz}} = 3 .$$

Die niedrigste mögliche Resonanzfrequenz ist $f = v/2L = f_1/n = (315\,\mathrm{Hz})/3 = 105\,\mathrm{Hz}$.

(b) Die längste mögliche Wellenlänge ist $\lambda = 2L$. Wenn f die niedrigste mögliche Frequenz bezeichnet, dann gilt $v = \lambda f = 2Lf = 2(0{,}75\,\mathrm{m})(105\,\mathrm{Hz}) = 158\,\mathrm{m/s}$.

41 (a) Die Amplitude jeder sich ausbreitenden Welle ist die Hälfte der maximalen Auslenkung des Seils, wenn sich eine stehende Welle bildet, also 0,25 cm.

(b) Jede fortlaufende Welle hat eine Kreisfrequenz von $\omega = 40\pi$ rad/s und eine Wellenzahl von $k = \pi/3\,\mathrm{cm}^{-1}$. Die Wellengeschwindigkeit ist $v = \omega/k = (40\pi\,\mathrm{rad/s})/(\pi/3\,\mathrm{cm}^{-1}) = 120\,\mathrm{cm/s}$.

(c) Der Abstand zwischen den Knoten beträgt eine halbe Wellenlänge: $d = \lambda/2 = \pi/k = \pi/(\pi/3\,\mathrm{cm}^{-1}) = 3{,}0\,\mathrm{cm}$. Dabei wurde $2\pi/k$ für λ eingesetzt.

(d) Die Seilgeschwindigkeit ist gegeben durch $u(x,t) = \partial y/\partial t = -\omega y_m \sin(kx)\sin(\omega t)$. Für die gegebene Koordinate und Zeit erhalten wir

$$u = -(40\pi\,\mathrm{rad/s})(0{,}50\,\mathrm{cm})\sin\left[\left(\frac{\pi}{3}\,\mathrm{cm}^{-1}\right)(1{,}5\,\mathrm{cm})\right]\sin\left[\left(40\pi\,\mathrm{s}^{-1}\right)\left(\frac{9}{8}\,\mathrm{s}\right)\right] = 0 .$$

43 (a) Da die stehende Welle drei Bäuche hat, ist das Seil drei halbe Wellenlängen lang: $L = 3\lambda/2$, oder $\lambda = 2L/3$. Wenn v die Wellengeschwindigkeit bezeichnet, ist die Frequenz

$$f = \frac{v}{\lambda} = \frac{3v}{2L} = \frac{3(100\,\mathrm{m/s})}{2(3{,}0\,\mathrm{m})} = 50\,\mathrm{Hz} .$$

(b) Die Wellen haben die gleiche Amplitude, die gleiche Kreisfrequenz und die gleiche Wellenzahl, aber sie bewegen sich in entgegen gesetzte Richtungen. Sie seien $y_1 = y_m \sin(kx - \omega t)$ und $y_2 = y_m \sin(kx + \omega t)$. Die Amplitude y_m ist halb so groß wie die maximale Auslenkung der stehenden Welle, oder $5{,}0 \times 10^{-3}$ m. Die Kreisfrequenz ist die gleiche wie die der stehenden Welle, oder $\omega = 2\pi f = 2\pi(50\,\mathrm{Hz}) = 314\,\mathrm{rad/s}$. Die Wellenzahl ist $k = 2\pi/\lambda = 2\pi/(2{,}0\,\mathrm{m}) = 3{,}14\,\mathrm{m}^{-1}$. Also haben wir

$$y_1 = (5{,}0 \times 10^{-3}\,\mathrm{m})\sin\left[\left(3{,}14\,\mathrm{m}^{-1}\right)x - \left(314\,\mathrm{s}^{-1}\right)t\right]$$

und

$$y_2 = \left(5{,}0 \times 10^{-3}\,\mathrm{m}\right)\sin\left[\left(3{,}14\,\mathrm{m}^{-1}\right)x + \left(314\,\mathrm{s}^{-1}\right)t\right] .$$

45 (a) Da das Seil vier Bäuche besitzt, muss seine Länge zwei Wellenlängen sein, d.h. $\lambda = L/2$, wobei λ die Wellenlänge und L die Länge des Seils ist. Die Wellenlänge steht mit der Frequenz f und der Wellengeschwindigkeit v über $\lambda = v/f$ in Beziehung, also gilt $L/2 = v/f$ und $L = 2v/f = 2(400\,\mathrm{m/s})/(600\,\mathrm{Hz}) = 1{,}3\,\mathrm{m}$.

(b) Den Ausdruck für die Auslenkung des Seils schreiben wir in der Form $y = y_m \sin(kx)\cos(\omega t)$, wobei y_m die maximale Auslenkung bezeichnet, k ist die Wellenzahl und ω die Kreisfrequenz. Die Wellenzahl ist $k = 2\pi/\lambda = 2\pi f/v = 2\pi(600\,\mathrm{Hz})/(400\,\mathrm{m/s}) = 9{,}4\,\mathrm{m}^{-1}$ und die Kreisfrequenz ist $\omega = 2\pi f = 2\pi(600\,\mathrm{Hz}) = 3800\,\mathrm{rad/s}$. y_m ist 2,0 mm. Die Auslenkung ist gegeben durch

$$y(x,t) = (2{,}0\,\mathrm{mm})\sin[(9{,}4\,\mathrm{m}^{-1})x]\cos\left[(3800\,\mathrm{s}^{-1})t\right] .$$

47 (a) Die Kreisfrequenz ist $\omega = 8{,}0\pi/2 = 4{,}0\pi$ rad/s, also ist die Frequenz $f = \omega/2\pi = (4{,}0\pi\,\mathrm{rad/s})/2\pi = 2{,}0\,\mathrm{Hz}$.

(b) Die Wellenzahl ist $k = 2{,}0\pi/2 = 1{,}0\pi\,\mathrm{m}^{-1}$, also ist die Wellenlänge $\lambda = 2\pi/k = 2\pi/(1{,}0\pi\,\mathrm{m}^{-1}) = 2{,}0\,\mathrm{m}$.

(c) Die Wellengeschwindigkeit ist

$$v = \lambda f = (2{,}0\,\mathrm{m})(2{,}0\,\mathrm{Hz}) = 4{,}0\,\mathrm{m/s} .$$

(d) Wir müssen zwei Kosinusfunktionen addieren. Zunächst wandeln wir sie in Sinusfunktionen um, indem wir $\cos\alpha = \sin(\alpha + \pi/2)$ verwenden, Dann wenden wir Gl. 42 an. Hier sind die Schritte im Einzelnen:

$$\begin{aligned}\cos\alpha + \cos\beta &= \sin\left(\alpha + \frac{\pi}{2}\right) + \sin\left(\beta + \frac{\pi}{2}\right) = 2\sin\left(\frac{\alpha+\beta+\pi}{2}\right)\cos\left(\frac{\alpha-\beta}{2}\right)\\ &= 2\cos\left(\frac{\alpha+\beta}{2}\right)\cos\left(\frac{\alpha-\beta}{2}\right).\end{aligned}$$

Setzen wir $\alpha = kx$ und $\beta = \omega t$, erhalten wir

$$y_m\cos(kx + \omega t) + y_m\cos(kx - \omega t) = 2y_m\cos(kx)\cos(\omega t) .$$

Knoten treten auf, wo $\cos(kx) = 0$ oder $kx = n\pi + \pi/2$ gilt, wobei n eine ganze Zahl (einschließlich null) ist. Wegen $k = 1{,}0\pi\,\mathrm{m}^{-1}$ bedeutet dies $x = (n + \frac{1}{2})(1{,}0\,\mathrm{m})$. Knoten treten bei $x = 0{,}50$ m, 1,5 m, 2,5 m, etc. auf.

(e) Die Auslenkung nimmt ein Maximum an, wo $\cos(kx) = \pm 1$ ist. Das bedeutet $kx = n\pi$, wobei n eine ganze Zahl ist. Damit haben wir $x = n(1{,}0\,\mathrm{m})$. Maxima treten bei $x = 0$, 1,0 m, 2,0 m, 3,0 m, etc. auf.

49 Wir betrachten einen infinitesimalen Abschnitt eines schwingenden Seils in einem stehenden Wellenmuster. Seine Länge ist $\mathrm{d}x$, und seine Masse ist $\mathrm{d}m = \mu\,\mathrm{d}x$, wobei μ seine lineare Massendichte bezeichnet. Wenn er sich mit Geschwindigkeit u bewegt, ist seine kinetische Energie $\mathrm{d}K = \frac{1}{2}u^2\,\mathrm{d}m = \frac{1}{2}\mu u^2\,\mathrm{d}x$. Wenn sich der Abschnitt bei x befindet, ist seine Auslenkung zur Zeit t gegeben durch $y = 2y_m\sin(kx)\cos(\omega t)$, und seine Geschwindigkeit ist $u = \partial y/\partial t = -2\omega y_m\sin(kx)\sin(\omega t)$, also ist seine kinetische Energie

$$\mathrm{d}K = \left(\frac{1}{2}\right)\left(4\mu\omega^2 y_m^2\right)\sin^2(kx)\sin^2(\omega t) = 2\mu\omega^2 y_m^2\sin^2(kx)\sin^2(\omega t) .$$

Dabei bezeichnet y_m die Amplitude jeder der durchwandernden Wellen, die kombiniert werden, um die stehende Welle zu bilden. Der infinitesimale Abschnitt besitzt seine maximale kinetische Energie für $\sin^2(\omega t) = 1$, und die maximale kinetische Energie ist gegeben durch den differenziellen Betrag

$$dK_m = 2\mu\omega^2 y_m^2\sin^2(kx) .$$

Beachten Sie, dass jedes Teilstück des Seils seine maximale kinetische Energie zur gleichen Zeit besitzt, obwohl diese Maxima für die verschiedenen Teile des Seils verschieden sind. Wenn das Seil mit n Bäuchen schwingt, ist die Länge des Seils in jedem der Bäuche L/n, und die kinetische Energie des Bauchs ist gegeben durch das Integral

$$K_m = 2\mu\omega^2 y_m^2\int_0^{L/n}\sin^2(kx)\,dx .$$

Wir verwenden die trigonometrische Identität $\sin^2(kx) = \frac{1}{2}[1 + 2\cos(2kx)]$, um Folgendes zu erhalten:

$$K_m = \mu\omega^2 y_m^2\int_0^{L/n}[1 + 2\cos(2kx)]\,\mathrm{d}x = \mu\omega^2 y_m^2\left[\frac{L}{n} + \frac{1}{k}\sin\frac{2kL}{n}\right] .$$

Für eine stehende Welle von n Bäuchen ist die Wellenlänge $\lambda = 2L/n$ und die Wellenzahl $k = 2\pi/\lambda = n\pi/L$, also $2kL/n = 2\pi$ und $\sin(2kL/n) = 0$, egal welchen Wert n annimmt. Also haben wir

$$K_m = \frac{\mu\omega^2 y_m^2 L}{n} .$$

Um den Ausdruck in der Behauptung der Aufgabe zu erhalten, nehmen wir zunächst die Ersetzungen $\omega = 2\pi f$ und $L/n = \lambda/2$ vor, wobei f die Frequenz und λ die Wellenlänge bezeichnet. Dies ergibt $K_m = 2\pi^2 \mu y_m^2 f^2 \lambda$. Nun setzen wir für $f\lambda$ die Wellengeschwindigkeit v ein und erhalten $K_m = 2\pi^2 \mu y_m^2 f v$.

51 (a) Die Frequenz der Welle ist für beide Abschnitte des Drahts gleich. Die Wellengeschwindigkeit und die Wellenlänge sind jedoch beide in den verschiedenen Abschnitten unterschiedlich. Angenommen, es gibt n_1 Bäuche im Aluminiumabschnitt des Drahts. Dann gilt $L_1 = n_1\lambda_1/2 = n_1 v_1/2f$, wobei λ_1 die Wellenlänge und v_1 is die Wellengeschwindigkeit in diesem Abschnitt bezeichnen. Dabei wurde $\lambda_1 = v_1/f$ eingesetzt mit der Frequenz f. Also gilt $f = n_1 v_1/2L_1$. Ein ähnlicher Ausdruck gilt für den Stahlabschnitt: $f = n_2 v_2/2L_2$. Da die Frequenz in beiden Abschnitten gleich ist, haben wir $n_1 v_1/L_1 = n_2 v_2/L_2$. Die Wellengeschwindigkeit im Aluminiumabschnitt ist nun gegeben durch $v_1 = \sqrt{\tau/\mu_1}$, wobei μ_1 die lineare Massendichte des Aluminiumdrahts bezeichnen. Die Masse an Aluminium im Draht ist gegeben durch $m_1 = \rho_1 A L_1$, wobei ρ_1 die Dichte (Masse pro Volumen) von Aluminium und A die Querschnittsfläche des Drahts bezeichnen. Also haben wir $\mu_1 = \rho_1 A L_1/L_1 = \rho_1 A$ und $v_1 = \sqrt{\tau/\rho_1 A}$. Ein ähnlicher Ausdruck gilt für die Wellengeschwindigkeit im Stahlabschnitt: $v_2 = \sqrt{\tau/\rho_2 A}$. Beachten Sie, dass die Querschnittsfläche und die Zugspannung für beide Abschnitte gleich sind. Die Gleichung für die Frequenzen in beiden Abschnitten führt nun auf $n_1/L_1\sqrt{\rho_1} = n_2/L_2\sqrt{\rho_2}$, wobei A auf beiden Seiten gekürzt wurde. Das Verhältnis dieser ganzen Zahlen ist

$$\frac{n_2}{n_1} = \frac{L_2\sqrt{\rho_2}}{L_1\sqrt{\rho_1}} = \frac{(0{,}866\,\mathrm{m})\sqrt{7{,}80 \times 10^3\,\mathrm{kg/m^3}}}{(0{,}600\,\mathrm{m})\sqrt{2{,}60 \times 10^3\,\mathrm{kg/m^3}}} = 2{,}5 .$$

Die kleinsten ganzen Zahlen, die in diesem Verhältnis stehen, sind $n_1 = 2$ und $n_2 = 5$. Die Frequenz ist $f = n_1 v_1/2L_1 = (n_1/2L_1)\sqrt{\tau/\rho_1 A}$. Die Zugkraft wird durch die herabhängende Masse geliefert und beträgt $\tau = mg$, wobei m die Masse des Blocks bezeichnet. Also haben wir

$$f = \frac{n_1}{2L_1}\sqrt{\frac{mg}{\rho_1 A}} = \frac{2}{2(0{,}600\,\mathrm{m})}\sqrt{\frac{(10{,}0\,\mathrm{kg})(9{,}8\,\mathrm{m/s^2})}{(2{,}60 \times 10^3\,\mathrm{kg/m^3})(1{,}00 \times 10^{-6}\,\mathrm{m^2})}} = 324\,\mathrm{Hz} .$$

(b) Das Muster der stehenden Wellen besteht aus zwei Bäuchen im Aluminiumabschnitt und fünf Bäuchen im Stahlabschnitt, oder insgesamt sieben Bäuchen. Es gibt acht Knoten, wenn man die Enden mitzählt.

18 Wellen – II

3 (a) Die Zeit, die die Schallwelle benötigt, um vom Spieler zu einem Zuschauer zurückzulegen, ist gegeben durch d/v, wobei d die Entfernung und v die Schallgeschwindigkeit bezeichnet. Die Zeit, die das Licht benötigt, um die gleiche Entfernung zurückzulegen, ist gegeben durch d/c, wobei c die Lichtgeschwindigkeit ist. Die Verzögerung zwischen Sehen und Hören des Stoßes ist $\Delta t = (d/v) - (d/c)$. Die Lichtgeschwindigkeit ist so viel größer als die Schallgeschwindigkeit, dass die Verzögerung durch $\Delta t = d/v$ näherungsweise bestimmt werden kann. Das bedeutet, wir haben $d = v\,\Delta t$. Die Entfernung vom Spieler zum ersten Zuschauer ist $d_1 = v\,\Delta t_1 = (343\,\mathrm{m/s})(0{,}23\,\mathrm{s}) = 79\,\mathrm{m}$. Die Entfernung vom Spieler zum zweiten Zuschauer ist $d_2 = v\,\Delta t_2 = (343\,\mathrm{m/s})(0{,}12\,\mathrm{s}) = 41\,\mathrm{m}$.

(b) Die Verbindungslinien vom Spieler zu jedem der Zuschauer und von einem Zuschauer zum anderen bilden ein rechtwinkliges Dreieck, wobei die Verbindungslinie zwischen den Zuschauern die Hypotenuse bildet. Also beträgt der Abstand zwischen den Zuschauern $D = \sqrt{d_1^2 + d_2^2} = \sqrt{(79\,\mathrm{m})^2 + (41\,\mathrm{m})^2} = 89\,\mathrm{m}$.

5 Wenn d der Abstand vom Ort des Erdbebens bis zum Seismographen und v_s die Geschwindigkeit der S-Wellen sind, dann beträgt die Zeit, die die Wellen benötigen, um den Seismographen zu erreichen $t_s = d/v_s$. Analog brauchen die P-Wellen, um den Seismographen zu erreichen, die Zeit $t_p = d/v_p$. Die Zeitverzögerung ist $\Delta t = (d/v_s) - (d/v_p) = d(v_p - v_s)/v_s v_p$, also haben wir

$$d = \frac{v_s v_p\,\Delta t}{(v_p - v_s)} = \frac{(4{,}5\,\mathrm{km/s})(8{,}0\,\mathrm{km/s})(3{,}0\,\mathrm{min})(60\,\mathrm{s/min})}{8{,}0\,\mathrm{km/s} - 4{,}5\,\mathrm{km/s}} = 1900\,\mathrm{km}\,.$$

Beachten Sie, dass die Werte für die Geschwindigkeiten wie vorgegeben in km/s eingesetzt wurden, aber der Wert für die Zeitverzögerung von Minuten in Sekunden umgewandelt wurde.

7 Bezeichnen Sie die Zeit, die der Stein braucht, um ins Wasser zu fallen, mit t_f und die Zeit, die der Schall des Aufplatschens benötigt, um vom Wasser zum oberen Teil des Brunnens zu gelangen, mit t_s. Die Gesamtzeit, die vom Fallenlassen des Steins bis zum Hören des Aufplatschens vergeht, ist dann $t = t_f + t_s$. Wenn d die Tiefe des Brunnens bezeichnet, dann ergibt die Kinematik des freien Falls $d = \frac{1}{2}gt_f^2$ oder $t_f = \sqrt{2d/g}$. Der Schall bewegt sich mit konstanter Geschwindigkeit v_s, also gilt $d = v_s t_s$ oder $t_s = d/v_s$. Also beträgt die Gesamtzeit $t = \sqrt{2d/g} + d/v_s$. Diese Gleichung muss nach d aufgelöst werden. Schreiben Sie sie um als $\sqrt{2d/g} = t - d/v_s$ und quadrieren Sie beide Seiten, so erhalten Sie $2d/g = t^2 - 2(t/v_s)d + (1/v_s^2)d^2$. Multiplizieren Sie sie nun mit gv_s^2 und sortieren Sie die Ausdrücke um, um Folgendes zu erhalten $gd^2 - 2v_s(gt + v_s)d + gv_s^2t^2 = 0$. Dies ist eine quadratische Gleichung für d. Ihre Lösungen sind

$$d = \frac{2v_s(gt + v_s) \pm \sqrt{4v_s^2(gt + v_s)^2 - 4g^2v_s^2t^2}}{2g}\,.$$

Die physikalische Lösung muss $d = 0$ für $t = 0$ liefern, also verwenden wir die Lösung mit dem negativen Vorzeichen vor der Quadratwurzel. Setzt man Werte ein, erhält man das Ergebnis $d = 40{,}7\,\mathrm{m}$.

9 (a) Verwenden Sie $\lambda = v/f$, wobei v die Schallgeschwindigkeit in Luft und f die Frequenz bezeichnen. Also haben wir

$$\lambda = \frac{343\,\text{m/s}}{4{,}5 \times 10^6\,\text{Hz}} = 7{,}62 \times 10^{-5}\,\text{m}\,.$$

(b) Nun haben wir $\lambda = v/f$, wobei v die Schallgeschwindigkeit in Gewebe bezeichnet. Die Frequenz ist für Luft und Gewebe gleich. Also gilt $\lambda = (1500\,\text{m/s})/(4{,}5 \times 10^6\,\text{Hz}) = 3{,}33 \times 10^{-4}\,\text{m}$.

13 Bezeichnen Sie den Abstand vom näheren Lautsprecher zum Zuhörer mit L_1. Der Abstand vom anderen Lautsprecher zum Zuhörer ist $L_2 = \sqrt{L_1^2 + d^2}$, wobei d den Abstand zwischen den Lautsprechern bezeichnet. Die Phasendifferenz beim Zuhörer ist $\phi = 2\pi(L_2 - L_1)/\lambda$, wobei λ die Wellenlänge bezeichnet.

(a) Für ein Minimum der Intensität beim Zuhörer muss $\phi = (2n+1)\pi$ sein, wobei n eine ganze Zahl ist. Also gilt $\lambda = 2(L_2 - L_1)/(2n+1)$. Die Frequenz ist

$$f = \frac{v}{\lambda} = \frac{(2n+1)v}{2\left(\sqrt{L_1^2 + d^2} - L_1\right)} = \frac{(2n+1)(343\,\text{m/s})}{2\left(\sqrt{(3{,}75\,\text{m})^2 + (2{,}00\,\text{m})^2} - 3{,}75\,\text{m}\right)} = (2n+1)(343\,\text{Hz})\,.$$

Wir haben nun $20{,}000/343 = 58{,}3$, also muss $2n+1$ zwischen 0 und 57 liegen, damit die Frequenz im hörbaren Bereich liegt. Das heißt. dass n zwischen 1 und 28 liegt und $f = 1029, 1715, \ldots, 19550\,\text{Hz}$ ist.

(b) Für ein Maximum der Intensität beim Zuhörer muss $\phi = 2n\pi$ sein, wobei n eine ganze Zahl ist. Also gilt $\lambda = (1/n)\left(\sqrt{L_1^2 + d^2} - L_1\right)$ und

$$f = \frac{v}{\lambda} = \frac{nv}{\sqrt{L_1^2 + d^2} - L_1} = \frac{n(343\,\text{m/s})}{\sqrt{(3{,}75\,\text{m})^2 + (2{,}00\,\text{m})^2} - 3{,}75\,\text{m}} = n(686\,\text{Hz})\,.$$

Wegen $20{,}000/686 = 29{,}2$ muss n zwischen 1 und 29 liegen, damit die Frequenz hörbar ist, und dann ist $f = 686, 1372, \ldots, 19890\,\text{Hz}$.

17 Die Intensität ist die Übertragungsrate an Energie pro Einheitsfläche senkrecht zum Fluss. Die Übertragungsrate, mit der Energie durch eine Kugel fließt, deren Mittelpunkt bei der Quelle liegt, ist für jede Kugel die gleiche, unabhängig vom Kugelradius. Und diese Übertragungsrate ist gleich der Abgabeleistung der Quelle. Wenn P die Abgabeleistung und I die Intensität in einem Abstand r von der Quelle bezeichnet, dann gilt $P = IA = 4\pi r^2 I$, wobei A $(= 4\pi r^2)$ die Oberfläche einer Kugel vom r bezeichnet. Also haben wir $P = 4\pi(2{,}50\,\text{m})^2(1{,}91 \times 10^{-4}\,\text{W/m}^2) = 1{,}50 \times 10^{-2}\,\text{W}$.

19 Die Intensität ist gegeben durch $I = \frac{1}{2}\rho v \omega^2 s_m^2$, wobei ρ die Luftdichte, v die Schallgeschwindigkeit in Luft, ω die Kreisfrequenz und s_m die Verschiebungsamplitude für die Schallwelle bezeichnet. Ersetzen Sie ω durch $2\pi f$ und lösen Sie nach s_m auf:

$$s_m = \sqrt{\frac{I}{2\pi^2 \rho v f^2}} = \sqrt{\frac{1{,}00 \times 10^{-6}\,\text{W/m}^2}{2\pi^2(1{,}21\,\text{kg/m}^3)(343\,\text{m/s})(300\,\text{Hz})^2}} = 3{,}68 \times 10^{-8}\,\text{m}\,.$$

21 (a) Es bezeichne I_1 die ursprüngliche Intensität und I_2 die Intensität am Ende. Der ursprüngliche Schallpegel ist $\beta_1 = (10\,\text{dB})\log(I_1/I_0)$, und der Schallpegel am Ende ist $\beta_2 = (10\,\text{dB})\log(I_2/I_0)$, wobei I_0 die Vergleichsintensität bezeichnet. Wegen $\beta_2 = \beta_1 + 30\,\text{dB}$ haben wir $(10\,\text{dB})\log(I_2/I_0) = (10\,\text{dB})\log(I_1/I_0) + 30\,\text{dB}$, d.h. $(10\,\text{dB})\log(I_2/I_0) - (10\,\text{dB})\log(I_1/I_0) = 30\,\text{dB}$. Teilen Sie durch 10 dB und verwenden Sie $\log(I_2/I_0) - \log(I_1/I_0) = \log(I_2/I_1)$, um $\log(I_2/I_1) = 3$ zu erhalten. Nun verwenden Sie jede Seite als Exponenten von 10 und beachten Sie $10^{\log(I_2/I_1)} = I_2/I_1$. Das Ergebnis ist $I_2/I_1 = 10^3$. Die Intensität wird um einen Faktor 1000 erhöht.

(b) Die Druckamplitude ist proportional zur Quadratwurzel der Intensität, also wird sie um einen Faktor $\sqrt{1000} = 32$ erhöht.

23 (a) Die Intensität ist gegeben durch $I = \frac{1}{2}\rho v\omega^2 s_m^2$, wobei ρ die Dichte des Mediums, v die Schallgeschwindigkeit, ω die Kreisfrequenz und s_m die Auslenkungsamplitude bezeichnet. Die Auslenkungsamplitude und die Druckamplituden stehen über $\Delta p_m = \rho v\omega s_m$ in Beziehung, also haben wir $s_m = \Delta p_m/\rho v\omega$ und $I = (\Delta p_m)^2/2\rho v$. Für Wellen der gleichen Frequenz ist das Verhältnis der Intensität für die Ausbreitung in Wasser zur Intensität für die Ausbreitung in Luft

$$\frac{I_w}{I_a} = \left(\frac{\Delta p_{mw}}{\Delta p_{ma}}\right)^2 \frac{\rho_a v_a}{\rho_w v_w},$$

wobei der Index a Luft und der Index w Wasser kennzeichnet. Wegen $I_a = I_w$ haben wir

$$\frac{\Delta p_{mw}}{\Delta p_{ma}} = \sqrt{\frac{\rho_w v_w}{\rho_a v_a}} = \sqrt{\frac{(0{,}998 \times 10^3\,\mathrm{kg/m^3})(1482\,\mathrm{m/s})}{(1{,}21\,\mathrm{kg/m^3})(343\,\mathrm{m/s})}} = 59{,}7\,.$$

Die Schallgeschwindigkeiten sind in Tabelle 18-1 und die Dichten in Tabelle 15-1 wiedergegeben.

(b) Nun ergibt sich $\Delta p_{mw} = \Delta p_{ma}$, also

$$\frac{I_w}{I_a} = \frac{\rho_a v_a}{\rho_w v_w} = \frac{(1{,}21\,\mathrm{kg/m^3})(343\,\mathrm{m/s})}{(0{,}998 \times 10^3\,\mathrm{kg/m^3})(1482\,\mathrm{m/s})} = 2{,}81 \times 10^{-4}\,.$$

25 (a) Wir fassen die Welle als ebene Welle auf und betrachten ein Gebiet, das von der Oberfläche eines rechteckigen Körper mit zwei ebenen Seiten der Fläche A senkrecht zur Ausbreitungsrichtung in einem Abstand d, entlang der Ausbreitungsrichtung, gebildet wird. Die in diesem Gebiet enthaltene Energie ist $U = uAd$. Wenn die Wellengeschwindigkeit v ist, dann durchquert die gesamte Energie ein Ende des Gebiets in der Zeit $t = d/v$. Die Energie, die pro Zeiteinheit hindurchläuft, ist $U/t = uAdv/d = uvA$. Die Intensität ist die Energie, die pro Zeiteinheit durch eine Flächeneinheit hindurchtritt, oder $I = U/tA = uv$.

(b) Die abgegebene Leistung P der Quelle ist gleich der Rate, mit der Energie durch die Oberfläche einer beliebigen Kugel mit Mittelpunkt in der Quelle tritt. Mit der Intensität I in einem Abstand r ist sie durch $P = AI = 4\pi r^2 I$ verknüpft, wobei A $(= 4\pi r^2)$ die Oberfläche einer Kugel vom Radius r ist. Setzen Sie $I = uv$ ein, um $P = 4\pi r^2 uv$ zu erhalten, dann lösen Sie nach u auf:

$$u = \frac{P}{4\pi r^2 v} = \frac{50{,}000\,\mathrm{W}}{4\pi(480 \times 10^3\,\mathrm{m})^2(3{,}00 \times 10^8\,\mathrm{m/s})} = 5{,}76 \times 10^{-17}\,\mathrm{J/m^3}\,.$$

27 (a) Die Ausgangsleistung der Quelle bezeichnen wir mit P. Dies ist die Rate, mit der Energie die Fläche einer beliebigen Kugel mit Mittelpunkt in der Quelle durchquert, und sie ist daher gleich dem Produkt der Intensität I an der Kugeloberfläche und der Oberfläche. Für eine Kugel vom Radius r haben wir $P = 4\pi r^2 I$ und $I = P/4\pi r^2$. Die Intensität ist proportional zum Quadrat der Auslenkungsamplitude s_m. Wenn wir $I = Cs_m^2$ schreiben, wobei C eine Proportionalitätskonstante ist, dann haben wir $Cs_m^2 = P/4\pi r^2$. Wir erhalten $s_m = \sqrt{P/4\pi r^2 C} = \left(\sqrt{P/4\pi C}\right)(1/r)$. Die Auslenkungsamplitude ist umgekehrt proportional zum Abstand von der Quelle. Wir nehmen an, dass die Welle sinusförmig ist. Sie bewegt sich von der Quelle radial nach außen, mit Punkten auf einer Kugel vom Radius r in Phase. Wenn ω die Kreisfrequenz und k die Wellenzahl bezeichnet, ist die Zeitabhängigkeit gegeben durch $\sin(kr - \omega t)$. Setzen wir $b = \sqrt{P/4\pi C}$, so ist die Verschiebungswelle gegeben durch

$$s(r,t) = \sqrt{\frac{P}{4\pi C}}\,\frac{1}{r}\sin(kr - \omega t) = \frac{b}{r}\sin(kr - \omega t)\,.$$

(b) Da s und r beide die Dimension einer Länge haben und die trigonometrische Funktion dimensionslos ist, muss die Dimension von b Länge zum Quadrat sein.

29 (a) Wenn die rechte Seite des Instruments um eine Strecke d herausgezogen wird, erhöht sich die Wegstrecke für Schallwellen um $2d$. Da sich das Interferenzmuster von einem Minimum zum nächsten Maximum ändert, muss dieser Abstand eine halbe Wellenlänge des Schalls sein. Also haben wir $2d = \lambda/2$, wobei λ die Wellenlänge bezeichnet. Also ist $\lambda = 4d$, und wenn v die Schallgeschwindigkeit ist, dann ist die Frequenz $f = v/\lambda = v/4d = (343\,\mathrm{m/s})/4(0{,}0165\,\mathrm{m}) = 5{,}2 \times 10^3\,\mathrm{Hz}$.

(b) Die Auslenkungsamplitude ist proportional zur Quadratwurzel der Intensität (vgl. Gl. 18-27). Schreiben Sie $\sqrt{I} = Cs_m$, wobei I die Intensität, s_m die Auslenkungsamplitude und C eine Proportionalitätkonstante bezeichnet. Beim Minimum ist die Interferenz destruktiv, und die Auslenkungsamplitude ist die Differenz der Amplituden der einzelnen Wellen, $s_m = s_{SAD} - s_{SBD}$, wobei der Index den Weg der Wellen bezeichnet. Im Maximum ist die Interferenz konstruktiv, und die Auslenkungsamplitude ist die Summe der Amplituden der einzelnen Wellen, $s_m = s_{SAD} + s_{SBD}$. Lösen Sie $\sqrt{100} = C(s_{SAD} - s_{SBD})$ und $\sqrt{900} = C(s_{SAD} + s_{SBD})$ nach s_{SAD} und s_{SBD} auf. Addieren Sie die Gleichungen, und Sie erhalten $s_{SAD} = (\sqrt{100} + \sqrt{900})/2C = 20/C$, dann subtrahieren Sie sie, und Sie erhalten $s_{SBD} = (\sqrt{900} - \sqrt{100})/2C = 10/C$. Das Verhältnis der Amplituden ist $s_{SAD}/s_{SBD} = 2$.

(c) Jeder Energieverlust, wie er durch die Reibungskräfte der Wände auf die Luf im Rohr verursacht werden könnte, führt zu einer Abnahme der Auslenkungsamplitude. Diese Verluste sind auf dem Weg B größer, weil er länger als A ist.

33 (a) Die Saite ist an beiden Enden befestigt. Wenn sie in ihrer tiefsten Frequenz schwingt, passt genau eine halbe Wellenlänge zwischen die Enden. Wenn L die Länge der Saite und λ die Wellenlänge bezeichnen, dann gilt $\lambda = 2L$. Die Frequenz ist $f = v/\lambda = v/2L$, wobei v die Geschwindigkeit von Wellen auf der Saite bezeichnen. Also haben wir $v = f\lambda = 2Lf = 2(0{,}220\,\text{m})(920\,\text{Hz}) = 405\,\text{m/s}$.

(b) Die Wellengeschwindigkeit ist gegeben durch $v = \sqrt{\tau/\mu}$, wobei τ die Spannkraft in der Saite und μ die lineare Massendichte der Saite bezeichnen. Wenn M die Masse der Saite ist, dann haben wir $\mu = M/L$, weil die Saite gleichförmig ist. Also gilt $\tau = \mu v^2 = (M/L)v^2 = \left[(800 \times 10^{-6}\,\text{kg})/(0{,}220\,\text{m})\right](405\,\text{m/s})^2 = 596\,\text{N}$.

(c) Die Wellenlänge ist $\lambda = 2L = 2(0{,}220\,\text{m}) = 0{,}440\,\text{m}$.

(d) Die Frequenz der Schallwelle in Luft ist die gleiche wie die Frequenz der Schwingung auf der Saite. Die Wellenlänge ist unterschiedlich, weil die Wellengeschwindigkeit unterschiedlich ist. Wenn v_a die Schallgeschwindigkeit in Luft bezeichnen, dann ist die Wellenlänge in Luft $\lambda_a = v_a/f = (343\,\text{m/s})/(920\,\text{Hz}) = 0{,}373\,\text{m}$.

35 (a) Da das Rohr an beiden Enden offen ist, befinden sich an beiden Enden Bäuche und eine ganzzahlige Anzahl an Halbwellen auf der Länge des Rohrs. Wenn L die Länge des Rohrs und λ die Wellenlänge bezeichnet, dann gilt $\lambda = 2L/n$, wobei n eine ganze Zahl ist. Wenn v die Schallgeschwindigkeit bezeichnet, dann sind die Resonanzfrequenzen gegeben durch $f = v/\lambda = nv/2L$. Wir haben nun $L = 0{,}457\,\text{m}$, also ist $f = n(344\,\text{m/s})/2(0{,}457\,\text{m}) = 376{,}4n\,\text{Hz}$. Um die Resonanzfrequenzen zu bestimmen, die zwischen 1000 Hz und 2000 Hz liegen, setzen wir zunächst $f = 1000\,\text{Hz}$ und lösen nach n auf. Dann setzen wir $f = 2000\,\text{Hz}$ und wieder lösen wir nach n auf. Sie sollten 2,66 und 5,32 erhalten. Damit sind $n = 3$, 4 und 5 geeignete Werte für n. Es gibt drei Resonanzfrequenzen im gegebenen Bereich. Für $n = 3$: $f = 3(376{,}4\,\text{Hz}) = 1129\,\text{Hz}$; für $n = 4$: $f = 4(376{,}4\,\text{Hz}) = 1526\,\text{Hz}$; und für $n = 5$: $f = 5(376{,}4\,\text{Hz}) = 1882\,\text{Hz}$.

(b) Für jede ganze Zahl n hat die Auslenkung n Knoten und $n + 1$ Bäuche, wobei die Enden mitgezählt werden. Die Knoten (N) und die Bäuche (A) sind in den folgenden Skizzen für die drei in Teil (a) bestimmten Resonanzfrequenzen eingezeichnet.

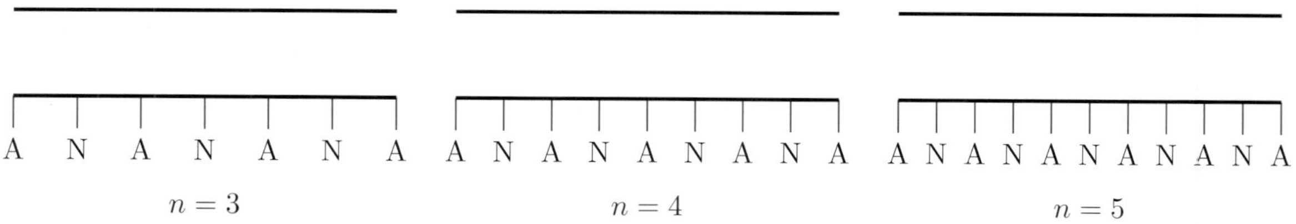

37 Die Wasseroberfläche ist ein Auslenkungsknoten, und die Oberkante des Brunnens ein Auslenkungsbauch. Bei der niedrigsten Resonanzfrequenz passt genau ein Viertel einer Wellenlänge in den Brunnen. Wenn d die Tiefe und λ die Wellenlänge bezeichnet, dann haben wir $\lambda = 4d$. Die Frequenz ist $f = v/\lambda = v/4d$, wobei v die Schallgeschwindigkeit bezeichnet. Die Schallgeschwindigkeit ist gegeben durch $v = \sqrt{B/\rho}$, wobei B den Kompressionsmodul und ρ die Dichte der Luft im Brunnen bezeichnet. Also ergibt sich $f = (1/4d)\sqrt{B/\rho}$ und

$$d = \frac{1}{4f}\sqrt{\frac{B}{\rho}} = \left[\frac{1}{4(7{,}00\,\text{Hz})}\right]\sqrt{\frac{1{,}33 \times 10^5\,\text{Pa}}{1{,}10\,\text{kg/m}^3}} = 12{,}4\,\text{m}\,.$$

39 (a) Wir erwarten, dass der Mittelpunkt des Sterns ein Auslenkungsknoten ist. Der Stern besitzt Kugelsymmetrie und die Wellen sind kugelförmig. Würde sich Materie im Mittelpunkt bewegen, würde sie sich gleichmäßig in alle Richtungen ausbreiten, und dies ist unmöglich.

(b) Wir nehmen an, dass sich die Schwingung in der niedrigsten Resonanzfrequenz befindet. Dann passt genau ein Viertel einer Wellenlänge in den Stern. Wenn λ die Wellenlänge und R den Sternradius bezeichnet, dann ist $\lambda = 4R$. Die Frequenz ist $f = v/\lambda = v/4R$, wobei v die Schallgeschwindigkeit im Stern ist. Die Periodendauer ist $T = 1/f = 4R/v$.

(c) Die Schallgeschwindigkeit ist $v = \sqrt{B/\rho}$, wobei B den Kompressionsmodul und ρ die Dichte der Sternmaterie bezeichnet. Der Radius ist $R = 9{,}0 \times 10^{-3} R_s$, wobei R_s der Radius der Sonne ($6{,}96 \times 10^8$ m) ist. Damit ergibt sich

$$T = 4R\sqrt{\frac{\rho}{B}} = 4(9{,}0 \times 10^{-3})(6{,}96 \times 10^8\,\text{m})\sqrt{\frac{1{,}0 \times 10^{10}\,\text{kg/m}^3}{1{,}33 \times 10^{22}\,\text{Pa}}} = 22\,\text{s}\,.$$

41 Die Saite ist an beiden Enden eingespannt, also ist die resonante Wellenlänge gegeben durch $\lambda = 2L/n$, wobei L die Länge der Saite und n eine ganze Zahl bezeichnen. Die Resonanzfrequenzen sind gegeben durch $f = v/\lambda = nv/2L$, wobei v die Wellengeschwindigkeit auf der Saite ist. Es gilt nun $v = \sqrt{\tau/\mu}$, wobei τ die Spannkraft in der Saite und μ die lineare Massendichte der Saite bezeichnen. Also haben wir $f = (n/2L)\sqrt{\tau/\mu}$. Angenommen, die untere Frequenz gehört zu $n = n_1$ und die höhere Frequenz zu $n = n_1 + 1$. Es gibt keine Frequenzen dazwischen, also wissen Sie, dass sich die ganzen Zahlen, die mit den gegebenen Frequenzen verbunden sind, um 1 unterscheiden. Also haben wir $f_1 = (n_1/2L)\sqrt{\tau/\mu}$ und

$$f_2 = \frac{n_1 + 1}{2L}\sqrt{\frac{\tau}{\mu}} = \frac{n_1}{2L}\sqrt{\frac{\tau}{\mu}} + \frac{1}{2L}\sqrt{\frac{\tau}{\mu}} = f_1 + \frac{1}{2L}\sqrt{\frac{\tau}{\mu}}\,.$$

Das bedeutet $f_2 - f_1 = (1/2L)\sqrt{\tau/\mu}$ und

$$\begin{aligned} \tau &= 4L^2\mu(f_2 - f_1)^2 \\ &= 4(0{,}300\,\text{m})^2(0{,}650 \times 10^{-3}\,\text{kg/m})(1320\,\text{Hz} - 880\,\text{Hz})^2 \\ &= 45{,}3\,\text{N}\,. \end{aligned}$$

43 Da die Schwebungsfrequenz gleich der Differenz aus den Frequenzen der beiden Stimmgabeln ist, beträgt die Frequenz der ersten Stimmgabel entweder 381 Hz oder 387 Hz. Wenn zu dieser Stimmgabel Masse hinzugefügt wird, nimmt ihre Frequenz ab (erinnern Sie sich z.B. daran, dass die Frequenz einer schwingenden Masse an einer Feder proportional zu $1/\sqrt{m}$ ist). Da die Schwebungsfrequenz ebenfalls abnimmt, muss die Frequenz der ersten Stimmgabel größer sein als die Frequenz der zweiten. Sie muss 387 Hz betragen.

45 Jede Saite schwingt in ihrer Grundmode, also ist die Wellenlänge die Länge der Saite mal zwei ($\lambda = 2L$), und die Frequenz ist $f = v/\lambda = (1/2L)\sqrt{\tau/\mu}$, wobei $v\,(= \sqrt{\tau/\mu})$ die Wellengeschwindigkeit für die Saite, τ die Spannung in der Saite und μ die lineare Massendichte der Saite bezeichnen. Nehmen Sie an, die Spannung in einer Saite ist τ und die Schwingungsfrequenz dieser Saite ist f_1. Die Spannung in der nächsten Saite ist $\tau + \Delta\tau$, und ihre Frequenz ist f_2. Sie möchten $\Delta\tau/\tau$ für $f_1 = 600$ Hz und $f_2 = 606$ Hz berechnen. Hier haben wir $f_1 = (1/2L)\sqrt{\tau/\mu}$ und $f_2 = (1/2L)\sqrt{(\tau + \Delta\tau)/\mu}$, also

$$f_2/f_1 = \sqrt{(\tau + \Delta\tau)/\tau} = \sqrt{1 + (\Delta\tau/\tau)}\,.$$

Das bedeutet

$$\Delta\tau/\tau = (f_2/f_1)^2 - 1 = [(606\,\text{Hz})/(600\,\text{Hz})]^2 - 1 = 0{,}020\,.$$

47 Der Empfänger (das zweite Flugzeug) bewegt sich auf die Quelle (das erste Flugzeug) zu. Dies erhöht die Frequenz, also verwenden wir das Pluszeichen im Zähler von Gl. 18-47. Die Quelle bewegt sich vom Empfänger weg. Dies erniedrigt die Frequenz, also verwenden wir das Pluszeichen im Nenner von Gl. 18-47. Damit erhalten wir

$$f' = f\,\frac{v + v_D}{v + v_S} = (16000\,\text{Hz})\left(\frac{343\,\text{m/s} + 250\,\text{m/s}}{343\,\text{m/s} + 200\,\text{m/s}}\right) = 17500\,\text{Hz}\,.$$

55 (a) Der Ausdruck für die Doppler-verschobene Frequenz ist

$$f' = f\,\frac{v \pm v_D}{v \mp v_S}\,,$$

wobei f die unverschobene Frequenz, v die Schallgeschwindigkeit, v_D die Geschwindigkeit des Detektors (des Onkels) und v_S die Geschwindigkeit der Quelle (der Lokomotive) bezeichnen. Alle Geschwindigkeiten sind relativ zur Luft gemessen. Der Onkel befindet sich in Ruhe, also ist $v_D = 0$. Die Geschwindigkeit der Quelle ist $v_S = 10\,\text{m/s}$. Da sich die Lokomotive vom Onkel weg bewegt, nimmt die Frequenz ab, und wir verwenden das positive Vorzeichen im Nenner. Also haben wir

$$f' = f\,\frac{v}{v + v_S} = (500{,}0\,\text{Hz})\left(\frac{343\,\text{m/s}}{343\,\text{m/s} + 10{,}00\,\text{m/s}}\right) = 485{,}8\ \text{Hz}\,.$$

(b) Nun ist das Mädchen der Detektor. Relativ zur Luft bewegt es sich mit der Geschwindigkeit $v_D = 10{,}00\,\text{m/s}$ auf die Quelle zu. Dies führt dazu, dass die Frequenz erhöht wird, und wir verwenden das positive Vorzeichen im Zähler. Die Quelle bewegt sich mit $v_S = 10{,}00\,\text{m/s}$ vom Mädchen weg. Dies führt dazu, die Frequenz erniedrigt wird, und wir verwenden das positive Vorzeichen im Nenner. Also haben wir $(v + v_D) = (v + v_S)$ und $f' = f = 500{,}0\,\text{Hz}$.

(c) Relativ zur Luft bewegt sich die Lokomotive mit $v_S = 20{,}00\,\text{m/s}$ weg vom Onkel. Verwenden Sie das positive Vorzeichen im Nenner. Relativ zur Luft bewegt sich der Onkel mit $v_D = 10{,}00\,\text{m/s}$ auf die Lokomotive zu. Verwenden Sie das positive Vorzeichen im Zähler. Also gilt

$$f' = f\,\frac{v + v_D}{v + v_S} = (500{,}0\,\text{Hz})\left(\frac{343\,\text{m/s} + 10{,}00\,\text{m/s}}{343\,\text{m/s} + 20{,}00\,\text{m/s}}\right) = 486{,}2\ \text{Hz}\,.$$

(d) Relativ zur Luft bewegt sich die Lokomotive mit $v_S = 20{,}00\,\text{m/s}$ weg vom Mädchen, und das Mädchen bewegt sich mit $v_D = 20{,}00\,\text{m/s}$ auf die Lokomotive zu. Verwenden Sie das positive Vorzeichen sowohl im Zähler als auch im Nenner. Also haben wir $(v + v_D) = (v + v_S)$ und $f' = f = 500{,}0\,\text{Hz}$.

59 (a) Der halbe Winkel θ des Mach-Kegels ist gegeben durch $\sin\theta = v/v_S$, wobei v die Schallgeschwindigkeit und v_S die Geschwindigkeit des Flugzeugs bezeichnet. Wegen $v_S = 1{,}5v$ ergibt sich $\sin\theta = v/1{,}5v = 1/1{,}5$. Also ist $\theta = 42°$.

(b) Es bezeichne h die Höhe des Flugzeugs, und nehmen Sie an, der Mach-Kegel schneide die Erdoberfläche in einer Entfernung d hinter dem Flugzeug. Die Situation ist in der Zeichnung dargestellt, wobei P das Flugzeug und O den Beobachter kennzeichnet. Der Kegelwinkel steht zu h und d über $\tan\theta = h/d$ in Beziehung, also ergibt sich $d = h/\tan\theta$. Die Schockwelle erreicht O in der Zeit, die das Flugzeug braucht, die Entfernung d zu fliegen: $t = d/v = h/v\tan\theta = (5000\,\text{m})/1{,}5(331\,\text{m/s})\tan 42° = 11\ \text{s}$.

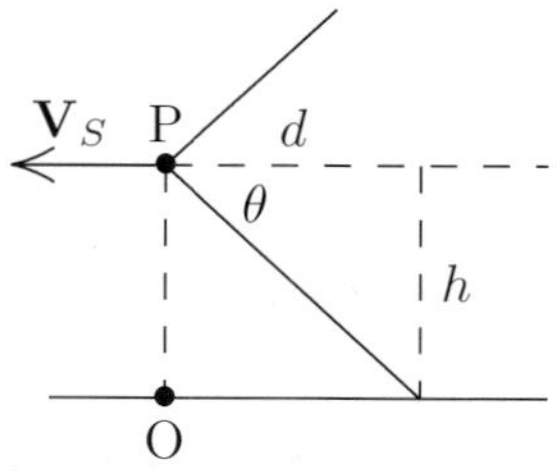

19 Temperatur, Wärme und der erste Hauptsatz der Thermodynamik

1 Für beide Thermometer verwenden wir für den Druck $p_3 = 80\,\text{kPa}$. Gemäß Abb. 19-6 zeigt das Stickstoffthermometer 373,35 K beim Siedepunkt von Wasser an. Verwenden Sie Gl. 19-5, um den Druck zu berechnen:

$$p_\text{N} = \frac{T}{273{,}16\,\text{K}} p_3 = \left(\frac{373{,}35\,\text{K}}{273{,}16\,\text{K}}\right)(80\,\text{kPa}) = 109{,}343\ \text{kPa}\,.$$

Das Wasserstoffthermometer zeigt 373,16 K für den Siedepunkt von Wassers an, und wir haben

$$p_\text{H} = \left(\frac{373{,}16\,\text{K}}{273{,}16\,\text{K}}\right)(80\,\text{kPa}) = 109{,}287\ \text{kPa}\,.$$

Der Druck im Stickstoffthermometer ist um 0,056 kPa höher als der Druck im Wasserstoffthermometer.

3 Es bezeichne T_L die Temperatur und p_L den Druck im Thermometer auf der linken Seite. Analog bezeichne T_R die Temperatur und p_R den Druck im Thermometer auf der rechten Seite. Gemäß der Aufgabenstellung ist der Druck in beiden Thermometern gleich, wenn sie sich beim Tripelpunkt von Wasser befinden. Diesen Druck bezeichnen wir mit p_3. Wir schreiben Gl. 19-5 für jedes Thermometer,

$$T_L = (273{,}16\,\text{K})\left(\frac{p_L}{p_3}\right) \qquad \text{und} \qquad T_R = (273{,}16\,\text{K})\left(\frac{p_R}{p_3}\right),$$

subtrahieren die zweite Gleichung von der ersten und erhalten

$$T_L - T_R = (273{,}16\,\text{K})\left(\frac{p_L - p_R}{p_3}\right).$$

Zunächst nehmen wir $T_L = 373{,}125\,\text{K}$ (den Siedepunkt von Wasser) und dann $T_R = 273{,}16\,\text{K}$ (den Tripelpunkt von Wasser). Dann haben wir $p_L - p_R = 120\,\text{torr}$. Wir lösen

$$373{,}125\,\text{K} - 273{,}16\,\text{K} = (273{,}16\,\text{K})\left(\frac{120\,\text{torr}}{p_3}\right)$$

nach p_3 auf. Als Ergebnis erhalten wir $p_3 = 328\,\text{torr}$. Nun verwenden wir $T_L = 273{,}16\,\text{K}$ (den Tripelpunkt von Wasser) und T_R für die unbekannte Temperatur. Der Druckunterschied ist $p_L - p_R = 90{,}0\,\text{torr}$. Wenn wir

$$273{,}16\,\text{K} - T_R = (273{,}16\,\text{K})\left(\frac{90{,}0\,\text{torr}}{328\,\text{torr}}\right)$$

nach der unbekannten Temperatur auflösen, erhalten wir $T_R = 348\,\text{K}$.

5 (a) Fahrenheit- und Celsius-Temperatur stehen über $T_F = (9/5)T_C + 32°$ in Beziehung. T_F is numerisch gleich T_C für $T_F = (9/5)T_F + 32°$. Die Lösung dieser Gleichung ist $T_F = -(5/4)(32°) = -40°\text{F}$.

(b) Fahrenheit- und Kelvin-Temperatur stehen über $T_F = (9/5)T_C + 32° = (9/5)(T - 273{,}15) + 32°$ in Beziehung. Die Fahrenheit-Temperatur T_F ist numerisch gleich der Kelvin-Temperatur T für $T_F = (9/5)(T_F - 273{,}15) + 32°$. Die Lösung dieser Gleichung ist

$$T_F = \frac{5}{4}\left(\frac{9}{5} \times 273{,}15 - 32°\right) = 575°\text{F}\,.$$

(c) Wegen $T_C = T - 273{,}15$ können Kelvin und Celsius-Temperatur nie den gleichen numerischen Wert haben.

7 (a) Temperaturänderungen sind auf Strahlung, Leitung und Konvektion zurückzuführen. Die Konstante A kann verringert werden, indem man das Objekt isoliert, z.B. durch einen umgebenden Vakuum-Mantel. Dieser reduziert Leitung und Konvektion. Strahlungsabsorption kann dadurch verringert werden, dass man die Oberfläche zu einer Spiegeloberfläche poliert. Wir bemerken, dass A vom Zustand der Oberfläche und von der Fähigkeit der Umgebung, Energie zu oder vom Objekt durch Leitung oder Konvektion zu übertragen, abhängt. Der Kehrwert von A hat die Dimension einer Zeit.

(b) Wir formen die Gleichung um und erhalten

$$\frac{1}{\Delta T}\frac{d\Delta T}{dt} = -A\,.$$

Nun integrieren wir über die Zeit und erkennen, dass Folgendes gilt:

$$\int \frac{1}{\Delta T}\frac{d\,\Delta T}{dt}\,dt = \int \frac{1}{\Delta T}\,d(\Delta T)\,.$$

Also haben wir

$$\int_{\Delta T_0}^{\Delta T} \frac{1}{\Delta T}\,d(\Delta T) = -\int_0^t A\,dt\,.$$

Das Integral auf der rechten Seite liefert $-At$, und das Integral auf der linken Seite liefert $\ln \Delta T|_{\Delta T_0}^{\Delta T} = \ln(\Delta T) - \ln(\Delta T_0) = \ln(\Delta T/\Delta T_0)$, also

$$\ln\frac{\Delta T}{\Delta T_0} = -At\,.$$

Auf beide Seiten wenden wir die Exponentialfunktion an und erhalten

$$\frac{\Delta T}{\Delta T_0} = e^{-At}$$

oder

$$\Delta T = \Delta T_0\,e^{-At}\,.$$

11 Wenn sich die Temperatur von T nach $T + \Delta T$ ändert, ändert sich der Durchmesser des Spiegels von D nach $D + \Delta D$, wobei $\Delta D = \alpha D\,\Delta T$ ist. Hierbei ist α der Längenausdehnungskoeffizient von Pyrex ($3{,}2 \times 10^{-6}\,°\mathrm{C}$, gemäß Tabelle 19–2). Den Bereich der Werte für den Durchmesser kann man bestimmen, indem man ΔT gleich dem Temperaturbereich setzt. Also haben wir $\Delta D = (3{,}2 \times 10^{-6}\,°\mathrm{C})(200\,\mathrm{in.})(60\,°\mathrm{C}) = 3{,}84 \times 10^{-2}\,\mathrm{in.}$ Da $1\,\mathrm{in.} = 2{,}50\,\mathrm{cm} = 2{,}50 \times 10^4\,\mu\mathrm{m}$ ist entspricht dies $960\,\mu\mathrm{m}$.

15 Da das Volumen das Produkt dreier Längen ist, ist die Volumenänderung aufgrund einer Temperaturänderung ΔT gegeben durch $\Delta V = 3\alpha V\,\Delta T$, wobei V das ursprüngliche Volumen und α den (linearen) Ausdehnungskoeffizienten bezeichnet (vgl. Gl. 19-11). Wegen $V = (4\pi/3)R^3$ mit dem ursprünglichen Radius R der Kugel erhalten wir

$$\Delta V = 3\alpha\left(\frac{4\pi}{3}R^3\right)\Delta T = (23 \times 10^{-6}\,°\mathrm{C})(4\pi)(10\,\mathrm{cm})^3(100\,°\mathrm{C}) = 29\,\mathrm{cm}^3\,.$$

Der Wert für den (linearen) Ausdehnungskoeffizienten wurde Tabelle 19-2 entnommen.

17 Wir bezeichnen das ursprüngliche Volumen des Bechers mit V_c, den (linearen) Ausdehnungskoeffizienten von Aluminium mit α_a und den Temperaturanstieg mit ΔT. Die Volumenänderung des Bechers ist dann $\Delta V_c = 3\alpha_a V_c\,\Delta T$. (vgl. Gl. 19-11). Bezeichnen wir mit β den Volumenausdehnungskoeffizienten von Glycerin, dann beträgt die Volumenänderung des Glycerins $\Delta V_g = \beta V_c\,\Delta T$. Beachten Sie, dass das ursprüngliche Volumen des

Glycerins das gleiche ist wie das ursprüngliche Volumen des Bechers. Das Volumen des überlaufenden Glycerins beträgt

$$\begin{aligned}\Delta V_g - \Delta V_c &= (\beta - 3\alpha_a)\, V_c\, \Delta T \\ &= \left[\left(5{,}1 \times 10^{-4}\,°\text{C}\right) - 3\left(23 \times 10^{-6}\,°\text{C}\right)\right]\left(100\,\text{cm}^3\right)(6\,°\text{C}) \\ &= 0{,}26\,\text{cm}^3\,.\end{aligned}$$

19 Nach der Temperturänderung ist der Durchmesser des Stahlrings $D_s = D_{s0} + \alpha_s D_{s0}\,\Delta T$ und der Durchmesser des Messingrings $D_b = D_{b0} + \alpha_b D_{b0}\,\Delta T$, wobei D_{s0} und D_{b0} die ursprünglichen Durchmesser, α_s und α_b die Längenausdehnungskoeffizienten sowie ΔT die Temperaturänderung bezeichnet. Der Stab passt gerade durch den Ring, wenn $D_s = D_b$ ist. Das bedeutet $D_{s0} + \alpha_s D_{s0}\,\Delta T = D_{b0} + \alpha_b D_{b0}\,\Delta T$. Daher haben wir

$$\begin{aligned}\Delta T &= \frac{D_{s0} - D_{b0}}{\alpha_b D_{b0} - \alpha_s D_{s0}} \\ &= \frac{3{,}000\,\text{cm} - 2{,}992\,\text{cm}}{(19 \times 10^{-6}\,°\text{C})(2{,}992\,\text{cm}) - (11 \times 10^{-6}\,°\text{C})(3{,}000\,\text{cm})} = 335\,°\text{C}\,.\end{aligned}$$

Die Temperatur ist $T = 25°\text{C} + 335\,°\text{C} = 360°\text{C}$.

21 Die Volumenänderung der Flüssigkeit ist gegeben durch $\Delta V = \beta V\,\Delta T$. Wenn A die Querschnittsfläche des Rohrs und h die Flüssigkeitshöhe bezeichnet, dann ist $V = Ah$ das ursprüngliche Volumen und $\Delta V = A\,\Delta h$ die Volumenänderung. Da sich das Rohr nicht ändert, bleibt die Querschnittsfläche der Flüssigkeit gleich. Daher haben wir $A\,\Delta h = \beta A h\,\Delta T$ oder $\Delta h = \beta h\,\Delta T$.

25 Betrachten Sie den halben Träger. Seine ursprüngliche Länge beträgt $\ell_0 = L_0/2$, und nach dem Temperaturanstieg beträgt sie $\ell = \ell_0 + \alpha\ell_0\,\Delta T$. Die alte Position des halben Trägers, seine neue Position und der Abstand x um den ein Ende verschoben ist, bilden ein rechtwinkliges Dreieck mit einer Hypotenuse der Länge ℓ, einer Seitenlänge ℓ_0 und der anderen Seitenlänge x. Der Satz des Pythagoras liefert $x^2 = \ell^2 - \ell_0^2 = \ell_0^2(1 + \alpha\,\Delta T)^2 - \ell_0^2$. Weil die Längenänderung klein ist, können wir $(1 + \alpha\,\Delta T)^2$ durch $1 + 2\alpha\,\Delta T$ approximieren, wobei der kleine Term $(\alpha\,\Delta T)^2$ vernachlässigt wurde. Dann erhalten wir

$$x^2 = \ell_0^2 + 2\ell_0^2\alpha\,\Delta T - \ell_0^2 = 2\ell_0^2\alpha\,\Delta T$$

und

$$x = \ell_0\sqrt{2\alpha\,\Delta T} = \frac{3{,}77\,\text{m}}{2}\sqrt{2(25 \times 10^{-6}\,°\text{C})(32\,°\text{C})} = 7{,}5 \times 10^{-2}\,\text{m}\,.$$

27 (a) Die spezifische Wärme ist gegeben durch $c = Q/m(T_f - T_i)$, wobei Q die zugeführte Wärme, m die Masse der Probe, T_i die Anfangstemperatur und T_f die Endtemperatur bezeichnet. Erinnern wir uns, dass eine Änderung in Celsius gleich der entsprechenden Änderung auf der Kelvin-Skala ist, erhalten wir

$$c = \frac{314\,\text{J}}{(30{,}0 \times 10^{-3}\,\text{kg})(45{,}0°\text{C} - 25{,}0°\text{C})} = 523\,\text{J/kg}\cdot\text{K}\,.$$

(b) Die molare spezifische Wärme ist gegeben durch

$$c_m = \frac{Q}{N(T_f - T_i)} = \frac{314\,\text{J}}{(0{,}600\,\text{mol})(45{,}0°\text{C} - 25{,}0°\text{C})} = 26{,}2\,\text{J/mol}\cdot\text{K}\,.$$

(c) Wenn N die Anzahl der Mole der Substanz und M die Masse pro Mol bezeichnet, dann haben wir $m = NM$, also ergibt sich

$$N = \frac{m}{M} = \frac{30{,}0 \times 10^{-3}\,\text{kg}}{50 \times 10^{-3}\,\text{kg/mol}} = 0{,}600\,\text{mol}\,.$$

29 Der Schmelzpunkt von Silber liegt bei 1235 K, also muss die Temperatur des Silbers zunächst von 15,0°C (= 288 K) auf 1235 K erhöht werden. Wenn m die Masse des Silbers und c seine spezifische Wärme bezeichnet, wird dazu folgende Energie benötigt:

$$Q = cm(T_f - T_i) = (236\,\text{J/kg}\cdot\text{K})(0{,}130\,\text{kg})(1235°\text{C} - 288°\text{C}) = 2{,}91 \times 10^4\,\text{J}\,.$$

Anschließend muss das Silber an seinem Schmelzpunkt geschmolzen werden. Wenn L_F die Schmelzwärme für Silber bezeichnet, ist dazu folgende Energie erforderlich:

$$Q = mL_F = (0{,}130\,\mathrm{kg})(105 \times 10^3\,\mathrm{J/kg}) = 1{,}36 \times 10^4\,\mathrm{J}\,.$$

Die gesamte als Wärme benötigte Energie ist $2{,}91 \times 10^4\,\mathrm{J} + 1{,}36 \times 10^4\,\mathrm{J} = 4{,}27 \times 10^4\,\mathrm{J}$. Die spezifische Wärme von Silber kann man Tabelle 19-3 entnehmen, und seine Schmelzwärme findet man in Tabelle 19-4.

33 (a) Die erzeugte Wärme ist die abgegebene Leistung des Bohrers multipliziert mit der Zeit: $Q = Pt$. Wir verwenden 1 hp = 2545 Btu/h, um den gegebenen Wert der Leistung in Btu/h, und 1 min = (1/60) h, um den gegebenen Wert der Zeit in Stunden umzurechnen. Damit erhalten wir

$$Q = \frac{(0{,}400\,\mathrm{hp})(2545\,\mathrm{Btu/h})(2{,}00\,\mathrm{min})}{60\,\mathrm{min/h}} = 33{,}9\,\mathrm{Btu}\,.$$

(b) Wir verwenden $0{,}75Q = cm\,\Delta T$, um die Temperaturerhöhung zu berechnen. Dabei ist c die spezifische Wärme von Kupfer und m die Masse des Kupferblocks. Tabelle 19-3 liefert $c = 386\,\mathrm{J/kg\cdot K}$. Wir verwenden $1\,\mathrm{J} = 9{,}481 \times 10^{-4}$ Btu und $1\,\mathrm{kg} = 6{,}852 \times 10^{-2}$ slug (vgl. Anhang D) und erhalten

$$c = \frac{(386\,\mathrm{J/kg\cdot K})(9{,}481 \times 10^{-4}\,\mathrm{Btu/J})}{6{,}852 \times 10^{-2}\,\mathrm{slug/kg}} = 5{,}341\,\mathrm{Btu/slug\cdot K}\,.$$

Die Masse des Blocks ist sein Gewicht W dividiert durch die Gravitationsbeschleunigung (die 32 ft/s^2 in den üblichen Einheiten beträgt, wir verwenden „slugs" für die Masse):

$$m = \frac{W}{g} = \frac{1{,}60\,\mathrm{lb}}{32\,\mathrm{ft/s^2}} = 0{,}0500\,\mathrm{slug}\,.$$

Damit erhalten wir

$$\Delta T = \frac{0{,}750Q}{cm} = \frac{(0{,}750)(33{,}9\,\mathrm{Btu})}{(5{,}341\,\mathrm{Btu/slug\cdot K})(0{,}0500\,\mathrm{slug})} = 95{,}3\,\mathrm{K} = 95{,}3\,^\circ\mathrm{C}\,.$$

Dies entspricht $(9/5)(95{,}3) = 172\,^\circ\mathrm{F}$.

35 Die Masse $m = 0{,}100\,\mathrm{kg}$ des Wassers mit einer spezifischen Wärme $c = 4190\,\mathrm{J/kg\cdot K}$ wird von einer Anfangstemperatur $T_i = 23°\mathrm{C}$ auf seinen Siedepunkt $T_f = 100°\mathrm{C}$ gebracht. Die Wärmezufuhr ist gegeben durch $Q = cm(T_f - T_i)$. Dies muss die vom Tauchsieder gelieferte Leistung P multipliziert mit der Zeit t sein: $Q = Pt$. Also haben wir

$$t = \frac{Q}{P} = \frac{cm(T_f - T_i)}{P} = \frac{(4190\,\mathrm{J/kg\cdot K})(0{,}100\,\mathrm{kg})(100°\mathrm{C} - 23°\mathrm{C})}{200\,\mathrm{J/s}} = 160\,\mathrm{s}\,.$$

37 Die Temperatur der Masse m an Wasser muss von einer Anfangstemperatur $T_i = 59°\mathrm{F} = 15°\mathrm{C}$ auf eine Endtemperatur $T_f = 100°\mathrm{C}$ erhöht werden. Wenn c die spezifische Wärme von Wasser bezeichnet, dann beträgt die erforderliche Energie $Q = cm(T_f - T_i)$. Jedes Schütteln liefert die Energie mgh, wobei h die während der Abwärtsbewegung beim Schütteln zurückgelegte Strecke ist. Wenn N die Gesamtzahl der Schüttelbewegungen bezeichnet, dann ist $Nmgh = Q$. Wenn t die Zeit ist, die benötigt wird, um das Wasser bis zum Siedepunkt zu erwärmen, dann ist $(N/t)mgh = Q/t$. Wir bemerken, dass N/t die Rate R der Schüttelbewegungen (30 Schüttelbewegungen/min) ist. Dies führt auf $Rmgh = Q/t$. Die Entfernung h ist $1{,}0\,\mathrm{ft} = 0{,}3048\,\mathrm{m}$. Folglich erhalten wir

$$\begin{aligned} t &= \frac{Q}{Rmgh} = \frac{cm(T_f - T_i)}{Rmgh} = \frac{c(T_f - T_i)}{Rgh} \\ &= \frac{(4190\,\mathrm{J/kg\cdot K})(100°\mathrm{C} - 15°\mathrm{C})}{(30\ \text{Schüttelbewegungen/min})(9{,}8\,\mathrm{m/s^2})(0{,}3048\,\mathrm{m})} \\ &= 3{,}97 \times 10^3\,\mathrm{min} = 2{,}8\ \text{Tage}\,. \end{aligned}$$

45 (a) Es gibt drei Möglichkeiten:

- Vom Eis schmilzt nichts, und das System Wasser–Eis erreicht das thermische Gleichgewicht bei einer Temperatur, die bei oder unter dem Schmelzpunkt von Eis liegt.

- Das System erreicht das thermische Gleichgewicht beim Schmelzpunkt von Eis, wobei etwas vom Eis geschmolzen ist.
- Das gesamte Eis schmilzt, und das System erreicht das thermische Gleichgewicht beim Schmelzpunkt von Eis oder darüber.

Nehmen Sie zunächst an, dass kein Eis schmilzt. Die Wassertemperatur sinkt dann von $T_{Wi} = 25°\text{C}$ auf die Endtemperatur T_f, und die Temperatur des Eises steigt von $T_{Ii} = -15°\text{C}$ auf T_f. Bezeichnen wir die Masse des Wassers mit m_W und seine spezifische Wärme mit c_W, dann gibt das Wasser folgende Energie ab:

$$|Q| = c_W m_W \left(T_{Wi} - T_f\right) .$$

Die Masse des Eises bezeichnen wir mit m_I und seine spezifische Wärme mit c_I. Das Eis absorbiert dann folgende Energie:

$$Q = c_I m_I (T_f - T_{Ii}) .$$

Da keine Energie verloren geht, müssen beide Energien gleich sein, und es gilt

$$c_W m_W \left(T_{Wi} - T_f\right) = c_I m_I \left(T_f - T_{Ii}\right) .$$

Aufgelöst nach der Endtemperatur erhalten wir

$$\begin{aligned} T_f &= \frac{c_W m_W T_{Wi} + c_I m_I T_{Ii}}{c_W m_W + c_I m_I} \\ &= \frac{(4190\,\text{J/kg·K})(0{,}200\,\text{kg})(25°\text{C}) + (2220\,\text{J/kg·K})(0{,}100\,\text{kg})(-15°\text{C})}{(4190\,\text{J/kg·K})(0{,}200\,\text{kg}) + (2220\,\text{J/kg·K})(0{,}100\,\text{kg})} \\ &= 16{,}6°\text{C} . \end{aligned}$$

Diese Temperatur liegt oberhalb des Schmelzpunkts von Eis, also muss zumindest etwas Eis geschmolzen sein. Die gerade beendete Rechnung berücksichtigt nicht das Schmelzen des Eises und ist damit falsch. Nehmen Sie nun an, dass Wasser und Eis das thermische Gleichgewicht bei $T_f = 0°\text{C}$ erreichen, wobei m $(< m_I)$ die Masse des geschmolzenen Eises ist. Der Betrag des Energieverlusts des Wassers ist

$$|Q| = c_W m_W T_{Wi} ,$$

und die vom Eis absorbierte Energie ist

$$Q = c_I m_I (0 - T_{Ii}) + m L_F ,$$

wobei L_F die Schmelzwärme von Eis bezeichnet. Der erste Ausdruck bezeichnet die Energie, die erforderlich ist, um das gesamte Eis von seiner Anfangstemperatur auf 0°C zu erwärmen, und der zweite Ausdruck bezeichnet die Energie, die zum Schmelzen der Eismasse m nötig ist. Der Energieverlust des Wassers ist gleich der Energie, die vom Eis aufgenommen wird, also haben wir

$$c_W m_W T_{Wi} = -c_I m_I T_{Ii} + m L_F .$$

Diese Gleichung kann nach der Masse m des geschmolzenen Eises aufgelöst werden:

$$\begin{aligned} m &= \frac{c_W m_W T_{Wi} + c_I m_I T_{Ii}}{L_F} \\ &= \frac{(4190\,\text{J/kg·K})(0{,}200\,\text{kg})(25°\text{C}) + (2220\,\text{J/kg·K})(0{,}100\,\text{kg})(-15°\text{C})}{333 \times 10^3\,\text{J/kg}} \\ &= 5{,}3 \times 10^{-2}\,\text{kg} = 53\,\text{g} . \end{aligned}$$

Da die Gesamtmasse des ursprünglich vorhandenen Eises 100 g war, gibt es genügend Eis, um das Wasser auf 0°C abzukühlen. Die Lösung lautet also: Eis und Wasser erreichen das thermische Gleichgewicht bei 0°C, wobei weniger als 53 g Eises geschmolzen sind.

(b) Nun sind anfangs weniger als 53 g Eis vorhanden. Das gesamte Eis schmilzt, und die Endtemperatur liegt über dem Schmelzpunkt von Eis. Der Energieverlust des Wassers beträgt

$$Q| = c_W m_W (T_{Wi} - T_f)$$

und die vom Eis und dem daraus entstandenen Wasser absorbierte Energie ist

$$Q = c_I m_I (0 - T_{Ii}) + c_W m_I (T_f - 0) + m_I L_F \,.$$

Der erste Ausdruck ist die Energie, die erforderlich ist, um die Temperatur des Eises auf 0°C zu erhöhen, der zweite Ausdruck ist die Energie, die erforderlich ist, um die Temperatur des geschmolzenen Eises von 0°C auf T_f zu erhöhen, und der dritte Ausdruck ist die Energie, die erforderlich ist, um das gesamte Eis zu schmelzen. Da beide Energien gleich sind, haben wir

$$c_W m_W (T_{Wi} - T_f) = c_I m_I (-T_{Ii}) + c_W m_I T_f + m_I L_F \,.$$

Aufgelöst nach T_f erhalten wir

$$T_f = \frac{c_W m_W T_{Wi} + c_I m_I T_{Ii} - m_I L_F}{c_W (m_W + m_I)} \,.$$

Setzen Sie die gegebenen Werte ein, um $T_f = 2{,}5°\text{C}$ zu erhalten.

47 Wir bezeichnen den Durchmesser des Rings bei 0,000°C mit D_{r0}. Wenn sich der Ring und die Kugel im thermischen Gleichgewicht befinden, dann hat er den Durchmesser

$$D_r = D_{r0}(1 + \alpha_c T_f) \,,$$

wobei T_f die Endtemperatur und α_c den (linearen) Ausdehnungskoeffizienten von Kupfer bezeichnen. Bezeichnen wir analog den Kugeldurchmesser bei T_i (= 100,0°C) mit D_{s0}, dann ist sein Durchmesser bei der Endtemperatur

$$D_s = D_{s0}[1 + \alpha_a (T_f - T_i)] \,,$$

wobei α_a den (linearen) Ausdehnungskoeffizienten von Aluminium bezeichnet. Im thermischen Gleichgewicht sind beide Durchmesser gleich, also haben wir

$$D_{r0}(1 + \alpha_c T_f) = D_{s0}[1 + \alpha_a (T_f - T_i)] \,.$$

Aufgelöst nach der Endtemperatur erhalten wir

$$\begin{aligned} T_f &= \frac{D_{r0} - D_{s0} + D_{s0}\alpha_a T_i}{D_{s0}\alpha_a - D_{r0}\alpha_c} \\ &= \frac{2{,}54000\,\text{cm} - 2{,}54508\,\text{cm} + (2{,}54508\,\text{cm})\left(23 \times 10^{-6}/°\text{C}\right)(100°\text{C})}{(2{,}54508\,\text{cm})\left(23 \times 10^{-6}/°\text{C}\right) - (2{,}54000\,\text{cm})\left(17 \times 10^{-6}/°\text{C}\right)} \\ &= 50{,}38°\text{C} \,. \end{aligned}$$

Die Ausdehnungskoeffizienten haben wir Tabelle 19-2 entnommen. Weil die Anfangstemperatur des Rings 0°C beträgt, nimmt er die folgende Energie als Wärme auf

$$Q = c_c m_r T_f \,,$$

wobei c_c die spezifische Wärme von Kupfer und m_r die Ringmasse bezeichnet. Der Energieverlust durch die Kugel ist

$$|Q| = c_a m_s \left(T_i - T_f\right) \,,$$

wobei c_a die spezifische Wärme von Aluminium und m_s die Masse der Kugel bezeichnet. Weil diese beiden Energien gleich sind, haben wir

$$c_c m_r T_f = c_a m_s \left(T_i - T_f\right)$$

und

$$m_s = \frac{c_c m_r T_f}{c_a \left(T_i - T_f\right)} = \frac{(386\,\text{J/kg·K})(0{,}0200\,\text{kg})(50{,}38°\text{C})}{(900\,\text{J/kg·K})(100°\text{C} - 50{,}38°\text{C})} = 8{,}71 \times 10^{-3}\,\text{kg} \,.$$

49 Ein Teil des Weges A stellt einen Prozess bei konstantem Druck dar. Das Volumen ändert sich von $1{,}0\,\text{m}^3$ nach $4{,}0\,\text{m}^3$, während der Druck bei 40 Pa bleibt. Die verrichtete Arbeit ist

$$W_A = p\,\Delta V = (40\,\text{Pa})\left(4{,}0\,\text{m}^3 - 1{,}0\,\text{m}^3\right) = 120\,\text{J} \,.$$

Der andere Teil des Weges stellt einen Prozess bei konstantem Volumen dar. Während dieses Prozesses wird keine Arbeit verrichtet. Die Gesamtarbeit, die entlang des gesamten Weges verrichtet wird, beträgt 120 J. Um die Arbeit zu bestimmen, die entlang des Weges B verrichtet wird, müssen wir den Druck als eine Funktion des Volumens kennen. Dann können wir das Integral $W = \int p\,dV$ auswerten. Gemäß dem Graphen ist der Druck eine lineare Funktion des Volumens, also können wir $p = a + bV$ schreiben, wobei a und b Konstanten sind. Damit der Druck 40 Pa ist, wenn das Volumen $1{,}0\,\mathrm{m}^3$ ist, und 10 Pa, wenn das Volumen $4{,}00\,\mathrm{m}^3$ ist, müssen die Werte der Konstanten $a = 50\,\mathrm{Pa}$ und $b = -10\,\mathrm{Pa/m}^3$ sein. Also erhalten wir $p = 50\,\mathrm{Pa} - (10\,\mathrm{Pa/m}^3)V$ und

$$\begin{aligned} W_B &= \int_1^4 p\,dV = \int_1^4 (50 - 10V)\,dV = \left(50V - 5V^2\right)\Big|_1^4 \\ &= 200\,\mathrm{J} - 50\,\mathrm{J} - 80\,\mathrm{J} + 5\,\mathrm{J} = 75\,\mathrm{J}\,. \end{aligned}$$

Ein Teil des Weges C stellt einen Prozess bei konstantem Druck dar, bei dem sich das Volumen von $1{,}0\,\mathrm{m}^3$ auf $4{,}0\,\mathrm{m}^3$ ändert, während p bei 10 Pa bleibt. Die verrichtete Arbeit ist

$$W_C = p\,\Delta V = (10\,\mathrm{Pa})(4{,}0\,\mathrm{m}^3 - 1{,}0\,\mathrm{m}^3) = 30\,\mathrm{J}\,.$$

Der andere Teil des Prozesses findet bei konstantem Volumen statt, und es wird keine Arbeit verrichtet. Die Gesamtarbeit ist 30 J. Wir bemerken, dass die Arbeit für die verschiedenen Wege unterschiedlich ist.

51 Die innere Energie ist am Anfang und am Ende des Kreisprozesses die gleiche, also ist die als Wärme absorbierte Energie Q gleich der verrichteten Arbeit: $Q = W$. Während des Teils des Kreisprozesses, der von A nach B verläuft, ist der Druck p eine lineare Funktion des Volumens V, und wir können $p = a + bV$ schreiben, wobei $a = (10/3)$ Pa und $b = (20/3)\,\mathrm{Pa/m}^2$ gilt. Die Koeffizienten a und b wurden so gewählt, dass $p = 10\,\mathrm{Pa}$ für $V = 1{,}0\,\mathrm{m}^3$ und $p = 30\,\mathrm{Pa}$ für $V = 4{,}0\,\mathrm{m}^3$ gilt:

$$p = \frac{10}{3}\,\mathrm{Pa} + \left(\frac{20}{3}\,\mathrm{Pa/m}^3\right)V\,.$$

Die durch das Gas während dieses Teils der Kreisprozesses verrichtete Arbeit beträgt

$$\begin{aligned} W_{AB} &= \int_1^4 p\,dV = \int_1^4 \left(\frac{10}{3} + \frac{20}{3}V\right)dV = \left(\frac{10}{3}V + \frac{10}{3}V^2\right)\Big|_1^4 \\ &= \frac{40}{3} + \frac{160}{3} - \frac{10}{3} - \frac{10}{3} = 60\,\mathrm{J}\,. \end{aligned}$$

Auf dem Teil BC des Kreisprozesses ist der Druck konstant und die durch das Gas verrichtete Arbeit ist $W_{BC} = p\,\Delta V = (30\,\mathrm{Pa})(1{,}0\,\mathrm{m}^3 - 4{,}0\,\mathrm{m}^3) = -90\,\mathrm{J}$. Auf dem Teil CA des Kreisprozesses ist das Volumen konstant, also wird keine Arbeit verrichtet. Die insgesamt vom Gas verrichtete Arbeit ist $W = W_{AB} + W_{BC} + W_{CA} = 60\,\mathrm{J} - 90\,\mathrm{J} + 0 = -30\,\mathrm{J}$, und die insgesamt als Wärme aufgenommene Energie ist $Q = W = -30\,\mathrm{J}$. Dies bedeutet, dass das Gas 30 J an Energie in Form von Wärme verliert.

53 (a) Die Änderung der inneren Energie ΔE_{int} ist für den Weg iaf und den Weg ibf gleich. Nach dem ersten Hauptsatz der Thermodynamik ist $\Delta E_{\mathrm{int}} = Q - W$, wobei Q die absorbierte Wärme und W die vom System verrichtete Arbeit ist. Entlang iaf ist $\Delta E_{\mathrm{int}} = Q - W = 50\,\mathrm{cal} - 20\,\mathrm{cal} = 30\,\mathrm{cal}$. Entlang ibf ist $W = Q - \Delta E_{\mathrm{int}} = 36\,\mathrm{cal} - 30\,\mathrm{cal} = 6\,\mathrm{cal}$.

(b) Da der gekrümmte Weg von f nach i durchlaufen wird, beträgt die Änderung der inneren Energie -30 cal und $Q = \Delta E_{\mathrm{int}} + W = -30\,\mathrm{cal} - 13\,\mathrm{cal} = -43\,\mathrm{cal}$.

(c) Es bezeichne $\Delta E_{\mathrm{int}} = E_{\mathrm{int},\,f} - E_{\mathrm{int},\,i}$. Dann haben wir $E_{\mathrm{int},\,f} = \Delta E_{\mathrm{int}} + E_{\mathrm{int},\,i} = 30\,\mathrm{cal} + 10\,\mathrm{cal} = 40\,\mathrm{cal}$.

(d) Die Arbeit W_{bf} für den Weg bf ist null, also ist $Q_{bf} = E_{\mathrm{int},\,f} - E_{\mathrm{int},\,b} = 40\,\mathrm{cal} - 22\,\mathrm{cal} = 18\,\mathrm{cal}$. Für den Weg ibf ist $Q = 36\,\mathrm{cal}$, also ist $Q_{ib} = Q - Q_{bf} = 36\,\mathrm{cal} - 18\,\mathrm{cal} = 18\,\mathrm{cal}$.

20 Die kinetische Gastheorie

1 Jedes Atom hat eine Masse von $m = M/N_A$, wobei M die molare Masse und N_A die Avogadrokonstante ist. Die molare Masse von Arsen ist 74,9 g/mol oder $74{,}9 \times 10^{-3}$ kg/mol. $7{,}50 \times 10^{24}$ Arsenatome haben eine Gesamtmasse von $(7{,}50 \times 10^{24})(74{,}9 \times 10^{-3}\,\text{kg/mol})/(6{,}02 \times 10^{23}\,\text{mol}^{-1}) = 0{,}933\,\text{kg}$.

5 (a) Wir lösen die ideale Gasgleichung $pV = nRT$ nach n auf:

$$n = \frac{pV}{RT} = \frac{(100\,\text{Pa})(1{,}0 \times 10^{-6}\,\text{m}^3)}{(8{,}31\,\text{J/mol}\cdot\text{K})(220\,\text{K})} = 5{,}47 \times 10^{-8}\,\text{mol}\,.$$

(b) Unter Verwendung von Gl. 20-2 ergibt sich für die Anzahl N der Moleküle

$$N = nN_A = \left(5{,}47 \times 10^{-6}\,\text{mol}\right)\left(6{,}02 \times 10^{23}\,\text{mol}^{-1}\right) = 3{,}29 \times 10^{16}\ \text{Moleküle}\,.$$

7 (a) Lösen Sie die ideale Gasgleichung $pV = nRT$ nach n auf. Zunächst rechnen Sie die Temperatur in die Kelvin-Skala um: $T = 40{,}0 + 273{,}15 = 313{,}15\,\text{K}$. Wandeln Sie auch das Volumen in cm^3: $1000\,\text{cm}^3 = 1000 \times 10^{-6}\,\text{m}^3$. Dann erhalten Sie

$$n = \frac{pV}{RT} = \frac{(1{,}01 \times 10^5\,\text{Pa})(1000 \times 10^{-6}\,\text{m}^3)}{(8{,}31\,\text{J/mol}\cdot\text{K})(313{,}15\,\text{K})} = 3{,}88 \times 10^{-2}\,\text{mol}\,.$$

(b) Lösen Sie die ideale Gasgleichung $pV = nRT$ nach T auf:

$$T = \frac{pV}{nR} = \frac{(1{,}06 \times 10^5\,\text{Pa})(1500 \times 10^{-6}\,\text{m}^3)}{(3{,}88 \times 10^{-2}\,\text{mol})(8{,}31\,\text{J/mol}\cdot\text{K})} = 493\,\text{K} = 220\,°\text{C}\,.$$

11 Da der Druck konstant ist, ist die Arbeit gegeben durch $W = p(V_2 - V_1)$. Das Anfangsvolumen ist $V_1 = (AT_1 - BT_1^2)/p$, wobei T_1 die Anfangstemperatur bezeichnet. Das Endvolumen ist $V_2 = (AT_2 - BT_2^2)/p$. Also haben wir $W = A(T_2 - T_1) - B(T_2^2 - T_1^2)$.

13 Nehmen Sie an, dass sich das Gas während des isothermen Teils des Prozesses von Volumen V_i nach Volumen V_f ausdehnt. Die von ihm verrichtete Arbeit ist

$$W = \int_{V_i}^{V_f} p\,dV = nRT \int_{V_i}^{V_f} \frac{dV}{V} = nRT \ln \frac{V_f}{V_i}\,,$$

wobei die ideale Gasgleichung $pV = nRT$ verwendet wurde, um p durch nRT/V zu ersetzen. Nun haben wir $V_i = nRT/p_i$ und $V_f = nRT/p_f$, also $V_f/V_i = p_i/p_f$. Ersetzen Sie auch nRT durch p_iV_i, und Sie erhalten

$$W = p_iV_i \ln \frac{p_i}{p_f}\,.$$

Weil der anfängliche Überdruck $1{,}03 \times 10^5$ Pa ist, gilt $p_i = 1{,}03 \times 10^5\,\text{Pa} + 1{,}013 \times 10^5\,\text{Pa} = 2{,}04 \times 10^5$ Pa. Am Ende herrscht Atmosphärendruck: $p_f = 1{,}013 \times 10^5$ Pa. Also haben wir

$$W = (2{,}04 \times 10^5\,\text{Pa})(0{,}14\,\text{m}^3) \ln \frac{2{,}04 \times 10^5\,\text{Pa}}{1{,}013 \times 10^5\,\text{Pa}} = 2{,}00 \times 10^4\,\text{J}\,.$$

Während des Teils des Prozesses, wo konstanter Druck herrscht, ist die vom Gas verrichtete Arbeit $W = p_f(V_i - V_f)$. Beachten Sie, dass das Gas in einem Zustand mit Druck p_f beginnt, also ist dies der Druck während dieses Teils des Prozesses. Beachten Sie auch, dass sich das Volumen von V_f auf V_i verringert. Nun haben wir $V_f = p_i V_i / p_f$, also

$$\begin{aligned} W &= p_f\left(V_i - \frac{p_i V_i}{p_f}\right) = (p_f - p_i)V_i \\ &= (1{,}013 \times 10^5\,\text{Pa} - 2{,}04 \times 10^5\,\text{Pa})(0{,}14\,\text{m}^3) = -1{,}44 \times 10^4\,\text{J}\,. \end{aligned}$$

Die während des gesamten Prozesses vom Gas verrichtete Arbeit ist $W = 2{,}00 \times 10^4\,\text{J} - 1{,}44 \times 10^4\,\text{J} = 5{,}6 \times 10^3$ J.

15 Wir nehmen an, dass der Druck der Luft in der Luftblase im wesentlichen genauso groß ist wie der Druck im umgebenden Wasser. Wenn d die Tiefe des Sees und ρ die Dichte des Wassers bezeichnet, dann beträgt der Druck am Boden des Sees $p_1 = p_0 + \rho g d$, wobei p_0 der Atmosphärendruck ist. Wegen $p_1 V_1 = nRT_1$ ist die Anzahl der Gasmoleküle in der Luftblase am Boden des Sees $n = p_1 V_1 / RT_1 = (p_0 + \rho g d)V_1 / RT_1$, wobei V_1 das Volumen der Luftblase am Boden des Sees und T_1 die dortige Temperatur bezeichnet. An der Oberfläche des Sees ist der Druck p_0, und das Volumen der Luftblase ist $V_2 = nRT_2/p_0$. Wir ersetzen n und erhalten

$$\begin{aligned} V_2 &= \frac{T_2}{T_1}\frac{p_0 + \rho g d}{p_0} V_1 \\ &= \left(\frac{293\,\text{K}}{277\,\text{K}}\right)\left(\frac{1{,}013 \times 10^5\,\text{Pa} + (0{,}998 \times 10^3\,\text{kg/m}^3)(9{,}8\,\text{m/s}^2)(40\,\text{m})}{1{,}013 \times 10^5\,\text{Pa}}\right)(20\,\text{cm}^3) \\ &= 100\,\text{cm}^3\,. \end{aligned}$$

19 Nach der kinetischen Gastheorie gilt für die rms-Geschwindigkeit

$$v_{\text{rms}} = \sqrt{\frac{3RT}{M}}$$

wobei T die Temperatur und M die Molmasse ist (vgl. Gl. 20-34). Gemäß Tabelle 20-1 ist die Molmasse von Wasserstoff $2{,}02\,\text{g/mol} = 2{,}02 \times 10^{-3}$ kg/mol, also gilt

$$v_{\text{rms}} = \sqrt{\frac{3\,(8{,}31\,\text{J/mol}\cdot\text{K})\,(2{,}7\,\text{K})}{2{,}02 \times 10^{-3}\,\text{kg/mol}}} = 180\,\text{m/s}\,.$$

23 Bei der Reflexion ändert sich nur die Normalkomponente des Impulses, also beträgt die Impulsänderung eines Moleküls $2mv\cos\theta$, wobei m die Masse des Moleküls, v seine Geschwindigkeit und θ den Winkel zwischen seiner Geschwindigkeit und der Normalen der Wand bezeichnet. Wenn N Moleküle auf die Wand stoßen, dann beträgt die Änderung ihres Gesamtimpulses $2Nmv\cos\theta$, und wenn die für die Stöße benötigte Gesamtzeit Δt ist, dann ist die durchschnittliche Änderungsrate des Gesamtimpulses $2(N/\Delta t)mv\cos\theta$. Dies ist die durchschnittlich von den N Molekülen auf die Wand ausgeübte Kraft, und der Druck ist die Durchschnittskraft pro Einheitsfläche:

$$\begin{aligned} p &= \frac{2}{A}\left(\frac{N}{\Delta t}\right) mv\cos\theta \\ &= \left(\frac{2}{2{,}0 \times 10^{-4}\,\text{m}^2}\right)(1{,}0 \times 10^{23}\,\text{s}^{-1})(3{,}3 \times 10^{-27}\,\text{kg})(1{,}0 \times 10^3\,\text{m/s})\cos 55^\circ \\ &= 1{,}9 \times 10^3\,\text{Pa}\,. \end{aligned}$$

Beachten Sie, dass der für die Masse gegebene Wert in kg und der gegebene Wert für die Fläche in m^2 umgewandelt wurde.

25 Die mittlere Translationsenergie ist gegeben durch $K_{\text{gem}} = \frac{3}{2}kT$, wobei k die Boltzmann-Konstante ($1{,}38 \times 10^{-23}$ J/K) und T die Temperatur auf der Kelvin-Skala ist. Damit haben wir

$$K_{\text{gem}} = \frac{3}{2}(1{,}38 \times 10^{-23}\,\text{J/K})(1600\,\text{K}) = 3{,}31 \times 10^{-20}\,\text{J}\,.$$

27 (a) Wir verwenden $\epsilon = L_V/N$, wobei L_V die Verdampfungswärme und N die Anzahl der Moleküle pro Gramm ist. Die Molmasse atomaren Wasserstoffs beträgt 1 g/mol und die Molmasse atomaren Sauerstoffs 16 g/mol, also ist die Molmasse von H_2O $1 + 1 + 16 = 18\,\text{g/mol}$. Es gibt $N_A = 6{,}02 \times 10^{23}$ Moleküle in einem Mol, also ist die Anzahl an Molekülen in einem Gramm Wasser $(6{,}02 \times 10^{23}\,\text{mol}^{-1})/(18\,\text{g/mol}) = 3{,}34 \times 10^{22}$ Moleküle/g. Damit erhalten wir $\epsilon = (539\,\text{cal/g})/(3{,}34 \times 10^{22}/\text{g}) = 1{,}61 \times 10^{-20}$ cal. Dies ist $(1{,}61 \times 10^{-20}\,\text{cal})(4{,}186\,\text{J/cal}) = 6{,}76 \times 10^{-20}$ J.

(b) Die mittlere Translationsenergie ist

$$K_{\text{gem}} = \frac{3}{2}kT = \frac{3}{2}(1{,}38 \times 10^{-23}\,\text{J/K})\,[(32{,}0 + 273{,}15)\,\text{K}] = 6{,}32 \times 10^{-21}\,\text{J}\,.$$

Das Verhältnis ϵ/K_{gem} ist $(6{,}76 \times 10^{-20}\,\text{J})/(6{,}32 \times 10^{-21}\,\text{J}) = 10{,}7$.

29 Sie sind nicht äquivalent. Das avogadrosche Gesetz sagt nicht, wie der Druck, das Volumen und die Temperatur mit einander in Beziehung stehen. Also können Sie es nicht verwenden, um z.B. die Änderung des Volumens zu berechnen, wenn der Druck bei konstanter Temperatur ansteigt. Aus der idealen Gasgleichung dagegen folgt das avogadrosche Gesetz. Es liefert $N = nN_A = (pV/RT)N_A = pV/kT$, wobei $k = R/N_A$ verwendet wurde. Wenn die beiden Gase das gleiche Volumen, den gleichen Druck und die gleiche Temperatur haben, dann ist pV/kT für beide gleich. Daraus folgt, dass auch N gleich ist.

31 (a) Nach Gl. 20–25 ist die mittlere freie Weglänge für Moleküle in einem Gas gegeben durch

$$\lambda = \frac{1}{\sqrt{2}\pi d^2 N/V}\,,$$

wobei d der Durchmesser eines Moleküls und N die Anzahl der Moleküle im Volumen V ist. Setzen Sie $d = 2{,}0 \times 10^{-10}$ m und $N/V = 1 \times 10^6$ Moleküle/m^3, und Sie erhalten

$$\lambda = \frac{1}{\sqrt{2}\pi(2{,}0 \times 10^{-10}\,\text{m})^2(1 \times 10^6\,\text{m}^{-3})} = 6 \times 10^{12}\,\text{m}\,.$$

(b) In dieser Höhe befinden sich die meisten Gasteilchen in einer Umlaufbahn um die Erde und erleiden keine zufälligen Zusammenstöße. Die mittlere freie Weglänge hat nur eine geringe physikalische Bedeutung.

33 Wir setzen $d = 1{,}0 \times 10^{-2}$ m und $N/V = 15/(1{,}0 \times 10^{-3}\,\text{m}^3) = 15 \times 10^3$ Bonbons/m^3 in Gl. 20–25 ein:

$$\lambda = \frac{1}{\sqrt{2}\pi d^2 N/V}\,,$$

und wir erhalten

$$\lambda = \frac{1}{\sqrt{2}\pi(1{,}0 \times 10^{-2}\,\text{m})^2(15 \times 10^3/\text{m}^3)} = 0{,}15\,\text{m}\,.$$

Dabei wurde die Umrechnung $1{,}00\,\text{L} = 1{,}00 \times 10^{-3}\,\text{m}^3$ verwendet.

35 (a) Wir verwenden die ideale Gasgleichung $pV = nRT = NkT$, wobei p den Druck, V das Volumen, T die Temperatur, n die Anzahl der Mole und N die Anzahl der Moleküle bezeichnet. Dabei haben wir $N = nN_A$ und $k = R/N_A$ eingesetzt. Da 1 cm auf einem Quecksilberthermometer = 1333 Pa ist, ist der Druck $p = (10^{-7})(1333) = 1{,}333 \times 10^{-4}$ Pa. Also erhalten wir

$$\begin{aligned}\frac{N}{V} &= \frac{p}{kT} = \frac{1{,}333 \times 10^{-4}\,\text{Pa}}{(1{,}38 \times 10^{-23}\,\text{J/K})(295\,\text{K})}\\ &= 3{,}27 \times 10^{16}\,\text{molecules/m}^3 = 3{,}27 \times 10^{10}\,\text{molecules/cm}^3\,.\end{aligned}$$

(b) Der Moleküldurchmesser ist $d = 2{,}00 \times 10^{-10}$ m, also ist die mittlere freie Weglänge nach Gl. 20–25

$$\lambda = \frac{1}{\sqrt{2}\pi d^2 N/V} = \frac{1}{\sqrt{2}\pi(2{,}00 \times 10^{-10}\,\text{m})^2(3{,}27 \times 10^{16}\,\text{m}^{-3})} = 172\ \text{m}\,.$$

37 (a) Die Durchschnittsgeschwindigkeit ist

$$\overline{v} = \frac{\sum v}{N}\,,$$

wobei die Summe über die Geschwindigkeiten der Teilchen genommen wird und N die Anzahl der Teilchen ist. Damit haben wir

$$\overline{v} = \frac{(2{,}0 + 3{,}0 + 4{,}0 + 5{,}0 + 6{,}0 + 7{,}0 + 8{,}0 + 9{,}0 + 10{,}0 + 11{,}0)\ \text{km/s}}{10} = 6{,}5\ \text{km/s}\,.$$

(b) Die rms-Geschwindigkeit ist gegeben durch

$$v_{\text{rms}} = \sqrt{\frac{\sum v^2}{N}}\,.$$

Nun haben wir

$$\begin{aligned}\sum v^2 &= (2{,}0)^2 + (3{,}0)^2 + (4{,}0)^2 + (5{,}0)^2 + (6{,}0)^2 \\ &\quad + (7{,}0)^2 + (8{,}0)^2 + (9{,}0)^2 + (10{,}0)^2 + (11{,}0)^2 = 505\ \text{km}^2/\text{s}^2\end{aligned}$$

also ergibt sich

$$v_{\text{rms}} = \sqrt{\frac{505\ \text{km}^2/\text{s}^2}{10}} = 7{,}1\ \text{km/s}\,.$$

39 (a) Die rms-Geschwindigkeit von Molekülen in einem Gas ist gegeben durch $v_{\text{rms}} = \sqrt{3RT/M}$, wobei T die Temperatur und M die Molmasse des Gases ist (vgl. Gl. 20–34). Die Geschwindigkeit, die nötig ist, um der Erdanziehung zu entkommen, ist $v = \sqrt{2gr_e}$, wobei g die Gravitationsbeschleunigung an der Erdoberfläche und r_e ($= 6{,}37 \times 10^6$ m) den Erdradius bezeichnet. Um diesen Ausdruck abzuleiten, legen Sie den Nullpunkt der potenzielle Energie der Gravitation nach unendlich. Dann ist die potenzielle Energie der Gravitation eines Teilchens mit Masse m an der Erdoberfläche $U = -GMm/r_e^2 = -mgr_e$, wobei $g = GM/r_e^2$ verwendet wurde. Wenn v die Geschwindigkeit des Teilchens ist, dann beträgt seine Gesamtenergie $E = -mgr_e + \frac{1}{2}mv^2$. Wenn sich das Teilchen gerade weit genug entfernen kann, muss seine kinetische Energie gegen null gehen, wenn seine Entfernung von der Erde unbegrenzt wächst. Das bedeutet $E = 0$ und $v = \sqrt{2gr_e}$. Wir setzen die Ausdrücke für die Geschwindigkeiten gleich und erhalten $\sqrt{3RT/M} = \sqrt{2gr_e}$. Aufgelöst nach T erhalten wir $T = 2gr_eM/3R$. Die Molmasse von Wasserstoff ist $2{,}02 \times 10^{-3}$ kg/mol, also erhalten wir für dieses Gas

$$T = \frac{2(9{,}8\ \text{m/s}^2)(6{,}37 \times 10^6\ \text{m})(2{,}02 \times 10^{-3}\ \text{kg/mol})}{3(8{,}31\ \text{J/mol}\cdot\text{K})} = 1{,}0 \times 10^4\ \text{K}\,.$$

(b) Die Molmasse von Sauerstoff ist $32{,}0 \times 10^{-3}$ kg/mol, also gilt für dieses Gas

$$T = \frac{2(9{,}8\ \text{m/s}^2)(6{,}37 \times 10^6\ \text{m})(32{,}0 \times 10^{-3}\ \text{kg/mol})}{3(8{,}31\ \text{J/mol}\cdot\text{K})} = 1{,}6 \times 10^5\ \text{K}\,.$$

(c) Nun ist $T = 2g_m r_m M/3R$, wobei r_m ($= 1{,}74 \times 10^6$ m) der Mondradius und g_m ($= 0{,}16g$) die Gravitationsbeschleunigung an der Mondoberfläche ist. Für Wasserstoff gilt

$$T = \frac{2(0{,}16)(9{,}8\ \text{m/s}^2)(1{,}74 \times 10^6\ \text{m})(2{,}02 \times 10^{-3}\ \text{kg/mol})}{3(8{,}31\ \text{J/mol}\cdot\text{K})} = 4{,}4 \times 10^2\ \text{K}\,.$$

Für Sauerstoff gilt

$$T = \frac{2(0{,}16)(9{,}8\ \text{m/s}^2)(1{,}74 \times 10^6\ \text{m})(32{,}0 \times 10^{-3}\ \text{kg/mol})}{3(8{,}31\ \text{J/mol}\cdot\text{K})} = 7{,}0 \times 10^3\ \text{K}\,.$$

(d) Die Temperatur oben in der Erdatmosphäre ist hoch genug, damit eine merkliche Anzahl an Wasserstoffmolekülen im Schwanz der Maxwellschen Verteilung entflieht. Als Ergebnis ist die Atmosphäre vom Wasserstoff geleert. Auf der anderen Seite entkommen wenige Sauerstoffatome.

41 (a) Die rms-Geschwindigkeit ist gegeben durch $v_{rms} = \sqrt{3RT/M}$ (vgl. Gl. 20–34). Die Molmasse von Wasserstoff ist $2{,}02 \times 10^{-3}$ kg/mol, also haben wir

$$v_{rms} = \sqrt{\frac{3(8{,}31\,\mathrm{J/mol\cdot K})(4000\,\mathrm{K})}{2{,}02 \times 10^{-3}\,\mathrm{kg/mol}}} = 7{,}0 \times 10^3\,\mathrm{m/s}\,.$$

(b) Wenn sich die Oberflächen der Kugeln, die ein H_2-Molekül darstellen, und ein Ar-Atom berühren, ist der Abstand zwischen ihren Mittelpunkten die Summe ihrer Radien: $d = r_1 + r_2 = 0{,}5 \times 10^{-8}\,\mathrm{cm} + 1{,}5 \times 10^{-8}\,\mathrm{cm} = 2{,}0 \times 10^{-8}\,\mathrm{cm}$.

(c) Die Argon-Atome sind im wesentlichen in Ruhe, also stößt in der Zeit t das Wasserstoffatom mit allen Argon-Atomen in einem Zylinder vom Radius d und der Länge vt zusammen, wobei v seine Geschwindigkeit ist. Das heißt, die Anzahl der Stöße ist $\pi d^2 vtN/V$, wobei N/V die Konzentration der Argon-Atome ist. Die Anzahl der Stöße pro Zeiteinheit ist

$$\frac{\pi d^2 vN}{V} = \pi(2{,}0 \times 10^{-10}\,\mathrm{m})^2(7{,}0 \times 10^3\,\mathrm{m/s})(4{,}0 \times 10^{25}\,\mathrm{m}^{-3}) = 3{,}5 \times 10^{10}\ \text{Stöße/s}\,.$$

43 (a) Die Verteilungsfunktion gibt den Anteil der Teilchen mit Geschwindigkeiten zwischen v und $v + dv$, also ist ihr Integral über alle Geschwindigkeiten eins: $\int P(v)\,dv = 1$. Werten Sie das Integral aus, indem Sie die Fläche unter der Kurve in Abb. 20–22 berechnen. Die Fläche des Dreiecks ist die Hälfte des Produkts der Grundseite und der Höhe, oder $\frac{1}{2}av_0$. Die Fläche des rechteckigen Teils ist das Produkt der Seiten, oder av_0. Also haben wir $\int P(v)\,dv = \frac{1}{2}av_0 + av_0 = \frac{3}{2}av_0$, und damit ist $\frac{3}{2}av_0 = 1$ sowie $a = 2/3v_0$.

(b) Die Anzahl der Teilchen mit Geschwindigkeiten zwischen $1{,}5v_0$ und $2v_0$ ist gegeben durch $N\int_{1{,}5v_0}^{2v_0} P(v)\,dv$. Das Integral kann leicht ausgewertet werden, da $P(v) = a$ auf dem ganzen Integrationsbereich gilt. Also ist die Anzahl der Teilchen mit Geschwindigkeiten im gegebenen Bereich $Na(2{,}0v_0 - 1{,}5v_0) = 0{,}5Nav_0 = N/3$, wobei für a $2/3v_0$ eingesetzt wurde.

(c) Die mittlere Geschwindigkeit ist gegeben durch

$$v_{gem} = \int vP(v)\,dv\,.$$

Für den dreieckigen Anteil der Verteilung ist $P(v) = av/v_0$, und der Beitrag dieses Teils ist

$$\frac{a}{v_0}\int_0^{v_0} v^2\,dv = \frac{a}{3v_0}v_0^3 = \frac{av_0^2}{3} = \frac{2}{9}v_0\,,$$

wobei $2/3v_0$ für a eingesetzt wurde. Im rechteckigen Bereich ist $P(v) = a$, und der Beitrag dieses Teils ist

$$a\int_{v_0}^{2v_0} v\,dv = \frac{a}{2}(4v_0^2 - v_0^2) = \frac{3a}{2}v_0^2 = v_0\,.$$

Daher haben wir

$$v_{gem} = \frac{2}{9}v_0 + v_0 = 1{,}22v_0\,.$$

(d) die rms-Geschwindigkeit ist gegeben durch

$$v_{rms}^2 = \int v^2 P(v)\,\mathrm{d}v\,.$$

Der Beitrag des dreieckigen Teils ist

$$\frac{a}{v_0}\int_0^{v_0} v^3\,dv = \frac{a}{4v_0}v_0^4 = \frac{1}{6}v_0^2\,.$$

Der Beitrag des rechteckigen Teils ist

$$a \int_{v_0}^{2v_0} v^2 \, dv = \frac{a}{3}(8v_0^3 - v_0^3) = \frac{7a}{3} v_0^3 = \frac{14}{9} v_0^2 .$$

Damit haben wir

$$v_{\mathrm{rms}} = \sqrt{\frac{1}{6}v_0^2 + \frac{14}{9}v_0^2} = 1{,}31 v_0 .$$

45 Nach dem ersten Hauptsatz der Thermodynamik ist $\Delta E_{\mathrm{int}} = Q - W$. Da der Prozess isotherm abläuft, haben wir $\Delta E_{\mathrm{int}} = 0$ (die innere Energie eines idealen Gases hängt nur von der Temperatur ab) und $Q = W$. Die vom Gas verrichtete Arbeit, während sich sein Volumen von V_i nach V_f bei der Temperatur T ausdehnt, ist

$$W = \int_{V_i}^{V_f} p \, dV = nRT \int_{V_i}^{V_f} \frac{dV}{V} = nRT \ln \frac{V_f}{V_i} ,$$

wobei die ideale Gasgleichung $pV = nRT$ verwendet wurde, um p zu ersetzen. Für 1 Mol ist $Q = W = RT \ln(V_f / V_i)$.

47 Wenn sich die Temperatur um ΔT ändert, ändert sich die innere Energie des ersten Gases um $n_1 C_1 \, \Delta T$, die innere Energie des zweiten Gases um $n_2 C_2 \, \Delta T$ und die innere Energie des dritten Gaes um $n_3 C_3 \, \Delta T$. Die Änderung der inneren Energie des zusammengesetzten Gases ist $\Delta E_{\mathrm{int}} = (n_1 C_1 + n_2 C_2 + n_3 C_3) \, \Delta T$. Dies muss gleich $(n_1 + n_2 + n_3) C \, \Delta T$ sein, wobei C die molare spezifische Wärme des Gemischs ist. Damit haben wir

$$C = \frac{n_1 C_1 + n_2 C_2 + n_3 C_3}{n_1 + n_2 + n_3} .$$

21 Entropie und der zweite Hauptsatz der Thermodynamik

3 (a) Weil es sich um ein ideales Gas handelt, kann sein Druck p ausgedrückt durch die Anzahl der Mole n, das Volumen V und die Temperatur T als $p = nRT/V$. Während der isothermen Expansion verrichtet das Gas die Arbeit

$$W = \int_{V_1}^{V_2} p\,dV = nRT \int_{V_1}^{V_2} \frac{dV}{V} = nRT \ln \frac{V_2}{V_1} .$$

Setzen Sie $V_2 = 2V_1$ ein, und Sie erhalten

$$W = nRT \ln 2 = (4{,}00\,\text{mol}) \left(8{,}31\,\frac{\text{J}}{\text{mol}\cdot\text{K}}\right) (400\,\text{K}) \ln 2 = 9{,}22 \times 10^3\,\text{J} .$$

(b) Da es sich um eine isotherme Expansion handelt, ist die Entropieänderung gegeben durch $\Delta S = \int (1/T)\,dQ = Q/T$, wobei Q die als Wärme absorbierte Energie bezeichnet. Nach dem ersten Hauptsatz der Thermodynamik gilt $\Delta E_{\text{int}} = Q - W$. Die innere Energie eines idealen Gases hängt nun nur von der Temperatur und nicht von Druck und Volumen ab. Weil die Expansion isotherm verläuft, haben wir $\Delta E_{\text{int}} = 0$ und $Q = W$. Also ergibt sich

$$\Delta S = \frac{W}{T} = \frac{9{,}22 \times 10^3\,\text{J}}{400\,\text{K}} = 23{,}1\,\text{J/K} .$$

(c) Für alle reversiblen adiabatischen Prozesse gilt $\Delta S = 0$.

9 (a) Die Energie, die das Aluminium als Wärme abgibt, hat den Betrag $Q = m_a c_a (T_{ai} - T_f)$, wobei m_a die Aluminiummasse, c_a die spezifische Wärme von Aluminium, T_{ai} die Anfangstemperatur des Aluminiums und T_f die Endtemperatur des Systems Aluminium-Wasser bezeichnet. Die Energie, die das Wasser als Wärme aufnimmt, hat den Betrag $Q = m_w c_w (T_f - T_{wi})$, wobei m_w die Masse des Wassers, c_w die spezifische Wärme von Wasser und T_{wi} die Anfangstemperatur von Wasser bezeichnet. Beide Energien sind vom Betrag her gleich, da keine Energie verloren geht. Also ergibt sich

$$m_a c_a (T_{ai} - T_f) = m_w c_w (T_f - T_{wi})$$

und

$$T_f = \frac{m_a c_a T_{ai} + m_w c_w T_{wi}}{m_a c_a + m_w c_w} .$$

Die spezifische Wärme von Aluminium ist 900 J/kg·K, und die spezifische Wärme von Wasser ist 4190 J/kg·K. Also ergibt sich

$$\begin{aligned} T_f &= \frac{(0{,}200\,\text{kg})(900\,\text{J/kg}\cdot\text{K})(100°\text{C}) + (0{,}0500\,\text{kg})(4190\,\text{J/kg}\cdot\text{K})(20°\text{C})}{(0{,}200\,\text{kg})(900\,\text{J/kg}\cdot\text{K}) + (0{,}0500\,\text{kg})(4190\,\text{J/kg}\cdot\text{K})} \\ &= 57{,}0°\text{C} . \end{aligned}$$

Dies sind 330 K.

(b) Die Temperaturen müssen nun in Kelvin angegeben werden: $T_{ai} = 393\,\text{K}$, $T_{wi} = 293\,\text{K}$ und $T_f = 330\,\text{K}$. Für das Aluminium ist $dQ = m_a c_a\, dT$ und die Entropieänderung beträgt

$$\begin{aligned}\Delta S_a &= \int \frac{dQ}{T} = m_a c_a \int_{T_{ai}}^{T_f} \frac{dT}{T} = m_a c_a \ln \frac{T_f}{T_{ai}} \\ &= (0{,}200\,\text{kg})(900\,\text{J/kg}\cdot\text{K}) \ln\left(\frac{330\,\text{K}}{373\,\text{K}}\right) = -22{,}1\ \text{J/K}\,.\end{aligned}$$

(c) Für das Wasser ist die Entropieänderung

$$\begin{aligned}\Delta S_w &= \int \frac{dQ}{T} = m_w c_w \int_{T_{wi}}^{T_f} \frac{dT}{T} = m_w c_w \ln \frac{T_f}{T_{wi}} \\ &= (0{,}0500\,\text{kg})(4190\,\text{J/kg}\cdot\text{K}) \ln\left(\frac{330\,\text{K}}{293\,\text{K}}\right) = +24{,}9\ \text{J/K}\,.\end{aligned}$$

(d) Die gesamte Änderung der Entropie des Systems Aluminium-Wasser beträgt $\Delta S = \Delta S_a + \Delta S_w = -22{,}1\,\text{J/K} + 24{,}9\,\text{J/K} = +2{,}8\,\text{J/K}$.

15 Das Eis erwärmt sich auf 0° C, dann schmilzt es und das sich dabei bildende Wasser erwärmt sich bis auf die Temperatur des Wassers im See, die 15° C beträgt. Wenn sich das Eis erwärmt, beträgt die Energie, die ihm als Wärme zugeführt wird, wenn sich die Temperatur um dT ändert, $dQ = mc_E\, dT$, wobei m die Masse des Eises und c_E die spezifische Wärme von Eis ist. Wenn T_i (= 263 K) die Anfangstemperatur und T_f (= 273 K) die Endtemperatur ist, dann beträgt die Entropieänderung

$$\begin{aligned}\Delta S &= \int \frac{dQ}{T} = mc_E \int_{T_i}^{T_f} \frac{dT}{T} = mc_E \ln \frac{T_f}{T_i} \\ &= (0{,}010\,\text{kg})(2220\,\text{J/kg}\cdot\text{K}) \ln\left(\frac{273\,\text{K}}{263\,\text{K}}\right) = 0{,}828\ \text{J/K}\,.\end{aligned}$$

Schmelzen ist ein isothermer Prozess. Die Energie, die das Eis als Wärme verlässt, ist mL_F, wobei L_F die Schmelzwärme von Eis ist. Damit ergibt sich $\Delta S = Q/T = mL_F/T = (0{,}010\,\text{kg})(333 \times 10^3\,\text{J/kg})/(273\,\text{K}) = 12{,}20\,\text{J/K}$. Für das Erwärmen des Wassers aus dem schmelzenden Eis ist die Entropieänderung

$$\Delta S = mc_w \ln \frac{T_f}{T_i}\,,$$

wobei c_w die spezifische Wärme von Wasser (4190 J/kg · K) ist. Also ergibt sich

$$\Delta S = (0{,}010\,\text{kg})(4190\,\text{J/kg}\cdot\text{K}) \ln\left(\frac{288\,\text{K}}{273\,\text{K}}\right) = 2{,}24\ \text{J/K}\,.$$

Die gesamte Entropieänderung von Eis und Wasser beträgt

$$\Delta S = 0{,}828\,\text{J/K} + 12{,}20\,\text{J/K} + 2{,}24\,\text{J/K} = 15{,}27\ \text{J/K}\,.$$

Da sich die Temperatur des Sees nicht wesentlich ändert, während das Eis schmilzt, beträgt seine Entropieänderung $\Delta S = Q/T$, wobei Q die Energie bezeichnet, die ihm als Wärme zugeführt wird (das Negative der Energie, die er an das Eis liefert), und T seine Temperatur. Wenn sich das Eis auf 0° C erwärmt, haben wir

$$Q = -mc_E(T_f - T_i) = -(0{,}010\,\text{kg})(2220\,\text{J/kg}\cdot\text{K})(10\,\text{K}) = -222\ \text{J}\,.$$

Wenn das Eis schmilzt, gilt

$$Q = -mL_F = -(0{,}010\,\text{kg})(333 \times 10^3\,\text{J/kg}) = -3{,}33 \times 10^3\ \text{J}\,.$$

Wenn sich das aus dem Eis gebildete Wasser erwärmt, gilt

$$Q = -mc_w(T_f - T_i) = -(0{,}010\,\text{kg})(4190\,\text{J/kg}\cdot\text{K})(15\,\text{K}) = -629\ \text{J}\,.$$

Die gesamte Energie, die das Wasser des Sees verlässt, ist $Q = -222\,\text{J} - 3{,}33 \times 10^3\,\text{J} - 6{,}29 \times 10^2\,\text{J} = -4{,}18 \times 10^3\,\text{J}$. Die Entropieänderung ist

$$\Delta S = \frac{-4{,}18 \times 10^3\,\text{J}}{288\,\text{K}} = -14{,}51\ \text{J/K}\,.$$

Die Entropieänderung des Eis–See-Systems ist $\Delta S = (15{,}27 - 14{,}51)\,\text{J/K} = 0{,}76\,\text{J/K}$.

17 (a) Die Endmasse des Eises ist $(1773\,\text{g} + 227\,\text{g})/2 = 1000\,\text{g}$. Also gefrieren 773 g Wasser. Energie in Form von Wärme hat das System verlassen. Sie hat einen Betrag von mL_F, wobei m die Masse des gefrierenden Wassers und L_F die Schmelzwärme von Wasser bezeichnet. Der Prozess ist isotherm, also ist die Entropieänderung $\Delta S = Q/T = -mL_F/T = -(0{,}773\,\text{kg})(333 \times 10^3\,\text{J/kg})/(273\,\text{K}) = -943\,\text{J/K}$.

(b) Nun sind 773 g Eis geschmolzen. Die Entropieänderung beträgt

$$\Delta S = \frac{Q}{T} = \frac{mL_F}{T} = +943\ \text{J/K}\,.$$

(c) Ja, sie sind im Einklang mit dem zweiten Hauptsatz der Thermodynamik. Während des gesamten Kreisprozesses ist die Entropieänderung des Systems Wasser–Eis null, obwohl ein Teil des Kreisprozesses irreversibel ist. Das System ist jedoch nicht abgeschlossen. Um ein abgeschlossenes System zu betrachten, müssen wir alles, was auch immer Energie mit dem Eis und dem Wasser austauscht, einschließen. Nehmen Sie an, dass es sich während des Teils des Kreisprozesses, in dem Wasser gefriert, um ein Wärmereservoir bei konstanter Temperatur und während des Teils des Kreisprozesses, in dem Eis schmilzt, um einen Bunsenbrenner handelt. Während des Gefrierens erhöht sich die Entropie des Reservoirs um 943 J/K. Soweit es das System Reservoir–Wasser–Eis betrifft, ist der Prozess adiabatisch und reversibel, also ändert sich seine Gesamtentropie nicht. Der Schmelzprozess ist irreversibel, also nimmt die Gesamtentropie des Systems Bunsenbrenner–Wasser–Eis zu. Die Entropie des Brenners nimmt entweder zu oder um weniger als 943 J/K ab.

19 (a) Arbeit wird nur für den Teil ab des Prozesses verrichtet. Bei diesem Teil ist der Druck konstant, also ist die vom Gas verrichtete Arbeit

$$W = \int_{V_0}^{4V_0} p_0\,dV = p_0(4V_0 - V_0) = 3p_0V_0\,.$$

(b) Wir verwenden den ersten Hauptsatz: $\Delta E_{\text{int}} = Q - W$. Da der Prozess bei konstantem Volumen stattfindet, ist die vom Gas verrichtete Arbeit null und $E_{\text{int}} = Q$. Die vom Gas als Wärme absorbierte Energie Q ist $Q = nC_V\,\Delta T$, wobei C_V die molare spezifische Wärme bei konstantem Volumen und ΔT die Temperaturänderung bezeichnet. Da es sich bei dem Gas um ein ideales einatomiges handelt, ist $C_V = \frac{3}{2}R$. Wir verwenden die ideale Gasgleichung und erhalten damit, dass die Anfangstemperatur $T_b = p_bV_b/nR = 4p_0V_0/nR$ und die Endtemperatur $T_c = p_cV_c/nR = (2p_0)(4V_0)/nR = 8p_0V_0/nR$ ist. Damit haben wir

$$Q = \frac{3}{2}nR\left(\frac{8p_0V_0}{nR} - \frac{4p_0V_0}{nR}\right) = 6p_0V_0\,.$$

Die Änderung der inneren Energie ist $\Delta E_{\text{int}} = 6p_0V_0$. Wegen $n = 1\,\text{mol}$ kann man dies auch $Q = 6RT_0$ schreiben. Da der Prozess bei konstantem Volumen stattfindet, verwenden wir $dQ = nC_V\,dT$ und erhalten

$$\Delta S = \int \frac{dQ}{T} = nC_V \int_{T_b}^{T_c} \frac{dT}{T} = nC_V \ln\frac{T_c}{T_b}\,.$$

Wir setzen $C_V = \frac{3}{2}R$ ein und verwenden die ideale Gasgleichung, womit wir erhalten

$$\frac{T_c}{T_b} = \frac{p_cV_c}{p_bV_b} = \frac{(2p_0)(4V_0)}{p_0(4V_0)} = 2\,.$$

Damit ergibt sich $\Delta S = \frac{3}{2}nR\ln 2$. Wegen $n = 1$ ist dies $\Delta S = \frac{3}{2}R\ln 2$.

(c) Für einen vollen Kreisprozess ergibt sich $\Delta E_{\text{int}} = 0$ und $\Delta S = 0$.

23 (a) Der Wirkungsgrad ist

$$\varepsilon = \frac{T_{\text{H}} - T_{\text{L}}}{T_{\text{H}}} = \frac{(235 - 115)\,\text{K}}{(235 + 273)\,\text{K}} = 0{,}236 = 23{,}6\%\,.$$

Beachten Sie, dass eine Temperaturänderung auf der Kelvin- und Celsius-Skala den gleichen Wert hat. Da die Temperaturen in der Gleichung in Kelvin eingesetzt werden müssen, wurde die Temperatur im Nenner in Kelvin umgewandelt.

(b) Da der Wirkungsgrad $\varepsilon = |W|/|Q_H|$ beträgt, ist die verrichtete Arbeit gegeben durch

$$|W| = \varepsilon|Q_H| = 0{,}236(6{,}30 \times 10^4\,J) = 1{,}49 \times 10^4\,J\,.$$

25 Für eine ideale Maschine ist der Wirkungsgrad mit den Temperaturen über $(T_H - T_C)/T_H$ verknüpft. Also haben wir

$$T_H = \frac{T_H - T_L}{\varepsilon} = \frac{75\,K}{0{,}22} = 341\,K\ (= 68°C)\,.$$

Die Temperatur des kalten Reservoirs ist $T_L = T_H - 75 = 341\,K - 75\,K = 266\,K\ (= -7°C)$.

27 (a) Während des Teilprozesses von a nach b wird Energie als Wärme zugeführt. Dabei ist das Volumen konstant (V_b), also gilt $Q_{in} = nC_V\,\Delta T$, wobei c_V die molare spezifische Wärme bei konstantem Volumen bezeichnet. Es handelt sich um ein einatomiges ideales Gas, also gilt $C_V = \frac{3}{2}R$, und die ideale Gasgleichung ergibt $\Delta T = (1/nR)(p_bV_b - p_aV_a) = (1/nR)(p_b - p_a)V_b$. Also haben wir $Q_{in} = \frac{3}{2}(p_b - p_a)V_b$. V_b und p_b ind gegeben. Wir müssen p_a bestimmen. p_a und p_c sind nun gleich, und die Punkte c und b sind durch einen adiabatischen Prozess verbunden. Also gilt $p_cV_c^\gamma = p_bV_b^\gamma$ und

$$p_a = p_c = \left(\frac{V_b}{V_c}\right)^\gamma p_b = \left(\frac{1}{8{,}00}\right)^{5/3}(1{,}013 \times 10^6\,Pa) = 3{,}167 \times 10^4\,Pa\,.$$

Die als Wärme zugeführte Energie ist

$$Q_{in} = \frac{3}{2}(1{,}013 \times 10^6\,Pa - 3{,}167 \times 10^4\,Pa)(1{,}00 \times 10^{-3}\,m^3) = 1{,}47 \times 10^3\,J\,.$$

(b) Energie wird vom Gas während des Teilprozesses von c nach a als Wärme abgegeben. Bei diesem Prozess bleibt der Druck konstant, also gilt

$$\begin{aligned} Q_{aus} &= nC_p\,\Delta T = \frac{5}{2}(p_aV_a - p_cV_c) = \frac{5}{2}p_a(V_a - V_c) \\ &= \frac{5}{2}(3{,}167 \times 10^4\,Pa)(-7{,}00)(1{,}00 \times 10^{-3}\,m^3) = -5{,}54 \times 10^2\,J\,, \end{aligned}$$

wobei C_p die molare spezifische Wärme bei konstantem Druck bezeichnet. Dabei wurden $V_a - V_c = V_a - 8{,}00V_a = -7{,}00V_a$ und $C_p = \frac{5}{2}R$ eingesetzt.

(c) Für einen vollständigen Kreisprozess ist die Änderung der inneren Energie null, und wir haben $W = Q = 1{,}47 \times 10^3\,J - 5{,}54 \times 10^2\,J = 9{,}18 \times 10^2\,J$.

(d) Der Wirkungsgrad ist $\varepsilon = W/Q_{in} = (9{,}18 \times 10^2\,J)/(1{,}47 \times 10^3\,J) = 0{,}624$. Beachten Sie, dass die Maschine nun zwischen 0°C und 800°C arbeitet.

31 (a) Bezeichnen wir die Temperatur des wärmeren Reservoirs mit T_H und die Temperatur des kälteren Reservoirs mit T_L, dann ist der maximale Wirkungsgrad der Maschine

$$\varepsilon = \frac{T_H - T_L}{T_H} = \frac{(800 + 40)\,K}{(800 + 273)\,K} = 0{,}78\,.$$

(b) Der Wirkungsgrad ist definiert als $\varepsilon = |W|/|Q_H|$, wobei W die von der Maschine verrichtete Arbeit und Q_H die zugeführte Wärme bezeichnet. W ist positiv. Während eines gesamten Kreislaufs ist $Q_H = W + |Q_L|$, wobei Q_L die Wärmeabgabe bezeichnet, also gilt $\varepsilon = W/(W + |Q_L|)$ und $|Q_L| = W[(1/\varepsilon) - 1]$. Wegen $\varepsilon = (T_H - T_L)/T_H$ haben wir

$$\frac{1}{\varepsilon} - 1 = \frac{T_L}{T_H - T_L} \quad \text{und} \quad |Q_L| = \frac{WT_L}{T_H - T_L}\,.$$

Die abgegebene Wärme wird verwendet, um Eis bei seiner Anfangstemperatur $T_i = -40°C$ zu schmelzen. Das Eis muss auf 0°C gebracht und dann geschmolzen werden, also haben wir $|Q_L| = mc(T_f - T_i) + mL_F$, wobei m die Masse des geschmolzenen Eises, T_f die Schmelztemperatur (0° C), c die spezifische Wärme von

Eis und L_F die Schmelzwärme von Eis bezeichnet. Damit haben wir $WT_\mathrm{L}/(T_\mathrm{H}-T_\mathrm{L}) = mc(T_f - T_i) + mL_F$. Leiten Sie nach der Zeit ab und ersetzen Sie dW/dt durch P, die Abgabeleistung der Maschine. Sie sollten $PT_\mathrm{L}/(T_\mathrm{H}-T_\mathrm{L}) = (dm/dt)[c(T_f - T_i) + L_F]$ erhalten. Also ergibt sich

$$\frac{dm}{dt} = \left(\frac{PT_\mathrm{L}}{T_\mathrm{H}-T_\mathrm{L}}\right)\left(\frac{1}{c(T_f - T_i) + L_F}\right) .$$

Es ist $P = 100 \times 10^6\,\mathrm{W}$, $T_\mathrm{L} = 0 + 273 = 273\,\mathrm{K}$, $T_\mathrm{H} = 800 + 273 = 1073\,\mathrm{K}$, $T_i = -40 + 273 = 233\,\mathrm{K}$, $T_f = 0 + 273 = 273\,\mathrm{K}$, $c = 2220\,\mathrm{J/kg\cdot K}$ und $L_F = 333 \times 10^3\,\mathrm{J/kg}$, also haben wir

$$\begin{aligned}\frac{dm}{dt} &= \left[\frac{(100\times 10^6\,\mathrm{J/s})(273\,\mathrm{K})}{1073\,\mathrm{K} - 273\,\mathrm{K}}\right]\left[\frac{1}{(2220\,\mathrm{J/kg\cdot K})(273\,\mathrm{K} - 233\,\mathrm{K}) + 333\times 10^3\,\mathrm{J/kg}}\right]\\ &= 82\,\mathrm{kg/s} .\end{aligned}$$

Beachten Sie, dass die Maschine nun zwischen 0°C und 800°C arbeitet.

33 (a) Der Druck bei 2 ist $p_2 = 3p_1$, wie in der Aufgabenstellung. Das Volumen ist $V_2 = V_1 = nRT_1/p_1$. Die Temperatur ist

$$T_2 = \frac{p_2V_2}{nR} = \frac{3p_1V_1}{nR} = 3T_1 .$$

Der Prozess 4 → 1 ist adiabatisch, also ist $p_4V_4^\gamma = p_1V_1^\gamma$ und

$$p_4 = \left(\frac{V_1}{V_4}\right)^\gamma p_1 = \frac{p_1}{4^\gamma} ,$$

da $V_4 = 4V_1$ ist. Die Temperatur bei 4 is

$$T_4 = \frac{p_4V_4}{nR} = \left(\frac{p_1}{4^\gamma}\right)\left(\frac{4nRT_1}{p_1}\right)\left(\frac{1}{nR}\right) = \frac{T_1}{4^{\gamma-1}} .$$

Der Prozess 2 → 3 ist adiabatisch, also ist $p_2V_2^\gamma = p_3V_3^\gamma$ und $p_3 = (V_2/V_3)^\gamma p_2$. Setzen Sie $V_3 = 4V_1$, $V_2 = V_1$ und $p_2 = 3p_1$, so erhalten Sie

$$p_3 = \frac{3p_1}{4^\gamma} .$$

Die Temperatur ist

$$T_3 = \frac{p_3V_3}{nR} = \left(\frac{1}{nR}\right)\left(\frac{3p_1}{4^\gamma}\right)\left(\frac{4nRT_1}{p_1}\right) = \frac{3T_1}{4^{\gamma-1}} ,$$

wobei $V_3 = V_4 = 4V_1 = 4nRT/p_1$ verwendet wurde.

(b) Der Wirkungsgrad des Kreisprozesses ist $\varepsilon = W/Q_{12}$, wobei W die gesamte Arbeit bezeichnet, die vom Gas während des Kreisprozesses verrichtet wird, und Q_{12} die als Wärme während des Teils 1 → 2 (des einzigen Teils in dem Energie als Wärme hinzugeführt wird) des Kreisprozesses hinzugeführte Energie bezeichnet. Die während des Teils des Kreisprozesses von 2 nach 3 verrichtete Arbeit ist $W_{23} = \int p\,dV$. Setzen Sie $p = p_2V_2^\gamma/V^\gamma$ ein, so erhalten Sie

$$W_{23} = p_2V_2^\gamma \int_{V_2}^{V_3} V^{-\gamma}\,dV = \left(\frac{p_2V_2^\gamma}{\gamma-1}\right)\left(V_2^{1-\gamma} - V_3^{1-\gamma}\right) .$$

Setzen Sie $V_2 = V_1$, $V_3 = 4V_1$ und $p_3 = 3p_1$, so erhalten Sie

$$W_{23} = \left(\frac{3p_1V_1}{1-\gamma}\right)\left(1 - \frac{1}{4^{\gamma-1}}\right) = \left(\frac{3nRT_1}{\gamma-1}\right)\left(1 - \frac{1}{4^{\gamma-1}}\right) .$$

Analog ist die während des Teils von 4 nach 1 des Kreisprozesses verrichtete Arbeit

$$W_{41} = \left(\frac{p_1V_1^\gamma}{\gamma-1}\right)\left(V_4^{1-\gamma} - V_1^{1-\gamma}\right) = -\left(\frac{p_1V_1}{\gamma-1}\right)\left(1 - \frac{1}{4^{\gamma-1}}\right) = -\left(\frac{nRT_1}{\gamma-1}\right)\left(1 - \frac{1}{4^{\gamma-1}}\right) .$$

Während des $1 \to 2$ und des $3 \to 4$ Teils wird keine Arbeit verrichtet, also ist die gesamte vom Gas während des Kreisprozesses verrichtete Arbeit

$$W = W_{23} + W_{41} = \left(\frac{2nRT_1}{\gamma - 1}\right)\left(1 - \frac{1}{4^{\gamma-1}}\right) .$$

Die als Wärme zugeführte Energie ist $Q_{12} = nC_V(T_2 - T_1) = nC_V(3T_1 - T_1) = 2nC_VT_1$, wobei C_V die molare spezifische Wärme bei konstantem Volumen bezeichnet. Nun haben wir $\gamma = C_p/C_V = (C_V+R)/C_V = 1 + (R/C_V)$, also $C_V = R/(\gamma - 1)$. Dabei ist C_p die molare spezifische Wärme bei konstantem Druck, die für ein ideales Gas $C_p = C_V + R$ ist. Damit haben wir $Q_{12} = 2nRT_1/(\gamma - 1)$. Der Wirkungsgrad ist

$$\varepsilon = \frac{2nRT_1}{\gamma - 1}\left(1 - \frac{1}{4^{\gamma-1}}\right)\frac{\gamma - 1}{2nRT_1} = 1 - \frac{1}{4^{\gamma-1}} .$$

35 Eine ideale Kältemaschine, die zwischen einem heißen Reservoir bei Temperatur T_H und einem kalten Reservoir bei Temperatur T_L arbeitet, hat eine Leistungszahl K, die gegeben ist durch $K = T_L/(T_H - T_L)$. Für die Klimaanlage dieser Aufgabe gilt $T_H = 96°\,F = 309\,K$ und $T_L = 70°\,F = 294\,K$, also haben wir $K = (294\,K)/(309\,K - 294\,K) = 19{,}6$. Die Leistungszahl ist die Energie Q_L, die dem kalten Reservoir als Wärme entzogen wird, dividiert durch die verrichtete Arbeit: $K = |Q_L|/|W|$. Also haben wir $|Q_L| = K|W| = (19{,}6)(1{,}0\,J) = 20\,J$.

37 Die Leistungszahl einer Kältemaschine ist gegeben durch $K = |Q_L|/|W|$, wobei Q_L die dem kalten Reservoir als Wärme entnommene Energie und W die von der Kältemaschine – als negativer Wert – verrichtete Arbeit bezeichnet. Der erste Hauptsatz der Thermodynamik liefert $Q_H + Q_L - W = 0$ für eine ganze Zahl an Durchläufen. Dabei bezeichnet Q_H die an das heiße Reservoir als Wärme abgegebene Energie. Also haben wir $Q_L = W - Q_H$. Q_H st negativ und vom Betrag größer als W, also ist $|Q_L| = |Q_H| - |W|$. Damit gilt

$$K = \frac{|Q_H| - |W|}{|W|} .$$

Aufgelöst nach $|W|$ ergibt sich $|W| = |Q_H|/(K + 1)$. Für eine Stunde ist

$$|W| = \frac{7{,}54\,MJ}{3{,}8 + 1} = 1{,}57\,MJ .$$

Die Leistung beträgt $(1{,}57 \times 10^6\,J)/(3600\,s) = 440\,W$.

41 Der Wirkungsgrad der Carnot-Maschine ist definiert als $\varepsilon = W/Q_1$, und im Lehrbuch wird gezeigt, dass $\varepsilon = (T_1 - T_2)/T_1$, also $W/Q_1 = (T_1 - T_2)/T_1$ ist. Der Leistungsfaktor der Kältemaschine ist definiert als $K = Q_4/W$, und im Lehrbuch wird gezeigt, dass $K = T_4/(T_3 - T_4)$ ist, also ist $Q_4/W = T_4/(T_3 - T_4)$. Nun haben wir $Q_4 = Q_3 - W$, also $(Q_3 - W)/W = T_4/(T_3 - T_4)$. Die von der Carnot-Maschine verrichtete Arbeit wird verwendet, um die Kältemaschine zu betreiben, also ist W für beide gleich. Lösen Sie die Gleichung für die Carnot-Maschine nach W auf und setzen Sie den erhaltenen Ausdruck in die Gleichung für die Kältemaschine ein. Die Gleichung für die Carnot-Maschine liefert $W = (T_1 - T_2)Q_1/T_1$, und nach dem Einsetzen erhält man

$$\frac{T_4}{T_3 - T_4} = \frac{Q_3}{W} - 1 = \frac{Q_3T_1}{Q_1(T_1 - T_2)} - 1 .$$

Lösen Sie nach Q_3/Q_1 auf:

$$\frac{Q_3}{Q_1} = \left(\frac{T_4}{T_3 - T_4} + 1\right)\left(\frac{T_1 - T_2}{T_1}\right) = \left(\frac{T_3}{T_3 - T_4}\right)\left(\frac{T_1 - T_2}{T_1}\right) = \frac{1 - (T_2/T_1)}{1 - (T_4/T_3)} .$$

45 (a) Nehmen Sie an, dass sich n_L Moleküle im linken Drittel des Kastens, n_C Moleküle im mittleren Drittel und n_R Moleküle im rechten Drittel befinden. Es gibt $N!$ Anordnungen von N Molekülen, aber $n_L!$ einfache Umordnungen der n_L Moleküle im linken Drittel, $n_C!$ Umordnungen der n_C Moleküle im mittleren Drittel und $n_R!$ Umordnungen der n_R Moleküle im rechten Drittel. Diese Umordnungen erzeugen keine neue Konfiguration. Also ist die Multiplizität

$$W = \frac{N!}{n_L!\,n_C!\,n_R!} .$$

(b) Wenn sich die Hälfte der Moleküle in der rechten Hälfte des Kastens befindet und die andere Hälfte in der linken Hälfte des Kastens, dann ist die Multiplizität

$$W_B = \frac{N!}{(N/2)!\,(N/2)!} .$$

Wenn sich ein Drittel der Moleküle in jedem Drittel des Kastens befindet, dann ist die Multiplizität

$$W_A = \frac{N!}{(N/3)!\,(N/3)!\,(N/3)!} .$$

Das Verhältnis ist

$$\frac{W_A}{W_B} = \frac{(N/2)!\,(N/2)!}{(N/3)!\,(N/3)!\,(N/3)!} .$$

(c) Für $N = 100$ erhalten wir

$$\frac{W_A}{W_B} = \frac{50!\,50!}{33!\,33!\,34!} = 4{,}16 \times 10^{16} .$$

22 Elektrische Ladung

1 Der Betrag der Kraft, den jede Ladung auf die andere ausübt, ist gegeben durch $F = \frac{1}{4\pi\varepsilon_0}\frac{|q_1||q_2|}{r^2}$, wobei r den Abstand zwischen ihnen bezeichnet. Daher haben wir

$$\begin{aligned} r &= \sqrt{\frac{|q_1||q_2|}{4\pi\varepsilon_0 F}} \\ &= \sqrt{\frac{(8{,}99 \times 10^9\,\mathrm{N\cdot m^2/C^2})\,(26{,}0 \times 10^{-6}\,\mathrm{C})\,(47{,}0 \times 10^{-6}\,\mathrm{C})}{5{,}70\,\mathrm{N}}} = 1{,}39\,\mathrm{m}\,. \end{aligned}$$

7 Nehmen Sie an, dass die Kugeln weit von einander entfernt sind. Dann ist die Ladungsverteilung auf jeder von ihnen kugelsymmetrisch, und das coulombsche Gesetz kann angewandt werden. Wir bezeichnen die ursprünglichen Ladungen mit q_1 und q_2 und wählen das Koordinatensystem so, dass die Kraft auf q_2 positiv ist, wenn sie von q_1 abgestoßen wird. Setzen Sie den Abstand zwischen den Ladungen gleich r. Die auf q_2 wirkende Kraft ist dann

$$F_a = -\frac{1}{4\pi\varepsilon_0}\frac{q_1 q_2}{r^2} = -k\,\frac{q_1 q_2}{r^2}\,.$$

Das negative Vorzeichen weist darauf hin, dass sich die Kugeln anziehen. Nachdem der Draht befestigt wurde, besitzen die – identischen – Kugeln die gleiche Ladung. Da die Ladung erhalten bleibt, ist die Gesamtladung die gleiche wie am Anfang. Das heißt, die Ladung auf jeder Kugel ist $(q_1 + q_2)/2$. Die Kraft ist nun abstoßend, und sie ist gegeben durch

$$F_b = \frac{1}{4\pi\varepsilon_0}\frac{\left(\frac{q_1+q_2}{2}\right)\left(\frac{q_1+q_2}{2}\right)}{r^2} = k\,\frac{(q_1+q_2)^2}{4r^2}\,.$$

Lösen Sie die zwei Kraftgleichungen gleichzeitig nach q_1 und q_2 auf. Die erste ergibt

$$q_1 q_2 = -\frac{r^2 F_a}{k} = -\frac{(0{,}500\,\mathrm{m})^2(0{,}108\,\mathrm{N})}{8{,}99 \times 10^9\,\mathrm{N\cdot m^2/C^2}} = -3{,}00 \times 10^{-12}\,\mathrm{C}^2\,,$$

und die zweite ergibt

$$q_1 + q_2 = 2r\sqrt{\frac{F_b}{k}} = 2(0{,}500\,\mathrm{m})\sqrt{\frac{0{,}0360\,\mathrm{N}}{8{,}99 \times 10^9\,\mathrm{N\cdot m^2/C^2}}} = 2{,}00 \times 10^{-6}\,\mathrm{C}\,.$$

Also haben wir

$$q_2 = \frac{-(3{,}00 \times 10^{-12}\,\mathrm{C}^2)}{q_1}\,.$$

Einsetzen in die zweite Gleichung ergibt

$$q_1 - \frac{3{,}00 \times 10^{-12}\,\mathrm{C}^2}{q_1} = 2{,}00 \times 10^{-6}\,\mathrm{C}\,.$$

Multiplizieren Sie mit q_1 und Sie erhalten die quadratische Gleichung

$$q_1^2 - (2{,}00 \times 10^{-6}\,\mathrm{C})q_1 - 3{,}00 \times 10^{-12}\,\mathrm{C}^2 = 0\,.$$

Die Lösungen sind

$$q_1 = \frac{2{,}00 \times 10^{-6}\,\text{C} \pm \sqrt{(-2{,}00 \times 10^{-6}\,\text{C})^2 - 4(-3{,}00 \times 10^{-12}\,\text{C}^2)}}{2} \,.$$

Wenn das positive Vorzeichen verwendet wird, erhält man $q_1 = 3{,}00 \times 10^{-6}$ C, und wenn das negative Vorzeichen verwendet wird, erhält man $q_1 = -1{,}00 \times 10^{-6}$ C. Verwenden Sie $q_2 = (-3{,}00 \times 10^{-12})/q_1$, um q_2 zu berechnen. Wenn $q_1 = 3{,}00 \times 10^{-6}$ C ist, dann ist $q_2 = -1{,}00 \times 10^{-6}$ C, und wenn $q_1 = -1{,}00 \times 10^{-6}$ C, dann ist $q_2 = 3{,}00 \times 10^{-6}$ C. Da die Kugeln identisch sind, sind die Lösungen im Wesentlichen die gleichen: Eine Kugel hatte ursprünglich die Ladung $-1{,}00 \times 10^{-6}$ C und die andere die Ladung $+3{,}00 \times 10^{-6}$ C.

9 (a) Wenn sich das System aus drei Teilchen im Gleichgewicht befinden soll, müssen die auf jedes Teilchen wirkenden Kräfte null sein. Bezeichnen Sie die Ladung des dritten Teilchens mit q_0 Das dritte Teilchen muss auf der x-Achse liegen, denn andernfalls würden die beiden darauf wirkenden Kräfte nicht entlang der gleichen Linie wirken und könnten sich nicht zu null summieren. Also muss die y-Koordinate des Teilchens null sein. Das dritte Teilchen muss zwischen den beiden anderen Teilchen liegen, denn andernfalls würden die darauf wirkenden Kräfte in die gleiche Richtung wirken und würden sich nicht zu null summieren. Das dritte Teilchen befinde sich in einem Abstand x vom Teilchen mit der Ladung q, wie in der Zeichnung dargestellt. Die auf das Teilchen wirkende Kraft ist dann gegeben durch

$$F_0 = \frac{1}{4\pi\varepsilon_0}\left(\frac{qq_0}{x^2} - \frac{4qq_0}{(L-x)^2}\right) = 0$$

wobei die positive Richtung nach rechts gelegt wurde. Lösen Sie die Gleichung nach x auf. Kürzt man gemeinsame Faktoren, liefert dies $1/x^2 = 4/(L-x)^2$, und Wurzelziehen liefert $1/x = 2/(L-x)$. Die Lösung ist $x = L/3$.

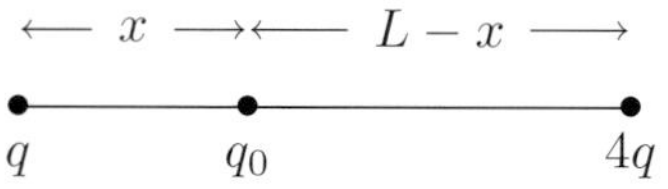

Die auf q wirkende Kraft ist

$$F_q = \frac{-1}{4\pi\varepsilon_0}\left(\frac{qq_0}{x^2} + \frac{4q^2}{L^2}\right) = 0 \,.$$

Lösen Sie nach q_0 auf:

$$q_0 = -\frac{4qx^2}{L^2} = -\frac{4}{9}q$$

wobei $x = L/3$ verwendet wurde. Die auf das Teilchen mit Ladung $4q$ wirkende Kraft ist:

$$\begin{aligned} F_{4q} &= \frac{1}{4\pi\varepsilon_0}\left(\frac{4q^2}{L^2} + \frac{4qq_0}{(L-x)^2}\right) = \frac{1}{4\pi\varepsilon_0}\left(\frac{4q^2}{L^2} + \frac{4(-4/9)q^2}{(4/9)L^2}\right) \\ &= \frac{1}{4\pi\varepsilon_0}\left(\frac{4q^2}{L^2} - \frac{4q^2}{L^2}\right) = 0 \,. \end{aligned}$$

Mit $q_0 = -(4/9)q$ und $x = L/3$ befinden sich alle drei Ladungen im Gleichgewicht.

(b) Wenn sich die Ladung q_0 auf die Ladung q zu bewegt, ist die von q ausgeübte Anziehungskraft größer also die Anziehungskraft, die von $4q$ ausgeübt wird. Das führt dazu, dass sich q_0 weiter auf q zu und von seiner Anfangsposition weg bewegt. Das Gleichgewicht ist instabil.

11 (a) Die Beträge der Gravitationskraft und der elektrischen Kraft müssen gleich sein:

$$\frac{1}{4\pi\varepsilon_0}\frac{q^2}{r^2} = G\frac{mM}{r^2} \,,$$

wobei q die Ladung auf jedem Körper, r den Abstand der Mittelpunkte von Erde und Mond, G die Gravitationskonstante, M die Erdmasse und m die Mondmasse bezeichnet. Wir lösen nach q auf:

$$q = \sqrt{4\pi\varepsilon_0 GmM} \,.$$

Nach Anhang C des Lehrbuchs haben wir $M = 5{,}98 \times 10^{24}$ kg und $m = 7{,}36 \times 10^{22}$ kg, also (unter Verwendung von $4\pi\varepsilon_0 = 1/k$) ist die Ladung

$$q = \sqrt{\frac{(6{,}67 \times 10^{-11}\,\mathrm{N \cdot m^2/kg^2})(7{,}36 \times 10^{22}\,\mathrm{kg})(5{,}98 \times 10^{24}\,\mathrm{kg})}{8{,}99 \times 10^9\,\mathrm{N \cdot m^2/C^2}}} = 5{,}7 \times 10^{13}\,\mathrm{C}\,.$$

Wir bemerken, dass sich der Abstand r herauskürzt, weil sowohl die Coulombkraft als auch die Gravitationskraft proportional zu $1/r^2$ ist.

(b) Die Ladung eines Wasserstoffions ist $e = 1{,}60 \times 10^{-19}$ C, also benötigt man

$$\frac{q}{e} = \frac{5{,}7 \times 10^{13}\,\mathrm{C}}{1{,}6 \times 10^{-19}\,\mathrm{C}} = 3{,}6 \times 10^{32}\,\text{Ionen}\,.$$

Jedes Ion hat eine Masse von $1{,}67 \times 10^{-27}$ kg, also beträgt die gesamte benötigte Masse

$$(3{,}6 \times 10^{32})(1{,}67 \times 10^{-27}\,\mathrm{kg}) = 6{,}0 \times 10^5\,\mathrm{kg}\,.$$

13 Der Betrag der Kraft jeder der beiden Ladungen auf die andere ist gegeben durch

$$F = \frac{1}{4\pi\varepsilon_0}\frac{q(Q-q)}{r^2}\,,$$

wobei r der Abstand zwischen den Ladungen ist. Wir suchen den Wert von q, der die Funktion $f(q) = q(Q-q)$ maximiert. Setzen wir die Ableitung df/dq gleich null, erhalten wir $Q - 2q = 0$, oder $q = Q/2$.

15 (a) Rechts ist das Kräftediagramm für eine der beiden Kugeln wiedergegeben. Die Gravitationskraft $m\vec{g}$ wirkt nach unten, die Coulomb-Kraft $\vec{F}_e$ der anderen Kugel wirkt nach links, und die Zugspannung des Fadens wirkt entlang des Fadens in einem Winkel θ zur Vertikalen. Die Kugel befindet sich im Gleichgewicht, also ist ihre Beschleunigung null. Die y-Komponente des zweiten Newtonschen Gesetzes liefert $T\cos\theta - mg = 0$, und die x-Komponente liefert $T\sin\theta - F_e = 0$. Wir lösen die erste Gleichung nach T auf und erhalten $T = mg/\cos\theta$. Wir setzen das Ergebnis in die zweite Gleichung ein und erhalten $mg\tan\theta - F_e = 0$.

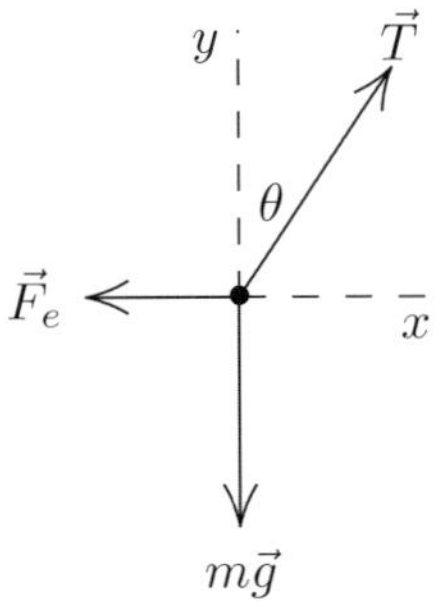

Untersuchen wir die Geometrie von Abbildung 22-19, erhalten wir

$$\tan\theta = \frac{x/2}{\sqrt{L^2 - (x/2)^2}}\,.$$

Wenn L viel größer als x ist (was der Fall ist, wenn θ sehr klein ist), können wir $x/2$ im Nenner vernachlässigen und schreiben $\tan\theta \approx x/2L$. Dies ist dazu äquivalent, dass wir $\tan\theta$ durch $\sin\theta$ approximieren. Der Betrag der Coulomb-Kraft einer Kugel auf die andere ist

$$F_e = \frac{q^2}{4\pi\varepsilon_0 x^2}$$

gemäß Gl. 22-4. Wenn wir diese beiden Ausdrücke in der Gleichung $mg\tan\theta = F_e$ verwenden, erhalten wir

$$\frac{mgx}{2L} \approx \frac{1}{4\pi\varepsilon_0}\frac{q^2}{x^2} \implies x \approx \left(\frac{q^2L}{2\pi\varepsilon_0 mg}\right)^{1/3}.$$

(b) Wir lösen $x^3 = 2kq^2L/mg)$ nach der Ladung auf (wobei wir Gl. 22-5 verwenden):

$$q = \sqrt{\frac{mgx^3}{2kL}} = \sqrt{\frac{(0{,}010\,\mathrm{kg})(9{,}8\,\mathrm{m/s^2})(0{,}050\,\mathrm{m})^3}{2(8{,}99 \times 10^9\,\mathrm{N \cdot m^2/C^2})(1{,}20\,\mathrm{m})}} = \pm 2{,}4 \times 10^{-8}\,\mathrm{C}\,.$$

17 (a) Da sich der Stab im Gleichgewicht befindet, ist die insgesamt auf ihn wirkende Kraft null, und das Gesamt-Drehmoment um einen beliebigen Punkt ist auch null. Wir schreiben einen Ausdruck für das Gesamt-Drehmoment um das Lager, setzen es gleich null und lösen nach x auf. Die Ladung Q auf der linkten Seite übt eine nach oben gerichtete Kraft vom Betrag $(1/4\pi\varepsilon_0)(qQ/h^2)$ in einer Entfernung $L/2$ vom Lager aus. Das Drehmoment betrachten wir als negativ. Das daran befestigte Gewicht übt eine nach unten gerichtete Kraft vom Betrag W in einem Abstand $x - L/2$ vom Lager aus. Dieses Drehmoment ist ebenfalls negativ. Die Ladung Q auf der rechten Seite übt eine nach oben gerichtete Kraft vom Betrag $(1/4\pi\varepsilon_0)(2qQ/h^2)$ in einem Abstand $L/2$ vom Lager aus. Dieses Drehmoment ist positiv. Die Gleichung für das Rotationsgleichgewicht lautet

$$\frac{-1}{4\pi\varepsilon_0}\frac{qQ}{h^2}\frac{L}{2} - W\left(x - \frac{L}{2}\right) + \frac{1}{4\pi\varepsilon_0}\frac{2qQ}{h^2}\frac{L}{2} = 0\,.$$

Aufgelöst nach x erhalten wir

$$x = \frac{L}{2}\left(1 + \frac{1}{4\pi\varepsilon_0}\frac{qQ}{h^2 W}\right)\,.$$

(b) Wenn N der Betrag der nach oben gerichteten Kraft ist, die auf das Lager ausgeübt wird, dann ergibt das zweite Newtonsche Gesetz (mit Beschleunigung null)

$$W - \frac{1}{4\pi\varepsilon_0}\frac{qQ}{h^2} - \frac{1}{4\pi\varepsilon_0}\frac{2qQ}{h^2} - N = 0\,.$$

Wir lösen nach h auf, sodass $N = 0$ ist. Das Ergebnis ist

$$h = \sqrt{\frac{1}{4\pi\varepsilon_0}\frac{3qQ}{W}}\,.$$

23 Elektrische Felder

3 Das Diagramm ist eine Seitenansicht der Scheibe und zeigt die Feldlinien darüber. Nahe der Scheibe stehen die Linien senkrecht auf der Oberfläche, und da die Scheibe homogen geladen ist, sind die Linien gleichmäßig über die Oberfläche verteilt. Weit entfernt von der Scheibe sind die Linien wie die einer einzelnen Punktladung (die Ladung auf der Scheibe). Verlängert man sie zurück zur Scheibe (entlang der gepunkteten Linien im Diagramm), schneiden sie sich im Mittelpunkt der Scheibe.

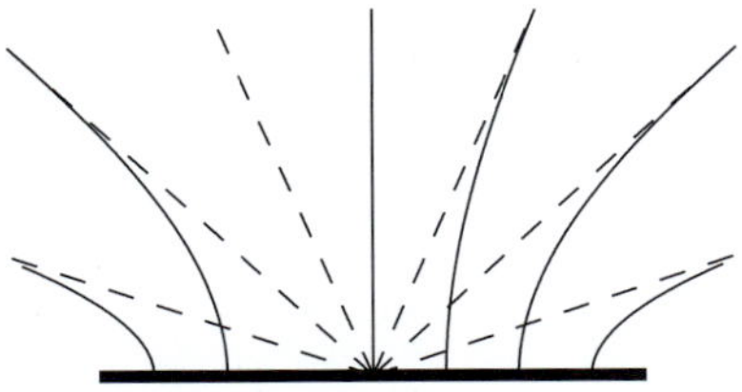

Wenn die Scheibe positiv geladen ist, zeigen die Linien nach außen von der Scheibe weg. Wenn die Scheibe negativ geladen ist, sind sie nach innen zur Scheibe hin gerichtet. Eine ähnliche Menge von Linien gehört zum Gebiet unter der Scheibe.

5 Da der Betrag des elektrischen Feldes, das von einer Punktladung q erzeugt wird, durch $E = |q|/4\pi\varepsilon_0 r^2$ gegeben ist, wobei, r den Abstand der Punktladung zu dem Ort bezeichnet, wo das Feld den Betrag E besitzt, hat die Ladung den Betrag

$$|q| = 4\pi\varepsilon_0 r^2 E = \frac{(0{,}50\,\mathrm{m})^2(2{,}0\,\mathrm{N/C})}{8{,}99 \times 10^9\,\mathrm{N \cdot m^2/C^2}} = 5{,}6 \times 10^{-11}\,\mathrm{C}\,.$$

7 Da die Ladung homogen über eine Kugel verteilt ist, ist das elektrische Feld an der Oberfläche genau das gleiche, als befände sich die Ladung im Mittelpunkt. Also ist der Betrag des Feldes

$$E = \frac{q}{4\pi\varepsilon_0 R^2}$$

wobei q den Betrag der Gesamtladung und R den Kugelradius bezeichnen. Der Betrag der Gesamtladung ist Ze, also haben wir

$$E = \frac{Ze}{4\pi\varepsilon_0 R^2} = \frac{(8{,}99 \times 10^9\,\mathrm{N \cdot m^2/C^2})(94)(1{,}60 \times 10^{-19}\,\mathrm{C})}{(6{,}64 \times 10^{-15}\,\mathrm{m})^2} = 3{,}07 \times 10^{21}\,\mathrm{N/C}\,.$$

Das Feld steht senkrecht zur Oberfläche, und da die Ladung positiv ist, zeigt es nach außen weg von der Kugel.

9 An Orten zwischen den Punktladungen weisen die jeweiligen elektrischen Felder in die gleiche Richtung und heben sich nicht auf. Ladung q_2 hat einen größeren Betrag als Ladung q_1, also muss ein Ort mit verschwindendem Feld näher bei q_1 als bei q_2 liegen. In der Skizze muss dieser Punkt rechts von q_1 liegen.

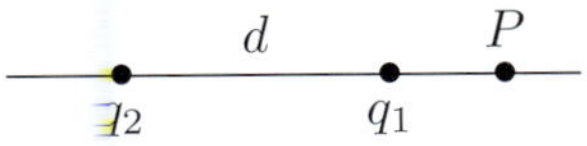

Legen Sie die Punktladung q_2 in den Ursprung und bezeichnen Sie die Koordinate des Punktes P, wo das Feld verschwindet, mit x. Das resultierende elektrische Feld bei P ist gegeben durch

$$E = \frac{1}{4\pi\varepsilon_0}\left(\frac{q_2}{x^2} - \frac{q_1}{(x-d)^2}\right)$$

wobei q_1 und q_2 die Beträge der Ladungen bezeichnen. Wenn das Feld verschwinden soll, muss gelten

$$\frac{q_2}{x^2} = \frac{q_1}{(x-d)^2} .$$

Ziehen Sie auf beiden Seiten die Quadratwurzel, und Sie erhalten $\sqrt{q_2}/x = \sqrt{q_1}/(x-d)$. Aufgelöst nach x erhalten wir

$$\begin{aligned} x &= \left(\frac{\sqrt{q_2}}{\sqrt{q_2}-\sqrt{q_1}}\right)d \\ &= \left(\frac{\sqrt{4{,}0q_1}}{\sqrt{4{,}0q_1}-\sqrt{q_1}}\right)d \\ &= \left(\frac{2{,}0}{2{,}0-1{,}0}\right)d = 2{,}0d \\ &= (2{,}0)(50\,\text{cm}) = 100\,\text{cm} . \end{aligned}$$

Der Punkt befindet sich 50 cm rechts von q_1.

13 Wählen Sie die Koordinatenachsen wie in der Skizze dargestellt. Im Mittelpunkt des Quadrats verlaufen die von den Punktladungen links unten und rechts oben erzeugten elektrischen Felder beide entlang der x-Achse und weisen jeweils weg vom Mittelpunkt hin zur Punktladung, die das Feld erzeugt. Weil jede Punktladung sich im Abstand $d = \sqrt{2}a/2 = a/\sqrt{2}$ vom Mittelpunkt entfernt befindet, ist das durch diese beiden Punktladungen verursachte Gesamtfeld

$$\begin{aligned} E_x &= \frac{1}{4\pi\varepsilon_0}\left(\frac{2q}{a^2/2} - \frac{q}{a^2/2}\right) = \frac{1}{4\pi\varepsilon_0}\frac{q}{a^2/2} \\ &= \frac{\left(8{,}99\times10^9\,\text{N}\cdot\text{m}^2/\text{C}^2\right)\left(1{,}0\times10^{-8}\,\text{C}\right)}{(0{,}050\,\text{m})^2/2} = 7{,}19\times10^4\,\text{N/C} . \end{aligned}$$

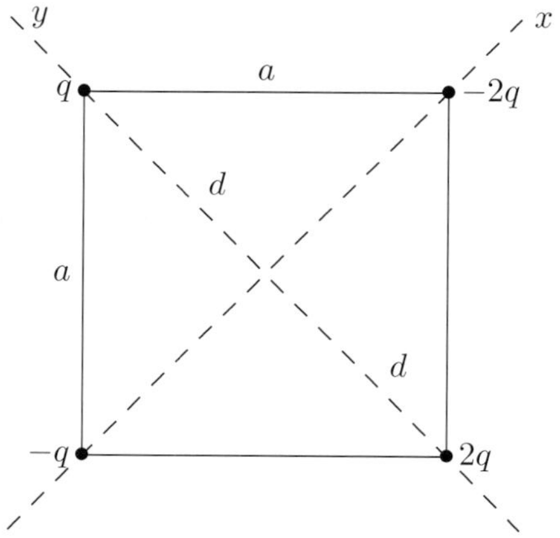

Im Mittelpunkt des Quadrats verlaufen die von den Punktladungen links oben und rechts unten erzeugten elektrischen Felder beide entlang der y-Achse und weisen jeweils weg von der Punktladung, die das Feld erzeugt. Das durch diese beiden Punktladungen erzeugte Gesamtfeld beträgt im Mittelpunkt

$$E_y = \frac{1}{4\pi\varepsilon_0}\left[\frac{2q}{a^2/2} - \frac{q}{a^2/2}\right] = \frac{1}{4\pi\varepsilon_0}\frac{q}{a^2/2} = 7{,}19\times10^4\,\text{N/C} .$$

Der Betrag des insgesamt resultierenden Feldes ist

$$E = \sqrt{E_x^2 + E_y^2} = \sqrt{2(7{,}19\times10^4\,\text{N/C})^2} = 1{,}02\times10^5\,\text{N/C}$$

und es bildet mit der x-Achse den Winkel

$$\theta = \tan^{-1}\frac{E_y}{E_x} = \tan^{-1}(1) = 45° .$$

Im Diagramm weist er vom Mittelpunkt des Quadrats nach oben zum Mittelpunkt der oberen Seite.

15 Der Betrag des Dipolmoments ist gegeben durch $p = qd$, woebi q die positive Ladung im Dipol und d den Abstand der Punktladungen bezeichnen. Für den in der Aufgabe beschriebenen Dipol haben wir $p = (1{,}60\times10^{-19}\,\text{C})(4{,}30\times$

10^{-9} m) $= 6{,}88 \times 10^{-28}$ C · m. Das Dipolmoment ist ein Vektor, der von der negativen Punktladung zur positiven Punktladung weist.

17 Stellen Sie sich den Quadrupol als aus zwei Dipolen zusammengesetzt vor, jeder mit einem Dipolmoment vom Betrag $p = qd$. Die Dipolmomente zeigen in entgegen gesetzte Richtungen und erzeugen an Punkten auf der Quadrupol-Achse Felder in entgegen gesetzte Richtungen. Betrachten Sie den Punkt P auf der Achse, in einem Abstand z nach rechts zum Mittelpunkt des Quadrupols; ein nach rechts weisendes Feld sei positiv. Dann ist das durch den rechten Dipol des Paares erzeugte Feld $qd/2\pi\varepsilon_0(z-d/2)^3$, und das durch den linken Dipol erzeugte Feld ist $-qd/2\pi\varepsilon_0(z+d/2)^3$. Verwenden Sie die Binomialentwicklungen $(z-d/2)^{-3} \approx z^{-3} - 3z^{-4}(-d/2)$ und $(z+d/2)^{-3} \approx z^{-3} - 3z^{-4}(d/2)$, dann erhalten Sie

$$E = \frac{qd}{2\pi\varepsilon_0}\left[\frac{1}{z^3} + \frac{3d}{2z^4} - \frac{1}{z^3} + \frac{3d}{2z^4}\right] = \frac{6qd^2}{4\pi\varepsilon_0 z^4} \,.$$

Setzen Sie $Q = 2qd^2$, dann ergibt sich

$$E = \frac{3Q}{4\pi\varepsilon_0 z^4} \,.$$

19 Das elektrostatische Feld an einem Punkt auf der Axis eines homogen geladenen Rings in einem Abstand z vom Ringmittelpunkt ist gegeben durch

$$E = \frac{qz}{4\pi\varepsilon_0(z^2+R^2)^{3/2}} \,,$$

wobei q die Ladung auf dem Ring und R der Radius des Rings ist (vgl. Gl. 23–16). Für positives q weist das Feld an Punkten oberhalb des Rings nach oben und an Punkten unterhalb des Rings nach unten. Die positive Richtung lassen wir nach oben weisen. Die Kraft, die auf ein Elektron auf der Achse wirkt, ist dann

$$F = -\frac{eqz}{4\pi\varepsilon_0(z^2+R^2)^{3/2}} \,.$$

Für kleine Amplitudenschwingungen ist $z \ll R$, und daher kann z im Nenner vernachlässigt werden. Also haben wir

$$F = -\frac{eqz}{4\pi\varepsilon_0 R^3} \,.$$

Es handelt sich um eine Rückstellkraft: sie zieht das Elektron zum Gleichgewichtspunkt $z = 0$. Weiter ist der Betrag der Kraft proportional zu z, als wäre das Elektron an einer Feder mit Federkonstante $k = eq/4\pi\varepsilon_0 R^3$ befestigt. Das Elektron bewegt sich in einer harmonischen Schwingung mit einer Kreisfrequenz, die gegeben ist durch

$$\omega = \sqrt{\frac{k}{m}} = \sqrt{\frac{eq}{4\pi\varepsilon_0 m R^3}} \,,$$

wobei m die Elektronenmasse ist.

23 (a) Die lineare Ladungsdichte ist die Ladung pro Längeneinheit des Stabs. Da die Ladung auf dem Stab homogen verteilt ist, gilt $\lambda = -q/L$.

(b) Wir legen die x-Achse entlang des Stabs mit dem Ursprung am linken Stabende, wie im Diagramm dargestellt. Es sei dx eine infinitesimale Stablänge bei x. Die Ladung in diesem Abschnitt ist $dq = \lambda\,dx$. Die Ladung dq kann als Punktladung betrachtet werden. Das von ihr am Punkt P erzeugte Feld hat nur eine x-Komponente, und diese Komponente ist gegeben durch

$$dE_x = \frac{1}{4\pi\varepsilon_0}\frac{\lambda\,dx}{(L+a-x)^2} \,.$$

Das insgesamt vom Stab bei P erzeugte elektrische Feld ist das Integral

$$\begin{aligned} E_x &= \frac{\lambda}{4\pi\varepsilon_0}\int_0^L \frac{dx}{(L+a-x)^2} \\ &= \frac{\lambda}{4\pi\varepsilon_0}\left.\frac{1}{L+a-x}\right|_0^L \\ &= \frac{\lambda}{4\pi\varepsilon_0}\left(\frac{1}{a} - \frac{1}{L+a}\right) \\ &= \frac{\lambda}{4\pi\varepsilon_0}\frac{L}{a(L+a)} \,. \end{aligned}$$

Setzen wir $-q/L$ für λ ein, ist das Ergebnis

$$E_x = -\frac{1}{4\pi\varepsilon_0}\frac{q}{a(L+a)} \, .$$

Das negative Vorzeichen weist darauf hin, dass das Feld zum Stab hin zeigt.

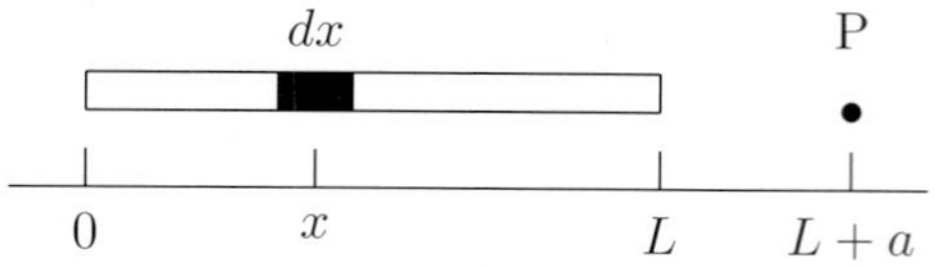

(c) Wenn a viel größer als L ist, kann die Größe $L + a$ im Nenner durch a approximiert werden, und als Ausdruck für das elektrische Feld ergibt sich

$$E_x = -\frac{q}{4\pi\varepsilon_0 a^2} \, .$$

Dies ist der Ausdruck für das elektrische Feld einer Punktladung im Ursprung.

25 Betrachten Sie einen infinitesimalen Abschnitt der Länge dx auf dem Stab in einem Abstand x vom linken Ende, wie unten im Diagramm dargestellt. Er enthält die Ladung $dq = \lambda\, dx$ und befindet sich im Abstand r von P. Der Betrag des von ihm erzeugten Felds bei P ist gegeben durch

$$dE = \frac{1}{4\pi\varepsilon_0}\frac{\lambda\, dx}{r^2} \, .$$

Die x-Komponente ist $dE_x = -\frac{1}{4\pi\varepsilon_0}\frac{\lambda\, dx}{r^2}\sin\theta$,

und die y-Komponente ist $dE_y = -\frac{1}{4\pi\varepsilon_0}\frac{\lambda\, dx}{r^2}\cos\theta$.

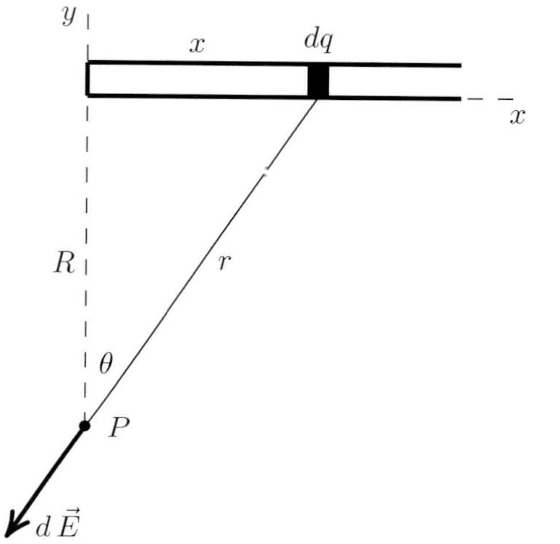

Wir verwenden θ als Integrationsvariable und setzen $r = R/\cos\theta$, $x = R\tan\theta$ und $dx = (R/\cos^2\theta)\, d\theta$ ein. Die Integrationsgrenzen sind 0 und $\pi/2$ rad. Damit erhalten wir

$$E_x = -\frac{\lambda}{4\pi\varepsilon_0 R}\int_0^{\pi/2}\sin\theta\, d\theta = \frac{\lambda}{4\pi\varepsilon_0 R}\cos\theta\Big|_0^{\pi/2} = -\frac{\lambda}{4\pi\varepsilon_0 R}$$

und

$$E_y = -\frac{\lambda}{4\pi\varepsilon_0 R}\int_0^{\pi/2}\cos\theta\, d\theta = -\frac{\lambda}{4\pi\varepsilon_0 R}\sin\theta\Big|_0^{\pi/2} = -\frac{\lambda}{4\pi\varepsilon_0 R} \, .$$

Wir bemerken, dass $E_x = E_y$ unabhängig vom Wert für R gilt. Also bildet $\vec{E}$ einen Winkel von 45° mit dem Stab für alle Werte von R.

27 An einem Punkt auf der Achse einer homogen geladenen Scheibe in einem Abstand z oberhalb des Scheibenmittelpunkts ist der Betrag des elektrischen Feldes

$$E = \frac{\sigma}{2\varepsilon_0}\left[1 - \frac{z}{\sqrt{z^2+R^2}}\right]$$

wobei R en Scheibenradius und σ die Flächenladungsdichte auf der Scheibe bezeichnen (vgl. Gl. 23-25). Der Betrag des elektrischen Feldes im Mittelpunkt der Scheibe ($z = 0$) ist $E_c = \sigma/2\varepsilon_0$. Sie möchten nach dem Wert für z auflösen, sodass $E/E_c = 1/2$ gilt. Das bedeutet

$$\frac{E}{E_c} = 1 - \frac{z}{\sqrt{z^2+R^2}} = \frac{1}{2} \, ,$$

also

$$\frac{z}{\sqrt{z^2 + R^2}} = \frac{1}{2} .$$

Quadrieren Sie beide Seite und multiplizieren Sie sie dann mit $z^2 + R^2$, und Sie erhalten $z^2 = (z^2/4) + (R^2/4)$. Also erhalten wir $z^2 = R^2/3$ und $z = R/\sqrt{3}$.

29 Der Betrag der auf das Elektron wirkenden Kraft ist $F = eE$, wobei E den Betrag des elektrischen Feldes an seinem Ort bezeichnet. Die Beschleunigung des Elektrons ist nach dem zweiten Newtonschen Axiom gegeben durch

$$a = \frac{F}{m} = \frac{eE}{m} = \frac{(1{,}60 \times 10^{-19}\,\mathrm{C})(2{,}00 \times 10^4\,\mathrm{N/C})}{9{,}11 \times 10^{-31}\,\mathrm{kg}} = 3{,}51 \times 10^{15}\,\mathrm{m/s^2} .$$

33 (a) Der Betrag der Kraft auf das Teilchen ist gegeben durch $F = qE$, wobei q den Betrag der Ladung bezeichnet, die es trägt, und E den Betrag des elektrischen Feldes am Ort des Teilchens. Wir haben also

$$E = \frac{F}{q} = \frac{3{,}0 \times 10^{-6}\,\mathrm{N}}{2{,}0 \times 10^{-9}\,\mathrm{C}} = 1{,}5 \times 10^3\,\mathrm{N/C} .$$

Die Kraft weist nach unten, und die Ladung ist negativ, also weist das Feld nach oben.

(b) Der Betrag der elektrostatischen Kraft auf das Proton ist

$$F_e = eE = (1{,}60 \times 10^{-19}\,\mathrm{C})(1{,}5 \times 10^3\,\mathrm{N/C}) = 2{,}4 \times 10^{-16}\,\mathrm{N} .$$

Ein Proton ist positiv geladen, also weist die Kraft in die gleiche Richtung wie das Feld, also nach oben.

(c) Der Betrag der Gravitationskraft auf das Proton ist

$$F_g = mg = (1{,}67 \times 10^{-27}\,\mathrm{kg})(9{,}8\,\mathrm{m/s^2}) = 1{,}64 \times 10^{-26}\,\mathrm{N} .$$

Die Kraft weist nach unten.

(d) Das Verhältnis der Beträge der Kräfte ist

$$\frac{F_e}{F_g} = \frac{2{,}4 \times 10^{-16}\,\mathrm{N}}{1{,}64 \times 10^{-26}\,\mathrm{N}} = 1{,}5 \times 10^{10} .$$

35 (a) Der Betrag der auf das Proton wirkenden Kraft ist $F = eE$, wobei E den Betrag des elektrischen Feldes bezeichnet. Nach dem zweiten Newtonschen Axiom ist die Beschleunigung des Protons $a = F/m = eE/m$, wobei m die Protonenmasse bezeichnet. Also haben wir

$$a = \frac{(1{,}60 \times 10^{-19}\,\mathrm{C})(2{,}00 \times 10^4\,\mathrm{N/C})}{1{,}67 \times 10^{-27}\,\mathrm{kg}} = 1{,}92 \times 10^{12}\,\mathrm{m/s^2} .$$

(b) Nehmen Sie an, das Proton startet aus der Ruhe, und verwenden Sie die kinematische Gleichung $v^2 = v_0^2 + 2ax$ (oder $x = \frac{1}{2}at^2$ und $v = at$), um zu zeigen, dass Folgendes gilt:

$$v = \sqrt{2ax} = \sqrt{2(1{,}92 \times 10^{12}\,\mathrm{m/s^2})(0{,}0100\,\mathrm{m})} = 1{,}96 \times 10^5\,\mathrm{m/s} .$$

37 Wenn sich der Tropfen im Gleichgewicht befindet, wird die Gravitationskraft ausgeglichen durch die elektrische Kraft: $mg = qE$, wobei m die Masse des Tropfens, q die Ladung auf dem Tropfen und E der Betrag des elektrischen Felds ist. Die Masse des Tropfens ist gegeben durch $m = (4\pi/3)r^3\rho$, wobei r sein Radius und ρ seine Massendichte bezeichnet. Damit ergibt sich

$$\begin{aligned} q &= \frac{mg}{E} = \frac{4\pi r^3 \rho g}{3E} \\ &= \frac{4\pi(1{,}64 \times 10^{-6}\,\mathrm{m})^3(851\,\mathrm{kg/m^3})(9{,}8\,\mathrm{m/s^2})}{3(1{,}92 \times 10^5\,\mathrm{N/C})} = 8{,}0 \times 10^{-19}\,\mathrm{C} \end{aligned}$$

und $q/e = (8{,}0 \times 10^{-19}\,\mathrm{C})/(1{,}60 \times 10^{-19}\,\mathrm{C}) = 5$.

41 Legen Sie die positive Richtung in der Skizze nach rechts. Die Beschleunigung des Protons ist $a_p = eE/m_p$, und die Beschleunigung des Elektrons ist $a_e = -eE/m_e$, wobei E den Betrag des elektrischen Feldes, m_p die Protonenmasse und m_e die Elektronenmasse bezeichnet. Setzen Sie die Anfangsposition des Protons in den Ursprung. Die Koordinate des Protons zur Zeit t ist dann $x = \frac{1}{2}a_p t^2$, und die Koordinate des Elektrons ist $x = L + \frac{1}{2}a_e t^2$. Sie fliegen aneinander vorbei, wenn ihre Koordinaten gleich sind, d.h. $\frac{1}{2}a_p t^2 = L + \frac{1}{2}a_e t^2$. Das bedeutet $t^2 = 2L/(a_p - a_e)$ und

$$\begin{aligned} x &= \frac{a_p}{a_p - a_e}L = \frac{eE/m_p}{(eE/m_p) + (eE/m_e)}L = \frac{m_e}{m_e + m_p}L \\ &= \frac{9{,}11 \times 10^{-31}\,\text{kg}}{9{,}11 \times 10^{-31}\,\text{kg} + 1{,}67 \times 10^{-27}\,\text{kg}}(0{,}050\,\text{m}) \\ &= 2{,}7 \times 10^{-5}\,\text{m}\,. \end{aligned}$$

43 (a) Das elektrische Feld weist im Diagramm nach oben, und die Ladung ist negativ, also ist die auf sie wirkende Kraft des Felds nach unten gerichtet. Der Betrag der Beschleunigung ist $a = eE/m$, wobei E den Betrag des Felds und m die Elektronenmasse bezeichnet. Ihr numerischer Wert ist

$$a = \frac{(1{,}60 \times 10^{-19}\,\text{C})(2{,}00 \times 10^3\,\text{N/C})}{9{,}11 \times 10^{-31}\,\text{kg}} = 3{,}51 \times 10^{14}\,\text{m/s}^2\,.$$

Wir legen den Ursprung eines Koordinatensystems in die anfängliche Position des Elektrons. Die x-Achse verlaufe horizontal und die positive Richtung liege rechts; die y-Achse verlaufe vertikal und die positive Richtung zeige in der Zeichenebene nach oben. Die kinematischen Gleichungen lauten

$$x = v_0 t \cos\theta\,, \quad y = v_0 t \sin\theta - \frac{1}{2}at^2\,, \quad \text{und } v_y = v_0 \sin\theta - at\,.$$

Zunächst bestimmen wir die größte y-Koordinate, die das Elektron erreicht. Wenn sie kleiner als d ist, trifft das Elektron nicht die obere Platte. Wenn sie größer als d ist, wird es die obere Platte treffen, wenn die zugehörige x-Koordinate kleiner als L ist. Die größte y-Koordinate tritt auf, wenn $v_y = 0$ ist. Das bedeutet $v_0 \sin\theta - at = 0$ oder $t = (v_0/a)\sin\theta$ und

$$\begin{aligned} y_{\max} &= \frac{v_0^2 \sin^2\theta}{a} - \frac{1}{2}a\frac{v_0^2 \sin^2\theta}{a^2} = \frac{1}{2}\frac{v_0^2 \sin^2\theta}{a} \\ &= \frac{(6{,}00 \times 10^6\,\text{m/s})^2 \sin^2 45°}{2(3{,}51 \times 10^{14}\,\text{m/s}^2)} = 2{,}56 \times 10^{-2}\,\text{m}\,. \end{aligned}$$

Da dies größer als $d = 2{,}00\,\text{cm}$ ist, könnte das Elektron die obere Platte treffen.

(b) Nun bestimmen wir die x-Koordinate der Position des Elektrons, wenn $y = d$ ist. Wegen

$$v_0 \sin\theta = (6{,}00 \times 10^6\,\text{m/s}) \sin 45° = 4{,}24 \times 10^6\,\text{m/s}$$

und

$$2ad = 2(3{,}51 \times 10^{14}\,\text{m/s}^2)(0{,}0200\,\text{m}) = 1{,}40 \times 10^{13}\,\text{m}^2/\text{s}^2$$

ist die Lösung für $d = v_0 t \sin\theta - \frac{1}{2}at^2$

$$\begin{aligned} t &= \frac{v_0 \sin\theta - \sqrt{v_0^2 \sin^2\theta - 2ad}}{a} \\ &= \frac{4{,}24 \times 10^6\,\text{m/s} - \sqrt{(4{,}24 \times 10^6\,\text{m/s})^2 - 1{,}40 \times 10^{13}\,\text{m}^2/\text{s}^2}}{3{,}51 \times 10^{14}\,\text{m/s}^2} \\ &= 6{,}43 \times 10^{-9}\,\text{s}\,. \end{aligned}$$

Die negative Wurzel wurde verwendet, weil wir die *frühste* Zeit suchen, für die $y = d$ gilt. Die x-Koordinate ist

$$\begin{aligned} x &= v_0 t \cos\theta \\ &= (6{,}00 \times 10^6\,\text{m/s})(6{,}43 \times 10^{-9}\,\text{s}) \cos 45° = 2{,}72 \times 10^{-2}\,\text{m}\,. \end{aligned}$$

Dies ist kleiner als L, also trifft das Elektron die obere Platte bei $x = 2{,}72\,\text{cm}$.

47 Gl. 23-35 ($\tau = -pE \sin\theta$) erfasst sowohl die Richtung als auch den Betrag des Effekts. Das heißt, es handelt sich um ein rückstellendes Drehmoment, das versucht, den gekippten Dipol zurück in seine ausgerichtete Gleichgewichtsposition zu bringen. Wenn die Amplitude der Bewegung klein ist, können wir $\sin\theta$ durch θ in Radiant ersetzen. Also ist $\tau \approx -pE\theta$. Da dies eine einfache negative Proportionalität zum Drehwinkel darstellt, schwingt der Dipol in einer harmonischen Bewegung, wie ein Torsionspendel mit Torsionskonstante $\kappa = pE$. Die Kreisfrequenz ω ist gegeben durch

$$\omega^2 = \frac{\kappa}{I} = \frac{pE}{I},$$

wobei I das Trägheitsmoment des Dipols ist. Die Schwingungsfrequenz ist

$$f = \frac{\omega}{2\pi} = \frac{1}{2\pi}\sqrt{\frac{pE}{I}}.$$

24 Der Gaußsche Satz

2 In der Skizze sind der Flächenvektor $\vec{A}$ und das elektrische Feld $\vec{E}$ dargestellt. Der Winkel θ zwischen ihnen beträgt $180° - 35° = 145°$, also ist der elektrische Fluss durch die Fläche

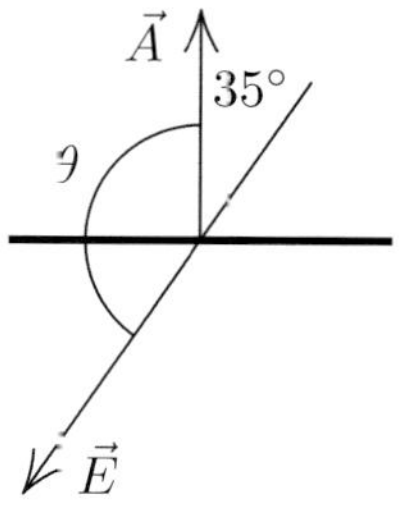

$$\Phi = \vec{E} \cdot \vec{A} = EA\cos\theta = (1800\,\mathrm{N/C})(3{,}2 \times 10^{-3}\,\mathrm{m})^2 \cos 145° = -1{,}5 \times 10^{-2}\,\mathrm{N{\cdot}m^2/C}\,.$$

5 Wir verwenden den Gaußschen Satz: $\varepsilon_0\Phi = q$, wobei Φ der Gesamtfluss durch die Würfeloberfläche und q die Gesamtladung innerhalb des Würfels ist. Damit haben wir

$$\Phi = \frac{q}{\varepsilon_0} = \frac{1{,}8 \times 10^{-6}\,\mathrm{C}}{8{,}85 \times 10^{-12}\,\mathrm{C^2/N{\cdot}m^2}} = 2{,}0 \times 10^5\,\mathrm{N{\cdot}m^2/C}\,.$$

9 Bezeichnen Sie eine Seite des Würfels mit A, den Betrag des elektrischen Felds an der oberen Seite mit E_u und den Betrag des Feldes an der unteren Seite mit E_ℓ. Weil das Feld nach unten gerichtet ist, ist der Fluss durch die obere Seite negativ, und der Fluss durch die untere Seite ist positiv. Der Fluss durch die anderen Flächen ist null, also ist der Gesamtfluss durch den Würfel $\Phi = A(E_\ell - E_u)$. Die Gesamtladung innerhalb des Würfels ist durch den Gaußschen Satz gegeben:

$$\begin{aligned} q &= \varepsilon_0\Phi = \varepsilon_0 A(E_\ell - E_u) = (8{,}85 \times 10^{-12}\,\mathrm{C^2/N{\cdot}m^2})(100\,\mathrm{m})^2(100\,\mathrm{N/C} - 60{,}0\,\mathrm{N/C}) \\ &= 3{,}54 \times 10^{-6}\,\mathrm{C} = 3{,}54\,\mu\mathrm{C}\,. \end{aligned}$$

11 Der Gesamtfluss durch jede Fläche, die die Punktladung vollkommen umschließt, ist q/ε_0. Wenn Sie identische Würfel mit den Seiten aneinander und direkt übereinanderstapeln, werden Sie bemerken, dass acht Würfel an einer Ecke zusammenstoßen. Also geht $1/8$ der Feldlinien, die von der Punktladung ausgehen, durch einen Würfel mit einer Ecke an der Ladung, und der Gesamtfluss durch die Oberfläche eines solchen Würfels ist $q/8\varepsilon_0$. Die Feldlinien verlaufen hier radial, also sind die Feldlinien an jeder der drei Würfelflächen, die beim Teilchen zusammenstoßen, parallel zur Fläche, und der Fluss durch die Fläche ist null. Die Flüsse durch jede der anderen drei Flächen sind gleich, also ist der Fluss durch jede von ihnen $1/3$ des gesamten Flusses, d.h. der Fluss durch jede dieser Flächen ist $(1/3)(q/8\varepsilon_0) = q/24\varepsilon_0 = 0{,}0417q/\varepsilon_0$.

13 (a) Die Ladung auf der Oberfläche der Kugel ist das Produkt der Flächenladungsdichte σ und der Kugeloberfläche ($4\pi r^2$, wobei r den Radius bezeichnet). Also haben wir

$$q = 4\pi r^2\sigma = 4\pi\left(\frac{1{,}2\,\mathrm{m}}{2}\right)^2\left(8{,}1 \times 10^{-6}\,\mathrm{C/m^2}\right) = 3{,}66 \times 10^{-5}\,\mathrm{C}\,.$$

(b) Wählen Sie eine Gaußsche Fläche in Form einer Kugel, deren Mittelpunkt mit dem der geladenen Kugel übereinstimmt, nur mit einem etwas größeren Radius. Der Fluss durch die Fläche ist nach dem Gaußschen Satz gegeben durch:

$$\Phi = \frac{q}{\varepsilon_0} = \frac{3{,}66 \times 10^{-5}\,\mathrm{C}}{8{,}85 \times 10^{-12}\,\mathrm{C^2/N\cdot m^2}} = 4{,}1 \times 10^6\,\mathrm{N\cdot m^2/C}\,.$$

15 (a) Betrachten Sie eine Gaußsche Fläche, die sich vollständig innerhalb des Leiters befindet und den Hohlraum umschließt. Weil das elektrische Feld überall auf der Oberfläche null ist, ist die von ihr umschlossene Gesamtladung null. Die Gesamtladung ist die Summe der Ladung q im Hohlraum und der Ladung q_w auf der Wand des Hohlraums, also $q + q_w = 0$, und wir haben $q_w = -q = -3{,}0 \times 10^{-6}\,\mathrm{C}$.

(b) Die Gesamtladung Q des Leiters ist die Summe der Ladung auf der Hohlraumwand und der Ladung q_s auf der äußeren Fläche des Leiters, also $Q = q_w + q_s$, und wir haben

$$q_s = Q - q_w = (10 \times 10^{-6}\,\mathrm{C}) - (-3{,}0 \times 10^{-6}\,\mathrm{C}) = +1{,}3 \times 10^{-5}\,\mathrm{C}\,.$$

25 Elektrisches Potenzial

1 (a) Ein Ampere ist ein Coulomb pro Sekunde, also gilt

$$84\,\mathrm{A\cdot h} = \left(84\,\frac{\mathrm{C\cdot h}}{\mathrm{s}}\right)\left(3600\,\frac{\mathrm{s}}{\mathrm{h}}\right) = 3{,}0\times 10^{5}\,\mathrm{C}\,.$$

(b) Die Änderung der potenziellen Energie ist $\Delta U = q\,\Delta V = (3{,}0\times 10^{5}\,\mathrm{C})(12\,\mathrm{V}) = 3{,}6\times 10^{6}\,\mathrm{J}$.

3 (a) Wenn die Ladung q eine Potenzialdifferenz ΔV durchläuft, ändert sich ihre potenzielle Energie um $\Delta U = q\,\Delta V$. In diesem Fall ist $\Delta U = (30\,\mathrm{C})(1{,}0\times 10^{9}\,\mathrm{V}) = 3{,}0\times 10^{10}\,\mathrm{J}$.

(b) Wir setzen die kinetische Energie $\frac{1}{2}mv^2$ des Autos am Ende gleich der durch den Blitz freigesetzten Energie, die wir mit U_{Blitz} bezeichnen.

$$v = \sqrt{\frac{2\,U_{\mathrm{Blitz}}}{m}} = \sqrt{\frac{2(3{,}0\times 10^{10}\,\mathrm{J})}{1000\,\mathrm{kg}}} = 7{,}7\times 10^{3}\,\mathrm{m/s}\,.$$

(c) Wir setzen die Energie, die benötigt wird, um die Masse m an Eis zu schmelzen, gleich der durch den Blitz freigesetzten Energie: $\Delta U = mL_F$, wobei L_F die Schmelzwärme von Eis ist. Damit haben wir

$$m = \frac{\Delta U}{L_F} = \frac{3{,}0\times 10^{10}\,\mathrm{J}}{3{,}33\times 10^{5}\,\mathrm{J/kg}} = 9{,}0\times 10^{4}\,\mathrm{kg}\,.$$

5 Das elektrische Feld, das von einer unendlich ausgedehnten, geladenen Folie erzeugt wird, hat den Betrag $E = \sigma/2\varepsilon_0$, wobei σ die Flächenladungsdichte bezeichnet. Das Feld ist homogen und steht senkrecht zur Folie. Legen Sie den Ursprung eines Koordinatensystems auf die Folie und lassen Sie die x-Achse parallel zum Feld mit der positiven Achse in Richtung des Feldes verlaufen. Das elektrische Potenzial ist dann

$$V = V_s - \int_0^x E\,dx = V_s - Ex\,,$$

wobei V_s das Potenzial an der Folie bezeichnet. Die Äquipotenzialflächen sind Flächen mit konstantem x d.h. es handelt sich um Ebenen, die parallel zur geladenen Ebene verlaufen. Wenn zwei Flächen um Δx voneinander getrennt sind, dann unterscheidet sich ihr Potenzial im Betrag um $\Delta V = E\Delta x = (\sigma/2\varepsilon_0)\Delta x$. Also haben wir

$$\Delta x = \frac{2\varepsilon_0\,\Delta V}{\sigma} = \frac{2\left(8{,}85\times 10^{-12}\,\mathrm{C^2/N\cdot m^2}\right)(50\,\mathrm{V})}{0{,}10\times 10^{-6}\,\mathrm{C/m^2}} = 8{,}8\times 10^{-3}\,\mathrm{m}\,.$$

7 Die Potenzialdifferenz zwischen dem Draht und dem Zylinder ist gegeben, nicht aber die lineare Ladungsdichte des Drahts. Verwenden Sie den Gaußschen Satz, um einen Ausdruck für das elektrische Feld in einem Abstand r vom Mittelpunkt des Drahts, zwischen dem Draht und dem Zylinder, in Ausdrücken der linearen Ladungsdichte zu bestimmen. Dann integrieren Sie über r und bestimmen einen Ausdruck für die Potenzialdifferenz zwischen dem Draht und dem Zylinder in Ausdrücken der linearen Ladungsdichte. Dieses Ergebnis verwenden wir, um einen

Ausdruck für die lineare Ladungsdichte in Ausdrücken der Potenzialdifferenz zu erhalten, und setzen das Ergebnis in die Gleichung für das elektrische Feld ein. Dies ergibt das elektrische Feld in Ausdrücken der Potenzialdifferenz und wird Ihnen erlauben, numerische Werte für das Feld am Draht und am Zylinder zu berechnen. Als Gaußsche Fläche verwenden Sie einen Zylinder vom Radius r und der Länge ℓ, konzentrisch zum Draht und zum Zylinder. Das elektrische Feld steht senkrecht zum abgerundeten Teil der Zylinderoberfläche, und sein Betrag ist über dieser Fläche homogen. Das bedeutet, dass der elektrische Fluss durch die Gaußsche Fläche gegeben ist durch $2\pi r\ell E$, wobei E der Betrag des elektrischen Felds ist. Die durch die Gaußsche Fläche eingeschlossene Ladung ist $q = \lambda\ell$, wobei λ die lineare Ladungsdichte auf dem Draht ist. Der Gaußsche Satz liefert $2\pi\varepsilon_0 r\ell E = \lambda\ell$. Damit haben wir

$$E = \frac{\lambda}{2\pi\varepsilon_0 r} .$$

Da das Feld radial ist, ist die Differenz zwischen dem Potenzial V_c des Zylinders und dem Potenzial V_w des Drahts

$$\Delta V = V_w - V_c = -\int_{r_c}^{r_w} E\,\mathrm{d}r = \int_{r_w}^{r_c} \frac{\lambda}{2\pi\varepsilon_0 r}\,\mathrm{d}r = \frac{\lambda}{2\pi\varepsilon_0}\ln\frac{r_c}{r_w} ,$$

wobei r_w der Radius des Drahts und r_c der Radius des Zylinders ist. Das bedeutet

$$\lambda = \frac{2\pi\varepsilon_0\,\Delta V}{\ln(r_c/r_w)}$$

und

$$E = \frac{\lambda}{2\pi\varepsilon_0 r} = \frac{\Delta V}{r\ln(r_c/r_w)} .$$

(a) Wir setzen r_c für r ein, um das Feld an der Oberfläche des Drahts zu erhalten:

$$\begin{aligned} E &= \frac{\Delta V}{r_w\ln(r_c/r_w)} = \frac{850\,\mathrm{V}}{(0{,}65\times10^{-6}\,\mathrm{m})\,\ln\left[(1{,}0\times10^{-2}\,\mathrm{m})/(0{,}65\times10^{-6}\,\mathrm{m})\right]} \\ &= 1{,}36\times10^{8}\,\mathrm{V/m} . \end{aligned}$$

(b) Wir setzen r_c für r ein, um das Feld an der Oberfläche des Zylinders zu bestimmen:

$$\begin{aligned} E &= \frac{\Delta V}{r_c\ln(r_c/r_w)} = \frac{850\,\mathrm{V}}{(1{,}0\times10^{-2}\,\mathrm{m})\,\ln\left[(1{,}0\times10^{-2}\,\mathrm{m})/(0{,}65\times10^{-6}\,\mathrm{m})\right]} \\ &= 8{,}82\times10^{3}\,\mathrm{V/m} . \end{aligned}$$

9 (a) Wie verwenden den Gaußschen Satz, um Ausdrücke für das elektrische Feld innerhalb und außerhalb der kugelförmigen Ladungsverteilung zu bestimmen. Da das Feld radialsymmetrisch ist, kann die potenzielle Energie als ein Integral des Felds entlang eines Kugelradius, ausgedehnt bis ins Unendliche, geschrieben werden. Da die verschiedenen Ausdrücke für das Feld in verschiedenen Gebieten angewandt werden, muss das Integral in zwei Teile aufgespalten werden, einen von unendlich bis zur Oberfläche der Ladungsverteilung und einen von der Oberfläche bis zu einem Punkt im Innern. Außerhalb der Ladungsverteilung ist der Betrag des Felds $E = q/4\pi\varepsilon_0 r^2$ und das Potenzial ist $V = q/4\pi\varepsilon_0 r$, wobei r der Abstand vom Mittelpunkt der kugelförmigen Verteilung ist. Dies ist das gleiche wie das Feld und das Potenzial einer Punktladung im Mittelpunkt der kugelförmigen Verteilung. Um einen Ausdruck für den Betrag des Felds innerhalb der Ladungsverteilung zu bestimmen, verwenden wir eine Gaußsche Fläche in der Form einer Kugel mit Radius r, konzentrisch zur Ladungsverteilung. Das Feld steht senkrecht zur Gaußschen Fläche, und sein Betrag ist auf ihr gleichmäßig, also ist der elektrische Fluss durch die Fläche $4\pi r^2 E$. Die eingeschlossene Ladung ist qr^3/R^3. Der Gaußsche Satz wird

$$4\pi\varepsilon_0 r^2 E = \frac{qr^3}{R^3} ,$$

also

$$E = \frac{qr}{4\pi\varepsilon_0 R^3} .$$

Wenn V_s das Potenzial auf der Fläche der Verteilung ist ($r = R$), dann ist das Potenzial an einem Punkt innerhalb, in einem Abstand r vom Mittelpunkt,

$$V = V_s - \int_R^r E\,dr = V_s - \frac{q}{4\pi\varepsilon_0 R^3}\int_R^r r\,dr = V_s - \frac{qr^2}{8\pi\varepsilon_0 R^3} + \frac{q}{8\pi\varepsilon_0 R} .$$

Das Potenzial auf der Fläche kann man bestimmen, indem man in dem Ausdruck für das Potenzial an einem Punkt außerhalb der Verteilung r durch R ersetzt. Es ist $V_s = q/4\pi\varepsilon_0 R$. Also haben wir

$$V = \frac{q}{4\pi\varepsilon_0}\left[\frac{1}{R} - \frac{r^2}{2R^3} + \frac{1}{2R}\right] = \frac{q}{8\pi\varepsilon_0 R^3}(3R^2 - r^2)\,.$$

(b) In Aufgabe 8 wurde das elektrische Potenzial im Mittelpunkt der Kugel null gesetzt. In dieser Aufgabe ist es im Unendlichen null. Gemäß dem in Teil (a) abgeleiteten Ausdruck ist das Potenzial im Mittelpunkt der Kugel $V_c = 3q/8\pi\varepsilon_0 R$. Also ist $V - V_c = -qr^2/8\pi\varepsilon_0 R^3$. Dies ist das Ergebnis von Aufgabe 8.

(c) Die Potenzialdifferenz ist

$$\Delta V = V_s - V_c = \frac{2q}{8\pi\varepsilon_0 R} - \frac{3q}{8\pi\varepsilon_0 R} = -\frac{q}{8\pi\varepsilon_0 R}\,.$$

Der in Aufgabe 8 erhaltene Ausdruck ergibt den gleichen Wert.

(d) Nur die Potenzialdifferenz hat eine physikalische Bedeutung, nicht der Wert des Potenzials an einem beliebigen Punkt. An jedem Punkt kann z.B. der gleiche Wert zum Potenzial addiert werden, ohne das elektrische Feld zu ändern. Die Änderung des Bezugspunktes vom Mittelpunkt der Verteilung bis ins Unendliche ändert den Wert des Potenzials an jedem Punkt, aber das ändert nicht die Potenzialdifferenz.

11 (a) Für $r > r_2$ ist das Feld wie das einer Punktladung, und wir haben

$$V = \frac{1}{4\pi\varepsilon_0}\frac{Q}{r}\,,$$

wobei der Nullpunkt des Potenzials ins Unendliche gelegt wurde.

(b) Um das Potenzial im Gebiet $r_1 < r < r_2$ zu bestimmen, verwenden Sie als erstes den Gaußschen Satz, um einen Ausdruck für das elektrische Feld zu erhalten, dann integrieren Sie entlang eines radial verlaufenden Weges von r_2 nach r. Die Gaußsche Fläche ist eine Kugel vom Radius r, konzentrisch zur Kugelschale. Das Feld verläuft radial und steht daher senkrecht auf der Fläche. Sei Betrag ist auf der Fläche homogen, also ist der Fluss durch die Fläche $\Phi = 4\pi r^2 E$. Das Volumen der Kugelschale ist $(4\pi/3)(r_2^3 - r_1^3)$, also ist die Ladungsdichte

$$\rho = \frac{3Q}{4\pi(r_2^3 - r_1^3)}\,,$$

und die durch die Gaußsche Fläche eingeschlossene Ladung ist

$$q = \left(\frac{4\pi}{3}\right)(r^3 - r_1^3)\rho = Q\left(\frac{r^3 - r_1^3}{r_2^3 - r_1^3}\right)\,.$$

Der Gaußsche Satz liefert

$$4\pi\varepsilon_0 r^2 E = Q\left(\frac{r^3 - r_1^3}{r_2^3 - r_1^3}\right) \quad\Longrightarrow\quad E = \frac{Q}{4\pi\varepsilon_0}\frac{r^3 - r_1^3}{r^2(r_2^3 - r_1^3)}\,.$$

Wenn V_s das elektrische Potenzial an der äußeren Oberfläche der Kugelschale bezeichnet ($r = r_2$), dann ist die Potenzialdifferenz in einem Abstand r vom Mittelpunkt gegeben durch

$$\begin{aligned} V &= V_s - \int_{r_2}^{r} E\,dr = V_s - \frac{Q}{4\pi\varepsilon_0}\frac{1}{r_2^3 - r_1^3}\int_{r_2}^{r}\left(r - \frac{r_1^3}{r^2}\right)dr \\ &= V_s - \frac{Q}{4\pi\varepsilon_0}\frac{1}{r_2^3 - r_1^3}\left(\frac{r^2}{2} - \frac{r_2^2}{2} + \frac{r_1^3}{r} - \frac{r_1^3}{r_2}\right)\,. \end{aligned}$$

Das Potenzial an der äußeren Fläche erhält man, indem man $r = r_2$ in den in Teil (a) gefundenen Ausdruck einsetzt. Es ist $V_s = Q/4\pi\varepsilon_0 r_2$. Wir setzen dies ein und sammeln Terme, womit wir erhalten

$$V = \frac{Q}{4\pi\varepsilon_0}\frac{1}{r_2^3 - r_1^3}\left(\frac{3r_2^2}{2} - \frac{r^2}{2} - \frac{r_1^3}{r}\right)\,.$$

Wegen $\rho = 3Q/4\pi(r_2^3 - r_1^3)$ kann man dies auch so schreiben

$$V = \frac{\rho}{3\varepsilon_0}\left(\frac{3r_2^2}{2} - \frac{r^2}{2} - \frac{r_1^3}{r}\right) .$$

(c) Das elektrische Feld im Hohlraum verschwindet, also ist das Potenzial innen überall gleich und hat den gleichen Wert wie an einem Punkt auf der Innenseite der Kugelschale. Wir setzen $r = r_1$ in das Ergebnis von Teil (b) ein. Nachdem wir Terme gesammelt haben, ist das Ergebnis

$$V = \frac{Q}{4\pi\varepsilon_0}\frac{3(r_2^2 - r_1^2)}{2(r_2^3 - r_1^3)} ,$$

oder ausgedrückt durch die Ladungsdichte

$$V = \frac{\rho}{2\varepsilon_0}(r_2^2 - r_1^2) .$$

(d) Die Lösungen stimmen bei $r = r_1$ und bei $r = r_2$ überein.

17 (a) Zwischen dem elektrischen Potenzial V an der Oberfläche des Tropfens, der Ladung q auf dem Tropfen und dem Radius R des Tropfens besteht die Beziehung $V = q/4\pi\varepsilon_0 R$. Also haben wir

$$R = \frac{q}{4\pi\varepsilon_0 V} = \frac{(8{,}99 \times 10^9\,\mathrm{N \cdot m^2/C^2})(30 \times 10^{-12}\,\mathrm{C})}{500\,\mathrm{V}} = 5{,}4 \times 10^{-4}\,\mathrm{m} .$$

(b) Nachdem sich die Tropfen vereinigt haben, ist das Gesamtvolumen zweimal so groß wie das Volumen eines ursprünglichen Tropfens, also ist der Radius R' des verbundenen Tropfens gegeben durch $(R')^3 = 2R^3$ und $R' = 2^{1/3}R$. Die Ladung ist zweimal die Ladung des ursprünglichen Tropfens: $q' = 2q$. Also haben wir

$$V' = \frac{1}{4\pi\varepsilon_0}\frac{q'}{R'} = \frac{1}{4\pi\varepsilon_0}\frac{2q}{2^{1/3}R} = 2^{2/3}V = 2^{2/3}(500\,\mathrm{V}) \approx 790\,\mathrm{V} .$$

19 Nehmen Sie an, die Ladung auf der Erde ist kugelsymmetrisch verteilt. Wenn das elektrische Potenzial im Unendlichen null ist, dann ist es auf der Erdoberfläche $V = q/4\pi\varepsilon_0 R$, wobei q die Ladung auf der Erde und $R = 6{,}37 \times 10^6\,\mathrm{m}$ den Erdradius bezeichnen. Der Betrag des elektrischen Feldes auf der Oberfläche beträgt $E = q/4\pi\varepsilon_0 R^2$, also aben wir $V = ER = (100\,\mathrm{V/m})(6{,}37 \times 10^6\,\mathrm{m}) = 6{,}4 \times 10^8\,\mathrm{V}$.

21 Ein Teilchen mit Ladung $-5q$ befindet sich in einem Abstand $2d$ von P, ein Teilchen mit Ladung $-5q$ befindet sich im Abstand d P, und zwei Teilchen jeweils mit Ladung $+5q$ befinden sich beide im Abstand d von P. Also beträgt das elektrische Potenzial bei P

$$V = \frac{q}{4\pi\varepsilon_0}\left[-\frac{5}{2d} - \frac{5}{d} + \frac{5}{d} + \frac{5}{d}\right] = \frac{5q}{8\pi\varepsilon_0} .$$

Der Nullpunkt des elektrischen Potenzials wurde nach unendlich gelegt.

23 Eine positive Ladung q befindet sich in einem Abstand $r - d$ von P, eine andere positive Laung q in einem Abstand r von P und eine negative Ladung $-q$ in einem Abstand $r + d$ von P. Addieren Sie die einzelnen elektrischen Potenziale, die bei P erzeugt werden, so erhalten Sie das Gesamtpotenzial:

$$V = \frac{q}{4\pi\varepsilon_0}\left[\frac{1}{r-d} + \frac{1}{r} - \frac{1}{r+d}\right] .$$

Wir verwenden den binomischen Satz, um $1/(r-d)$ für r sehr viel größer als d zu approximieren:

$$\frac{1}{r-d} = (r-d)^{-1} \approx (r)^{-1} - (r)^{-2}(-d) = \frac{1}{r} + \frac{d}{r^2} .$$

Analog haben wir

$$\frac{1}{r-d} \approx \frac{1}{r} - \frac{d}{r^2} .$$

Dabei wurden nur die ersten beiden Terme jeder Entwicklung beibehalten. Damit ergibt sich

$$V \approx \frac{q}{4\pi\varepsilon_0}\left[\frac{1}{r}+\frac{d}{r^2}+\frac{1}{r}-\frac{1}{r}+\frac{d}{r^2}\right]=\frac{q}{4\pi\varepsilon_0}\left[\frac{1}{r}+\frac{2d}{r^2}\right]=\frac{q}{4\pi\varepsilon_0 r}\left[1+\frac{2d}{r}\right].$$

25 (a) Die gesamte Ladung befindet sich im gleichen Abstand R vom Mittelpunkt C, also ist das elektrische Potenzial bei C

$$V=\frac{1}{4\pi\varepsilon_0}\left[\frac{Q}{R}-\frac{6Q}{R}\right]=-\frac{5Q}{4\pi\varepsilon_0 R},$$

wobei der Nullpunkt nach unendlich gelegt wurde.

(b) Die gesamte Ladung befindet sich im gleichen Abstand zu P. Dieser Abstand ist $\sqrt{R^2+z^2}$, also beträgt das elektrische Potenzial bei P

$$V=\frac{1}{4\pi\varepsilon_0}\left[\frac{Q}{\sqrt{R^2+z^2}}-\frac{6Q}{\sqrt{R^2+z^2}}\right]=-\frac{5Q}{4\pi\varepsilon_0\sqrt{R^2+z^2}}.$$

27 Die Scheibe ist homogen geladen, d.h. wenn die ganze Scheibe vorhanden ist, trägt jeder Quadrant gleichermaßen zum elektrischen Potenzial bei P bei, also ist das durch einen einzelnen Quadranten erzeugte Potenzial bei P ein Viertel des durch die ganze Scheibe erzeugten Potenzials. Bestimmen Sie zunächst einen Ausdruck für das von der ganzen Scheibe erzeugte Potenzial bei P Betrachten Sie einen geladenen Ring mit Radius r und Breite dr. Seine Fläche ist $2\pi r\,dr$ und er enthält die Ladung $dq = 2\pi\sigma r\,dr$. In ihm befindet sich die gesamte Ladung in einem Abstand $\sqrt{r^2+z^2}$ von P, also erzeugt sie bei P as Potenzial

$$dV=\frac{1}{4\pi\varepsilon_0}\frac{2\pi\sigma r\,dr}{\sqrt{r^2+z^2}}=\frac{\sigma r\,dr}{2\varepsilon_0\sqrt{r^2+z^2}}.$$

Das Gesamtpotenzial bei P ist

$$V=\frac{\sigma}{2\varepsilon_0}\int_0^R\frac{r\,dr}{\sqrt{r^2+z^2}}=\frac{\sigma}{2\varepsilon_0}\sqrt{r^2+z^2}\bigg|_0^R=\frac{\sigma}{2\varepsilon_0}\left[\sqrt{R^2+z^2}-z\right].$$

Das durch einen einzigen Quadranten erzeugte Potenzial V_{sq} bei P ist

$$V_{sq}=\frac{V}{4}=\frac{\sigma}{8\varepsilon_0}\left[\sqrt{R^2+z^2}-z\right].$$

33 (a) Die Ladung auf jedem Teil des Rings hat von einem beliebigen Punkt P auf der Achse den gleichen Abstand. Dieser Abstand ist $r=\sqrt{z^2+R^2}$, wobei R der Radius des Rings und z der Abstand vom Mittelpunkt des Rings nach P ist. Das elektrische Potenzial bei P ist

$$V=\frac{1}{4\pi\varepsilon_0}\int\frac{dq}{r}=\frac{1}{4\pi\varepsilon_0}\int\frac{dq}{\sqrt{z^2+R^2}}=\frac{1}{4\pi\varepsilon_0}\frac{1}{\sqrt{z^2+R^2}}\int dq=\frac{1}{4\pi\varepsilon_0}\frac{q}{\sqrt{z^2+R^2}}.$$

(b) Das elektrische Feld verläuft entlang der Achse und seine Komponente ist gegeben durch

$$\begin{aligned}E &= -\frac{\partial V}{\partial z}=-\frac{q}{4\pi\varepsilon_0}\frac{\partial}{\partial z}(z^2+R^2)^{-1/2}\\ &= \frac{q}{4\pi\varepsilon_0}\left(\frac{1}{2}\right)(z^2+R^2)^{-3/2}(2z)=\frac{q}{4\pi\varepsilon_0}\frac{z}{(z^2+R^2)^{3/2}}.\end{aligned}$$

Dies stimmt mit Gl. 23-16 überein.

35 (a) Gemäß dem Ergebnis von Aufgabe 28 ist das elektrische Potenzial an einem Punkt mit Koordinate x gegeben durch

$$V=\frac{Q}{4\pi\varepsilon_0 L}\ln\left(\frac{x-L}{x}\right).$$

Wir leiten das Potenzial nach x ab, um die x-Komponente des elektrischen Felds zu bestimmen:

$$\begin{aligned} E_x &= -\frac{\partial V}{\partial x} = -\frac{Q}{4\pi\varepsilon_0 L}\frac{\partial}{\partial x}\ln\left(\frac{x-L}{x}\right) = -\frac{Q}{4\pi\varepsilon_0 L}\frac{x}{x-L}\left(\frac{1}{x}-\frac{x-L}{x^2}\right) \\ &= -\frac{Q}{4\pi\varepsilon_0 x(x-L)} \, . \end{aligned}$$

Bei $x = -d$ erhalten wir

$$E_x = -\frac{Q}{4\pi\varepsilon_0 d(d+L)} \, .$$

(b) Betrachten Sie zwei Punkte in einem gleichen infinitesimalen Abstand auf jeder Seite von P_1, entlang einer Linie, die senkrecht zur x-Achse steht. Die Differenz des elektrischen Potenzials dividiert durch ihren Abstand ergibt die transversale Komponente des elektrischen Felds. Da die beiden Punkte symmetrisch zum Stab liegen, sind ihre Potenziale gleich und die Potenzialdifferenz ist null. Also ist die transversale Komponente des elektrischen Felds null.

39

(a) $\ell = 0{,}15\,\text{m}$ sei die Länge des Rechtecks und $w = 0{,}050\,\text{m}$ seine Breite. Das Teilchen mit der Ladung q_1 befindet sich in einem Abstand ℓ vom Punkt A nd das Teilchen mit Ladung q_2 in einem Abstand w, also ist das elektrische Potenzial bei A

$$\begin{aligned} V_A &= \frac{1}{4\pi\varepsilon_0}\left[\frac{q_1}{\ell}+\frac{q_2}{w}\right] \\ &= \left(8{,}99\times 10^9\,\text{N}\cdot\text{m}^2/\text{C}^2\right)\left[\frac{-5{,}0\times 10^{-6}\,\text{C}}{0{,}15\,\text{m}}+\frac{2{,}0\times 10^{-6}\,\text{C}}{0{,}050\,\text{m}}\right] \\ &= 6{,}0\times 10^4\,\text{V}\, . \end{aligned}$$

(b) Das Teilchen mit Ladung q_1 befindet sich in einem Abstand w vom Punkt b und das Teilchen mit der Ladung q_2 in einem Abstand ℓ, also ist das elektrische Potenzial bei B

$$\begin{aligned} V_B &= \frac{1}{4\pi\varepsilon_0}\left[\frac{q_1}{w}+\frac{q_2}{\ell}\right] \\ &= \left(8{,}99\times 10^9\,\text{N}\cdot\text{m}^2/\text{C}^2\right)\left[\frac{-5{,}0\times 10^{-6}\,\text{C}}{0{,}050\,\text{m}}+\frac{2{,}0\times 10^{-6}\,\text{C}}{0{,}15\,\text{m}}\right] \\ &= -7{,}8\times 10^5\,\text{V}\, . \end{aligned}$$

(c) Da die kinetische Energie am Anfang und am Ende der Verschiebung null ist, ist die von einem äußeren Beobachter verrichtete Arbeit gleich der Änderung der potenziellen Energie des Systems. Die potenzielle Energie ist das Produkt der Ladung q_3 und des elektrischen Potenzials. Bezeichnen U_A die potenzielle Energie, wenn sich q_3 bei A befindet, und U_B die potenzielle Energie, wenn sich das Teilchen mit Ladung q_3 bei B befindet, dann beträgt die Arbeit, die beim Verschieben des Teilchens von B nach A verrichtet wird $W = U_A - U_B = q_3(V_A - V_B) = (3{,}0\times 10^{-6}\,\text{C})(6{,}0\times 10^4\,\text{V} + 7{,}8\times 10^5\,\text{V}) = 2{,}5\,\text{J}$.

(d) Die vom äußeren Beobachter verrichtete Arbeit ist positiv, also nimmt die Energie des Systems aus drei Ladungen zu.

(e) und (f) Die elektrostatische Kraft ist konservativ, also ist die Arbeit die gleiche, unabhängig vom Weg.

41

Das Teilchen mit Ladung $-q$ besitzt sowohl potenzielle als auch kinetische Energie, und beide ändern sich, wenn der Radius der Umlaufbahn geändert wird. Zunächst bestimmen wir einen Ausdruck für die Gesamtenergie, ausgedrückt durch den Radius r der Umlaufbahn. Q liefert die Zentripetalkraft, die nötig ist, damit $-q$ eine gleichförmige Kreisbewegung vollführt. Der Betrag der Kraft ist $F = Qq/4\pi\varepsilon_0 r^2$. Die Beschleunigung von $-q$ ist v^2/r, wobei v ihre Geschwindigkeit ist. Das zweite Newtonsche Gesetz liefert

$$\frac{Qq}{4\pi\varepsilon_0 r^2} = \frac{mv^2}{r} \implies mv^2 = \frac{Qq}{4\pi\varepsilon_0 r} \, ,$$

und die kinetische Energie ist $K = \frac{1}{2}mv^2 = Qq/8\pi\varepsilon_0 r$. Die potenzielle Energie ist $U = -Qq/4\pi\varepsilon_0 r$, und die Gesamtenergie ist

$$E = K + U = \frac{Qq}{8\pi\varepsilon_0 r} - \frac{Qq}{4\pi\varepsilon_0 r} = -\frac{Qq}{8\pi\varepsilon_0 r} .$$

Für einen Radius r_1 der Umlaufbahn ist die Energie $E_1 = -Qq/8\pi\varepsilon_0 r_1$, und wenn der Radius r_2 beträgt, dann ist die Energie $E_2 = -Qq/8\pi\varepsilon_0 r_2$. Die Differenz $E_2 - E_1$ ist die von außen aufgewandte Arbeit W, um den Radius zu verändern:

$$W = E_2 - E_1 = -\frac{Qq}{8\pi\varepsilon_0}\left(\frac{1}{r_2} - \frac{1}{r_1}\right) = \frac{Qq}{8\pi\varepsilon_0}\left(\frac{1}{r_1} - \frac{1}{r_2}\right) .$$

45 (a) Die potenzielle Energie ist

$$U = \frac{q^2}{4\pi\varepsilon_0 d} = \frac{(8{,}99 \times 10^9\,\mathrm{N\cdot m^2/C^2})(5{,}0 \times 10^{-6}\,\mathrm{C})^2}{1{,}00\,\mathrm{m}} = 0{,}225\,\mathrm{J}$$

relativ zur potenziellen Energie bei unendlichem Abstand.

(b) Jede Kugel stößt die andere mit einer Kraft ab, die folgenden Betrag hat:

$$F = \frac{q^2}{4\pi\varepsilon_0 d^2} = \frac{(8{,}99 \times 10^9\,\mathrm{N\cdot m^2/C^2})(5{,}0 \times 10^{-6}\,\mathrm{C})^2}{(1{,}00\,\mathrm{m})^2} = 0{,}225\,\mathrm{N} .$$

Nach dem zweiten Newtonschen Gesetz ist die Beschleunigung jeder Kugel die Kraft dividiert durch die Masse der Kugel. Es seien m_A und m_B die Massen der Kugeln. Die Beschleunigung von Kugel A ist

$$a_A = \frac{F}{m_A} = \frac{0{,}225\,\mathrm{N}}{5{,}0 \times 10^{-3}\,\mathrm{kg}} = 45{,}0\,\mathrm{m/s^2} ,$$

und die Beschleunigung von Kugel B ist

$$a_B = \frac{F}{m_B} = \frac{0{,}225\,\mathrm{N}}{10 \times 10^{-3}\,\mathrm{kg}} = 22{,}5\,\mathrm{m/s^2} .$$

(c) Die Energie bleibt erhalten. Die potenzielle Energie am Anfang ist $U = 0{,}225\,\mathrm{J}$, wie in Teil (a) berechnet. Die kinetische Energie am Anfang ist null, da die Kugel aus der Ruhe startet. Die potenzielle Energie am Ende ist null, da die Kugeln dann weit entfernt sind. Die kinetische Energie am Ende ist $\frac{1}{2}m_A v_A^2 + \frac{1}{2}m_B v_B^2$, wobei v_A und v_B die Endgeschwindigkeiten bezeichnet. Damit ergibt sich

$$U = \frac{1}{2}m_A v_A^2 + \frac{1}{2}m_B v_B^2 .$$

Der Impuls bleibt ebenfalls erhalten, also haben wir

$$0 = m_A v_A + m_B v_B .$$

Diese Gleichungen können simultan nach v_A und v_B aufgelöst werden. Setzen wir $v_B = -(m_A/m_B)v_A$ aus der Impulsgleichung in die Energiegleichung ein und sammeln Terme, erhalten wir $U = \frac{1}{2}(m_A/m_B)(m_A + m_B)v_A^2$. Damit ergibt sich

$$\begin{aligned} v_A &= \sqrt{\frac{2Um_B}{m_A(m_A + m_B)}} \\ &= \sqrt{\frac{2(0{,}225\,\mathrm{J})(10 \times 10^{-3}\,\mathrm{kg})}{(5{,}0 \times 10^{-3}\,\mathrm{kg})(5{,}0 \times 10^{-3}\,\mathrm{kg} + 10 \times 10^{-3}\,\mathrm{kg})}} = 7{,}75\,\mathrm{m/s} . \end{aligned}$$

Somit erhalten wir

$$v_B = -\frac{m_A}{m_B}v_A = -\left(\frac{5{,}0 \times 10^{-3}\,\mathrm{kg}}{10 \times 10^{-3}\,\mathrm{kg}}\right)(7{,}75\,\mathrm{m/s}) = -3{,}87\,\mathrm{m/s} .$$

47 Verwenden Sie die Erhaltung der mechanischen Energie. Setzen Sie die potenzielle Energie null, wenn sich das sich bewegende Elektron weit entfernt von den fixierten Elektronen befindet. Am Ende ist die potenzielle Energie dann $U_f = 2e^2/4\pi\varepsilon_0 d$, wobei d die Hälfte des Abstands zwischen den fixierten Elektronen bezeichnet. Die kinetische Energie am Anfang ist $K_i = \frac{1}{2}mv^2$, wobei m die Elektronenmasse und v die Anfangsgeschwindigkeit des sich bewegenden Elektrons bezeichnen. Die kinetische Energie am Ende ist null. Also haben wir $K_i = U_f$ oder $\frac{1}{2}mv^2 = 2e^2/4\pi\varepsilon_0 d$. Damit ergibt sich

$$v = \sqrt{\frac{4e^2}{4\pi\varepsilon_0\, d\, m}} = \sqrt{\frac{(8{,}99 \times 10^9\,\mathrm{N \cdot m^2/C^2})(4)(1{,}60 \times 10^{-19}\,\mathrm{C})^2}{(0{,}010\,\mathrm{m})(9{,}11 \times 10^{-31}\,\mathrm{kg})}} = 3{,}2 \times 10^2\,\mathrm{m/s}\,.$$

51 Wenn das elektrische Potenzial im Unendlichen null ist, dann ist das elektrische Potenzial an der Oberfläche der Kugel gegeben durch $V = q/4\pi\varepsilon_0 r$, wobei q die Ladung auf der Kugel und r ihren Radius bezeichnen. Also haben wir

$$q = 4\pi\varepsilon_0 r V = \frac{(0{,}15\,\mathrm{m})(1500\,\mathrm{V})}{8{,}99 \times 10^9\,\mathrm{N \cdot m^2/C^2}} = 2{,}5 \times 10^{-8}\,\mathrm{C}\,.$$

53 (a) Das elektrische Potenzial ist die Summe der Beiträge von den einzelnen Kugeln. q_1 bezeichne die Ladung auf der einen und q_2 die Ladung auf der anderen Kugel sowie d ihren Abstand. Der Punkt in der Mitte zwischen den Kugeln hat den gleichen Abstand $d/2$ (= 1,0 m) vom Mittelpunkt jeder Kugel, also ist das Potenzial am Punkt in der Mitte zwischen den Kugeln

$$V = \frac{q_1 + q_2}{4\pi\varepsilon_0 d/2} = \frac{(8{,}99 \times 10^9\,\mathrm{N \cdot m^2/C^2})(1{,}0 \times 10^{-8}\,\mathrm{C} - 3{,}0 \times 10^{-8}\,\mathrm{C})}{1{,}0\,\mathrm{m}} = -1{,}80 \times 10^2\,\mathrm{V}\,.$$

(b) Der Abstand vom Mittelpunkt einer Kugel zur Oberfläche der anderen ist $d - R$, wobei R den Radius der Kugeln bezeichnet. Das Potenzial jeder der Kugeln wird von der Ladung auf dieser Kugel und von der Ladung auf der anderen Kugel verursacht. Das Potenzial an der Oberfläche von Kugel 1 ist

$$\begin{aligned} V_1 &= \frac{1}{4\pi\varepsilon_0}\left[\frac{q_1}{R} + \frac{q_2}{d-R}\right] \\ &= (8{,}99 \times 10^9\,\mathrm{N \cdot m^2/C^2})\left[\frac{1{,}0 \times 10^{-8}\,\mathrm{C}}{0{,}030\,\mathrm{m}} - \frac{3{,}0 \times 10^{-8}\,\mathrm{C}}{2{,}0\,\mathrm{m} - 0{,}030\,\mathrm{m}}\right] \\ &= 2{,}9 \times 10^3\,\mathrm{V}\,. \end{aligned}$$

Das Potenzial an der Oberfläche von Kugel 2 ist

$$\begin{aligned} V_2 &= \frac{1}{4\pi\varepsilon_0}\left[\frac{q_1}{d-R} + \frac{q_2}{R}\right] \\ &= (8{,}99 \times 10^9\,\mathrm{N \cdot m^2/C^2})\left[\frac{1{,}0 \times 10^{-8}\,\mathrm{C}}{2{,}0\,\mathrm{m} - 0{,}030\,\mathrm{m}} - \frac{3{,}0 \times 10^{-8}\,\mathrm{C}}{0{,}030\,\mathrm{m}}\right] \\ &= -8{,}9 \times 10^3\,\mathrm{V}\,. \end{aligned}$$

26 Kapazität

3 Ladung fließt solange, bis die Potenzialdifferenz am Kondensator genauso groß ist wie die Potenzialdifferenz an der Batterie. Die Ladung auf dem Kondensator ist dann $q = CV$, und dies ist genau die Gesamtladung, die durch die Batterie geflossen ist. Damit haben wir $q = (25 \times 10^{-6}\,\mathrm{F})(120\,\mathrm{V}) = 3{,}0 \times 10^{-3}\,\mathrm{C}$.

5 (a) Die Kapazität eines Plattenkondensators ist gegeben durch $C = \varepsilon_0 A/d$, wobei A die Fläche jeder Platte und d den Plattenabstand bezeichnet. Da die Platten kreisförmig sind, beträgt die Kreisfläche $A = \pi R^2$, wobei R den Radius einer Platte bezeichnet. Also haben wir

$$C = \frac{\varepsilon_0 \pi R^2}{d} = \frac{(8{,}85 \times 10^{-12}\,\mathrm{F/m})\pi(8{,}2 \times 10^{-2}\,\mathrm{m})^2}{1{,}3 \times 10^{-3}\,\mathrm{m}} = 1{,}4 \times 10^{-10}\,\mathrm{F} = 140\,\mathrm{pF}\,.$$

(b) Die Ladung auf der positiv geladenen Platte ist gegeben durch $q = CV$, wobei V die Potenzialdifferenz zwischen den Platten bezeichnet. Also gilt

$$q = (1{,}4 \times 10^{-10}\,\mathrm{F})(120\,\mathrm{V}) = 1{,}7 \times 10^{-8}\,\mathrm{C} = 17\,\mathrm{nC}\,.$$

7 Sie möchten den Radius der zusammengesetzten Kugel bestimmen; anschließend verwenden Sie $C = 4\pi\varepsilon_0 R$, um die Kapazität zu bestimmen. Wenn sich die Tropfen verbinden, verdoppelt sich ihr Volumen. Es ist dann $V = 2(4\pi/3)R^3$. Der neue Radius R' ist gegeben durch

$$\frac{4\pi}{3}(R')^3 = 2\frac{4\pi}{3}R^3\,.$$

Also haben wir

$$R' = 2^{1/3}R\,.$$

Die neue Kapazität ist

$$C' = 4\pi\varepsilon_0 R' = 4\pi\varepsilon_0 2^{1/3} R = 4\pi\left(8{,}85 \times 10^{-12}\,\mathrm{F/m}\right)2^{1/3}\left(2 \times 10^{-3}\,\mathrm{m}\right) = 2{,}80 \times 10^{-13}\,\mathrm{F}\,.$$

9 Nach Gl. 26-17 ist die Kapazität eines Kugelkondensators gegeben durch

$$C = 4\pi\varepsilon_0 \frac{ab}{b-a}\,,$$

wobei a und b die Radien der Kugeln sind. Wenn a und b annähernd gleich sind, dann ist $4\pi ab$ annähernd die Oberfläche jeder der Kugeln. Ersetzen Sie $4\pi ab$ durch A und $b - a$ durch d, und Sie erhalten

$$C \approx \frac{\varepsilon_0 A}{d}\,.$$

27 Elektrischer Strom und Widerstand

1 (a) Die Ladung, die durch einen beliebigen Querschnitt fließt, ist das Produkt des Stroms und der Zeit. Wegen 4,0 min = (4,0 min)(60 s/min) = 240 s haben wir $q = it = (5{,}0\,\mathrm{A})(240\,\mathrm{s}) = 1200\,\mathrm{C}$.

(b) Die Anzahl N der Elektronen ist gegeben durch $q = Ne$, wobei e der Betrag der Ladung eines Elektrons ist. Damit haben wir $N = q/e = (1200\,\mathrm{C})/(1{,}60 \times 10^{-19}\,\mathrm{C}) = 7{,}5 \times 10^{21}$.

3 Angenommen, die Ladung auf der Kugel nimmt um Δq in der Zeit Δt zu. In dieser Zeit nimmt dann ihr Potenzial zu um den Betrag

$$\Delta V = \frac{\Delta q}{4\pi\varepsilon_0 r}\,,$$

wobei r den Kugelradius bezeichnet. Daraus ergibt sich

$$\Delta q = 4\pi\varepsilon_0 r\,\Delta V\,.$$

Nun haben wir $\Delta q = (i_{\mathrm{in}} - i_{\mathrm{out}})\,\Delta t$, wobei i_{in} den auf die Kugel fließenden Strom und i_{out} den abfließenden Strom bezeichnet. Also haben wir

$$\begin{aligned}\Delta t &= \frac{\Delta q}{i_{\mathrm{in}} - i_{\mathrm{out}}} = \frac{4\pi\varepsilon_0 r\,\Delta V}{i_{\mathrm{in}} - i_{\mathrm{out}}}\\ &= \frac{(0{,}10\,\mathrm{m})(1000\,\mathrm{V})}{(8{,}99 \times 10^9\,\mathrm{F/m})(1{,}0000020\,\mathrm{A} - 1{,}0000000\,\mathrm{A})} = 5{,}6 \times 10^{-3}\,\mathrm{s}\,.\end{aligned}$$

5 (a) Der Betrag der Stromdichte ist gegeben durch $J = nqv_d$, wobei n die Anzahl der Teilchen pro Volumen, q die Ladung jedes Teilchens und v_d die Strömungsgeschwindigkeit der Teilchen bezeichnet. Die Teilchendichte ist $n = 2{,}0 \times 10^8/\mathrm{cm}^3 = 2{,}0 \times 10^{14}\,\mathrm{m}^{-3}$, die Ladung ist $q = 2e = 2(1{,}60 \times 10^{-19}\,\mathrm{C}) = 3{,}20 \times 10^{-19}\,\mathrm{C}$, und die Strömungsgeschwindigkeit $1{,}0 \times 10^5\,\mathrm{m/s}$. Also ergibt sich

$$J = (2 \times 10^{14}/\mathrm{m})(3{,}2 \times 10^{-19}\,\mathrm{C})(1{,}0 \times 10^5\,\mathrm{m/s}) = 6{,}4\,\mathrm{A/m}^2\,.$$

Da die Teilchen positiv geladen sind, weist die Stromdichte in die gleiche Richtung wie ihre Bewegung, also nach Norden.

(b) Der Strom kann nicht berechnet werden, es sei denn, die Querschnittsfläche des Strahls ist bekannt. Dann kann man $i = JA$ verwenden.

7 Die Querschnittsfläche von Draht ist gegeben durch $A = \pi r^2$, wobei r seinen Radius (die Hälfte seiner Dicke) bezeichnet. Der Betrag des Stromdichtevektors ist $J = i/A = i/\pi r^2$, also ergibt sich

$$r = \sqrt{\frac{i}{\pi J}} = \sqrt{\frac{0{,}50\,\mathrm{A}}{\pi(440 \times 10^4\,\mathrm{A/m}^2)}} = 1{,}9 \times 10^{-4}\,\mathrm{m}\,.$$

Der Durchmesser des Drahts ist daher $d = 2r = 2(1{,}9 \times 10^{-4}\,\mathrm{m}) = 3{,}8 \times 10^{-4}\,\mathrm{m}$.

9 (a) Die Ladung, die die Oberfläche in der Zeit Δt trifft, ist gegeben durch $\Delta q = i\ \Delta t$, wobei i den Strom bezeichnet. Da jedes Teilchen die Ladung $2e$ trägt, beträgt die Anzahl der Teilchen, die die Oberfläche treffen,

$$N = \frac{\Delta q}{2e} = \frac{i\ \Delta t}{2e} = \frac{(0{,}25 \times 10^{-6}\,\mathrm{A})(3{,}0\,\mathrm{s})}{2(1{,}6 \times 10^{-19}\,\mathrm{C})} = 2{,}3 \times 10^{12}\,.$$

(b) Bezeichne nun N die Anzahl der Teilchen in einem Abschnitt der Länge L des Strahls. Sie werden alle die Querschnittsfläche an einem Ende des Strahls in der Zeit $t = L/v$ durchlaufen, wobei v die Teilchengeschwindigkeit bezeichnet. Der Strom ist die Ladung, die pro Zeit die Querschnittsfläche durchläuft, d.h. $i = 2eN/t = 2eNv/L$. Also haben wir $N = iL/2ev$. Bestimmen Sie nun die Teilchengeschwindigkeit. Die kinetische Energie eines Teilchens ist

$$K = 20\,\mathrm{MeV} = (20 \times 10^6\,\mathrm{eV})(1{,}60 \times 10^{-19}\,\mathrm{J/eV}) = 3{,}2 \times 10^{-12}\,\mathrm{J}\,.$$

Wegen $K = \frac{1}{2}mv^2$ erhalten wir $v = \sqrt{2K/m}$. Die Masse eines Alpha-Teilchens ist das Vierfache der Masse eines Protons, also $m = 4(1{,}67 \times 10^{-27}\,\mathrm{kg}) = 6{,}68 \times 10^{-27}\,\mathrm{kg}$. Daher haben wir

$$v = \sqrt{\frac{2(3{,}2 \times 10^{-12}\,\mathrm{J})}{6{,}68 \times 10^{-27}\,\mathrm{kg}}} = 3{,}1 \times 10^7\,\mathrm{m/s}$$

und

$$N = \frac{iL}{2ev} = \frac{(0{,}25 \times 10^{-6})(20 \times 10^{-2}\,\mathrm{m})}{2(1{,}60 \times 10^{-19}\,\mathrm{C})(3{,}1 \times 10^7\,\mathrm{m/s})} = 5{,}0 \times 10^3\,.$$

(c) Verwenden Sie die Erhaltung der Energie. Die kinetische Energie am Anfang ist null, die kinetische am Ende ist $20\,\mathrm{MeV} = 3{,}2 \times 10^{-12}\,\mathrm{J}$, die potenzielle Energie am Anfang ist $U_i = qV = 2eV$, und die kinetische Energie am Ende ist null. Dabei bezeichnet V die Potenzialdifferenz, durch die die Teilchen beschleunigt werden. Die Erhaltung der Energie führt auf

$$K_f = U_i = 2eV$$

also

$$V = \frac{K_f}{2e} = \frac{3{,}2 \times 10^{-12}\,\mathrm{J}}{2(1{,}60 \times 10^{-19}\mathrm{C})} = 10 \times 10^6\,\mathrm{V}\,.$$

13 Der Widerstand des Drahtes ist gegeben durch $R = \rho L/A$, wobei ρ den spezifischen Widerstand des Materials, L die Länge des Drahtes und A die Querschnittsfläche des Drahtes bezeichnet. Die Querschnittsfläche ist

$$A = \pi r^2 = \pi(0{,}50 \times 10^{-3}\,\mathrm{m})^2 = 7{,}85 \times 10^{-7}\,\mathrm{m}^2\,.$$

Dabei ist $r = 0{,}50 \times 10^{-3}\,\mathrm{m}$ der Radius des Drahtes. Also haben wir

$$\rho = \frac{RA}{L} = \frac{(50 \times 10^{-3}\,\Omega)(7{,}85 \times 10^{-7}\,\mathrm{m}^2)}{2{,}0\,\mathrm{m}} = 2{,}0 \times 10^{-8}\,\Omega\cdot\mathrm{m}\,.$$

15 Da die Potenzialdifferenz V und der Strom i über $V = iR$ in Beziehung stehen, wobei R den Widerstand des Elektrikers bezeichnet, beträgt die tödliche Spannung

$$V = (50 \times 10^{-3}\,\mathrm{A})(2000\,\Omega) = 100\,\mathrm{V}\,.$$

17 Der Widerstand der Spule ist gegeben durch $R = \rho L/A$, wobei L die Länge des Drahtes, ρ den spezifischen Widerstand von Kupfer und A die Querschnittsfläche des Drahtes bezeichnet. Da jede Windung des Drahtes die Länge $2\pi r$ besitzt mit dem Spulenradius r, haben wir $L = (250)2\pi r = (250)(2\pi)(0{,}12\,\mathrm{m}) = 188{,}5\,\mathrm{m}$. Wenn r_w den Drahtradius bezeichnet, ist seine Querschnittsfläche $A = \pi r_w^2 = \pi(0{,}65 \times 10^{-3}\,\mathrm{m})^2 = 1{,}33 \times 10^{-6}\,\mathrm{m}^2$. Nach Tabelle 27-1 besitzt Kupfer den spezifischen Widerstand $1{,}69 \times 10^{-8}\,\Omega\cdot\mathrm{m}$. Also haben wir

$$R = \frac{\rho L}{A} = \frac{(1{,}69 \times 10^{-8}\,\Omega\cdot\mathrm{m})(188{,}5\,\mathrm{m})}{1{,}33 \times 10^{-6}\,\mathrm{m}^2} = 2{,}4\,\Omega\,.$$

19 Da sich Masse und Dichte des Materials nicht ändern, bleibt das Volumen das gleiche. Es seien L_0 die ursprüngliche Länge L die neue Länge, A_0 die ursprüngliche Querschnittsfläche und A die neue Querschnittsfläche. Dann haben wir $L_0 A_0 = LA$ und $A = L_0 A_0/L = L_0 A_0/3L_0 = A_0/3$. Der neue Widerstand ist

$$R = \frac{\rho L}{A} = \frac{\rho 3L_0}{A_0/3} = 9\frac{\rho L_0}{A_0} = 9R_0 \,,$$

wobei R_0 den ursprünglichen Widerstand bezeichnet. Also ergibt sich

$$R = 9(6{,}0\,\Omega) = 54\,\Omega \,.$$

21 Der Widerstand von Draht A ist gegeben durch

$$R_A = \frac{\rho L}{\pi r_A^2} \,,$$

wobei r_A den Radius des Leiters bezeichnet. Mit dem Außenradius r_o von Draht B und seinem Innenradius r_i besitzt er die Querschnittsfläche $\pi(r_o^2 - r_i^2)$, und sein Widerstand ist

$$R_B = \frac{\rho L}{\pi\left(r_o^2 - r_i^2\right)} \,.$$

Das Verhältnis ist

$$\frac{R_A}{R_B} = \frac{r_o^2 - r_i^2}{r_A^2} = \frac{(1{,}0\,\text{mm})^2 - (0{,}50\,\text{mm})^2}{(0{,}50\,\text{mm})^2} = 3{,}0 \,.$$

23 Verwenden Sie $J = E/\rho$, wobei E den Betrag des elektrischen Feldes im Draht, J den Betrag der Stromdichte und ρ den spezifischen Widerstand des Materials bezeichnet. Das elektrische Feld ist gegeben durch $E = V/L$, wobei V die Potenzialdifferenz entlang des Drahtes und L die Drahtlänge bezeichnet. Also ergibt sich $J = V/L\rho$ und

$$\rho = \frac{V}{LJ} = \frac{115\,\text{V}}{(10\,\text{m})\left(1{,}4 \times 10^4\,\text{A/m}^2\right)} = 8{,}2 \times 10^{-4}\,\Omega{\cdot}\text{m} \,.$$

27 (a) ΔT bezeichne die Temperaturänderung und κ den linearen Ausdehnungskoeffizienten von Kupfer. Dann ist $\Delta L = \kappa L\,\Delta T$ und

$$\frac{\Delta L}{L} = \kappa\,\Delta T = (1{,}7 \times 10^{-5}/\text{K})(1{,}0°\text{C}) = 1{,}7 \times 10^{-5} \,.$$

Dies entspricht 0,0017%. Da eine Änderung in Celsius einer Änderung auf der Kelvin-Skala äquivalent ist, ist der in dieser Rechnung verwendete Wert von κ nicht inkonsistent mit den anderen verwendeten Einheiten. Berücksichtigen wir einen Faktor 2 für die zweidimensionale Natur von A, ergibt sich für die relative Änderung der Fläche

$$\frac{\Delta A}{A} = 2\kappa\,\Delta T = 2(1{,}7 \times 10^{-5}/\text{K})(1{,}0°\text{C}) = 3{,}4 \times 10^{-5} \,,$$

was 0,0034% sind. Für kleine Änderungen des spezifischen Widerstands ρ, der Länge L und der Fläche A eines Drahts ist die Änderung des Widerstands gegeben durch

$$\Delta R = \frac{\partial R}{\partial \rho}\,\Delta\rho + \frac{\partial R}{\partial L}\,\Delta L + \frac{\partial R}{\partial A}\,\Delta A \,.$$

Wegen $R = \rho L/A$ ist $\partial R/\partial\rho = L/A = R/\rho$, $\partial R/\partial L = \rho/A = R/L$ und $\partial R/\partial A = -\rho L/A^2 = -R/A$. Weiter ist $\Delta\rho/\rho = \alpha\,\Delta T$, wobei α der Temperaturkoeffizient des spezifischen Widerstands für Kupfer ist $(4{,}3 \times 10^{-3}/\text{K} = 4{,}3 \times 10^{-3}/\text{C}°$, gemäß Tabelle 27-1). Damit ergibt sich

$$\begin{aligned}\frac{\Delta R}{R} &= \frac{\Delta\rho}{\rho} + \frac{\Delta L}{L} - \frac{\Delta A}{A} \\ &= (\alpha + \kappa - 2\kappa)\,\Delta T = (\alpha - \kappa)\,\Delta T \\ &= (4{,}3 \times 10^{-3}/\text{C}° - 1{,}7 \times 10^{-5}/\text{C}°)\,(1{,}0\,\text{C}°) = 4{,}3 \times 10^{-3} \,.\end{aligned}$$

Dies ist 0,43% und wir bemerken (zum Gebrauch im nächsten Teil), dass dies vorwiegend durch den Term $\Delta\rho/\rho$ in der obigen Rechnung bestimmt wird.

(b) Die relative Änderung des spezifischen Widerstands ist viel größer als die relative Änderung der Länge und der Fläche. Änderungen in der Länge und der Fläche beeinflussen den Widerstand viel weniger als Änderungen des spezifischen Widerstands.

29 (a) Der Strom i tritt in Abb 27-22 auf der linken Seite des abgeschnittenen Kegels ein und verlässt ihn auf der rechten. Die positive x-Richtung legen wir in diese Richtung. Wir machen die Annahme, dass die Stromdichte J für jeden Wert von x bestimmt werden kann, indem man das Verhältnis i/A nimmt, wobei $A = \pi r^2$ die Querschnittsfläche bei diesem bestimmten Wert von x ist. Die Richtung von $\vec{J}$ stimmt mit der in der Abbildung für i dargestellten überein (unsere $+x-$Richtung). Wenn wir Gl. 27-11 verwenden, erhalten wir einen Ausdruck für das elektrische Feld bei jedem Wert von x. Und als nächstes bestimmen wir die Potenzialdifferenz V, indem wir das Feld entlang der x-Achse integrieren, in Übereinstimmung mit den Ideen aus Kapitel 25. Schließlich ist der Widerstand des Kegelstumpfs gegeben durch $R = V/i$. Damit haben wir

$$J = \frac{i}{\pi r^2} = \frac{E}{\rho},$$

wobei wir, um fortzufahren, ableiten müssen, wie r von x abhängt. Wir bemerken, dass der Radius linear mit x wächst, also können wir (mit später zu bestimmendem c_1 und c_2) schreiben

$$r = c_1 + c_2 x .$$

Legen wir den Ursprung an das linke Ende des abgeschnittenen Kegels, muss der Koeffizient c_1 so gewählt werden, dass $r = a$ (für $x = 0$) ist; daher ist $c_1 = a$. Auch der Koeffizient c_2 muss so gewählt werden, dass wir (am rechten Ende des abgeschnittenen Kegels) $r = b$ haben (wenn $x = L$ ist); daher ist $c_2 = (b-a)/L$. Unser Ausdruck wird dann zu

$$r = a + \left(\frac{b-a}{L}\right) x .$$

Setzen wir dies in unseren früheren Ausdruck ein und lösen nach dem Feld auf, so erhalten wir

$$E = \frac{i\rho}{\pi}\left(a + \frac{b-a}{L}x\right)^{-2} .$$

Folglich ist die Potenzialdifferenz zwischen den Seiten des Kegelstumpfs

$$\begin{aligned} V &= -\int_0^L E\,dx = -\frac{i\rho}{\pi}\int_0^L \left(a + \frac{b-a}{L}x\right)^{-2} dx \\ &= \frac{i\rho}{\pi}\frac{L}{b-a}\left(a + \frac{b-a}{L}x\right)^{-1}\Bigg|_0^L = \frac{i\rho}{\pi}\frac{L}{b-a}\left(\frac{1}{a} - \frac{1}{b}\right) \\ &= \frac{i\rho}{\pi}\frac{L}{b-a}\frac{b-a}{ab} = \frac{i\rho L}{\pi ab} . \end{aligned}$$

Der Widerstand ist daher

$$R = \frac{V}{i} = \frac{\rho L}{\pi ab} .$$

(b) Für $b = a$ ist dann $R = \rho L/\pi a^2 = \rho L/A$, wobei $A = \pi a^2$ die Querschnittsfläche des Zylinders ist.

31 Die aufgenommene Leistung ist gegeben durch das Produkt des Stroms und der Potenzialdifferenz

$$P = iV = (7{,}0 \times 10^{-3}\,\mathrm{A})(80 \times 10^3\,\mathrm{V}) = 560\mathrm{W} .$$

33 (a) Die elektrische Energie wird mit der folgenden Rate in innere Energie umgewandelt

$$P = \frac{V^2}{R},$$

wobei V die Potenzialdifferenz am Raumheizer und R seinen Widerstand bezeichnet. Also haben wir

$$P = \frac{(120\,\mathrm{V})^2}{14\,\Omega} = 1{,}0 \times 10^3\,\mathrm{W} = 1{,}0\,\mathrm{kW} .$$

(b) Die Kosten sind gegeben durch

$$(1{,}0\,\text{kW})(5{,}0\,\text{h})(5{,}0\,\text{cents/kW}\cdot\text{h}) = 25\,\text{ct (Cent)}\ .$$

37 (a) Bezeichnen Sie die Rate, mit der Energie umgewandelt wird, mit P, den Strom im Strahlungsheizer mit i und die Potenzialdifferenz am Strahlungsheizer mit V. Die Größen stehen miteinander über $P = iV$ in Beziehung. Lösen Sie nach i auf:

$$i = \frac{P}{V} = \frac{1250\,\text{W}}{115\,\text{V}} = 10{,}9\,\text{A}\ .$$

(b) Gemäß der Definition des Widerstandes gilt $V = iR$, wobei R den Widerstand des Strahlungsheizers bezeichnet. Lösen Sie nach R auf:

$$R = \frac{V}{i} = \frac{115\,\text{V}}{10{,}9\,\text{A}} = 10{,}6\,\Omega\ .$$

(c) Die Wärmeenergie E, die vom Strahlungsheizer in der Zeit $t = 1{,}0\,\text{h} = 3600\,\text{s}$ erzeugt wird, beträgt

$$E = Pt = (1250\,\text{W})(3600\,\text{s}) = 4{,}5 \times 10^6\,\text{J}\ .$$

39 Der Widerstand bei der höheren Temperatur (800°C) sei R_h, und der Widerstand bei der niedrigeren Temperatur (200°C) sei R_n. Da die Potenzialdifferenz für beide Temperaturen gleich ist, ist die bei der niedrigeren Temperatur dissipierte Leistung $P_n = V^2/R_n$, und die bei der höheren Temperatur dissipierte Leistung ist $P_h = V^2/R_h$, also haben wir $P_n = (R_h/R_n)P_h$. Nun ist $R_n = R_h + \alpha R_h\,\Delta T$, wobei ΔT die Temperaturdifferenz $T_n - T_h = -600\,\text{C}^\circ = -600\,\text{K}$ ist. Wir haben daher

$$P_n = \frac{R_h}{R_h + \alpha R_h\,\Delta T}\,P_h = \frac{P_h}{1 + \alpha\,\Delta T} = \frac{500\,\text{W}}{1 + (4{,}0 \times 10^{-4}/\text{K})(-600\,\text{K})} = 660\,\text{W}\ .$$

41 (a) Die Ladung q, die durch einen Querschnitt des Strahls in der Zeit Δt fließt, ist gegeben durch $q = i\,\Delta t$, und die Anzahl der Elektronen ist $N = q/e = (i/e)\,\Delta t$. Das ist die Anzahl der Elektronen, die beschleunigt werden. Damit ergibt sich

$$N = \frac{(0{,}50\,\text{A})(0{,}10 \times 10^{-6}\,\text{s})}{1{,}60 \times 10^{-19}\,\text{C}} = 3{,}1 \times 10^{11}\ .$$

(b) Über eine lange Zeit t ist die Gesamtladung $Q = nqt$, wobei n die Anzahl der Pulse pro Zeit und q die Ladung in einem Puls ist. Der mittlere Strom ist gegeben durch $i_{\text{gem}} = Q/t = nq$. Nun haben wir $q = i\,\Delta t = (0{,}50\,\text{A})(0{,}10 \times 10^{-6}\,\text{s}) = 5{,}0 \times 10^{-8}\,\text{C}$, also

$$i_{\text{gem}} = (500/\text{s})(5{,}0 \times 10^{-8}\,\text{C}) = 2{,}5 \times 10^{-5}\,\text{A}\ .$$

(c) Die Beschleunigunsspannung ist $V = K/e$, wobei K die kinetische Energie eines Elektrons am Ende ist. Wegen $K = 50\,\text{MeV}$ ist die Beschleunigungsspannung $V = 50\,\text{kV} = 5{,}0 \times 10^7\,\text{V}$. Während eines Pulses ist die Ausgangsleistung

$$P = iV = (0{,}50\,\text{A})(5{,}0 \times 10^7\,\text{V}) = 2{,}5 \times 10^7\,\text{W}\ .$$

Das ist die Spitzenleistung. Die mittlere Leistung ist

$$P_{\text{gem}} = i_{\text{gem}}V = (2{,}5 \times 10^{-5}\,\text{A})(5{,}0 \times 10^7\,\text{V}) = 1{,}3 \times 10^3\,\text{W}\ .$$

28 Stromkreise

1 (a) Die Kosten betragen $(100\,\mathrm{W}\cdot 8{,}0\,\mathrm{h}/2{,}0\,\mathrm{W}\cdot\mathrm{h})(\$0{,}80) = \$320$.

(b) Die Kosten betragen $(100\,\mathrm{W}\cdot 8{,}0\,\mathrm{h}/10^3\,\mathrm{W}\cdot\mathrm{h})(\$0{,}06) = \$0{,}048 = 4{,}8\,\mathrm{ct}$.

3 Wenn P die Rate bezeichnet, mit der die Batterie Energie liefert, und Δt die Zeit, dann ist $\Delta E = P\,\Delta t$ die Energie, die in der Zeit Δt geliefert wird. Wenn q die Ladung ist, die in der Zeit Δt durch die Batterie fließt, und $\mathcal{E}$ die Batteriespannung, dann haben wir $\Delta E = q\mathcal{E}$. Setzen wir die beiden Ausdrücke für ΔE gleich und lösen nach Δt auf, erhalten wir

$$\Delta t = \frac{q\mathcal{E}}{P} = \frac{(120\,\mathrm{A}\cdot\mathrm{h})(12\,\mathrm{V})}{100\,\mathrm{W}} = 14{,}4\,\mathrm{h} = 14\,\mathrm{h}\ 24\,\mathrm{min}\,.$$

5 (a) Den Strom im Stromkreis bezeichnen wir mit i und er sei positiv, wenn er nach links in R_1 hinein fließt. Wir verwenden die kirchhoffsche Maschenregel: $\mathcal{E}_1 - iR_2 - iR_1 - \mathcal{E}_2 = 0$. Wir lösen nach i auf:

$$i = \frac{\mathcal{E}_1 - \mathcal{E}_2}{R_1 + R_2} = \frac{12\,\mathrm{V} - 6{,}0\,\mathrm{V}}{4{,}0\,\Omega + 8{,}0\,\Omega} = 0{,}50\,\mathrm{A}\,.$$

Wir erhalten einen positiven Wert, also fließt der Strom im Gegenuhrzeigersinn durch den Stromkreis.

(b) Wenn i der Strom in einem Widerstand R ist, dann ist die von diesem Widerstand dissipierte Leistung gegeben durch $P = i^2R$. Für R_1 ist $P_1 = (0{,}50\,\mathrm{A})^2(4{,}0\,\Omega) = 1{,}0\,\mathrm{W}$, und für R_2 ist $P_2 = (0{,}50\,\mathrm{A})^2(8{,}0\,\Omega) = 2{,}0\,\mathrm{W}$.

(c) Wenn i der Strom in einer Batterie mit Spannung $\mathcal{E}$ ist, dann liefert die Batterie Energie mit einer Rate $P = i\mathcal{E}$, vorausgesetzt der Strom und die Spannung zeigen in die gleiche Richtung. Die Batterie absorbiert Energie mit einer Rate $P = i\mathcal{E}$, wenn der Strom und die Spannung in entgegen gesetzte Richtungen zeigen. Für $\mathcal{E}_1$ ist $P_1 = (0{,}50\,\mathrm{A})(12\,\mathrm{V}) = 6{,}0\,\mathrm{W}$. Und für $\mathcal{E}_2$ ist $P_2 = (0{,}50\,\mathrm{A})(6{,}0\,\mathrm{V}) = 3{,}0\,\mathrm{W}$. In Batterie 1 zeigt der Strom in die gleiche Richtung wie die Spannung. Daher liefert diese Batterie an den Stromkreis Energie; die Batterie wird entladen. Der Strom in Batterie 2 zeigt in die entgegen gesetzte Richtung der Spannung, also nimmt diese Batterie aus dem Stromkreis Energie auf; sie wird aufgeladen.

9 (a) Bezeichnen i den Strom und ΔV die Spannungsdifferenz, dann ist die Rate, mit der Energie umgewandelt wird, gegeben durch $P = i\,\Delta V$. Also haben wir

$$\Delta V = \frac{P}{i} = \frac{50\,\mathrm{W}}{1{,}0\,\mathrm{A}} = 50\,\mathrm{V}\,.$$

Da Energie aufgenommen wird, befindet sich Punkt A auf einem höheren Potenzial als Punkt B, d.h. $V_A - V_B = 50\,\mathrm{V}$.

(b) Die Potenzialdifferenz zwischen den beiden Enden ist gegeben durch $V_A - V_B = +iR + \mathcal{E}$, wobei $\mathcal{E}$ die Spannung der Spannungsquelle C bezeichnet und positiv gesetzt wird, wenn sie in der Zeichnung nach links gerichtet ist. Da Energie aufgenommen wird, ist $\mathcal{E} = V_A - V_B - iR = 50\,\mathrm{V} - (1{,}0\,\mathrm{A})(2{,}0\,\Omega) = 48\,\mathrm{V}$.

(c) Für $\mathcal{E}$ haben wir einen positiven Wert erhalten, also weist sie nach links. Der Minuspol liegt bei B.

15 Um so allgemein wie möglich zu sein, bezeichnen wir die einzelnen Spannungen mit $\mathcal{E}_1$ bzw. $\mathcal{E}_2$ und warten die späteren Schritte ab, bis wir sie gleichsetzen ($\mathcal{E}_1 = \mathcal{E}_2 = \mathcal{E}$). Die Batterien sind in Reihe geschaltet, sodass sich ihre Spannungen addieren; d.h. sie heben sich nicht auf. Der Gesamtwiderstand im Stromkreis ist daher $R_{ges} = R+r_1+r_2$ (wobei laut Aufgabenstellung $r_1 > r_2$ gilt), und die „Gesamtspannung" im Stromkreis ist $\mathcal{E}_1 + \mathcal{E}_2$. Da Batterie 1 den höheren Innenwiderstand besitzt, kann sie eine Endspannung null haben, wie die Rechnung in Teil (a) zeigt.

(a) Der Strom im Stromkreis ist

$$i = \frac{\mathcal{E}_1 + \mathcal{E}_2}{r_1 + r_2 + R} ,$$

und da wir eine Endspannung null benötigen, erhalten wir

$$\mathcal{E}_1 = ir_1 \implies R = \frac{\mathcal{E}_2 r_1 - \mathcal{E}_1 r_2}{\mathcal{E}_1} ,$$

was sich zu $R = r_1 - r_2$ vereinfacht, wenn wir $\mathcal{E}_1 = \mathcal{E}_2$ setzen.

(b) Wie oben erwähnt, geschieht dies in Batterie 1.

17 (a) Wir verwenden Gl. 28-4 und bilden die Ableitung der Leistung $P = i^2 R$ nach R; schließlich setzen wir das Ergebnis gleich null:

$$\frac{dP}{dR} = \frac{d}{dR}\left(\frac{\mathcal{E}^2 R}{(R+r)^2}\right) = \frac{\mathcal{E}^2 (r-R)}{(R+r)^3} = 0$$

was offensichtlich die Lösung $R = r$ besitzt.

(b) Wenn $R = r$ ist, wird die im äußeren Wiederstand dissipierte Leistung

$$P_{max} = \left.\frac{\mathcal{E}^2 R}{(R+r)^2}\right|_{R=r} = \frac{\mathcal{E}^2}{4r} .$$

19 Die Potenzialdifferenz über jeden Widerstand ist $V = 25{,}0\,\text{V}$. Da die Widerstände gleich sind, ist der Strom in jedem $i = V/R = (25{,}0\,\text{V})/(18{,}0\,\Omega) = 1{,}39\,\text{A}$. Der Gesamtstrom durch die Batterie ist dann $i_{ges} = 4(1{,}39\,\text{A}) = 5{,}56\,\text{A}$. Alternativ könnte man die Idee äquivalenter Widerstände verwenden; für vier identische Widerstände in Parallelschaltung ist der äquivalente Widerstand gegeben durch

$$\frac{1}{R_{eq}} = \sum \frac{1}{R} = \frac{4}{R} .$$

Wenn eine Potenzialdifferenz von 25,0 V an den äquivalenten Widerstand angelegt wird, ist der Strom durch ihn genauso groß wie der durch die vier parallel geschalteten Widerstände. Wir haben also $i_{ges} = V/R_{eq} = 4V/R = 4(25{,}0\,\text{V})/(18{,}0\,\Omega) = 5{,}56\,\text{A}$.

21 Bezeichnen Sie den Strom in R_1 mit i_1, und er sei positiv, wenn er nach rechts fließt. Bezeichnen Sie den Strom in R_2 mit i_2 , und er sei positiv, wenn er nach oben fließt. Wenn die Maschenregel auf die untere Schleife angewandt wird, ergibt sich

$$\mathcal{E}_2 - i_1 R_1 = 0 .$$

und wenn sie auf die obere Schleife angewandt wird, ist das Ergebnis

$$\mathcal{E}_1 - \mathcal{E}_2 - \mathcal{E}_3 - i_2 R_2 = 0 .$$

Die erste Gleichung liefert

$$i_1 = \frac{\mathcal{E}_2}{R_1} = \frac{5{,}0\,\text{V}}{100\,\Omega} = 0{,}050\,\text{A} .$$

Die zweite Gleichung liefert

$$i_2 = \frac{\mathcal{E}_1 - \mathcal{E}_2 - \mathcal{E}_3}{R_2} = \frac{6{,}0\,\text{V} - 5{,}0\,\text{V} - 4{,}0\,\text{V}}{50\,\Omega} = -0{,}060\,\text{A}\,.$$

Das negative Vorzeichen zeigt, dass der Strom in R_2 tatsächlich nach unten fließt. Wenn V_b das Potenzial am Punkt b ist, dann beträgt das Potenzial am Punkt a: $V_a = V_b + \mathcal{E}_3 + \mathcal{E}_2$, also $V_a - V_b = \mathcal{E}_3 + \mathcal{E}_2 = 4{,}0\,\text{V} + 5{,}0\,\text{V} = 9{,}0\,\text{V}$.

23

(a) Die Batteriespannung bezeichnen wir mit $\mathcal{E}$. Wenn die Glühlampen parallel geschaltet sind, ist die an ihnen anliegende Potenzialdifferenz gleich groß, und sie ist genauso groß wie die Batteriespannung. Die durch Glühlampe 1 dissipierte Leistung ist $P_1 = \mathcal{E}^2/R_1$, und die durch Glühlampe 2 dissipierte Leistung ist $P_2 = \mathcal{E}^2/R_2$. Da R_1 größer als R_2 ist, dissipiert Glühlampe 2 Energie mit einer höheren Rate als Glühlampe 1, und sie ist die hellere von beiden.

(b) Wenn die Glühlampen in Reihe geschaltet werden, ist der Strom in ihnen gleich. Die von Glühlampe 1 dissipierte Leistung ist nun $P_1 = i^2 R_1$ und die von Glühlampe 2 dissipierte Leistung ist $P_2 = i^2 R_2$. Da R_1 größer ist als R_2, wird von Glühlampe 1 eine höhere Leistung dissipiert als von Glühlampe 2, und Glühlampe 1 ist die helleren von beiden.

25

Es bezeichne r den Widerstand jedes der dünnen Drähte. Da sie parallel geschaltet sind, kann der Widerstand R der Kombination berechnet werden aus

$$\frac{1}{R} = \frac{9}{r}\,,$$

oder $R = r/9$. Nun haben wir $r = 4\rho\ell/\pi d^2$ und $R = 4\rho\ell/\pi D^2$, wobei ρ der spezifische Widerstand von Kupfer ist. Dabei wurde $A = \pi d^2/4$ für die Querschnittsfläche jedes der ursprünglichen Drähte und $\pi D^2/4$ für die Querschnittsfläche des Ersatzdrahts benutzt. Dabei sind d und D die Durchmesser. Da der Ersatzdraht den gleichen Widerstand wie die Kombination besitzen soll, gilt

$$\frac{4\rho\ell}{\pi D^2} = \frac{4\rho\ell}{9\pi d^2}\,.$$

Lösen Sie nach D auf, und Sie erhalten $D = 3d$.

27

Wir teilen die Widerstände in Gruppen von jeweils n Widerständen auf, wobei alle Widerstände in einer Gruppe in Reihe geschaltet sind. Wir nehmen an, dass m solcher Gruppen jeweils zu einander parallel geschaltet sind. Der Widerstand jedes einzelnen Widerstands sei R. Dann ist der äquivalente Widerstand jeder Gruppe nR, und der äquivalente Widerstand R_{eq} der gesamten Anordnung erfüllt

$$\frac{1}{R_{eq}} = \sum_{1}^{m} \frac{1}{nR} = \frac{m}{nR}\,.$$

Da die Aufgabe $R_{eq} = 10\,\Omega = R$ fordert, müssen wir $n = m$ wählen. Als nächstes machen wir von Gl. 28-13 Gebrauch. Wir bemerken, dass der Strom in jedem Widerstand gleich ist und dass es $n \cdot m = n^2$ Widerstände gibt, also beträgt die maximale Gesamtleistung, die dissipiert werden kann, $P_{ges} = n^2 P$, wobei $P = 1{,}0\,\text{W}$ die maximale Leistung bezeichnet, die von jedem der Widerstände dissipiert werden kann. Die Aufgabenstellung fordert $P_{total} \geq 5{,}0P$, also muss n^2 mindestens 5,0 sein. Da n eine ganze Zahl sein muss, muss sie mindestens 3 sein. Die kleinste Anzahl an Widerständen ist $n^2 = 9$.

29

(a) Die Batterien sind identisch, und weil sie parallel geschaltet sind, sind die an ihnen anliegenden Potenzialdifferenzen gleich, d.h. die Ströme in ihnen sind gleich. Bezeichnen Sie den Strom in jeder der Batterien mit i, und er sei positiv, wenn er nach rechts fließt. Nach der Knotenregel ist der (positive) Strom in R gleich $2i$ und fließt nach rechts. Die Maschenregel, angewandt auf jede der Schleifen, die eine Batterie und R enthält, liefert

$$\mathcal{E} - ir - 2iR = 0$$

also

$$i = \frac{\mathcal{E}}{r + 2R}\,.$$

Die in R umgewandelte Leistung ist

$$P = (2i)^2 R = \frac{4\mathcal{E}^2 R}{(r+2R)^2} .$$

Bestimmen Sie das Maximum, indem Sie die Ableitung nach R gleich null setzen. Die Ableitung ist

$$\frac{dP}{dR} = \frac{4\mathcal{E}^2}{(r+2R)^2} - \frac{16\mathcal{E}^2 R}{(r+2R)^3} = \frac{4\mathcal{E}^2(r-2R)}{(r+2R)^3} .$$

Sie verschwindet und P hat ein Maximum, wenn $R = r/2$ ist.

(b) Setzen Sie $R = r/2$ in $P = 4\mathcal{E}^2 R/(r+2R)^2$ ein, und Sie erhalten

$$P_{\max} = \frac{4\mathcal{E}^2(r/2)}{[r+2(r/2)]^2} = \frac{\mathcal{E}^2}{2r} = \frac{(12{,}0\ \text{V})^2}{2\,(0{,}300\ \Omega)} = 240\ \text{W} .$$

31 Bestimmen Sie zunächst die Ströme. Es sei i_1 der Strom in R_1 und er sei positiv, wenn er nach oben fließt. Es bezeichne i_2 den Strom in R_2 und er sei positiv, wenn er nach links fließt. Bezeichnen Sie den Strom in R_3 mit i_3, und er sei positiv, wenn er nach rechts fließt. Die Knotenregel liefert

$$i_1 + i_2 + i_3 = 0 .$$

Die Maschenregel, angewandt auf die Schleife auf der linken Seite, liefert

$$\mathcal{E}_1 - i_3 R_3 + i_1 R_1 = 0$$

und angewandt auf die Schleife auf der rechten Seite, liefert sie

$$\mathcal{E}_2 - i_2 R_2 + i_1 R_1 = 0 .$$

Setzen Sie $i_1 = -i_2 - i_3$, aus der ersten Gleichung, in die anderen beiden ein, und Sie erhalten

$$\mathcal{E}_1 - i_3 R_3 - i_2 R_1 - i_3 R_1 = 0$$

und

$$\mathcal{E}_2 - i_2 R_2 - i_2 R_1 - i_3 R_1 = 0 .$$

Die erste dieser Gleichungen führt zu

$$i_3 = \frac{\mathcal{E}_1 - i_2 R_1}{R_1 + R_3} .$$

Setzen Sie dies in die zweite Gleichung ein und lösen Sie nach i_2 auf. Sie sollten Folgendes erhalten:

$$\begin{aligned} i_2 &= \frac{\mathcal{E}_2(R_1+R_3) - \mathcal{E}_1 R_1}{R_1 R_2 + R_1 R_3 + R_2 R_3} \\ &= \frac{(1{,}00\ \text{V})(5{,}00\ \Omega + 4{,}00\ \Omega) - (3{,}00\ \text{V})(5{,}00\ \Omega)}{(5{,}00\ \Omega)(2{,}00\ \Omega) + (5{,}00\ \Omega)(4{,}00\ \Omega) + (2{,}00\ \Omega)(4{,}00\ \Omega)} = -0{,}158\ \text{A} . \end{aligned}$$

Setzen Sie dies in den Ausdruck für i_3 ein, und Sie erhalten

$$i_3 = \frac{\mathcal{E}_1 - i_2 R_1}{R_1 + R_3} = \frac{3{,}00\ \text{V} - (-0{,}158\ \text{A})(5{,}00\ \Omega)}{5{,}00\ \Omega + 4{,}00\ \Omega} = 0{,}421\ \text{A} .$$

Schließlich ergibt sich

$$i_1 = -i_2 - i_3 = -(-0{,}158\ \text{A}) - (0{,}421\ \text{A}) = -0{,}263\ \text{A} .$$

Beachten Sie, dass der Strom in R_1 tatsächlich nach unten fließt. Der Strom in R_2 fließt nach rechts und der Strom in R_3 nach oben.

(a) Die Rate, mit der Energie in R_1 umgewandelt wird, ist $P_1 = i_1^2 R_1 = (-0{,}263\ \text{A})^2(5{,}00\ \Omega) = 0{,}346\ \text{W}$.

(b) Die Rate, mit der Energie in R_2 umgewandelt wird, ist $P_2 = i_2^2 R_2 = (-0{,}158\ \text{A})^2(2{,}00\ \Omega) = 0{,}0499\ \text{W}$.

(c) Die Rate, mit der Energie in R_3 umgewandelt wird, ist $P_3 = i_3^2 R_3 = (0{,}421\ \text{A})^2(4{,}00\ \Omega) = 0{,}709\ \text{W}$.

(d) Die Leistung von Batterie $\mathcal{E}_1$ ist $i_3 \mathcal{E}_1 = (0{,}421\ \text{A})(3{,}00\ \text{V}) = 1{,}26\ \text{W}$.

(e) Die Leistung von Batterie $\mathcal{E}_2$ ist $i_2\mathcal{E}_2 = (-0{,}158\,\mathrm{A})(1{,}00\,\mathrm{V}) = -0{,}158\,\mathrm{W}$. Das negative Vorzeichen weist darauf hin, dass Batterie $\mathcal{E}_2$ tatsächlich Energie aus dem Stromkreis aufnimmt.

35 (a) Der Kupferdraht und der Aluminiummantel sind parallel geschaltet, also liegt an ihnen die gleiche Potenzialdifferenz an. Da die Potenzialdifferenz das Produkt aus dem Strom und dem Widerstand ist, haben wir $i_C R_C = i_A R_A$, wobei i_C den Strom im Kupfer und i_A den Strom im Aluminium bezeichnen. ist der Widerstand des Kupfers, und R_A ist der Widerstand des Aluminiums. Der Widerstand jedes Teils ist gegeben durch $R = \rho L/A$, wobei ρ den spezifischen Widerstand, L die Länge und A ie Querschnittsfläche bezeichnen. Der Widerstand des Kupferdrahts ist $R_C = \rho_C L/\pi a^2$, und der Widerstand des Aluminiummantels ist $R_A = \rho_A L/\pi(b^2 - a^2)$. Setzen Sie diese Ausdrücke in $i_C R_C = i_A R_A$ ein und kürzen Sie die gemeinsamen Faktoren L und π, um auf folgenden Ausdruck zu kommen

$$\frac{i_C \rho_C}{a^2} = \frac{i_A \rho_A}{b^2 - a^2}\,.$$

Lösen Sie diese Gleichung simultan mit $i = i_C + i_A$, wobei i den Gesamtstrom bezeichnen. Sie sollten Folgendes erhalten:

$$i_C = \frac{r_C^2 \rho_C i}{(r_A^2 - r_C^2)\rho_C + r_C^2 \rho_A}$$

und

$$i_A = \frac{(r_A^2 - r_C^2)\rho_C i}{(r_A^2 - r_C^2)\rho_C + r_C^2 \rho_A}\,.$$

Die Nenner sind gleich und jeder hat den Wert

$$\begin{aligned}(b^2 - a^2)\rho_C + a^2\rho_A &= \left[(0{,}380 \times 10^{-3}\,\mathrm{m})^2 - (0{,}250 \times 10^{-3}\,\mathrm{m})^2\right](1{,}69 \times 10^{-8}\,\Omega\cdot\mathrm{m})\\ &\quad +(0{,}250 \times 10^{-3}\,\mathrm{m})^2(2{,}75 \times 10^{-8}\,\Omega\cdot\mathrm{m})\\ &= 3{,}10 \times 10^{-15}\,\Omega\cdot\mathrm{m}^3\,.\end{aligned}$$

Also ergibt sich

$$i_C = \frac{(0{,}250 \times 10^{-3}\,\mathrm{m})^2(2{,}75 \times 10^{-8}\,\Omega\cdot\mathrm{m})(2{,}00\,\mathrm{A})}{3{,}10 \times 10^{-15}\,\Omega\cdot\mathrm{m}^3} = 1{,}11\,\mathrm{A}$$

und

$$\begin{aligned}i_A &= \frac{\left[(0{,}380 \times 10^{-3}\,\mathrm{m})^2 - (0{,}250 \times 10^{-3}\,\mathrm{m})^2\right](1{,}69 \times 10^{-8}\,\Omega\cdot\mathrm{m})(2{,}00\,\mathrm{A})}{3{,}10 \times 10^{-15}\,\Omega\cdot\mathrm{m}^3}\\ &= 0{,}893\,\mathrm{A}\,.\end{aligned}$$

(b) Betrachten Sie den Kupferdraht. Wenn V die Potenzialdifferenz bezeichnet, dann ist der Strom gegeben durch $V = i_C R_C = i_C \rho_C L/\pi a^2$, also gilt

$$L = \frac{\pi a^2 V}{i_C \rho_C} = \frac{(\pi)(0{,}250 \times 10^{-3}\,\mathrm{m})^2(12{,}0\,\mathrm{V})}{(1{,}11\,\mathrm{A})(1{,}69 \times 10^{-8}\,\Omega\cdot\mathrm{m})} = 126\,\mathrm{m}\,.$$

39 Der Strom durch R_2 ist i. Der Strom durch R_1 sei i_1, und er zeige nach unten. Gemäß der Knotenregel ist der Strom im Voltmeter $i - i_1$, und er zeigt nach unten. Wir wenden die Maschenregel auf die Schleife auf der linken Seite an und erhalten

$$\mathcal{E} - iR_2 - i_1 R_1 - ir = 0\,.$$

Wir wenden die Maschenregel auf die Schleife auf der rechten Seite an und erhalten

$$i_1 R_1 - (i - i_1)R_V = 0\,.$$

Die zweite Gleichung liefert

$$i = \frac{R_1 + R_V}{R_V} i_1\,.$$

Dies setzen wir in die erste Gleichung ein und erhalten

$$\mathcal{E} - \frac{(R_2 + r)(R_1 + R_V)}{R_V}\, i_1 + R_1 i_1 = 0\,.$$

Diese Gleichung hat die Lösung

$$i_1 = \frac{\mathcal{E} R_V}{(R_2 + r)(R_1 + R_V) + R_1 R_V}\,.$$

Die Anzeige des Voltmeters ist

$$\begin{aligned} i_1 R_1 &= \frac{\mathcal{E} R_V R_1}{(R_2 + r)(R_1 + R_V) + R_1 R_V} \\ &= \frac{(3{,}0\,\mathrm{V})(5{,}0 \times 10^3\,\Omega)(250\,\Omega)}{(300\,\Omega + 100\,\Omega)(250\,\Omega + 5{,}0 \times 10^3\,\Omega) + (250\,\Omega)(5{,}0 \times 10^3\,\Omega)} = 1{,}12\,\mathrm{V}\,. \end{aligned}$$

Bei Nichtvorhandensein des Voltmeters erhält man den Strom, indem man den Grenzwert für R_V gegen unendlich bildet. Dann haben wir

$$i_1 R_1 = \frac{\mathcal{E} R_1}{R_1 + R_2 + r} = \frac{(3{,}0\,\mathrm{V})(250\,\Omega)}{250\,\Omega + 300\,\Omega + 100\,\Omega} = 1{,}15\,\mathrm{V}\,.$$

Der relative Fehler beträgt $(1{,}12 - 1{,}15)/(1{,}15) = -0{,}030$, oder $-3{,}0\%$.

43 Der Strom in R_1 und R_2 sei i_1, und er sei positiv, wenn er in R_1 zum Punkt a fließt. Der Strom in R_s und R_x sei i_2, und er sei positiv, wenn er in R_s zum Punkt b fließt. Die Maschenregel liefert $(R_1 + R_2)i_1 - (R_x + R_s)i_2 = 0$. Da die Punkte a und b auf dem gleichen Potenzial liegen, gilt $i_1 R_1 = i_2 R_s$. Die zweite Gleichung ergibt $i_2 = i_1 R_1 / R_s$; das setzen wir in die erste Gleichung ein und erhalten

$$(R_1 + R_2)i_1 = (R_x + R_s)\frac{R_1}{R_s}\, i_1 \implies R_x = \frac{R_2 R_s}{R_1}\,.$$

45 Während des Ladens ist die Ladung auf der positiven Platte des Kondensators gegeben durch

$$q = C\mathcal{E}(1 - e^{-t/\tau})\,,$$

wobei C die Kapazität, $\mathcal{E}$ die angelegte Spannung und $\tau = RC$ die Zeitkonstante bezeichnen. Die Gleichgewichtsladung ist $q_{\mathrm{eq}} = C\mathcal{E}$. Sie möchten die Zeit bestimmen, für die $q = 0{,}99 q_{\mathrm{eq}} = 0{,}99 C\mathcal{E}$ gilt, also

$$0{,}99 = 1 - e^{-t/\tau}\,.$$

Damit haben wir

$$e^{-t/\tau} = 0{,}01\,.$$

Nehmen Sie den natürlichen Logarithmus auf beiden Seiten, und Sie erhalten $t/\tau = -\ln 0{,}01 = 4{,}6$ und $t = 4{,}6\tau$.

49 (a) Die Ladung auf der positiven Platte des Kondensators ist gegeben durch

$$q = C\mathcal{E}\,(1 - e^{-t/\tau})\,,$$

wobei $\mathcal{E}$ die Spannung der Batterie, C die Kapazität und τ die Zeitkonstante bezeichnen (vgl. Gl. 28-30 und Gl. 28-33). Der Wert von τ ist

$$\tau = RC = (3{,}00 \times 10^6\,\Omega)(1{,}00 \times 10^{-6}\,\mathrm{F}) = 3{,}00\,\mathrm{s}\,.$$

Für $t = 1{,}00\,\mathrm{s}$ haben wir

$$t/\tau = (1{,}00\,\mathrm{s})/(3{,}00\,\mathrm{s}) = 0{,}333$$

und die Rate, mit der die Ladung auf dem Kondensator zunimmt, ist

$$\frac{dq}{dt} = \frac{C\mathcal{E}}{\tau}\, e^{-t/\tau} = \frac{(1{,}00 \times 10^{-6})(4{,}00\,\mathrm{V})}{3{,}00\,\mathrm{s}}\, e^{-0{,}333} = 9{,}55 \times 10^{-7}\,\mathrm{C/s}\,.$$

(b) Die im Kondensator gespeicherte Energie ist gegeben durch

$$U_C = \frac{q^2}{2C} ,$$

und ihre Änderungsrate ist

$$\frac{dU_C}{dt} = \frac{q}{C}\frac{dq}{dt} .$$

Für $t = 1{,}00\,\text{s}$ gilt

$$q = C\mathcal{E}\,(1 - e^{-t/\tau}) = (1{,}00 \times 10^{-6})(4{,}00\,\text{V})(1 - e^{-0{,}333}) = 1{,}13 \times 10^{-6}\,\text{C} ,$$

also

$$\frac{dU_C}{dt} = \left(\frac{1{,}13 \times 10^{-6}\,\text{C}}{1{,}00 \times 10^{-6}\,\text{F}}\right)(9{,}55 \times 10^{-7}\,\text{C/s}) = 1{,}08 \times 10^{-6}\,\text{W} .$$

(c) Die Rate, mit der Energie im Widerstand in Wärme umgewandelt wird, ist gegeben durch $P = i^2R$. Der Strom ist $i = dq/dt = 9{,}55 \times 10^{-7}\text{A}$, also haben wir

$$P = (9{,}55 \times 10^{-7}\text{A})^2(3{,}00 \times 10^6\,\Omega) = 2{,}74 \times 10^{-6}\,\text{W} .$$

(d) Die Rate, mit der Energie von der Batterie geliefert wird, ist

$$i\mathcal{E} = (9{,}55 \times 10^{-7}\text{A})(4{,}00\,\text{V}) = 3{,}82 \times 10^{-6}\,\text{W} .$$

Die von der Batterie gelieferte Energie wird entweder im Kondensator gespeichert oder im Widerstand in Wärme umgewandelt. Die Energieerhaltung führt zu $i\mathcal{E} = dU_C/dt + P_R$. Wegen $dU_C/dt + P_R = 1{,}08 \times 10^{-6}\,\text{W} + 2{,}74 \times 10^{-6}\,\text{W} = 3{,}82 \times 10^{-6}\,\text{W}$ unterstützt das numerische Ergebnis das Erhaltungsprinzip.

51 (a) Die Potenzialdifferenz V zwischen den Platten eines Kondensators steht mit der Ladung q auf der positiven Platte über $V = q/C$ in Beziehung, wobei C die Kapazität ist. Da die Ladung auf einem sich entladenden Kondensator gegeben ist durch $q = q_0\,e^{-t/\tau}$, bedeutet dies $V = V_0\,e^{-t/\tau}$, wobei V_0 die Potenzialdifferenz am Anfang bezeichnet. Wir lösen nach der Zeitkonstante τ auf, indem wir durch V_0 dividieren und den natürlichen Logarithmus nehmen:

$$\tau = -\frac{t}{\ln(V/V_0)} = -\frac{10{,}0\,\text{s}}{\ln[(1{,}00\,\text{V})/(100\,\text{V})]} = 2{,}17\,\text{s} .$$

(b) Bei $t = 17{,}0\,\text{s}$ ist $t/\tau = (17{,}0\,\text{s})/(2{,}17\,\text{s}) = 7{,}83$, also ergibt sich

$$V = V_0\,e^{-t/\tau} = (100\,\text{V})\,e^{-7{,}83} = 3{,}96 \times 10^{-2}\,\text{V} .$$

53 (a) Die anfangs im Kondensator gespeicherte Energie ist gegeben durch

$$U_C = \frac{q_0^2}{2C} ,$$

wobei C die Kapazität und q_0 die Ladung auf einer Platte am Anfang ist. Damit ergibt sich

$$q_0 = \sqrt{2CU_C} = \sqrt{2(1{,}0 \times 10^{-6}\,\text{F})(0{,}50\,\text{J})} = 1{,}0 \times 10^{-3}\,\text{C} .$$

(b) Die Ladung als eine Funktion der Zeit ist gegeben durch $q = q_0\,e^{-t/\tau}$, wobei τ die kapazitive Zeitkonstante ist. Der Strom ist die Ableitung der Ladung:

$$i = -\frac{dq}{dt} = \frac{q_0}{\tau}\,e^{-t/\tau} ,$$

und der Strom am Anfang ist $i_0 = q_0/\tau$. Die Zeitkonstante ist $\tau = RC = (1{,}0 \times 10^{-6}\,\text{F})(1{,}0 \times 10^6\,\Omega) = 1{,}0\,\text{s}$. Also ist $i_0 = (1{,}0 \times 10^{-3}\,\text{C})/(1{,}0\,\text{s}) = 1{,}0 \times 10^{-3}\,\text{A}$.

(c) Wir setzen $q = q_0\, e^{-t/\tau}$ in $V_C = q/C$ ein und erhalten

$$V_C = \frac{q_0}{C}\, e^{-t/\tau} = \left(\frac{1{,}0 \times 10^{-3}\,\text{C}}{1{,}0 \times 10^{-6}\,\text{F}}\right) e^{-t/1{,}0\,\text{s}} = (1{,}0 \times 10^{3}\,\text{V})\, e^{-1{,}0t}\,,$$

wobei t in Sekunden gemessen wird. Wir setzen $i = (q_0/\tau)\, e^{-t/\tau}$ in $V_R = iR$ ein und erhalten

$$V_R = \frac{q_0 R}{\tau}\, e^{-t/\tau} = \frac{(1{,}0 \times 10^{-3}\,\text{C})(1{,}0 \times 10^{6}\,\Omega)}{1{,}0\,\text{s}}\, e^{-t/1{,}0\,\text{s}} = (1{,}0 \times 10^{3}\,\text{V})\, e^{-1{,}0t}\,,$$

wobei t in Sekunden gemessen wird.

(d) Wir setzen $i = (q_0/\tau)\, e^{-t/\tau}$ in $P = i^2 R$ ein und erhalten

$$P = \frac{q_0^2 R}{\tau^2}\, e^{-2t/\tau} = \frac{(1{,}0 \times 10^{-3}\,\text{C})^2 (1{,}0 \times 10^{6}\,\Omega)}{(1{,}0\,\text{s})^2}\, e^{-2t/1{,}0\,\text{s}} = (1{,}0\,\text{W})\, e^{-2{,}0t}\,,$$

wobei t wiederum in Sekunden gemessen wird.

55 (a) Bei $t = 0$ ist der Kondensator vollständig entladen, und der Strom im Kondensatorzweig ist genauso groß, als würde man den Kondensator durch einen Draht ersetzen. Der Strom in R_1 sei i_1, und er sei positiv, wenn er nach rechts fließt. Der Strom in R_2 sei i_2, und er sei positiv, wenn er nach unten fließt. Der Strom in R_3 sei i_3, und er sei positiv, wenn er nach unten fließt. Die Knotenregel ergibt

$$i_1 = i_2 + i_3\,,$$

die Maschenregel, angewandt auf die Schleife auf der linken Seite, ergibt

$$\mathcal{E} - i_1 R_1 - i_2 R_2 = 0\,,$$

und die Maschenregel, angewandt auf die Schleife auf der rechten Seite, ergibt

$$i_2 R_2 - i_3 R_3 = 0\,.$$

Da alle Widerstände gleich sind, können wir die Rechnung vereinfachen, indem wir R_1, R_2 und R_3 durch R ersetzen. Die simultane Lösung der drei Gleichungen ist

$$i_1 = \frac{2\mathcal{E}}{3R} = \frac{2(1{,}2 \times 10^{3}\,\text{V})}{3(0{,}73 \times 10^{6}\,\Omega)} = 1{,}1 \times 10^{-3}\,\text{A}$$

und

$$i_2 = i_3 = \frac{\mathcal{E}}{3R} = \frac{1{,}2 \times 10^{3}\,\text{V}}{3(0{,}73 \times 10^{6}\,\Omega)} = 5{,}5 \times 10^{-4}\,\text{A}\,.$$

Bei $t = \infty$ ist der Kondensator vollkommen aufgeladen, und der Strom im Kondensatorzweig ist 0. Also ist $i_1 = i_2$, und die Maschenregel liefert

$$\mathcal{E} - i_1 R_1 - i_1 R_2 = 0\,.$$

Die Lösung ist

$$i_1 = i_2 = \frac{\mathcal{E}}{2R} = \frac{1{,}2 \times 10^{3}\,\text{V}}{2(0{,}73 \times 10^{6}\,\Omega)} = 8{,}2 \times 10^{-4}\,\text{A}\,.$$

(b) Die obere Platte des Kondensators sei positiv. Das ist damit konsistent, dass der Strom zu dieser Platte fließt. Die Gleichung der Knotenregel lautet $i_1 = i_2 + i_3$, und die Gleichungen der Maschenregel lauten

$$\mathcal{E} - i_1 R - i_2 R = 0 \quad \text{und} \quad -\frac{q}{C} - i_3 R + i_2 R = 0\,.$$

Wir verwenden die erste Gleichung, um i_1 in die zweite einzusetzen, und erhalten $\mathcal{E} - 2i_2R - i_3R = 0$. Also ist $i_2 = (\mathcal{E} - i_3R)/2R$. Wir setzen diesen Ausdruck in die dritte Gleichung oben ein und erhalten $-(q/C) - (i_3R) + (\mathcal{E}/2) - (i_3R/2) = 0$. Nun ersetzen wir i_3 durch dq/dt und erhalten

$$\frac{3R}{2}\frac{dq}{dt} + \frac{q}{C} = \frac{\mathcal{E}}{2}\,.$$

Dies ist analog zur Gleichung für einen in Reihe geschalteten RC Stromkreis, außer dass die Zeitkonstante $\tau = 3RC/2$ ist und dass die angelegte Potenzialdifferenz $\mathcal{E}/2$ beträgt. Die Lösung ist

$$q = \frac{C\mathcal{E}}{2}\left(1 - e^{-2t/3RC}\right)\,.$$

Der Strom im Kondensatorzweig ist

$$i_3 = \frac{dq}{dt} = \frac{\mathcal{E}}{3R}e^{-2t/3RC}\,.$$

Der Strom im mittleren Zweig ist

$$\begin{aligned} i_2 &= \frac{\mathcal{E}}{2R} - \frac{i_3}{2} = \frac{\mathcal{E}}{2R} - \frac{\mathcal{E}}{6R}e^{-2t/3RC} \\ &= \frac{\mathcal{E}}{6R}\left(3 - e^{-2t/3RC}\right), \end{aligned}$$

und die Potenzialdifferenz über R_2 ist

$$V_2 = i_2R = \frac{\mathcal{E}}{6}\left(3 - e^{-2t/3RC}\right)\,.$$

Dies ist im folgenden Graphen wiedergegeben.

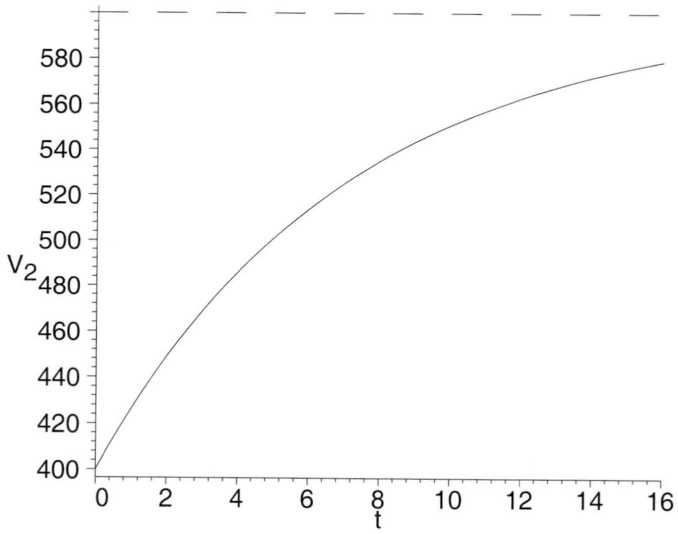

(c) Für $t = 0$ ist $e^{-2t/3RC}$ gerade 1 und $V_R = \mathcal{E}/3 = (1{,}2 \times 10^3\ \text{V})/3 = 400\ \text{V}$. Für $t = \infty$ ist $e^{-2t/3RC}$ gerade 0 und $V_R = \mathcal{E}/2 = (1{,}2 \times 20^3\ \text{V})/2 = 600\ \text{V}$.

(d) Nach „einer langen Zeit“ bedeutet nach mehreren Zeitkonstanten. Dann ist der Strom im Kondensatorzweig sehr klein und kann durch 0 approximiert werden.

29 Magnetfelder

3 (a) Der Betrag der magnetischen Kraft auf das Proton ist gegeben durch $F_B = ev \sin\phi$, wobei v die Geschwindigkeit des Protons, B den Betrag des Magnetfelds und ϕ den Winkel zwischen der Teilchengeschwindigkeit und dem Feld bezeichnen, wenn ihre Vektoren in den gleichen Punkt gelegt werden. Also erhalten wir

$$v = \frac{F_B}{eB\sin\phi} = \frac{6{,}50 \times 10^{-17}\,\mathrm{N}}{(1{,}60 \times 10^{-19}\,\mathrm{C})(2{,}60 \times 10^{-3}\,\mathrm{T})\sin 23{,}0^\circ} = 4{,}00 \times 10^5\ \mathrm{m/s}\,.$$

(b) Die kinetische Energie des Protons ist

$$K = \frac{1}{2}mv^2 = \frac{1}{2}(1{,}67 \times 10^{-27}\,\mathrm{kg})(4{,}00 \times 10^5\,\mathrm{m/s})^2 = 1{,}34 \times 10^{-16}\ \mathrm{J}\,.$$

Dies entspricht $(1{,}34 \times 10^{-16}\,\mathrm{J})/(1{,}60 \times 10^{-19}\,\mathrm{J/eV}) = 835\ \mathrm{eV}$.

5 (a) Das Lehrbuch verwendet den "geomagnetischen Nordpol", um den magnetischen Pol der Erde zu bezeichnen, der auf der nördlichen Halbkugel liegt. Also bewegen sich die Elektronen nach Norden. Die vertikale Komponente des Magnetfeldes ist nach unten gerichtet. Die Rechte-Hand-Regel besagt, dass $\vec{v} \times \vec{B}$ nach Westen weist, aber da das Elektron negativ geladen ist (und $\vec{F} = q\vec{v} \times \vec{B}$), weist die magnetische Kraft nach Osten.

(b) Wenn K die kinetische Energie des Elektrons und m seine Masse bezeichnen, dann ist seine Geschwindigkeit

$$v = \sqrt{\frac{2K}{m}} = \sqrt{\frac{2(12{,}0 \times 10^3\,\mathrm{eV})(1{,}60 \times 10^{-19}\ \mathrm{J/eV})}{9{,}11 \times 10^{-31}\,\mathrm{kg}}} = 6{,}49 \times 10^7\ \mathrm{m/s}\,.$$

Da sich das Elektron entlang einer Linie bewegt, die parallel zur Horizontalkomponente des Erdmagnetfeldes verläuft, geht diese Komponente nicht in die Berechnung der magnetischen Kraft auf das Elektron ein. Der Betrag der Kraft auf das Elektron ist evB, und wegen $F = ma$, wobei m die Masse des Elektrons und a den Betrag seiner Beschleunigung bezeichnen, haben wir $evB = ma$ und

$$a = \frac{evB}{m} = \frac{(1{,}60 \times 10^{-19}\,\mathrm{C})(6{,}49 \times 10^7\,\mathrm{m/s})(55{,}0 \times 10^{-6}\,\mathrm{T})}{9{,}11 \times 10^{-31}\,\mathrm{kg}} = 6{,}27 \times 10^{14}\ \mathrm{m/s^2}\,.$$

(c) Wir vernachlässigen die Ablenkung des Elektronenstrahls auf Grund der horizontalen Komponente des Erdmagnetfeldes. Das Elektron sollte sich dann auf einem Kreisbogen bewegen. Die Ablenkung ist jedoch so klein, dass viele der technischen Einzelheiten der Kreisgeometrie vernachlässigt werden können, und die Berechnung für eine Wurfbahn liefert eine geeignete Näherung:

$$\Delta x = vt \implies t = \frac{\Delta x}{v} = \frac{0{,}200\,\mathrm{m}}{6{,}49 \times 10^7\,\mathrm{m/s}}$$

was eine Zeit $t = 3{,}08 \times 10^{-9}$ s liefert. Wenn wir unsere y-Achse nach Osten legen, haben wir

$$\Delta y = \frac{1}{2}at^2 = \frac{1}{2}\left(6{,}27 \times 10^{14}\right)\left(3{,}08 \times 10^{-9}\right)^2 = 0{,}00298\ \mathrm{m}\,.$$

7 (a) Wenn wir den Betrag der elektrischen Kraft ($F = eE$) gleich dem der magnetischen Kraft (Gl. 29-3) setzen, erhalten wir $B = E/v \sin\phi$. Das Feld ist am kleinsten, wenn der Faktor $\sin\phi$ seinen größten Wert annimmt. d.h. für $\phi = 90°$. Nun verwenden wir $K = \frac{1}{2}mv^2$, um die Geschwindigkeit zu bestimmen:

$$v = \sqrt{\frac{2K}{m_e}} = \sqrt{\frac{2(2{,}5 \times 10^3\,\text{eV})(1{,}60 \times 10^{-19}\,\text{J/eV})}{9{,}11 \times 10^{-31}\,\text{kg}}} = 2{,}96 \times 10^7\ \text{m/s}\,.$$

Also ergibt sich

$$B = \frac{E}{v} = \frac{10 \times 10^3\text{V/m}}{2{,}96 \times 10^7\ \text{m/s}} = 3{,}4 \times 10^{-4}\ \text{T}\,.$$

Das Magnetfeld muss sowohl zum elektrischen Feld als auch zur Geschwindigkeit des Elektrons senkrecht stehen.

(b) Ein Proton wird unabgelenkt passieren, wenn seine Geschwindigkeit genauso groß ist wie die des Elektrons. Sowohl die elektrische Kraft als auch die magnetische Kraft drehen ihre Richtung um, aber sie heben sich immer noch auf.

11 Damit die Teilchen nicht abgelenkt werden, darf die einzige Komponente der resultierenden Kraft, die nicht verschwindet, die Komponente sein, die parallel zur Teilchengeschwindigkeit liegt. Das elektrische Feld hat den kleinstmöglichen Betrag, wenn alle Komponenten der resultierenden Kraft verschwinden. Also haben wir $e(\vec{E} + \vec{v} \times \vec{B}) = \vec{0}$. Das elektrische Feld $\vec{E}$ muss senkrecht sowohl zur Teilchengeschwindigkeit $\vec{v}$ als auch zum Magnetfeld $\vec{v} \times \vec{B}$ stehen. Das Magnetfeld steht senkrecht zur Geschwindigkeit, also hat $\vec{v} \times \vec{B}$ den Betrag vB, und der Betrag des elektrischen Felds ist gegeben durch $E = vB$. Weil das Teilchen die Ladung e besitzt und durch eine Potenzialdifferenz V beschleunigt wird, gilt $1/2mv^2 = eV$ und $v = \sqrt{2eV/m}$. Also ergibt sich

$$E = B\sqrt{\frac{2eV}{m}} = (1{,}2\text{T})\sqrt{\frac{2(1{,}60 \times 10^{-19}\,\text{C})(10 \times 10^3\,\text{V})}{(6{,}0\,\text{u})(1{,}661 \times 10^{-27}\,\text{kg/u})}} = 6{,}8 \times 10^5\ \text{V/m}\,.$$

15 Aus Gl. 29-16 erhalten wir

$$B = \frac{m_e v}{er} = \frac{(9{,}11 \times 10^{-31}\,\text{kg})(1{,}3 \times 10^6\,\text{m/s})}{(1{,}60 \times 10^{-19}\,\text{C})(0{,}35\,\text{m})} = 2{,}1 \times 10^{-5}\ \text{T}\,.$$

17 (a) Da die kinetische Energie durch $K = \frac{1}{2}mv^2$ gegeben ist, wobei m die Elektronenmasse und v seine Geschwindigkeit bezeichnen, haben wir

$$v = \sqrt{\frac{2K}{m}} = \sqrt{\frac{2(1{,}20 \times 10^3\,\text{eV})(1{,}60 \times 10^{-19}\,\text{eV/J})}{9{,}11 \times 10^{-31}\,\text{kg}}} = 2{,}05 \times 10^7\ \text{m/s}\,.$$

(b) Der Betrag des Magnetfelds ist gegeben durch evB, und die Beschleunigung des Elektrons ist gegeben durch v^2/r, wobei r den Bahnradius bezeichnet. Das zweite Newtonsche Axiom lautet $evB = mv^2/r$, also haben wir

$$B = \frac{mv}{er} = \frac{(9{,}11 \times 10^{-31}\,\text{kg})(2{,}05 \times 10^7\,\text{m/s})}{(1{,}60 \times 10^{-19}\,\text{C})(25{,}0 \times 10^{-2}\,\text{m})} = 4{,}67 \times 10^{-4}\ \text{T}\,.$$

(c) Die Frequenz f gibt die Anzahl an, wie oft das Elektron seine Kreisbahn pro Zeit umläuft, also gilt

$$f = \frac{v}{2\pi r} = \frac{2{,}07 \times 10^7\ \text{m/s}}{2\pi(25{,}0 \times 10^{-2}\,\text{m})} = 1{,}31 \times 10^7\ \text{Hz}\,.$$

(d) Die Periodendauer ist der Kehrwert der Frequenz:

$$T = 1/f = (1{,}31 \times 10^7\,\text{Hz})^{-1} = 7{,}63 \times 10^{-8}\ \text{s} = 76{,}3\ \text{ns}.$$

21 Damit das Magnetfeld eine Auswirkung auf das sich bewegende Elektron hat, muss eine nicht vernachlässigbare Komponente von $\vec{B}$ senkrecht zu $\vec{v}$ (der Elektronengeschwindigkeit) stehen. Daher ist es am wirkungsvollsten, das Magnetfeld so zu orientieren, dass es senkrecht zur Zeichenebene steht. Die magnetische Kraft auf ein Elektron hat den Betrag $F_B = evB$, und die Beschleunigung des Elektrons hat den Betrag $a = v^2/r$. Das zweite Newtonsche Gesetz liefert $evB = m_e v^2/r$, also ist der Radius der Kreisbahn gegeben durch $r = m_e v/eB$, in Übereinstimmung mit Gl. 29-16. Die kinetische Energie des Elektrons ist $K = \frac{1}{2}m_e v^2$, also ist $v = \sqrt{2K/m_e}$. Damit haben wir

$$r = \frac{m_e}{eB}\sqrt{\frac{2K}{m_e}} = \sqrt{\frac{2m_e K}{e^2 B^2}} \, .$$

Dies muss kleiner sein als d, also

$$\sqrt{\frac{2m_e K}{e^2 B^2}} \leq d$$

oder

$$B \geq \sqrt{\frac{2m_e K}{e^2 d^2}} \, .$$

Wenn sich die Elektronen wie in Abb.. 29-33 bewegen, muss das Magnetfeld aus der Zeichenebene zeigen. Die magnetische Kraft weist dann zum Mittelpunkt der Kreisbahn, wie es sein muss (um die Kreisbewegung zu ermöglichen).

25 (a) Wir lösen $m = B^2 q x^2/8V$ (vgl. Beispielaufgabe 29-3) nach B auf:

$$B = \sqrt{\frac{8Vm}{qx^2}} \, .$$

Diesen Ausdruck werten wir unter Verwendung von $x = 2{,}00$ m aus:

$$B = \sqrt{\frac{8(100 \times 10^3\,\text{V})(3{,}92 \times 10^{-25}\,\text{kg})}{(3{,}20 \times 10^{-19}\,\text{C})(2{,}00\,\text{m})^2}} = 0{,}495\,\text{T} \, .$$

(b) Die Anzahl der durch die Apparatur pro Zeiteinheit getrennten Ionen sei N. Der Strom ist $i = qN$, und die pro Zeiteinheit getrennte Masse ist $M = mN$, wobei m die Masse eines einzelnen Ions ist. M hat den Wert

$$M = \frac{100 \times 10^{-6}\,\text{kg}}{3600\,\text{s}} = 2{,}78 \times 10^{-8}\,\text{kg/s} \, .$$

Wegen $N = M/m$ haben wir

$$i = \frac{qM}{m} = \frac{(3{,}20 \times 10^{-19}\,\text{C})(2{,}78 \times 10^{-8}\,\text{kg/s})}{3{,}92 \times 10^{-25}\,\text{kg}} = 2{,}27 \times 10^{-2}\,\text{A} \, .$$

(c) Jedes Ion setzt im Kollektor die Energie qV frei, also ist die in der Zeit Δt freigesetzte Energie gegeben durch

$$E = NqV\,\Delta t = \frac{iqV}{q}\,\Delta t = iV\,\Delta t \, .$$

Für $\Delta t = 1{,}0$h ist dies

$$E = (2{,}27 \times 10^{-2}\,\text{A})(100 \times 10^3\,\text{V})(3600\,\text{s}) = 8{,}17 \times 10^6\,\text{J} \, .$$

Um den zweiten Ausdruck zu erhalten wurde i/q für N eingesetzt.

27 (a) Wenn v die Geschwindigkeit des Positrons ist, dann ist $v \sin\phi$ die Komponente seiner Geschwindigkeit in der Ebene, die senkrecht zum Magnetfeld steht. Dabei ist ϕ der Winkel zwischen der Geschwindigkeit und dem Feld (89°). Das zweite Newtonsche Axiom liefert $eBv \sin\phi = m_e(v\sin\phi)^2/r$, wobei r den Bahnradius bezeichnet. Also ergibt sich $r = (m_e v/eB)\sin\phi$. Die Periodendauer ist gegeben durch

$$T = \frac{2\pi r}{v\sin\phi} = \frac{2\pi m_e}{eB} = \frac{2\pi(9{,}11 \times 10^{-31}\,\text{kg})}{(1{,}60 \times 10^{-19}\,\text{C})(0{,}10\,\text{T})} = 3{,}6 \times 10^{-10}\,\text{s} \, .$$

Der Ausdruck für r wurde eingesetzt, um den zweiten Ausdruck für T zu erhalten.

(b) Die Steigung p ist die Strecke, die entlang der Magnetfeldlinien während einer Periodendauer zurückgelegt wird. Also haben wir $p = vT\cos\phi$. Verwenden Sie die kinetische Energie, um die Geschwindigkeit zu bestimmen: $K = \frac{1}{2}m_e v^2$ liefert

$$v = \sqrt{\frac{2K}{m_e}} = \sqrt{\frac{2(2{,}0\times 10^3\,\text{eV})(1{,}60\times 10^{-19}\,\text{J/eV})}{9{,}11\times 10^{-31}\,\text{kg}}} = 2{,}651\times 10^7\,\text{m/s}\,.$$

Also haben wir

$$p = (2{,}651\times 10^7\,\text{m/s})(3{,}58\times 10^{-10}\,\text{s})\cos 89^\circ = 1{,}7\times 10^{-4}\,\text{m}\,.$$

(c) Der Bahnradius ist

$$R = \frac{m_e v\sin\phi}{eB} = \frac{(9{,}11\times 10^{-31}\,\text{kg})\left(2{,}651\times 10^7\,\text{m/s}\right)\sin 89^\circ}{\left(1{,}60\times 10^{-19}\,\text{C}\right)(0{,}10\text{T})} = 1{,}5\times 10^{-3}\,\text{m}\,.$$

29 (a) Aus der Ladungserhaltung ergibt sich $-q$.

(b) Jedes der beiden Teilchen wird sich auf der gleichen Kreisbahn bewegen, wobei sie sich anfangs in entgegen gesetzte Richtungen bewegen. Nachdem Sie die halbe Umlaufbahn durchlaufen haben, werden sie zusammenstoßen. Daher ist die Zeit durch $t = T/2 = \pi m/Bq$ gegeben (wobei Gl. 29-17 verwendet wurde).

31 Wir approximieren die Gesamtstrecke durch die Anzahl der Umdrehungen mal dem Umfang der zur durchschnittlichen Energie gehörigen Bahn. Dies sollte eine gute Näherung sein, da das Deuteron bei jeder Umdrehung die gleiche Energie aufnimmt und seine Periodendauer nicht von seiner Energie abhängt. Das Deuteron wird bei jeder Umkreisung zweimal beschleunigt, und jedes Mal nimmt es die Energie $qV = 80\times 10^3$ eV auf. Da seine Endenergie 16,6 MeV beträgt, ist die Anzahl der Umdrehungen, die es vollführt,

$$n = \frac{16{,}6\times 10^6\,\text{eV}}{2(80\times 10^3\,\text{eV})} = 104\,.$$

Seine durchschnittliche Energie während des Beschleunigungsprozesses ist 8,3 MeV. Der Bahnradius ist gegeben durch $r = mv/qB$, wobei v die Geschwindigkeit des Deuterons bezeichnet. Da diese gegeben ist durch $v = \sqrt{2K/m}$, ist der Radius

$$r = \frac{m}{qB}\sqrt{\frac{2K}{m}} = \frac{1}{qB}\sqrt{2Km}\,.$$

Für die Durchschnittsenergie ist

$$r = \frac{\sqrt{2(8{,}3\times 10^6\,\text{eV})(1{,}60\times 10^{-19}\,\text{J/eV})(3{,}34\times 10^{-27}\,\text{kg})}}{(1{,}60\times 10^{-19}\,\text{C})(1{,}57\,\text{T})} = 0{,}375\,\text{m}\,.$$

Die insgesamt zurückgelegte Strecke ist ungefähr $n2\pi r = (104)(2\pi)(0{,}375) = 2{,}4\times 10^2$ m.

33 Der Betrag der magnetischen Kraft auf den Draht ist gegeben durch $F_B = iLB\sin\phi$, wobei i den Strom durch den Draht, L die Drahtlänge, B den Betrag des magnetischen Felds und ϕ en Winkel zwischen dem Strom und dem Feld bezeichnen. In diesem Fall ist $\phi = 70^\circ$. Also haben wir

$$F_B = (5000\,\text{A})(100\,\text{m})(60{,}0\times 10^{-6}\,\text{T})\sin 70^\circ = 28{,}2\,\text{N}\,.$$

Wenden Sie die Rechte-Hand-Regel auf das Kreuzprodukt $\vec{F}_B = i\vec{L}\times\vec{B}$ an, um zu zeigen, dass die raft nach Westen gerichtet ist.

35 Die magnetische Kraft auf den Draht muss nach oben wirken und einen Betrag haben, der gleich der Gravitationskraft mg auf den Draht ist. Die Anwendung der Rechte-Hand-Regel offenbart, dass der Strom von links nach rechts fließen muss. Da das Feld und der Strom senkrecht auf einander stehen, ist der Betrag der magnetischen Kraft gegeben durch $F_B = iLB$, wobei L die Länge des Drahts ist. Damit ergibt sich

$$iLB = mg \implies i = \frac{mg}{LB} = \frac{(0{,}0130\,\text{kg})(9{,}8\,\text{m/s}^2)}{(0{,}620\,\text{m})(0{,}440\,\text{T})} = 0{,}467\,\text{A}\,.$$

37 Die magnetische Kraft muss in der Horizontalen auf den Barren drücken, um die Reibungskraft zu überwinden. Aber sie kann so orientiert sein, dass sie am Barren auch nach oben zieht und dabei sowohl die Normalkraft als auch die maximal mögliche Reibungskraft vermindert. Angenommen, das Magnetfeld bildet einen Winkel θ mit der Vertikalen. Die Skizze zeigt den gleitenden Barren von hinten. Die Kräfte sind ebenfalls eingezeichnet: $\vec{F}_B$ ist die Kraft des Magnetfelds, wenn der Strom aus der Zeichenebene nach außen zeigt, $m\vec{g}$ ist die Gravitationskraft, $\vec{N}$ ist die Normalkraft der ruhenden Schienen auf den Barren und $\vec{f}$ ist die Reibungskraft. Beachten Sie, dass die magnetische Kraft einen Winkel θ mit der Horizontalen bildet. Wenn der Barren zu gleiten beginnt, ist die resultierende Kraft auf ihn null und der Betrag der Reibungskraft ist gegeben durch $\mu_s N$, wobei μ_s den Haftreibungskoeffizienten bezeichnet. Das Magnetfeld steht senkrecht zum Draht, also ist der Betrag der magnetischen Kraft gegeben durch $F_B = iLB$, wobei i den Strom im Barren und L die Länge des Barrens bezeichnen. Die vertikale Komponente des zweiten Newtonschen Axioms liefert $N + iLB \sin\theta = 0$, und die horizontale Komponente liefert $iLB\cos\theta - \mu_s N = 0$. Lösen Sie die zweite Gleichung nach N auf und setzen Sie das Ergebnis in die erste Gleichung ein; anschließend lösen Sie nach B auf. Sie sollten Folgendes erhalten

$$B = \frac{\mu_s mg}{iL(\cos\theta + \mu_s \sin\theta)} \; .$$

B nimmt seinen kleinsten Wert an, wenn $\cos\theta + \mu_s \sin\theta$ maximal ist. Setzen Sie die Ableitung von $\cos\theta + \mu_s \sin\theta$ gleich null und lösen Sie nach θ auf. Sie sollten

$$\tan^{-1}(0{,}60) = 31^\circ$$

erhalten. Werten Sie nun den Ausdruck für den minimalen Wert von B aus:

$$B_{\text{min}} = \frac{0{,}60(1{,}0\,\text{kg})(9{,}8\,\text{m/s}^2)}{(50\,\text{A})(1{,}0\,\text{m})(\cos 31^\circ + 0{,}60 \sin 31^\circ)} = 0{,}10\,\text{T} \; .$$

39 Das angewandte Feld hat zwei Komponenten: $B_x > 0$ und $B_z > 0$. Betrachten wir jedes der geraden Segmente der rechteckigen Spule, bemerken wir, dass Gl. 29-26 eine nicht-verschwindende Kraft nur für die Komponente von $\vec{B}$ erzeugt, die senkrecht zu diesem Segment steht; wir bemerken auch, dass die Gleichung tatsächlich mit $N = 20$ multipliziert wird, da es sich um eine Spule mit 20 Windungen handelt. Da wir das Drehmoment um die Drehachse berechnen wollen, können wir die auf das gerade Segment der Spule, das entlang der y-Achse liegt, wirkende Kraft ignorieren (an die Drehachse angreifende Kräfte erzeugen kein Drehmoment um diese Achse). Auf das obere und untere gerade Segment wirken Kräfte gemäß Gl. 29-26 (verursacht durch die B_z-Komponente), aber diese Kräfte wirken (nach der Rechte-Hand-Regel) in die $\pm y$-Richtung und sind daher nicht in der Lage, ein Drehmoment um die y-Achse zu erzeugen. Folglich beruht das Drehmoment vollkommen auf der Kraft, die auf das gerade Segment ausgeübt wird, das bei $x = 0{,}050$ m liegt, das die Länge $L = 0{,}10$ m hat und in Abbildung 29-36 einen Strom in die $-y$-Richtung besitzt. Die B_z-Komponente wird nun eine Kraft auf dieses gerade Segment erzeugen, die in die $-x$-Richtung (zurück zur Drehachse) weist und daher kein Drehmoment um diese Achse ausübt. Die B_x-Komponente jedoch (die gleich $B\cos\theta$ ist mit $B = 0{,}50$ T und $\theta = 30^\circ$) erzeugt eine Kraft, die gleich $NiLB_x$ ist, die (nach der Rechte-Hand-Regel) in die $+z$-Richtung weist. Da die Wirkung dieser Kraft senkrecht auf der Ebene der Spule steht und in einem Abstand x von der Drehachse angreift, hat das Drehmoment den Betrag

$$\tau = (NiLB_x)\,(x) = NiLxB\cos\theta = (20)(0{,}10)(0{,}10)(0{,}050)(0{,}50)\cos 30^\circ = 0{,}0043$$

in SI-Einheiten (N·m). Wegen $\vec{\tau} = \vec{r} \times \vec{F}$ ist die Richtung des Drehmoments $-y$. Ein alternativer Weg zur Behandlung dieser Aufgabe besteht darin, Gl. 29-37 zu verwenden. Die Details dazu zeigen wir hier nicht, aber beachten Sie, dass das magnetische Dipolmoment (ein nötiger Teil von Gl. 29-37) folgenden Betrag hat

$$|\vec{\mu}| = NiA = (20)(0{,}10\,\text{A})(0{,}0050\,\text{m}^2)$$

und in die $-z$-Richtung weist. An dieser Stelle kann Gl. 3-30 verwendet werden, um das Ergebnis für den Drehmoment-Vektor zu erhalten.

41 Bildet man N Windungen aus dem Draht der Länge L, so ist der Umfang jeder Windung L/N, der Radius jeder Windung $R = L/2\pi N$ und die Fläche jeder Windung $A = \pi R^2 = \pi(L/2\pi N)^2 = L^2/4\pi N^2$. Damit das Drehmoment maximal wird, orientieren wir die Ebene der Windungen parallel zum Magnetfeld. Das Dipolmoment steht also senkrecht auf dem Feld. Der Betrag des Drehmoments ist dann

$$\tau = NiAB = (Ni)\left(\frac{L^2}{4\pi N^2}\right)B = \frac{iL^2B}{4\pi N} \; .$$

Damit das Drehmoment maximal wird, lassen wir N den kleinstmöglichen Wert annehmen, 1. Dann ist $\tau = iL^2B/4\pi$.

43 Betrachten Sie einen infinitesimalen Abschnitt der Schleife mit der Länge ds. Das Magnetfeld steht senkrecht auf dem Abschnitt, also hat die magnetische Kraft auf ihn den Betrag $dF = iB\,ds$. Die horizontale Komponente der Kraft hat den Betrag $dF_h = (iB\cos\theta)\,ds$ und weist nach innen zum Mittelpunkt der Schleife. Die vertikale Komponente hat den Betrag $dF_v = (iB\sin\theta)\,ds$ und weist nach oben. Wir addieren nun die Kräfte auf alle Abschnitte der Schleife. Die horizontale Komponente der Gesamtkraft verschwindet, weil jeder Abschnitt des Drahts mit einem direkt gegenüber liegenden Abschnitt „gepaart" werden kann. Die horizontalen Komponenten dieser Kräfte zeigen beide zum Mittelpunkt der Schleife und damit in entgegen gesetzte Richtungen. Die vertikale Komponente der Gesamtkraft ist

$$F_v = iB\sin\theta \int ds = (iB\sin\theta)2\pi a\ .$$

Wir bemerken, dass i, B und θ für jeden Abschnitt den gleichen Wert besitzen und daher als Faktoren vor das Integral gezogen werden können.

45 (a) Der Strom im Galvanometer sollte 1,62 mA sein, wenn die Potenzialdifferenz über die Kombination Widerstand-Galvanometer 1,00 V beträgt. Die Potenzialdifferenz über das Galvanometer alleine ist $iR_g = (1{,}62 \times 10^{-3}\,\text{A})(75{,}3\,\Omega) = 0{,}122\,\text{V}$, also muss der Widerstand mit dem Galvanometer in Reihe geschaltet werden, und die Potenzialdifferenz über ihn muss $1{,}00\,\text{V} - 0{,}122\,\text{V} = 0{,}878\text{V}$ sein. Der Widerstand sollte $R = (0{,}878\,\text{V})/(1{,}62 \times 10^{-3}\,\text{A}) = 542\,\Omega$ sein.

(b) Der Strom im Galvanometer sollte 1,62 mA betragen, wenn der Gesamtstrom in der Kombination Widerstand-Galvanometer 50,0 mA ist. Der Widerstand solle mit dem Galvanometer parallel geschaltet werden, und der Strom darüber sollte $50{,}0\,\text{mA} - 1{,}62\,\text{mA} = 48{,}38\,\text{mA}$ betragen. Die Potenzialdifferenz über den Widerstand ist die gleiche wie über über das Galvanometer, 0,122 V. Also sollte der Widerstand $R = (0{,}122\,\text{V})/(48{,}38 \times 10^{-3}\,\text{A}) = 2{,}52\,\Omega$ sein.

47 In der Skizze sind $\vec{\mu}$ das magnetische Dipolmoment der Drahtschleife und $\vec{B}$ das Magnetfeld. Da die Ebene der Schleife parallel zur schiefen Ebene liegt, steht das Dipolmoment senkrecht zur schiefen Ebene. Die auf den Zylinder wirkenden Kräfte sind die Gravitationskraft mg, die am Schwerpunkt angreifend nach unten gerichtet ist, die Normalkraft der schiefen Ebene N, die am Schwerpunkt angreifend senkrecht zur schiefen Eben wirkt, und die Reibungskraft f, die am Berührungspunkt angreifend entlang der schiefen Ebene nach oben gerichtet ist. Lassen Sie die x-Achse mit der positiven Richtung die schiefe Ebene nach unten weisen. Dann liefert die x-Komponente des zweiten Newtonschen Axioms für den Schwerpunkt

$$mg\sin\theta - f = ma\ .$$

Um das Drehmoment zu berechnen, lassen Sie die Zylinderachse die Drehachse sein. Das Magnetfeld erzeugt ein Drehmoment mit Betrag $\mu B\sin\theta$, und die Reibungskraft erzeugt ein Drehmoment mit Betrag fr, wobei r den Zylinderradius bezeichnet. Das erste Drehmoment erzeugt eine Winkelbeschleunigung im Gegenuhrzeigersinn, und das zweite erzeugt eine Winkelbeschleunigung im Uhrzeigersinn. Das zweite Newtonsche Axiom für die Rotation um den Mittelpunkt des Zylinders, $\tau = I\alpha$, ergibt

$$fr - \mu B\sin\theta = I\alpha\ .$$

Da Sie den Strom suchen, der den Zylinder an seinem Platz hält, setzen Sie $a = 0$ und $\alpha = 0$, verwenden Sie dann eine Gleichung, um f aus der anderen zu eliminieren. Sie sollten $mgr = \mu B$ erhalten. Die Schleife ist rechteckig mit zwei Seiten der Länge L und zwei Seiten der Länge $2r$, also ist ihre Fläche $A = 2rL$, und das Dipolmoment ist $\mu = NiA = 2NirL$. Also ergibt sich $mgr = 2NirLB$ und

$$i = \frac{mg}{2NLB} = \frac{(0{,}250\,\text{kg})(9{,}8\,\text{m/s}^2)}{2(10{,}0)(0{,}100\,\text{m})(0{,}500\,\text{T})} = 2{,}45\ \text{A}\ .$$

49 (a) Der Betrag des magnetischen Dipolmoments ist gegeben durch $\mu = NiA$, wobei N die Anzahl der Windungen, i den Strom durch jede Windung und A die Fläche einer Schleife bezeichnen. In diesem Fall sind die Schleifen kreisförmig, also gilt $A = \pi r^2$, wobei r den Radius einer Windung bezeichnet. Also haben wir

$$i = \frac{\mu}{N\pi r^2} = \frac{2{,}30\,\text{A}\cdot\text{m}^2}{(160)(\pi)(0{,}0190\,\text{m})^2} = 12{,}7\ \text{A}\ .$$

(b) Das maximale Drehmoment tritt auf, wenn das Dipolmoment senkrecht zum Feld steht (oder die Ebene der Schleife parallel zum Feld liegt). Es ist gegeben durch

$$\tau_{max} = \mu B = \left(2{,}30\,\mathrm{A \cdot m^2}\right)\left(35{,}0 \times 10^{-3}\,\mathrm{T}\right) = 8{,}05 \times 10^{-2}\,\mathrm{N \cdot m}\,.$$

51 (a) Die Fläche der Schleife ist $A = \frac{1}{2}(30\,\mathrm{cm})(40\,\mathrm{cm}) = 6{,}0 \times 10^2\,\mathrm{cm}^2$, also haben wir

$$\mu = iA = (5{,}0\,\mathrm{A})\left(6{,}0 \times 10^{-2}\,\mathrm{m}^2\right) = 0{,}30\,\mathrm{A \cdot m^2}\,.$$

(b) Das auf die Schleife wirkende Drehmoment ist

$$\tau = \mu B \sin\theta = \left(0{,}30\,\mathrm{A \cdot m^2}\right)\left(80 \times 10^3\,\mathrm{T}\right)\sin 90° = 2{,}4 \times 10^{-2}\,\mathrm{N \cdot m}\,.$$

53 (a) Der Betrag des magnetischen Dipolmoments einer stromdurchflossenen Schleife ist gegeben durch $\mu = iA$, wobei i den Strom in der Schleife und A die Fläche der Schleife bezeichnen. Jede der Schleifen bildet einen Kreis und ihre Fläche ist gegeben durch $A = 2\pi r^2$, wobei R en Radius bezeichnet. Also hat das Dipolmoment der inneren Schleife einen Betrag von $\mu_i = i\pi r_1^2 = (7{,}00\mathrm{A})\pi(0{,}200\,\mathrm{m}^2) = 0{,}880\,\mathrm{A \cdot m^2}$, und das Dipolmoment der äußeren Schleife hat einen Betrag von $\mu_o = i\pi r_2^2 = (7{,}00\mathrm{A})\pi(0{,}300\,\mathrm{m}^2) = 1{,}979\,\mathrm{A \cdot m^2}$.

(b) Beide Ströme fließen im Uhrzeigersinn (vgl. Abb. 29-39), also sind gemäß Rechte-Hand-Regel beide Dipolmomente in die Zeichenebene gerichtet. Der Betrag des resultierenden Dipolmoments ist die Summe der Beträge der einzelnen Dipolmomente:

$$\mu_{ges} = \mu_i + \mu_o = 0{,}880\,\mathrm{A \cdot m^2} + 1{,}979\,\mathrm{A \cdot m^2} = 2{,}86\,\mathrm{A \cdot m^2}\,.$$

(c) Nun weist das Dipolmoment der inneren Schleife aus der Zeichenebene heraus. Die magnetischen Dipolmomente sind entgegengesetzt gerichtet, also ist der Betrag des resultierenden magnetischen Dipolmoments

$$\mu_{ges} = \mu_o - \mu_i = 1{,}979\,\mathrm{A \cdot m^2} - 0{,}880\,\mathrm{A \cdot m^2} = 1{,}10\,\mathrm{A \cdot m^2}\,.$$

55 Das magnetische Dipolmoment ist $\vec{\mu} = \mu(0{,}60\,\vec{e}_x - 0{,}80\,\vec{e}_y)$, wobei $\mu = NiA = Ni\pi r^2 = 1(0{,}20\mathrm{A})\pi(0{,}080\mathrm{m})^2 = 4{,}02 \times 10^{-4}\,\mathrm{A \cdot m^2}$ ist. Hier ist i der Strom in der Schleife, N die Anzahl der Windungen, A die Fläche der Schleife und r ihr Radius.

(a) Das Drehmoment ist

$$\begin{aligned}\vec{\tau} &= \vec{\mu} \times \vec{B} = \mu(0{,}60\,\vec{e}_x - 0{,}80\,\vec{e}_y) \times (0{,}25\,\vec{e}_x + 0{,}30\,\vec{e}_z)\\ &= \mu\left[(0{,}60)(0{,}30)(\vec{e}_x \times \vec{e}_z) - (0{,}80)(0{,}25)(\vec{e}_y \times \vec{e}_x) - (0{,}80)(0{,}30)(\vec{e}_y \times \vec{e}_z)\right]\\ &= \mu[-0{,}18\,\vec{e}_y + 0{,}20\,\vec{e}_z - 0{,}24\,\vec{e}_x]\,.\end{aligned}$$

Dabei wurde $\vec{e}_x \times \vec{e}_z = -\vec{e}_y$, $\vec{e}_y \times \vec{e}_x = -\vec{e}_z$ und $\vec{e}_y \times \vec{e}_z = \vec{e}_x$ verwendet. Wir verwenden auch $\vec{e}_x \times \vec{e}_x = 0$. Nun setzen wir den Wert für μ ein und erhalten

$$\vec{\tau} = \left(-0{,}97 \times 10^{-4}\,\vec{e}_x - 7{,}2 \times 10^{-4}\,\vec{e}_y + 8{,}0 \times 10^{-4}\,\vec{e}_z\right)\mathrm{N \cdot m}\,.$$

(b) Die potenzielle Energie des Dipols ist gegeben durch

$$\begin{aligned}U &= -\vec{\mu} \cdot \vec{B} = -\mu(0{,}60\,\vec{e}_x - 0{,}80\,\vec{e}_y) \cdot (0{,}25\,\vec{e}_x + 0{,}30\,\vec{e}_z)\\ &= -\mu(0{,}60)(0{,}25) = -0{,}15\mu = -6{,}0 \times 10^{-4}\,\mathrm{J}\,.\end{aligned}$$

Dabei wurde $\vec{e}_x \cdot \vec{e}_x = 1$, $\vec{e}_x \cdot \vec{e}_z = 0$, $\vec{e}_y \cdot \vec{e}_x = 0$ und $\vec{e}_y \cdot \vec{e}_z = 0$ verwendet.

30 Magnetfelder aufgrund von Strömen

1 (a) Der Betrag des Magnetfelds auf Grund des Stroms in der Leitung an einem Punkt in der Entfernung r von der Leitung ist gegeben durch

$$B = \frac{\mu_0 i}{2\pi r}\ .$$

Mit $r = 20\,\text{ft} = 6{,}10\,\text{m}$ erhalten wir

$$B = \frac{(4\pi \times 10^{-7}\,\text{T·m/A})(100\,\text{A})}{2\pi(6{,}10\,\text{m})} = 3{,}3 \times 10^{-6}\,\text{T} = 3{,}3\,\mu\text{T}\ .$$

(b) Dies ist ungefähr ein Sechstel des Betrags des Erdmagnetfelds. Es wird die Anzeige beeinflussen.

3 (a) Das Feld auf Grund des Stromes an einem Punkt 8,0 cm vom Draht entfernt muss 39 µT sein und direkt nach Süden zeigen. Wegen $B = \mu_0 i/2\pi r$ gilt

$$i = \frac{2\pi r B}{\mu_0} = \frac{2\pi(0{,}080\,\text{m})(39 \times 10^{-6}\,\text{T})}{4\pi \times 10^{-7}\,\text{T·m/A}} = 16\,\text{A}\ .$$

(b) Der Strom muss von Westen nach Osten fließen, um über ihm ein Feld nach Süden zu erzeugen.

7 Addieren Sie die Felder der beiden geraden Drähte und des kreisförmigen Bogens. Schauen Sie sich die Herleitung des Ausdrucks für das Magnetfeld eines langen, geraden Leiters an, die zu Gl. 30-6 führte. Da die Leiter, die wir betrachten, nur in eine Richtung unendlich sind, ist das Feld jedes von ihnen das halbe Feld eines unendlich langen Leiters, d.h. der Betrag ist $\mu_0 i/4\pi R$, Wobei R den Abstand vom Ende des Leiters zum Mittelpunkt des Bogens bezeichnet. Das ist der Radius des Bogens. Die Magnetfelder beider Leiter weisen aus der Zeichenebene am Mittelpunkt des Bogens heraus. Bestimmen Sie nun einen Ausdruck für das Magnetfeld des Bogens in seinem Mittelpunkt. Teilen Sie den Bogen in infinitesimale Abschnitte. Jeder Abschnitt erzeugt ein Feld in die gleiche Richtung. Wenn ds die Länge des Abschnitts bezeichnet, ist der Betrag des davon erzeugten Magnetfeldes im Mittelpunkt des Bogens $(\mu_0 i/4\pi R^2)ds$. Für den Bogen in der Skizze weist das Magnetfeld in die Zeichenebene. Das resultierende Magnetfeld im Mittelpunkt aufgrund der Leiter und des Bogens ist

$$B = \frac{\mu_0 i}{4\pi R} + \frac{\mu_0 i}{4\pi R} - \frac{\mu_0 i}{4\pi R} + \frac{\mu_0 i}{4\pi R}(2 - \theta)\ .$$

Damit dies verschwindet, muss θ genau 2 (in Radiant) sein.

9 Wenn wir uns an die Diskussion zu den *geraden Segmenten* in Beispielaufgabe 30-1 erinnern, sehen wir, dass der Strom in geraden Segmenten kollinear zu P keinen Beitrag zum Feld an diesem Punkt beiträgt. Verwenden wir Gl. 30-11 (mit $\phi = \theta$) und die Rechte-Hand-Regel, erhalten wir, dass der Strom im Halbkreisbogen vom Radius

b den Beitrag $\mu_0 i\theta/4\pi b$ (aus der Zeichenebene heraus) zum Feld bei P liefert. Der Strom im großen Bogenstück trägt $\mu_0 i\theta/4\pi a$ (in die Zeichenebene) zum Feld dort bei. Damit ist das Gesamtfeld bei P

$$\vec{B} = \frac{\mu_0 i\theta}{4\pi}\left(\frac{1}{b} - \frac{1}{a}\right) \quad \text{aus der Zeichenebene heraus}\ .$$

11 Legen Sie die x-Achse entlang des Drahtes mit dem Ursprung im Mittelpunkt und dem Strom in die positive x-Richtung. Alle Abschnitte des Drahtes erzeugen ein Magnetfeld bei P_1, das in die Zeichenebene weist. Also unterteilen wir den Draht einfach in infinitesimale Abschnitte und addieren die von allen Abschnitten hervorgerufenen Magnetfelder: Die Skizze zeigt einen infinitesimalen Abschnitt mit Länge dx, und es gilt

$$dB = \frac{\mu_0 i}{4\pi}\frac{\sin\theta}{r^2}\,dx\ .$$

Nach dem biot-savartschen Gesetz ist der Betrag des davon erzeugten Magnetfeldes bei P_1 durch θ und r bestimmt, die Funktionen von x sind. Ersetzen Sie r durch $\sqrt{x^2+R^2}$ und $\sin\theta$ durch $R/r = R/\sqrt{x^2+R^2}$, integrieren Sie dann von $x = -L/2$ bis $x = L/2$. Das resultierende Magnetfeld ist

$$B = \frac{\mu_0 i R}{4\pi}\int_{-L/2}^{L/2}\frac{dx}{(x^2+R^2)^{3/2}} = \frac{\mu_0 i R}{4\pi}\frac{1}{R^2}\frac{x}{(x^2+R^2)^{1/2}}\Bigg|_{-L/2}^{L/2} = \frac{\mu_0 i}{2\pi R}\frac{L}{\sqrt{L^2+4R^2}}\ .$$

Für $L \gg R$ kann R^2 im Nenner vernachlässigt werden und wir erhalten

$$B = \frac{\mu_0 i}{2\pi R}\ .$$

Das ist das Feld eines langen geraden Drahtes. Für Punkte sehr nahe am Draht verhält sich das Feld wie das eines unendlich langen Drahtes.

13 Legen Sie die x-Achse entlang des Drahtes mit dem Ursprung am rechten Ende und dem Strom in die positive x-Richtung. Alle Abschnitte des Drahtes erzeugen ein Magnetfeld bei P_2, das in die Zeichenebene weist. Nach dem biot-savartschen Gesetz ist der Betrag des von einem (infinitesimalen) Abschnitt erzeugten Feldes bei P_2 gegeben durch

$$dB = \frac{\mu_0 i}{4\pi}\frac{\sin\theta}{r^2}\,dx$$

wobei θ (der Winkel zwischen dem Abschnitt und einer Linie liegt, die vom Abschnitt nach P_2 gezeichnet wird) und r (die Länge dieses Linie) Funktionen von x sind. Ersetzen Sie r durch $\sqrt{x^2+R^2}$ und $\sin\theta$ durch $R/r = R/\sqrt{x^2+R^2}$, integrieren Sie dann von $x = -L$ bis $x = 0$. Der Betrag des resultierenden Magnetfeldes ist

$$B = \frac{\mu_0 i R}{4\pi}\int_{-L}^{0}\frac{dx}{(x^2+R^2)^{3/2}} = \frac{\mu_0 i R}{4\pi}\frac{1}{R^2}\frac{x}{(x^2+R^2)^{1/2}}\Bigg|_{-L}^{0} = \frac{\mu_0 i}{4\pi R}\frac{L}{\sqrt{L^2+R^2}}\ .$$

15 Wir stellen uns die quadratische Leiterschleife in der yz-Ebene (mit ihrem Mittelpunkt im Ursprung) und dem Auswertungspunkt für das Feld entlang der x-Achse vor (wie durch die Notation in der Aufgabe nahegelegt wird). Der Ursprung befindet sich in einem Abstand $a/2$ von jeder Seite der quadratischen Leiterschleife, also ist die Entfernung vom Auswertungspunkt zu jeder Seite des Quadrats, nach dem Satz des Pythagoras,

$$R = \sqrt{(a/2)^2 + x^2} = \frac{1}{2}\sqrt{a^2+4x^2}\ .$$

Nur die x-Komponenten der Felder (wozu jede Seite einen Beitrag liefert) wird zum Endergebnis beitragen (die anderen Komponenten heben sich paarweise auf). Also wird der Ausdruck für das Feld im Ergebnis der Aufgabe 11 (mit der Länge $L = a$ für jede Seite) mit einem trigonometrischen Faktor multipliziert:

$$\frac{a/2}{R} = \frac{a}{\sqrt{a^2+4x^2}}\ .$$

Da es vier Seiten gibt, erhalten wir

$$B(x) = 4\left(\frac{\mu_0 i}{2\pi R}\right)\left(\frac{a}{\sqrt{a^2+4R^2}}\right)\left(\frac{a}{\sqrt{a^2+4x^2}}\right) = \frac{4\,\mu_0\, i\, a^2}{2\pi\left(\frac{1}{2}\right)\left(\sqrt{a^2+4x^2}\right)^2\sqrt{a^2+4(a/2)^2+4x^2}}\ ,$$

woraus das gewünschte Ergebnis folgt. Wir setzen $x = 0$ und erkennen direkt, dass sich dadurch der Ausdruck zu dem in Aufgabe 12 gefundenen reduziert (wobei wir bemerken, dass $\frac{4}{\sqrt{2}} = 2\sqrt{2}$ gilt).

17 Unter Verwendung des Ergebnisses aus Aufgabe 12 und Gl. 30-12 möchten wir Folgendes zeigen:

$$\frac{2\sqrt{2}\,\mu_0 i}{\pi a} > \frac{\mu_0 i}{2R}\,, \quad \text{oder} \quad \frac{4\sqrt{2}}{\pi a} > \frac{1}{R}\,.$$

Um dies zu tun, müssen wir die Parameter a und R in Beziehung setzen. Wenn beide Drähte die gleiche Länge L besitzen, dann liefern die geometrischen Beziehungen $4a = L$ und $2\pi R = L$ den nötigen Zusammenhang:

$$4a = 2\pi R \implies a = \frac{\pi R}{2}\,.$$

Also besteht unser Beweis aus der Beobachtung, dass

$$\frac{4\sqrt{2}}{\pi a} = \frac{8\sqrt{2}}{\pi^2 R} > \frac{1}{R}$$

gilt, wie man numerisch ($8\sqrt{2}/\pi^2 > 1$) prüfen kann.

21 (a) Wenn die Ströme parallel sind, sind die Magnetfelder im Gebiet zwischen den Drähten entgegengerichtet. Da die Ströme gleich sind, ist das resultierende Feld entlang der Linie, die in der Mitte zwischen den Drähten verläuft, null. Es gibt keinen möglichen Strom, bei dem das Feld nicht verschwindet. Wenn auf der halbierenden Linie ein Feld sein soll, müssen die Ströme in entgegengesetzt gerichtete Richtungen fließen. Dann weisen die Felder im Gebiet zwischen den Drähten in die gleiche Richtung.

(b) Wenn die Ströme antiparallel sind, weisen die Magnetfelder im Gebiet zwischen den Drähten in die gleiche Richtung. n einem Punkt in der Mitte zwischen den Drähten haben die Felder den gleichen Betrag $\mu_0 i/2\pi r$. Also hat das resultierende Feld im Mittelpunkt den Betrag $B = \mu_0 i/\pi r$, und wir haben

$$i = \frac{\pi r B}{\mu_0} = \frac{\pi(0{,}040\,\text{m})(300 \times 10^{-6}\,\text{T})}{4\pi \times 10^{-7}\,\text{T}\cdot\text{m/A}} = 30\,\text{A}\,.$$

25 Jeder Leiter erzeugt ein Magnetfeld mit einem Betrag, der durch $B = \mu_0 i/2\pi r$ gegeben ist, wobei r den Abstand von einer Ecke des Quadrats zum Mittelpunkt bezeichnet. Nach dem Satz des Pythagoras hat die Diagonale des Quadrats die Länge $\sqrt{2}a$, also ist $r = a/\sqrt{2}$, und wir haben $B = \mu_0 i/\sqrt{2}\pi a$. Die von den Drähten an der oberen linken und unteren rechten Ecke erzeugten Magnetfelder weisen beide in die obere rechte Ecke des Quadrats. Die von den Drähten in der oberen rechten und unteren linken Ecke erzeugten Magnetfelder weisen beide in die obere linke Ecke. Die Horizontalkomponenten heben sich auf, und die vertikalen Komponenten addieren sich zu

$$\begin{aligned} B_{\text{ges}} &= 4\frac{\mu_0 i}{\sqrt{2}\pi a}\cos 45° = \frac{2\mu_0 i}{\pi a} \\ &= \frac{2(4\pi \times 10^{-7}\,\text{T}\cdot\text{m/A})(20\,\text{A})}{\pi(0{,}20\,\text{m})} = 8{,}0 \times 10^{-5}\,\text{T}\,. \end{aligned}$$

In der Rechnung wurde $\cos 45°$ durch $1/\sqrt{2}$ ersetzt. In Einheitsvektorschreibweise haben wir

$$\vec{B} = 8{,}0 \times 10^{-5}\,\text{T}\vec{e}_y\,.$$

31 (a) Zwei der Ströme führen aus der Zeichenebene heraus und einer führt in sie hinein, also ist der resultierende Strom, der vom Pfad umschlossen wird, 2,0 A aus der Zeichenebene heraus. Da der Pfad im Uhrzeigersinn umlaufen wird, ist ein Strom in die Zeichenebene hinein positiv und ein Strom aus der Zeichenebene heraus negativ, wie sich durch die mit dem Ampereschen Gesetz verbundene Rechte-Hand-Regel ergibt. Also haben wir

$$\oint \vec{B}\cdot d\vec{s} = -\mu_0 i = -(2{,}0\,\text{A})(4\pi \times 10^{-7}\,\text{T}\cdot\text{m/A}) = -2{,}5 \times 10^{-6}\,\text{T}\cdot\text{m}\,.$$

(b) Der resultierende Strom, der vom Pfad umschlossen wird, ist null (zwei Ströme führen aus der Zeichenebene heraus und zwei führen in sie hinein), also gilt $\oint \vec{B}\cdot d\vec{s} = \mu_0 i_{\text{um}} = 0$.

33 Wir verwenden das Amperesche Gesetz. Für die gestrichelt eingezeichnete Schleife im Diagramm ist $i = 0$. Das Integral $\int \vec{B}\cdot d\vec{s}$ ist entlang der unteren, der rechten und der oberen Seite der Schleife null. Entlang der rechten Seite ist das Feld null, entlang der oberen und der unteren Seite steht das Feld senkrecht zu $d\vec{s}$. Wenn ℓ die Länge der linken Kante ist, dann liefert direkte Integration $\oint \vec{B}\cdot d\vec{s} = B\ell$, wobei B der Betrag des Felds auf der linken Seite der Schleife ist. Da weder B noch ℓ null sind, gibt es einen Widerspruch zum Ampereschen Gesetz. Wir schließen, dass die dargestellte Geometrie für die magnetischen Feldlinien fehlerhaft ist. Tatsächlich wölben sich die Feldlinien nach außen, und ihre Dichte nimmt allmählich ab, nicht unstetig, wie in der Abbildung suggeriert.

37 (a) Das Magnetfeld an einem Punkt innerhalb des Lochs ist die Summe der Felder auf Grund der beiden Stromverteilungen. Das erste ist das des Vollzylinders, den man erhält, wenn man das Loch füllt, und dort ist die Stromdichte genauso groß wie in dem ursprünglichen Zylinder (mit dem Loch). Das zweite ist das des Vollzylinders, der das Loch ausfüllt. Seine Stromdichte hat den gleichen Betrag wie die des ursprünglichen Zylinders, weist aber in die entgegen gesetzte Richtung. Überlagert man die beiden Situationen, so ist der Gesamtstrom in dem Gebiet des Lochs null. Ein Vollzylinder, durch den ein Strom i, homogen über die Querschnittsfläche verteilt, fließt, erzeugt ein Magnetfeld mit Betrag

$$B = \frac{\mu_0 i r}{2\pi R^2}$$

in einer Entfernung r von seiner Achse, innerhalb des Zylinders. Hier ist R der Radius des Zylinders. Für den Zylinder in dieser Aufgabe ist die Stromdichte

$$J = \frac{i}{A} = \frac{i}{\pi(a^2 - b^2)},$$

wobei $A = \pi(a^2 - b^2)$ die Querschnittsfläche des Zylinders mit dem Loch bezeichnet. Der Strom in dem Zylinder ohne Loch ist

$$I_1 = JA = \pi J a^2 = \frac{ia^2}{a^2 - b^2},$$

und das davon erzeugte Magnetfeld an einem Punkt im Innern, in einem Abstand r_1 von seiner Achse, hat den Betrag

$$B_1 = \frac{\mu_0 I_1 r_1}{2\pi a^2} = \frac{\mu_0 i r_1 a^2}{2\pi a^2(a^2 - b^2)} = \frac{\mu_0 i r_1}{2\pi(a^2 - b^2)}.$$

Der Strom in dem Zylinder, der das Loch ausfüllt, ist

$$I_2 = \pi J b^2 = \frac{ib^2}{a^2 - b^2},$$

und das Feld, das er an einem Punkt im Innern, in einem Abstand r_2 von seiner Achse, erzeugt hat den Betrag

$$B_2 = \frac{\mu_0 I_2 r_2}{2\pi b^2} = \frac{\mu_0 i r_2 b^2}{2\pi b^2(a^2 - b^2)} = \frac{\mu_0 i r_2}{2\pi(a^2 - b^2)}.$$

Im Mittelpunkt des Lochs ist dieses Feld null, und das Feld ist dort genau das gleiche, als wenn das Loch gefüllt wäre. Setzen Sie $r_1 = d$ in den Ausdruck für B_1 ein, und Sie erhalten

$$B = \frac{\mu_0 i d}{2\pi(a^2 - b^2)}$$

für das Feld im Mittelpunkt des Lochs. Das Feld weist in dem Diagramm nach oben, wenn der Strom aus der Zeichenebene führt.

(b) Für $b = 0$ wir die Formel für das Feld

$$B = \frac{\mu_0 i d}{2\pi a^2}.$$

Das gibt das Feld eines Vollzylinders, durch den ein homogener Strom i fließt, an einem Punkt innerhalb des Zylinders in einem Abstand d von der Achse korrekt wieder. Für $d = 0$ ergibt die Formel $B = 0$. Das ist korrekt für das Feld auf der Achse einer Zylinderschale, durch die ein homogener Strom fließt.

(c) Betrachten Sie einen rechteckigen Weg mit zwei langen Seiten (Seite 1 und 2, jede von der Länge L) und zwei kurzen Seiten (jede mit einer Länge kleiner als b). Verliefe Seite 1 direkt entlang der Achse des Lochs, dann läge Seite 2 ebenfalls parallel dazu und ebenfalls zum Loch. Um sicherzustellen, dass die kurzen Seiten keinen signifikanten Beitrag zum Integral im Ampereschen Gesetz liefern, könnten wir L *sehr* lang (vielleicht länger als die Länge des Zylinders) machen wollen, oder wir könnten uns auf ein Argument berufen, das den Winkel zwischen $\vec{B}$ und den kurzen Seiten (der 90° an der Achse des Lochs ist) betrachtet. In jedem Fall reduziert sich das Integral im Ampereschen Gesetz zu

$$\begin{aligned} \oint_{\text{Rechteck}} \vec{B}\cdot d\vec{s} &= \mu_0 i_{\text{eingeschlossen}} \\ \int_{\text{Seite 1}} \vec{B}\cdot d\vec{s} + \int_{\text{Seite 2}} \vec{B}\cdot d\vec{s} &= \mu_0 i_{\text{im Loch}} \\ (B_{\text{Seite 1}} - B_{\text{Seite 2}})\, L &= 0 \end{aligned}$$

wobei $B_{\text{Seite 1}}$ das Feld entlang der Achse bezeichnet, das in Teil (a) bestimmt wurde. Dies zeigt, dass das Feld an Punkten außerhalb der Achse (wo $B_{\text{seite 2}}$ ausgewertet wird) das gleiche ist wie das Feld im Mittelpunkt des Lochs; daher ist das Feld im Loch homogen.

39 Der „Strom pro x-Längeneinheit" kann als Stromdichte, multipliziert mit der Dicke Δy der Schicht, betrachtet werden; also ist $\lambda = J\,\Delta y$. Das Amperesche Gesetz kann (und wird oft) in Termen des Stromdichtevektors folgendermaßen ausgedrückt:

$$\oint \vec{B}\cdot d\vec{s} = \mu_0 \int \vec{J}\cdot d\vec{A}$$

wobei das Oberflächenintegral über das Gebiet erfolgt, das durch den Weg des Kurvenintegrals eingeschlossen wird (und $\vec{J}$ weist in die $+z$-Richtung, aus der Zeichenebene heraus). Ist J in der ganzen Schicht homogen, dann ist klar, das sich die rechte Seite dieser Version des Ampereschen Satzes zu $\mu_0 J A = \mu_0 J \Delta y \Delta x = \mu_0 \lambda \Delta x$ reduzieren sollte.

(a) In Abbildung 30-52 wurde die horizontale Komponente von $\vec{B}$ an den Punkten P und P' sicher korrekt gezeichnet (wie der Vergleich mit Abb. 30-4 bestätigen wird [betrachten Sie an jedem dieser Punkte die am nächsten liegenden Stromelemente]), also lautet die Frage: Kann $\vec{B}$ in der Abbildung vertikale Komponenten haben? Wir konzentrieren uns auf den Punkt P. Abb. 30-4 suggeriert, dass das Stromelement direkt rechts von dem Stromelement, das am nächsten zu P liegt (es liegt direkt unter dem Punkt P), eine nach unten gerichtete Komponente beitragen wird, aber nach dem gleichen Argument sollte das Stromelement direkt links von dem Stromelement, das am nächsten zu P liegt, eine nach oben gerichtete Komponente zum Feld bei P beitragen. Die Stromelemente sind alle äquivalent, wie die horizontale Translationssymmetrie der Aufgabe widerspiegelt. Daher sollten sich alle vertikalen Komponenten paarweise aufheben. Das Feld bei P muss, wie eingezeichnet, horizontal verlaufen.

(b) Der bei der Berechnung von $\oint \vec{B}\cdot d\vec{s}$ verwendete Weg ist rechteckig, mit horizontaler Länge Δx (die horizontalen Seiten gehen durch die Punkte P bzw. P') und vertikaler Länge $\delta y > \Delta y$. Die vertikalen Seiten tragen nicht zum Integral bei, weil $\vec{B}$ rein horizontal verläuft (also ergibt das Skalarprodukt für diese Seiten null), und die horizontalen Seiten tragen, wie unten gezeigt, zwei gleiche Terme bei. Der Amperesche Satz liefert

$$2B\Delta x = \mu_0 \lambda \Delta x \implies B = \frac{1}{2}\mu_0 \lambda\,.$$

31 Induktion und Induktivität

1 Das Magnetfeld steht senkrecht zur Schleifenebene und ist in der Schleife homogen. Also ist der magnetische Fluss durch die Schleife zu jedem Zeitpunkt gegeben durch $\Phi_B = AB = \pi r^2 B$, wobei $A = \pi r^2$ die Fläche der Schleife ist. Nach dem Faradayschen Induktionsgesetz ist der Betrag der Spannung in der Schleife

$$\mathcal{E} = \frac{d\Phi_B}{dt} = \pi r^2 \frac{dB}{dt} = \pi (0{,}055\,\text{m})^2 (0{,}16\,\text{T/s}) = 1{,}5 \times 10^{-3}\ \text{V}\,.$$

7 Der Betrag des Magnetfelds innerhalb der Zylinderspule ist $\mu_0 n i_S$, wobei n die Anzahl der Windungen pro Längeneinheit und i_S den Strom bezeichnen. Das Feld ist parallel zur Achse der Zylinderspule, also ist der Fluss durch einen Querschnitt der Zylinderspule $\Phi_B = A_S B = \mu_0 \pi r_s^2 i_S$, wobei $A_S (= \pi r_S^2)$ die Querschnittsfläche der Zylinderspule bezeichnet. Da das Magnetfeld außerhalb der Zylinderspule null ist, ist dies auch der Fluss durch die Spule. Die Spannung in der Spule hat den Betrag

$$\mathcal{E} = \frac{N d\Phi_B}{dt} = \mu_0 \pi r_S^2 N n \frac{di_S}{dt}\,,$$

und der Strom in der Spule ist

$$i_S = \frac{\mathcal{E}}{R} = \frac{\mathcal{E}}{R} = \frac{\mu_0 \pi r_S^2 N n}{R} \frac{di_S}{dt}\,,$$

wobei N die Anzahl der Windungen in der Spule und R den Widerstand der Spule bezeichnen. Der Strom ändert sich linear um 3,0 A in 50 ms, also haben wir $di_S/dt = (3{,}0\ \text{A})/(50\ \text{ms}) = 60\ \text{A/S}$. Damit erhalten wir

$$\begin{aligned} i_S &= \frac{(4\pi \times 10^{-7}\ \text{T}\cdot\text{m/A})\,\pi (0{,}016\ \text{m})^2 (120)\,(220 \times 10^2\ \text{m}^{-1})}{5{,}3\ \Omega} (60\ \text{A/s}) \\ &= 3{,}0 \times 10^{-2}\ \text{A}\,. \end{aligned}$$

9 (a) Im Gebiet der kleineren Schleife kann das durch die größere Schleife erzeugte Magnetfeld als homogen und gleich seinem Wert im Mittelpunkt der kleineren Schleife auf der Achse angenommen werden. Gl. 30-28 mit $z = x$ und viel größer als R ergibt für den Betrag

$$\vec{B} = \frac{\mu_0 i R^2}{2x^3}\,\hat{\text{i}}\,.$$

Das Feld ist in der Skizze nach oben gerichtet. Der magnetische Fluss durch die kleinere Schleife ist das Produkt dieses Felds und der Fläche (πr^2) der kleineren Schleife:

$$\Phi_B = \frac{\pi \mu_0 i r^2 R^2}{2x^3}\,.$$

(b) Die induzierte Spannung ist gegeben durch das Faradaysche Gesetz:

$$\mathcal{E} = -\frac{d\Phi_B}{dt} = -\left(\frac{\pi \mu_0 i r^2 R^2}{2}\right) \frac{d}{dt}\left(\frac{1}{x^3}\right) = -\left(\frac{\pi \mu_0 i r^2 R^2}{2}\right)\left(-\frac{3}{x^4}\frac{dx}{dt}\right) = \frac{3\pi \mu_0 i r^2 R^2 v}{2x^4}\,.$$

(c) Da sich die kleinere Schleife nach oben bewegt, wächst der Fluss durch sie an, und wir haben die Situation wie in Abb. 31-5(b) dargestellt. Der induzierte Strom wird so gerichtet sein, dass er ein Magnetfeld erzeugt, das nach oben durch die kleinere Schleife gerichtet ist, in die gleiche Richtung wie das Feld der größeren Schleife. Von oben betrachtet fließt er im Gegenuhrzeigersinn, in die gleiche Richtung wie der Strom in der größeren Schleife.

11

(a) Das Ohmsche Gesetz in Verbindung mit dem Faradayschen Induktionsgesetz ergibt $i = -\frac{N}{R}\frac{d\Phi_B}{dt}$ wobei R der Spulenwiderstand ist. In diesem Fall haben wir $N = 1$ (es handelt sich um eine einzelne Spule), und wir integrieren, um die Ladung zu bestimmen:

$$\begin{aligned}\int_0^t i\,dt &= -\frac{1}{R}\int_0^t \frac{d\Phi_B}{dt}\,dt \\ q(t) &= -\frac{1}{R}\left(\Phi_B(t) - \Phi_B(0)\right),\end{aligned}$$

was zu dem in der Aufgabenstellung gegebenen Ausdruck äquivalent ist. Wir haben wenig mehr als den Hauptsatz der Differenzial- und Integralrechnung verwendet; es wurden keine besonderen Annahmen darüber gemacht, wie die Integrationen durchgeführt werden sollten. Das Ergebnis ist unabhängig von der Art, wie sich $\vec{B}$ geändert hat.

(b) Wenn der Strom über den gesamten Bereich $0 \to t$ identisch null ist, dann ergibt natürlich die linke Seite unserer obigen Berechnung null. Aber man kann das gleiche Ergebnis erhalten, wenn der Strom z.B. für $0 \to \frac{t}{2}$ in eine Richtung weist und dann für $\frac{t}{2} \to t$ so in die entgegen gesetzte Richtung, dass $\int_0^t i\,dt = 0$ ist. Also bedeutet ein verschwindendes Integral nicht notwendig, dass der Integrand identisch null ist.

15

(a) Bezeichnen Sie die Seitenlänge des quadratischen Stromkreises mit L. Dann ist der Betrag des magnetischen Flusses durch die Schleife $\Phi_B = L^2B/2$, und die induzierte Spannung ist

$$\mathcal{E}_i = -\frac{d\Phi_B}{dt} = -\frac{L^2}{2}\frac{dB}{dt}\,.$$

Hier ist $B = 0{,}042 - 0{,}870t$ und $dB/dt = -0{,}870\,\text{T/s}$. Also haben wir

$$\mathcal{E}_i = \frac{(2{,}00\,\text{m})^2}{2}(0{,}870\,\text{T/s}) = 1{,}74\,\text{V}\,.$$

Das magnetische Feld weist aus der Zeichenebene und nimmt zu, also weist die induzierte Spannung im Gegenuhrzeigersinn der Schleife in die gleiche Richtung wie die Batteriespannung. Die Gesamtspannung ist $\mathcal{E} + \mathcal{E}_i = 20{,}0\,\text{V} + 1{,}74\,\text{V} = 21{,}7\,\text{V}$.

(b) Die Richtung des Stroms ist die gleiche wie die der Spannung (im Gegenuhrzeigersinn).

17

(a) Es sollte betont werden, dass das in Termen von $\sin(2\pi f t)$ gegebene Ergebnis ebenso leicht in Termen von $\cos(2\pi f t)$ oder sogar $\cos(2\pi f t + \phi)$ angegeben werden könnte, wobei ϕ eine Phasenkonstante bezeichnet, wie in Kapitel 16 diskutiert wurde. Die Winkelposition θ der rotierenden Spule wird bezüglich einer Referenzlinie (oder -ebene) gemessen, und welche Linie man wählt, beeinflusst, ob der magnetische Fluss als $BA\cos\theta$, $BA\sin\theta$ oder $BA\cos(\theta + \phi)$ geschrieben wird. Unsere Wahl erfolgt hier so, dass $\Phi_B = BA\cos\theta$ ist. Da die Spule gleichmäßig rotiert, nimmt θ linear mit der Zeit zu. Also ist $\theta = \omega t$ (das ist gleichbedeutend damit, dass $\theta = 2\pi f t$ ist), wenn θ in Radianten gemessen wird (und ω wäre die Kreisfrequenz). Da die Fläche der rechteckigen Spule $A = ab$ ist, führt das Faradaysche Durchflutungsgesetz auf

$$\mathcal{E} = -N\frac{d(BA\cos\theta)}{dt} = -NBA\frac{d\cos(2\pi f t)}{dt} = NBab2\pi f\sin(2\pi f t)\,,$$

was das gewünschte Ergebnis aus der Aufgabenstellung ist. Die zweite Form, in der dies geschrieben werden kann ($\mathcal{E}_0\sin(2\pi f t)$), soll betonen, dass die Ausgangsspannung sinusförmig (in Abhängigkeit von der Zeit) ist und eine Amplitude von $\mathcal{E}_0 = 2\pi f NabB$ besitzt.

(b) Wir lösen $\mathcal{E}_0 = 150\,\text{V} = 2\pi f NabB$ für $f = 60{,}0$ U/s und $B = 0{,}500$ T. Die drei Unbekannten sind N, a und b, die als Produkt auftreten; daher erhalten wir $Nab = 0{,}796\ \text{m}^2$. Das bedeutet z.B., dass wenn wir wollen, dass die Spule eine quadratische Form hat und aus 50 Windungen besteht, die Seitenlänge des Quadrats $a = b = 0{,}126$ m wäre.

21 Betrachten Sie einen (dünnen) Streifen der Höhe dy und der Breite $\ell = 0{,}020$ m. Der Streifen befindet sich bei einem $0 < y < \ell$. Das Flusselement durch den Streifen ist

$$d\Phi_B = B\,dA = (4t^2 y)(\ell\,dy)\,,$$

wobei die Angaben in SI-Einheiten (und auf 2 Stellen genau) erfolgen. Um den Gesamtfluss durch die quadratische Schleife zu bestimmen, integrieren wir:

$$\Phi_B = \int d\Phi_B = \int_0^\ell \left(4t^2 y\ell\right) dy = 2t^2\ell^3\,.$$

Damit liefert das Faradaysche Durchflutungsgesetz

$$|\mathcal{E}| = \left|\frac{d\Phi_B}{dt}\right| = 4t\ell^3\,.$$

Für $t = 2{,}5$ s erkennen wir, dass der Betrag der induzierten Spannung $8{,}0 \times 10^{-5}$ V ist. Seine „Richtung“ (oder sein „Umlaufsinn“) ist im Uhrzeigersinn, gemäß der Lenzschen Regel.

25 Wärmeenergie wird mit der Leistung $P = \mathcal{E}^2/R$ erzeugt, wobei $\mathcal{E}$ die Spannung am Draht und R den Widerstand des Drahts bezeichnen. Der Widerstand ist gegeben durch $R = \rho L/A$, wobei ρ den spezifischen Widerstand von Kupfer, L die Länge des Drahts und A die Querschnittsfläche des Drahts bezeichnen. Der spezifische Widerstand kann in Tabelle 27-1 gefunden werden. Also haben wir

$$R = \frac{\rho}{L}A = \frac{(1{,}69 \times 10^{-8}\,\Omega\cdot\text{m})\,(0{,}500\,\text{m})}{\pi\left(0{,}500 \times 10^{-3}\,\text{m}\right)^2} = 1{,}076 \times 10^{-2}\Omega\,.$$

Um die Spannung zu bestimmen, wird das Faradaysche Gesetz verwendet. Wenn B den Betrag des Magnetfelds durch die Schleife bezeichnen, dann ist die Spannung $\mathcal{E} = A\frac{dB}{dt}$, wobei A die Fläche der Schleife bezeichnet. Der Radius r der Schleife ist $r = \frac{L}{2\pi}$, und ihre Fläche ist $\pi r^2 = \frac{\pi L^2}{4\pi^2} = \frac{L^2}{4\pi}$. Also haben wir

$$\mathcal{E} = \frac{L^2}{4\pi}\frac{dB}{dt} = \frac{(0{,}500\,\text{m})^2}{4\pi}\left(10{,}0 \times 10^{-3}\,\text{T/s}\right) = 1{,}989 \times 10^{-4}\,\text{V}\,.$$

Die Geschwindigkeit der Wärmeenergieerzeugung ist

$$P = \frac{\mathcal{E}^2}{R} = \frac{\left(1{,}989 \times 10^{-4}\,\text{V}\right)^2}{1{,}076 \times 10^{-2}\,\Omega} = 3{,}68 \times 10^{-6}\,\text{W}\,.$$

27 (a) Gl. 31-10 führt auf

$$\mathcal{E} = BLv = (0{,}350\,\text{T})(0{,}250\,\text{m})(0{,}550\,\text{m/s}) = 0{,}0481\,\text{V}\,.$$

(b) Nach dem Ohmschen Gesetz ist der induzierte Strom $i = 0{,}0481\,\text{V}/18{,}0\,\Omega = 0{,}00267$ A. Nach der Lenzschen Regel fließt der Strom in Abb. 31-46 im Uhrzeigersinn.

(c) Gl. 27-22 führt auf $P = i^2R = 0{,}000129$ W.

29 (a) Nach der Lenzschen Regel verläuft die induzierte Spannung im Uhrzeigersinn. Im Stab selbst würden wir sagen, weist die Spannung in der Zeichenebene nach oben. Gl. 31-10 führt auf

$$\mathcal{E} = BLv = (1{,}2\,\text{T})(0{,}10\,\text{m})(5{,}0\,\text{m/s}) = 0{,}60\,\text{V}\,.$$

(b) Nach dem Ohmschen Gesetz ist der (im Uhrzeigersinn) induzierte Strom $i = 0{,}60\,\text{V}/0{,}40\,\Omega = 1{,}5$ A.

(c) Gl. 27-22 führt auf $P = i^2R = 0{,}90$ W.

(d) Aus Gl. 29-2 erhalten wir, dass die Kraft auf den Stab, die mit dem homogenen Magnetfeld verbunden ist, nach rechts weist und folgenden Betrag hat:

$$F = iLB = (1{,}5\,\mathrm{A})(0{,}10\,\mathrm{m})(1{,}2\,\mathrm{T}) = 0{,}18\,\mathrm{N}\,.$$

Um eine konstante Geschwindigkeit des Stabs aufrecht zu erhalten, muss auf ihn ständig eine nach links gerichtete (von außen wirkende) Kraft vom gleichen Betrag wirken.

(e) Unter Verwendung von Gl. 7-48 erhalten wir die zugehörige Leistung für die von außen wirkende Kraft: $P = Fv = (0{,}18\,\mathrm{N})(5{,}0\,\mathrm{m/s}) = 0{,}90\,\mathrm{W}$, das gleiche Ergebnis wie unser Ergebnis aus Teil (c).

31 (a) Bezeichnen Sie den Abstand zwischen dem rechten Ende der Schienen zum Stab mit x und bestimmen Sie einen Ausdruck für den magnetischen Fluss durch die vom Stab und den Schienen eingeschlossene Fläche. Das Magnetfeld ist nicht homogen, sondern ändert sich mit dem Abstand vom langen geraden Draht. Das Feld steht senkrecht auf der Fläche und hat den Betrag $B = \mu_0 i/2\pi r$, wobei r den Abstand vom Draht und i den Strom im Draht bezeichnen. Betrachten Sie einen infinitesimalen Streifen der Länge x und der Breite dr parallel zum Draht und in einem Abstand r zu ihm. Die Fläche des Streifens ist $A = x\,dr$, und der Fluss durch ihn ist $d\Phi_B = (\mu_0 i x/2\pi r)dr$. Der Gesamtfluss durch die vom Stab und den Schienen umschlossene Fläche beträgt

$$\Phi_B = \frac{\mu_0 i x}{2\pi}\int_a^{a+L}\frac{dr}{r} = \frac{\mu_0 i x}{2\pi}\ln\left(\frac{a+L}{a}\right)\,.$$

Nach dem Faradayschen Gesetz beträgt die in der Schleife induzierte Spannung

$$\begin{aligned}\mathcal{E} &= \frac{d\Phi_B}{dt} = \frac{\mu_0 i}{2\pi}\frac{dx}{dt}\ln\left(\frac{a+L}{a}\right) = \frac{\mu_0 i v}{2\pi}\ln\left(\frac{a+L}{a}\right)\\ &= \frac{(4\pi\times10^{-7}\mathrm{T\cdot m/A})(100\mathrm{A})(5{,}00\,\mathrm{m/s})}{2\pi}\ln\left(\frac{1{,}00\,\mathrm{cm}+10{,}0\,\mathrm{cm}}{1{,}00\,\mathrm{cm}}\right)\\ &= 2{,}40\times10^{-4}\,\mathrm{V}\,,\end{aligned}$$

wobei die Geschwindigkeit v für dx/dt eingesetzt wurde.

(b) Bezeichnet R den Widerstand des Stabs, dann ist der Strom in der Leiterschleife

$$i_\ell = \frac{\mathcal{E}}{R} = (2{,}40\times10^{-4}\,\mathrm{V})/(0{,}400\,\Omega) = 6{,}00\times10^{-4}\,\mathrm{A}\,.$$

Da der Fluss anwächst, muss das vom induzierten Strom erzeugte Magnetfeld im von dem Stab und den Schienen umschlossenen Gebiet in die Zeichenebene weisen. Das bedeutet, der induzierte Strom verläuft im Uhrzeigersinn.

(c) Wärmeenergie wird mit folgender Leistung erzeugt

$$P = i_\ell^2 R = (6{,}00\times10^{-4}\mathrm{A})^2(0{,}400\,\Omega) = 1{,}44\times10^{-7}\mathrm{W}\,.$$

(d) Da sich der Stab mit konstanter Geschwindigkeit bewegt, ist die auf ihn wirkende Gesamtkraft null. Die äußere wirkende Kraft muss denselben Betrag haben wie die magnetische Kraft, und sie muss in die entgegengesetzte Richtung weisen. Die gesamte auf den Stab wirkende magnetische Kraft hat den Betrag

$$\begin{aligned}F_B &= \frac{\mu_0 i_\ell i}{2\pi}\int_a^{a+L}\frac{dr}{r} = \frac{\mu_0 i_\ell i}{2\pi}\ln\left(\frac{a+L}{a}\right)\\ &= \frac{(4\pi\times10^{-7}\mathrm{T\cdot m/A})(6{,}00\times10^{-4}\,\mathrm{A})(100\mathrm{A})}{2\pi}\ln\left(\frac{1{,}00\,\mathrm{cm}+10{,}0\,\mathrm{cm}}{1{,}00\,\mathrm{cm}}\right)\\ &= 2{,}87\times10^{-8}\,\mathrm{N}\,.\end{aligned}$$

Da das Feld aus der Zeichenebene weist und der Strom im Stab in der Skizze nach oben gerichtet ist, weist diese Kraft nach rechts. Von außen muss eine Kraft von $2{,}87\times10^{-8}$ N nach links angewendet werden.

(e) Die äußere Kraft verrichtet Arbeit mit der Leistung

$$P = Fv = (2{,}87\times10^{-8}\,\mathrm{N})(5{,}00\,\mathrm{m/s}) = 1{,}44\times10^{-7}\,\mathrm{W}\,.$$

Dies ist dieselbe Leistung, mit der im Stab Wärmeenergie erzeugt wird. Die gesamte von außen gelieferte Energie wird in Wärmeenergie umgewandelt.

33 (a) Der Punkt befindet sich innerhalb der Zylinderspule, also kann Gl. 31-27 angewandt werden. Der Betrag des induzierten elektrischen Felds ist

$$E = \frac{1}{2}\frac{dB}{dt}r = \frac{1}{2}(6{,}5 \times 10^{-3}\,\mathrm{T/s})(0{,}0220\,\mathrm{m}) = 7{,}15 \times 10^{-5}\,\mathrm{V/m}\,.$$

(b) Nun befindet sich der Punkt außerhalb der Zylinderspule und Gl. 31-29 kann angewandt werden. Der Betrag des induzierten Felds ist

$$E = \frac{1}{2}\frac{dB}{dt}\frac{R^2}{r} = \frac{1}{2}(6{,}5 \times 10^{-3}\,\mathrm{T/s})\frac{(0{,}0600\,\mathrm{m})^2}{(0{,}0820\,\mathrm{m})} = 1{,}43 \times 10^{-4}\,\mathrm{V/m}\,.$$

35 Wir verwenden das Faradaysche Durchflutungsgesetz in der Form $\oint \vec{E}\cdot d\vec{s} = -(d\Phi_B/dt)$, wobei wir entlang des gepunkteten Weges integrieren, der in der Abbildung eingezeichnet ist. An allen Punkten auf der oberen und unteren Seite steht das elektrische Feld entweder senkrecht auf der Seite oder es verschwindet. Wir nehmen an, dass es an allen Punkten auf der rechten Seite (außerhalb des Kondensators) verschwindet. Auf der linken Seite verläuft es parallel zur Seite und hat einen konstanten Betrag. Damit liefert direkte Integration $\oint \vec{E}\cdot d\vec{s} = EL$, wobei L die Länge der linken Seite des Rechtecks bezeichnet. Das Magnetfeld ist null und bleibt null, also ist $d\Phi_B/dt = 0$. Das Faradaysche Durchflutungsgesetz führt auf einen Widerspruch: $EL = 0$, aber weder E noch L ist null. Daher muss ein elektrisches Feld entlang der rechten Seite des Rechtecks existieren.

37 Wegen $N\Phi_B = Li$ erhalten wir

$$\Phi_B = \frac{Li}{N} = \frac{(8{,}0 \times 10^{-3}\,\mathrm{H})(5{,}0 \times 10^{-3}\,\mathrm{A})}{400} = 1{,}0 \times 10^{-7}\,\mathrm{Wb}\,.$$

39 Die (sehr große) Drahtlänge bezeichnen wir mit ℓ, und wir versuchen, den Fluss pro Meter zu berechnen: Φ_B/ℓ. Verwenden wir die in Kapitel 30 diskutierte Rechte-Hand-Regel, erkennen wir, dass das Gesamtfeld in dem Gebiet zwischen den Achsen antiparalleler Ströme die Überlagerung der Beträge ihrer einzelnen Felder ist, wie sie durch Gl. 30-19 und Gl. 30-22 gegeben sind. In der Aufgabe gibt es eine offensichtliche Spiegelsymmetrie, wobei die Symmetrieebene in der Mitte zwischen den beiden Drähten (bei $x = d/2$) liegt; das resultierende Feld an einem Punkt $0 < x < d/2$ ist genauso groß wie an seinem „Spiegelpunkt" $d - x$. Die Mittelpunktsachse eines der Drähte geht durch den Ursprung und die des anderen durch $x = d$. Wir nutzen die Symmetrie, indem wir über $0 < x < d/2$ integrieren und multiplizieren dann mit 2:

$$\Phi_B = 2\int_0^{d/2} B\,dA = 2\int_0^{a} B\,(\ell\,dx) + 2\int_a^{d/2} B\,(\ell\,dx)\,,$$

wobei $d = 0{,}0025$ m den Durchmesser jedes Drahts bezeichnet. In den folgenden Schritten werden wir r statt x verwenden. Damit erhalten wir, wenn wir die Gleichungen aus Kap. 30 verwenden, auf die wir uns oben bezogen haben,

$$\begin{aligned}\frac{\Phi_B}{\ell} &= 2\int_0^{a}\left(\frac{\mu_0 i}{2\pi a^2}r + \frac{\mu_0 i}{2\pi(d-r)}\right)dr + 2\int_a^{d/2}\left(\frac{\mu_0 i}{2\pi r} + \frac{\mu_0 i}{2\pi(d-r)}\right)dr\\ &= \frac{\mu_0 i}{2\pi}\left(1 - 2\ln\left(\frac{d-a}{d}\right)\right) + \frac{\mu_0 i}{\pi}\ln\left(\frac{d-a}{a}\right)\end{aligned}$$

wobei der erste Term den Fluss innerhalb des Drahts bezeichnet, der vernachlässigt wird (wie in der Aufgabe vorgeschlagen). Damit ist der Fluss näherungsweise $\Phi_B \approx \mu_0 i\ell/\pi\,\ln((d-a)/a)$. Nun verwenden wir Gl. 31-35 (mit $N = 1$), um die Induktivität zu erhalten:

$$L = \frac{\Phi_B}{i} = \frac{\mu_0\ell}{\pi}\ln\left(\frac{d-a}{a}\right)\,.$$

41 Wegen $\mathcal{E} = -L(di/dt)$ können wir die gewünschte induzierte Spannung erhalten, indem wir setzen

$$\frac{di}{dt} = -\frac{\mathcal{E}}{L} = -\frac{60\,\mathrm{V}}{12\,\mathrm{H}} = -5{,}0\,\mathrm{A/s}\,.$$

Wir könnten z.B. den Strom von 2,0 A gleichmäßig in 40 ms auf null reduzieren.

32 Magnetismus und Materie

3 Verwenden Sie den Gaußschen Satz für den Magnetismus: $\oint \vec{B} \cdot d\vec{A} = 0$. Schreiben Sie $\oint \vec{B} \cdot d\vec{A} = \Phi_1 + \Phi_2 + \Phi_C$, wobei Φ_1 den magnetischen Fluss durch das erste Ende, Φ_2 den magnetischen Fluss durch das zweite Ende und Φ_C den magnetischen Fluss durch die gekrümmte Oberfläche bezeichnet. Durch das erste Ende ist das Magnetfeld nach innen gerichtet, also ist der Fluss $\Phi_1 = -25{,}0\,\mu\text{Wb}$. Durch das zweite Ende ist das Magnetfeld homogen, steht senkrecht zur Oberfläche und weist nach außen, also ist der Fluss $\Phi_2 = AB = \pi r^2 B$, wobei A die Fläche des Endes und r den Zylinderradius bezeichnet. Sein Wert ist

$$\Phi_2 = \pi(0{,}120\,\text{m})^2(1{,}60 \times 10^{-3}\,\text{T}) = +7{,}24 \times 10^{-5}\,\text{Wb} = +72{,}4\,\mu\text{Wb}\,.$$

Da sich die drei Flüsse zu null addieren müssen, gilt

$$\Phi_C = -\Phi_1 - \Phi_2 = 25{,}0\,\mu\text{Wb} - 72{,}4\,\mu\text{Wb} = -47{,}4\,\mu\text{Wb}\,.$$

Das Minuszeichen weist darauf hin, dass der Fluss durch die gekrümmte Fläche nach innen gerichtet ist.

5 Die Horizontalkomponente des Erdmagnetfeldes ist gegeben durch $B_h = B\cos\phi_i$, wobei B den Betrag des Feldes und ϕ_i den Inklinationswinkel bezeichnet. Also haben wir

$$B = \frac{B_h}{\cos\phi_i} = \frac{16\,\mu\text{T}}{\cos 73°} = 55\,\mu\text{T}\,.$$

7 (a) Am geomagnetischen Äquator ($\lambda_m = 0$) ist das Feld

$$B = \frac{\mu_0 \mu}{4\pi r^3} = \frac{(4\pi \times 10^{-7}\,\text{T}\cdot\text{m/A})\,(8{,}00 \times 10^{22}\,\text{A}\cdot\text{m}^2)}{4\pi(6{,}37 \times 10^6\,\text{m})^3} = 3{,}10 \times 10^{-5}\,\text{T}\,,$$

und $\phi_i = \tan^{-1}(2\tan\lambda_m) = \tan^{-1}(0) = 0$.

(b) Bei $\lambda_m = 60°$ erhalten wir

$$B = \frac{\mu_0 \mu}{4\pi r^3}\sqrt{1 + 3\sin^2\lambda_m} = (3{,}10 \times 10^{-5})\sqrt{1 + 3\sin^2 60°} = 5{,}6 \times 10^{-5}\,\text{T}\,,$$

und $\phi_i = \tan^{-1}(2\tan 60°) = 74°$.

(c) Am geomagnetischen Nordpol ($\lambda_m = 90{,}0°$) erhalten wir

$$B = \frac{\mu_0 \mu}{4\pi r^3}\sqrt{1 + 3\sin^2\lambda_m} = (3{,}1 \times 10^{-5})\sqrt{1 + 3(1{,}00)^2} = 6{,}20 \times 10^{-5}\,\text{T}\,,$$

und $\phi_i = \tan^{-1}(2\tan 90°) = 90°$.

9 Die gemessene Komponente sei die z-Komponente. Die z-Komponente des magnetischen Dipolmoments ist mit der z-Komponente des Bahndrehimpulses über $\mu_{\text{Bahn},z} = -\frac{e}{2m}L_{\text{Bahn},z}$ verknüpft, und die z-Komponente des Bahndrehimpulses ist gegeben durch $L_{\text{Bahn},z} = m_l \frac{h}{2\pi}$, wobei m die Masse des Elektrons und h das Plancksche Wirkungsquantum bezeichnet. Also haben wir $\mu_{\text{Bahn},z} = -m_l \frac{eh}{4\pi m} = -m_l \mu_B$, wobei $\mu_B = \frac{eh}{4\pi m} = -9{,}27 \times 10^{-24}\,\text{J/T}$ das Bohrsche Magneton bezeichnet.

(a) Für $m_l = 1$ haben wir $\mu_{\text{orb},z} = -(1)\left(9{,}27 \times 10^{-24}\,\text{J/T}\right) = -9{,}27 \times 10^{-24}\,\text{J/T}$.

(b) Für $m_l = -2$ haben wir $\mu_{\text{orb},z} = -(-2)\left(9{,}27 \times 10^{-24}\,\text{J/T}\right) = 1{,}85 \times 10^{-23}\,\text{J/T}$.

11 (a) Die z-Komponente des Bahndrehimpulses ist gegeben durch $L_{\text{Bahn},z} = m_l h/2\pi$, wobei h das Plancksche Wirkungsquantum bezeichnet. Wegen $m_l = 0$ ergibt sich $L_{\text{Bahn},z} = 0$.

(b) Die z-Komponente des Beitrags des Bahndrehimpulses zum magnetischen Dipolmoment ist gegeben $\mu_{\text{Bahn},z} = -m_l \mu_B$, wobei μ_B das Bohrsche Magneton bezeichnet. Wegen $m_l = 0$ ergibt sich $\mu_{\text{Bahn},z} = 0$.

(c) Die potenzielle Energie, die mit dem Beitrag des Bahndrehimpulses zum magnetischen Dipolmoment verbunden ist, ist gegeben durch $U = -\mu_{\text{Bahn},z} B_{\text{ext}}$, wobei B_{ext} die z-Komponente des äußeren Magnetfeldes bezeichnet. Wegen $\mu_{\text{Bahn},z} = 0$ ergibt sich $U = 0$.

(d) Die z-Komponente des magnetischen Dipolmoments zum Spin ist entweder $+\mu_B$ oder $-\mu_B$, also ist die potenzielle Energie

$$U = -\mu_{s,z} B = \pm\mu_B B = \pm\left(9{,}27 \times 10^{-24}\,\text{J/T}\right)(35\,\text{mT}) = \pm 3{,}2 \times 10^{-25}\,\text{J}\,.$$

(e) Nun haben wir $m_l = -3$, also

$$L_{\text{Bahn},z} = \frac{m_l h}{2\pi} = \frac{(-3)\left(6{,}63 \times 10^{-27}\,\text{J}\cdot\text{s}\right)}{2\pi} = -3{,}16 \times 10^{-34}\,\text{J}\cdot\text{s}$$

und

$$\mu_{\text{Bahn},z} = -m_l \mu_B = -(-3)\left(9{,}27 \times 10^{-24}\,\text{J/T}\right) = 2{,}78 \times 10^{-23}\,\text{J/T}\,.$$

Die mit dem magnetischen Bahnmoment des Elektrons verbundene potenzielle Energie ist nun

$$U = -\mu_{\text{Bahn},z} B_{\text{ext}} = -(2{,}78 \times 10^{-23}\,\text{J/T})(35 \times 10^{-3}\,\text{T}) = -9{,}73 \times 10^{-25}\,\text{J}\,;$$

wobei die potenzielle Energie, die mit dem Spin des Elektrons verbunden ist, unabhängig von m_l ist und daher gleich bleibt: $\pm 3{,}2 \times 10^{-25}$ J.

13 Wenn das Magnetfeld eingeschaltet wird, wird ein elektrisches Feld mit kreisförmigen Linien induziert. Nehmen Sie an, dass das Magnetfeld in der Zeit t linear von null auf B zunimmmt. Nach Gl. 31-27 ist der Betrag des elektrischen Felds in der Umlaufbahn gegeben durch

$$E = \left(\frac{r}{2}\right)\frac{dB}{dt} = \left(\frac{r}{2}\right)\frac{B}{t}\,,$$

wobei r der Radius der Umlaufbahn ist. Das induzierte elektrische Feld verläuft tangential zur Umlaufbahn und ändert die Geschwindigkeit des Elektrons. Die Geschwindigkeitsänderung ist gegeben durch

$$\Delta v = at = \frac{eE}{m_e}t = \left(\frac{e}{m_e}\right)\left(\frac{r}{2}\right)\left(\frac{B}{t}\right)t = \frac{erB}{2m_e}\,.$$

Der mittlere Strom, der mit dem umkreisenden Elektron verbunden ist, beträgt $i = ev/2\pi r$, und das magnetische Bahnmoment ist

$$\mu = Ai = \left(\pi r^2\right)\left(\frac{ev}{2\pi r}\right) = \frac{1}{2}evr\,.$$

Die Änderung des magnetischen Bahnmoments ist

$$\Delta\mu = \frac{1}{2}er\,\Delta v = \frac{1}{2}er\left(\frac{erB}{2m_e}\right) = \frac{e^2r^2B}{4m_e}\,.$$

15 Die Magnetisierung ist das Dipolmoment pro Volumeneinheit, also ist das Dipolmoment gegeben durch $\mu = M\mathcal{V}$, wobei M die Magnetisierung und und $\mathcal{V}$ das Volumen des Zylinders bezeichnet. Verwenden Sie $\mathcal{V} = \pi r^2 L$, wobei r den Radius des Zylinders und L seine Länge bezeichnet. Also ergibt sich

$$\mu = M\pi r^2 L = (5{,}30 \times 10^3\,\text{A/m})\pi(0{,}500 \times 10^{-2}\,\text{m})^2(5{,}00 \times 10^{-2}\,\text{m}) = 2{,}08 \times 10^{-2}\,\text{J/T}\,.$$

17 Für die ausgeführten Messungen beträgt das größte Verhältnis des Magnetfelds zur Temperatur $(0{,}50\,\mathrm{T})/(10\,\mathrm{K}) = 0{,}050\,\mathrm{T/K}$. Betrachten Sie Abb. 32-9, um zu erkennen, ob dies in dem Gebiet liegt, wo die Magnetisierung eine lineare Funktion des Verhältnisses ist. Dieser Wert liegt sehr nahe am Ursprung, also schließen wir, dass die Magnetisierung dem curieschen Gesetz gehorcht.

19 (a) Eine Ladung e, die sich sich mit gleichmäßiger Geschwindigkeit v auf einer Kreisbahn vom Radius r bewegt, benötigt die Zeit $T = 2\pi r/v$, um einen Umlauf zu vollenden. Also ist der mittlere Strom

$$i = \frac{e}{T} = \frac{ev}{2\pi r}\,.$$

Dies, multipliziert mit der Fläche der Umlaufbahn, ergibt den Betrag des magnetischen Bahnmoments:

$$\mu = \frac{ev}{2\pi r}\pi r^2 = \frac{evr}{2}\,.$$

Da die magnetische Kraft vom Betrag evB eine Zentripetalkraft ist, liefert das dritte Newtonsche Gesetz $evB = m_e v^2/r$, also

$$r = \frac{m_e v}{eB}\,.$$

Also ergibt sich

$$\mu = \frac{1}{2}(ev)\left(\frac{m_e v}{eB}\right) = \left(\frac{1}{B}\right)\left(\frac{1}{2}m_e v^2\right) = \frac{K_e}{B}\,.$$

Die magnetische Kraft $-e\vec{v} \times \vec{B}$ muss zum Mittelpunkt der Kreisbahn zeigen. Wenn das Magnetfeld z.B. in die Zeichenebene weist, wird sich das Elektron im Uhrzeigersinn um die Kreisbahn bewegen. Da das Elektron negativ geladen ist, weist der Strom in die entgegen gesetzte Richtung, im Gegenuhrzeigersinn, und nach der Rechte-Hand-Regel für magnetische Bahnmomente, weist das magnetische Bahnmoment aus der Zeichenebene heraus. Das heißt, das magnetische Bahnmoment ist dem magnetischen Kraftvektor entgegen gerichtet.

(b) Wir bemerken, dass sich die Ladung in der Ableitung von $\mu = K_e/B$ weggehoben hat. Also gilt $\mu = K_i/B$ für ein positives Ion. Wenn das Magnetfeld in die Zeichenebene weist, bewegt sich das Ion im Gegenuhrzeigersinn auf einer Kreisbahn, und der Strom weist in die gleiche Richtung. Daher weist das magnetische Bahnmoment wieder aus der Zeichenebene heraus, dem Magnetfeld entgegen gerichtet.

(c) Die Magnetisierung ist gegeben durch $M = \mu_e n_e + \mu_i n_i$, wobei μ_e das magnetische Bahnmoment eines Elektrons, n_e die Elektronenkonzentration, μ_i das magnetische Bahnmoment eines Ions und n_i die Ionenkonzentration bezeichnet. Wegen $n_e = n_i$ können wir für beide Konzentrationen n schreiben. Wir setzen $\mu_e = K_e/B$ und $\mu_i = K_i/B$ und erhalten

$$M = \frac{n}{B}(K_e + K_i) = \frac{5{,}3 \times 10^{21}\,\mathrm{m}^{-3}}{1{,}2\,\mathrm{T}}\left(6{,}2 \times 10^{-20}\,\mathrm{J} + 7{,}6 \times 10^{-21}\,\mathrm{J}\right) = 310\,\mathrm{A/m}\,.$$

21 (a) Das Feld eines Dipols entlang seiner Achse ist gegeben durch Gl. 30-29:

$$B = \frac{\mu_0}{2\pi}\frac{\mu}{z^3}\,,$$

wobei μ das Dipolmoment und z den Abstand vom Dipol bezeichnet. Also ist der Betrag des Magnetfeldes

$$B = \frac{(4\pi \times 10^{-7}\,\mathrm{T{\cdot}m/A})(1{,}5 \times 10^{-23}\,\mathrm{J/T})}{2\pi(10 \times 10^{-9}\,\mathrm{m})} = 3{,}0 \times 10^{-6}\,\mathrm{T}\,.$$

(b) Die Energie eines magnetischen Dipols mit magnetischem Dipolmoment $\vec{\mu}$ in einem Magnetfeld $\vec{B}$ ist gegeben durch $U = -\vec{\mu} \cdot \vec{B} = -\mu B \cos\phi$, wobei ϕ den Winkel zwischen dem Dipolmoment und dem Feld bezeichnet. Die Energie, die erforderlich ist, um ihn Kopf gegen Kopf zu drehen (von $\phi = 0°$ nach $\phi = 180°$) ist

$$\Delta U = 2\mu B = 2(1{,}5 \times 10^{-23}\,\mathrm{J/T})(3{,}0 \times 10^{-6}\,\mathrm{T}) = 9{,}0 \times 10^{-29}\,\mathrm{J} = 5{,}6 \times 10^{-10}\,\mathrm{eV}\,.$$

Die mittlere kinetische Translationsenergie bei Raumtemperatur beträgt ungefähr 0,04 eV. (vgl. Gl. 20-24 oder Beispielaufgabe 32-1). Wenn also Dipol–Dipol-Wechselwirkungen für die Anordnung für die Ausrichtung der Dipole verantwortlich waren, dann würden Zusammenstöße die Richtungen der Momente leicht zufällig anordnen und sie würden nicht ausgerichtet bleiben.

23 Die Sättigungsmagnetisierung gehört zur vollständigen Ausrichtung aller atomaren Dipole und ist gegeben durch $M_{sat} = \mu n$, wobei n die Anzahl der Atome pro Volumeneinheit und μ das magnetische Bahnmoment eines Atoms bezeichnet. Die Anzahl der Nickelatome pro Volumeneinheit ist $n = \rho/m$, wobei ρ die Dichte von Nickel ist. Die Masse eines einzelnen Nickelatoms berechnet man, indem man $m = M/N_A$ verwendet, wobei M die Atommasse von Nickel und N_A die Avogadrokonstante ist. Damit ergibt sich

$$\begin{aligned} n &= \frac{\rho N_A}{M} = \frac{(8{,}90\,\text{g/cm}^3)(6{,}02 \times 10^{23}\,\text{atoms/mol})}{58{,}71\,\text{g/mol}} \\ &= 9{,}126 \times 10^{22}\,\text{atoms/cm}^3 = 9{,}126 \times 10^{28}\,\text{Atome/m}^3 \,. \end{aligned}$$

Das magnetische Bahnmoment eines einzelnen Nickelatoms ist

$$\mu = \frac{M_{sat}}{n} = \frac{4{,}70 \times 10^5\,\text{A/m}}{9{,}126 \times 10^{28}\,\text{m}^3} = 5{,}15 \times 10^{-24}\,\text{A}\cdot\text{m}^2 \,.$$

25 (a) Wenn die Magnetisierung der Kugel gesättigt ist, beträgt das Gesamtdipolmoment $\mu_{total} = N\mu$, wobei N die Zahl der Eisenatome in der Kugel und μ das Dipolmoment eines Eisenatoms bezeichnet. Wir wollen den Radius einer Eisenkugel mit N Eisenatomen bestimmen. Die Masse einer solchen Kugel ist Nm, wobei m die Masse eines Eisenatoms ist. Sie ist ebenfalls durch $4\pi\rho R^3/3$ gegeben, wobei ρ die Dichte von Eisen und R den Radius der Kugel bezeichnet. Also haben wir $Nm = 4\pi\rho R^3/3$ und

$$N = \frac{4\pi\rho R^3}{3m} \,.$$

Setzen Sie dies in $\mu_{total} = N\mu$ ein, und Sie erhalten

$$\mu_{total} = \frac{4\pi\rho R^3 \mu}{3m} \,.$$

Lösen Sie nach R auf, und Sie erhalten

$$R = \left(\frac{3m\mu_{total}}{4\pi\rho\mu}\right)^{1/3} \,.$$

Die Masse eines Eisenatoms ist

$$m = 56\,\text{u} = (56\,\text{u})(1{,}66 \times 10^{-27}\,\text{kg/u}) = 9{,}30 \times 10^{-26}\,\text{kg} \,.$$

Also haben wir

$$R = \left[\frac{3(9{,}30 \times 10^{-26}\,\text{kg})(8{,}0 \times 10^{22}\,\text{J/T})}{4\pi(14 \times 10^3\,\text{kg/m}^3)(2{,}1 \times 10^{-23}\,\text{J/T})}\right]^{1/3} = 1{,}8 \times 10^5\,\text{m} \,.$$

(b) Das Volumen der Kugel ist

$$V_s = \frac{4\pi}{3} R^3 = \frac{4\pi}{3}(1{,}82 \times 10^5\,\text{m})^3 = 2{,}53 \times 10^{16}\,\text{m}^3$$

und das Volumen der Erde ist

$$V_e = \frac{4\pi}{3}(6{,}37 \times 10^6\,\text{m})^3 = 1{,}08 \times 10^{21}\,\text{m}^3 \,,$$

also beträgt der Anteil des Erdvolumens, der von der Kugel eingenommen wird,

$$\frac{2{,}53 \times 10^{16}\,\text{m}^3}{1{,}08 \times 10^{21}\,\text{m}^3} = 2{,}3 \times 10^{-5} \,.$$

27 Betrachten Sie einen Kreis vom Radius $r = 6{,}00$ mm zwischen den Platten und mit seinem Mittelpunkt auf der Achse des Kondensators. Der Strom durch diesen Kreis ist null, also schreibt sich das Amperesche Gesetz

$$\oint \vec{B} \cdot d\vec{s} = \mu_0 \varepsilon_0 \frac{d\Phi_E}{dt}\,,$$

wobei $\vec{B}$ das Magnetfeld an Punkten auf dem Kreis und Φ_E den elektrischen Fluss durch den Kreis bezeichnet. Das Magnetfeld ist an allen Punkten tangential zum Kreis, also gilt

$$\oint \vec{B} \cdot d\vec{s} = 2\pi r B\,.$$

Der elektrische Fluss durch den Kreis ist $\Phi_E = \pi R^2 E$, wobei $R = 3{,}00$ mm den Radius der Kondensatorplatte bezeichnet. Nachdem diese Substitutionen gemacht wurden, wird das Amperesche Gesetz zu

$$2\pi r B = \mu_0 \varepsilon_0 \pi R^2 \frac{dE}{dt}\,.$$

Also erhalten wir

$$\begin{aligned}\frac{dE}{dt} &= \frac{2Br}{\mu_0 \varepsilon_0 R^2} \\ &= \frac{2(2{,}0 \times 10^{-7}\,T)(6{,}0 \times 10^{-3}\,\text{m})}{(4\pi \times 10^{-7}\,\text{T}\cdot\text{m/A})\left(8{,}85 \times 10^{-12}\,\frac{\text{C}^2}{\text{N}\cdot\text{m}^2}\right)(3{,}0 \times 10^{-3}\,\text{m})^2} = 2{,}4 \times 10^{13}\,\frac{\text{V}}{\text{m}\cdot\text{s}}\,.\end{aligned}$$

29 Der Verschiebungsstrom ist gegeben durch

$$i_V = \varepsilon_0 A \frac{dE}{dt}\,,$$

wobei A die Fläche einer Platte und E der Betrag des elektrischen Felds zwischen den Platten ist. Das Feld zwischen den Platten ist homogen, also ist $E = V/d$, wobei V die Potenzialdifferenz über die Platten und d den Plattenabstand bezeichnet. Also haben wir

$$i_d = \frac{\varepsilon_0 A}{d} \frac{dV}{dt}\,.$$

$\varepsilon_0 A/d$ ist nun die Kapazität C eines Plattenkondensators (der mit keinem Dielektrikum gefüllt ist), also ergibt sich

$$i_d = C \frac{dV}{dt}\,.$$

31 Betrachten Sie eine Fläche A, senkrecht zu einem homogenen elektrischen Feld $\vec{E}$. Die Verschiebungsstromdichte ist homogen und steht auf der Fläche senkrecht. Ihr Betrag ist gegeben durch $J_V = i_V/A$. Für diese Situation haben wir

$$i_V = \varepsilon_0 A \frac{dE}{dt}\,,$$

also

$$J_V = \frac{1}{A} \varepsilon_0 A \frac{dE}{dt} = \varepsilon_0 \frac{dE}{dt}\,.$$

33 (a) Wir verwenden $\oint \vec{B}\cdot d\vec{s} = \mu_0 I_{\text{eingeschlossen}}$ und erhalten

$$\begin{aligned}B &= \frac{\mu_0 I_{\text{eingeschlossen}}}{2\pi r} = \frac{\mu_0 (J_d \pi r^2)}{2\pi r} = \frac{1}{2}\mu_0 J_d r \\ &= \frac{1}{2}(1{,}26 \times 10^{-6}\,\text{H/m})(20\,\text{A/m}^2)(50 \times 10^{-3}\,\text{m}) = 6{,}3 \times 10^{-7}\,\text{T}\,.\end{aligned}$$

(b) Aus

$$i_d = J_d \pi r^2 = \varepsilon_0 \frac{d\Phi_E}{dt} = \varepsilon_0 \pi r^2 \frac{dE}{dt}$$

erhalten wir

$$\frac{dE}{dt} = \frac{J_d}{\varepsilon_0} = \frac{20\,\text{A/m}^2}{8{,}85 \times 10^{-12}\,\text{F/m}} = 2{,}3 \times 10^{12}\,\frac{\text{V}}{\text{m}\cdot\text{s}}\,.$$

35 (a) Im Gebiet a des Graphen haben wir

$$\begin{aligned} |i_d| &= \varepsilon_0 \left|\frac{d\Phi_E}{dt}\right| = \varepsilon_0 A \left|\frac{dE}{dt}\right| \\ &= (8{,}85 \times 10^{-12}\,\text{F/m})(1{,}6\,\text{m}^2)\left|\frac{4{,}5 \times 10^5\,\text{N/C} - 6{,}0 \times 10^5\,\text{N/C}}{4{,}0 \times 10^{-6}\,\text{s}}\right| = 0{,}71\ \text{A}. \end{aligned}$$

(b) $i_d \propto dE/dt = 0$.

(c) Im Gebiet c des Graphen haben wir

$$|i_c| = \varepsilon_0 A \left|\frac{dE}{dt}\right| = (8{,}85 \times 10^{-12}\,\text{F/m})(1{,}6\,\text{m}^2)\left|\frac{-4{,}0 \times 10^5\,\text{N/C}}{15 \times 10^{-6}\,\text{s} - 10 \times 10^{-6}\,\text{s}}\right| = 1{,}1\ \text{A}\,.$$

37 (a) Zu jedem Zeitpunkt ist der Verschiebungsstrom i_V in dem Zwischenraum zwischen den Platten gleich dem Leitungsstrom i im Draht. Also haben wir $i_V = i = 2{,}0\,\text{A}$.

(b) Die Änderungsrate des elektrischen Felds ist

$$\frac{dE}{dt} = \frac{1}{\varepsilon_0 A}\left(\varepsilon_0 \frac{d\Phi_E}{dt}\right) = \frac{i_d}{\varepsilon_0 A} = \frac{2{,}0\,\text{A}}{(8{,}85 \times 10^{-12}\,\text{F/m})(1{,}0\,\text{m})^2} = 2{,}3 \times 10^{11}\ \frac{\text{V}}{\text{m}\cdot\text{s}}\,.$$

(c) Der Verschiebungsstrom durch den eingezeichneten Weg ist

$$i_V' = i_V \times \left(\frac{\text{durch den Weg eingeschlossene Fläche}}{\text{Fläche jeder Platte}}\right) = (2{,}0\,\text{A})\left(\frac{0{,}50\,\text{m}}{1{,}0\,\text{m}}\right)^2 = 0{,}50\ \text{A}\,.$$

(d) Das Integral des Felds entlang des eingezeichneten Weges ist

$$\oint \vec{B}\cdot d\vec{s} = \mu_0 i_d' = (1{,}26 \times 10^{-6}\,\text{H/m})(0{,}50\,\text{A}) = 6{,}3 \times 10^{-7}\ \text{T}\cdot\text{m}\,.$$

33 Elektromagnetische Schwingkreise und Wechselstrom

3 (a) Die ganze Energie bleibt in der Kapazität, wenn sie ihre maximale Ladung hat. Der Strom ist dann null. Wenn Q die maximale Ladung auf dem Kondensator ist, dann ist die Gesamtenergie gegeben durch

$$U = \frac{Q^2}{2C} = \frac{(2{,}90 \times 10^{-6}\,\mathrm{C})^2}{2(3{,}60 \times 10^{-6}\,\mathrm{F})} = 1{,}17 \times 10^{-6}\,\mathrm{J}\,.$$

(b) Wenn die Kapazität vollkommen entladen ist, ist der Strom maximal und die gesamte Energie befindet sich in der Induktivität. Wenn I den maximalen Strom bezeichnet, dann führt $U = LI^2/2$ zu

$$I = \sqrt{\frac{2U}{L}} = \sqrt{\frac{2(1{,}168 \times 10^{-6}\,\mathrm{J})}{75 \times 10^{-3}\,\mathrm{H}}} = 5{,}58 \times 10^{-3}\,\mathrm{A}\,.$$

7 (a) Die Masse m entspricht der Induktivität, also ist $m = 1{,}25\,\mathrm{kg}$.

(b) Die Federkonstante k entspricht dem Kehrwert der Kapazität. Da die Gesamtenergie gegeben ist durch $U = Q^2/2C$, wobei Q die maximale Ladung auf dem Kondensator und C die Kapazität bezeichnet, haben wir

$$C = \frac{Q^2}{2U} = \frac{\left(175 \times 10^{-6}\,\mathrm{C}\right)^2}{2(5{,}70 \times 10^{-6}\,\mathrm{J})} = 2{,}69 \times 10^{-3}\,\mathrm{F}$$

und

$$k = \frac{1}{2{,}69 \times 10^{-3}\,\mathrm{m/N}} = 372\,\mathrm{N/m}\,.$$

(c) Die maximale Auslenkung entspricht der maximalen Ladung, also ist $x_{max} = 175 \times 10^{-6}\,\mathrm{m}$.

(d) Die maximale Geschwindigkeit v_{max} entspricht dem maximalen Strom. Der maximale Strom ist

$$I = Q\omega = \frac{Q}{\sqrt{LC}} = \frac{175 \times 10^{-6}\,\mathrm{C}}{\sqrt{(1{,}25\,\mathrm{H})(2{,}69 \times 10^{-3}\,\mathrm{F})}} = 3{,}02 \times 10^{-3}\,\mathrm{A}\,.$$

Folglich ist $v_{max} = 3{,}02 \times 10^{-3}\,\mathrm{m/s}$.

9 Die benötigte Zeit ist $t = T/4$, wobei die Periodendauer gegeben ist durch $T = 2\pi/\omega = 2\pi\sqrt{LC}$. Folglich haben wir

$$t = \frac{T}{4} = \frac{2\pi\sqrt{LC}}{4} = \frac{2\pi\sqrt{(0{,}050\,\mathrm{H})(4{,}0 \times 10^{-6}\,\mathrm{F})}}{4} = 7{,}0 \times 10^{-4}\,\mathrm{s}\,.$$

13 (a) Nachdem der Schalter auf Position b umgelegt wurde, bildet der Stromkreis einen LC-Kreis. Die Kreisfrequenz der Schwingung ist $\omega = 1/\sqrt{LC}$. Folglich haben wir

$$f = \frac{\omega}{2\pi} = \frac{1}{2\pi\sqrt{LC}} = \frac{1}{2\pi\sqrt{(54{,}0 \times 10^{-3}\,\mathrm{H})(6{,}20 \times 10^{-6}\,\mathrm{F})}} = 275\,\mathrm{Hz}\,.$$

(b) Wenn der Schalter umgelegt wird, wird die Kapazität auf $V = 34{,}0\,\mathrm{V}$ aufgeladen und der Strom ist null. Also ist die maximale Ladung auf dem Kondensator $Q = VC = (34{,}0\,\mathrm{V})(6{,}20 \times 10^{-6}\,\mathrm{F}) = 2{,}11 \times 10^{-4}\,\mathrm{C}$. Die Stromamplitude ist

$$I = \omega Q = 2\pi f Q = 2\pi(275\,\mathrm{Hz})(2{,}11 \times 10^{-4}\,\mathrm{C}) = 0{,}365\,\mathrm{A}\,.$$

15 (a) Da die Schwingungsfrequenz f mit der Induktivität L und der Kapazität C über $f = 1/2\pi\sqrt{LC}$ in Beziehung steht, ergibt der kleinere Wert von C den größeren Wert von f. Also ist $f_{\max} = 1/2\pi\sqrt{LC_{\min}}$, $f_{\min} = 1/2\pi\sqrt{LC_{\max}}$ und

$$\frac{f_{\max}}{f_{\min}} = \frac{\sqrt{C_{\max}}}{\sqrt{C_{\min}}} = \frac{\sqrt{365\,\mathrm{pF}}}{\sqrt{10\,\mathrm{pF}}} = 6{,}0\,.$$

(b) Sie möchten die zusätzliche Kapazität C so wählen, dass das Verhältnis der Frequenzen folgenden Wert annimmt

$$r = \frac{1{,}60\,\mathrm{MHz}}{0{,}54\,\mathrm{MHz}} = 2{,}96\,.$$

Da der zusätzliche Kondensator zu dem regelbaren Kondensator parallel geschaltet ist, addiert sich seine Kapazität zu der des regelbaren Kondensators. Für C in Pikofarad ist

$$\frac{\sqrt{C + 365\,\mathrm{pF}}}{\sqrt{C + 10\,\mathrm{pF}}} = 2{,}96\,.$$

Aufgelöst nach C ergibt sich

$$C = \frac{(365\,\mathrm{pF}) - (2{,}96)^2(10\,\mathrm{pF})}{(2{,}96)^2 - 1} = 36\,\mathrm{pF}\,.$$

Lösen Sie $f = 1/2\pi\sqrt{LC}$ nach L auf. Für die minimale Frequenz sind $C = 365\,\mathrm{pF} + 36\,\mathrm{pF} = 401\,\mathrm{pF}$ und $f = 0{,}54\,\mathrm{MHz}$. Also ergibt sich

$$L = \frac{1}{(2\pi)^2 C f^2} = \frac{1}{(2\pi)^2(401 \times 10^{-12}\,\mathrm{F})(0{,}54 \times 10^6\,\mathrm{Hz})^2} = 2{,}2 \times 10^{-4}\,\mathrm{H}\,.$$

17 (a) Die Gesamtenergie U ist die Summe der Energien in der Induktivität und in dem Kondensator:

$$\begin{aligned} U &= U_E + U_B = \frac{q^2}{2C} + \frac{i^2 L}{2} \\ &= \frac{(3{,}80 \times 10^{-6}\,\mathrm{C})^2}{2(7{,}80 \times 10^{-6}\,\mathrm{F})} + \frac{(9{,}20 \times 10^{-3}\,\mathrm{A})^2(25{,}0 \times 10^{-3}\,\mathrm{H})}{2} = 1{,}98 \times 10^{-6}\,\mathrm{J}\,. \end{aligned}$$

(b) Wir lösen $U = Q^2/2C$ nach der maximalen Ladung auf:

$$Q = \sqrt{2CU} = \sqrt{2(7{,}80 \times 10^{-6}\,\mathrm{F})(1{,}98 \times 10^{-6}\,\mathrm{J})} = 5{,}56 \times 10^{-6}\,\mathrm{C}\,.$$

(c) Aus $U = I^2 L/2$ erhalten wir den maximalen Strom:

$$I = \sqrt{\frac{2U}{L}} = \sqrt{\frac{2(1{,}98 \times 10^{-6}\,\mathrm{J})}{25{,}0 \times 10^{-3}\,\mathrm{H}}} = 1{,}26 \times 10^{-2}\,\mathrm{A}\,.$$

(d) Wenn q_0 die Ladung auf dem Kondensator zur Zeit $t = 0$ ist, dann ist $q_0 = Q\cos\phi$ und

$$\phi = \cos^{-1}\left(\frac{q}{Q}\right) = \cos^{-1}\left(\frac{3{,}80 \times 10^{-6}\,\mathrm{C}}{5{,}56 \times 10^{-6}\,\mathrm{C}}\right) = \pm 46{,}9^\circ\,.$$

Für $\phi = +46{,}9^\circ$ nimmt die Ladung auf dem Kondensator ab, für $\phi = -46{,}9^\circ$ nimmt sie zu. Um dies zu überprüfen, berechnen wir die Ableitung von q nach der Zeit, ausgewertet an der Stelle $t = 0$. Wir erhalten $-\omega Q \sin\phi$, was positiv sein soll. Da $\sin(+46{,}9^\circ)$ positiv und $\sin(-46{,}9^\circ)$ negativ ist, ist der korrekte Wert, damit die Ladung zunimmt, $\phi = -46{,}9^\circ$.

(e) Nun soll die Ableitung negativ und $\sin\phi$ positiv sein. Also wählen wir $\phi = +46{,}9^\circ$.

19 (a) Die Ladung ist gegeben durch (als eine Funktion der Zeit) ist gegeben durch $q = Q \sin \omega t$, wobei Q die maximale Ladung auf dem Kondensator und ω die Kreisfrequenz der Schwingung bezeichnet. Es wurde eine Sinusfunktion gewählt, sodass zur Zeit $t = 0$ für die Ladung $q = 0$ ist. Der Strom ist (als eine Funktion der Zeit) ist

$$i = \frac{dq}{dt} = \omega Q \cos \omega t \ ,$$

und bei $t = 0$ ist er $I = \omega Q$. Wegen $\omega = 1/\sqrt{LC}$ gilt

$$Q = I\sqrt{LC} = (2{,}00\,\mathrm{A})\sqrt{(3{,}00 \times 10^{-3}\,\mathrm{H})(2{,}70 \times 10^{-6}\,\mathrm{F})} = 1{,}80 \times 10^{-4}\,\mathrm{C}\ .$$

(b) Die auf dem Kondensator gespeicherte Energie ist gegeben durch

$$U_E = \frac{q^2}{2C} = \frac{Q^2 \sin^2 \omega t}{2C}$$

und ihre Änderungsrate ist

$$\frac{dU_E}{dt} = \frac{Q^2 \omega \sin \omega t \cos \omega t}{C}\ .$$

Verwenden Sie die trigonometrische Identität $\cos \omega t \sin \omega t = \frac{1}{2}\sin(2\omega t)$, um dies folgendermaßen zu schreiben:

$$\frac{dU_E}{dt} = \frac{\omega Q^2}{2C}\sin(2\omega t)\ .$$

Die größte Änderungsrate tritt auf, wenn $\sin(2\omega t) = 1$ ist oder $2\omega t = \pi/2$ rad. Das bedeutet

$$t = \frac{\pi}{4\omega} = \frac{\pi T}{4(2\pi)} = \frac{T}{8}$$

wobei T die Schwingungsperiode ist. Dabei wurde die Beziehung $\omega = 2\pi/T$ verwendet.

(c) Setzen Sie $\omega = 2\pi/T$ und $\sin(2\omega t) = 1$ in $dU_E/dt = (\omega Q^2/2C)\sin(2\omega t)$ ein, und Sie erhalten

$$\left(\frac{dU_E}{dt}\right)_{\max} = \frac{2\pi Q^2}{2TC} = \frac{\pi Q^2}{TC}\ .$$

Nun ist $T = 2\pi\sqrt{LC} = 2\pi\sqrt{(3{,}00 \times 10^{-3}\,\mathrm{H})(2{,}70 \times 10^{-6}\,\mathrm{F})} = 5{,}655 \times 10^{-4}\,\mathrm{s}$, also

$$\left(\frac{dU_E}{dt}\right)_{\max} = \frac{\pi(1{,}80 \times 10^{-4}\,\mathrm{C})^2}{(5{,}655 \times 10^{-4}\,\mathrm{s})(2{,}70 \times 10^{-6}\,\mathrm{F})} = 66{,}7\,\mathrm{W}\ .$$

Beachten Sie, dass dies ein positives Ergebnis ist, was darauf hinweist, dass die Energie im Kondensator tatsächlich bei $t = T/8$ zunimmt.

23 Die Energie, die benötigt wird, um die 100 µF-Kapazität auf 300 V aufzuladen, ist

$$\frac{1}{2}C_2V^2 = \frac{1}{2}(100 \times 10^{-6}\,\mathrm{F})(300\,\mathrm{V})^2 = 4{,}50\,\mathrm{J}\ .$$

Die Anfangsenergie beträgt dann in der 900 µF-Kapazität

$$\frac{1}{2}C_1V^2 = \frac{1}{2}(900 \times 10^{-6}\,\mathrm{F})(100\,\mathrm{V})^2 = 4{,}50\,\mathrm{J}\ .$$

Die gesamte Energie, die sich anfangs in der 900 µF-Kapazität befindet, muss auf die 100 µF-Kapazität übertragen werden. Der Plan besteht darin, sie vorübergehend in der Induktivität zu speichern. Dies bewerkstelligen wir, indem wir Schalter S_1 geöffnet lassen und Schalter S_2 schließen. Wir warten, bist die 900 µF-Kapazität vollkommen entladen ist und der Strom im Stromkreis sein Maximum annimmt (dies geschieht bei $t = T_1/4$, nach einem Viertel der relevanten Periodendauer). Wegen

$$T_1 = 2\pi\sqrt{LC_1} = 2\pi\sqrt{(10{,}0\,\mathrm{H})(900 \times 10^{-6}\,\mathrm{F})} = 0{,}596\,\mathrm{s}$$

warten wir bis $t = (0{,}596\,\text{s})/4 = 0{,}149\,\text{s}$. Nun schließen wir Schalter S_1, während wir gleichzeitig Schalter S_2 öffnen. Als nächstes lassen wir ein Viertel der Periodendauer T_2 verstreichen und öffnen Schalter S_1. Die 100 µF-Kapazität hat dann die maximale Ladung, und die gesamte Energie bleibt in ihr. Wegen

$$T_2 = 2\pi\sqrt{LC_2} = 2\pi\sqrt{(10{,}0\,\text{H})(100 \times 10^{-6}\,\text{F})} = 0{,}199\,\text{s}$$

müssen wir Schalter S_1 für $(0{,}199\,\text{s})/4 = 0{,}0497\,\text{s}$ geschlossen halten. Es ist nützlich, auf Abbildung 23-1 zu verweisen, um die Betonung auf „Viertel-Perioden" in der Lösung zu würdigen.

25 Wegen $\omega \approx \omega'$ können wir $T = 2\pi/\omega$ als die Periodendauer und $\omega = 1/\sqrt{LC}$ als die Kreisfrequenz schreiben. Die für 50 Zyklen benötigte Zeit ist (auf 3 Stellen genau)

$$\begin{aligned} t &= 50T = 50\left(\frac{2\pi}{\omega}\right) = 50\left(2\pi\sqrt{LC}\right) \\ &= 50\left(2\pi\sqrt{(220 \times 10^{-3}\,\text{H})\,(12{,}0 \times 10^{-6}\,\text{F})}\right) = 0{,}5104\,\text{s}\,. \end{aligned}$$

Die maximale Ladung auf der Kapazität fällt gemäß

$$q_{\max} = Qe^{-Rt/2L}$$

ab (dies wurde in §33-5 die *exponentiell gedämpfte Amplitude* genannt), wobei Q die Ladung zur Zeit $t = 0$ ist (wenn wir $\phi = 0$ in Gl. 33-25 verwenden). Wenn wir durch Q dividieren und auf beiden Seiten den natürlichen Logarithmus nehmen, erhalten wir

$$\ln\left(\frac{q_{\max}}{Q}\right) = -\frac{Rt}{2L}\,,$$

was auf Folgendes führt:

$$R = -\frac{2L}{t}\ln\left(\frac{q_{\max}}{Q}\right) = -\frac{2(220 \times 10^{-3}\,\text{H})}{0{,}5104\,\text{s}}\ln(0{,}99) = 8{,}66 \times 10^{-3}\,\Omega\,.$$

27 Die am Ende der Aufgabe gemachte Annahme ist äquivalent dazu, in Gl 33-25 $\phi = 0$ zu setzen. Da die maximale Energie in der Kapazität (für jeden Zyklus) durch $q_{\max}^2/2C$ gegeben ist, wobei $q_{\max}$ die maximale Ladung (während eines gegebenen Zyklus) bezeichnet, bestimmen wir dann die Zeit, für die gilt

$$\frac{q_{\max}^2}{2C} = \frac{1}{2}\frac{Q^2}{2C} \implies q_{\max} = \frac{Q}{\sqrt{2}}\,.$$

Nun steht $q_{\max}$ (in §33-5 als die *exponentiell gedämpfte Amplitude* bezeichnet) mit Q (und den anderen Parametern in dem Stromkreis) folgendermaßen in Beziehung

$$q_{\max} = Qe^{-Rt/2L} \implies \ln\left(\frac{q_{\max}}{Q}\right) = -\frac{Rt}{2L}\,.$$

Wir setzen $q_{\max} = Q/\sqrt{2}$ und lösen nach t auf:

$$t = -\frac{2L}{R}\ln\left(\frac{q_{\max}}{Q}\right) = -\frac{2L}{R}\ln\left(\frac{1}{\sqrt{2}}\right) = \frac{L}{R}\ln 2\,.$$

Um die Form des Ergebnisses am Ende zu erhalten, wurden die Identitäten $\ln(1/\sqrt{2}) = -\ln\sqrt{2} = -\frac{1}{2}\ln 2$ verwendet.

29 Es sei t eine Zeit, zu der der Kondensator in einem Zyklus voll geladen ist, und $q_{\max 1}$ sei die Ladung auf dem Kondensator zu dieser Zeit. Die Energie zu dieser Zeit ist

$$U(t) = \frac{q_{\max 1}^2}{2C} = \frac{Q^2}{2C}e^{-Rt/L}\,,$$

wobei

$$q_{\max 1} = Q\,e^{-Rt/2L}$$

ist (vgl. die Diskussion der *exponentiell gedämpften Amplitude* in §33-5). Eine Periodendauer später beträgt die Ladung auf dem Kondensator

$$q_{\max 2} = Q\,e^{-R(t+T)/2L} \qquad \text{mit} \quad T = \frac{2\pi}{\omega'}\,,$$

und die Energie ist

$$U(t+T) = \frac{q_{\max 2}^2}{2C} = \frac{Q^2}{2C} e^{-R(t+T)/L} .$$

Der relative Energieverlust ist

$$\frac{|\Delta U|}{U} = \frac{U(t) - U(t+T)}{U(t)} = \frac{e^{-Rt/L} - e^{-R(t+T)/L}}{e^{-Rt/L}} = 1 - e^{-RT/L} .$$

Unter der Annahme, dass RT/L sehr klein ist im Vergleich zu 1 (was der Fall wäre, wenn der Widerstand klein ist), entwickeln wir die Exponentialfunktion (vgl. Anhang E). Die ersten wenigen Glieder lauten:

$$e^{-RT/L} \approx 1 - \frac{RT}{L} + \frac{R^2T^2}{2L^2} + \cdots .$$

Wenn wir $\omega \approx \omega'$ approximieren, können wir T als $2\pi/\omega$ schreiben. Als ein Ergebnis erhalten wir

$$\frac{|\Delta U|}{U} \approx 1 - \left(1 - \frac{RT}{L} + \cdots\right) \approx \frac{RT}{L} = \frac{2\pi R}{\omega L} .$$

34 Elektromagnetische Wellen

1 Die Zeit, die das Licht benötigt, um eine Entfernung d im Weltraum zurückzulegen, beträgt $t = d/c$, wobei c die Lichtgeschwindigkeit ($3{,}00 \times 10^8$ m/s) bezeichnet.

(a) Setzen Sie d gleich $150\,\text{km} = 150 \times 10^3$ m. Dann erhalten Sie

$$t = \frac{d}{c} = \frac{150 \times 10^3\,\text{m}}{3{,}00 \times 10^8\,\text{m/s}} = 5{,}00 \times 10^{-4}\,\text{s}\,.$$

(b) Bei Vollmond befinden sich Mond und Sonne auf gegenüberliegenden Seiten der Erde, also ist die vom Licht zurückgelegte Strecke $d = (1{,}5 \times 10^8\,\text{km}) + 2(3{,}8 \times 10^5\,\text{km}) = 1{,}51 \times 10^8\,\text{km} = 1{,}51 \times 10^{11}$ m. Die Zeit, die das Licht benötigt, um diese Strecke zurückzulegen, ist

$$t = \frac{d}{c} = \frac{1{,}51 \times 10^{11}\,\text{m}}{3{,}00 \times 10^8\,\text{m/s}} = 500\,\text{s} = 8{,}4\,\text{min}\,.$$

Die Entfernungen sind in der Aufgabe gegeben.

(c) Verwenden Sie für d den Wert $2(1{,}3 \times 10^9\,\text{km}) = 2{,}6 \times 10^{12}$ m Dann erhalten Sie

$$t = \frac{d}{c} = \frac{2{,}6 \times 10^{12}\,\text{m}}{3{,}00 \times 10^8\,\text{m/s}} = 8{,}7 \times 10^3\,\text{s} = 2{,}4\,\text{h}\,.$$

(d) Verwenden Sie für d den Wert 6500 Lj und für die Lichtgeschwindigkeit 1,00 Lj/J. Dann erhalten Sie

$$t = \frac{d}{c} = \frac{6500\,\text{Lj}}{1{,}00\,\text{Lj/J}} = 6500\,\text{J}\,.$$

Die Explosion fand im Jahr $1054 - 6500 = -5446$, also 5446 v.Chr. statt.

5 (a) Nehmen Sie an, dass zu Zeit t_1 der Mond eine Umdrehung beginnt (sagen wir, wenn er kurz davor steht, hinter den Jupiter zu treten) und dass zu diesem Zeitpunkt der Abstand zwischen Jupiter und Erde ℓ_1 ist. Die Zeit des Beginns der Umdrehung, wie sie von der Erde aus beobachtet wird, ist $t_1^* = t_1 + \ell_1/c$. Nehmen Sie an, dass der Mond seine nächste Umdrehung zur Zeit t_2 beginnt und dass zu diesem Zeitpunkt der Abstand Erde–Jupiter ℓ_2 ist. Der Beginn der Umdrehung wird auf der Erde zur Zeit $t_2^* = t_2 + \ell_2/c$ beobachtet. Die tatsächliche Periodendauer des Mondes ist gegeben durch $T = t_2 - t_1$, und die auf der Erde gemessene Periodendauer ist

$$T^* = t_2^* - t_1^* = t_2 - t_1 + \frac{\ell_2}{c} - \frac{\ell_1}{c} = T + \frac{\ell_2 - \ell_1}{c}\,.$$

Die von der Erde aus gemessene Periodendauer ist länger als die tatsächliche. Dies ist auf die Tatsache zurückzuführen, dass sich die Erde während einer Umdrehung bewegt und dass das Licht eine endliche Zeit benötigt, um sich vom Jupiter zur Erde zu bewegen. Für die in Abb. 34-38 dargestellte Situation legt das am Ende einer Umdrehung ausgesandte Licht eine größere Entfernung zurück, um zur Erde zu gelangen, als Licht, das am Beginn ausgesandt wird. Nehmen Sie an, dass die Position der Erde durch einen Winkel θ gegeben ist, gemessen von x aus. Der Radius der Erdumlaufbahn sei R, und der Abstand der Sonne zum Jupiter sei d. Wenden wir den Kosinussatz auf das Dreieck aus Sonne, Erde und Jupiter auf den Eckpunkte an, liefert er $\ell^2 = d^2 + R^2 - 2dR\cos\theta$. Diesen Ausdruck können wir verwenden, um ℓ_1 und ℓ_2 zu berechnen. Da sich die Erde während einer Umdrehung des Mondes nicht sehr weit bewegt, können wir $\ell_2 - \ell_1$ durch $(d\ell/dt)T$ und T^* durch $T + (d\ell/dt)(T/c)$ approximieren. Nun haben wir

$$\frac{d\ell}{dt} = \frac{2Rd\sin\theta}{\sqrt{d^2 + R^2 - 2dR\cos\theta}}\frac{d\theta}{dt} = \frac{2vd\sin\theta}{\sqrt{d^2 + R^2 - 2dR\cos\theta}} ,$$

wobei $v = R\,(d\theta/dt)$ die Geschwindigkeit der Erde auf ihrer Umlaufbahn bezeichnet. Für $\theta = 0$ ist $(d\ell/dt) = 0$ und $T^* = T$. Da sich die Erde dann senkrecht zur Verbindungslinie zwischen Sonne und Jupiter bewegt, ändert sich ihr Abstand vom Planeten während einer Umdrehung des Mondes nicht nennenswert. Für $\theta = 90°$ ist andererseits $d\ell/dt = vd/\sqrt{d^2 + R^2}$ und

$$T^* = T\left(1 + \frac{vd}{c\sqrt{d^2 + R^2}}\right) .$$

Die Erde bewegt sich nun parallel zur Verbindungslinie zwischen Sonne und Jupiter und ihr Abstand zum Planeten ändert sich während einer Umdrehung des Mondes.

(b) Wir verwenden folgende Notation: t ist die tatsächliche Zeit, die der Mond für N Umdrehungen benötigt, und t^* ist die Zeit für N Umdrehungen, wie sie von der Erde beobachtet werden. Dann haben wir

$$t^* = t + \frac{\ell_2 - \ell_1}{c} ,$$

wobei ℓ_1 den Abstand Erde–Jupiter zum Beginn des Intervalls und ℓ_2 den Abstand Erde–Jupiter am Ende bezeichnet. Nehmen Sie an, dass sich die Erde zum Beginn des Intervalls bei x und am Ende bei y befindet. Dann ist $\ell_1 = d - R$ und $\ell_2 = \sqrt{d^2 + R^2}$. Damit haben wir

$$t^* = t + \frac{\sqrt{d^2 + R^2} - (d - R)}{c} .$$

Ein Wert für t kann bestimmt werden, indem man die beobachtete Periodendauer der Umdrehung misst, wenn sich die Erde bei x befindet und das Ergebnis mit N multipliziert. Wir bemerken, dass die beobachtete Periodendauer die wahre Periodendauer ist, wenn sich die Erde bei x befindet. Das Zeitintervall, wenn sich die Erde von x nach y bewegt, ist t^*. Die Differenz ist

$$t^* - t = \frac{\sqrt{d^2 + R^2} - (d - R)}{c} .$$

Wenn die Radien der Umlaufbahnen von Jupiter und Erde bekannt sind, kann der Wert für $t^* - t$ verwendet werden, um c zu berechnen. Da der Jupiter viel weiter von der Sonne entfernt ist als die Erde, kann $\sqrt{d^2 + R^2}$ durch d und $t^* - t$ durch R/c approximiert werden. Bei dieser Näherung muss nur der Erdradius bekannt sein.

7 Wenn f die Frequenz und λ die Wellenlänge einer elektromagnetischen Welle sind, dann gilt $f\lambda = c$. Die Frequenz ist dieselbe wie die Schwingungsfrequenz des Stroms in dem LC-Kreis. Das heißt, $f = 1/2\pi\sqrt{LC}$, wobei C die Kapazität und L die Induktivität bezeichnet. Also haben wir

$$\frac{\lambda}{2\pi\sqrt{LC}} = c .$$

Aufgelöst nach L erhalten wir

$$L = \frac{\lambda^2}{4\pi^2 Cc^2} = \frac{(550 \times 10^{-9}\,\mathrm{m})^2}{4\pi^2(17 \times 10^{-12}\,\mathrm{F})(2{,}998 \times 10^8\,\mathrm{m/s})^2} = 5{,}00 \times 10^{-21}\,\mathrm{H} .$$

Dies ist verschwindend klein.

11 Wenn P die Leistung und Δt das Zeitintervall eines Pulses bezeichnet, dann ist die Energie in einem Puls

$$E = P\,\Delta t = (100 \times 10^{12}\,\mathrm{W})(1{,}0 \times 10^{-9}\,\mathrm{s}) = 1{,}0 \times 10^5\,\mathrm{J} .$$

13 Das auf dem Mond erleuchtete Gebiet ist ein Kreis mit Radius $R = r\theta/2$, wobei r der Abstand Erde–Mond ($3{,}82 \times 10^8$ m) und θ die volle Strahl-Divergenz in Radianten ist. Die erleuchtete Fläche A ist

$$A = \pi R^2 = \frac{\pi r^2 \theta^2}{4} = \frac{\pi (3{,}82 \times 10^8\,\text{m})^2 (0{,}880 \times 10^{-6}\,\text{rad})^2}{4} = 8{,}88 \times 10^4\,\text{m}^2\,.$$

19 (a) Die durchschnittliche Rate des Energieflusses pro Flächeneinheit (Intensität) steht mit der Amplitude des elektrischen Felds E_m über $I = E_m^2/2\mu_0 c$ in Beziehung, also haben wir

$$\begin{aligned} E_m &= \sqrt{2\mu_0 c I} = \sqrt{2(4\pi \times 10^{-7}\,\text{H/m})(2{,}998 \times 10^8\,\text{m/s})(10 \times 10^{-6}\,\text{W/m}^2)} \\ &= 8{,}7 \times 10^{-2}\,\text{V/m}\,. \end{aligned}$$

(b) Die Amplitude des Magnetfelds ist gegeben durch

$$B_m = \frac{E_m}{c} = \frac{8{,}7 \times 10^{-2}\,\text{V/m}}{2{,}998 \times 10^8\,\text{m/s}} = 2{,}9 \times 10^{-10}\,\text{T}\,.$$

(c) In einer Entfernung r vom Sender ist die Intensität $I = P/4\pi r^2$, wobei P die Leistung des Senders ist. Damit ergibt sich

$$P = 4\pi r^2 I = 4\pi (10 \times 10^3\,\text{m})^2 (10 \times 10^{-6}\,\text{W/m}^2) = 1{,}3 \times 10^4\,\text{W}\,.$$

21 Das Plasma reflektiert die gesamte einfallende Strahlung vollständig. Also ist der Strahlungsdruck gegeben durch $p_r = 2I/c$, wobei I die Intensität bezeichnet. Die Intensität ist $I = P/A$, wobei P die Leistung und A die von der Strahlung eingeschlossene Fläche bezeichnet. Also haben wir

$$p_r = \frac{2P}{Ac} = \frac{2(1{,}5 \times 10^9\,\text{W})}{(1{,}00 \times 10^{-6}\,\text{m}^2)(2{,}998 \times 10^8\,\text{m/s})} = 1{,}0 \times 10^7\,\text{Pa} = 10\,\text{MPa}\,.$$

23 Da die Oberfläche perfekt absorbiert, ist der Strahlungsdruck gegeben durch $p_r = I/c$, wobei I die Intensität bezeichnet. Da die Glühlampe gleichmäßig in alle Richtungen strahlt, ist die Intensität in einem Abstand r von ihr gegeben durch $I = P/4\pi r^2$, wobei P die Leistung der Glühlampe ist. Damit erhalten wir

$$p_r = \frac{P}{4\pi r^2 c} = \frac{500\,\text{W}}{4\pi (1{,}5\,\text{m})^2 (2{,}998 \times 10^8\,\text{m/s})} = 5{,}9 \times 10^{-8}\,\text{Pa}\,.$$

25 (a) Wegen $c = \lambda f$ mit der Wellenlänge λ und der Frequenz f ist die Frequenz der Welle

$$f = \frac{c}{\lambda} = \frac{2{,}998 \times 10^8\,\text{m/s}}{3{,}0\,\text{m}} = 1{,}0 \times 10^8\,\text{Hz}\,.$$

(b) Dia Amplitude des Magnetfeldes ist

$$B_m = \frac{E_m}{c} = \frac{300\,\text{V/m}}{2{,}998 \times 10^8\,\text{m/s}} = 1{,}00 \times 10^{-6}\,\text{T}\,.$$

$\vec{B}$ muss in die positive z-Richtung weisen, wenn $\vec{E}$ in die the positive y-Richtung weist, damit $\vec{E} \times \vec{B}$ in die positive x-Richtung (die Ausbreitungsrichtung) weist.

(c) Die Wellenzahl ist

$$k = \frac{2\pi}{\lambda} = \frac{2\pi}{3{,}0\,\text{m}} = 2{,}1\,\text{rad/m}\,.$$

Die Kreisfrequenz ist

$$\omega = 2\pi f = 2\pi (1{,}0 \times 10^8\,\text{Hz}) = 6{,}3 \times 10^8\,\text{rad/s}\,.$$

(d) Die zeitgemittelte Rate des Energieflusses bzw. die Intensität der Welle ist

$$I = \frac{E_m^2}{2\mu_0 c} = \frac{(300\,\mathrm{V/m})^2}{2(4\pi \times 10^{-7}\,\mathrm{H/m})(2{,}998 \times 10^8\,\mathrm{m/s})} = 119\,\mathrm{W/m^2}\,.$$

(e) Da die Fläche vollständig absorbiert, ist die Rate pro Flächeneinheit, mit der darauf Impuls übertragen wird, I/c, also ist

$$\frac{dp}{dt} = \frac{IA}{c} = \frac{(119\,\mathrm{W/m^2})(2{,}0\,\mathrm{m^2})}{2{,}998 \times 10^8\,\mathrm{m/s}} = 8{,}0 \times 10^{-7}\,\mathrm{N}\,.$$

Der Strahlungsdruck ist

$$p_r = \frac{dp/dt}{A} = \frac{8{,}0 \times 10^{-7}\,\mathrm{N}}{2{,}0\,\mathrm{m^2}} = 4{,}0 \times 10^{-7}\,\mathrm{Pa}\,.$$

27 Es sei f der Anteil der Intensität des einfallenden Strahls, der reflektiert wird. Der absorbierte Anteil ist $1 - f$. Der reflektierte Anteil übt einen Strahlungsdruck

$$p_r = \frac{2fI_0}{c}$$

aus, und der absorbierte Anteil übt einen Strahlungsdruck

$$p_a = \frac{(1-f)I_0}{c}$$

aus, wobei I_0 die einfallende Intensität bezeichnet. Der Faktor 2 erscheint im ersten Ausdruck, weil der Impuls des reflektierten Anteils umgedreht wird. Der Gesamtstrahlungsdruck ist die Summe der beiden Beiträge:

$$p_{\mathrm{ges}} = p_r + p_a = \frac{2fI_0 + (1-f)I_0}{c} = \frac{(1+f)I_0}{c}\,.$$

Um die Intensität und die Energiedichte in Beziehung zu setzen, betrachten wir eine Röhre der Länge ℓ und mit Querschnittsfläche A, die mit ihrer Achse entlang der Ausbreitungsrichtung einer elektromagnetischen Welle liegt. Die elektromagnetische Energie innerhalb ist $U = uA\ell$, wobei u die Energiedichte ist. Diese ganze Energie passiert das Ende in der Zeit $t = \ell/c$, also ist die Intensität

$$I = \frac{U}{At} = \frac{uA\ell c}{A\ell} = uc\,.$$

Damit ist $u = I/c$. Die Intensität und die Energiedichte sind positiv, unabhängig von der Ausbreitungsrichtung. Für die teilweise reflektierte und teilweise absorbierte Welle ist die Intensität direkt außerhalb der Fläche $I = I_0 + fI_0 = (1+f)I_0$, wobei das erste Glied zum einfallenden und das zweite zum reflektierten Strahl gehört. Folglich ist die Energiedichte

$$u = \frac{I}{c} = \frac{(1+f)I_0}{c}\,,$$

was genauso groß ist wie der Strahlungsdruck.

29 Wenn der Strahl die Energie U vom Raumschiff abführt, dann führt er auch den Impuls $p = U/c$ ab. Da der Gesamtimpuls des Raumschiffes und des Lichts erhalten bleibt, ist dies der Betrag des Impulses, der auf das Raumschiff übertragen wird. Wenn P die Leistung des Lasers bezeichnet, dann ist die in der Zeit t abgeführte Energie $U = Pt$. Also haben wir $p = Pt/c$, und wenn m die Masse des Raumschiffs bezeichnet, dann ist sein Geschwindigkeitsbetrag

$$v = \frac{p}{m} = \frac{Pt}{mc} = \frac{(10 \times 10^3\,\mathrm{W})(86400\,\mathrm{s})}{(1{,}5 \times 10^3\,\mathrm{kg})(2{,}998 \times 10^8\,\mathrm{m/s})} = 1{,}9 \times 10^{-3}\,\mathrm{m/s}\,.$$

31 (a) Es sei r der Radius und ρ die Dichte des Teilchens. Da sein Volumen $(4\pi/3)r^3$ ist, ist seine Masse $m = (4\pi/3)\rho r^3$. Den Abstand zwischen Sonne und Teilchen bezeichnen wir mit R und die Masse der Sonne mit M. Dann hat die anziehende Gravitationskraft der Sonne auf das Teilchen den Betrag

$$F_g = \frac{GMm}{R^2} = \frac{4\pi GM\rho r^3}{3R^2}\,.$$

Wenn P die von der Sonne abgegebene Leistung bezeichnet, dann ist die Strahlungsintensität am Ort des Teilchens $I = P/4\pi R^2$, und da das Teilchen perfekt absorbiert, ist der darauf ausgeübte Strahlungsdruck

$$p_r = \frac{I}{c} = \frac{P}{4\pi R^2 c} .$$

Die gesamte Strahlung, die durch einen Kreis vom Radius r und der Fläche $A = \pi r^2$ senkrecht zur Ausbreitungsrichtung geht, wird vom Teilchen absorbiert. Also hat die Kraft der Strahlung auf das Teilchen den Betrag

$$F_r = p_r A = \frac{\pi P r^2}{4\pi R^2 c} = \frac{P r^2}{4R^2 c} .$$

Die Kraft zeigt radial von der Sonne weg. Beachten Sie, dass sowohl die Gravitationskraft als auch die Strahlungskraft umgekehrt proportional zu R^2 sind. Ist eine dieser Kräfte in einem bestimmten Abstand von der Sonne größer als die andere, dann ist diese Kraft in allen Abständen größer. Die beiden Kräfte hängen unterschiedlich vom Radius r des Teilchens ab: F_g ist proportional zu r^3, und F_r ist proportional zu r^2. Wir erwarten, dass ein Teilchen mit kleinem Radius durch den Strahlungsdruck weggedrückt und ein Teilchen mit großem Radius und der gleichen Dichte zur Sonne hin gezogen wird. Der kritische Wert des Radius ist der Wert, bei dem die beiden Kräfte gleich sind. Wir setzen die Ausdrücke für F_g und F_r gleich und lösen nach r auf:

$$r = \frac{3P}{16\pi G M \rho c} .$$

(b) Gemäß Anhang C haben wir $M = 1{,}99 \times 10^{30}$ kg und $P = 3{,}90 \times 10^{26}$ W. Damit erhalten wir

$$\begin{aligned} r &= \frac{3(3{,}90 \times 10^{26}\,\mathrm{W})}{16\pi(6{,}67 \times 10^{-11}\,\mathrm{N\cdot m^2/kg^2})(1{,}99 \times 10^{30}\,\mathrm{kg})(1{,}0 \times 10^{3}\,\mathrm{kg/m^3})(3{,}00 \times 10^{8}\,\mathrm{m/s})} \\ &= 5{,}8 \times 10^{-7}\,\mathrm{m} . \end{aligned}$$

33 (a) Da das einfallende Licht unpolarisiert ist, wird die Hälfte der Intensität hindurchgelassen und die Hälfte absorbiert. Daher ist die transmittierte Intensität $I = 5{,}0\,\mathrm{mW/m^2}$. Die Intensität und die Amplitude des elektrischen Felds stehen über $I = E_m^2/2\mu_0 c$ in Beziehung, also gilt

$$\begin{aligned} E_m &= \sqrt{2\mu_0 c I} = \sqrt{2(4\pi \times 10^{-7}\,\mathrm{H/m})(3{,}00 \times 10^{8}\,\mathrm{m/s})(5{,}0 \times 10^{-3}\,\mathrm{W/m^2})} \\ &= 1{,}9\,\mathrm{V/m} . \end{aligned}$$

(b) Der Strahlungsdruck ist $p_r = I_a/c$, wobei I_a die absorbierte Intensität bezeichnet. Damit haben wir

$$p_r = \frac{5{,}0 \times 10^{-3}\,\mathrm{W/m^2}}{3{,}00 \times 10^{8}\,\mathrm{m/s}} = 1{,}7 \times 10^{-11}\,\mathrm{Pa} .$$

35 Es bezeichne I_0 die Intensität des unpolarisierten Lichts, das auf das erste Polarisationsfilter fällt. Dann ist die durchgelassene Intensität $I_1 = \frac{1}{2} I_0$, und die Polarisationsrichtung des durchgelassenen Lichts ist $\theta_1 = 40°$ im Gegenuhrzeigersinn zur y-Achse. Die Polarisationsrichtung des zweiten Filters ist $\theta_2 = 20°$ im Uhrzeigersinn zur y-Achse. Also ist der Winkel zwischen der Polarisationsrichtung des Lichts, das auf dieses Filter fällt, und der Polarisationsrichtung des Filters $40° + 20° = 60°$. Die durchgelassene Intensität ist

$$I_2 = I_1 \cos^2 60° = \frac{1}{2} I_0 \cos^2 60° ,$$

und die Polarisationsrichtung des durchgelassenen Lichts ist 20° im Uhrzeigersinn zur y-Achse. Die Polarisationsrichtung des dritten Filters ist $\theta_3 = 40°$ im Gegenuhrzeigersinn zur y-Achse. Also ist der Winkel zwischen der Polarisationsrichtung des auf das Filter einfallenden Lichts und der Polarisationsrichtung des Filters $20° + 40° = 60°$. Die durchgelassene Intensität beträgt

$$I_3 = I_2 \cos^2 60° = \frac{1}{2} I_0 \cos^4 60° = 3{,}1 \times 10^{-2} .$$

Also gelangen 3,1% der ursprünglichen Intensität durch die Anordnung hindurch.

37 Der Winkel zwischen der Polarisationsrichtung des Lichts, das auf das erste Polarisationsfilter fällt, und der Polarisationsrichtung dieses Filters ist $\theta_1 = 70°$. Wenn I_0 die Intensität des einfallenden Lichts ist, dann ist die Intensität des durch das erste Filter transmittierten Lichts

$$I_1 = I_0 \cos^2 \theta_1 = (43\,\mathrm{W/m^2}) \cos^2 70° = 5{,}03\,\mathrm{W/m^2}\,.$$

Die Polarisationsrichtung des transmittierten Lichts bildet einen Winkel von 70° zur Vertikalen und einen Winkel von $\theta_2 = 20°$ zur Horizontalen. θ_2 ist der Winkel, den es zur Polarisationsrichtung des zweiten Polarisationsfilters bildet. Folglich ist die transmittierte Intensität

$$I_2 = I_1 \cos^2 \theta_2 = (5{,}03\,\mathrm{W/m^2}) \cos^2 20° = 4{,}4\,\mathrm{W/m^2}\,.$$

39 Es sei I_0 die Intensität des einfallenden Strahl und f der Anteil, der polarisiert ist. Die Intensität des polarisierten Lichts ist also $f I_0$. Nach der Transmission trägt dieser Anteil $f I_0 \cos^2 \theta$ zur Intensität des transmittierten Strahls bei. Dabei ist θ der Winkel zwischen der Polarisationsrichtung der Strahlung und der Polarisationsrichtung des Filters. Die Intensität des unpolarisierten Teils des einfallenden Strahls ist $(1 - f)I_0$, und nach der Transmission trägt dieser Anteil $(1 - f)I_0/2$ zur transmittierten Intensität bei. Folglich ist die transmittierte Intensität

$$I = f I_0 \cos^2 \theta + \frac{1}{2}(1 - f)I_0\,.$$

Da das Filter rotiert wird, variiert $\cos^2 \theta$ zwischen einem Minimum von 0 zu einem Maximum von 1, also variiert die transmittierte Intensität zwischen einem Minimum von

$$I_{\mathrm{min}} = \frac{1}{2}(1 - f)I_0$$

zu einem Maximum von

$$I_{\mathrm{max}} = f I_0 + \frac{1}{2}(1 - f)I_0 = \frac{1}{2}(1 + f)I_0\,.$$

Das Verhältnis von I_{max} zu I_{min} ist

$$\frac{I_{\mathrm{max}}}{I_{\mathrm{min}}} = \frac{1 + f}{1 - f}\,.$$

Setzen wir das Verhältnis gleich 5,0 und lösen wir nach f auf, erhalten wir $f = 0{,}67$.

41 (a) Wir können die Rotation nicht mit einem einzelnen Filter erreichen. Wenn ein Filter so positioniert wird, dass seine Polarisationsrichtung einen Winkel von 90° zur Polarisationsrichtung des einfallenden Strahls bildet, wird keine Strahlung hindurchgelassen. Dies kann man mit zwei Filtern erreichen. Wir positionieren das erste Filter so, dass seine Polarisationsrichtung einen Winkel θ, zwischen 0 und 90°, zur Polarisationsrichtung der einfallenden Strahlung bildet. Das zweite Filter positionieren wir so, dass seine Polarisationsrichtung einen Winkel von 90° zur Polarisationsrichtung der einfallenden Strahlung bildet. Die transmittierte Strahlung ist dann um 90° zur einfallenden Polarisationsrichtung polarisiert. Die Intensität ist $I_0 \cos^2 \theta \cos^2(90° - \theta) = I_0 \cos^2 \theta \sin^2 \theta$, wobei I_0 die einfallende Strahlung ist. Ist θ weder 0 noch 90°, ist die transmittierte Intensität nicht null.

(b) Betrachten Sie n Filter, wobei die Polarisationsrichtung des ersten Filters einen Winkel von $\theta = 90°/n$ relativ zur Polarisationsrichtung der einfallenden Strahlung bildet. Die Polarisationsrichtung jedes folgenden Filters werde um $90°/n$ in die gleiche Richtung zur Polarisationsrichtung des vorherigen Filters gedreht. Die transmittierte Strahlung ist polarisiert, wobei ihre Polarisationsrichtung einen Winkel von 90° zur Polarisationsrichtung der einfallenden Strahlung bildet. Die Intensität ist $I = I_0 \cos^{2n}(90°/n)$. Wir suchen den kleinsten Wert von n, für den dies größer als $0{,}60 I_0$ ist. Wir beginnen mit $n = 2$ und berechnen $\cos^{2n}(90°/n)$. Wenn das Ergebnis größer als 0,60 ist, haben wir die Lösung gefunden. Wenn es kleiner ist, erhöhen wir n um 1 und versuchen es wieder. Diesen Prozess wiederholen wir, wobei wir jedes Mal n um 1 erhöhen, bis wir einen Wert erhalten, für den $\cos^{2n}(90°/n)$ größer als 0,60 ist. Der erste Wert ist $n = 5$.

43 Nach dem Brechnungsgesetz gilt

$$n_1 \sin \theta_1 = n_2 \sin \theta_2\,.$$

Als Medium 1 verwenden wir das Vakuum mit $n_1 = 1$ und $\theta_1 = 32{,}0°$. Medium 2 ist das Glas mit $\theta_2 = 21{,}0°$. Wir lösen nach n_2 auf:

$$n_2 = n_1 \frac{\sin\theta_1}{\sin\theta_2} = (1{,}00)\left(\frac{\sin 32{,}0°}{\sin 21{,}0°}\right) = 1{,}48\ .$$

45 Beachten Sie, dass im Diagramm die Normale zur brechenden Oberfläche vertikal verläuft. Der Brechungswinkel ist $\theta_2 = 90°$, und der Einfallswinkel ist gegeben durch $\tan\theta_1 = w/h$, wobei h die Höhe des Tanks und w seine Breite bezeichnet. Damit erhalten wir

$$\theta_1 = \tan^{-1}\left(\frac{w}{h}\right) = \tan^{-1}\left(\frac{1{,}10\,\mathrm{m}}{0{,}850\,\mathrm{m}}\right) = 52{,}31°\ .$$

Das Brechungsgesetz liefert

$$n_1 = n_2 \frac{\sin\theta_2}{\sin\theta_1} = (1{,}00)\left(\frac{\sin 90°}{\sin 52{,}31°}\right) = 1{,}26\ ,$$

wobei für den Brechungsindex von Luft 1 verwendet wurde.

47 Betrachten Sie einen Strahl, der die Spitze des Stabs streift, wie in der Skizze dargestellt. Dabei ist $\theta_1 = 35°$, $\ell_1 = 0{,}50\,\mathrm{m}$ und $\ell_2 = 1{,}50\,\mathrm{m}$. Die Länge des Schattens ist $x + L$. x ist gegeben durch $x = \ell_1 \tan\theta_1 = (0{,}50\,\mathrm{m})\tan 35° = 0{,}35\,\mathrm{m}$. Nach dem Brechungsgesetz ist $n_2 \sin\theta_2 = n_1 \sin\theta_1$. Verwenden Sie $n_1 = 1$ und $n_2 = 1{,}33$ (aus Tabelle 34–1). Dann gilt

$$\theta_2 = \sin^{-1}\left(\frac{\sin\theta_1}{n_2}\right) = \sin^{-1}\left(\frac{\sin 35{,}0°}{1{,}33}\right) = 25{,}55°\ .$$

L ist gegeben durch

$$L = \ell_2 \tan\theta_2 = (1{,}50\,\mathrm{m})\tan 25{,}55° = 0{,}72\,\mathrm{m}\ .$$

Die Länge des Schattens ist $0{,}35\,\mathrm{m} + 0{,}72\,\mathrm{m} = 1{,}07\,\mathrm{m}$.

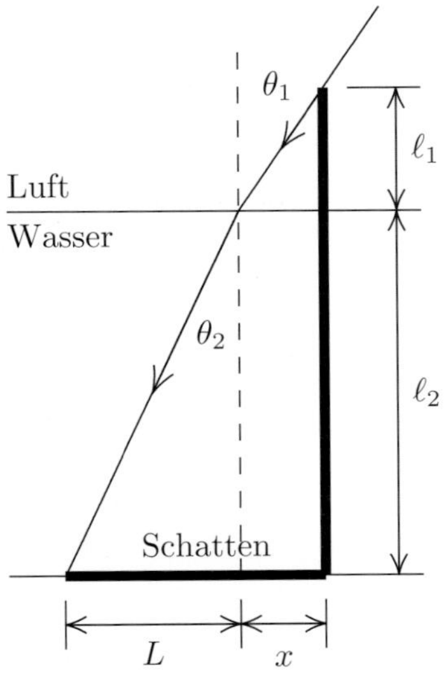

49 Der Einfallswinkel sei θ, und der Brechnungswinkel an der linken Seite der Platte sei θ_2 Der Brechungsindex des Glases sei n. Dann liefert das Brechungsgesetz $\sin\theta = n\sin\theta_2$. Der Einfallswinkel auf der rechten Seite ist ebenfalls θ_2. Wenn θ_3 der Ausfallswinkel ist, dann haben wir $n\sin\theta_2 = \sin\theta_3$. Also ist $\sin\theta_3 = \sin\theta$ und $\theta_3 = \theta$. Der ausfallende Strahl ist parallel zum einfallenden Strahl. Wir wollen einen Ausdruck für x, ausgedrückt durch θ, herleiten. Wenn D die Länge des Strahls in dem Glas bezeichnet, dann ist $D\cos\theta_2 = t$ und $D = t/\cos\theta_2$. Der Winkel α in dem Diagramm ist gleich $\theta - \theta_2$ und $x = D\sin\alpha = D\sin(\theta - \theta_2)$. Damit erhalten wir

$$x = \frac{t\sin(\theta - \theta_2)}{\cos\theta_2}\ .$$

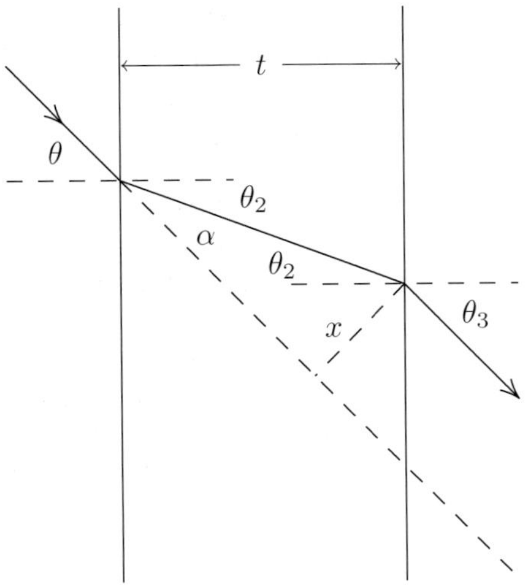

Wenn die Winkel θ, θ_2, θ_3 und $\theta - \theta_2$ alle klein sind und in Radianten gemessen werden, dann gilt $\sin\theta \approx \theta$, $\sin\theta_2 \approx \theta_2$, $\sin(\theta - \theta_2) \approx \theta - \theta_2$ und $\cos\theta_2 \approx 1$. Damit ist $x \approx t(\theta - \theta_2)$. Das Brechungsgesetz, angewandt auf den Einfallspunkt auf der linken Seite der Platten, lautet nun $\theta \approx n\theta_2$, also $\theta_2 \approx \theta/n$ und

$$x \approx t\left(\theta - \frac{\theta}{n}\right) = \frac{(n-1)t\theta}{n}\ .$$

53 Es bezeichne $\theta_1 = 45°$ den Einfallswinkel an der ersten Fläche und θ_2 den dortigen Brechungswinkel. θ_3 sei der Einfallswinkel an der zweiten Fläche. Die Bedingung für Totalreflexion an der zweiten Fläche ist $n \sin\theta_3 \geq 1$. Wir wollen den kleinsten Wert des Brechungsindex n bestimmen, für den diese Gleichung gilt. Das Brechungsgesetz, angewandt auf die erste Fläche, liefert $n \sin\theta_2 = \sin\theta_1$. Betrachten wir das aus der Oberfläche der Platte und dem Strahl in der Platte gebildete Dreieck, erhalten wir, dass $\theta_3 = 90° - \theta_2$ gilt. Also schreibt sich die Bedingung für Totalreflexion $1 \leq n\sin(90° - \theta_2) = n\cos\theta_2$. Quadrieren wir diese Gleichung und verwenden wir $\sin^2\theta_2 + \cos^2\theta_2 = 1$, erhalten wir $1 \leq n^2(1 - \sin^2\theta_2)$. Einsetzen von $\sin\theta_2 = (1/n)\sin\theta_1$ führt nun auf

$$1 \leq n^2\left(1 - \frac{\sin^2\theta_1}{n^2}\right) = n^2 - \sin^2\theta_1 \,.$$

Der größte Wert von n, für den diese Gleichung erfüllt ist, ist der Wert, für den $1 = n^2 - \sin^2\theta_1$ gilt. Wir lösen nach n auf:

$$n = \sqrt{1 + \sin^2\theta_1} = \sqrt{1 + \sin^2 45°} = 1{,}22 \,.$$

55 (a) An der Seite ab tritt keine Brechung auf, also ist der Einfallswinkel an der Seite ac gleich $90° - \phi$. Für eine Totalreflexion an der zweiten Seite muss $n_G \sin(90° - \phi)$ größer als n_L sein. Dabei bezeichnet n_G den Brechungsindex für das Glas und n_L den Brechungsindex von Luft. Wegen $\sin(90° - \phi) = \cos\phi$ suchen Sie den größten Wert von ϕ, für den $n_G \cos\phi \geq n_L$ gilt. Erinnern Sie sich, dass $\cos\phi$ abfällt, wenn ϕ von null ansteigt. Wenn ϕ den größten Wert annimmt, für den Totalreflexion auftritt, dann ist $n_G \cos\phi = n_L$, oder

$$\phi = \cos^{-1}\left(\frac{n_L}{n_G}\right) = \cos^{-1}\left(\frac{1}{1{,}52}\right) = 48{,}9° \,.$$

Der Brechungsindex von Luft wurde eins gesetzt.

(b) Ersetzen Sie die Luft durch Wasser. Wenn $n_W = 1{,}33$ der Brechungsindex von Wasser ist, dann ist der größte Wert von ϕ, für den Totalreflexion auftritt,

$$\phi = \cos^{-1}\left(\frac{n_W}{n_G}\right) = \cos^{-1}\left(\frac{1{,}33}{1{,}52}\right) = 29{,}0° \,.$$

57 (a) Das Diagramm unten zeigt einen Querschnitt durch den Mittelpunkt des Würfels parallel zu einer Seite. L ist die Kantenlänge des Würfels, und S bezeichnet den Fleck. Ein Teil eines Strahls von der Quelle zu einer Würfelseite ist ebenfalls dargestellt. Licht, das die Quelle unter einem kleinen Winkel θ verlässt, wird an der Seite gebrochen und verlässt den Würfel; Licht, das unter einem genügend großen Winkel austritt, wird total reflektiert. Das Licht, das durch die Würfelseite hindurch geht, bildet einen Kreis, wobei der Radius r zum kritischen Winkel für Totalreflexion gehört. Bezeichnet θ_c diesen Winkel, dann gilt

$$\sin\theta_c = \frac{1}{n} \,,$$

wobei n der Brechungsindex des Glases ist. Wie im Diagramm zu erkennen, ist der Radius des Kreises gegeben durch $r = (L/2)\tan\theta_c$. Nun haben wir

$$\tan\theta_c = \frac{\sin\theta_c}{\cos\theta_c} = \frac{\sin\theta_c}{\sqrt{1 - \sin^2\theta_c}} = \frac{1/n}{\sqrt{1 - (1/n)^2}} = \frac{1}{\sqrt{n^2 - 1}} \,,$$

und der Radius des Kreises ist

$$r = \frac{L}{2\sqrt{n^2 - 1}} = \frac{10\,\text{mm}}{2\sqrt{(1{,}5)^2 - 1}} = 4{,}47\,\text{mm} \,.$$

Klebt man auf den Mittelpunkt jeder Würfelseite eine lichtundurchlässige kreisförmige Scheibe mit diesem Radius, ist der Fleck nicht sichtbar (vorausgesetzt, von innen reflektiertes Licht kann vernachlässigt werden).

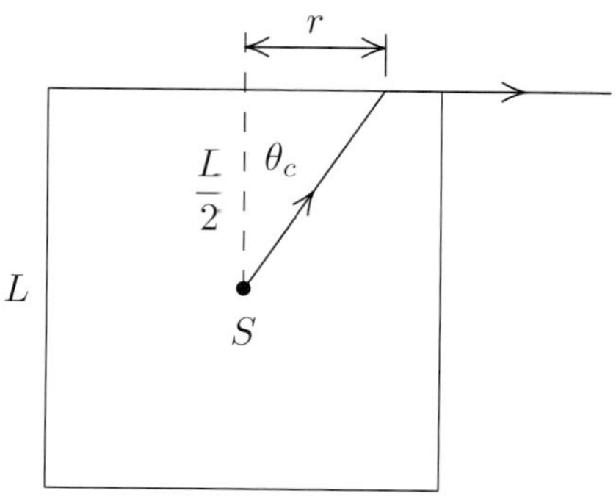

(b) Man braucht sechs lichtundurchlässige Scheiben, eine auf jeder Seite. Die insgesamt von den Scheiben abgedeckte Fläche ist $6\pi r^2$, und die gesamte Oberfläche des Würfels beträgt $6L^2$. Der Anteil der Oberfläche, die abgedeckt werden muss, ist

$$f = \frac{6\pi r^2}{6L^2} = \frac{\pi r^2}{L^2} = \frac{\pi(4{,}47\,\text{mm})^2}{(10\,\text{mm})^2} = 0{,}63\,.$$

59 (a) Unten ist ein Strahlendiagramm wiedergegeben. θ_1 sei der Einfallswinkel und θ_2 der Brechungswinkel an der ersten Fläche. θ_3 bezeichne den Einfallswinkel an der zweiten Fläche. Der Brechungswinkel dort ist $\theta_4 = 90°$. Das Brechungsgesetz, angewandt auf die zweite Fläche, liefert $n \sin\theta_3 = \sin\theta_4 = 1$. Wie im Diagramm dargestellt, stehen die Normalen zur Fläche bei P und Q senkrecht aufeinander. Die Innenwinkel des Dreiecks, das vom Strahl und den beiden Normalen gebildet wird, müssen sich zu 180° addieren, also gilt $\theta_3 = 90° - \theta_2$ und $\sin\theta_3 = \sin(90° - \theta_2) = \cos\theta_2 = \sqrt{1-\sin^2\theta_2}$. Nach dem Brechungsgesetz, angewandt auf Q, gilt $n\sqrt{1-\sin^2\theta_2} = 1$. Das Brechungsgesetz, angewandt auf den Punkt P, liefert $\sin\theta_1 = n\sin\theta_2$, also $\sin\theta_2 = (\sin\theta_1)/n$ und

$$n\sqrt{1-\frac{\sin^2\theta_1}{n^2}} = 1\,.$$

Wenn wir beide Seiten quadrieren und nach n auflösen, erhalten wir

$$n = \sqrt{1+\sin^2\theta_1}\,.$$

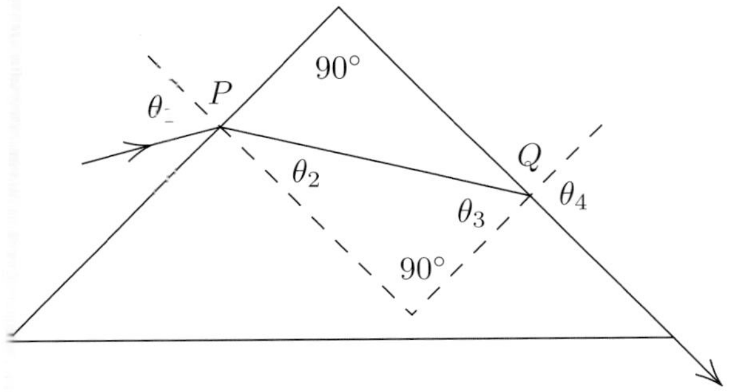

(b) Der größtmögliche Wert von $\sin^2\theta_1$ ist 1, also ist der größtmögliche Wert von n gerade $n_{\max} = \sqrt{2} = 1{,}41$.

(c) Wenn der Einfallswinkel an der ersten Fläche größer als θ_1 ist, ist für einen gegebenen Wert von n der Brechungsindex dort größer als θ_2, und der Einfallswinkel an der zweiten Fläche ist kleiner als θ_3 ($= 90° - \theta_2$). Das heißt, er ist kleiner als der kritische Winkel für Totalreflexion, also verlässt Licht die zweite Fläche und fällt hinaus in die Luft.

(d) Wenn der Einfallswinkel an der ersten Fläche kleiner als θ_1 ist, ist der Brechungswinkel dort kleiner als θ_2, und der Einfallswinkel an der zweiten Fläche ist größer als θ_3. Der ist größer als der kritische Winkel für Totalreflexion, also wird alles Licht bei Q reflektiert.

61 Der Einfallswinkel θ_B, für den das reflektierte Licht vollkommen polarisiert ist, ist gegeben durch Gl. 34–48 im Lehrbuch. Wenn n_1 den Brechungsindex des Mediums bezeichnet, aus dem das Licht kommt, und n_2 den Brechungsindex des zweiten Mediums, dann gilt $\theta_B = \tan^{-1}(n_2/n_1) = \tan^{-1}(1{,}53/1{,}33) = 63{,}8°$.

35 Abbildungen

1 Das Bild liegt 10 cm hinter dem Spiegel, und Sie sind 30 cm vor dem Spiegel. Sie müssen Ihre Augen auf eine Entfernung von 10 cm + 30 cm = 40 cm fokussieren.

3 (a) Es gibt drei Bilder. Zwei werden von einzelnen Reflexionen von jedem der Spiegel gebildet, und das dritte entsteht durch nacheinander folgende Reflexionen an beiden Spiegeln.

(b) Die Lage der Bilder ist in den beiden unten stehenden Diagrammen wiedergegeben. Die Abbildung links zeigt das Bild I_1, das durch Reflexionen an dem linken Spiegel entsteht. Es befindet sich im gleichen Abstand hinter dem Spiegel wie das Objekt O davor, und es liegt auf der Linie senkrecht zum Spiegel, die durch das Objekt geht. Bild I_2 wird durch das Licht gebildet, das von beiden Spiegeln reflektiert wird. Wir können I_2 als Bild von I_1 betrachten, das vom rechten Spiegel gebildet wird. I_2 befindet sich im gleichen Abstand hinter der Linie des rechten Spiegels wie I_1 davor, und es befindet sich auf der Linie, die senkrecht zur Linie des Spiegels steht. Das Diagramm rechts unten zeigt Bild I_3, das von den Reflexionen am rechten Spiegel gebildet wird. Es befindet sich im gleichen Abstand hinter dem Spiegel wie das Objekt davor, und es liegt auf der Linie senkrecht zum Spiegel und durch den Gegenstand. Wie das Diagramm zeigt, bildet Licht, das zuerst von dem rechten Spiegel reflektiert wird und dann vom linken, ein Bild I_2.

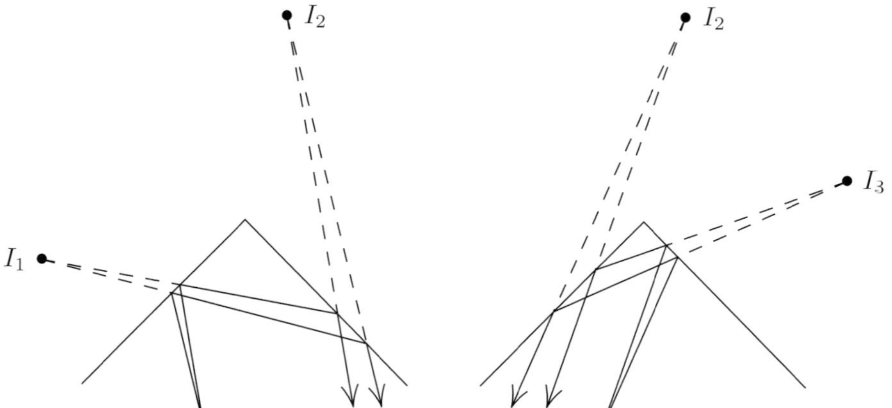

5 Betrachten Sie einen einzelnen Strahl von der Quelle zum Spiegel und bezeichnen Sie den Einfallswinkel mit θ. Der Reflexionswinkel ist ebenfalls θ, und der reflektierte Strahl bildet einen Winkel 2θ mit dem einfallenden Strahl. Nun drehen wir den Spiegel um den Winkel α, sodass der Einfallswinkel auf $\theta + \alpha$ zunimmt. Der reflektierte Strahl bildet nun einen Winkel $2(\theta + \alpha)$ mit dem einfallenden Strahl. Der reflektierte Strahl wurde um einen Winkel 2α gedreht. Wenn der Spiegel so gedreht wird, dass der Einfallswinkel um α zunimmt, dann bildet der reflektierte Strahl einen Winkel $2(\theta - \alpha)$ mit dem einfallenden Strahl. Er wurde wieder um 2α gedreht. Das Diagramm unten zeigt die Situation für $\alpha = 45°$. Der Strahl vom Objekt zum Spiegel ist in beiden Fällen der gleiche, und die reflektierten Strahlen liegen um $90°$ auseinander.

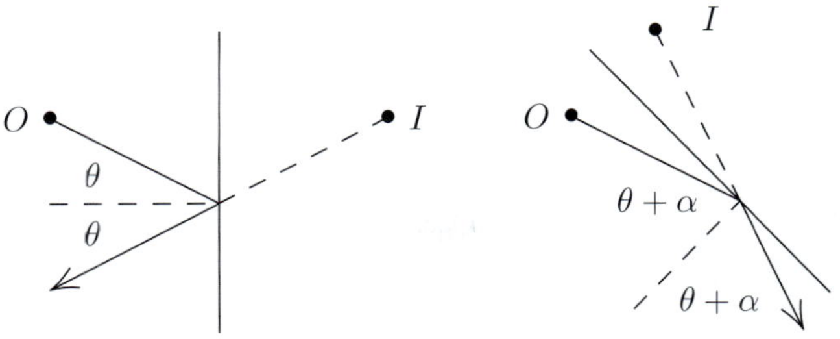

7 Die Intensität des Lichts einer Punktlichtquelle ändert sich umgekehrt proportional zum Quadrat des Abstands zur Quelle. Bevor sich der Spiegel an seinem Ort befindet, ist die Intensität im Mittelpunkt des Bildschirms gegeben durch $I_0 = A/d^2$, wobei A eine Proportionalitätskonstante ist. Nachdem sich der Spiegel an seinem Ort befindet, trägt das Licht, das direkt zum Bildschirm geht, wie zuvor mit der Intensität I_0 bei. Reflektiertes Licht erreicht den Bildschirm ebenfalls. Das Licht scheint vom Bild der Quelle, in einem Abstand d hinter dem Spiegel und in einem Abstand $3d$ vom Bildschirm, zu kommen. Sein Beitrag zur Intensität im Mittelpunkt des Bildschirms ist

$$I_r = \frac{A}{(3d)^2} = \frac{A}{9d^2} = \frac{I_0}{9}\,.$$

Die Gesamtintensität im Mittelpunkt des Bildschirms ist

$$I = I_0 + I_r = I_0 + \frac{I_0}{9} = \frac{10}{9}\,I_0\,.$$

Das Verhältnis der neuen Intensität zur ursprünglichen Intensität ist $I/I_0 = 10/9$.

11 (a) Nehmen Sie an, dass sich ein Ende des Objekt in einem Abstand p vom Spiegel und das andere Ende in einem Abstand $p + L$ befindet. Die Position i_1 des Bildes des ersten Endes ist gegeben durch

$$\frac{1}{p} + \frac{1}{i_1} = \frac{1}{f}$$

wobei f die Brennweite des Spiegels ist. Damit haben wir

$$i_1 = \frac{fp}{p - f}\,.$$

Das Bild des anderen Endes befindet sich bei

$$i_2 = \frac{f(p + L)}{p + L - f}\,,$$

also ist die Länge des Bildes

$$L' = i_1 - i_2 = \frac{fp}{p - f} - \frac{f(p + L)}{p + L - f} = \frac{f^2 L}{(p - f)(p + L - f)}\,.$$

Da das Objekt klein im Vergleich zu $p - f$ ist, können wir L im Nenner vernachlässigen und schreiben

$$L' = L\left(\frac{f}{p - f}\right)^2\,.$$

(b) Die Lateralvergrößerung ist $m = -i/p$, und wegen $i = fp/(p - f)$ kann dies $m = -f/(p - f)$ geschrieben werden. Die Longitudinalvergrößerung ist

$$m' = \frac{L'}{L} = \left(\frac{f}{p - f}\right)^2 = m^2\,.$$

36 Interferenz

5 Wenden wir das Brechungsgesetz an, erhalten wir $\sin\theta/\sin 30° = v_s/v_d$ und damit

$$\theta = \sin^{-1}\left(\frac{v_s \sin 30°}{v_d}\right) = \sin^{-1}\left[\frac{(3{,}0\,\mathrm{m/s})\sin 30°}{4{,}0\,\mathrm{m/s}}\right] = 22° \; .$$

Der Einfallswinkel verringert sich auf Grund der Brechung allmählich, wie in der obigen Rechnung gezeigt wurde (von 30° bis 22°). Nach mehreren Brechungen ist θ praktisch null. Daher treffen die Wellen senkrecht auf die Küste.

7 (a) Setzen Sie die Phasen beider Wellen an den vorderen Flächen der Schichten null Die Phase der ersten Welle an der hinteren Fläche des Glases ist gegeben durch $\phi_1 = k_1 L - \omega t$, wobei k_1 $(= 2\pi/\lambda_1)$ die Wellenzahl und λ_1 die Wellenlänge in Glas bezeichnet. Analog ist die Phase der zweiten Welle an der hinteren Fläche des Plastiks gegeben durch $\phi_2 = k_2 L - \omega t$, wobei k_2 $(= 2\pi/\lambda_2)$ die Wellenzahl und λ_2 die Wellenlänge in Plastik bezeichnet. Die Kreisfrequenzen sind gleich, da die Wellen die gleiche Wellenlänge in Luft haben und sich die Frequenz einer Welle nicht ändert, wenn die Welle in ein anderes Medium tritt. Die Phasendifferenz ist

$$\phi_1 - \phi_2 = (k_1 - k_2)L = 2\pi\left(\frac{1}{\lambda_1} - \frac{1}{\lambda_2}\right)L \; .$$

Nun ist $\lambda_1 = \lambda_{\mathrm{Luft}}/n_1$, wobei λ_{Luft} die Wellenlänge in Luft und n_1 den Brechungsindex des Glases bezeichnet. Analog haben wir $\lambda_2 = \lambda_{\mathrm{Luft}}/n_2$, wobei n_2 den Brechungsindex des Plastiks bezeichnet. Das bedeutet, dass die Phasendifferenz folgenden Wert hat: $\phi_1 - \phi_2 = (2\pi/\lambda_{\mathrm{Luft}})(n_1 - n_2)L$. Der Wert von L, er dafür 5,65 rad ergibt, ist

$$L = \frac{(\phi_1 - \phi_2)\lambda_{\mathrm{air}}}{2\pi(n_1 - n_2)} = \frac{5{,}65(400 \times 10^{-9}\,\mathrm{m})}{2\pi(1{,}60 - 1{,}50)} = 3{,}60 \times 10^{-6}\,\mathrm{m} \; .$$

(b) 5,65 rad ist kleiner als 2π rad = 6,28 rad, die Phasendifferenz für vollständige konstruktive Interferenz, und größer als π rad (= 3,14 rad), die Phasendifferenz für vollständige destruktive Interferenz. Die Interferenz liegt daher dazwischen, sie ist weder vollständig konstruktiv noch vollständig destruktiv. Sie liegt jedoch näher zur vollständigen konstruktiven Interferenz als zur vollständigen destruktiven Interferenz.

13 Die Bedingung für ein Maximum im Doppelspaltinterferenzmuster ist $d\sin\theta = m\lambda$, wobei d den Spaltabstand, λ die Wellenlänge, m eine ganze Zahl und θ den Winkel zwischen den interferierenden Strahlen und der Vorwärtsrichtung bezeichnet. Wenn θ klein ist, kann $\sin\theta$ durch θ in Radiant approximiert werden. Dann ist $\theta = m\lambda/d$, und der Winkelabstand benachbarter Maxima, eines zu einer ganzen Zahl m und das andere zu der ganzen Zahl $m+1$, ist gegeben durch $\Delta\theta = \lambda/d$. Der Abstand auf einem Beobachtungsschirm im Abstand D ist gegeben durch $\Delta y = D\,\Delta\theta = \lambda D/d$. Also haben wir

$$\Delta y = \frac{(500 \times 10^{-9}\,\mathrm{m})(5{,}40\,\mathrm{m})}{1{,}20 \times 10^{-3}\,\mathrm{m}} = 2{,}25 \times 10^{-3}\,\mathrm{m} = 2{,}25\,\mathrm{mm} \; .$$

15 Die Winkelpositionen der Maxima eines Doppelspaltinterferenzmusters sind gegeben durch $d\sin\theta = m\lambda$, wobei d den Abstand der Spalte, λ die Wellenlänge und m eine ganze Zahl bezeichnet. Wenn θ klein ist, kann $\sin\theta$ durch θ in

Radiant approximiert werden. Dann ist $\theta = m\lambda/d$. Der Winkelabstand zweier benachbarter Maxima ist $\Delta\theta = \lambda/d$. Bezeichnen Sie die Wellenlänge, für die der Winkelabstand 10,0% größer ist, mit λ' Dann ist $1{,}10\lambda/d = \lambda'/d$ oder $\lambda' = 1{,}10\lambda = 1{,}10(589\,\text{nm}) = 648\,\text{nm}$.

17 Interferenzmaxima treten bei Winkeln θ mit $d \sin\theta = m\lambda$ auf, wobei m eine ganze Zahl ist. Wegen $d = 2{,}0\,\text{m}$ und $\lambda = 0{,}50\,\text{m}$, bedeutet dies, dass $\sin\theta = 0{,}25m$ ist. Wir suchen alle Werte von m (positiv und negativ), für die $|0{,}25m| \leq 1$ gilt. Diese sind $-4, -3, -2, -1, 0, +1, +2, +3$ und $+4$. Bis auf -4 und $+4$ gibt es für jeden von ihnen zwei unterschiedliche Werte für θ. Ein einzelner Wert von θ ($-90°$) gehört zu $m = -4$ und einer ($+90°$) gehört zu $m = +4$. Insgesamt gibt es sechzehn verschiedene Winkel und daher sechzehn Maxima.

19 Die Maxima eines Doppelspaltinterferenzmusters treten bei Winkeln θ auf, die gegeben sind durch $d \sin\theta = m\lambda$, wobei d den Spaltabstand, λ die Wellenlänge und m eine ganze Zahl bezeichnet. Wenn θ klein ist, kann $\sin\theta$ durch θ in Radiant ersetzt werden. Dann ist $d\theta = m\lambda$. Der Winkelabstand zweier Maxima zu verschiedenen Wellenlängen, aber demselben Wert von m ist $\Delta\theta = (m/d)(\lambda_2 - \lambda_1)$, und der Abstand auf einem Beobachtungsschirm im Abstand D ist

$$\begin{aligned}\Delta y &= D \tan\Delta\theta \approx D\,\Delta\theta = \left[\frac{mD}{d}\right](\lambda_2 - \lambda_1)\\ &= \left[\frac{3(1{,}0\,\text{m})}{5{,}0 \times 10^{-3}\,\text{m}}\right](600 \times 10^{-9}\,\text{m} - 480 \times 10^{-9}\,\text{m}) = 7{,}2 \times 10^{-5}\,\text{m}\,.\end{aligned}$$

Dabei wurde die Approximation $\tan\Delta\theta \approx \Delta\theta$ für kleine Winkel verwendet. $\Delta\theta$ muss in Radiant angegeben sein.

21 Betrachten Sie zwei Wellen, eine von jedem Spalt, die den siebten hellen Streifen ohne das Glimmerplättchen erzeugen. Sie sind bei den Spalten in Phase und durchlaufen verschiedene Abstände bis zum Streifen, wo sich ihre Phase um $2\pi m = 14\pi$ unterscheidet. Nun wird ein Glimmerplättchen der Dicke x vor einen der Spalte gebracht, und die Wellen sind bei den Spalten nicht mehr in Phase. Tatsächlich unterscheiden sich ihre Phasen bei den Spalten um

$$\frac{2\pi x}{\lambda_m} - \frac{2\pi x}{\lambda} = \frac{2\pi x}{\lambda}(n-1)$$

wobei λ_m die Wellenlänge im Glimmerplättchen und n den Brechungsindex des Glimmerplättchens bezeichnet. Für λ_m wurde die Beziehung $\lambda_m = \lambda/n$ verwendet. Weil die Wellen nun die gleiche Phase auf dem Beobachtungsschirm haben, gilt

$$\frac{2\pi x}{\lambda}(n-1) = 14\pi$$

oder

$$x = \frac{7\lambda}{n-1} = \frac{7(550 \times 10^{-9}\,\text{m})}{1{,}58 - 1} = 6{,}64 \times 10^{-6}\,\text{m}\,.$$

23 Betrachten Sie das dargestellte Zeigerdiagramm. Hier sind $E_1 = 1{,}00$, $E_2 = 2{,}00$ und $\phi = 60°$. Die resultierende Amplitude E_m ist durch den Kosinussatz gegeben:

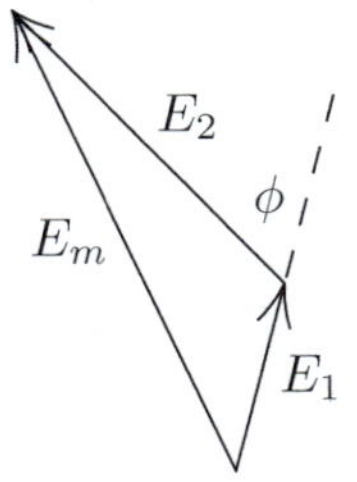

$$E_m^2 = E_1^2 + E_2^2 - 2E_1E_2\cos(180° - \phi)\,.$$

also haben wir

$$E_m = \sqrt{(1{,}00)^2 + (2{,}00)^2 - 2(1{,}00)(2{,}00)\cos 120°} = 2{,}65\,.$$

27 (a) Um zum Detektor zu gelangen, legt die Welle von S_1 eine Entfernung x und die Welle von S_2 eine Entfernung $\sqrt{d^2 + x^2}$ zurück. Die Phasendifferenz zwischen den beiden Wellen (ausgedrückt in der Wellenlänge) ist

$$\sqrt{d^2 + x^2} - x = m\lambda \qquad m = 0, 1, 2, \ldots$$

wobei wir konstruktive Interferenz voraussetzen. Die Lösung ist

$$x = \frac{d^2 - m^2\lambda^2}{2m\lambda}\,.$$

Der größte Wert von m, der einen positiven Wert für x erzeugt, ist $m = 3$. Dieser gehört zu dem Maximum, das am nächsten zu S_1 liegt, und zwar bei

$$x = \frac{(4{,}00\,\text{m})^2 - 9(1{,}00\,\text{m})^2}{(2)(3)(1{,}00\,\text{m})} = 1{,}17\ \text{m}\ .$$

Für das nächste Maximum ist $m = 2$ und $x = 3{,}00\,\text{m}$. Für das dritte Maximum ist $m = 1$ und $x = 7{,}50\,\text{m}$.

(b) Intensitätsminima treten auf, wo die Phasendifferenz π rad ist; die Intensität in einem Minimum ist jedoch nicht null, weil sich die Amplituden der Wellen unterscheiden. Obwohl die Amplituden an der Quelle gleich sind, legen die Wellen unterschiedliche Entfernungen zurück, um zu den Punkten minimaler Intensität zu gelangen, und jede Amplitude verringert sich umgekehrt proportional zum zurückgelegten Abstand.

29 Das elektrische Feld einer Welle auf dem Beobachtungsschirm sei

$$E_1 = E_0 \sin(\omega t)\ ,$$

und das elektrische Feld der anderen sei

$$E_2 = 2E_0 \sin(\omega t + \phi)\ ,$$

wobei die Phasendifferenz gegeben ist durch

$$\phi = \left(\frac{2\pi d}{\lambda}\right) \sin\theta\ .$$

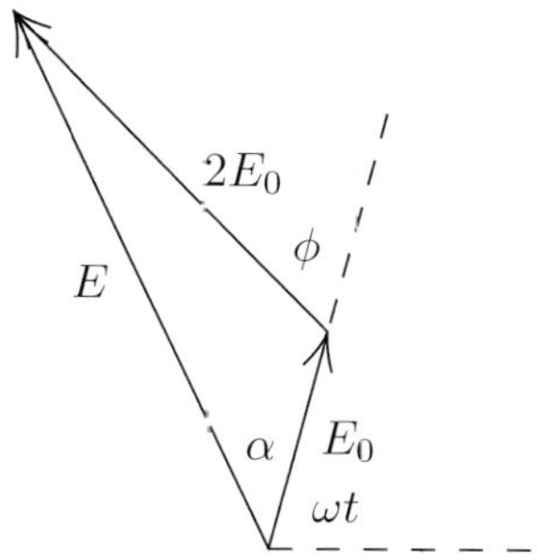

Hier ist d der Abstand der Mittelpunkte der Schlitze und λ die Wellenlänge. Die resultierende Welle kann $E = E_1 + E_2 = E \sin(\omega t + \alpha)$ geschrieben werden, wobei α eine Phasenkonstante ist. Oben ist das Phasendiagramm wiedergegeben. Die resultierende Amplitude E ist gegeben durch den Kosinussatz:

$$E^2 = E_0^2 + (2E_0)^2 - 4E_0^2 \cos(180^\circ - \phi) = E_0^2(5 + 4\cos\phi)\ .$$

Die Intensität ist gegeben durch $I = I_0(5 + 4\cos\phi)$, wobei I_0 die Intensität bezeichnet, die von der ersten Welle erzeugt würde, wenn die zweite nicht vorhanden wäre. Wegen $\cos\phi = 2\cos^2(\phi/2) - 1$ kann man dies auch als $I = I_0\left[1 + 8\cos^2(\phi/2)\right]$ schreiben.

31 Die an der vorderen Fläche reflektierte Welle erfährt einen Phasenwechsel von π rad, da sie aus Luft in ein Medium mit höherem Brechungsindex einfällt. Die Phase der von der hinteren Fläche reflektierten Welle erfährt bei der Reflexion keine Änderung, da das Medium jenseits des Seifenhäutchens Luft ist und einen niedrigeren Brechungsindex besitzt als das Seifenhäutchen. Bezeichnet L die Dicke des Seifenhäutchens, legt diese Welle eine um $2L$ weitere Entfernung zurück als die an der vorderen Oberfläche reflektierte Welle. Der Phasenunterschied zwischen den beiden Wellen ist $2L(2\pi/\lambda_S) - \pi$, wobei λ_S die Wellenlänge im Seifenhäutchen ist. Wenn λ die Vakuum-Wellenlänge und n den Brechungsindex des Seifenhäutchens bezeichnet, dann gilt $\lambda_S = \lambda/n$, und die Phasendifferenz ist

$$2nL\left(\frac{2\pi}{\lambda}\right) - \pi = 2(1{,}33)(1{,}21 \times 10^{-6}\,\text{m})\left(\frac{2\pi}{585 \times 10^{-9}\,\text{m}}\right) - \pi = 10\pi\ \text{rad}\ .$$

Da die Phasendifferenz ein gerades Vielfaches von π ist, erfolgt vollständig destruktive Interferenz.

35 Das von der vorderen Seite der Beschichtung reflektierte Licht erfährt einen Phasenwechsel um π rad, während Licht, das von der hinteren Seite reflektiert wird, keinen Phasenwechsel erfährt. Wenn L die Dicke der Beschichtung bezeichnet, legt das von der hinteren Seite reflektierte Licht eine um $2L$ größere Entfernung zurück als Licht, das von der vorderen Fläche reflektiert wird. Der Phasenunterschied der beiden Wellen ist $2L(2\pi/\lambda_c) - \pi$, wobei λ_c die Wellenlänge in der Beschichtung ist. Wenn λ die Vakuum-Wellenlänge ist, dann gilt $\lambda_c = \lambda/n$, wobei n der Brechungsindex der Beschichtung ist. Damit ist der Phasenunterschied $2nL(2\pi/\lambda) - \pi$. Für vollständig konstruktive Interferenz muss dies ein Vielfaches von 2π sein. Wir lösen

$$2nL\left(\frac{2\pi}{\lambda}\right) - \pi = 2m\pi$$

nach L auf. Dabei ist m eine ganze Zahl. Die Lösung ist

$$L = \frac{(2m + 1)\lambda}{4n}\ .$$

Um die kleinste Dicke der Beschichtung zu finden, setzen wir $m = 0$. Dann ist

$$L = \frac{\lambda}{4n} = \frac{560 \times 10^{-9}\,\mathrm{m}}{4(2{,}00)} = 7{,}00 \times 10^{-8}\,\mathrm{m}\,.$$

37 Damit vollkommen destruktive Interferenz auftritt, möchten Sie, dass die von der Vorder- und Rückseite der Beschichtung reflektierten Wellen sich in der Phase um ein ungerades Vielfaches von π rad unterscheiden. Jede Welle fällt auf ein Medium mit höherem Brechungsindex von einem Medium mit niedrigerem Brechungsindex, also erfahren beide einen Phasenwechsel um π rad bei der Reflexion. Wenn L die Dicke der Beschichtung ist, legt die Welle, die von der hinteren Schicht reflektiert wird, einen um die Entfernung $2L$ weiteren Weg zurück als die Welle, die von der Vorderseite reflektiert wird. Die Phasendifferenz beträgt $2L(2\pi/\lambda_c)$, wobei λ_c die Wellenlänge in der Beschichtung bezeichnet. Wenn n den Brechungsindex der Beschichtung bezeichnet, ist $\lambda_c = \lambda/n$, wobei λ die Wellenlänge in Vakuum und die Phasendifferenz $2nL(2\pi/\lambda)$ ist. Lösen Sie

$$2nL\left(\frac{2\pi}{\lambda}\right) = (2m+1)\pi$$

nach L auf. Hierbei ist m eine ganze Zahl. Das Ergebnis ist

$$L = \frac{(2m+1)\lambda}{4n}\,.$$

Um die kleinste Dicke zu bestimmen, für die destruktive Interferenz auftritt, setzen Sie $m = 0$. Dann erhalten wir

$$L = \frac{\lambda}{4n} = \frac{600 \times 10^{-9}\,\mathrm{m}}{4(1{,}25)} = 1{,}2 \times 10^{-7}\,\mathrm{m}\,.$$

41 Licht, das von der oberen Ölfläche (in Kontakt mit der Luft) reflektiert wird, ändert sein Phase um π rad. Licht, das von der unteren Fläche (in Kontakt mit dem Glas) reflektiert wird, ändert seine Phase um π rad, wenn der Brechungsindex des Öls kleiner ist als der des Glases, und es ändert seine Phase nicht, wenn der Brechungsindex des Öls größer als der des Glases ist.

Zunächst nehmen wir an, dass der Brechungsindex des Öls größer ist als der des Glases. Die Bedingung für vollständig destruktive Interferenz ist $2n_o d = m\lambda$, wobei d die Dicke des Ölfilms, n_o den Brechungsindex des Öls, λ die Vakuumwellenlänge und m eine ganze Zahl bezeichnet. Für die kürzere Wellenlänge ist $2n_o d = m_1\lambda_1$, und für die größere Wellenlänge ist $2n_o d = m_2\lambda_2$. Da λ_1 kleiner ist als λ_2, ist m_1 größer als m_2, und da für jede Wellenlänge dazwischen keine vollständig destruktive Interferenz auftritt, ist $m_1 = m_2 + 1$. Lösen wir $(m_2+1)\lambda_1 = m_2\lambda_2$ nach m_2 auf, erhalten wir

$$m_2 = \frac{\lambda_1}{\lambda_2 - \lambda_1} = \frac{500\,\mathrm{nm}}{700\,\mathrm{nm} - 500\,\mathrm{nm}} = 2{,}50\,.$$

Da m_2 eine ganze Zahl sein muss, kann das Öl keinen Brechungsindex besitzen, der größer als der des Glases ist.

Nun nehmen wir an, dass der Brechungsindex des Öls kleiner als der des Glases ist. Die Bedingung für vollständig destruktive Interferenz lautet dann $2n_o d = (2m+1)\lambda$. Für die kürzere Wellenlänge haben wir $2m_o d = (2m_1+1)\lambda_1$ und für die größere $2n_o d = (2m_2+1)\lambda_2$. Wieder ist $m_1 = m_2+1$, also $(2m_2+3)\lambda_1 = (2m_2+1)\lambda_2$. Das bedeutet, wir erhalten für den Wert von m_2:

$$m_2 = \frac{3\lambda_1 - \lambda_2}{2(\lambda_2 - \lambda_1)} = \frac{3(500\,\mathrm{nm}) - 700\,\mathrm{nm}}{2(700\,\mathrm{nm} - 500\,\mathrm{nm})} = 2{,}00\,.$$

Dies ist eine ganze Zahl. Also ist der Brechungsindex des Öls kleiner als der des Glases.

43 Betrachten Sie die Interferenz von Wellen, die von der oberen und unteren Seite der Luftschicht reflektiert werden. Die von der oberen Schicht reflektierte Welle ändert ihre Phase bei der Reflexion nicht, aber die von der unteren Schicht reflektierte Welle ändert ihre Phase um π rad. An einer Stelle, wo die Dicke der Luftschicht L ist, lautet die Bedingung für volle konstruktive Interferenz $2L = (m + \frac{1}{2})\lambda$, wobei λ (= 683 nm) die Wellenlänge und m eine ganze Zahl bezeichnet. Dies ist für $m = 140$ erfüllt:

$$L = \frac{(m+\frac{1}{2})\lambda}{2} = \frac{(140{,}5)(683 \times 10^{-9}\,\mathrm{m})}{2} = 4{,}80 \times 10^{-5}\,\mathrm{m} = 0{,}048\,\mathrm{mm}\,.$$

Am dünnen Ende der Luftschicht gibt es einen hellen Streifen. Er gehört zu $m = 0$. Daher gibt es insgesamt 140 helle Streifen.

45 Nehmen Sie an, dass sich die keilförmige Schicht in Luft befindet, also erfährt die von einer Schicht reflektierte Welle eine Phasenänderung um π rad, während dies die von der anderen Schicht reflektierte Welle nicht tut. An einer Stelle, wo die Schichtdicke L beträgt, lautet die Bedingung für vollkommen konstruktive Interferenz $2nL = (m + \frac{1}{2})\lambda$, wobei n den Brechungsindex der Schicht, λ die Wellenlänge in Vakuum und m eine ganze Zahl bezeichnet. Die Enden der Schicht sind hell. Angenommen, der Film hat am schmaleren Ende eine Dicke L_1 und der dortige helle Streifen gehört zu $m = m_1$. Angenommen, der Film hat am dickeren Ende die Dicke L_2 und der dortige helle Streifen gehört zu $m = m_2$. Da es zehn helle Streifen gibt, ist $m_2 = m_1 + 9$. Subtrahieren Sie $2nL_1 = (m_1 + \frac{1}{2})\lambda$ von $2nL_2 = (m_1 + 9 + \frac{1}{2})\lambda$, und Sie erhalten $2n\,\Delta L = 9\lambda$, wobei $\Delta L = L_2 - L_1$ die Änderung der Schichtdicke über ihre Breite bezeichnet. Also haben wir

$$\Delta L = \frac{9\lambda}{2n} = \frac{9(630 \times 10^{-9}\,\mathrm{m})}{2(1{,}50)} = 1{,}89 \times 10^{-6}\,\mathrm{m}\,.$$

49 Betrachten Sie das Interferenzmuster, das von Wellen gebildet wird, die von der oberen und unteren Seite des Luftkeils reflektiert werden. Die von der unteren Fläche reflektierte Welle erfährt einen Phasenänderung von π rad, während dies die von der oberen Fläche reflektierte Welle nicht tut. An einer Stelle, wo die Dicke des Keils d ist, lautet die Bedingung für ein Maximum der Intensität $2d = (m + \frac{1}{2})\lambda$, wobei λ die Wellenlänge in Luft und m eine ganze Zahl ist. Damit haben wir $d = (2m + 1)\lambda/4$. Wie die Geometrie von Abb. 36-34 zeigt, ist $d = R - \sqrt{R^2 - r^2}$, wobei R der Krümmungsradius der Linse und r der Radius eines Newtonschen Rings ist. Damit ist $(2m + 1)\lambda/4 = R - \sqrt{R^2 - r^2}$. Zunächst sortieren wir die Terme so um, dass die Gleichung folgende Gestalt annimmt:

$$\sqrt{R^2 - r^2} = R - \frac{(2m+1)\lambda}{4}\,.$$

Als nächstes quadrieren wir beide Seite, orden um, um nach r^2 aufzulösen, und ziehen die Quadratwurzel. Wir erhalten

$$r = \sqrt{\frac{(2m+1)R\lambda}{2} - \frac{(2m+1)^2\lambda^2}{16}}\,.$$

Wenn R viel größer als eine Wellenlänge ist, überwiegt der erste Term den zweiten und wir haben

$$r = \sqrt{\frac{(2m+1)R\lambda}{2}}\,.$$

53 Die Welle, die sich direkt zum Empfänger fortpflanzt, legt eine Strecke L_1 zurück, und die reflektierte Welle legt eine Strecke L_2 zurück. Da der Brechungsindex von Wasser größer als der von Luft ist, erfährt diese letzte Welle bei der Reflexion eine Phasenänderung um eine halbe Wellenlänge. Damit beim Empfänger konstruktive Interferenz vorliegt, muss die Differenz $L_2 - L_1$ ein ungerades Vielfaches der halben Wellenlänge sein. Betrachten Sie das rechts wiedergegebene Diagramm. Das rechtwinklige Dreieck links, das von der vertikalen Linie vom Wasser zum Sender S, dem auf das Wasser einfallenden Strahl und der Wasserlinie gebildet wird, ergibt $D_a = a/\tan\theta$. Das rechtwinklige Dreieck rechts, das von der vertikalen Linie vom Wasser zum Empfänger E, dem reflektierten Strahl und der Wasserlinie gebildet wird, führt auf $D_b = x/\tan\theta$. Wegen $D_a + D_b = D$ haben wir

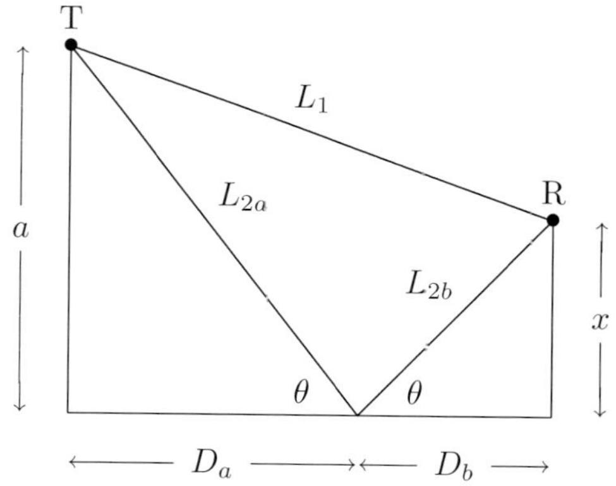

$$\tan\theta = \frac{a+x}{D}\,.$$

Wir verwenden die Identität $\sin^2\theta = \tan^2\theta/(1 + \tan^2\theta)$, um zu zeigen, dass $\sin\theta = (a+x)/\sqrt{D^2 + (a+x)^2}$ gilt. Das bedeutet

$$L_{2a} = \frac{a}{\sin\theta} = \frac{a\sqrt{D^2 + (a+x)^2}}{a+x}$$

und

$$L_{2b} = \frac{x}{\sin\theta} = \frac{x\sqrt{D^2 + (a+x)^2}}{a+x} .$$

Daher ergibt sich

$$L_2 = L_{2a} + L_{2b} = \frac{(a+x)\sqrt{D^2 + (a+x)^2}}{a+x} = \sqrt{D^2 + (a+x)^2} .$$

Wir verwenden den binomischen Satz mit großem D^2 und kleinem $a^2 + x^2$ und approximieren diesen Ausdruck: $L_2 \approx D + (a+x)^2/2D$. Die von der direkten Welle zurückgelegte Strecke ist $L_1 = \sqrt{D^2 + (a-x)^2}$. Wir verwenden den binomischen Satz und approximieren diesen Ausdruck: $L_1 \approx D + (a-x)^2/2D$. Damit haben wir

$$L_2 - L_1 \approx D + \frac{a^2 + 2ax + x^2}{2D} - D - \frac{a^2 - 2ax + x^2}{2D} = \frac{2ax}{D} .$$

Setzen wir dies gleich $(m + \frac{1}{2})\lambda$, wobei m null oder eine positive ganze Zahl ist, erhalten wir $x = (m + \frac{1}{2})(D/2a)\lambda$.

55 Eine Verschiebung um einen Streifen entspricht einer Änderung des optischen Wegs um eine Wellenlänge. Wenn sich der Spiegel um eine Strecke d bewegt, ändert sich die Weglänge um $2d$, da das Licht den Spiegelzweig zweimal durchläuft. Es sei N die Anzahl der verschobenen Streifen. Dann haben wir $2d = N\lambda$ und

$$\lambda = \frac{2d}{N} = \frac{2(0{,}233 \times 10^{-3}\,\mathrm{m})}{792} = 5{,}88 \times 10^{-7}\,\mathrm{m} = 588\,\mathrm{nm} .$$

57 ϕ_1 sei der Phasenunterschied der Wellen in den beiden Armen, wenn sich in der Küvette Luft befindet, und ϕ_2 sei der Phasenunterschied, wenn die Küvette evakuiert ist. Diese sind unterschiedlich, weil sich die Wellenlänge in Luft von der im Vakuum unterscheidet. Wenn λ die Vakuumwellenlänge bezeichnet, dann ist die Wellenlänge in Luft λ/n, wobei n der Brechungsindex von Luft ist. Das bedeutet

$$\phi_1 - \phi_2 = 2L\left[\frac{2\pi n}{\lambda} - \frac{2\pi}{\lambda}\right] = \frac{4\pi(n-1)L}{\lambda} ,$$

wobei L die Länge der Küvette ist. Der Faktor 2 tritt auf, weil das Licht die Küvette zweimal durchquert, einmal auf dem Weg zum Spiegel und einmal nach der Reflexion vom Spiegel. Jede Verschiebung um einen Streifen entspricht einer Phasenänderung um 2π rad. Wenn sich also das Interferenzmuster um N verschiebt, wenn die Küvette evakuiert wird, gilt

$$\frac{4\pi(n-1)L}{\lambda} = 2N\pi$$

und

$$n = 1 + \frac{N\lambda}{2L} = 1 + \frac{60(500 \times 10^{-9}\,\mathrm{m})}{2(5{,}0 \times 10^{-2}\,\mathrm{m})} = 1{,}00030 .$$

37 Beugung

1 Die Bedingung für ein Minimum im Beugungsmuster eines Einzelspalts lautet

$$a \sin\theta = m\lambda ,$$

wobei a die Spaltbreite, λ die Wellenlänge und m eine ganze Zahl ist. Der Winkel θ wird zur Vorwärtsrichtung gemessen, also ist er für die in der Aufgabe beschriebene Situation $0{,}60°$ für $m = 1$. Damit ergibt sich

$$a = \frac{m\lambda}{\sin\theta} = \frac{633 \times 10^{-9}\,\mathrm{m}}{\sin 0{,}60°} = 6{,}04 \times 10^{-5}\,\mathrm{m} .$$

3 (a) Die Bedingung für ein Minimum im Beugungsmuster eines Einzelspalts ist gegeben durch $a \sin\theta = m\lambda$, wobei a die Spaltbreite, λ die Wellenlänge und m eine ganze Zahl ist. Für $\lambda = \lambda_a$ und $m = 1$ ist der Winkel θ der gleiche wie für $\lambda = \lambda_b$ und $m = 2$. Damit ist $\lambda_a = 2\lambda_b$.

(b) m_a sei die ganze Zahl, die zu einem Minimum im erzeugten Muster für Licht der Wellenlänge λ_a gehört, und m_b sei die ganze Zahl, die zu einem Minimum im erzeugten Muster für Licht der Wellenlänge λ_b gehört. Ein Minimum in einem Muster fällt mit einem Minimum im anderen zusammen, wenn sie unter dem gleichen Winkel auftreten. Das bedeutet $m_a\lambda_a = m_b\lambda_b$. Wegen $\lambda_a = 2\lambda_b$ fallen die Minima zusammen, wenn $2m_a = m_b$ ist. Folglich fällt jedes andere Minimum des λ_b-Musters mit einem Minimum des λ_a-Musters zusammen.

5 (a) Auf die Linse fällt eine ebene Welle, also wird sie in der Brennebene der Linse fokussiert, in einem Abstand von 70 cm zur Linse.

(b) Wellen, die die Linse in einem Winkel θ zur Vorwärtsrichtung verlassen, interferieren und erzeugen ein Intensitätsminimum, wenn $a \sin\theta = m\lambda$ gilt, wobei a die Spaltbreite, λ die Wellenlänge und m eine ganze Zahl ist. Auf dem Schirm ist der Abstand vom Mittelpunkt des Musters zum Minimum gegeben durch $y = D \tan\theta$, wobei D den Abstand der Linse zum Schirm bezeichnet. Für die Angaben dieser Aufgabe erhalten wir

$$\sin\theta = \frac{m\lambda}{a} = \frac{(1)(590 \times 10^{-9}\,\mathrm{m})}{0{,}40 \times 10^{-3}\,\mathrm{m}} = 1{,}475 \times 10^{-3} .$$

Das bedeutet $\theta = 1{,}475 \times 10^{-3}$ rad und $y = (70 \times 10^{-2}\,\mathrm{m}) \tan(1{,}475 \times 10^{-3}\,\mathrm{rad}) = 1{,}03 \times 10^{-3}\,\mathrm{m}$.

7 Im Muster einer Einzelspaltbeugung ist die Bedingung für ein Intensitätsminimum $a \sin\theta = m\lambda$, wobei a die Spaltbreite, λ die Wellenlänge und m eine ganze Zahl bezeichnet. Um die Winkelposition des ersten Minimums auf einer Seite des Hauptmaximums zu bestimmen, setzen wir $m = 1$:

$$\theta_1 = \sin^{-1}\left(\frac{\lambda}{a}\right) = \sin^{-1}\left(\frac{589 \times 10^{-9}\,\mathrm{m}}{1{,}00 \times 10^{-3}\,\mathrm{m}}\right) = 5{,}89 \times 10^{-4}\,\mathrm{rad} .$$

Wenn D den Abstand vom Spalt zum Schirm bezeichnet, beträgt der Abstand auf dem Schirm vom Mittelpunkt des Musters zum Minimum

$$y_1 = D \tan\theta_1 = (3{,}00\,\mathrm{m}) \tan(5{,}89 \times 10^{-4}\,\mathrm{rad}) = 1{,}767 \times 10^{-3}\,\mathrm{m} .$$

Um das zweite Minimum zu bestimmen, setzen wir $m = 2$:

$$\theta_2 = \sin^{-1}\left(\frac{2(589 \times 10^{-9}\,\text{m})}{1{,}00 \times 10^{-3}\,\text{m}}\right) = 1{,}178 \times 10^{-3}\,\text{rad}\,.$$

Der Abstand vom Mittelpunkt des Musters zum Minimum ist $y_2 = D \tan\theta_2 = (3{,}00\,\text{m}) \tan(1{,}178 \times 10^{-3}\,\text{rad}) = 3{,}534 \times 10^{-3}\,\text{m}$. Der Abstand zwischen den beiden Minima ist $\Delta y = y_2 - y_1 = 3{,}534\,\text{mm} - 1{,}767\,\text{mm} = 1{,}77\,\text{mm}$.

9 Wir stellen uns vor, dass wir den ursprünglichen Spalt in N Streifen unterteilen, und stellen das Licht von jedem Streifen, wenn es den Beobachtungsschirm erreicht, durch ein Zeiger dar. Im mittleren Maximum des Beugungsmusters würden wir dann die N Zeiger addieren, die alle in die gleiche Richtung weisen und die alle die gleiche Amplitude besitzen. Wir erhielten, dass die Intensität dort proportional zu N^2 ist. Wenn wir den Spalt verdoppeln, würden wir $2N$ Zeiger benötigen, wenn sie alle die gleiche Amplitude haben sollen wie die Zeiger, die für den engen Spalt verwendet wurden. Die Intensität im mittleren Maximum ist proportional zu $(2N)^2$ und ist damit viermal so groß wie die Intensität des engen Spalts. Die Energie, die den Beobachtungsschirm pro Zeit erreicht, ist jedoch nur zweimal so groß, wie die für den engen Spalt. Die Energie wird einfach umverteilt. Der mittlere Peak ist nun z.B. nur halb so breit, und das Integral der Intensität über den Peak ist nur doppelt so groß wie das analoge Integral für den engen Spalt.

11 (a) Die Intensität des Beugungsmusters eines Einzelspalts ist gegeben durch

$$I = I_m \frac{\sin^2\alpha}{\alpha^2}\,,$$

wobei $\alpha = (\pi a/\lambda)\sin\theta$, a die Spaltbreite und λ die Wellenlänge ist. Der Winkel θ wird zur Vorwärtsrichtung gemessen. Wir brauchen $I = I_m/2$ so, dass gilt

$$\sin^2\alpha = \frac{1}{2}\alpha^2\,.$$

(b) Wir werten $\sin^2\alpha$ und $\alpha^2/2$ für $\alpha = 1{,}39\,\text{rad}$ aus und vergleichen die Ergebnisse. Um sicher zu sein, dass $1{,}39\,\text{rad}$ auf drei Stellen genau näher am korrekten Wert für α liegt als jeder andere, könnten wir auch $1{,}385\,\text{rad}$ und $1{,}395\,\text{rad}$ ausprobieren.

(c) Wegen $\alpha = (\pi a/\lambda)\sin\theta$ ist

$$\theta = \sin^{-1}\left(\frac{\alpha\lambda}{\pi a}\right)\,.$$

Nun ist $\alpha/\pi = 1{,}39/\pi = 0{,}442$, also

$$\theta = \sin^{-1}\left(\frac{0{,}442\lambda}{a}\right)\,.$$

Der Winkelabstand der beiden Punkte mit halber Intensität, einer auf jeder Seite der Mitte des Beugungsmusters, ist

$$\Delta\theta = 2\theta = 2\sin^{-1}\left(\frac{0{,}442\lambda}{a}\right)\,.$$

(d) Für $a/\lambda = 1{,}0$ haben wir

$$\Delta\theta = 2\sin^{-1}(0{,}442/1{,}0) = 0{,}916\,\text{rad} = 52{,}5^\circ\,,$$

für $a/\lambda = 5{,}0$

$$\Delta\theta = 2\sin^{-1}(0{,}442/5{,}0) = 0{,}177\,\text{rad} = 10{,}1^\circ\,,$$

und für $a/\lambda = 10$

$$\Delta\theta = 2\sin^{-1}(0{,}442/10) = 0{,}0884\,\text{rad} = 5{,}06^\circ\,.$$

13 (a) Die Intensität des Beugungsmusters eines Einzelspalts ist gegeben durch

$$I = I_m \frac{\sin^2 \alpha}{\alpha^2}$$

wobei α im Text beschrieben ist (vgl. Gl. 37-6). Um die Extrema zu bestimmen, setzen wir die Ableitung von I nach α gleich null und lösen nach α auf. Die Ableitung ist gegeben durch

$$\frac{dI}{d\alpha} = 2I_m \frac{\sin \alpha}{\alpha^3} (\alpha \cos \alpha - \sin \alpha) \ .$$

Die Ableitung verschwindet, wenn $\alpha \neq 0$, aber $\sin \alpha = 0$ ist. Dies liefert $\alpha = m\pi$, wobei m eine ganze Zahl ungleich null ist. Die Intensitätsmaxima sind folgende: $I = 0$ für $\alpha = m\pi$. Die Ableitung verschwindet auch für $\alpha \cos \alpha - \sin \alpha = 0$. Diese Bedingung kann als $\tan \alpha = \alpha$ geschrieben werden. Dadurch sind die Maxima implizit bestimmt.

(b) Die Werte von α, die $\tan \alpha = \alpha$ erfüllen, kann man durch Ausprobieren auf einem Taschenrechner oder Computer bestimmen. Jeder von ihnen ist etwas kleiner als einer der Werte $(m + \frac{1}{2})\pi$ rad, also beginnen wir mit diesen Werten. Die ersten wenigen sind 0, 4,4934, 7,7252, 10,9041, 14,0662 und 17,2207. Man kann sie auch graphisch bestimmen. Wie im Diagramm unten zeichnen wir $y = \tan \alpha$ und $y = \alpha$ im gleichen Graphen. Die Schnittpunkte der Linien mit der $\tan \alpha$ Kurve sind die Lösungen. Die ersten beiden oben aufgeführten Lösungen sind im Diagramm eingezeichnet.

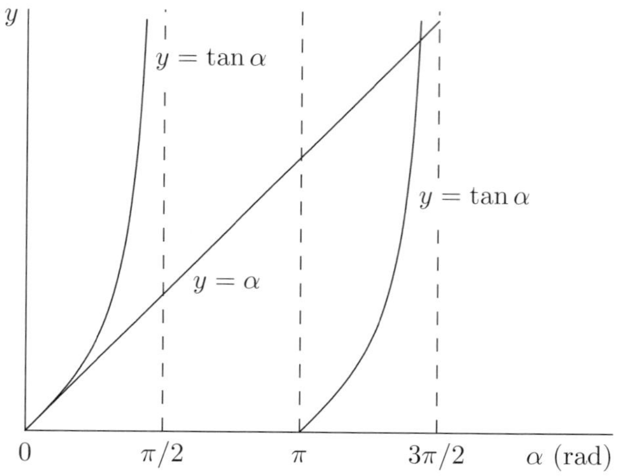

(c) Wir schreiben für die Maxima $\alpha = (m + \frac{1}{2})\pi$. Für das mittlere Maximum ist $\alpha = 0$ und $m = -\frac{1}{2}$. Für das nächste ist $\alpha = 4{,}4934$ und $m = 0{,}930$. Für das nächste ist $\alpha = 7{,}7252$ und $m = 1{,}959$.

15 (a) Verwenden Sie das Rayleigh-Kriterium: Um zwei Punktquellen aufzulösen, muss das Hauptmaximum des Beugungsmusters einer Quelle auf oder jenseits des ersten Minimums des Beugungsmusters der anderen liegen. Das bedeutet, dass der Winkelabstand der Quellen mindestens $\theta_R = 1{,}22\lambda/d$, betragen muss, wobei λ die Wellenlänge und und d den Durchmesser der Öffnung bezeichnet. Für die Scheinwerfer dieser Aufgabe ist

$$\theta_R = \frac{1{,}22(550 \times 10^{-9}\,\mathrm{m})}{5{,}0 \times 10^{-3}\,\mathrm{m}} = 1{,}34 \times 10^{-4}\ \mathrm{rad} \ .$$

(b) Bezeichnet D den Abstand der Scheinwerfer zum Auge, wenn die Scheinwerfer gerade auflösbar sind, und L den Abstand der Scheinwerfer, dann ist $D = L\theta_R$, wobei die Approximation $\theta_R = \theta_R$ für kleine Winkel verwendet wurde. Sie ist gültig, wenn θ_R in Radiant gemessen wird. Also haben wir

$$D = \frac{L}{\theta_R} = \frac{1{,}4\,\mathrm{m}}{1{,}34 \times 10^{-4}\,\mathrm{rad}} = 1{,}0 \times 10^4\ \mathrm{m} = 10\ \mathrm{km} \ .$$

19 (a) Verwenden Sie das Rayleigh-Kriterium: Zwei Objekte können aufgelöst werden, wenn ihr Winkelabstand beim Beobachter größer als $\theta_R = 1{,}22\lambda/d$ ist, wobei λ die Wellenlänge des Lichts und d den Durchmesser der Öffnung

(das Auge oder der Spiegel) bezeichnet. Wenn D den Abstand des Beobachters zu den Objekten bezeichnet, dann ist der kleinste Abstand l, den sie haben können, um gerade aufgelöst zu werden, $l = D \tan \theta_R = D\theta_R$, wobei θ_R in Radiant gemessen wird. (Die Approximation $\theta_R = \theta_R$ für kleine Winkel wurde verwendet.) Also haben wir

$$D = \frac{1{,}22L\lambda}{d} = \frac{1{,}22(8{,}0 \times 10^{10}\,\mathrm{m})(550 \times 10^{-9}\,\mathrm{m})}{5{,}0 \times 10^{-3}\,\mathrm{m}} = 1{,}1 \times 10^7\,\mathrm{m} = 1{,}1 \times 10^4\,\mathrm{km}\,.$$

Dieser Abstand ist größer als der Durchmesser des Mars. Ein Teil der Planentenoberfläche kann nicht vom anderen aufgelöst werden.

(b) Hier haben wir $d = 5{,}1$ m und

$$D = \frac{1{,}22(8{,}0 \times 10^{10}\,\mathrm{m})(550 \times 10^{-9}\,\mathrm{m})}{5{,}1\,\mathrm{m}} = 1{,}1 \times 10^4\,\mathrm{m} = 11\,\mathrm{km}\,.$$

23 (a) Das erste Minimum im Beugungsmuster entsteht bei einer Winkelposition θ, gemessen vom Mittelpunkt des Musters, sodass $\sin\theta = 1{,}22\lambda/d$ gilt, wobei λ die Wellenlänge und d den Durchmesser der Antenne bezeichnet. Für die Frequenz f ist die Wellenlänge

$$\lambda = \frac{c}{f} = \frac{3{,}00 \times 10^8\,\mathrm{m/s}}{220 \times 10^9\,\mathrm{Hz}} = 1{,}36 \times 10^{-3}\,\mathrm{m}\,.$$

Also erhalten wir

$$\theta = \sin^{-1}\left(\frac{1{,}22\lambda}{d}\right) = \sin^{-1}\left(\frac{1{,}22(1{,}36 \times 10^{-3}\,\mathrm{m})}{55{,}0 \times 10^{-2}\,\mathrm{m}}\right) = 3{,}02 \times 10^{-3}\,\mathrm{rad}\,.$$

Die Winkelbreite des Hauptmaximums ist zweimal so groß, also $6{,}04 \times 10^{-3}$ rad (0,346°).

(b) Nun haben wir $\lambda = 1{,}6$ cm und $d = 2{,}3$ m, also ist

$$\theta = \sin^{-1}\left(\frac{1{,}22(1{,}6 \times 10^{-2}\,\mathrm{m})}{2{,}3\,\mathrm{m}}\right) = 8{,}5 \times 10^{-3}\,\mathrm{rad}\,.$$

Die Winkelbreite des Hauptmaximums ist $1{,}7 \times 10^{-2}$ rad (0,97°).

27 Helle Interferenzstreifen treten bei Winkeln θ auf, für die $d\sin\theta = m\lambda$ gilt, wobei m eine ganze Zahl ist. Für die Schlitze in dieser Aufgabe ist $d = 11a/2$, also $a\sin\theta = 2m\lambda/11$ (vgl. Beispielaufgabe 37-4). Das erste Minimum des Beugungsmusters entsteht bei einem Winkel θ_1, für den $a\sin\theta_1 = \lambda$ gilt, und das zweite entsteht bei dem Winkel θ_2, für den $a\sin\theta_2 = 2\lambda$ gilt, wobei a die Spaltbreite ist. Wir sollen die Werte von m zählen, für die $\theta_1 < \theta < \theta_2$ ist, oder dazu äquivalent die Werte von m, für die $\sin\theta_1 < \sin\theta < \sin\theta_2$ ist. Das bedeutet $1 < (2m/11) < 2$. Die Werte sind $m = 6, 7, 8, 9$ und 10. Insgesamt gibt es fünf helle Streifen.

31 (a) Die Winkelpositionen θ der hellen Streifen sind gegeben durch $d\sin\theta = m\lambda$, wobei d den Spaltabstand, λ die Wellenlänge und m eine ganze Zahl bezeichnet. Das erste Beugungsminimum tritt beim Winkel θ_1 auf, der gegeben ist durch $a\sin\theta_1 = \lambda$, wobei a is die Spaltbreite bezeichnet. Die Beugungsspitze erstreckt sich von $-\theta_1$ bis $+\theta_1$, also möchten Sie die Anzahl der Werte von m zählen, für die $-\theta_1 < \theta < +\theta_1$ ist, oder, was das gleiche ist, die Anzahl der Werte von m, für die $-\sin\theta_1 < \sin\theta < +\sin\theta_1$ gilt. Das bedeutet $-1/a < m/d < 1/a$ oder $-d/a < m < +d/a$. Wir haben $d/a = (0{,}150 \times 10^{-3}\,\mathrm{m})/(30{,}0 \times 10^{-6}\,\mathrm{m}) = 5{,}00$, also sind die Werte $m = -4, -3, -2, -1, 0, +1, +2, +3$ und $+4$. Es gibt neun Streifen.

(b) Die Intensität auf dem Beobachtungsschirm ist gegeben durch

$$I = I_m \left(\cos^2\beta\right)\left(\frac{\sin\alpha}{\alpha}\right)^2$$

wobei $\alpha = (\pi a/\lambda)\sin\theta$, $\beta = (\pi d/\lambda)\sin\theta$ und I_m die Intensität im Mittelpunkt des Musters ist. Für den dritten hellen Interferenzstreifen ist $d\sin\theta = 3\lambda$, also $\beta = 3\pi$ rad und $\cos^2\beta = 1$. Analog erhalten wir $\alpha = 3\pi a/d = 3\pi/5{,}00 = 0{,}600\pi$ rad und

$$\left(\frac{\sin\alpha}{\alpha}\right)^2 = \left(\frac{\sin 0{,}600\pi}{0{,}600\pi}\right)^2 = 0{,}255\,.$$

Das Intensitätsverhältnis ist $I/I_m = 0{,}255$.

35 Der Strichabstand ist $d = 1/(400\,\text{mm}^{-1}) = 2{,}5 \times 10^{-3}$ mm. Beugungslinien treten bei Winkeln θ auf, die $d\sin\theta = m\lambda$ erfüllen, wobei λ die Wellenlänge und m eine ganze Zahl bezeichnet. Beachten Sie, dass für eine gegebene Ordnung die zu einer langen Wellenlänge gehörende Linie bei einem größeren Winkel erzeugt wird als die zu einer kurzen Wellenlänge gehörende Linie. Bezeichnen Sie die längste Wellenlänge des sichtbaren Spektrums (700 nm) mit λ und bestimmen Sie den größten Wert von m so, dass θ kleiner als 90° ist. Das heißt, bestimmen Sie die größte ganze Zahl m, für die $m\lambda < d$ ist. Wegen $d/\lambda = (2{,}5 \times 10^{-6}\,\text{m})/(700 \times 10^{-9}\,\text{m}) = 3{,}57$ ist dieser Wert $m = 3$. Es gibt drei komplette Ordnungen auf jeder Seite der Ordnung $m = 0$. Die zweite und die dritte Ordnung überlappen sich.

37 (a) Maxima an einem Beugungsgitter treten bei Winkeln θ, gegeben durch $d\sin\theta = m\lambda$, auf, wobei d der Strichabstand, λ die Wellenlänge und m eine ganze Zahl ist. Die beiden Linien liegen nebeneinander, also unterscheiden sich ihre Ordnungszahlen um 1. Es bezeichne m die Ordnungszahl für die Linie mit $\sin\theta = 0{,}2$ und $m+1$ die Ordnungszahl für die Linie mit $\sin\theta = 0{,}3$. Dann ist $0{,}2d = m\lambda$ und $0{,}3d = (m+1)\lambda$. Wir subtrahieren die erste Gleichung von der zweiten und erhalten $0{,}1d = \lambda$, oder $d = \lambda/0{,}1 = (600 \times 10^{-9}\,\text{m})/0{,}1 = 6{,}0 \times 10^{-6}$ m.

(b) Minima im Beugungsmuster eines Einzelspalts treten bei Winkeln θ, gegeben durch $a\sin\theta = m\lambda$, auf, wobei a die Spaltbreite ist. Da das Interferenz-Maximum der vierten Ordnung fehlt, muss es auf einen dieser Winkel fallen. Wenn a die kleinste Spaltbreite ist, für die diese Ordnung fehlt, muss der Winkel gegeben sein durch $a\sin\theta = \lambda$. Er ist auch durch $d\sin\theta = 4\lambda$ gegeben, also ist $a = d/4 = (6{,}0 \times 10^{-6}\,\text{m})/4 = 1{,}5 \times 10^{-6}$ m.

(c) Zunächst setzen wir $\theta = 90°$ und bestimmen den größten Wert von m, für den $m\lambda < d\sin\theta$ gilt. Dies ist die höchste Ordnung, die auf den Beobachtungsschirm gebeugt wird. Die Bedingung ist die gleiche wie $m < d/\lambda$ und wegen $d/\lambda = (6{,}0 \times 10^{-6}\,\text{m})/(600 \times 10^{-9}\,\text{m}) = 10{,}0$, ist die höchste beobachtete Ordnung $m = 9$. Die vierte und die achte Ordnung fehlen, also sind die beobachtbaren Ordnungen $m = 0$, 1, 2, 3, 5, 6, 7 und 9.

39 Die Winkelpositionen der Beugungslinien erster Ordnung sind gegeben durch $d\sin\theta = \lambda$, wobei d den Spaltabstand und λ die Wellenlänge bezeichnet. Bezeichnen Sie die kürzere Wellenlänge (430 nm) mit λ_1 und die Winkelposition der dazu gehörenden Linie mit θ. Bezeichnen Sie die längere Wellenlänge (680 nm) mit λ_2 und die Winkelposition der dazu gehörenden Linie mit $\theta + \Delta\theta$. Hier ist $\Delta\theta = 20°$. Dann gilt $d\sin\theta = \lambda_1$ und $d\sin(\theta + \Delta\theta) = \lambda_2$. Verwenden Sie eine trigonometrische Identität, um $\sin(\theta + \Delta\theta)$ durch $\sin\theta\cos\Delta\theta + \cos\theta\sin\Delta\theta$ zu ersetzen, und verwenden Sie dann die Gleichung für die erste Linie, um sin $\sin\theta$ durch λ_1/d und $\cos\theta$ durch $\sqrt{1 - \lambda_1^2/d^2}$ zu ersetzen. Nach Multiplikation mit d sollten Sie

$$\lambda_1\cos\Delta\theta + \sqrt{d^2 - \lambda_1^2}\sin\Delta\theta = \lambda_2\,.$$

erhalten. Orden Sie dies um, um folgenden Ausdruck zu erhalten:

$$\sqrt{d^2 - \lambda_1^2}\sin\Delta\theta = \lambda_2 - \lambda_1\cos\Delta\theta\,.$$

Quadrieren Sie beide Seiten und lösen Sie nach d auf. Sie sollten Folgendes erhalten:

$$\begin{aligned} d &= \sqrt{\frac{(\lambda_2 - \lambda_1\cos\Delta\theta)^2 + (\lambda_1\sin\Delta\theta)^2}{\sin^2\Delta\theta}} \\ &= \sqrt{\frac{[(680\,\text{nm}) - (430\,\text{nm})\cos 20°]^2 + [(430\,\text{nm})\sin 20°]^2}{\sin^2 20°}} \\ &= 914\,\text{nm} = 9{,}14 \times 10^{-4}\,\text{mm}\,. \end{aligned}$$

Es gibt $1/d = 1/(9{,}14 \times 10^{-4}\,\text{mm}) = 1090$ Striche pro Millimeter.

43 Die Herleitung verläuft ähnlich zu der, die verwendet wurde, um Gl. 37-24 zu erhalten. Beim ersten Minimum jenseits des m. Hauptmaximums haben zwei Wellen von nebeneinander liegenden Spalten einen Phasenunterschied von $\Delta\phi = 2\pi m + (2\pi/N)$, wobei N die Anzahl der Spalte ist. Daraus folgt ein Unterschied in der Weglänge von $\Delta L = (\Delta\phi/2\pi)\lambda = m\lambda + (\lambda/N)$. Wenn θ_m die Winkelposition des m. Maximums bezeichnet, dann ist der Unterschied in der Weglänge ebenfalls durch $\Delta L = d\sin(\theta_m + \Delta\theta)$ gegeben. Daher haben wir $d\sin(\theta_m + \Delta\theta) = m\lambda + (\lambda/N)$. Wir verwenden die trigonometrische Identität $\sin(\theta_m + \Delta\theta) = \sin\theta_m \cos\Delta\theta + \cos\theta_m \sin\Delta\theta$. Da $\Delta\theta$ klein ist, können wir $\sin\Delta\theta$ durch $\Delta\theta$ in Radianten und $\cos\Delta\theta$ durch 1 approximieren. Damit ergibt sich $d\sin\theta_m + d\,\Delta\theta\cos\theta_m = m\lambda + (\lambda/N)d\sin\theta_m = m\lambda$ und wir erhalten $d\,\Delta\theta\cos\theta_m = \lambda/N$ und

$$\Delta\theta = \frac{\lambda}{Nd\cos\theta_m} .$$

45 Da die Spaltbreite viel kleiner ist als die Wellenlänge des Lichts, wird der mittlere Peak des Beugungsmusters des Einzelspalts über dem Beobachtungsschirm verstreut, und die Hüllkurve kann unberücksichtigt bleiben. Betrachten Sie drei Wellen, eine von jedem Spalt. Da die Spalte gleiche Abstände besitzen, ist der Phasenunterschied für Wellen vom ersten und zweiten Spalt genauso groß wie der Phasenunterschied für Wellen vom zweiten und dritten Spalt. Die elektrischen Felder von Wellen auf dem Beobachtungsschirm kann man $E_1 = E_0\sin(\omega t)$, $E_2 = E_0\sin(\omega t + \phi)$ und $E_3 = E_0\sin(\omega t + 2\phi)$ schreiben, wobei $\phi = (2\pi d/\lambda)\sin\theta$ ist. Dabei ist d der Abstand nebeneinander liegender Spalte und λ die Wellenlänge. Das Zeigerdiagramm ist unten dargestellt. Es liefert

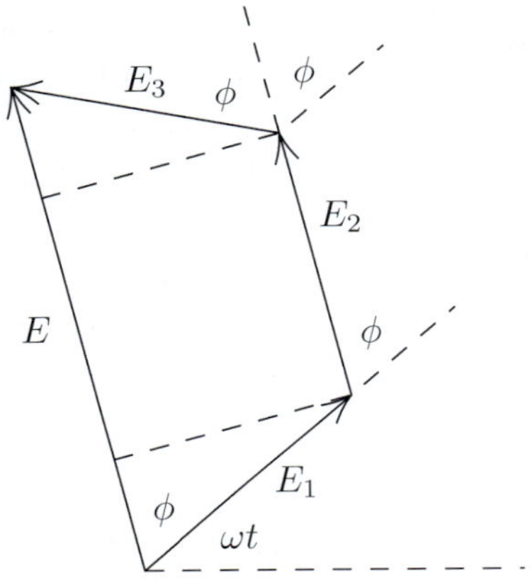

$$E = E_0\cos\phi + E_0 + E_0\cos\phi = E_0(1 + 2\cos\phi)$$

für die Amplitude der resultierenden Welle. Da die Intensität einer Welle proportional zum Quadrat des elektrischen Felds ist, können wir $I = AE_0^2(1 + 2\cos\phi)^2$ schreiben, wobei A eine Proportionalitätskonstante ist. Wenn I_m die Intensität in der Mitte des Musters bezeichnet, wofür $\phi = 0$ ist, dann ist $I_m = 9AE_0^2$. Für A verwenden wir $I_m/9E_0^2$ und erhalten

$$I = \frac{I_m}{9}(1 + 2\cos\phi)^2 = \frac{I_m}{9}\left(1 + 4\cos\phi + 4\cos^2\phi\right) .$$

47 Wenn ein Beugungsgitter zwei Wellenlängen mit Mittelwert λ_{avg} und Abstand $\Delta\lambda$ gerade auflösen soll, dann ist sein Auflösungsvermögen definiert durch $R = \lambda_{avg}/\Delta\lambda$. Der Text zeigt, dass es Nm ist, wobei N die Anzahl der Linien im Gitter und m die Ordnung der Linien ist. Also erhalten wir $\lambda_{avg}/\Delta\lambda = Nm$ und

$$N = \frac{\lambda_{avg}}{m\,\Delta\lambda} = \frac{656{,}3\,\text{nm}}{(1)(0{,}18\,\text{nm})} = 3650\,\text{rulings} .$$

49 Die Dispersion eines Gitters ist gegeben durch $D = d\theta/d\lambda$, wobei θ die Winkelposition einer Line ist, die zur Wellenlänge λ gehört. Die Winkelposition und die Wellenlänge stehen über $\mathbf{d}\sin\theta = m\lambda$ in Beziehung, wobei $\mathbf{d}$ der Spaltabstand (den wir fett gedruckt haben, um ihn nicht mit dem unten in der Ableitung verwendeten d durcheinander zu bringen) und m eine ganze Zahl ist. Wir leiten diesen Ausdruck nach θ ab und erhalten

$$\frac{d\theta}{d\lambda}\mathbf{d}\cos\theta = m ,$$

oder

$$D = \frac{d\theta}{d\lambda} = \frac{m}{\mathbf{d}\cos\theta} .$$

Nun ist $m = (\mathbf{d}/\lambda)\sin\theta$, also

$$D = \frac{\mathbf{d}\sin\theta}{\mathbf{d}\lambda\cos\theta} = \frac{\tan\theta}{\lambda} .$$

51 (a) Da das Auflösungsvermögen eines Gitters gegeben ist durch $R = \lambda/\Delta\lambda$ und durch Nm, ist der Wellenbereich, der gerade noch in der Ordnung m aufgelöst werden kann, $\Delta\lambda = \lambda/Nm$. Dabei ist N die Anzahl der Striche

im Gitter und λ die mittlere Wellenlänge. Die Frequenz f steht zur Wellenlänge über $f\lambda = c$ in Beziehung, wobei c die Lichtgeschwindigkeit ist. Das bedeutet $f\,\Delta\lambda + \lambda\,\Delta f = 0$, also

$$\Delta\lambda = -\frac{\lambda}{f}\,\Delta f = -\frac{\lambda^2}{c}\,\Delta f\,,$$

wobei $f = c/\lambda$ verwendet wurde. Das negative Vorzeichen bedeutet, dass eine Zunahme der Frequenz einer Abnahme der Wellenlänge entspricht. Δf können wir als den Frequenzbereich interpretieren, der aufgelöst werden kann und setzen ihn positiv. Dann haben wir

$$\frac{\lambda^2}{c}\,\Delta f = \frac{\lambda}{Nm}$$

und

$$\Delta f = \frac{c}{Nm\lambda}\,.$$

(b) Der Unterschied in der Laufzeit für Wellen, die sich entlang der beiden extremen Strahlen fortpflanzen, ist $\Delta t = \Delta L/c$, wobei ΔL der Unterschied in der Weglänge ist. Die Wellen stammen von Strichen, die um $(N-1)d$ auseinander liegen, wobei d der Strichabstand und N die Strichanzahl ist. Also ist der Wegunterschied $\Delta L = (N-1)d\sin\theta$ und der Zeitunterschied

$$\Delta t = \frac{(N-1)d\sin\theta}{c}\,.$$

Wenn N groß ist, kann man dies durch $\Delta t = (Nd/c)\sin\theta$ approximieren. Die Linse beeinflusst nicht die Laufzeit.

(c) Setzen wir die für Δt und Δf erhaltenen Ausdrücke ein, erhalten wir

$$\Delta f\,\Delta t = \left(\frac{c}{Nm\lambda}\right)\left(\frac{Nd\sin\theta}{c}\right) = \frac{d\sin\theta}{m\lambda} = 1\,.$$

Um das letzte Ergebnis zu erhalten, wurde die Bedingung $d\sin\theta = m\lambda$ für eine Beugungslinie verwendet.

53 Das braggsche Gesetz gibt die Bedingung für ein Beugungsmaximum:

$$2d\sin\theta = m\lambda\,,$$

wobei d der Abstand der Kristallebenen und λ die Wellenlänge ist. Der Winkel θ wird von der Fläche der Kristallebenen gemessen. Für eine Reflexion zweiter Ordnung ist $m = 2$, also

$$d = \frac{m\lambda}{2\sin\theta} = \frac{2(0{,}12\times10^{-9}\,\mathrm{m})}{2\sin 28^\circ} = 2{,}56\times10^{-10}\,\mathrm{m} = 256\,\mathrm{pm}\,.$$

57 Es gibt zwei Unbekannte, die Wellenlänge λ der Röntgenstrahlung und den Abstand d der Ebenen, also sollten Streudaten für zwei Winkel von der gleichen Ebene ausreichen. Die Beobachtungen genügen dem braggschen Gesetz, also haben wir

$$2d\sin\theta_1 = m_1\lambda$$

und

$$2d\sin\theta_2 = m_2\lambda\,.$$

Allerdings können diese nicht nach den Unbekannten aufgelöst werden. Wir können z.B. die erste Gleichung verwenden, um λ aus der zweiten zu eliminieren. Wir erhalten dann

$$m_2\sin\theta_1 = m_1\sin\theta_2\,,$$

eine Gleichung, die keine der Unbekannten enthält.

59 (a) Die Menge der Ebenen mit den fünf nächst kleineren Abständen (nach a_0) ist im Diagramm unten dargestellt. Ausgedrückt mit a_0 sind die Abstände:

$$
\begin{aligned}
(i):&\quad a_0/\sqrt{2} = 0{,}7071a_0\\
(ii):&\quad a_0/\sqrt{5} = 0{,}4472a_0\\
(iii):&\quad a_0/\sqrt{10} = 0{,}3162a_0\\
(iv):&\quad a_0/\sqrt{13} = 0{,}2774a_0\\
(v):&\quad a_0/\sqrt{17} = 0{,}2425a_0\ .
\end{aligned}
$$

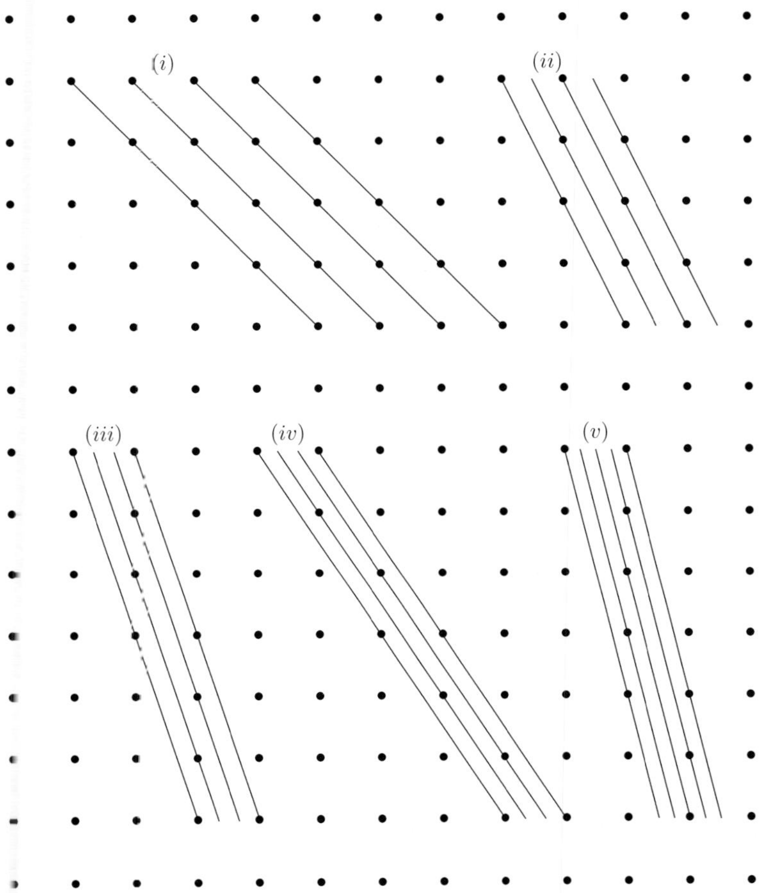

(b) Da eine Kristallebene durch einen Gitterpunkt geht, kann ihre Neigung als das Verhältnis zweiter ganzer Zahlen geschrieben werden. Betrachten Sie eine Menge von Ebenen mit Neigung m/n, wie im Diagramm unten dargestellt. Die erste und die letzte dargestellte Ebene gehen durch benachbarte Gitterpunkte entlang einer horizontalen Linie, und es gibt $m-1$ Ebenen dazwischen. Wenn h der Abstand zwischen der ersten und der letzten Ebene ist, dann ist der Ebenenabstand $d = h/m$. Wenn die Ebenen einen Winkel θ zur Normalen bilden, dann bildet die Normale (gepunktet eingezeichnet) zu den Ebenen den Winkel $\phi = 90° - \theta$. Der Abstand h ist gegeben durch $h = a_0 \cos\phi$, und der Abstand zwischen den Ebenen ist $d = h/m = (a_0/m)\cos\phi$. Wegen $\tan\theta = m/n$ haben wir $\tan\phi = n/m$ und $\cos\phi = 1/\sqrt{1+\tan^2\phi} = m/\sqrt{n^2+m^2}$. Damit ergibt sich

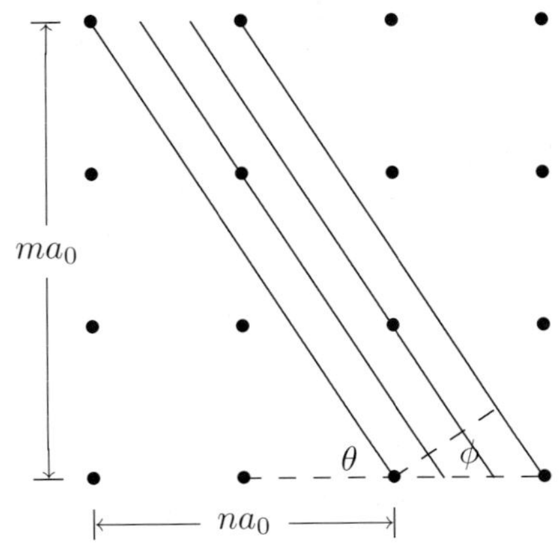

$$d = \frac{h}{m} = \frac{a_0\cos\phi}{m} = \frac{a_0}{\sqrt{n^2+m^2}}\ .$$

61 Die Reflexionen sollen der braggschen Bedingung $2d\sin\theta = m\lambda$ genügen, wobei θ der Winkel zwischen den einfallenden Strahlen und den reflektierenden Ebenen, λ die Wellenlänge und m eine ganze Zahl ist. Wir lösen nach

θ auf:

$$\theta = \sin^{-1}\left(\frac{m\lambda}{2d}\right) = \sin^{-1}\left(\frac{(0{,}125 \times 10^{-9}\,\mathrm{m})m}{2(0{,}252 \times 10^{-9}\,\mathrm{m})}\right) = 0{,}2480m\ .$$

Für $m = 1$ ergibt dies $\theta = 14{,}4°$. Der Kristall sollte um $45° - 14{,}4° = 30{,}6°$ im Uhrzeigersinn gedreht werden. Für $m = 2$ ergibt es dies $\theta = 29{,}7°$. Der Kristall sollte um $45° - 29{,}7° = 15{,}3°$ im Uhrzeigersinn gedreht werden. Für $m = 3$ ergibt dies $\theta = 48{,}1°$. Der Kristall sollte um $48{,}1° - 45° = 3{,}1°$ im Gegenuhrzeigersinn gedreht werden. Für $m = 4$ ergibt dies $\theta = 82{,}8°$. Der Kristall sollte um $82{,}8° - 45° = 37{,}8°$ im Gegenuhrzeigersinn gedreht werden. Für $m > 4$ gibt es keine Intensitätsmaxima, wie man überprüfen kann, indem man beachtet, dass $m\lambda/2d$ größer als 1 ist für m größer als 4.

38 Relativitätstheorie

1 (a) Die Zeit, die ein Elektron mit einer horizontalen Geschwindigkeitskomponente v benötigt, um eine horizontale Strecke L zurückzulegen, ist

$$t = \frac{L}{v} = \frac{20 \times 10^{-2}\,\mathrm{m}}{(0{,}992)(2{,}998 \times 10^{8}\,\mathrm{m/s})} = 6{,}72 \times 10^{-10}\,\mathrm{s}\,.$$

(b) Während dieser Zeit fällt es eine vertikale Strecke

$$y = \frac{1}{2}gt^2 = \frac{1}{2}(9{,}8\,\mathrm{m/s^2})(6{,}72 \times 10^{-10}\,\mathrm{s})^2 = 2{,}2 \times 10^{-18}\,\mathrm{m}\,.$$

Diese Strecke ist viel kleiner als der Radius eines Protons. Wir können schließen, dass für Teilchen, die sich nahe der Lichtgeschwindigkeit in einem Labor bewegen, die Erde annähernd als ein Inertialsystem betrachtet werden kann.

3 Verwenden Sie die Gleichung für die Zeitdilatation $\Delta t = \gamma\,\Delta t_0$, wobei Δt_0 das Eigenzeitintervall, $\gamma = 1/\sqrt{1-\beta^2}$ und $\beta = v/c$ ist. Also gilt $\Delta t = \Delta t_0/\sqrt{1-\beta^2}$, und aufgelöst nach β erhalten wir

$$\beta = \sqrt{1 - \left(\frac{\Delta t_0}{\Delta t}\right)^2}\,.$$

Das Eigenzeitintervall wird mit einer Uhr gemessen, die sich relativ zum Myon in Ruhe befindet, d.h. $\Delta t_0 = 2{,}2\,\mu\mathrm{s}$ und $\Delta t = 16\,\mu\mathrm{s}$. Das bedeutet

$$\beta = \sqrt{1 - \left(\frac{2{,}2\,\mu\mathrm{s}}{16\,\mu\mathrm{s}}\right)^2} = 0{,}9905\,.$$

The muon speed is $v = \beta c = 0{,}9905(2{,}998 \times 10^8\,\mathrm{m/s}) = 2{,}97 \times 10^8\,\mathrm{m/s}$.

7 Die Länge L des Stabes, wie sie von einem Bezugssystem gemessen wird, das sich mit der Geschwindigkeit v parallel zu seiner Länge bewegt, steht zu seiner Ruhelänge L_0 über $L = L_0/\gamma$ in Beziehung, wobei, $\gamma = 1/\sqrt{1-\beta^2}$ und $\beta = v/c$ gilt. Da γ größer als 1 sein muss, ist L kürzer als L_0. Für diese Aufgabe ist $L_0 = 1{,}70\,\mathrm{m}$ und $\beta = 0{,}630$, also $L = (1{,}70\,\mathrm{m})\sqrt{1-(0{,}630)^2} = 1{,}32\,\mathrm{m}$.

11 (a) Die Ruhelänge $L_0 = 130\,\mathrm{m}$ des Raumschiffs und seine Länge L, wie sie von der Zeitmessstation gemessen wird, stehen über $L = L_0/\gamma = L_0\sqrt{1-\beta^2}$ in Beziehung, wobei $\gamma = 1/\sqrt{1-\beta^2}$ und $\beta = v/c$ sind. Also gilt $L = (130\,\mathrm{m})\sqrt{1-(0{,}740)^2} = 87{,}4\,\mathrm{m}$.

(b) Das Zeitintervall für den Vorbeiflug des Raumschiffs ist

$$\Delta t = \frac{L}{v} = \frac{87{,}4\,\mathrm{m}}{(0{,}740)(3{,}00 \times 10^8\,\mathrm{m/s})} = 3{,}94 \times 10^{-7}\,\mathrm{s}\,.$$

13 (a) Die Geschwindigkeit des Reisenden ist $v = 0{,}99c$, was das gleiche ist wie $0{,}99\,\mathrm{ly/y}$. Es bezeichne d die zurückgelegte Strecke. Die Zeit für die Reise, gemessen im Bezugssystem der Erde, ist $\Delta t = d/v = (26\,\mathrm{ly})/(0{,}99\,\mathrm{ly/y}) = 26{,}3\,\mathrm{y}$.

(b) Das Signal, das wir als Radiosignal annehmen, breitet sich mit der Geschwindigkeit c aus und benötigt daher 26,0 y um die Erde zu erreichen. Im Bezugssystem der Erde vergeht insgesamt die Zeit $26{,}3\,\mathrm{y} - 26{,}0\,\mathrm{y} = 52{,}3\,\mathrm{y}$.

(c) Das Eigenzeitintervall wird von einer Uhr im Raumschiff gemessen, also haben wir $\Delta t_0 = \Delta t/\gamma$. Nun ist $\gamma = 1/\sqrt{1-\beta^2} = 1/\sqrt{1-(0{,}99)^2} = 7{,}09$, also haben wir $\Delta t_0 = (26{,}3\,\mathrm{y})/(7{,}09) = 3{,}7\,\mathrm{y}$.

15 Die Eigenzeit wird in keinem der Bezugssysteme S und S' von Uhren gemessen, da sich eine einzelne Uhr in Ruhe in keinem der Bezugssysteme im Ursprung und beim Ereignis befinden kann. Es muss die volle Lorentz-Transformation verwendet werden:

$$x' = \gamma(x - vt) \quad \text{and} \quad t' = \gamma(t - \beta x/c)$$

wobei $\beta = v/c = 0{,}950$ und $\gamma = 1/\sqrt{1-\beta^2} = 1/\sqrt{1-(0{,}950)^2} = 3{,}20256$ sind. Also haben wir

$$\begin{aligned} x' &= (3{,}20256)\left(100 \times 10^3\,\mathrm{m} - (0{,}950)(2{,}998 \times 10^8\,\mathrm{m/s})(200 \times 10^{-6}\,\mathrm{s})\right) \\ &= 1{,}38 \times 10^5\,\mathrm{m} = 138\,\mathrm{km} \end{aligned}$$

und

$$t' = (3{,}20256)\left[200 \times 10^{-6}\,\mathrm{s} - \frac{(0{,}950)(100 \times 10^3\,\mathrm{m})}{2{,}998 \times 10^8\,\mathrm{m/s}}\right] = -3{,}74 \times 10^{-4}\,\mathrm{s} = -374\,\mu\mathrm{s}\,.$$

17 (a) Die Blitzlichtlampen seien im Bezugssystem S in Ruhe, und das Bezugssystem S' sei das Ruhesystem der zweiten Beobachterin. In keinem der Bezugssysteme messen Uhren das Eigenzeitintervall zwischen den Blitzen, also muss die volle Lorentz-Transformation verwendet werden. Bezeichnen Sie die Zeit des schwächeren Blitzes mit t_s und seine Ortskoordinate, wie sie im Bezugssystem S gemessen werden, mit x_s. Die Zeit des schwächeren Blitzes, gemessen im Bezugssystem S' ist dann

$$t'_s = \gamma\left(t_s - \frac{\beta x_s}{c}\right)$$

wobei $\beta = v/c = 0{,}250$ und $\gamma = 1/\sqrt{1-\beta^2} = 1/\sqrt{1-(0{,}250)^2} = 1{,}0328$ sind. Analog bezeichne t_b die Zeit und x_b die Ortskoordinate des stärkeren Blitzes, wie sie im Bezugssystem S gemessen werden. Die Zeit des stärkeren Blitzes, gemessen im Bezugssystem S', ist

$$t'_b = \gamma\left(t_b - \frac{\beta x_b}{c}\right)\,.$$

Subtrahieren Sie nun die Gleichung der zweiten Lorentz-Transformation von der der ersten. Achten Sie darauf, dass $t_s = t_b$ ist, weil die Blitze in S gleichzeitig stattfinden. Setzen Sie $\Delta x = x_s - x_b = 30{,}0\,\mathrm{km}$ und $\Delta t' = t'_s - t'_b$ Dann erhalten Sie

$$\Delta t' = -\frac{\gamma\beta\Delta x}{c} = -\frac{(1{,}0328)(0{,}250)(30 \times 10^3\,\mathrm{m})}{3{,}00 \times 10^8\,\mathrm{m/s}} = -2{,}58 \times 10^{-5}\,\mathrm{s}\,.$$

(b) Da $\Delta t'$ negativ ist, ist t'_b grösser als t'_s. Der schwächere Blitz findet erst in S' statt.

19 (a) Der Lorentz-Faktor ist

$$\gamma = \frac{1}{\sqrt{1-\beta^2}} = \frac{1}{\sqrt{1-(0{,}600)^2}} = 1{,}25\,.$$

(b) Im ungestrichenen Bezugssystem beträgt die Zeit, die benötigt wird, bis sich die Uhr vom Ursprung bis $x = 180\,\mathrm{m}$ bewegt,

$$t = \frac{x}{v} = \frac{180\,\mathrm{m}}{(0{,}600)(3{,}00 \times 10^8\,\mathrm{m/s})} = 1{,}00 \times 10^{-6}\,\mathrm{s}\,.$$

Das Eigenzeitintervall zwischen den beiden Ereignissen (im Ursprung und bei $x = 180\,\mathrm{m}$) wird mit der Uhr selbst gemessen. Am Anfang des Intervalls liest man an der Uhr null ab, also liest man folgenden Wert am Ende ab:

$$t' = \frac{t}{\gamma} = \frac{1{,}00 \times 10^{-6}\,\mathrm{s}}{1{,}25} = 8{,}00 \times 10^{-7}\,\mathrm{s}\,.$$

39 Photonen und Materiefelder

3 Die Energie eines Photons ist gegeben durch $E = hf$, wobei h das Plancksche Wirkungsquantum und f die Frequenz ist. Die Wellenlänge λ steht mit der Frequenz über $\lambda f = c$ in Beziehung, also ist $E = hc/\lambda$. Da $h = 6{,}626 \times 10^{-34}\,\mathrm{J \cdot s}$ und $c = 2{,}998 \times 10^8\,\mathrm{m/s}$ ist, ergibt sich

$$hc = \frac{(6{,}626 \times 10^{-34}\,\mathrm{J \cdot s})(2{,}998 \times 10^8\,\mathrm{m/s})}{(1{,}602 \times 10^{-19}\,\mathrm{J/eV})(10^{-9}\,\mathrm{m/nm})} = 1240\,\mathrm{eV \cdot nm}\,.$$

Daher haben wir

$$E = \frac{1240\,\mathrm{eV \cdot nm}}{\lambda}\,.$$

13 (a) Es bezeichne R die Photonenemissionsrate (Anzahl der pro Zeit emittierten Photonen) und E die Energie eines einzelnen Photons. Die Ausgangsleistung einer Lampe ist dann gegeben durch $P = RE$, wenn die gesamte Leistung der Photonenerzeugung dient. Nun haben wir $E = hf = hc/\lambda$, wobei h das Plancksche Wirkungsquantum, f die Frequenz des ausgestrahlten Lichts und λ die Wellenlänge ist. Damit haben wir $P = Rhc/\lambda$ und $R = \lambda P/hc$. Die Lampe, die Licht der größeren Wellenlänge emittiert (die 700 nm Lampe) sendet pro Zeit mehr Photonen aus. Die Energie jedes Photons ist geringer, also muss sie Photonen mit einer höheren Rate aussenden.

(b) Es bezeichnen R die Photonenerzeugungsrate für die 700 nm Lampe. Dann haben wir

$$R = \frac{\lambda P}{hc} = \frac{(700\,\mathrm{nm})(400\,\mathrm{J/s})}{(1{,}60 \times 10^{-19}\,\mathrm{J/eV})(1240\,\mathrm{eV \cdot nm})} = 1{,}41 \times 10^{21}\ \text{Photonen/s}\,.$$

Dabei wurde das in Übungsaufgabe 3 entwickelte Ergebnis $hc = 1240\,\mathrm{eV \cdot nm}$ verwendet.

15 (a) Wir nehmen an, dass die gesamte Leistung zur Erzeugung von Photonen bei der Wellenlänge $\lambda = 589$ nm führt. Es sei R die Photonenerzeugungsrate und E die Energie eines einzelnen Photons. Dann haben wir $P = RE = Rhc/\lambda$, wobei $E = hf$ und $f = c/\lambda$ verwendet wurde. Dabei ist h das Plancksche Wirkungsquantum, f die Frequenz des emittierten Lichts und λ seine Wellenlänge. Damit ergibt sich

$$R = \frac{\lambda P}{hc} = \frac{(589 \times 10^{-9}\,\mathrm{m})(100\,\mathrm{W})}{(6{,}63 \times 10^{-34}\,\mathrm{J \cdot s})(3{,}00 \times 10^8\,\mathrm{m/s})} = 2{,}96 \times 10^{20}\ \text{Photonen/s}\,.$$

(b) Es sei I der Photonenfluss in einer Entfernung r von der Quelle. Da Photonen gleichmäßig in alle Richtungen ausgesandt werden, ist $R = 4\pi r^2 I$, und wir erhalten

$$r = \sqrt{\frac{R}{4\pi I}} = \sqrt{\frac{2{,}96 \times 10^{20}\ \text{Photonen/s}}{4\pi(1{,}00 \times 10^4\ \text{Photonen}/\mathrm{m}^2 \cdot \mathrm{s})}} = 4{,}85 \times 10^7\,\mathrm{m}\,.$$

(c) Der Photonenfluss ist

$$I = \frac{R}{4\pi r^2} = \frac{2{,}96 \times 10^{20}\ \text{Photonen/s}}{4\pi(2{,}00\,\mathrm{m})^2} = 5{,}89 \times 10^{18}\ \frac{\text{Photonen}}{\mathrm{m}^2 \cdot \mathrm{s}}\,.$$

19 Die Energie des einfallenden Photons ist $E = hf = hc/\lambda$, wobei h as Plancksche Wirkungsquantum, f die Frequenz der elektromagnetischen Strahlung und λ seine Wellenlänge bezeichnet. Die kinetische Energie des energiereichsten emittierten Elektrons ist $K_m = E - \Phi = (hc/\lambda) - \Phi$, wobei Φ die Austrittsarbeit für Natrium bezeichnet. Das Stopp-Potenzial V_0 steht mit der maximalen kinetischen Energie über $eV_0 = K_m$, in Beziehung, also gilt $eV_0 = (hc/\lambda) - \Phi$ und

$$\lambda = \frac{hc}{eV_0 + \Phi} = \frac{1240\,\text{eV}\cdot\text{nm}}{5{,}0\,\text{eV} + 2{,}2\,\text{eV}} = 170\,\text{nm}\,.$$

Dabei wurde $eV_0 = 5{,}0\,\text{eV}$ und $hc = 1240\,\text{eV}\cdot\text{nm}$ verwendet.

23 (a) Die kinetische Energie K_m des schnellsten herausgeschlagenen Elektrons ist gegeben durch $K_m = hf - \Phi = (hc/\lambda) - \Phi$, wobei Φ die Austrittsarbeit von Aluminium, f die Frequenz der einfallenden Strahlung und λ ihre Wellenlänge bezeichnet. Die Beziehung $f = c/\lambda$ wurde verwendet, um die zweite Form zu erhalten. Also haben wir

$$K_m = \frac{1240\,\text{eV}\cdot\text{nm}}{200\,\text{nm}} - 4{,}20\,\text{eV} = 2{,}00\,\text{eV}\,.$$

(b) Das langsamste Elektron entkommt gerade der Oberfläche und hat kinetische Energie null.

(c) Das Stopp-Potenzial V_0 ist gegeben durch $K_m = eV_0$, also gilt $V_0 = K_m/e = (2{,}00\,\text{eV})/e = 2{,}00\,\text{V}$.

(d) Der Wert der Grenzwellenlänge ist so, dass $K_m = 0$ gilt. Also haben wir $hc/\lambda = \Phi$ oder $\lambda = hc/\Phi = (1240\,\text{eV}\cdot\text{nm})/(4{,}2\,\text{eV}) = 295\,\text{nm}$. Wenn die Wellenlänge länger ist, ist die Photonenenergie kleiner und ein Photon hat nicht genügend Energie, um selbst das energiereichste Elektronen aus der Aluminiumprobe herauszuschlagen.

27 (a) Wir verwenden die photoelektrische Gleichung (Gl. 39-5) in der Form $hc/\lambda = \Phi + K_m$. Die Austrittsarbeit hängt nur vom Material und der Bedingung der Oberfläche und nicht von der Wellenlänge des einfallenden Lichts ab. Die erste beschriebene Wellenlänge sei λ_1 und λ_2 die zweite. $K_{m1} = 0{,}710\,\text{eV}$ bezeichne die maximale kinetische Energie von Elektronen, die von Licht der ersten Wellenlänge herausgeschlagen werden, und $K_{m2} = 1{,}43\,\text{eV}$ die maximale kinetische Energie von Elektronen, die von Licht der zweiten Wellenlänge herausgeschlagen werden. Dann haben wir

$$\frac{hc}{\lambda_1} = \Phi + K_{m1} \quad \text{und} \quad \frac{hc}{\lambda_2} = \Phi + K_{m2}\,.$$

Die erste Gleichung ergibt $\Phi = (hc/\lambda_1) - K_{m1}$. Verwenden wir dies für Φ in der zweiten Gleichung, ist das Ergebnis $(hc/\lambda_2) = (hc/\lambda_1) - K_{m1} + K_{m2}$. Aufgelöst nach λ_2 erhalten wir

$$\begin{aligned}\lambda_2 &= \frac{hc\lambda_1}{hc + \lambda_1(K_{m2} - K_{m1})}\\ &= \frac{(1240\,\text{eV}\cdot\text{nm})(491\,\text{nm})}{1240\,\text{eV}\cdot\text{nm} + (491\,\text{nm})(1{,}43\,\text{eV} - 0{,}710\,\text{eV})}\\ &= 382\,\text{nm}\,.\end{aligned}$$

Dabei wurde $hc = 1240\,\text{eV}\cdot\text{nm}$ verwendet, wie es in Übungsaufgabe 3 berechnet wurde.

(b) Die erste oben dargestellte Gleichung liefert

$$\Phi = \frac{hc}{\lambda_1} - K_{m1} = \frac{1240\,\text{eV}\cdot\text{nm}}{491\,\text{nm}} - 0{,}710\,\text{eV} = 1{,}82\,\text{eV}\,.$$

31 (a) Wenn ein Photon an einem anfänglich ruhenden Elektron gestreut wird, ist die Änderung der Wellenlänge gegeben durch $\Delta\lambda = (h/mc)(1 - \cos\phi)$, wobei m die Masse eines Elektrons und ϕ den Streuwinkel bezeichnet. Wir haben $h/mc = 2{,}43 \times 10^{-12}\,\text{m} = 2{,}43\,\text{pm}$, also $\Delta\lambda = (2{,}43\,\text{pm})(1 - \cos 30°) = 0{,}326\,\text{pm}$. Die anschließende Wellenlänge ist $\lambda' = \lambda + \Delta\lambda = 2{,}4\,\text{pm} + 0{,}326\,\text{pm} = 2{,}73\,\text{pm}$.

(b) Nun haben wir $\Delta\lambda = (2{,}43\,\text{pm})(1 - \cos 120°) = 3{,}645\,\text{pm}$ und $\lambda' = 2{,}4\,\text{pm} + 3{,}645\,\text{pm} = 6{,}05\,\text{pm}$.

37 (a) Da die Masse eines Elektrons $m = 9{,}109 \times 10^{-31}$ kg ist, beträgt seine Compton-Wellenlänge

$$\lambda_C = \frac{h}{mc} = \frac{6{,}626 \times 10^{-34}\,\text{J}\cdot\text{s}}{(9{,}109 \times 10^{-31}\,\text{kg})(2{,}998 \times 10^8\,\text{m/s})} = 2{,}426 \times 10^{-12}\,\text{m} = 2{,}43\,\text{pm}\,.$$

(b) Da die Masse eines Protons $m = 1{,}673 \times 10^{-27}$ kg ist, beträgt seine Compton-Wellenlänge

$$\lambda_C = \frac{6{,}626 \times 10^{-34}\,\text{J}\cdot\text{s}}{(1{,}673 \times 10^{-27}\,\text{kg})(2{,}998 \times 10^8\,\text{m/s})} = 1{,}321 \times 10^{-15}\,\text{m} = 1{,}32\,\text{fm}\,.$$

(c) Wir verwenden die in Übungsaufgabe 3 entwickelte Formel: $E = (1240\,\text{eV}\cdot\text{nm})/\lambda$, wobei E die Energie und λ die Wellenlänge ist. Also erhalten wir für das Elektron $E = (1240\,\text{eV}\cdot\text{nm})/(2{,}426 \times 10^{-3}\,\text{nm}) = 5{,}11 \times 10^5\,\text{eV} = 0{,}511\,\text{MeV}$.

(d) Für das Proton erhalten wir $E = (1240\,\text{eV}\cdot\text{nm})/(1{,}321 \times 10^{-6}\,\text{nm}) = 9{,}39 \times 10^8\,\text{eV} = 939\,\text{MeV}$.

39 Wenn E die ursprüngliche Energie des Photons und E' die Energie nach der Streuung bezeichnet, dann ist der relative Energieverlust

$$frac = \frac{E - E'}{E}\,.$$

Beispielaufgabe 39-4 zeigt, dass dafür gilt

$$frac = \frac{\Delta\lambda}{\lambda + \Delta\lambda}\,.$$

Also haben wir

$$\frac{\Delta\lambda}{\lambda} = \frac{frac}{1 - frac} = \frac{0{,}75}{1 - 0{,}75} = 3\,.$$

Eine Zunahme der Wellenlänge um 300% führt zu einer Abnahme der Photonenenergie um 75%.

49 Die klassische Beziehung $v = p/m$ zwischen Impuls p und Geschwindigkeit v setzen wir in die klassische Definition der kinetischen Energie, $K = \frac{1}{2}mv^2$, ein und erhalten $K = p^2/2m$. Dabei ist m die Masse eines Elektrons. Damit haben wir $p = \sqrt{2mK}$. Die Beziehung zwischen dem Impuls und der de Broglie-Wellenlänge λ lautet $\lambda = h/p$, wobei h das Plancksche Wirkungsquantum ist. Damit ergibt sich

$$\lambda = \frac{h}{\sqrt{2mK}}\,.$$

Wenn K in Elektronenvolt gegeben ist, haben wir

$$\begin{aligned}\lambda &= \frac{6{,}626 \times 10^{-34}\,\text{J}\cdot\text{s}}{\sqrt{2(9{,}109 \times 10^{-31}\,\text{kg})(1{,}602 \times 10^{-19}\,\text{J/eV})K}} = \frac{1{,}226 \times 10^{-9}\,\text{m}\cdot\text{eV}^{1/2}}{\sqrt{K}} \\ &= \frac{1{,}226\,\text{nm}\cdot\text{eV}^{1/2}}{\sqrt{K}}\,.\end{aligned}$$

51 Wir beginnen mit dem Ergebnis aus Übungsaufgabe 49: $\lambda = h/\sqrt{2mK}$. Ersetzen wir K durch eV, wobei V das Beschleunigungspotenzial und e die Elementarladung ist, erhalten wir

$$\begin{aligned}\lambda &= \frac{h}{\sqrt{2meV}} = \frac{6{,}626 \times 10^{-34}\,\text{J}\cdot\text{s}}{\sqrt{2(9{,}109 \times 10^{-31}\,\text{kg})(1{,}602 \times 10^{-19}\,\text{C})(25{,}0 \times 10^3\,\text{V})}} \\ &= 7{,}75 \times 10^{-12}\,\text{m} = 7{,}75\,\text{pm}\,.\end{aligned}$$

53 Wir verwenden das Ergebnis aus Übungsaufgabe 49: $\lambda = (1{,}226\,\text{nm}\cdot\text{eV}^{1/2})/\sqrt{K}$, wobei K die kinetische Energie ist. Damit ergibt sich

$$K = \left(\frac{1{,}226\,\text{nm}\cdot\text{eV}^{1/2}}{\lambda}\right)^2 = \left(\frac{1{,}226\,\text{nm}\cdot\text{eV}^{1/2}}{590\,\text{nm}}\right)^2 = 4{,}32 \times 10^{-6}\,\text{eV}\,.$$

57 (a) Der Impuls des Photons ist gegeben durch $p = E/c$, wobei E seine Energie ist. Seine Wellenlänge ist

$$\lambda = \frac{h}{p} = \frac{hc}{E} = \frac{1240\,\text{eV}\cdot\text{nm}}{1{,}00\,\text{eV}} = 1240\ \text{nm}\,.$$

Vgl. Übungsaufgabe 3. Der Impuls des Elektrons ist gegeben durch durch $p = \sqrt{2mK}$, wobei K seine kinetische Energie und m seine Masse ist. Seine Wellenlänge ist

$$\lambda = \frac{h}{p} = \frac{h}{\sqrt{2mK}}\,.$$

Gemäß Übungsaufgabe 49 ist dies für K in Elektronenvolt

$$\lambda = \frac{1{,}226\,\text{nm}\cdot\text{eV}^{1/2}}{\sqrt{K}} = \frac{1{,}226\,\text{nm}\cdot\text{eV}^{1/2}}{\sqrt{1{,}00\,\text{eV}}} = 1{,}23\ \text{nm}\,.$$

(b) Für das Photon haben wir

$$\lambda = \frac{hc}{E} = \frac{1240\,\text{eV}\cdot\text{nm}}{1{,}00\times 10^{9}\,\text{eV}} = 1{,}24\times 10^{-6}\,\text{nm}\,.$$

Um die Wellenlänge des Elektrons zu berechnen, müssen wir die Relativitätstheorie verwenden. Nach Gl. 38-51 stehen der Impuls p und die kinetische Energie K über $(pc)^2 = K^2 + 2Kmc^2$ in Beziehung. Damit haben wir

$$\begin{aligned} pc &= \sqrt{K^2 + 2Kmc^2} \\ &= \sqrt{(1{,}00\times 10^9\,\text{eV})^2 + 2(1{,}00\times 10^9\,\text{eV})(0{,}511\times 10^6\,\text{eV})} \\ &= 1{,}00\times 10^9\ \text{eV}\,. \end{aligned}$$

Die Wellenlänge ist

$$\lambda = \frac{h}{p} = \frac{hc}{pc} = \frac{1240\,\text{eV}\cdot\text{nm}}{1{,}00\times 10^{9}\,\text{eV}} = 1{,}24\times 10^{-6}\ \text{nm}\,.$$

59 (a) Die erforderliche kinetische Energie ist $K = qV$, wobei q die Ladung eines Ions und V das Beschleunigungspotenzial bezeichnet. Also haben wir $K = (1{,}60\times 10^{-19}\,\text{C})(300\,\text{V}) = 4{,}80\times 10^{-17}\,\text{J}$. Die Masse eines einzelnen Natriumatoms beträgt (vgl. Anhang F) $m = (22{,}9898\,\text{g/mol})/(6{,}02\times 10^{23}\,\text{atom/mol}) = 3{,}819\times 10^{-23}\,\text{g} = 3{,}819\times 10^{-26}\,\text{kg}$. Also beträgt der Impuls eines Ions

$$p = \sqrt{2mK} = \sqrt{2(3{,}819\times 10^{-26}\,\text{kg})(4{,}80\times 10^{-17}\,\text{J})} = 1{,}91\times 10^{-21}\ \text{kg}\cdot\text{m/s}\,.$$

(b) Die de Broglie-Wellenlänge ist

$$\lambda = \frac{h}{p} = \frac{6{,}63\times 10^{-34}\,\text{J}\cdot\text{s}}{1{,}91\times 10^{-21}\,\text{kg}\cdot\text{m/s}} = 3{,}47\times 10^{-13}\ \text{m}\,.$$

63 Die mit dem unbekannten Teilchen verknüpfte Wellenlänge ist $\lambda_p = h/p_p = h/(m_p v_p)$, wobei p_p seinen Impuls, m_p seine Masse und v_p seine Geschwindigkeit bezeichnet. Dabei wurde die klassische Beziehung $p_p = m_p v_p$ verwendet. Analog ist die zum Elektron gehörende Wellenlänge $\lambda_e = h/(m_e v_e)$, wobei m_e seine Masse und v_e seine Geschwindigkeit bezeichnet. Das Verhältnis der Wellenlängen ist $\lambda_p/\lambda_e = (m_e v_e)/(m_p v_p)$, also haben wir

$$m_p = \frac{v_e\lambda_e}{v_p\lambda_p}m_e = \frac{9{,}109\times 10^{-31}\,\text{kg}}{3(1{,}813\times 10^{-4})} = 1{,}675\times 10^{-27}\ \text{kg}\,.$$

Nach Anhang B ist dies die Masse eines Neutrons.

65 Die gleiche Auflösung erfordert die gleiche Wellenlänge, und da die Wellenlänge und der Impuls des Teilchens über $p = h/\lambda$ miteinander verknüpft sind, bedeutet dies den gleichen Teilchenimpuls. Der Impuls eines 100 keV-Photons ist $p = E/c = (100\times 10^3\,\text{eV})(1{,}60\times 10^{-19}\,\text{J/eV})/(3{,}00\times 10^8\,\text{m/s}) = 5{,}33\times 10^{-23}\,\text{kg}\cdot\text{m/s}$. Dies ist auch der Betrag des Impulses des Elektrons. Die kinetische Energie des Elektrons ist

$$K = \frac{p^2}{2m} = \frac{(5{,}33\times 10^{-23}\,\text{kg}\cdot\text{m/s})^2}{2(9{,}11\times 10^{-31}\,\text{kg})} = 1{,}56\times 10^{-15}\ \text{J}\,.$$

Das Beschleunigungspotenzial ist

$$V = \frac{K}{e} = \frac{1{,}56 \times 10^{-15}\,\mathrm{J}}{1{,}60 \times 10^{-19}\,\mathrm{C}} = 9{,}76 \times 10^{3}\ \mathrm{V}\,.$$

69 Die Wellenzahl k ist mit der Wellenlänge λ über $k = 2\pi/\lambda$ verbunden, und die Wellenlänge steht mit dem Impuls p über $\lambda = h/p$ in Beziehung, also ist $k = 2\pi p/h$. Die kinetische Energie K und der Impuls stehen über $K = p^2/2m$ in Beziehung, wobei m die Masse des Teilchens bezeichnet. Also haben wir $p = \sqrt{2mK}$ und

$$k = \frac{2\pi\sqrt{2mK}}{h}\,.$$

71 Für $U = U_0$ wird die Schrödingergleichung

$$\frac{d^2\psi}{dx^2} + \frac{8\pi^2 m}{h^2}\,[E - U_0]\,\psi = 0\,.$$

Setzen Sie $\psi = \psi_0 e^{ikx}$ ein. Die zweite Ableitung ist $d^2\psi/dx^2 = -k^2\psi_0 e^{ikx} = -k^2\psi$. Das Ergebnis ist

$$-k^2\psi + \frac{8\pi^2 m}{h^2}\,[E - U_0]\,\psi = 0\,.$$

Lösen Sie nach k auf, Sie erhalten

$$k = \sqrt{\frac{8\pi^2 m}{h^2}\,[E - U_0]} = \frac{2\pi}{h}\sqrt{2m\,[E - U_0]}\,.$$

75 Die Unsicherheit des Impulses ist $\Delta p = m\,\Delta v = (0{,}50\,\mathrm{kg})(1{,}0\,\mathrm{m/s}) = 0{,}50\,\mathrm{kg\cdot m/s}$, wobei Δv die Unsicherheit der Geschwindigkeit ist. Lösen wir die Unschärferelation $\Delta x\,\Delta p \geq \hbar$ nach der minimalen Unsicherheit in der Koordinate x auf, erhalten wir

$$\Delta x = \frac{\hbar}{\Delta p} = \frac{0{,}60\,\mathrm{J\cdot s}}{2\pi(0{,}50\,\mathrm{kg\cdot m/s})} = 0{,}19\ \mathrm{m}\,.$$

77 Wir verwenden die Unschärferelation $\Delta x\,\Delta p \geq \hbar$. Wir setzen $\Delta x = \lambda$, die de Broglie-Wellenlänge, und lösen nach der minimalen Unsicherheit in p auf:

$$\Delta p = \frac{\hbar}{\Delta x} = \frac{h}{2\pi\lambda} = \frac{p}{2\pi}$$

wobei die de Broglie-Beziehung $p = h/\lambda$ verwendet wurde. Wir verwenden $1/2\pi = 0{,}080$ und erhalten $\Delta p = 0{,}080p$. Wir würden erwarten, dass der gemessene Wert des Impulses zwischen $0{,}92p$ und $1{,}08p$ liegt. Gemessene Werte von null, $0{,}5p$ und $2p$ wären alle überraschend.

79 (a) Der Transmissionskoeffizient T eines Teilchens der Masse m und der Energie E, das auf eine Potenzialbarriere der Höhe U und der Breite L fällt, ist gegeben durch

$$T = e^{-2kL}\,,$$

mit

$$k = \sqrt{\frac{8\pi^2 m(U - E)}{h^2}}\,.$$

Für das Proton ergibt sich

$$\begin{aligned} k &= \sqrt{\frac{8\pi^2(1{,}6726 \times 10^{-27}\,\mathrm{kg})(10\,\mathrm{MeV} - 3{,}0\,\mathrm{MeV})(1{,}6022 \times 10^{-13}\,\mathrm{J/MeV})}{(6{,}6261 \times 10^{-34}\,\mathrm{J\cdot s})^2}} \\ &= 5{,}8082 \times 10^{14}\ \mathrm{m}^{-1}\,, \end{aligned}$$

$$kL = (5{,}8082 \times 10^{14}\,\mathrm{m}^{-1})(10 \times 10^{-15}\,\mathrm{m}) = 5{,}8082 \text{ und}$$

$$T = e^{-2\times 5{,}8082} = 9{,}02 \times 10^{-6}\,.$$

Der Wert von k wurde auf mehr Stellen als üblich berechnet, weil eine Exponentialfunktion sehr empfindlich vom Wert des Exponenten abhängt. Die Masse eines Deuterons ist 2,0141 u = $3{,}3454 \times 10^{-27}$ kg, also haben wir

$$k = \sqrt{\frac{8\pi^2(3{,}3454 \times 10^{-27}\,\mathrm{kg})(10\,\mathrm{MeV} - 3{,}0\,\mathrm{MeV})(1{,}6022 \times 10^{-13}\,\mathrm{J/MeV})}{(6{,}6261 \times 10^{-34}\,\mathrm{J{\cdot}s})^2}}$$
$$= 8{,}2143 \times 10^{14}\,\mathrm{m}^{-1}\,,$$

$$kL = (8{,}2143 \times 10^{14}\,\mathrm{m}^{-1})(10 \times 10^{-15}\,\mathrm{m}) = 8{,}2143 \text{ und}$$

$$T = e^{-2\times 8{,}2143} = 7{,}33 \times 10^{-8}\,.$$

(b) Die mechanische Energie bleibt erhalten. Bevor die Teilchen die Barriere erreichen, besitzt jedes von ihnen eine kinetische Energie von 3,0 MeV und eine potenzielle Energie von null. Nachdem es durch die Potenzialschwelle getunnelt ist, besitzt jedes wieder eine potenzielle Energie von null. Also hat jedes eine kinetische Energie von 3,0 MeV.

(c) Die Energie bleibt auch für die Reflexion erhalten. Nach der Reflexion besitzt jedes Teilchen eine potenzielle Energie von null und eine kinetische Energie von 3,0 MeV.

81 (a) Wenn m die Masse der Teilchen und E ihre Energie ist, dann ist der Transmissionskoeffizient für eine Potenzialbarriere der Höhe U und der Breite L gegeben durch

$$T = e^{-2kL}$$

mit

$$k = \sqrt{\frac{8\pi^2 m(U - E)}{h^2}}\,.$$

Wenn die Änderung von ΔU im Vergleich zu U klein ist (so wie es hier sein soll), dann ist die Änderung des Transmissionskoeffizienten gegeben durch

$$\Delta T = \frac{dT}{dU}\,\Delta U = -2LT\,\frac{dk}{dU}\,\Delta U\,.$$

Nun haben wir

$$\frac{dk}{dU} = \frac{1}{2\sqrt{U - E}}\sqrt{\frac{8\pi^2 m}{h^2}} = \frac{1}{2(U - E)}\sqrt{\frac{8\pi^2 m(U - E)}{h^2}} = \frac{k}{2(U - E)}\,.$$

Damit ergibt sich

$$\Delta T = -LTk\,\frac{\Delta U}{U - E}\,.$$

Für die Daten in Beispielaufgabe 39-7 haben wir $2kL = 10{,}0$, also $kL = 5{,}0$ und

$$\frac{\Delta T}{T} = -kL\frac{\Delta U}{U - E} = -(5{,}0)\frac{(0{,}010)(6{,}8\,\mathrm{eV})}{6{,}8\,\mathrm{eV} - 5{,}1\,\mathrm{eV}} = -0{,}20\,.$$

Der Transmissionskoeffizient nimmt um 20% ab.

(b) Die Änderung des Transmissionskoeffizienten ist gegeben durch

$$\Delta T = \frac{dT}{dL}\,\Delta L = -2ke^{-2kL}\,\Delta L = -2kT\,\Delta L$$

und

$$\frac{\Delta T}{T} = -2k\,\Delta L = -2(6{,}67 \times 10^9\,\mathrm{m}^{-1})(0{,}010)(750 \times 10^{-12}\,\mathrm{m}) = -0{,}10\,.$$

Der Transmissionskoeffizient nimmt um 10% ab.

(c) Die Änderung des Transmissionskoeffizienten ist gegeben durch

$$\Delta T = \frac{dT}{dE}\,\Delta E = -2Le^{-2kL}\frac{dk}{dE}\,\Delta E = -2LT\frac{dk}{dE}\,\Delta E\,.$$

Nun ist $dk/dE = -dk/dU = -k/2(U - E)$, also haben wir

$$\frac{\Delta T}{T} = kL\frac{\Delta E}{U - E} = (5{,}0)\frac{(0{,}010)(5{,}1\,\mathrm{eV})}{6{,}8\,\mathrm{eV} - 5{,}1\,\mathrm{eV}} = 0{,}15\,.$$

Der Transmissionskoeffizient nimmt um 15% zu.

40 Mehr über Materiewellen

3 Um die Energie abzuschätzen, verwenden Sie Gl. 40-4 mit $n = 1$, L gleich dem Atomdurchmesser und m gleich der Masse eines Elektrons:

$$E = n^2 \frac{h^2}{8mL^2} = \frac{(1)^2(6{,}63 \times 10^{-34}\,\mathrm{J{\cdot}s})^2}{8(9{,}11 \times 10^{-31}\,\mathrm{kg})(1{,}4 \times 10^{-14}\,\mathrm{m})^2} = 3{,}07 \times 10^{-10}\,\mathrm{J} = 1920\,\mathrm{MeV}\,.$$

11 Die Energieniveaus sind gegeben durch $E_n = n^2h^2/8mL^2$, wobei h das Plancksche Wirkungsquantum, m die Masse eines Elektrons und L die Breite des Kastenpotenzials bezeichnet. Die Frequenz des Lichts, das das Elektron vom Zustand mit der Quantenzahl n_i in den Zustand mit der Quantenzahl n_f anregt, ist $f = \Delta E/h = (h/8mL^2)(n_f^2 - n_i^2)$ und die Wellenlänge des Lichts ist

$$\lambda = \frac{c}{f} = \frac{8mL^2c}{h(n_f^2 - n_i^2)}\,.$$

Werten Sie diesen Ausdruck der Reihe nach für $n_i = 1$ und $n_f = 2, 3, 4$ sowie 5 aus. Verwenden Sie $h = 6{,}626 \times 10^{-34}\,\mathrm{J{\cdot}s}$, $m = 9{,}109 \times 10^{-31}\,\mathrm{kg}$ und $L = 250 \times 10^{-12}\,\mathrm{m}$. Sie sollten $6{,}87 \times 10^{-8}\,\mathrm{m}$ für $n_f = 2$, $2{,}58 \times 10^{-8}\,\mathrm{m}$ für $n_f = 3$, $1{,}37 \times 10^{-8}\,\mathrm{m}$ für $n_f = 4$ sowie $8{,}59 \times 10^{-9}\,\mathrm{m}$ für $n_f = 5$ erhalten.

15 (a) Die erlaubten Energieniveaus sind gegeben durch $E_n = n^2h^2/8mL^2$. Die Energiedifferenz zwischen dem Zustand n und dem Zustand $n + 1$ ist

$$\Delta E = E_{n+1} - E_n = \left[(n+1)^2 - n^2\right]\frac{h^2}{8mL^2} = \frac{(2n+1)h^2}{8mL^2}$$

und

$$\frac{\Delta E}{E} = \left[\frac{(2n+1)h^2}{8mL^2}\right]\left(\frac{8mL^2}{n^2h^2}\right) = \frac{2n+1}{n^2}\,.$$

Wenn n groß wird, geht $2n + 1 \longrightarrow 2n$ und $(2n+1)/n^2 \longrightarrow 2n/n^2 = 2/n$.

(b) Für $n \longrightarrow \infty$ geht ΔE und E nicht gegen 0, aber $\Delta E/E$.

(c) Vgl. Teil (b).

(d) Vgl. Teil (b).

(e) $\Delta E/E$ ist ein besseres Maß sowohl als ΔE als auch als E alleine dafür, wie weit das quantenmechanische Ergebnis durch das klassische Ergebnis angenähert wird.

17 Die Wahrscheinlichkeit, dass das Elektron in einem Intervall beobachtet wird, ist gegeben durch $P = \int |\psi|^2\,dx$, wobei das Integral über das Intervall berechnet wird. Wenn die Intervallbreite Δx klein ist, kann die Wahrscheinlichkeit näherungsweise bestimmt werden durch $P = |\psi|^2\,\Delta x$, wobei die Wellenfunktion im Mittelpunkt des Intervalls berechnet wird. Für ein Elektron in einem unendlich hohen Kastenpotenzial der Breite L ist die Grundzustandswahrscheinlichkeitsdichte

$$|\psi|^2 = \frac{2}{L}\sin^2\left(\frac{\pi x}{L}\right),$$

Also haben wir

$$P = \left(\frac{2\,\Delta x}{L}\right)\sin^2\left(\frac{\pi x}{L}\right).$$

(a) Setzen Sie $L = 100\,\text{pm}$, $x = 25\,\text{pm}$ und $\Delta x = 5{,}0\,\text{pm}$. Dann erhalten wir

$$P = \left[\frac{2(5{,}0\,\text{pm})}{100\,\text{pm}}\right]\sin^2\left[\frac{\pi(25\,\text{pm})}{100\,\text{pm}}\right] = 0{,}050\,.$$

(b) Setzen Sie $L = 100\,\text{pm}$, $x = 50\,\text{pm}$ und $\Delta x = 5{,}0\,\text{pm}$. Dann erhalten wir

$$P = \left[\frac{2(5{,}0\,\text{pm})}{100\,\text{pm}}\right]\sin^2\left[\frac{\pi(50\,\text{pm})}{100\,\text{pm}}\right] = 0{,}10\,.$$

(c) Setzen Sie $L = 100\,\text{pm}$, $x = 90\,\text{pm}$ und $\Delta x = 5{,}0\,\text{pm}$. Dann erhalten wir

$$P = \left[\frac{2(5{,}0\,\text{pm})}{100\,\text{pm}}\right]\sin^2\left[\frac{\pi(90\,\text{pm})}{100\,\text{pm}}\right] = 0{,}0095\,.$$

19 Nach Abb. 40-9 beträgt die Anfangsenergie des Elektrons 109 eV. Nachdem die zusätzliche Energie absorbiert wurde, beträgt die Gesamtenergie des Elektrons 109 eV+400 eV = 509 eV. Da es sich im Bereich $x > L$ befindet, ist seine potenzielle Energie 450 eV (vgl. Abschnitt 40-5), also muss seine kinetische Energie 509 eV − 450 eV = 59 eV sein.

23 Die Schrödinger-Gleichung für das Gebiet $x > L$ lautet

$$\frac{d^2\psi}{dx^2} + \frac{8\pi^2 m}{h^2}[E - U_0]\,\psi = 0\,.$$

Für $\psi = De^{2kx}$ haben wir $d^2\psi/dx^2 = 4k^2 De^{2kx} = 4k^2\psi$ und

$$\frac{d^2\psi}{dx^2} + \frac{8\pi^2 m}{h^2}[E - U_0]\,\psi = 4k^2\psi + \frac{8\pi^2 m}{h^2}[E - U_0]\,\psi\,.$$

Dies ist null, vorausgesetzt

$$k = \frac{\pi}{h}\sqrt{2m\,(U_0 - E)}\,.$$

Die vorgeschlagene Funktion genügt der Schrödinger-Gleichung, vorausgesetzt k hat diesen Wert. Da U_0 im Gebiet $x > L$ größer als E ist, ist die Größe unter der Wurzel positiv. Das bedeutet k is reell. Wenn k positiv ist, ist die vorgeschlagene Funktion jedoch unphysikalisch. Sie nimmt mit x exponentiella zu und wird unbeschränkt groß. Das Integral der Wahrscheinlichkeitsdichte über die gesamte x-Achse muss 1 sein. Das ist für die vorgeschlagene Funktion unmöglich.

27 Die Energieniveaus sind gegeben durch

$$E_{n_x,n_y} = \frac{h^2}{8m}\left[\frac{n_x^2}{L_x^2} + \frac{n_y^2}{L_y^2}\right] = \frac{h^2}{8mL^2}\left[n_x^2 + \frac{n_y^2}{4}\right]$$

wobei $L_x = L$ und $L_y = 2L$ eingesetzt wurde. In Vielfachen von $h^2/8mL^2$ sind die Energieniveaus gegeben durch $n_x^2 + n_y^2/4$. Die fünf niedrigsten Niveaus sind $E_{1,1} = 1{,}25$, $E_{1,2} = 2{,}00$, $E_{1,3} = 3{,}25$, $E_{2,1} = 4{,}25$ und $E_{2,2} = E_{1,4} = 5{,}00$. Etwas Nachdenken sollte Sie davon überzeugen, dass es keine anderen möglichen Werte für die Energie kleiner als 5 gibt. Wenn das Elektron von einem Anfangszustand i in einen Endzustand f übergeht, ist die Frequenz des emittierten oder absorbierten Lichts $f = (E_f - E_i)/h$, und in Vielfachen von $h/8mL^2$ ist sie einfach die Differenz der Werte von $n_x^2 + n_y^2/4$ für die beiden Zustände. Die möglichen Frequenzen sind 0,75 (1,2 ⟶ 1,1), 2,00 (1,3 ⟶ 1,1), 3,00 (2,1 ⟶ 1,1), 3,75 (2,2 ⟶ 1,1), 1,25 (1,3 ⟶ 1,2), 2,25 (2,1 ⟶ 1,2), 3,00 (2,2 ⟶ 1,2), 1,00 (2,1 ⟶ 1,3), 1,75 (2,2 ⟶ 1,3), 0,75 (2,2 ⟶ 2,1), jeweils in Einheiten von $h/8mL^2$.

33 Wenn ein Wasserstoffatom von einem Zustand mit Hauptquantenzahl u in einen Zustand mit Hauptquantenzahl ℓ springt, ist die Energie E eines ausgesandten Photons gegeben durch

$$E = A\left(\frac{1}{\ell^2} - \frac{1}{u^2}\right)$$

wobei $A = 13{,}6\,\text{eV}$ ist. Die Frequenz f der elektromagnetischen Welle ist gegeben durch $f = E/h$, und die Wellenlänge ist gegeben durch $\lambda = c/f$. Also haben wir

$$\frac{1}{\lambda} = \frac{f}{c} = \frac{E}{hc} = \frac{A}{hc}\left(\frac{1}{\ell^2} - \frac{1}{u^2}\right) .$$

Die kürzeste Wellenlänge tritt im Grenzwert der Serie auf, wofür $u = \infty$ ist. Für die Balmerserie ist $\ell = 2$ und die kürzeste Wellenlänge ist $\lambda_B = 4hc/A$. Für die Lymanserie ist $\ell = 1$ und die kürzeste Wellenlänge ist $\lambda_L = hc/A$. Das Verhältnis ist $\lambda_B/\lambda_L = 4$.

35 (a) Da die Energie erhalten bleibt, ist die Energie E des Photons gegeben durch $E = E_i - E_f$, wobei E_i die Anfangsenergie und E_f die Endenergie des Wasserstoffatoms ist. Die Elektronenenergie ist gegeben durch $(-13{,}6\,\text{eV})/n^2$, wobei n die Hauptquantenzahl bezeichnet. Damit haben wir

$$E = E_i - E_f = \frac{-13{,}6\,\text{eV}}{(3)^2} - \frac{-13{,}6\,\text{eV}}{(1)^2} = 12{,}1\ \text{eV} .$$

(b) Der Impuls des Photons ist gegeben durch

$$p = \frac{E}{c} = \frac{(12{,}1\,\text{eV})(1{,}60 \times 10^{-19}\,\text{J/eV})}{3{,}00 \times 10^8\,\text{m/s}} = 6{,}45 \times 10^{-27}\ \text{kg}\cdot\text{m/s} .$$

(c) Unter Verwendung des Ergebnisses aus Aufgabe 3 in Kapitel 39 ist die Wellenlänge

$$\lambda = \frac{1240\,\text{eV}\cdot\text{nm}}{12{,}1\,\text{eV}} = 102\ \text{nm} .$$

37 Wenn die kinetische Energie nicht erhalten bleibt, wird ein Teil der kinetischen Energie des Neutrons verwendet, um das Wasserstoffatom anzuregen. Der kleinste Energiebetrag, den das Wasserstoffatom aufnehmen kann, ist die Differenz zwischen dem ersten angeregten Zustand ($n = 2$) und dem Grundzustand ($n = 1$). Da die Energie eines Zustands mit Hauptquantenzahl n gerade $-(13{,}6\,\text{eV})/n^2$ ist, beträgt die kleinste Anregungsenergie $13{,}6\,\text{eV} - (13{,}6\,\text{eV})/(2)^2 = 10{,}2\,\text{eV}$. Das Neutron besitzt nicht genügend Energie, um das Wasserstoffatom anzuregen, also bleibt das Wasserstoffatom in seinem Grundzustand und die gesamte kinetische Energie des Neutrons am Anfang findet sich in der kinetischen Energie des Neutrons und des Atoms wieder. Der Stoß muss elastisch sein.

41 (a) Setzen Sie das elektrostatische Potenzial null, wenn das Elektron und das Proton weit voneinander entfernt sind. Die Endenergie des Atoms ist dann null, und die Arbeit, die verrichtet wurde, als sie voneinander entfernt wurden, ist $W = -E_i$, wobei E_i die Energie des Anfangszustands bezeichnet. Die Energie des Anfangszustands ist gegeben durch $E_i = (-13{,}6\,\text{eV})/n^2$, wobei n die Hauptquantenzahl des Zustands bezeichnet. Für den Grundzustand ist $n = 1$ und $W = 13{,}6\,\text{eV}$.

(b) Für den Zustand mit $n = 2$ ist $W = (13{,}6\,\text{eV})/(2)^2 = 3{,}40\,\text{eV}$.

45 Wenn wir mit $a = 5{,}292 \times 10^{-11}$ m den Bohrschen Radius bezeichnen, wird die potenzielle Energie

$$U = -\frac{e^2}{4\pi\varepsilon_0 a} = \frac{(8{,}99 \times 10^9\,\text{N}\cdot\text{m}^2/\text{C}^2)(1{,}602 \times 10^{-19}\,\text{C})^2}{5{,}292 \times 10^{-11}\,\text{m}} = -4{,}36 \times 10^{-18}\,\text{J} = -27{,}2\ \text{eV} .$$

Die kinetische Energie ist $K = E - U = (-13{,}6\,\text{eV}) - (-27{,}2\,\text{eV}) = 13{,}6\,\text{eV}$.

49 Gemäß Beispielaufgabe 40-8 ist die Wahrscheinlichkeit, dass das Elektron im Grundzustand eines Wasserstoffatoms innerhalb eines Kugel vom Radius r gemessen wird, gegeben durch

$$p(r) = 1 - e^{-2x}\left(1 + 2x + 2x^2\right) ,$$

wobei $x = r/a$ und a der Bohrsche Radius ist. Es soll $r = a$ sein, also ist $x = 1$ und

$$p(a) = 1 - e^{-2}\,(1 + 2 + 2) = 1 - 5e^{-2} = 0{,}323\,.$$

Die Wahrscheinlichkeit, dass das Elektron außerhalb dieser Kugel gemessen wird, ist $1 - 0{,}323 = 0{,}677$. Es kann ungefähr 68% der Zeit außerhalb gemessen werden.

51 Die vorgeschlagene Wellenfunktion ist

$$\psi = \frac{1}{\sqrt{\pi}a^{3/2}} e^{-r/a}\,,$$

wobei a der Bohrsche Radius ist. Setzen wir dies in die rechte Seite der Schrödinger-Gleichung ein, ist unser Ziel zu zeigen, dass das Ergebnis null ist. Die Ableitung ist

$$\frac{d\psi}{dr} = -\frac{1}{\sqrt{\pi}a^{5/2}} e^{-r/a}\,,$$

also

$$r^2\frac{d\psi}{dr} = -\frac{r^2}{\sqrt{\pi}a^{5/2}} e^{-r/a}$$

und

$$\frac{1}{r^2}\frac{d}{dr}\left(r^2\frac{d\psi}{dr}\right) = \frac{1}{\sqrt{\pi}a^{5/2}}\left[-\frac{2}{r} + \frac{1}{a}\right] e^{-r/a} = \frac{1}{a}\left[-\frac{2}{r} + \frac{1}{a}\right]\psi\,.$$

Die Energie des Grundzustands ist gegeben durch $E = -me^4/8\varepsilon_0^2h^2$, und der Bohrsche Radius ist gegeben durch $a = h^2\varepsilon_0/\pi m e^2$, also ist $E = -e^2/8\pi\varepsilon_0 a$. Die potenzielle Energie ist gegeben durch $U = -e^2/4\pi\varepsilon_0 r$, also haben wir

$$\begin{aligned}\frac{8\pi^2 m}{h^2}[E - U]\psi &= \frac{8\pi^2 m}{h^2}\left[-\frac{e^2}{8\pi\varepsilon_0 a} + \frac{e^2}{4\pi\varepsilon_0 r}\right]\psi = \frac{8\pi^2 m}{h^2}\frac{e^2}{8\pi\varepsilon_0}\left[-\frac{1}{a} + \frac{2}{r}\right]\psi \\ &= \frac{\pi m e^2}{h^2\varepsilon_0}\left[-\frac{1}{a} + \frac{2}{r}\right]\psi = \frac{1}{a}\left[-\frac{1}{a} + \frac{2}{r}\right]\psi\,.\end{aligned}$$

Die beiden Terme in der Schrödinger-Gleichung heben sich weg, und die vorgeschlagene Funktion ψ erfüllt die Gleichung.

53 Die radiale Wahrscheinlichkeitsdichte für den Grundzustand des Wasserstoffatoms ist $P(r) = (4r^2/a^3)e^{-2r/a}$, wobei a der Bohrsche Radius ist (vgl. Gl. 40-31). Wir wollen das Integral $\int_0^\infty P(r)\,dr$ berechnen. Gl. 15 in der Integraltafel in Anhang E ist ein Integral dieser Form. Wir setzen $n = 2$ und ersetzen a in der gegebenen Formel durch $2/a$ und x durch r. Dann erhalten wir

$$\int_0^\infty P(r)\,dr = \frac{4}{a^3}\int_0^\infty r^2 e^{-2r/a}\,dr = \frac{4}{a^3}\frac{2}{(2/a)^3} = 1\,.$$

55 Da Δr klein ist, können wir die Wahrscheinlichkeit berechnen, indem wir $p = P(r)\,\Delta r$ verwenden, wobei $P(r)$ die radiale Wahrscheinlichkeitsdichte ist. Die radiale Wahrscheinlichkeitsdichte für den Grundzustand des Wasserstoffatoms ist gegeben durch Gl. 40-31:

$$P(r) = \left(\frac{4r^2}{a^3}\right) e^{-2r/a}$$

wobei a der Bohrsche Radius ist.

(a) Setzen Sie $r = 0{,}500a$ und $\Delta r = 0{,}010a$. Dann erhalten wir

$$p = \left(\frac{4r^2\,\Delta r}{a^3}\right) e^{-2r/a} = 4(0{,}500)^2(0{,}010)\,e^{-1} = 3{,}68\times 10^{-3}\,.$$

(b) Setzen Sie $r = 1{,}00a$ und $\Delta r = 0{,}010a$. Dann erhalten wir

$$p = \left(\frac{4r^2\,\Delta r}{a^3}\right) e^{-2r/a} = 4(1{,}00)^2(0{,}010)\,e^{-2} = 5{,}41\times 10^{-3}\,.$$

57 Die radiale Wahrscheinlichkeitsdichte für den Grundzustand des Wasserstoffatoms ist $P(r) = (4r^2/a^3)e^{-2r/a}$, wobei a der Bohrsche Radius ist (vgl. Gl. 40-31). Wir können die Integraltafel in Anhang E verwenden, um das Integral $r_{\text{gem}} = \int_0^\infty r\,P(r)\,dr$ zu berechnen. Setzen wir $n = 3$ und ersetzen a in der gegebenen Formel durch $2/a$ (und x durch r), erhalten wir

$$r_{\text{gem}} = \int_0^\infty r\,P(r)\,dr = \frac{4}{a^3}\int_0^\infty r^3 e^{-2r/a}\,dr = \frac{4}{a^3}\,\frac{6}{(2/a)^4} = 1{,}5a\,.$$

59 (a) ψ_{210} ist reell. Quadrieren wir sie, erhalten wir die Wahrscheinlichkeitsdichte:

$$|\psi_{210}|^2 = \frac{r^2}{32\pi a^5} e^{-r/a} \cos^2\theta\,.$$

Jede der anderen Funktionen wird mit seinem konjugiert komplexen multipliziert, das wir erhalten, indem wir in der Funktion i durch $-i$ ersetzen. Wegen $e^{i\phi}e^{-i\phi} = e^0 = 1$, ist das Ergebnis das Quadrat der Funktion ohne den Exponentialfaktor:

$$|\psi_{21+1}|^2 = \frac{r^2}{64\pi a^5} e^{-r/a} \sin^2\theta$$

und

$$|\psi_{21-1}|^2 = \frac{r^2}{64\pi a^5} e^{-r/a} \sin^2\theta\,.$$

Die letzten beiden Funktionen führen auf die gleiche Wahrscheinlichkeitsdichte.

(b) Die Gesamtwahrscheinlichkeitsdichte der drei Zustände ist die Summe:

$$\begin{aligned}|\psi_{210}|^2 + |\psi_{21+1}|^2 + |\psi_{21-1}|^2 &= \frac{r^2}{32\pi a^5} e^{-r/a}\left[\cos^2\theta + \frac{1}{2}\sin^2\theta + \frac{1}{2}\sin^2\theta\right] \\ &= \frac{r^2}{32\pi a^5} e^{-r/a}\,.\end{aligned}$$

Dabei wurde die trigonometrische Identität $\cos^2\theta + \sin^2\theta = 1$ verwendet. Wir bemerken, dass die Gesamtwahrscheinlichkeitsdichte nicht von θ oder ϕ abhängt; sie ist kugelsymmetrisch.

41 Atome

3 (a) Für einen gegebenen Wert n der Hauptquantenzahl reicht die Bahndrehimpulsquantenzahl ℓ von 0 bis $n - 1$. Für $n = 3$ gibt es drei mögliche Werte: 0, 1 und 2.

(b) Für einen gegebenen Wert ℓ reicht die magnetische Quantenzahl m_ℓ von $-\ell$ bis $+\ell$. Für $\ell = 1$ gibt es drei mögliche Werte: -1, 0 und $+1$.

7 Die Hauptquantenzahl n muss größer sein als 3. Die magnetische Quantenzahl m_ℓ kann jeden der Werte -3, -2, -1, 0, $+1$, $+2$ oder $+3$ annehmen. Die Spinquantenzahl kann jeden der Werte $-\frac{1}{2}$ oder $+\frac{1}{2}$ annehmen.

11 (a) Für $\ell = 3$ ist der Betrag des Bahndrehimpulses gegeben durch $L = \sqrt{\ell(\ell+1)}\hbar = \sqrt{3(3+1)}\hbar = \sqrt{12}\hbar$.

(b) Der Betrag des magnetischen Dipolmomentes ist $\mu_{\text{orb}} = \sqrt{\ell(\ell+1)}\mu_B = \sqrt{12}\mu_B$.

(c) Wir verwenden $L_z = m_\ell\hbar$, um die z-Komponente des Bahndrehimpulses, $\mu_z = -m_\ell\mu_B$ um die z-Komponente des magnetischen Dipolmomentes und $\cos\theta = m_\ell/\sqrt{\ell(\ell+1)}$ um den Winkel zwischen dem Vektor des Bahndrehimpulses und der z-Achse zu berechnen. Für $\ell = 3$ kann die magnetische Quantenzahl m_ℓ die Werte $-3, -2, -1, 0, +1, +2, +3$ annehmen. Die Ergebnisse sind unten aufgelistet.

m_ℓ	L_z	$\mu_{\text{orb},\,z}$	θ
-3	$-3\hbar$	$+3\mu_B$	150.0°
-2	$-2\hbar$	$+2\mu_B$	125°
-1	$-\hbar$	$+\mu_B$	107°
0	0	0	90.0°
1	$+\hbar$	$-\mu_B$	73.2°
2	$2\hbar$	$-2\mu_B$	54.7°
3	$3\hbar$	$-3\mu_B$	30.0°

13 Wegen $L^2 = L_x^2 + L_y^2 + L_z^2$ haben wir $\sqrt{L_x^2 + L_y^2} = \sqrt{L^2 - L_z^2}$. Ersetzen Sie L^2 durch $\ell(\ell+1)\hbar^2$ und L_z durch $m_\ell\hbar$, und Sie erhalten

$$\sqrt{L_x^2 + L_y^2} = \hbar\sqrt{\ell(\ell+1) - m_\ell^2}\,.$$

Für einen gegebenen Wert von ℓ ist der größte Wert, den m_ℓ annehmen kann, ℓ, also ist der kleinste Wert, den $\sqrt{L_x^2 + L_y^2}$ annehmen kann, $\hbar\sqrt{\ell(\ell+1) - \ell^2} = \hbar\sqrt{\ell}$. Der kleinste mögliche Betrag von m_ℓ ist null, also ist der größte mögliche Wert, den $\sqrt{L_x^2 + L_y^2}$ annehmen kann, $\hbar\sqrt{\ell(\ell+1)}$. Also ergibt sich

$$\hbar\sqrt{\ell} \leq \sqrt{L_x^2 + L_y^2} \leq \hbar\sqrt{\ell(\ell+1)}\,.$$

15 Der Betrag des Spindrehimpulses ist $S = \sqrt{s(s+1)}\,\hbar = (\sqrt{3}/2)\hbar$, wobei $s = \frac{1}{2}$ verwendet wurde. Die z-Komponente ist entweder $S_z = \hbar/2$ oder $-\hbar/2$. Für $S_z = +\hbar/2$ ist der Winkel θ zwischen dem Spinvektor und der positiven z-Achse

$$\theta = \cos^{-1}\left(\frac{S_z}{S}\right) = \cos^{-1}\left(\frac{1}{\sqrt{3}}\right) = 54{,}7^\circ\,.$$

Für $S_z = -\hbar/2$ ist der Winkel $\theta = 180^\circ - 54{,}7^\circ = 125{,}3^\circ$.

17 Die Beschleunigung ist

$$a = \frac{F}{M} = \frac{(\mu\,\cos\theta)\,(dB/dz)}{M}\,,$$

wobei M die Masse eines Silberatoms, μ sein magnetisches Dipolmoment, B das Magnetfeld und θ der Winkel zwischen dem Dipolmoment und dem Magnetfeld ist. Wir legen das Dipolmoment und das Feld parallel ($\cos\theta = 1$) und verwenden die in Beispielaufgabe 41-1 gegebenen Werte. Damit erhalten wir

$$a = \frac{(9{,}27 \times 10^{-24}\,\mathrm{J/T})(1{,}4 \times 10^{3}\,\mathrm{T/m})}{1{,}8 \times 10^{-25}\,\mathrm{kg}} = 7{,}21 \times 10^{4}\,\mathrm{m/s^2}\,.$$

42 Elektrische Leitfähigkeit von Festkörpern

1 Die Anzahl der Atome pro Volumen ist gegeben durch $n = d/M$, wobei d die Massendichte von Kupfer und M die Masse eines einzelnen Kupferatoms ist. Da jedes Atom ein Leitungselektron beiträgt, ist n auch die Anzahl der Leitungselektronen pro Volumen. Da die molare Masse von Kupfer $A = 63{,}54\,\mathrm{g/mol}$ ist, haben wir $M = A/N_A = (63{,}54\,\mathrm{g/mol})/(6{,}022 \times 10^{23}\,\mathrm{mol}^{-1}) = 1{,}055 \times 10^{-22}\,\mathrm{g}$. Daher ergibt sich

$$n = \frac{8{,}96\,\mathrm{g/cm^3}}{1{,}055 \times 10^{-22}\,\mathrm{g}} = 8{,}49 \times 10^{22}\,\mathrm{cm^{-3}} = 8{,}49 \times 10^{28}\,\mathrm{m^{-3}}\,.$$

7 (a) Gl. 42-5 ergibt

$$N(E) = \frac{8\sqrt{2}\pi m^{3/2}}{h^3} E^{1/2}$$

für die Dichte der Zustände, die zu den Leitungselektronen eines Metalls gehören. Dies kann man auch folgendermaßen schreiben:

$$n(E) = C E^{1/2}$$

mit

$$C = \frac{8\sqrt{2}\pi m^{3/2}}{h^3} = \frac{8\sqrt{2}\pi(9{,}109 \times 10^{-31}\,\mathrm{kg})^{3/2}}{(6{,}626 \times 10^{-34}\,\mathrm{J \cdot s})^3} = 1{,}062 \times 10^{56}\,\mathrm{kg^{3/2}/J^3 \cdot s^3}\,.$$

Nun haben wir $1\,\mathrm{J} = 1\,\mathrm{kg \cdot m^2/s^2}$ (denken Sie an die Gleichung für die kinetische Energie $K = \frac{1}{2}mv^2$), also $1\,\mathrm{kg} = 1\,\mathrm{J \cdot s^2 \cdot m^{-2}}$. Damit können die Einheiten von C als $(\mathrm{J \cdot s^2})^{3/2} \cdot (\mathrm{m^{-2}})^{3/2} \cdot \mathrm{J^{-3}} \cdot \mathrm{s^{-3}} = \mathrm{J^{-3/2} \cdot m^{-3}}$ geschrieben werden. Das bedeutet

$$C = (1{,}062 \times 10^{56}\,\mathrm{J^{-3/2} \cdot m^{-3}})(1{,}602 \times 10^{-19}\,\mathrm{J/eV})^{3/2} = 6{,}81 \times 10^{27}\,\mathrm{m^{-3} \cdot eV^{-3/2}}\,.$$

(b) Für $E = 5{,}00\,\mathrm{eV}$ haben wir

$$n(E) = (6{,}81 \times 10^{27}\,\mathrm{m^{-3} \cdot eV^{-3/2}})(5{,}00\,\mathrm{eV})^{1/2} = 1{,}52 \times 10^{28}\,\mathrm{eV^{-1} \cdot m^{-3}}\,.$$

9 (a) Bei der absoluten Temperatur $T = 0$ ist die Wahrscheinlichkeit null, dass irgend ein Zustand mit Energie oberhalb der Fermi-Energie besetzt ist.

(b) Die Wahrscheinlichkeit, dass ein Zustand mit Energie E bei Temperatur T besetzt ist, ist gegeben durch

$$P(E) = \frac{1}{e^{(E-E_F)/kT} + 1}\,,$$

wobei k die Boltzmann-Konstante und E_F die Fermienergie ist. Nun haben wir $E - E_F = 0{,}062\,\mathrm{eV}$ und $(E - E_F)/kT = (0{,}062\,\mathrm{eV})/(8{,}62 \times 10^{-5}\,\mathrm{eV/K})(320\,\mathrm{K}) = 2{,}248$, also

$$P(E) = \frac{1}{e^{2{,}248} + 1} = 0{,}0956\,.$$

Für den Wert von k vgl. Anhang B oder Beispielaufgabe 42-1.

11 Nach Gl. 42-9 ist die Fermi-Energie gegeben durch

$$E_F = \left(\frac{3}{16\sqrt{2}\pi}\right)^{2/3} \frac{h^2}{m} n^{2/3},$$

wobei n die Anzahl der Leitungselektronen pro Volumen, m die Masse eines Elektrons und h das Plancksche Wirkungsquantum ist. Dies kann man $E_F = An^{2/3}$ schreiben mit

$$A = \left(\frac{3}{16\sqrt{2}\pi}\right)^{2/3} \frac{h^2}{m} = \left(\frac{3}{16\sqrt{2}\pi}\right)^{2/3} \frac{(6{,}626 \times 10^{-34}\,\mathrm{J{\cdot}s})^2}{9{,}109 \times 10^{-31}\,\mathrm{kg}} = 5{,}842 \times 10^{-38}\,\mathrm{J^2{\cdot}s^2/kg}\,.$$

Wegen $1\,\mathrm{J} = 1\,\mathrm{kg{\cdot}m^2/s^2}$ kann man für die Einheiten von A auch $\mathrm{m^2{\cdot}J}$ verwenden. Nach Division durch $1{,}602 \times 10^{-19}\,\mathrm{J/eV}$ erhalten wir $A = 3{,}65 \times 10^{-19}\,\mathrm{m^2{\cdot}eV}$.

15 Die Fermi–Dirac-Besetzungswahrscheinlichkeit ist gegeben durch $P_{\mathrm{FD}} = 1/\left(e^{\Delta E/kT} + 1\right)$, und die Boltzmann-Besetzungswahrscheinlichkeit ist gegeben durch $P_{\mathrm{B}} = e^{-\Delta E/kT}$. Den relativen Unterschied bezeichnen wir mit f. Dann haben wir

$$f = \frac{P_{\mathrm{B}} - P_{\mathrm{FD}}}{P_{\mathrm{B}}} = \frac{e^{-\Delta E/kT} - \dfrac{1}{e^{\Delta E/kT} + 1}}{e^{-\Delta E/kT}}\,.$$

Etwas Algebra (unter Verwendung eines Hauptnenners) liefert

$$f = \frac{e^{-\Delta E/kT}}{e^{-\Delta E/kT} + 1}\,.$$

Aufgelöst nach $e^{-\Delta E/kT}$ ergibt sich

$$e^{-\Delta E/kT} = \frac{f}{1-f}\,.$$

Auf beiden Seiten nehmen wir den natürlichen Logarithmus und lösen nach T auf. Das Ergebnis ist

$$T = \frac{\Delta E}{k \ln\left(\dfrac{f}{1-f}\right)}\,.$$

(a) Wir setzen f gleich 0,01 und werten den Ausdruck für T aus:

$$T = \frac{(1{,}00\,\mathrm{eV})(1{,}60 \times 10^{-19}\,\mathrm{J/eV})}{(1{,}38 \times 10^{-23}\,\mathrm{J/K}) \ln\left(\dfrac{0{,}010}{1-0{,}010}\right)} = 2{,}5 \times 10^3\,\mathrm{K}\,.$$

(b) Wir setzen f gleich 0,10 und werten den Ausdruck für T aus:

$$T = \frac{(1{,}00\,\mathrm{eV})(1{,}60 \times 10^{-19}\,\mathrm{J/eV})}{(1{,}38 \times 10^{-23}\,\mathrm{J/K}) \ln\left(\dfrac{0{,}10}{1-0{,}10}\right)} = 5{,}3 \times 10^3\,\mathrm{K}\,.$$

21 (a) Für den gegebenen Wert von E werten wir $P(E) = 1/\left(e^{(E-E_F)/kT} + 1\right)$ aus, wobei wir Folgendes verwenden:

$$kT = \frac{(1{,}381 \times 10^{-23}\,\mathrm{J/K})(273\,\mathrm{K})}{1{,}602 \times 10^{-19}\,\mathrm{J/eV}} = 0{,}02353\,\mathrm{eV}\,.$$

Für $E = 4{,}4\,\mathrm{eV}$ ist $(E - E_F)/kT = (4{,}4\,\mathrm{eV} - 5{,}5\,\mathrm{eV})/(0{,}02353\,\mathrm{eV}) = -46{,}25$ und

$$P(E) = \frac{1}{e^{-46{,}25} + 1} = 1{,}00\,.$$

Analog erhalten wir für $E = 5{,}4\,\mathrm{eV}$: $P(E) = 0{,}986$, für $E = 5{,}5\,\mathrm{eV}$: $P(E) = 0{,}500$, für $E = 5{,}6\,\mathrm{eV}$: $P(E) = 0{,}0141$ und für $E = 6{,}4\,\mathrm{eV}$: $P(E) = 2{,}57 \times 10^{-17}$.

(b) Lösen wir $P = 1/\left(e^{\Delta E/kT} + 1\right)$ nach $e^{\Delta E/kT}$ auf, erhalten wir

$$e^{\Delta E/kT} = \frac{1}{P} - 1 .$$

Nun nehmen wir auf beiden Seiten den natürlichen Logarithmus und lösen nach T auf. Das Ergebnis ist

$$T = \frac{\Delta E}{k \ln\left(\frac{1}{P} - 1\right)} = \frac{(5{,}6\,\mathrm{eV} - 5{,}5\,\mathrm{eV})(1{,}602 \times 10^{-19}\,\mathrm{J/eV})}{(1{,}381 \times 10^{-23}\,\mathrm{J/K}) \ln\left(\frac{1}{0{,}16} - 1\right)} = 699\,\mathrm{K} .$$

23 N sei die Anzahl der Atome pro Volumen und n die Anzahl der freien Elektronen pro Volumen. Dann ist die Anzahl der freien Elektronen pro Atom n/N. Wir verwenden das Ergebnis aus Übungsaufgabe 11, um n zu bestimmen: $E_F = An^{2/3}$ mit $A = 3{,}65 \times 10^{-19}\,\mathrm{m}^2 \cdot \mathrm{eV}$. Damit ergibt sich

$$n = \left(\frac{E_F}{A}\right)^{3/2} = \left(\frac{11{,}6\,\mathrm{eV}}{3{,}65 \times 10^{-19}\,\mathrm{m}^2 \cdot \mathrm{eV}}\right)^{3/2} = 1{,}79 \times 10^{29}\,\mathrm{m}^{-3} .$$

Wenn M die Masse eines einzelnen Aluminium-Atoms und d die Massendichte von Aluminium ist, dann haben wir $N = d/M$. Nun ist $M = (27{,}0\,\mathrm{g/mol})/(6{,}022 \times 10^{23}\,\mathrm{mol}^{-1}) = 4{,}48 \times 10^{-23}\,\mathrm{g}$, also $N = (2{,}70\,\mathrm{g/cm}^3)/(4{,}48 \times 10^{-23}\,\mathrm{g}) = 6{,}03 \times 10^{22}\,\mathrm{cm}^{-3} = 6{,}03 \times 10^{28}\,\mathrm{m}^{-3}$. Damit ist die Anzahl der freien Elektronen pro Atom

$$\frac{n}{N} = \frac{1{,}79 \times 10^{29}\,\mathrm{m}^{-3}}{6{,}03 \times 10^{28}\,\mathrm{m}^{-3}} = 2{,}97 .$$

25 (a) Gemäß Anhang F beträgt die molare Masse von Silber $107{,}870\,\mathrm{g/mol}$ und die Dichte $10{,}49\,\mathrm{g/cm}^3$. Die Masse eines Silberatoms ist

$$\frac{107{,}870 \times 10^{-3}\,\mathrm{kg/mol}}{6{,}022 \times 10^{23}\,\mathrm{mol}^{-1}} = 1{,}791 \times 10^{-25}\,\mathrm{kg} .$$

Wir bemerken, dass Silber einwertig ist, also gibt es ein Valenzelektron pro Atom (vgl. Gl. 42-2). Damit führen Gl. 42-4 und 42-3 auf

$$n = \frac{\rho}{M} = \frac{10{,}49 \times 10^3\,\mathrm{kg/m}^3}{1{,}791 \times 10^{25}\,\mathrm{kg}} = 5{,}86 \times 10^{28}\,\mathrm{m}^{-3} .$$

(b) Die Fermi-Energie ist

$$\begin{aligned} E_F &= \frac{0{,}121 h^2}{m} n^{2/3} = \frac{(0{,}121)(6{,}626 \times 10^{-34}\,\mathrm{J \cdot s})^2}{9{,}109 \times 10^{-31}\,\mathrm{kg}} (5{,}86 \times 10^{28}\,\mathrm{m}^{-3})^{2/3} \\ &= 8{,}80 \times 10^{-19}\,\mathrm{J} = 5{,}49\,\mathrm{eV} . \end{aligned}$$

(c) Wegen $E_F = \frac{1}{2} m v_F^2$ haben wir

$$v_F = \sqrt{\frac{2E_F}{m}} = \sqrt{\frac{2(8{,}80 \times 10^{-19}\,\mathrm{J})}{9{,}109 \times 10^{-31}\,\mathrm{kg}}} = 1{,}39 \times 10^6\,\mathrm{m/s} .$$

(d) Die de Broglie-Wellenlänge ist

$$\lambda = \frac{h}{m v_F} = \frac{6{,}626 \times 10^{-34}\,\mathrm{J \cdot s}}{(9{,}109 \times 10^{-31}\,\mathrm{kg})(1{,}39 \times 10^6\,\mathrm{m/s})} = 5{,}23 \times 10^{-10}\,\mathrm{m} .$$

29 Die mittlere Energie der Leitungselektronen ist gegeben durch

$$E_{\mathrm{gem}} = \frac{1}{n} \int_0^\infty E N(E) P(E)\, dE ,$$

wobei n die Anzahl der freien Elektronen pro Volumen, $N(E)$ die Zustandsdichte und $P(E)$ die Besetzungswahrscheinlichkeit ist. Die Zustandsdichte ist proportional zu $E^{1/2}$, also können wir $N(E) = CE^{1/2}$ schreiben, wobei

C eine Proportionalitätskonstante ist. Die Besetzungswahrscheinlichkeit ist 1 für Energien unter der Fermi-Energie und null für Energien darüber. Damit haben wir

$$E_{\text{gem}} = \frac{C}{n}\int_0^{E_F} E^{3/2}\,dE = \frac{2C}{5n}E_F^{5/2}\,.$$

Nun ist

$$n = \int_0^{\infty} N(E)P(E)\,dE = C\int_0^{E_F} E^{1/2}\,dE = \frac{2C}{3}E_F^{3/2}\,.$$

Wir setzen diesen Ausdruck in die Formel für die mittlere Energie ein und erhalten

$$E_{\text{gem}} = \left(\frac{2C}{5}\right)E_F^{5/2}\left(\frac{3}{2CE_F^{3/2}}\right) = \frac{3}{5}E_F\,.$$

33 Der Anteil f der Elektronen mit Energie größer als die Fermi-Energie ist (näherungsweise) in Aufgabe 42-32 gegeben:

$$f = \frac{3kT/2}{E_F}\,,$$

wobei T die Temperatur auf der Kelvin-Skala, k die Boltzmann-Konstante und E_F die Fermi-Energie ist. Wir lösen nach T auf:

$$T = \frac{2fE_F}{3k} = \frac{2(0{,}013)(4{,}7\,\text{eV})}{3(8{,}62\times10^{-5}\,\text{eV/K})} = 4{,}7\times10^2\ \text{K}\,.$$

Es sollte bemerkt werden, dass die numerische Ansatz, der kurz in Teil (c) von Aufgabe 32 diskutiert wurde, zu einem Wert näher bei $T = 6{,}5\times10^2$ K führen würde.

35 (a) Weil das Elektron vom Leitungsband in das Valenzband springt, ist die Energie des Elektrons gleich der Energielücke zwischen diesen beiden Bändern. Die Photonenenergie ist gegeben durch $hf = hc/\lambda$, wobei f die Frequenz der elektromagnetischen Wellen und λ ihre Wellenlänge ist. Also ist $E_g = hc/\lambda$ und

$$\lambda = \frac{hc}{E_g} = \frac{(6{,}63\times10^{-34}\,\text{J}\cdot\text{s})(2{,}998\times10^8\,\text{m/s})}{(5{,}5\,\text{eV})(1{,}60\times10^{-19}\,\text{J/eV})} = 2{,}26\times10^{-7}\,\text{m} = 226\ \text{nm}\,.$$

Photonen anderer Übergänge besitzen eine größere Energie, also haben ihre Wellen kürzere Wellenlängen.

(b) Diese Photonen liegen im ultravioletten Bereich des elektromagnetischen Spektrums.

43 Kernphysik

13 Die Bindungsenergie ist gegeben durch $\Delta E_\text{B} = [Zm_H + (A - Z)m_n - M_\text{Pu}]c^2$, wobei Z die Kernladungszahl (Anzahl der Protonen), A die Massenzahl (Anzahl der Nukleonen), m_H die Masse eines Wasserstoffatoms, m_n die Masse eines Neutrons und M_Pu die Masse eines ${}^{239}_{94}\text{Pu}$ Atoms ist. Im Prinzip sollten nukleare Massen verwendet werden, aber die Masse der Z Elektronen, die in ZM_H enthalten ist, wird durch die Masse der Z Elektronen, die in M_Pu enthalten ist, aufgehoben, also ist das Ergebnis gleich. Zunächst berechnen wir die Massendifferenz in atomaren Einheiten: $\Delta m = (94)(1{,}00783\,\text{u}) + (239 - 94)(1{,}00867\,\text{u}) - (239{,}05216\,\text{u}) = 1{,}94101\,\text{u}$. Da 1 u äquivalent zu 931,5 MeV ist, haben wir $\Delta E_\text{B} = (1{,}94101\,\text{u})(931{,}5\,\text{MeV/u}) = 1808\,\text{MeV}$. Da es 239 Nukleonen gibt, ist die Bindungsenergie pro Nukleon $\Delta E_\text{BN} = E/A = (1808\,\text{MeV})/239 = 7{,}56\,\text{MeV}$.

15 (a) Die de Broglie-Wellenlänge ist gegeben durch $\lambda = h/p$, wobei p der Betrag des Impulses ist. Die kinetische Energie K und der Impuls stehen über Gl. 38-51 in Beziehung, woraus sich ergibt

$$pc = \sqrt{K^2 + 2Kmc^2} = \sqrt{(200\,\text{MeV})^2 + 2(200\,\text{MeV})(0{,}511\,\text{MeV})} = 200{,}5\,\text{MeV}\,.$$

Also haben wir

$$\lambda = \frac{hc}{pc} = \frac{1240\,\text{eV}\cdot\text{nm}}{200{,}5 \times 10^6\,\text{eV}} = 6{,}18 \times 10^{-6}\,\text{nm} = 6{,}18\,\text{fm}\,.$$

(b) Der Durchmesser eines Kupferkerns ist z.B. ungefähr 8,6 fm, nur etwas größer als die de Broglie-Wellenlänge eines 200-MeV-Elektrons. Um Details auflösen zu können, sollte die Wellenlänge kleiner als das Ziel sein, idealerweise ein Zehntel des Durchmessers oder weniger. 200-MeV-Elektronen liegen vielleicht an der unteren Grenze der Energie für eine sinnvolle Messung.

19 (a) Da die starke Kraft eine geringe Reichweite hat, wechselwirkt jedes Nukeon nur mit seinen nächsten Nachbarn und nicht mit weiter entfernten Nukleonen im Kern. Es sei N die Anzahl der Nachbarn, die mit einem Nukleon wechselwirken. Sie hängt von der Anzahl A der Nukleonen im Kern ab. Die Anzahl der Wechselwirkungen in einem Kern ist ungefähr NA, also ist die zur starken Kraft gehörende Energie proportional zu NA und damit proportional zu A selbst.

(b) Jedes Proton in einem Kern wechselwirkt über die Coulomb-Kraft mit jedem anderen Proton. Die Anzahl der Protonen-Paare ist $Z(Z-1)/2$, wobei Z die Anzahl der Protonen ist. Daher ist die Coulomb-Energie proportional zu $Z(Z-1)$.

(c) Da A zunimmt, nimmt Z mit einer etwas geringeren Rate ab, aber Z^2 nimmt mit einer höheren Rate zu als A, und die zur Coulomb-Wechselwirkung zugehörige Energie nimmt schneller zu als die Energie, die zur starken Wechselwirkung gehört.

21 Die Häufigkeit von ${}^{24}\text{Mg}$ sei f_{24}, die Häufigkeit von ${}^{25}\text{Mg}$ sei f_{25} und die Häufigkeit von ${}^{26}\text{Mg}$ sei f_{26}. Damit ist der Eintrag für Mg im Periodensystem $24{,}312 = 23{,}98504 f_{24} + 24{,}98584 f_{25} + 25{,}98259 f_{26}$. Da nur drei Isotope existieren, ist $f_{24} + f_{25} + f_{26} = 1$. Wir lösen nach f_{25} und f_{26} auf. Die zweite Gleichung ergibt $f_{26} =$

$1 - f_{24} - f_{25}$. Wir setzen diesen Ausdruck und $f_{24} = 0{,}7899$ in die erste Gleichung ein und erhalten $24{,}312 = (23{,}98504)(0{,}7899) + 24{,}98584 f_{25} + 25{,}98259 - (25{,}98259)(0{,}7899) - 25{,}98259 f_{25}$. Die Lösung ist $f_{25} = 0{,}09303$. Dann ist $f_{26} = 1 - 0{,}7899 - 0{,}09303 = 0{,}1171$. 78,99% des natürlich vorkommenden Magnesiums ist ^{24}Mg, 9,30% ist ^{25}Mg und 11,71% ist ^{26}Mg.

25 Wenn ein Kern Z Protonen und N Neutronen enthält, ist seine Bindungsenergie $\Delta E_\mathrm{B} = (Zm_H + Nm_n - m)c^2$, wobei m_H die Masse eines Wasserstoffatoms, m_n die Masse eines Neutrons und m die Masse des Atoms ist, das den betrachteten Kern enthält. Wenn die Massen in atomaren Einheiten gegeben sind, dann sind die Massenüberschüsse definiert durch $\Delta_H = (m_H - 1)c^2$, $\Delta_n = (m_n - 1)c^2$ und $\Delta = (m - A)c^2$. Das bedeutet $m_H c^2 = \Delta_H + c^2$, $m_n c^2 = \Delta_n + c^2$ und $mc^2 = \Delta + Ac^2$. Also haben wir $E = (Z\Delta_H + N\Delta_n - \Delta) + (Z + N - A)c^2 = Z\Delta_H + N\Delta_n - \Delta$, wobei $A = Z + N$ verwendet wurde. Für $^{197}_{79}$Au haben wir $Z = 79$ und $N = 197 - 79 = 118$. Folglich gilt

$$\Delta E_\mathrm{B} = (79)(7{,}29\,\mathrm{MeV}) + (118)(8{,}07\,\mathrm{MeV}) - (-31{,}2\,\mathrm{MeV}) = 1560\,\mathrm{MeV}\,.$$

Das bedeutet, dass die Bindungsenergie pro Nukleon $\Delta E_\mathrm{BN} = (1560\,\mathrm{MeV})/197 = 7{,}92\,\mathrm{MeV}$ ist.

29 (a) Die Zerfallsrate ist gegeben durch $R = \lambda N$, wobei λ die Zerfallskonstante und N die Anzahl unzerfallener Kerne bezeichnet. Anfangs haben wir $R = R_0 = \lambda N_0$, wobei N_0 die Anzahl der unzerfallenen Kerne zu der Zeit ist. Wir müssen die Werte für N_0 und λ bestimmen. Die Zerfallskonstante steht mit der Halbwertszeit $T_{1/2}$ über $\lambda = (\ln 2)/T_{1/2} = (\ln 2)/(78\,\mathrm{h}) = 8{,}89 \times 10^{-3}\,\mathrm{h}^{-1}$ in Beziehung. Wenn M die Masse der Probe und m die Masse eines einzelnen Galliumatoms ist, dann haben wir $N_0 = M/m$. Nun ergibt sich $m = (67\,\mathrm{u})(1{,}661 \times 10^{-24}\,\mathrm{g/u}) = 1{,}113 \times 10^{-22}\,\mathrm{g}$ und $N_0 = (3{,}4\,\mathrm{g})/(1{,}113 \times 10^{-22}\,\mathrm{g}) = 3{,}05 \times 10^{22}$. Also erhalten wir $R_0 = (8{,}89 \times 10^{-3}\,\mathrm{h}^{-1})(3{,}05 \times 10^{22}) = 2{,}71 \times 10^{20}\,\mathrm{h}^{-1} = 7{,}53 \times 10^{16}\,\mathrm{s}^{-1}$.

(b) Die Zerfallsrate ist zu einer Zeit t gegeben durch

$$R = R_0\,e^{-\lambda t}\,,$$

wobei R_0 die Zerfallsrate zur Zeit $t = 0$ ist. Bei $t = 48\,\mathrm{h}$ ist $\lambda t = (8{,}89 \times 10^{-3}\,\mathrm{h}^{-1})(48\,\mathrm{h}) = 0{,}427$ und

$$R = (7{,}53 \times 10^{16}\,\mathrm{s}^{-1})\,e^{-0{,}427} = 4{,}91 \times 10^{16}\,\mathrm{s}^{-1}\,.$$

31 (a) Die Halbwertszeit $T_{1/2}$ und die Zerfallskonstante stehen über $T_{1/2} = (\ln 2)/\lambda$ in Beziehung, also ist $T_{1/2} = (\ln 2)/(0{,}0108\,\mathrm{h}^{-1}) = 64{,}2\,\mathrm{h}$.

(b) Zur Zeit t ist die Anzahl unzerfallener Kerne gegeben durch

$$N = N_0\,e^{-\lambda t} = N_0\,e^{-(\ln 2)t/T_{1/2}}\,.$$

Wir setzen $t = 3T_{1/2}$ und erhalten

$$\frac{N}{N_0} = e^{-3\ln 2} = 0{,}125\,.$$

In jeder Halbwertszeit wird die Anzahl unzerfallener Kerne um die Hälfte verringert. Am Ende einer Halbwertszeit ist $N = N_0/2$, am Ende von zwei Halbwertszeiten ist $N = N_0/4$, und am Ende von drei Halbwertszeiten ist $N = N_0/8 = 0{,}125 N_0$.

(c) Wir verwenden

$$N = N_0\,e^{-\lambda t}\,.$$

10,0 d sind 240 h, also ist $\lambda t = (0{,}0108\,\mathrm{h}^{-1})(240\,\mathrm{h}) = 2{,}592$ und

$$\frac{N}{N_0} = e^{-2{,}592} = 0{,}0749\,.$$

33 Die Zerfallsrate ist gegeben durch $R = \lambda N$, wobei λ die Zerfallskonstante und N die Anzahl unzerfallener Kerne ist. Ausgedrückt mit der Halbwertszeit $T_{1/2}$ ist die Zerfallskonstante $\lambda = (\ln 2)/T_{1/2}$, also haben wir

$$\begin{aligned} N &= \frac{R}{\lambda} = \frac{RT_{1/2}}{\ln 2} = \frac{(6000\,\mathrm{Ci})(3{,}7 \times 10^{10}\,\mathrm{s^{-1}/Ci})(5{,}27\,\mathrm{y})(3{,}16 \times 10^{7}\,\mathrm{s/y})}{\ln 2} \\ &= 5{,}33 \times 10^{22}\ \text{Kerne}\,. \end{aligned}$$

35 (a) Wir nehmen an, dass das Chlor in der Probe die natürlich vorkommende Isotopen-Zusammensetzung hatte, also war die mittlere Massenzahl 35,453, wie in Anhang F gegeben. Dann war die Masse an ^{226}Ra

$$m = \frac{226}{226 + 2(35{,}453)}(0{,}10\,\mathrm{g}) = 76{,}1 \times 10^{-3}\ \mathrm{g}\,.$$

Die Masse eines ^{226}Ra-Kerns ist $(226\,\mathrm{u})(1{,}661 \times 10^{-24}\,\mathrm{g/u}) = 3{,}75 \times 10^{-22}\,\mathrm{g}$, also war die Anzahl der vorliegenden ^{226}Ra-Kerne $N = (76{,}1 \times 10^{-3}\,\mathrm{g})/(3{,}75 \times 10^{-22}\,\mathrm{g}) = 2{,}03 \times 10^{20}$.

(b) Die Zerfallsrate ist gegeben durch $R = N\lambda = (N \ln 2)/T_{1/2}$, wobei λ die Zerfallskonstante, $T_{1/2}$ die Halbwertszeit und N die Anzahl der Kerne ist. Dabei wurde die Beziehung $\lambda = (\ln 2)/T_{1/2}$ verwendet. Damit ergibt sich

$$R = \frac{(2{,}03 \times 10^{20}) \ln 2}{(1600\,\mathrm{y})(3{,}156 \times 10^{7}\,\mathrm{s/y})} = 2{,}79 \times 10^{9}\ \mathrm{s^{-1}}\,.$$

39 Die Anzahl N unzerfallener Kerne, die zu einer Zeit vorhanden sind, und die Zerfallsrate R zu dieser Zeit stehen über $R = \lambda N$ in Beziehung, wobei λ die Zerfallskonstante ist. Die Zerfallskonstante steht mit der Halbwertszeit $T_{1/2}$ über $\lambda = (\ln 2)/T_{1/2}$ in Beziehung, also ist $R = (N \ln 2)/T_{1/2}$ und $T_{1/2} = (N \ln 2)/R$. Da 15,0% der Probenmasse ^{147}Sm ist, ist die Anzahl der ^{147}Sm-Kerne, die sich in der Probe befinden,

$$N = \frac{(0{,}150)(1{,}00\,\mathrm{g})}{(147\,\mathrm{u})(1{,}661 \times 10^{-24}\,\mathrm{g/u})} = 6{,}143 \times 10^{20}\,.$$

Damit haben wir

$$T_{1/2} = \frac{(6{,}143 \times 10^{20}) \ln 2}{120\,\mathrm{s^{-1}}} = 3{,}55 \times 10^{18}\,\mathrm{s} = 1{,}12 \times 10^{11}\ \mathrm{y}\,.$$

41 Wenn N die Anzahl der unzerfallenen Kerne ist, die zur Zeit t vorhanden sind, dann haben wir

$$\frac{dN}{dt} = R - \lambda N\,,$$

wobei R die Erzeugungsrate im Zyklotron und λ die Zerfallskonstante ist. Der zweite Term gibt die Zerfallsrate. Ordnen Sie den Gleichung etwas um und integrieren Sie:

$$\int_{N_0}^{N} \frac{dN}{R - \lambda N} = \int_0^t dt\,,$$

wobei N_0 die Anzahl unzerfallener Kerne ist, die zur Zeit $t = 0$ vorhanden sind. Dies liefert

$$-\frac{1}{\lambda} \ln \frac{R - \lambda N}{R - \lambda N_0} = t\,.$$

Wir lösen nach N auf:

$$N = \frac{R}{\lambda} + \left(N_0 - \frac{R}{\lambda}\right) e^{-\lambda t}\,.$$

Nach vielen Halbwertszeiten ist der Exponentialanteil klein und der zweite Term kann vernachlässigt werden. Dann ist $N = R/\lambda$, unabhängig vom ursprünglichen Wert N_0. Zu Zeiten, die groß im Vergleich zur Halbwertszeit sind, ist die Erzeugungsrate gleich der Zerfallsrate, und N bleibt konstant.

43 (a) Die Probe befindet sich im Säkulargleichgewicht mit der Quelle, und die Zerfallsrate ist gleich der Erzeugungsrate. R sei die Erzeugungsrate von ^{56}Mn und λ die Zerfallskonstante. Gemäß dem Ergebnis von Aufgabe 41 ist $R = \lambda N$, nachdem eine lange Zeit verstrichen ist. Nun haben wir $\lambda N = 8{,}88 \times 10^{10}\,\mathrm{s^{-1}}$, also $R = 8{,}88 \times 10^{10}\,\mathrm{s^{-1}}$.

(b) Sie zerfallen mit der gleichen Rate, mit der sie erzeugt werden, mit $8{,}88 \times 10^{10}\,\mathrm{s}^{-1}$.

(c) Wir verwenden $N = R/\lambda$. Wenn $T_{1/2}$ die Halbwertszeit ist, dann ist die Zerfallskonstante $\lambda = (\ln 2)/T_{1/2} = (\ln 2)/(2{,}58\,\mathrm{h}) = 0{,}269\,\mathrm{h}^{-1} = 7{,}46 \times 10^{-5}\,\mathrm{s}^{-1}$, also ist $N = (8{,}88 \times 10^{10}\,\mathrm{s}^{-1})/(7{,}46 \times 10^{-5}\,\mathrm{s}^{-1}) = 1{,}19 \times 10^{15}$.

(d) Die Masse eines ^{56}Mn-Kerns ist $(56\,\mathrm{u})(1{,}661 \times 10^{-24}\,\mathrm{g/u}) = 9{,}30 \times 10^{-23}\,\mathrm{g}$, und die Gesamtmasse von ^{56}Mn in der Probe am Ende des Beschusses ist $Nm = (1{,}19 \times 10^{15})(9{,}30 \times 10^{-23}\,\mathrm{g}) = 1{,}11 \times 10^{-7}\,\mathrm{g}$.

47 Der Anteil der unzerfallenen Kerne, die nach der Zeit t übrig bleiben, ist gegeben durch

$$\frac{N}{N_0} = e^{-\lambda t} = e^{-(\ln 2)t/T_{1/2}}\,,$$

wobei λ die Zerfallskonstante und $T_{1/2}$ $(= (\ln 2)/\lambda)$ die Halbwertszeit ist. Die Zeit, die benötigt wird, damit die Hälfte der ursprünglichen ^{238}U-Kerne zerfallen, beträgt $4{,}5 \times 10^9$ y. Für ^{244}Pu haben wir zu dieser Zeit

$$\frac{(\ln 2)t}{T_{1/2}} = \frac{(\ln 2)(4{,}5 \times 10^9\,\mathrm{y})}{8{,}2 \times 10^7\,\mathrm{y}} = 38{,}0$$

und

$$\frac{N}{N_0} = e^{-38{,}0} = 3{,}1 \times 10^{-17}\,.$$

Für ^{248}Cm haben wir zu dieser Zeit

$$\frac{(\ln 2)t}{T_{1/2}} = \frac{(\ln 2)(4{,}5 \times 10^9\,\mathrm{y})}{3{,}4 \times 10^5\,\mathrm{y}} = 9170$$

und

$$\frac{N}{N_0} = e^{-9170} = 3{,}31 \times 10^{-3983}\,.$$

Für jede vernünftige Probe ist dies weniger als ein Kern und kann null gesetzt werden. Ein Standard-Taschenrechner kann wahrscheinlich e^{-9170} nicht direkt berechnen. Wir empfehlen, dies als $(e^{-91{,}70})^{100}$ zu behandeln.

49 Die Energie und der Impuls bleiben erhalten. Wir nehmen an, dass sich der entstehende Thorium-Kern in seinem Grundzustand befindet. Es sei K_α die kinetische Energie des Alpha-Teilchens und K_{Th} die kinetische Energie des Thorium-Kerns. Dann ist $Q = K_\alpha + K_{\mathrm{Th}}$. Wir nehmen an, dass sich der Uran-Kern anfangs in Ruhe befindet. Die Impulserhaltung liefert dann $0 = p_\alpha + p_{\mathrm{Th}}$, wobei p_α der Impuls des Alpha-Teilchens und p_{Th} der Impuls des Thorium-Kerns ist. Beide Teilchen bewegen sich langsam genug, dass die klassische Beziehung zwischen Impuls und Energie verwendet werden kann. Also haben wir $K_{\mathrm{Th}} = p_{\mathrm{Th}}^2/2m_{\mathrm{Th}}$, wobei m_{Th} die Masse des Thorium-Kerns ist. Wir setzen $p_{\mathrm{Th}} = -p_\alpha$ und verwenden $K_\alpha = p_\alpha^2/2m_\alpha$, um $K_{\mathrm{Th}} = (m_\alpha/m_{\mathrm{Th}})K_\alpha$ zu erhalten. Folglich haben wir

$$Q = K_\alpha + \frac{m_\alpha}{m_{\mathrm{Th}}}K_\alpha = \left(1 + \frac{m_\alpha}{m_{\mathrm{Th}}}\right)K_\alpha = \left(1 + \frac{4{,}00\,\mathrm{u}}{234\,\mathrm{u}}\right)(4{,}196\,\mathrm{MeV}) = 4{,}27\,\mathrm{MeV}\,.$$

53 ^A_ZX bezeichne das unbekannte Nuklid. Die Reaktionsgleichung lautet

$$^A_Z\mathrm{X} + {}^1_0\mathrm{n} \to {}^{\;\,0}_{-1}\mathrm{e} + 2\,^4_2\mathrm{He}\,.$$

Die Ladungserhaltung liefert $Z + 0 = -1 + 4$ oder $Z = 3$. Die Massenerhaltung liefert $A + 1 = 0 + 8$ oder $A = 7$. Nach dem Periodensystem in Anhang G (vgl. auch Anhang F) hat Lithium die Ordnungszahl 3, also muss es sich bei dem Kern um $^7_3$Li handeln.

55 Es bezeichne M_{Cs} die Masse eines $^{137}_{55}$Cs-Atoms und M_{Ba} die Masse eines $^{137}_{56}$Ba-Atoms. Um die Kernmassen zu erhalten, müssen wir die Masse von 55 Elektronen von M_{Cs} und die Masse von 56 Elektronen von M_{Ba} subtrahieren. Die freigesetzte Energie ist $Q = [(M_{\mathrm{Cs}} - 55m) - (M_{\mathrm{Ba}} - 56m) - m]\,c^2$, wobei m die Masse eines Elektrons ist. Nach Kürzen erhalten wir $Q = (M_{\mathrm{Cs}} - M_{\mathrm{Ba}})c^2$. Daher haben wir

$$Q = [136{,}9071\,\mathrm{u} - 136{,}9058\,\mathrm{u}]\,c^2 = (0{,}0013\,\mathrm{u})c^2 = (0{,}0013\,\mathrm{u})(931{,}5\,\mathrm{MeV/u}) = 1{,}21\,\mathrm{MeV}\,.$$

57 Das Zerfallsschema ist n $\rightarrow$ p + e$^-$ + ν. Die kinetische Energie des Elektrons ist maximal, wenn kein Neutrino ausgesandt wird. Dann ist $K_{\max} = (m_n - m_p - m_e)c^2$, wobei m_n die Masse eines Neutrons, m_p die Masse eines Protons und m_e die Masse eines Elektrons ist. Wegen $m_p + m_e = m_H$ mit der Masse m_H eines Wasserstoffatoms kann man dies $K_{\max} = (m_n - m_H)c^2$ schreiben. Daher ergibt sich $K_{\max} = (840 \times 10^{-6}\,\mathrm{u})c^2 = (840 \times 10^{-6}\,\mathrm{u})(931{,}5\,\mathrm{MeV/u}) = 0{,}783\,\mathrm{MeV}$.

61 Da das Elektron die maximal mögliche kinetische Energie besitzt, wird kein Neutrino ausgestrahlt. Da der Impuls erhalten bleibt, sind die Impulse des Elektrons und des verbleibenden Schwefel-Kerns vom Betrag gleich und weisen in entgegen gesetzte Richtungen. Wenn p_e der Impuls des Elektrons und p_S der Impuls des Schwefel-Kerns ist, dann gilt $p_S = -p_e$. Die kinetische Energie K_S des Schwefel-Kerns ist $K_S = p_S^2/2M_S = p_e^2/2M_S$, wobei M_S die Masse des Schwefel-Kerns ist. Nun steht die kinetische Energie K_e des Elektrons mit seinem Impuls über die relativistische Gleichung $(p_e c)^2 = K_e^2 + 2K_e mc^2$ in Beziehung, wobei m die Masse eines Elektrons ist (vgl. Gl. 38-51). Damit haben wir

$$
\begin{aligned}
K_S &= \frac{(p_e c)^2}{2M_S c^2} = \frac{K_e^2 + 2K_e mc^2}{2M_S c^2} = \frac{(1{,}71\,\mathrm{MeV})^2 + 2(1{,}71\,\mathrm{MeV})(0{,}511\,\mathrm{MeV})}{2(32\,\mathrm{u})(931{,}5\,\mathrm{MeV/u})} \\
&= 7{,}83 \times 10^{-5}\,\mathrm{MeV} = 78{,}3\,\mathrm{eV}\,,
\end{aligned}
$$

wobei $mc^2 = 0{,}511\,\mathrm{MeV}$ verwendet wurde (vgl. Tabelle 38-3).

63 (a) Die Masse eines ^{238}U-Atoms ist $(238\,\mathrm{u})(1{,}661 \times 10^{-24}\,\mathrm{g/u}) = 3{,}95 \times 10^{-22}\,\mathrm{g}$, also ist die Anzahl der Uran-Atome in dem Gestein $N_U = (4{,}20 \times 10^{-3}\,\mathrm{g})/(3{,}95 \times 10^{-22}\,\mathrm{g}) = 1{,}06 \times 10^{19}$. Die Masse eines ^{206}Pb-Atoms ist $(206\,\mathrm{u})(1{,}661 \times 10^{-24}\,\mathrm{g}) = 3{,}42 \times 10^{-22}\,\mathrm{g}$, also ist die Anzahl der Blei-Atome in der Gesteinsprobe $N_{\mathrm{Pb}} = (2{,}135 \times 10^{-3}\,\mathrm{g})/(3{,}42 \times 10^{-22}\,\mathrm{g}) = 6{,}24 \times 10^{18}$.

(b) Wenn kein Blei verloren gegangen ist, gab es ursprünglich zusätzlich zu den Uran-Atomen, die noch nicht zerfallen sind, ein Uran-Atom für jedes Blei-Atom, das beim Zerfall gebildet wurde. Also war die ursprüngliche Anzahl an Uran-Atomen $N_{U0} = N_U + N_{\mathrm{Pb}} = 1{,}06 \times 10^{19} + 6{,}24 \times 10^{18} = 1{,}68 \times 10^{19}$.

(c) Wir verwenden

$$N_U = N_{U0}\, e^{-\lambda t}$$

wobei λ die Zerfallskonstante für den Zerfallsprozess ist. Sie steht zur Halbwertszeit $T_{1/2}$ über $\lambda = (\ln 2)/T_{1/2}$ in Beziehung. Damit haben wir

$$t = -\frac{1}{\lambda}\ln\left(\frac{N_U}{N_{U0}}\right) = -\frac{T_{1/2}}{\ln 2}\ln\left(\frac{N_U}{N_{U0}}\right) = -\frac{4{,}47 \times 10^9\,\mathrm{y}}{\ln 2}\ln\left(\frac{1{,}06 \times 10^{19}}{1{,}68 \times 10^{19}}\right) = 2{,}97 \times 10^9\,\mathrm{y}\,.$$